SPSS 29와 PROCESS macro 4.0을 이용한

Regression Analysis using SPSS 29 and PROCESS macro 4.0

회귀분석 따라하기

신건권

도서출판 청람

하나님께 모든 영광을 드립니다.

All glory to God.

The royalties from this book are used
for missions around the world.

| 머리말 |

기업이나 조직의 현장에는 숨겨진 비밀과 보물이 있다. 연구자들은 사회와 현장의 삶 속에서 당면한 문제들을 해결하기 위해서 끊임없이 탐구해야 한다.

처음에는 간단한 연구 주제와 모형 그리고 적절한 통계기법의 적용으로부터 출발해야 한다. 연구자는 선행연구의 결과를 토대로 단순한 연구모형으로부터 시작하여 복잡한 연구모형을 만들고 분석해야 한다. 이때 중요한 것이 올바른 통계기법들을 선택하여 적용하는 것이다.

통계학은 연구변수 간의 상관관계는 물론 변수 간의 인과관계를 규명하고자 하는 학문 분야이며, 연구자들이 학술논문이나 학위논문을 이해하고 작성하는 데 필요한 필수적인 언어이다.

통계학을 이해하고 이를 활용하여 논문을 작성하고 다른 저자들이 출간한 논문들을 이해하기 위해서는 회귀분석(Regression analysis)에 대한 기본지식의 함양이 가장 중요한 부분을 차지하고 있다. 회귀분석은 변수 간의 영향 관계를 파악하여 자연 및 사회현상을 설명(Explanation)하거나 예측(Prediction)하기 위한 목적으로 사용된다. 그러나 연구자들이 회귀분석을 학습하고 이해하여 논문작성에 적용하거나 다른 연구자들이 작성한 논문을 이해하는 데는 많은 시간과 노력이 요구된다는 어려움이 상존한다. 이 책은 연구자들이 느끼는 이러한 어려움을 해소하는 데 조금이라도 조력하기 위해서 저술되었다. 특히 회귀분석을 이용해 논문통계분석을 시도하려는 연구자들에게 필요한 기초지식의 제공과 통계 실습이 가능하도록 지원할 수 있을 것이다.

이 책의 몇 가지 특징은 다음과 같다.

첫째, 회귀분석을 중심으로 논문통계분석에 필수적으로 요구되는 기초 이론과 개념을 쉽게 기술하고 있다.

둘째, 각 장에서 실습할 수 있는 데이터 파일을 제공하고 있으며, 논문의 작성 과정에서 필요한 각 통계기법들의 사용목적과 적용상황을 제시하고 있다.

셋째, 통계 실습을 위해 SPSS 29와 PROCESS macro 4.0을 사용하였으며, 이 책의 내용을 쉽게 이해하고 따라할 수 있도록 전체 내용을 실습 중심과 따라하기 방식으로 설명하고 있다.

넷째, 회귀분석의 필수적이고 기본적 기법인 더미회귀분석, 로지스틱회귀분석, 포아송회귀분석, 음이항회귀분석, 위계적 회귀분석 등을 소개하고 있다.

마지막으로, 이 책의 핵심 부분으로 논문작성 과정에서 필수적으로 요구되는 통제회귀분석, 매개회귀분석, 조절회귀분석 및 조절된 매개효과분석 등을 포함시켰다.

이 책이 출간되기까지 저자는 선배와 동료 교수님들이 저술한 논문과 통계학 서적들의 도움을 받았다. 또한 연구방법론 수업을 수강하면서 교정작업을 도와준 호서대 기술경영전문대학원 원우님들과 신건권 데이터랩 식구들에게도 감사드린다. 이 책은 아직 완성되었다기보다는 지속적인 수정이 필요한 부분이 많을 것으로 사료된다. 독자 여러분들의 조언과 도움을 기대한다. 마지막으로 이 책의 출간을 쾌히 허락해주신 도서출판 청람의 이수영 사장님과 저자를 아는 모든 성도들과 지인들 그리고 사랑하는 가족들에게도 감사드린다.

호서대학교 아산캠퍼스 연구실에서 저자 씀

이 책의 데이터 파일은 도서출판 청람의 사이트(http://www.crbooks.co.kr)의 [일반자료실]에서 제공한다. 파일을 다운로드받은 후 반드시 데스크탑이나 노트북의 [바탕화면]에 압축을 푼 후에 실습하기 바란다.

| 차례 |

제1부 SPSS 29를 이용한 회귀분석

제1장 회귀분석의 기초와 단순회귀분석

제2장 다중회귀분석

제3장 더미회귀분석

제4장 이분형 로지스틱회귀분석

제5장 다항과 순서형 로지스틱회귀분석

제6장 일반화 선형모형을 이용한 순서형 다중로지스틱회귀분석

제10장 매개회귀분석

제11장 조절회귀분석

제2부 PROCESS macro 4.0을 이용한 회귀분석

제12장 PROCESS macro 4.0의 설치와 기본 운용법

SPSS 29와
PROCESS macro 4.0을 이용한
회귀분석 따라하기

SPSS 29를 이용한 회귀분석

제1부

제1장 회귀분석의 기초와 단순회귀분석
제2장 다중회귀분석
제3장 더미회귀분석
제4장 이분형 로지스틱회귀분석
제5장 다항과 순서형 로지스틱회귀분석
제6장 일반화 선형모형을 이용한 순서형 다중로지스틱회귀분석
제7장 일반화 선형모형을 이용한 포아송회귀분석과 음이항회귀분석
제8장 영과잉 포아송회귀분석과 영과잉 음이항회귀분석
제9장 위계적 다중회귀분석과 통제다중회귀분석
제10장 매개회귀분석
제11장 조절회귀분석

제 1 장

회귀분석의 기초와 단순회귀분석

Simple Regression Analysis

1 회귀분석의 의의와 기초

1.1 회귀분석의 의의와 유형

1) 회귀분석의 의의

회귀분석(Regression analysis)이란 독립변수와 종속변수의 관계를 하나의 함수식인 회귀선(Regression line) 혹은 회귀식(Regression equation)으로 나타내어 분석하는 통계기법이다. 결국 회귀분석은 독립변수와 종속변수 간의 관계를 가장 잘 대표하는 회귀선을 찾는 과정이다.

회귀분석에서 독립변수(Independent variable)는 설명 혹은 예측하는 변수로 영향을 주는 변수이며 예측변수(Predictor variable), 설명변수(Explanatory variable) 등으로 불린다. 한편 종속변수(Dependent variable)는 설명 혹은 예측을 받는 변수로 독립변수에 의해 영향을 받는 변수이며 준거변수(Criterion variable), 반응변수(Response variable), 목표변수(Target variable)라고도 한다.

[그림 1-1]은 기본적인 회귀분석의 유형을 구분한 것이다. 독립변수의 수가 1개이고 종속변수의 수가 1개이면 단순회귀분석(Simple regression analysis)이라 하며, 독립변수의 수가 2개 이상이고 종속변수의 수가 1개이면 다중회귀분석(Multiple regression analysis)이라 한다.

회귀분석의 목적은 독립변수로 종속변수를 설명(Explanation)하거나 주어진 표본 데이터를 이용해 추정한 회귀선에 새로운 독립변수의 값을 넣어서 종속변수의 값을 예측(Prediction)

그림 1-1 ▌단순회귀분석과 다중회귀분석

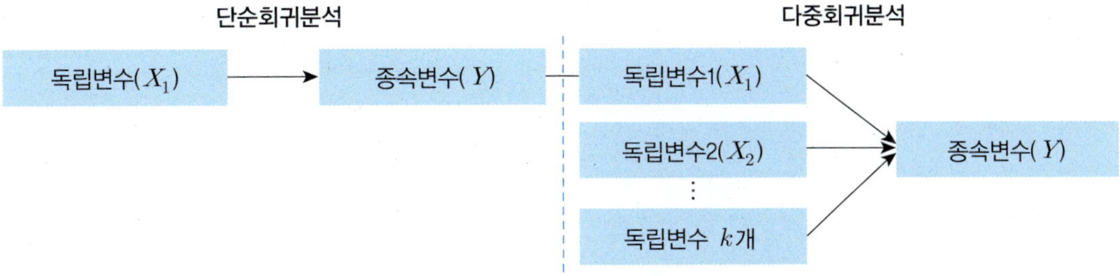

하는 데 있다. 특히 설명 목적에서는 독립변수가 종속변수에 미치는 영향관계를 파악하는 데 초점을 두고 있다. 따라서 회귀분석을 수행하면 독립변수가 종속변수에 미치는 영향관계(회귀계수의 통계적 유의성과 영향력의 정도)를 파악할 수 있을 뿐만 아니라 추정된 회귀선(회귀모형)을 통해 종속변수에 대한 예측값(Predicted values)을 계산할 수 있다. 회귀분석의 목적은 다음과 같이 구분할 수 있다.

- 독립변수가 종속변수에 미치는 영향의 통계적 유의성 확인(Explanation)
- 독립변수가 종속변수에 미치는 영향력의 크기와 방향 확인(Explanation)
- 독립변수의 값을 가지고 종속변수의 값의 예측(Prediction)

독립변수가 1개이고 종속변수가 1개인 단순회귀모형(Simple regression model)과 이의 추정된 회귀선(Estimated regression line) 혹은 추정된 회귀모형은 다음과 같다. 여기에서 독립변수는 X, 종속변수는 Y라고 가정하자.

단순회귀모형	단순회귀모형의 추정된 회귀선
$Y_i = \beta_0 + \beta_1 X_i + \epsilon_i$ 혹은 $Y_i = B_0 + B_1 X_i + \epsilon_i$	$\widehat{Y}_i = \widehat{\beta}_0 + \widehat{\beta}_1 X_i$ 혹은 $\widehat{Y}_i = \widehat{B}_0 + \widehat{B}_1 X_i$
Y_i: i번째 사례의 Y값(종속변수의 값) β_0: 절편(Intercept) β_1: 기울기(Slope)=회귀계수 X_i: i번째 사례의 X값(독립변수의 값) ϵ_i: 잔차(Residual) 혹은 오차(Error term)	$\widehat{Y}_i$: i번째 사례의 Y예측값 (종속변수의 예측값) $\widehat{\beta}_0$ 혹은 $\widehat{B}_0$: β_0(절편)의 추정치 $\widehat{\beta}_1$ 혹은 $\widehat{B}_1$: β_1(기울기)의 추정치 X_i: i번째 사례의 X값(독립변수의 값)

그림 1-2 ▌단순회귀모형의 회귀선과 잔차(오차)

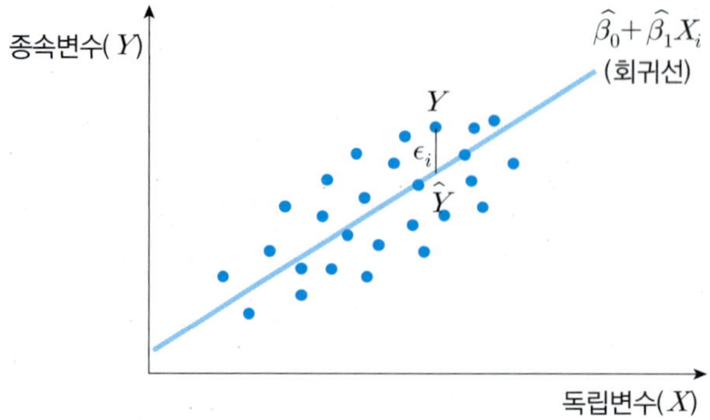

[그림 1-2]는 회귀분석모형의 회귀선과 잔차(오차)를 나타낸 것이다. 그림에서는 회귀모형이 회귀선(기울기)과 잔차의 합으로 구성되어 있음을 보여준다. 회귀분석에서 잔차(Residual) 혹은 오차(Error)란 실제값 Y_i에서 예측값 $\widehat{Y}_i$를 뺀 차이값을 말한다($\epsilon_i = Y_i - \widehat{Y}_i$). ϵ_i는 잔차 혹은 오차항이며, 이는 측정상의 오차나 모든 정보를 파악할 수 없는 점 등 다양한 현실적인 한계로 인해 발생하는 불확실성이다. 잔차는 일종의 잡음(Noise)이며 이는 평균이 0이고 분산이 일정한 정규분포를 따르는 성질을 가지고 있다[$\epsilon_i \sim N(0, \sigma^2)$]. 여기에서 한 가지 유의할 사항은 회귀분석에서의 정규성 가정은 Y_i에 대한 것이 아니며 주어진 X_i에서의 Y_i에 대한 것으로 잔차(오차항)가 정규분포를 따라야 함을 의미한다는 것이다.

회귀분석은 잔차(오차)를 최소화시키는 절편과 기울기를 구하는 것이 가장 중요한 일이다. 결국 표본을 통해서 모수 β_0와 β_1의 추정치인 $\widehat{\beta}_0(\widehat{B}_0)$와 $\widehat{\beta}_1(\widehat{B}_1)$을 구하는 것, 즉 잔차제곱합(오차제곱합)을 최소화시키는 회귀선($\widehat{\beta}_0+\widehat{\beta}_1 X_i$)을 추정하는 것이다.

β_0와 β_1의 좋은 추정치를 구하기 위해서는 일반적인 최소제곱법(Ordinary least squares method: OLS)을 이용할 수 있다. 여기에서 OLS란 회귀분석에서 잔차제곱합(오차제곱합)을 최소화시키는 $\widehat{\beta}_0(\widehat{B}_0)$와 $\widehat{\beta}_1(\widehat{B}_1)$을 구하는 방법을 말한다. 이를 보통 OLS에 의한 회귀분석이라고 한다. 좋은 회귀선을 찾으려면, 먼저 잔차합(오차합)이 0이 되게 해야 한다($\sum \epsilon_i = 0$). 잔차(오차)의 합이 0이 된다는 것은 적정하게 예측한다는 것을 의미하며, 그래프상에서 보면 회귀선이 데이터들의 가운데를 지나게 된다. 다음으로 잔차제곱합을 최소화시켜야 한다($\mathrm{Min} \sum \epsilon_i^2 = 0$).

독립변수가 2개 이상이고 종속변수가 1개인 다중회귀모형(Multiple regression model)과 이의 추정된 회귀선(Estimated regression line) 혹은 추정된 회귀모형은 다음과 같다. 여기에서 독립변수는 X는 k개, 종속변수는 Y라고 가정하자.

다중회귀모형	다중회귀모형의 추정된 회귀선
$Y_i = \beta_0 + \beta_1 X_1 + \beta_2 X_2 + \cdots + \beta_k X_{ik} + \epsilon_i$ 혹은 $Y_i = B_0 + B_1 X_1 + B_2 X_2 + \cdots + B_k X_{ik} + \epsilon_i$	$\widehat{Y}_i = \widehat{\beta}_0 + \widehat{\beta}_1 X_1 + \widehat{\beta}_2 X_2 + \cdots + \widehat{\beta}_k X_{ik}$ 혹은 $\widehat{Y}_i = \widehat{B}_0 + \widehat{B}_1 X_1 + \widehat{B}_2 X_2 + \cdots + \widehat{B}_k X_{ik}$
Y_i: i번째 사례의 Y값(종속변수의 값) β_0: 절편(Intercept) $\beta_1, \beta_2, \cdots, \beta_k$: 기울기(Slope)=회귀계수 X_{ik}: i번째 사례의 X_k값(독립변수들의 값) ϵ_i: 잔차(Residual) 혹은 오차(Error term)	$\widehat{Y}_i$: i번째 사례의 Y예측값(종속변수의 예측값) $\widehat{\beta}_0$ 혹은 $\widehat{B}_0$: β_0(절편)의 추정치 $\widehat{\beta}_1, \widehat{\beta}_2, \cdots, \widehat{\beta}_k$ 혹은 $\widehat{B}_1, \widehat{B}_2, \cdots, \widehat{B}_p$: β_k(기울기)의 추정치 X_{ik}: i번째 사례의 X_k값(독립변수들의 값)

2) 회귀분석의 유형

회귀분석의 유형은 ① 독립변수와 종속변수의 개수, ② 변수의 성격(연속형/범주형), ③ 변수 관계의 선형/비선형, ④ 독립변수의 투입 순서, ⑤ 특수한 효과변수를 포함하고 있는 경우 등에 따라 다양하게 구분된다.

▶ 독립변수의 개수

- 독립변수 1개: 단순회귀분석(Simple regression analysis)
- 독립변수 2개 이상: 다중회귀분석(Multiple regression analysis)

▶ 종속변수의 개수

- 종속변수 1개: 단변량회귀분석(Univariate regression analysis)
- 종속변수 2개 이상: 다변량회귀분석(Multivariate regression analysis)

▶ 독립변수와 종속변수의 척도

- 독립변수 범주형: 더미회귀분석(Regression with dummy variables)
- 종속변수 연속형: 회귀분석(단순회귀분석/다중회귀분석)
- 종속변수 범주형: 로지스틱회귀분석(Logistic regression analysis)

그림 1-3 ▌ 회귀분석방법의 유형과 선택

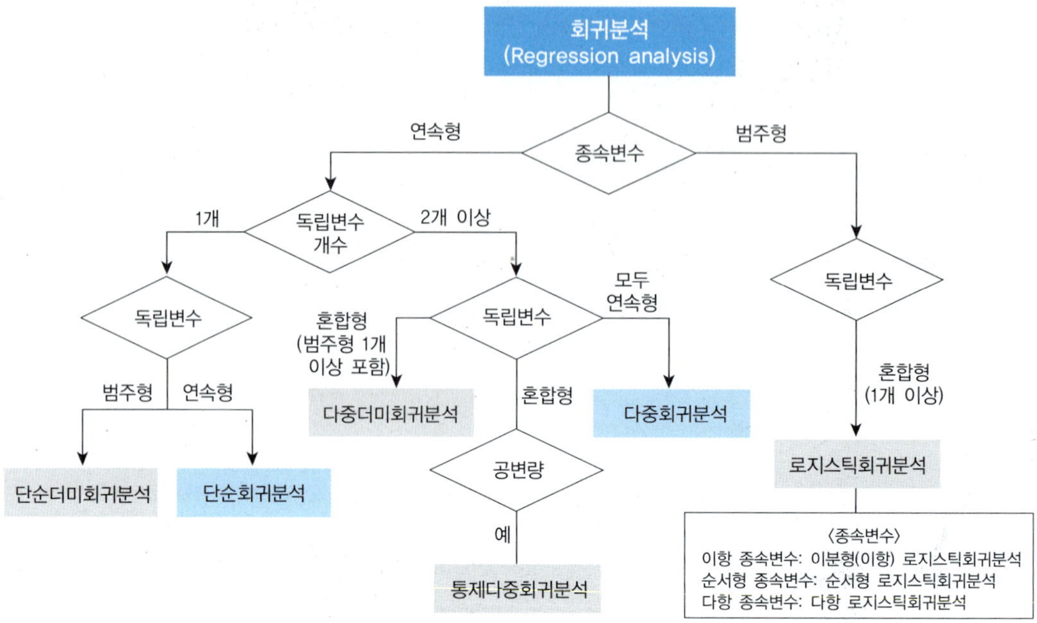

▶ 독립변수와 종속변수 관계의 선형/비선형

- 선형적 관계(선형성): 선형회귀분석(Linear regression analysis)
- 비선형적 관계(비선형성): 비선형회귀분석(Non-linear regression analysis)

▶ 독립변수 투입의 순서

- 동시 투입: 표준회귀분석(Standard regression analysis) 혹은 동시회귀분석(Simultaneous regression analysis)
- 위계적 투입: 위계적 회귀분석(Hierarchical regression analysis)
- 단계적 투입: 단계적 회귀분석(Stepwise regression analysis)

▶ 특수한 효과변수를 포함하고 있는 경우

- 독립변수에 통제변수가 있는 경우: 통제회귀분석(Regression analysis with control variables)
- 회귀모형에 매개변수가 포함되어 있는 경우: 매개회귀분석(Mediated regression analysis)
- 회귀모형에 조절변수가 포함되어 있는 경우: 조절회귀분석(Moderated regression

analysis)

- 회귀모형에 매개변수와 조절변수가 포함되어 있는 경우: 조절된 매개회귀분석(Moderated mediation regression analysis)

1.2 회귀분석의 적용상황

회귀분석은 변수의 측정척도에 따라 이용해야 할 방법이 달라진다. [그림 1-4]는 변수의 척도를 고려한 회귀분석방법의 선택방법을 제시한 것이다.

단순회귀분석은 독립변수 1개이며 연속형 변수 그리고 종속변수 1개이며 연속형 변수일 때 주로 사용한다. 다중회귀분석은 독립변수 2개 이상이며 혼합형(연속형 변수와 범주형 변수 모두 투입 가능) 그리고 종속변수는 1개이며 연속형일 때 사용한다. 로지스틱회귀분석은 독립변수 2개 이상이며 혼합형(연속형 변수와 범주형 변수 모두 투입 가능) 그리고 종속변수는 1개이며 범주형일 때 사용한다.

그림 1-4 ▌ 변수 척도를 고려한 회귀분석방법의 선택

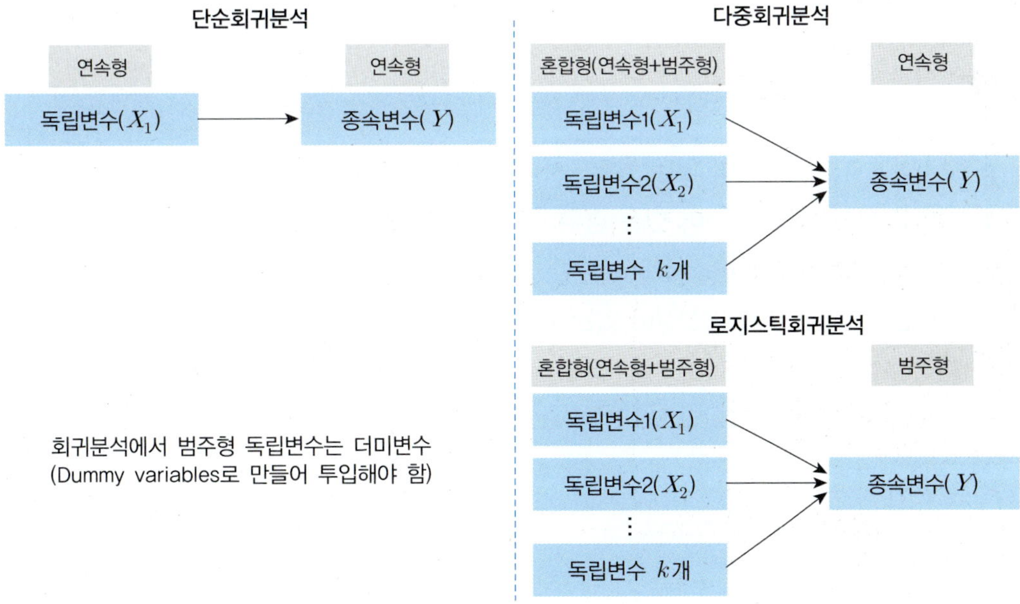

회귀분석은 종속변수에 대한 독립변수들의 영향 관계뿐만 아니라 다양한 분야에서 예측 목적으로 사용된다. 전자의 예로는 부모의 수입이 성적에 미치는 영향 분석, 키가 몸무게에 미치는 영향 분석, 연령이 스마트폰 사용시간에 미치는 영향 분석 등이 있다. 후자의 예로는 주택가격과 주가 예측, 구매성향 예측, 판매량 예측, 일기예보 예측, 시계열 예측 등이 포함된다.

1.3 회귀분석의 기본 가정과 진단

일반적으로 적용되는 회귀분석의 기본적인 가정은 독립변수와 종속변수 간의 선형성(Linearity), 잔차(오차)의 독립성, 정규성 및 등분산성(Homoscedasticity)이 있다. 이외에도 데이터에 이상치(Outlier) 혹은 가외치, 극단치가 없어야 하고, 다중회귀분석에서는 독립변수들이 여러 개가 있을 수 있으므로 독립변수 간의 다중공선성(Multicollinearity) 가정이 추가된다.

데이터가 회귀분석의 기본 가정을 충족시키지 못하고 위배되었다면 선형회귀분석은 사용하기 어려우며 [표 1-1]과 같은 다른 기법들의 사용과 조치가 필요하다.

- 독립변수와 종속변수가 선형 관계가 아닌 경우: 다항회귀분석(Polynomial regression), Generalized additive model(GAM)
- 오차항의 확률분포가 정규분포가 아닌 경우: 일반화 선형회귀분석(Generalized linear model: GLM)
- 오차항에 자기상관성이 있는 경우: 자기회귀분석(Auto-regression)
- 데이터에 이상값(Outlier)이 있는 경우: 로버스트회귀분석(Robust regression), 분위수회귀분석(Quantile regression)
- 독립변수들 간에 다중공선성이 있는 경우: 릿지회귀분석(Ridge regression), 라쏘회귀분석(Lasso regression), 엘라스틱넷 회귀분석(Elastic net regression), Principal component regression(PCR), Partial least square(PLS) regression

표 1-1 회귀분석의 기본 가정과 진단방법 및 가정 위배 시 해결방법

구분	내용	진단방법	위배 시 해결방법
선형성	독립변수와 종속변수가 선형관계	• 산점도 체크 [그래프-산점도/점도표(단순회귀분석-단순산점도, 다중회귀분석-행렬산점도]	• 변수 변환(로그 변환-In(Y), 제곱근 변환, 역수 변환-1/Y 등)을 통해 데이터 수정 • 비선형 관계이면 비선형회귀분석의 적용(SPSS는 독립변수 1개인 경우만 가능)
잔차의 독립성	잔차(오차항)는 자기상관이 없어야 함(모든 관측치에 대해 상호독립적임) $Cov[\epsilon_i, \epsilon_j]=0$, $i \neq j$	• Durbin-Watson지수 이용(0~4의 값): 2에 가까우면 자기상관이 없고 독립적임(0에 가까우면 양의 자기상관, 4에 가까우면 음의 자기상관) [참조] 설문조사 데이터는 거의 자기상관이 없음	• 독립변수 추가 • 변수 변환 • 자기회귀분석(시계열분석방법)의 적용
잔차의 정규성	잔차(오차항)는 정규분포를 따라야 함 $\epsilon_i \sim N(0, \sigma^2)$ (잔차 산점도 평균은 0, 동일한 분산을 갖는 정규분포)	• 선형 회귀분석: 저장에서 [표준화] 체크해 데이터 파일에 ZRE 출력 • [데이터 탐색]에서 [검정과 함께 정규성 도표] 체크: Shapiro-Wilk검증 결과 p>0.05이면 정규성 만족 • 모수 지정 Kolmogorov-Smirnov검증 실시: [분석-비모수검정-레거시 대화상자-일표본K-S]	• 데이터가 정규분포를 가질 수 있도록 변수 변환(로그 변환, 제곱근 변환, 역수 변환 등)
잔차의 등분산성	잔차는 분산이 동일해야 함	• 잔차 산점도의 등분산도표 출력해 검토(평균을 중심으로 어떤 추세, 경향 등을 보이지 않고 무작위로 분포되어 있으면 등분산)	• 변수 변환(로그 변환, 제곱근 변환, 역수 변환 등) • 가중회귀분석의 적용
이상치 (Outlier)	극단적인 관측값이 없어야 함	• 산점도 체크(다른 데이터 점들과 멀리 떨어져 있는 값) • 통계량의 절대값이 다른 값들에 비해 상대적으로 큰 경우(이상치 판별기준: ① 표준화 잔차 산점도(ZRE 절대값)>3 ② COOK's D>1 ③ 표준화 DfFit(SDF 절대값)>2)	• 이상치 확인 후 제거 • 릿지회귀분석(능형회귀분석)의 적용 • 변수 변환(변수에 로그 취하기)
다중 공선성	독립변수 간은 서로 선형적으로 독립이며, 독립변수들 간에 높은 상관관계가 없어야 함(다중회귀분석)	• VIF(Variance Inflation Factor)>10 • Tolerance(공차)<0.1 (VIF=1/Tolerance) • 독립변수 간 상관관계가 0.8 이상인 경우 • 다중공선성이 의심되는 경우: 회귀모형의 R^2은 높지만 회귀계수가 통계적 유의성이 거의 없는 경우, 종속변수와 상관관계가 높은 독립변수의 회귀계수가 통계적 유의성이 없는 경우, 종속변수와 양의 상관관계를 가진 독립변수의 회귀계수가 음	• 상관관계가 상대적으로 높은 불필요한 독립변수를 제거(다중공선성이 의심되는 변수들 중 일부를 제거) • 다중공선성이 발생한 변수들의 결합으로 새로운 변수 생성해 사용 • 릿지회귀분석(능형회귀분석), PLS 회귀방법의 적용

		수인 경우, 회귀계수의 부호가 과거의 경험이나 이론적 면에서 기대되는 부호와 정반대인 경우, 데이터 사례 수에 비해 과다한 독립변수 사용	• 예측이 회귀분석의 유일한 목적인 경우 다중공선성 무시 가능

1.4 회귀모형(회귀선)의 설명력 평가: 결정계수(R^2)

회귀분석에서는 표본을 통해 회귀선을 추정하였다면 추정된 회귀선의 설명력을 평가해야 한다. 이때 이용할 수 있는 것이 바로 결정계수(R^2, Coefficient of determination)[1]이다. 이는 회귀선으로 데이터를 설명할 수 있는 정도 혹은 종속변수 Y의 총변동성 중에서 독립변수 X들에 의해서 설명되는 비율(기여도)을 의미하며, 독립변수들이 종속변수를 설명하는 설명력을 나타내는 지수($R^2 = SSR/SST$)이다.

R^2의 값은 0에서부터 1까지의 범위($0 \leq R^2 \leq 1$), 즉 항상 0과 1 사이에 있다. 0에 가까운 값을 가지면 회귀모형의 설명력이 낮다고 평가되며, 1에 가까운 값을 가질수록 회귀모형의 설명력이 높다고 평가된다. 만약 R^2이 0.2라면 종속변수의 총변동성 중에서 독립변수들에 의해서 설명되는 비율(설명력)이 20%라는 의미이다. 1이면 예측정확도가 100%임을 의미한다. 회귀분석의 목적이 예측에 있다면 R^2은 높은 것이 좋다고 볼 수 있다. 하지만 분석의 목적이 변수 간의 관계 추정에 있다면 R^2은 낮아도 큰 문제가 되지 않는다. 특히 사회과학 분야에서 추정된 회귀모형은 R^2이 낮을 가능성이 높으며 연구자가 회귀모형을 제대로 설정하고 적절한 추정방법을 사용했다면 R^2이 작더라도 크게 걱정하지 않아도 된다.

1) 결정계수는 추정된 회귀선의 설명력(Explanatory power), 기여율, 오차의 분산비 등의 용어로 사용된다.

그림 1-5 ▌ 제곱합의 분할: SST, SSR 및 SSE의 관계

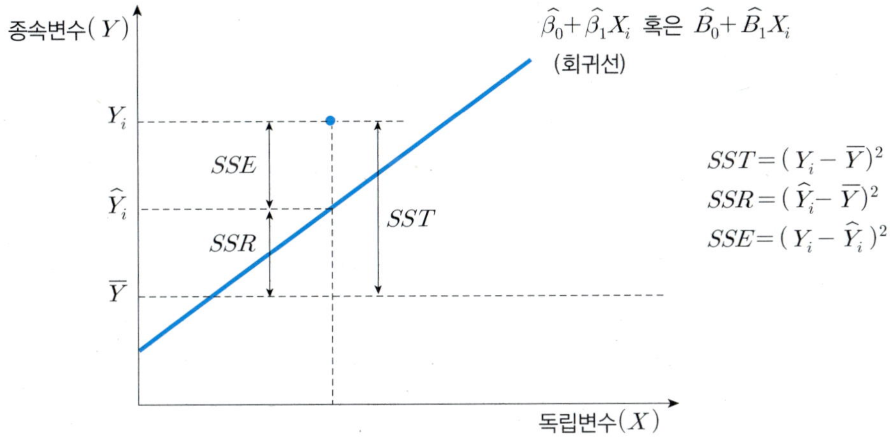

주: Y_i: i번째 사례의 Y실제값, $\widehat{Y}_i$: i번째 사례의 Y예측값, $\overline{Y}$: Y의 평균

[그림 1-5]는 종속변수의 총변동성인 전체제곱합(Sum of Squares Total: SST), 회귀선으로 설명되는 변동성인 회귀제곱합(Sum of Squares Regression: SSR) 및 회귀선으로 설명되지 않는 변동성인 오차제곱합(Sum of Squares Error: SSE)의 관계를 보여준다.

$$\Sigma(Y_i-\overline{Y})^2=\Sigma(\widehat{Y}_i-\overline{Y})^2+\Sigma(Y_i-\widehat{Y}_i)^2$$

$$SST \quad = \quad SSR \quad + \quad SSE$$

전체제곱합 = 회귀제곱합 + 오차제곱합

[종속변수의 총변동성(총편차) = 회귀선으로 설명되는 변동성(회귀선으로 설명되는 편차) +회귀선으로 설명되지 않는 변동성(회귀선으로 설명되지 않는 편차)]

R^2(결정계수) = SSR/SST =1−SSE/SST

R^2adj(수정된 결정계수) = $1-(1-R^2)\times\frac{n-1}{n-p-1}$

여기서, n은 표본 수, p는 독립변수 수

[그림 1-6]은 결정계수의 크기에 따른 데이터의 모양을 보여준다. 그림에서 결정계수가

1이면 실제값들이 회귀직선에 위치하게 되며, 회귀직선에서 실제값들이 멀리 넓게 퍼져 있을수록 결정계수가 0에 가까움을 의미한다.

그림 1-6 | 결정계수와 크기

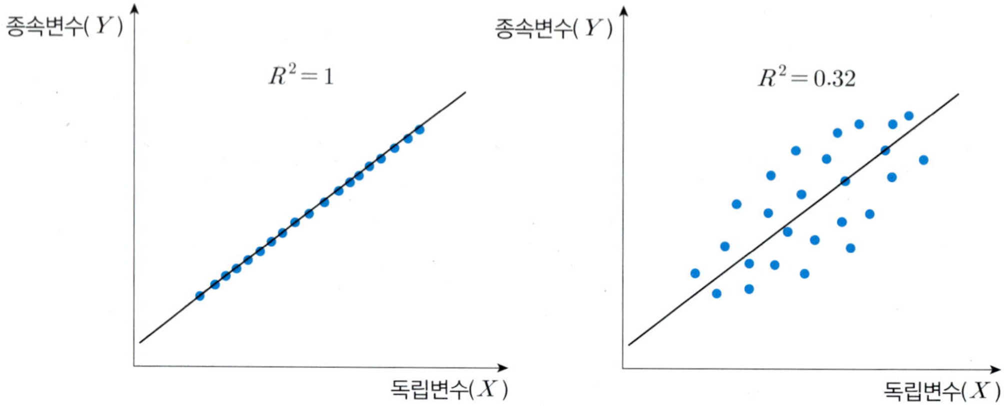

다중회귀분석에서 독립변수의 수가 추가되면, 특히 아무리 설명력이 없는 독립변수를 추가하더라도 R^2은 조금이라도 커진다. 일반적으로 R^2이 클수록 그 회귀선은 보다 높은 설명력을 가지나 R^2을 약간 증가시킬 목적으로 모든 독립변수를 회귀모형에 추가하는 것이 반드시 옳은 것은 아니다. 왜냐하면 독립변수의 수가 많을수록 좋은 연구모형이 되는 것은 아니며, 오히려 종속변수와 밀접한 관계를 가지고 있는 독립변수들이 회귀모형에 포함될 때 좋은 모형이 될 수 있기 때문이다. 이러한 점을 고려하여 보정한 것이 수정된 결정계수(Adjusted R^2)이다. 이는 R^2을 표본의 크기와 독립변수의 수로써 조정한 것으로 독립변수의 수가 늘어나면 벌칙(Penalty)을 부과하는 방법을 사용하고 있다. 많은 연구자들은 보통 R^2과 Adjusted R^2 중에서 전자를 많이 사용하고 있으나 다중회귀분석을 사용하는 경우에는 독립변수의 수가 다른 회귀모형들 간의 설명력을 비교하기 위해서 후자를 보고하는 것이 추천된다.

결정계수(R^2)와 수정된 결정계수(Adjusted R^2)는 비슷하고 큰 차이가 없어야 적합한 회귀모형이다. 수정된 결정계수가 결정계수와의 차이가 10% 이내이면 흔히 있는 일반적인 회귀모형이다. 10~20% 이내이면 불필요한 독립변수가 추가된 것은 아닌지 의심해야 하며, 20% 이상인 경우에는 모형상 심각한 문제가 있는 과적합일 수 있으며, 그 차이가 많이 난다면 회귀모형이

과적합(Overfitting) 모형이며 이런 경우에는 모형을 수정하는 것이 필요하다.[2] 예컨대 다중회귀모형에서 수정된 결정계수가 결정계수(0.30)의 10%인 3% 이내라면, 즉 수정된 결정계수가 0.27(0.30−0.03)보다 크다면 일반적인 회귀모형의 상황이다. 그러나 수정된 결정계수가 결정계수(0.30)의 20%인 6%보다 크다면, 즉 수정된 결정계수가 0.24(0.30−0.06)보다 작다면 과적합 회귀모형이므로 모형의 수정이 필요하다.

표 1-2 결정계수와 수정된 결정계수의 차이

차이	수정된 결정계수	비고	예시(R^2=0.30 가정 시)
10% 이내	$R^2-(0.1\times R^2)<R^2_{adj}$	일반적인 회귀모형	$0.30-(0.1\times 0.3)=0.27$ $\mathbf{0.27}<R^2_{adj}$
10~20% 이내	$R^2-(0.2\times R^2)<R^2_{adj}$ $\le R^2-(0.1\times R^2)$	불필요한 독립변수 추가 의심	$0.30-(0.2\times 0.3)$ $=0.24<R^2_{adj}\le 0.30-(0.1\times 0.3)=0.27$ $\mathbf{0.24}<R^2_{adj}\le\mathbf{0.27}$
20% 이상	$R^2_{adj}\le R^2-(0.2\times R^2)$	과적합 회귀모형	$0.30-(0.2\times 0.3)=0.24$ $R^2_{adj}\le\mathbf{0.24}$

회귀모형의 적합도 평가계수인 R^2은 어느 정도의 값을 가져야 할까? 일반적으로 바이오 분야는 0.95, 자연과학 · 공학 분야는 0.7, 사회과학 분야는 0.3 이상이 추천된다. Cohen(1988)[3]에 의하면 R^2이 0.02 이상 0.13 미만이면 작은 효과(Small effect), 0.13 이상 0.26 미만이면 중간 효과(Middle effect), 0.26 이상이면 큰 효과(Large effect)로 보았다. 따라서 설문조사 등을 많이 이용하는 사회과학 연구에서는 R^2이 13% 이상만 되면 어느 정도의 효과가 있다고 본다.

2) 이일현. (2014). *EasyFlow 회귀분석*. 서울: 한나래출판사. 142−143.
3) Cohen, J. (1988). *Statistical power analysis for the behavioral sciences*(2nd Ed.). Lawrence Erlbaum Associates, Inc.

1.5 회귀분석의 가설과 가설검증

1) 회귀모형의 적합도(통계적 유의성)검증

회귀모형(회귀선)의 적합도검증(Goodness of fit)은 [표 1-3]에 제시된 SPSS의 출력 결과의 ANOVA(분산분석표)를 보고 회귀선이 통계적으로 유의한지 여부를 검증(F통계량 검증)하면 된다. 만약 p값이 유의수준 0.05보다 작으면 회귀선은 통계적 유의성이 있다고 본다. 모형 전체에 대한 p값이 통계적으로 유의하면 회귀모형이 전반적으로 적합하며 적어도 하나의 회귀계수는 0이 아니며 종속변수 *Y*가 독립변수 *X*들에 의해서 충분히 설명 혹은 예측되고 있다고 해석하면 된다.

- 귀무가설(H_0): 회귀선이 통계적으로 유의하지 않다(모든 회귀계수가 0이다). 혹은 독립변수들로 종속변수를 예측 혹은 설명할 수 없다.
- 대립가설(H_1): 회귀선이 통계적으로 유의하다(독립변수의 회귀계수 중에서 적어도 하나는 0이 아니다). 혹은 독립변수들로 종속변수를 예측 혹은 설명할 수 있다.

표 1-3 회귀모형(회귀선)의 적합도검증을 위한 분산분석표(ANOVA table)

모형	제곱합	자유도	평균제곱	F	p값
회귀	SSR	p	$MSR=SSR/p$	MSR/MSE	
잔차	SSE	$n-p-1$	$MSE=SSE/n-p-1$		
전체	SST	$n-1$			

주: 회귀제곱평균(Mean Square of Regression: MSR), 오차제곱평균(Mean Square of Error: MSE)
자유도에서 p는 독립변수의 수, n은 사례의 수를 나타냄

MSR(회귀제곱평균)은 SSR/p로 회귀 분산추정치이며 회귀선으로 설명할 수 있는 부분(편차)이다. MSE(오차제곱평균)는 SSE/n−p−1로 오차를 제곱한 값(SSE)을 데이터의 크기로 나눈 평균으로 잔차 분산추정치이며 회귀선으로 설명할 수 없는 부분이다. F값은 MSR을 MSE로 나눈 값이다.

2) 회귀계수(기울기)의 검증

회귀분석에서는 회귀계수(기울기)의 검증을 통해서 가설검증을 하며, 이를 개별 회귀계수들(모수들)의 검증이라 한다. 회귀계수의 검증은 계수표(Coefficients table)를 보고 하면 된다.

단순회귀모형	다중회귀모형
$Y_i = \beta_0 + \beta_1 X_1 + \epsilon_i$	$Y_i = \beta_0 + \beta_1 X_1 + \beta_2 X_2 + \cdots + \epsilon_i$
• 귀무가설(H_0): 독립변수는 종속변수에 영향을 주지 않는다($\beta_1 = 0$). 혹은 독립변수의 회귀계수는 0이다. • 대립가설(H_1): 독립변수는 종속변수에 영향을 준다($\beta_1 \neq 0$). 혹은 독립변수의 회귀계수는 0이 아니다.	• 귀무가설(H_0): 모든 독립변수는 종속변수에 영향을 주지 않는다($\beta_1 = \beta_2 = \cdots \beta_p = 0$). 혹은 모든 독립변수들의 회귀계수는 0이다. • 대립가설(H_1): 독립변수 중에서 적어도 하나는 종속변수에 영향을 준다. 혹은 적어도 하나의 회귀계수는 0이 아니다.

회귀계수의 통계적 유의성검증은 t검증통계량(t-value)을 사용해서 이루어진다. t값은 각 비표준화회귀계수의 추정치를 그 추정치의 표준오차(Standard error)로 나누어 구할 수 있다(회귀계수 t-value=비표준화회귀계수 추정치/추정치의 표준오차).

$$t = \frac{\widehat{\beta_1}}{SE_{\widehat{\beta_1}}}$$

여기서, $\widehat{\beta_1}$은 비표준화회귀계수 추정치, $SE_{\widehat{\beta_1}}$는 $\widehat{\beta_1}$의 표준오차

회귀분석 결과에서는 비표준화회귀계수(Unstandardized coefficients)와 표준화회귀계수(Standardized coefficients)를 모두 출력해준다. 비표준화회귀계수(일반적으로 B로 표시)는 변수(데이터)의 단위에 의해 영향을 받기 때문에 계수들의 단순 비교가 가능하지 않으며, 계수값이 크다고 해서 영향력이 크거나 예측력이 높다고 해석하면 안 된다. 비표준화회귀계수 B에 대해서 표준편차로 보정한 것이 표준화회귀계수(일반적으로 β로 표시)이다. 결국 표준화회귀계수는 비표준화회귀계수를 표준화시킨 것으로 서로 간에 비교가 가능하며, 값이 크면 독립변수가 종속변수에 주는 영향이 더 크다고 해석할 수 있다. 또한 회귀분석의 목적이 설명이면 표준화회귀계수를 사용하고, 예측이면 비표준화회귀계수를 사용한다.

$$\beta_i = B_i \times \frac{s_i}{s_y}$$

여기서, β_i는 표준화회귀계수, B_i는 비표준화회귀계수,
s_i는 독립변수의 표준편차, s_y는 종속변수의 표준편차

일반적인 회귀계수의 해석방법은 회귀계수가 통계적으로 유의하면 독립변수는 종속변수에 영향을 준다고 해석하며, 통계적으로 유의하지 않으면 영향을 주지 않는다고 해석한다. 따라서 회귀분석 결과를 해석할 때 회귀계수의 p값이 유의수준 0.05보다 작으면 '독립변수는 종속변수에 영향을 미치는 것으로 나타났다'로, 유의수준 0.05 이상이면 '독립변수는 종속변수에 영향을 미치지 않는 것으로 나타났다'고 해석하면 된다.

또 다른 회귀계수의 해석방법을 단순회귀분석과 다중회귀분석으로 구분해 제시하면 다음과 같다. 먼저, 단순회귀모형에서 비표준화회귀계수 $\hat{B}$(혹은 $\hat{\beta}$)는 X(독립변수)가 1단위 증가했을 때 기대되는 종속변수 Y의 변화량(증가/감소)으로 해석한다. 다음으로, 다중회귀모형에서 각 회귀계수는 다른 독립변수를 통제했을 때(혹은 다른 독립변수를 일정하게 고정했을 때) 해당 독립변수가 1단위 증가했을 때 기대되는 종속변수 Y의 변화량으로 해석한다.

한편 회귀계수에 대한 해석 시 중요한 것은 부호의 방향이다. 양수(+)이면 양의 영향을 주는 것(증가)이고 음수(−)이면 음의 영향을 주는 것(감소)이다. 따라서 회귀분석 결과를 해석할 때 비표준화회귀계수 혹은 표준화회귀계수가 +이면 '독립변수가 높아질수록 종속변수가 높아지는 것으로 나타났다'로, −이면 '독립변수가 낮아질수록 종속변수가 높아지는 것으로 나타났다'로 해석하면 된다.

1.6 회귀분석의 특수한 경우들

다음은 회귀분석의 특수한 경우들이다. 여기에서는 개념적 수준에서만 간략하게 살펴보기로 한다.

- ▶ 회귀모형에서 범주형 변수(질적 변수)를 사용하고자 하는 경우에는 이를 더미변수(Dummy variables)[4] 혹은 가변수(假變數)로 변환한 뒤에 더미변수가 포함된 다중회

귀분석, 즉 더미회귀분석(Regression analysis with dummy variables)을 시행한다. 회귀분석에서 범주형 변수는 독립변수로 바로 투입할 수 없으며 반드시 더미변수로 변환한 뒤에 회귀모형에 포함시켜야 한다.

- 다중회귀모형에서 통제변수(Control variables)가 있으면 통제변수가 포함된 다중회귀분석, 즉 통제회귀분석(Regression analysis with control variables)을 시행한다. 다중회귀모형에서 회귀계수($\widehat{\beta_1}$)의 의미는 나머지 모든 독립변수를 일정한 수준으로 통제하면서 독립변수 X_1만 한 단위 증가할 때 기대되는 종속변수 Y의 변화량을 의미한다. 분석적인 관점에서는 통제변수를 다중회귀모형에 독립변수로 투입하기만 하면 통제회귀분석을 시행하는 것이 된다. 예컨대 두 개의 독립변수 X_1과 X_2가 있을 때 연구자가 X_2의 영향을 통제하면서 X_1의 종속변수 Y에 대한 영향을 확인하고 싶다면 X_1과 X_2를 동시에 독립변수로 다중회귀모형 안에 포함시켜서 분석하면 된다. 회귀분석에서는 독립변수와 통제변수를 구분하지 않는 것이 일반적인 관례이지만 성별, 연령, 학력, 직업, 종교 등의 인구통계학적 변수들과 선행연구에서 밝혀진 중요한 독립변수 등이 통제변수로 사용될 수 있다. 통제회귀분석에서 통제변수가 연속형이면 다중회귀모형에 그대로 투입하면 되며, 범주형이면 더미변수로 변환한 뒤 투입해야 한다. 통제변수에 범주형 변수가 있는 경우에는 더미변수로 전환해 투입하기 때문에 더미통제회귀분석이라고도 한다. 한 가지 유의할 사항은 다중회귀분석을 시행할 때 통제변수는 독립변수보다 먼저 투입하는 것이 일반적이며 이를 위해서 위계적 회귀분석(Hierarchical regression analysis)을 사용하기도 한다.
- 다중회귀분석에서는 종속변수가 연속형인 경우가 대부분이지만 범주형인 경우도 있다. 종속변수가 범주형인 경우에는 로지스틱회귀분석(Logistic regression analysis)을 사용한다.
- 다중회귀분석에서 독립변수와 종속변수 간을 매개하는 변수, 즉 매개변수가 있다면 매개회귀분석(Mediation effect regression analysis)을 사용한다.
- 다중회귀분석에서 독립변수와 종속변수 간을 조절하는 변수, 즉 조절변수가 있다면 조절회귀분석(Moderation effect regression analysis)을 사용한다. 이 분석은 조절변수

4) 더미변수(혹은 가변수)란 회귀분석에서 독립변수를 0과 1로 변환한 변수를 의미한다.

의 수준에 따라서 독립변수가 종속변수에 미치는 영향의 크기와 방향이 달라지는가에 초점이 있다.

2 단순회귀분석

2.1 단순회귀분석

1) 단순회귀분석의 의의

단순회귀분석(Simple regression analysis)은 1개의 독립변수와 1개의 종속변수 간의 관계를 설명하거나 예측하는 방법이다.

단순회귀모형	단순회귀모형의 추정된 회귀선
$Y_i = \beta_0 + \beta_1 X_i + \epsilon_i$ 혹은 $Y_i = B_0 + B_1 X_i + \epsilon_i$	$\widehat{Y_i} = \widehat{\beta_0} + \widehat{\beta_1} X_i$ 혹은 $\widehat{Y_i} = \widehat{B_0} + \widehat{B_1} X_i$
Y_i: i번째 사례의 Y값(종속변수의 값) β_0: 절편(Intercept) β_1: 기울기(Slope)=회귀계수 X_i: i번째 사례의 X값(독립변수의 값) ϵ_i: 잔차(Residual) 혹은 오차(Error term)	$\widehat{Y_i}$: i번째 사례의 Y예측값 (종속변수의 예측값) $\widehat{\beta_0}$ 혹은 $\widehat{B_0}$: β_0(절편)의 추정치 $\widehat{\beta_1}$ 혹은 $\widehat{B_1}$: β_1(기울기)의 추정치 X_i: i번째 사례의 X값(독립변수의 값)

2) 단순회귀분석의 사용목적과 적용상황

단순회귀분석의 목적은 다음과 같다.

- 1개의 독립변수가 1개의 종속변수에 미치는 영향을 분석(영향관계 분석)
- 단순회귀모형에 의해 추정된 회귀선을 이용해서 종속변수값의 예측(예측 목적)

▶ 그림 1-7 ▌ 단순회귀분석의 적용상황

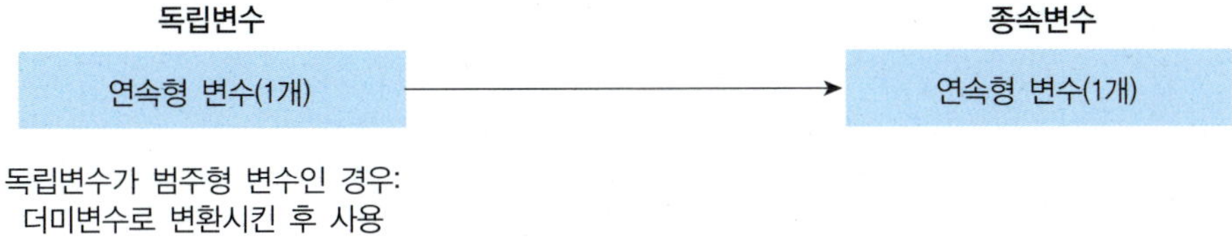

단순회귀분석은 기본적으로 독립변수와 종속변수가 모두 연속형 척도인 경우에 사용할 수 있다. 독립변수는 주로 연속형 변수를 사용하지만 범주형 변수인 경우에는 범주형 변수를 더미변수로 변환한 후에 분석에 투입할 수 있다. 독립변수가 연속형 변수 1개이고 종속변수도 연속형 변수 1개인 경우는 단순회귀분석이라고 부른다. 하지만 독립변수가 1개인데 범주형 변수이면 더미변수로 변환시킨 후에 분석에 투입하게 되므로 단순더미회귀분석(Simple dummy regression analysis)이라는 명칭을 사용할 수 있다.

3) 단순회귀분석의 가정과 진단

단순회귀분석을 실행하기 위해서는 [표 1-4]에서 제시된 것처럼 사전에 가정의 검토와 진단이 이루어져야 한다. 가정 조건들이 위배되지 않음이 확인되었으면 분석을 실행하면 된다.

▌ 표 1-4 ▌ 단순회귀분석의 기본 가정과 진단 방법

기본 가정	SPSS를 이용한 진단 방법
선형성 확인	그림을 통해 선형성/비선형성 확인 • [그래프-산점도/점도표-단순산점도]의 [저장] 옵션: X축에 독립변수, Y축에 종속변수 입력 → 산점도를 통해 두 변수 간의 관계가 직선인지 곡선인지 확인
이상치 탐색	다른 대부분의 데이터 포인트로부터 멀리 떨어져 있는 값을 확인하고, 이상치(극단치, 가외치)로 판별되면 해당 데이터 포인트를 클릭해 삭제하는 것이 일반적임 표준화 잔차의 절대값>±3(혹은 ±2), 표준화된 DfFit의 절대값>±2 • [분석-회귀분석-선형]의 [저장] 옵션: 표준화와 표준화 DfFit 체크 → 데이터 파일에 출력된 표준화 잔차(ZRE), 표준화된 DfFit(SDF) 확인 • [분석-회귀분석-선형]의 [도표] 옵션: X에 ZPRED(표준화 예측값), Y에 ZRESID(표준화 잔차) 입력 → 잔차 산점도 출력해 이상치 탐색
잔차의 독립성	D-W(Durbin-Watson지수) 이용: 0에 가까울수록 양의 자기상관(Autocorrelation) 존재, 2에 가까울수록 자기상관 없음, 4에 가까울수록 음의 자기상관 존재. 보통 지수가 1.5~2.5 사이에 있으면 자기상관이 없다고 판정(1.5보다 작거나 2.5보다 크면 자기상관) • [분석-회귀분석-선형]의 [통계량] 옵션: Durbin-Watson 체크 → 출력 결과의 [모형 요약]에 있는 Durbin-Watson계수 확인

잔차의 정규성	왜도와 첨도 통계량, 그림과 통계기법을 이용해 검증 통계기법에 의한 정규성검증은 잘 사용치 않고 그림을 이용해서 확인하는 것이 적절함 왜도<3, 첨도<7/정규Q-Q도표(혹은 정규P-P도표)/Shapiro-Wilk검증 p값>0.05 • [분석-기술통계량-데이터탐색]에서 모든 변수 종속변수에 입력, [도표] 옵션에서 [검정과 함께 정규성도표] 체크 → 정규Q-Q도표, 첨도와 왜도 확인 • [분석-회귀분석-선형]의 [저장] 옵션: 표준화 체크 → 데이터 파일에 출력된 표준화 잔차 산점도(ZRE) 확인/데이터 파일에 저장된 Standardized Residuals(표준화 잔차 ZRE)를 [분석-기술통계량-데이터탐색]에서 종속변수에 입력, [도표] 옵션에서 검정과 함께 정규성 도표 체크 → 정규P-P도표, 첨도와 왜도, 통계기법 검증 등 확인
잔차의 등분산성	잔차 산점도의 등분산 그림을 이용해 데이터가 평균 0을 중심으로 ±2에서 어떤 추세나 경향성이 없이 고르게 무작위로 분포되어 있는지 확인 혹은 잔차 산점도의 분산이 모든 관찰값들에 대해 일정하다는 가정(이 가정이 깨지면 이분산성이라고 부름) • [분석-회귀분석-선형]의 [도표] 옵션: X에 ZPRED(표준화 예측값), Y에 ZRESID(표준화 잔차) 입력 → 잔차 산점도 출력해 등분산성 확인

4) 단순회귀분석의 가설과 검증

단순회귀분석의 가설은 다음과 같다. 여기에서 귀무가설은 '회귀선의 기울기가 0이다'라는 것이고, 대립가설은 '기울기가 0이 아니다'라는 것이다. 따라서 대립가설이 채택되면 독립변수가 종속변수를 설명하고 예측할 수 있다는 것을 의미하며, 독립변수가 종속변수에 영향을 준다는 것을 뜻한다.

- 귀무가설(H_0): 독립변수는 종속변수에 영향을 주지 않는다($\beta_1 = 0$).
- 대립가설(H_1): 독립변수는 종속변수에 영향을 준다($\beta_1 \neq 0$).

5) 단순회귀분석의 절차

단순회귀분석의 절차는 [그림 1-8]과 같다.

제1단계는 단순회귀분석의 기본 가정들을 진단하고 위반사항이 없으면 그대로 분석하고 위배 시에는 처리한 후 분석을 시행해야 한다.

제2단계는 단순회귀모형(회귀선)의 설명력 정도를 평가하는 것이다. 여기에서는 R^2을 주로 검토하며 독립변수가 종속변수를 어느 정도 설명해주는지를 평가한다.

제3단계는 단순회귀모형(회귀선)의 적합도를 검증하는 것이다. 이는 회귀모형(회귀선)이 통계적으로 유의하며 적합한지를 평가하는 것으로 분석 결과의 분산분석표(ANOVA table)의

p값을 보고 검증한다. p값이 유의수준 0.05보다 작으면 통계적으로 유의미하므로 회귀모형이 적합하다고 평가한다. 그러나 반대로 p값이 유의수준 0.05보다 크면 통계적으로 유의하지 않으므로 회귀모형이 적합하지 않다고 평가한다.

제4단계는 회귀계수(기울기)의 검증을 통해 독립변수가 종속변수에 영향을 주는지를 분석해 가설검증을 한다. 회귀계수에 대한 p값이 유의수준 0.05보다 작으면 대립가설인 '회귀선의 기울기가 0이 아니다'라는 것을 채택할 수 있으며, '독립변수는 종속변수에 영향을 준다'라고 해석한다. 반대로 p값이 유의수준 0.05보다 크면 '독립변수는 종속변수에 영향을 주지 않는다'고 평가하면 된다.

그림 1-8 단순회귀분석의 절차

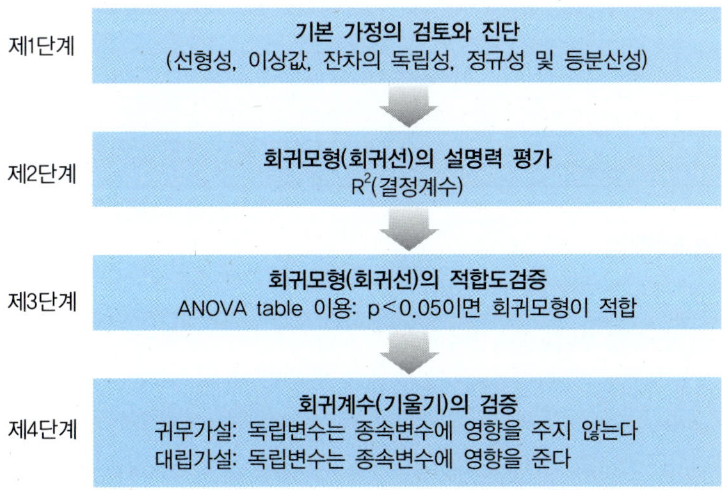

3 단순회귀분석의 SPSS 통계 실습

통계 실습 1-1 단순회귀분석

다음의 가상회사에 대한 50명을 대상으로 조사한 [제1장 단순회귀분석 데이터]를 이용해서 단순회귀분석(Simple regression analysis)을 수행하고 분석 결과를 해석하시오. 독립변수는 연속형 변수로 재직기간(단위: 년)이며 종속변수는 연속형 변수로 연간급여(단위: 천원)이다.

☑ 실습 데이터

ID	연간급여(단위: 천원)	재직기간(단위: 년)
1	90,000	14
2	48,000	5
…	…	…
50	88,000	19

총 사례 수는 50개임

- 재직기간 → 연속형 변수(독립변수)
- 연간급여 → 연속형 변수(종속변수)

☑ 가설

- 귀무가설(H_0): 근로자의 재직기간은 연간급여에 영향을 주지 않는다($\beta_1 = 0$).
- 대립가설(H_1): 근로자의 재직기간은 연간급여에 영향을 준다($\beta_1 \neq 0$).

실습 데이터	제1장 단순회귀분석 데이터
분석방법 메뉴 선택	그래프–산점도/점도표–단순 산점도 분석–회귀분석–선형 분석–기술통계량–데이터 탐색 • **선형 회귀**: 통계량 옵션에서 회귀계수의 [추정값], 잔차 산점도의 Durbin–Watson 체크

- **선형 회귀**: 도표 옵션에서 X에 [ZPRED], Y에 [ZRESID] 입력, 표준화 잔차 산점도 도표에서 [정규확률도표] 체크
- **선형 회귀**: 저장 옵션에서 잔차 산점도의 [표준화], 영향력 통계량의 [표준화 DfFit] 체크

1) 실습 과정

❶ [파일–열기–데이터]를 선택한 후 실습 데이터 파일이 있는 위치로 찾아가서 [제1장 단순회귀분석 데이터]를 연다.

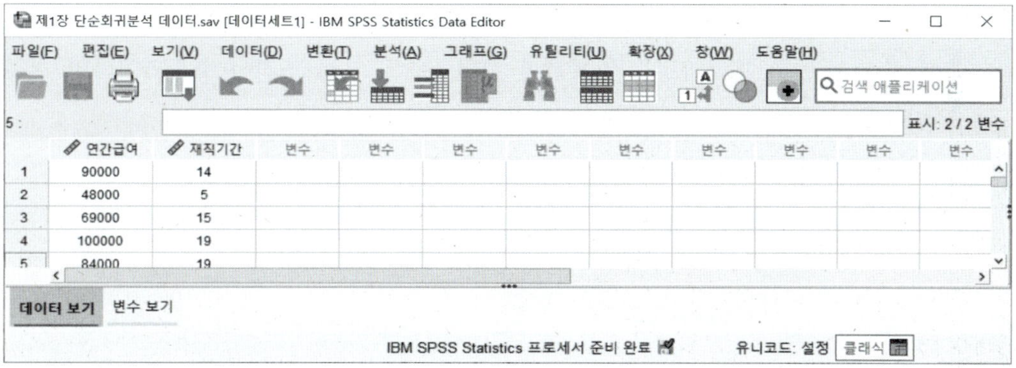

❷ [그래프–산점도/점도표–단순 산점도]를 선택한 후 [정의] 버튼을 클릭해 [단순 산점도] 창을 연 후 독립변수인 [재직기간]을 [X축]에, 종속변수인 [연간급여]를 [Y축]으로 이동시킨다. 마지막으로 [확인] 버튼을 클릭하면 그래프가 출력된다. 재직기간과 연간급여 간에 직선의 관계가 존재하는지 확인한다. 그래프를 육안으로 살펴보면 선형 관계, 즉 선형성이 존재함을 확인할 수 있다. 그래프에 마우스를 놓고 몇 번 클릭하면 [도표 편집기]가 나타난다. 편집기 상단의 [요소] 메뉴에서 [전체 회귀선 적합]을 선택하면 회귀선이 그려진다. 이 그래프를 보고 이상값을 사전에 판별할 수도 있다.

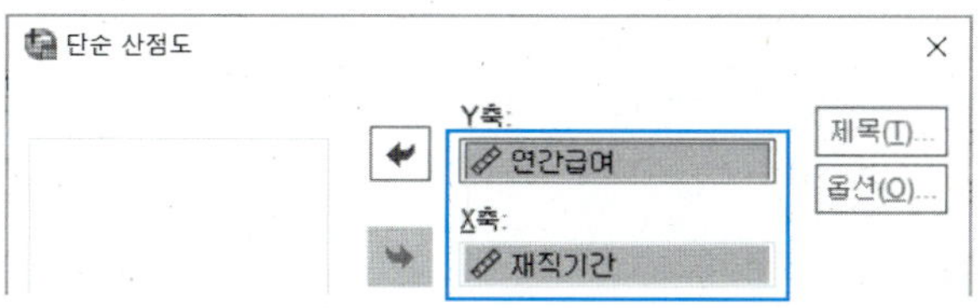

❸ [분석-회귀분석-선형]을 선택하여 [선형 회귀] 창으로 들어간다. 독립변수인 [재직기간]을 [독립변수]에, 그리고 [연간급여]를 [종속변수]로 이동시킨다. [통계량] 옵션에서 [회귀계수]의 [추정값], [잔차 산점도]의 [Durbin-Watson]을 체크하고 [계속] 버튼을 클릭한다. [도표] 옵션에서 [ZPRED]를 [X]에, [ZRESID]를 [Y]로 이동시키고 표준화 잔차 도표에서 [히스토그램]과 [정규확률도표]를 체크하고 [계속] 버튼을 클릭한다. [저장] 옵션의 [잔차]에서 [표준화]를, [영향력 통계량]에서 [표준화 DfFit]를 체크하고 [계속] 버튼을 클릭한다. 마지막으로 [선형 회귀] 창의 좌측 하단에 있는 [확인] 버튼을 클릭해 단순회귀분석을 실행한다. 이렇게 하면 단순회귀분석의 가정 진단과 분석 결과 제시에 필요한 모든 출력물을 얻을 수 있다. 만약 실행 후에 가정 조건이 위배되는 경우에는 위배 사항들을 교정한 후에 다시 동일한 분석과정을 반복해야 한다. 모든 가정 조건이 충족되었다면 최종적으로 단순회귀분석을 실시한 후에 그 결과를 보고하면 된다.

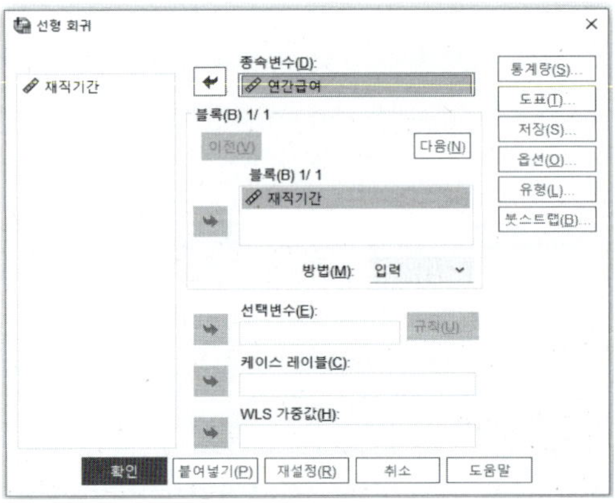

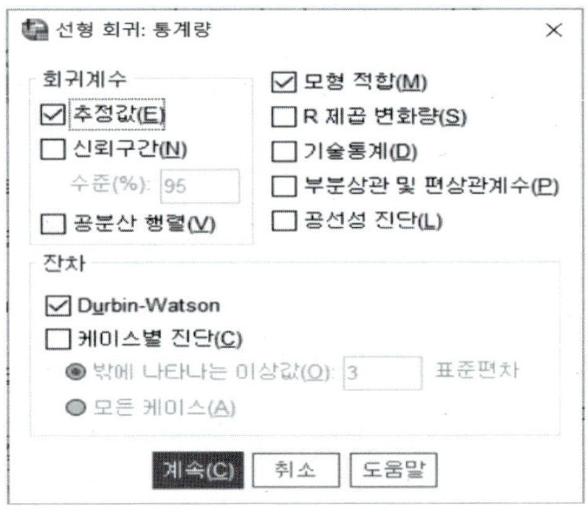

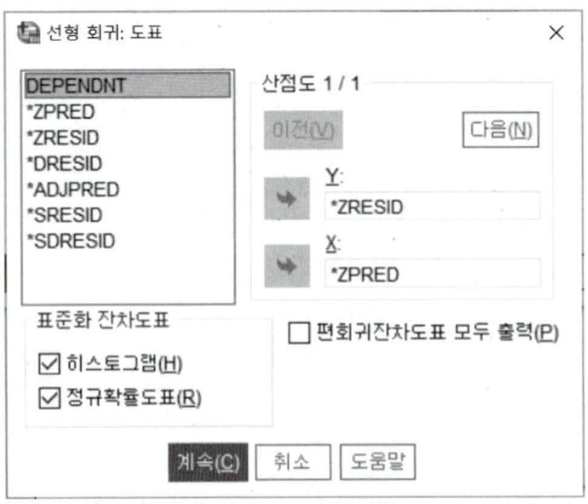

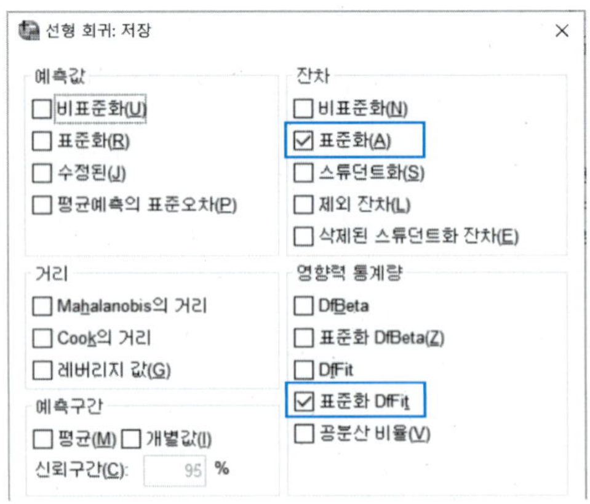

❹ [참고사항] 잔차 산점도의 정규성은 출력물 중에서 P-P도표를 이용해 검증하면 된다. 그러나 데이터 파일에 출력되는 표준화된 잔차(Standardized Residual) ZRE를 이용해서 잔차의 정규성을 검증할 수 있다. 이는 [분석-기술통계량-데이터 탐색] 메뉴에서 [Standardized Residual]를 [종속변수]로 이동시키고 [도표] 옵션에서 [검정과 함께 정규성 도표]를 체크하고 [계속] 버튼을 클릭한다. 마지막으로 [데이터 탐색] 창의 좌측 하단에 있는 [확인] 버튼을 클릭하면 분석이 완료된다.

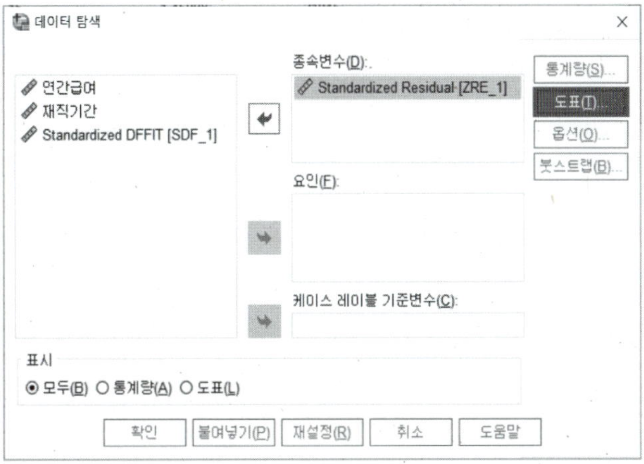

2) 주요 분석 결과

단순회귀분석에 대한 주요 출력 결과를 제시하면 다음과 같다.

| 선형성검증 결과 |

독립변수와 종속변수 간의 선형성검증 결과는 다음과 같다.

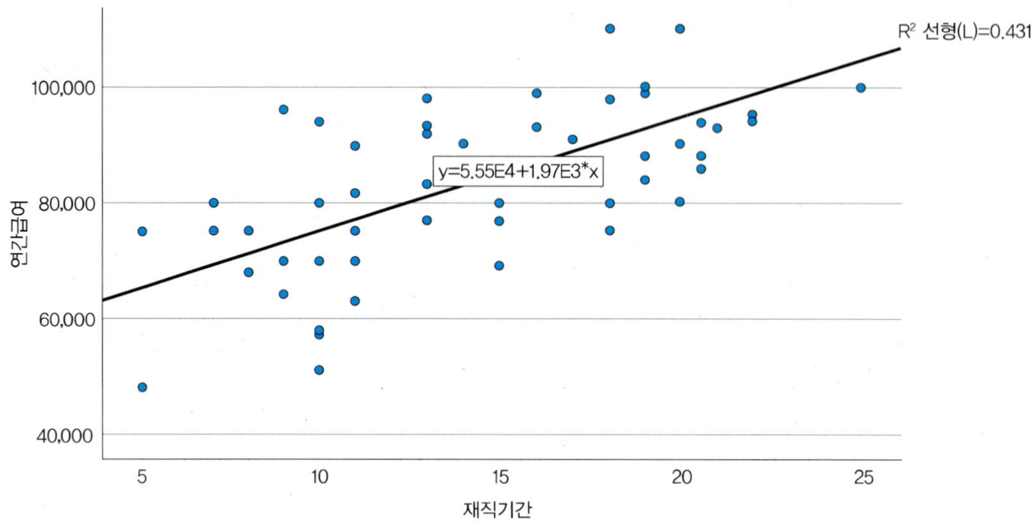

| 이상치검증 결과 |

이상치(Outlier)에 대한 검증 결과는 다음과 같다. 표준화 잔차(ZRE_1)의 절대값 3 이상, 표준화 DfFit(SDF_1)의 절대값이 2 이상을 넘지 않으면 이상치가 없다고 판단한다. 데이터 파일인 [제1장 단순회귀분석 데이터]에 있는 ZRE_1을 보면 3을 넘는 것이 없고, SDF_1의 값이 2를 넘는 사례가 없으므로 이상치는 없다고 판단된다. 연구자들은 이상치가 있다고 판단되는 경우에는 해당 사례를 데이터 파일에서 삭제한 후 회귀분석을 수행해야 한다. 이상치는 앞에서 제시한 선형성검증 결과의 그림을 통해서도 확인할 수 있다.

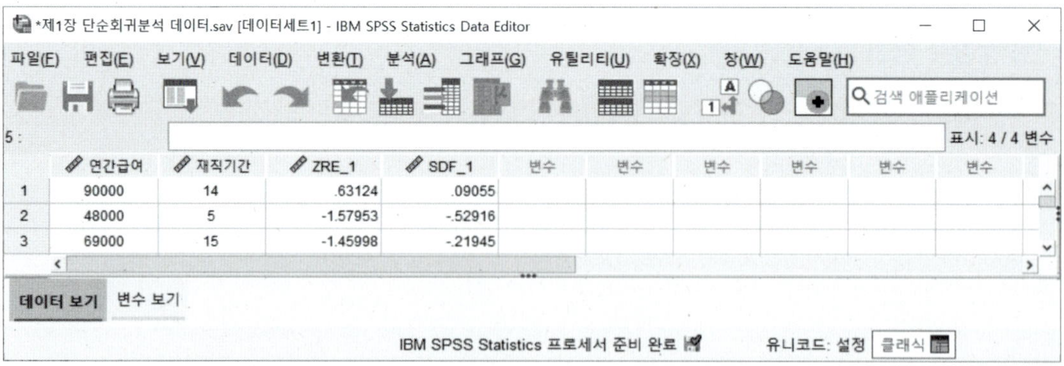

| 잔차 산점도의 독립성검증 결과 |

잔차의 독립성검증 결과는 다음과 같다. 회귀분석 실행 결과 Durbin-Watson지수는 2.040으로 2에 가까우므로 잔차들 간에는 자기상관이 없이 독립적임을 알 수 있다.

모형 요약[b]

모형	R	R 제곱	수정된 R 제곱	추정값의 표준 오차	Durbin-Watson
1	.657[a]	.431	.420	10983.382	2.040

a. 예측자: (상수), 재직기간

b. 종속변수: 연간급여

| 잔차의 정규성검증 결과 |

잔차의 정규성(Normality)검증 결과는 다음과 같다. 회귀분석의 실행 결과인 [히스토그램]과 [정규P-P도표]를 보면 잔차들은 정규분포에서 크게 벗어나지 않은 것으로 보인다.

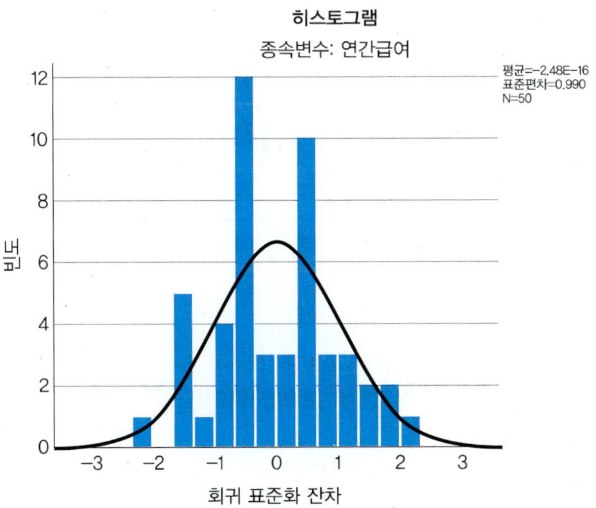

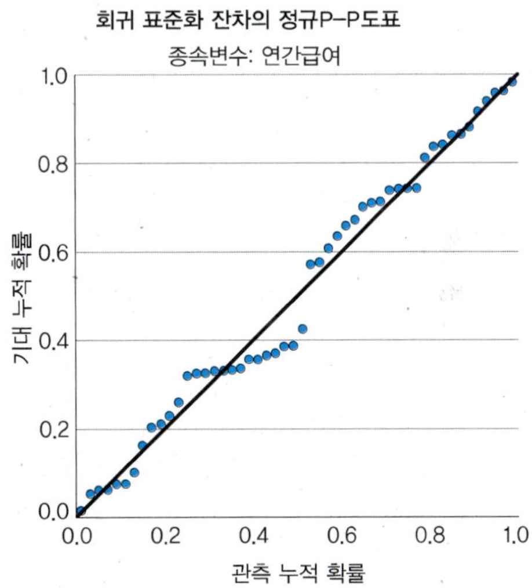

[분석-기술통계량-데이터 탐색]의 실행 결과에서의 출력물인 [정규Q-Q도표]를 보면 잔차들은 정규분포를 하고 있는 것으로 보인다. Shapiro-Wilk검증 결과 p값이 0.583이면 이는 유의수준 0.05보다 크므로 잔차들은 정규분포를 하고 있음을 알 수 있다.

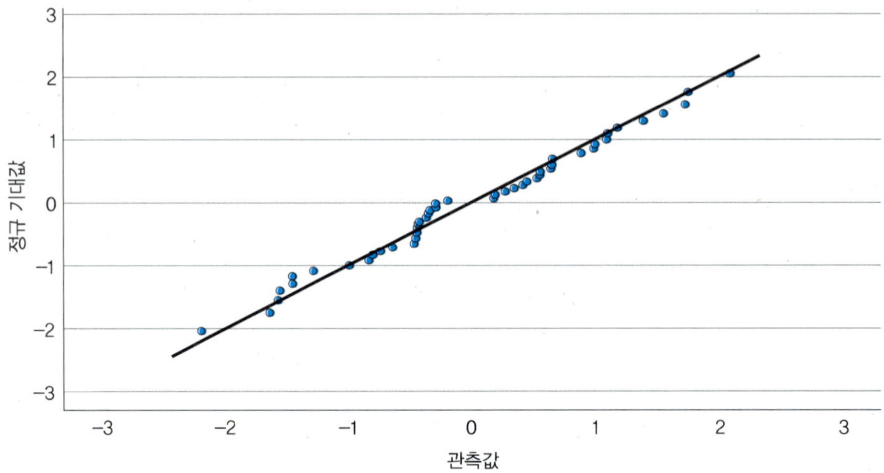

정규성 검정

	Kolmogorov-Smirnov[a]			Shapiro-Wilk		
	통계	자유도	유의확률	통계	자유도	유의확률
Standardized Residual	.117	50	.087	.981	50	.583

a. Lilliefors 유의확률 수정

| 잔차의 등분산성검증 결과 |

잔차의 등분산성검증 결과는 다음과 같다. 아래 그림은 잔차 산점도(Residual scatterplot)이다. 이 그림에서 표준화 잔차들이 일반적으로 일정한 패턴이 없이 +2부터 −2 사이에 일정하게 분포되어 있으면 등분산성가정이 만족된다. 이 실습 문제의 표준화 잔차 산점도를 보면 +2와 −2 사이에서 일정한 패턴이 없으므로 등분산성의 가정을 만족하고 있음을 알 수 있다.

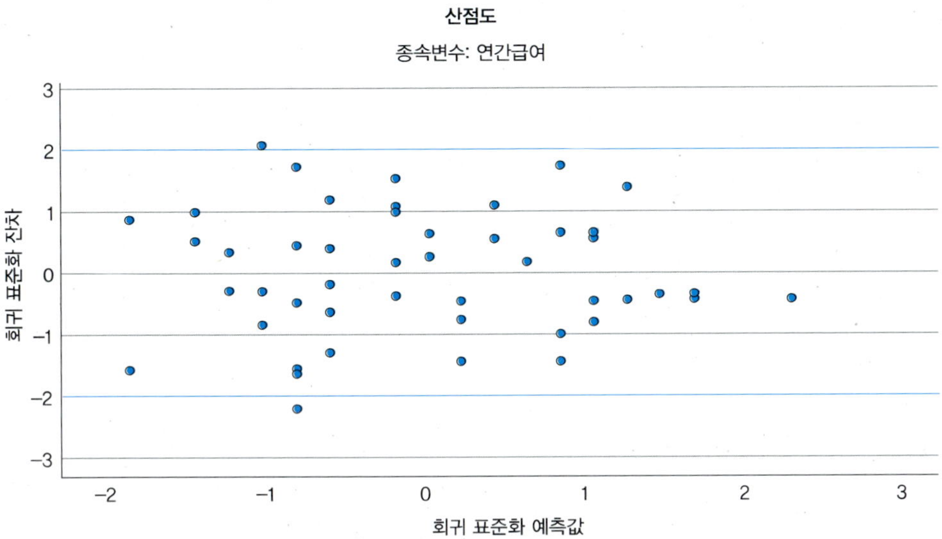

| 단순회귀분석의 주요 검증 결과 |

단순회귀분석의 주요 출력물은 다음과 같다.

① 모형 요약

결정계수인 R^2은 0.431로 재직기간으로 연간급여 데이터를 설명할 수 있는 설명력의 정도는 43.1%로 나타났다. 이는 연간급여 변수의 변동성 중에서 독립변수 재직기간의 변동성에 의해 설명되는 비율을 의미한다. 모형 요약표에서 [추정값의 표준오차]는 오차의 평균크기를 의미한다. 보통 단순회귀분석에서는 R^2만 제시하며, 다중회귀분석에서는 수정된 R^2을 제시한다.

모형 요약[b]

모형	R	R 제곱	수정된 R 제곱	추정값의 표준오차	Durbin-Watson
1	.657[a]	.431	.420	10983.382	2.040

a. 예측자: (상수), 재직기간

b. 종속변수: 연간급여

[참고사항] 회귀분석 결과의 모형 요약표에서 R^2의 계산

회귀분석 결과인 모형 요약표에서 R은 독립변수와 종속변수 간의 상관계수이며 이의 제곱값은 R^2과 동일하다.

$$0.657 \times 0.657 = 0.431$$

② 모형의 적합도

회귀선의 통계적 유의성을 검증하는 F통계량은 36.410이고, 이에 대한 p값은 <0.001로 유의수준 0.001보다 작으므로 회귀선은 통계적으로 유의함을 알 수 있다. 따라서 회귀모형은 잘 적합되었음을 알 수 있다.

ANOVA[a]

모형		제곱합	자유도	평균제곱	F	유의확률
1	회귀	4392324959.6	1	4392324959.6	36.410	<.001[b]
	잔차	5790464722.4	48	120634681.72		
	전체	10182789682	49			

a. 종속변수: 연간급여

b. 예측자: (상수), 재직기간

[참고사항 1] 지수 형태 숫자의 일반 숫자 변환

지수 형태로 표현된 전체 값은 1.018E+10은 소수점 이하 10자리까지 숫자가 있음을 의미한다. 따라서 이를 숫자로 표현하면 10,180,000,000이다. 인터넷 검색을 통해 지수변환기를 찾아 지수를 입력해 일반 숫자로 변경해서 사용하면 된다. 버전 28 이하는 전체 제곱합의 지수형태로 출력된다(1.018E+10).

[참고사항 2] ANOVA표에서의 R^2 계산

분산분석표(ANOVA table)에 [회귀제곱합/전체제곱합]으로 R^2을 계산할 수 있다.

4,392,324,960/10,180,000,000=0.431(이 값은 앞에서 제시한 ① 모형 요약의 R^2과 동일함을 알 수 있다).

③ 회귀계수

독립변수인 재직기간의 비표준화회귀계수는 1968.696(표준화회귀계수 0.657)이며 이의 p값은 <0.001이고 유의수준 0.001보다 작으므로 재직기간은 종속변수인 연간급여에 유의한 영향을 미치고 있음을 알 수 있다. 회귀분석 결과를 회귀선으로 나타내면 [연간급여=55505.102+1968.696×재직기간]이 된다.

계수[a]

모형		비표준화 계수 B	비표준화 계수 표준화 오류	표준화 계수 베타	t	유의확률
1	(상수)	55505.102	4787.510		11.594	<.001
	재직기간	1968.696	326.263	.657	6.034	<.001

a. 종속변수: 연간급여

[참고사항] 회귀분석 계수표에서 t값의 계산

t값(t-value)은 [비표준화계수(B)/표준오차]에 의해 계산된다.

$$1968.696/326.263=6.034$$

3) 단순회귀분석 검증 결과의 제시와 해석

단순회귀분석 검증 결과를 요약하면 다음과 같다. 회귀분석 결과표는 연구자에 따라서 다양하게 제시될 수 있다.

표 1-5 단순회귀분석 결과표 (N=50)

독립변수	B	SE	β	t	p
상수	55505.102	4787.510		11.594***	<0.001
재직기간	1968.696	326.263	0.657	6.034***	<0.001
$R^2=0.431$, $F=36.410$ (<0.001)					

***p<0.001, 종속변수: 연간급여

표 1-6 단순회귀분석 결과표 다른 양식 예시 (N=50)

독립변수	B	SE	β	t
상수	55505.102	4787.510		11.594***
재직기간	1968.696	326.263	0.657	6.034***
R^2=0.431, F=36.410 (<0.001)				

***p<0.001, 종속변수: 연간급여

표 1-7 단순회귀분석 결과표 다른 양식 예시 (N=50)

독립변수	B	β	R^2	F
상수	55505.102		0.431	36.410***
재직기간	1968.696	0.657***		

***p<0.001, 종속변수: 연간급여

재직기간이 연간급여에 미치는 영향을 알아보기 위하여 단순회귀분석을 실시하였다. 회귀분석의 기본 가정들이 충족되는지를 검증하였다. 먼저, 단순 산점도를 통해 재직기간과 연간급여 간의 선형성을 분석한 결과 이들 간에는 선형적인 관계가 있는 것으로 나타났다. 또한 산점도상에서 크게 정상적인 데이터 포인트에서 벗어난 경우는 없어서 이상치도 없는 것으로 나타났다. 추가적으로 회귀분석 후에 데이터 파일([제1장 단순회귀분석 데이터])에 있는 ZRE_1을 보면 3을 넘는 것이 없고, SDF_1의 값이 2를 넘는 사례가 없으므로 이상치는 없다고 판단된다. 다음으로, 잔차의 독립성, 정규성 및 등분산성을 검증하였다. Durbin-Watson지수가 2.040으로 나타나 이 지수에 2에 가까우므로 잔차들은 자기상관이 없이 독립적임을 알 수 있다. 표준화된 잔차에 대한 정규성을 검증한 [정규Q-Q도표]를 보면 잔차들은 정규분포를 하고 있는 것으로 보인다. Shapiro-Wilk검증 결과에서도 p값이 유의수준 0.05보다 크므로 잔차들은 정규분포를 하고 있음을 알 수 있다. 잔차의 등분산성검증을 위해 표준화 잔차 산점도(Residual scatterplot)를 살펴본 결과 거의 모든 잔차들이 일정한 패턴이 없이 +2부터 -2 사이에 일정하게 분포되어 있어서 등분산성가정이 만족된 것으로 판단된다.

연간급여의 변동성 중에서 재직기간이 설명하는 설명력은 43.1%로 나타났다. 분산분석표의 F값이 36.410이고 이는 유의수준 0.001에서 통계적으로 유의한 것으로 나타나 회귀모형은 적합하다고 판단된다.

재직기간이 연간급여에 미치는 영향에 대한 회귀분석 결과, 가상기업 근로자들의 재직기간은 연간급여에 유의한 영향을 주는 것으로 나타났다($p<0.001$). 이는 근로자들의 재직기간이 높을수록($B=1968.696$) 연간급여가 높아짐을 의미한다.

회귀분석을 통해 추정된 회귀선은 다음과 나타낼 수 있다. 물론 이 추정된 회귀선이 정확한 예측을 하지 못할 수도 있다. 좀 더 정확한 예측을 할 수 있으려면 연간급여에 영향을 미칠 수 있는 독립변수들을 발굴해서 다중회귀모형을 구축하는 것이 필요할 것이다.

$$연간급여 = 55505.102 + 1968.696 \times 재직기간$$

연간급여 추정회귀선에서 상수(절편)는 55505.102이며, 회귀계수(기울기)는 1968.696임을 보여준다. 재직기간이 한 단위, 즉 1년이 증가할 때 기대되는 연간급여는 1,968,696원만큼 증가함을 의미한다. 연구자들은 새로운 정보로 재직기간만 주어진다면 추정된 회귀선을 통해 연간급여를 추정할 수 있다.

[이 책의 자매 도서]

석박사학위와 학술논문 작성 중심의 SPSS 29 논문통계분석

(도서출판 청람, 2023)

〈목차〉

제5부 평균비교검증(1): t-검증

제11장 일표본 t-검증과 일표본 윌콕슨 부호순위검증

제12장 독립표본 t-검증과 맨-휘트니검증

제13장 대응표본 t-검증과 윌콕슨의 부호순위검증

제6부 평균비교검증(2): 분산분석

제14장 일원분산분석과 크루스칼-왈리스검증

제15장 이원분산분석

제16장 다변량분산분석

제17장 공분산분석

제18장 다변량공분산분석

제19장 반복측정분산분석

제7부 영향관계와 예측검증: 회귀분석

제20장 단순회귀분석

제21장 다중회귀분석

제8부 분류분석

제22장 군집분석

제 2 장 다중회귀분석

Multiple Regression Analysis

1 다중회귀분석

1.1 다중회귀분석의 의의와 적용상황

다중회귀분석(Multiple regression analysis)은 [그림 2-1]과 같이 2개 이상의 독립변수와 1개의 종속변수 간의 관계를 설명하거나 예측하는 방법이다.[1] 이는 독립변수가 2개 이상이며 혼합형(연속형 변수와 범주형 변수 모두 투입가능) 그리고 종속변수는 1개이며 연속형일 때 사용한다. 물론 종속변수가 이분형 이상일 때도 사용가능하나 이 경우에는 로지스틱회귀분석(Logistic regression analysis)을 수행해야 한다.

그림 2-1 | 다중회귀분석

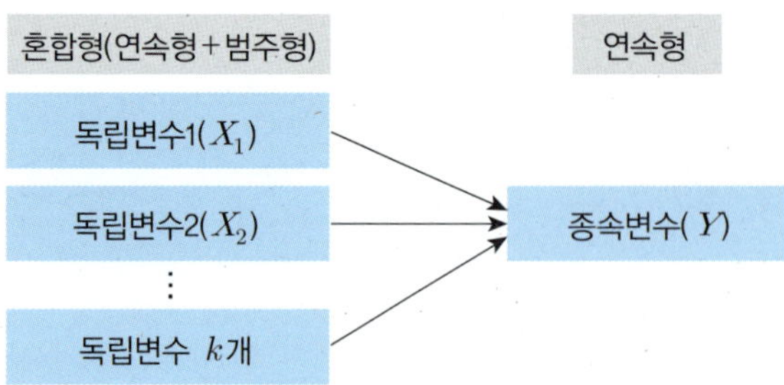

1) 다중회귀분석은 학문 분야에 따라 중회귀분석, 중다회귀분석이라는 명칭을 사용하기도 한다.

다중회귀모형	다중회귀모형의 추정된 회귀선
$Y_i = \beta_0 + \beta_1 X_1 + \beta_2 X_2 + \cdots + \epsilon_i$ 혹은 $Y_i = B_0 + B_1 X_1 + B_2 X_2 + \cdots + \epsilon_i$	$\widehat{Y_i} = \widehat{\beta_0} + \widehat{\beta_1} X_1 + \widehat{\beta_2} X_2 + \cdots + \widehat{\beta_k} X_{ik}$ 혹은 $\widehat{Y_i} = \widehat{B_0} + \widehat{B_1} X_1 + \widehat{B_2} X_2 + \cdots + \widehat{B_k} X_{ik}$
Y_i: i번째 사례의 Y값(종속변수의 값) β_0: 절편(Intercept) $\beta_1, \beta_2, \beta_k$ 혹은 B_0, B_1, B_k: 기울기(Slope) = 회귀계수 X_{ik}: i번째 사례의 X_k값(독립변수들의 값) ϵ_i: 잔차(Residual) 혹은 오차(Error term)	$\widehat{Y_i}$: i번째 사례의 Y예측값(종속변수의 예측값) $\widehat{\beta_0}$ 혹은 $\widehat{B_0}$: β_0(절편)의 추정치 $\widehat{\beta_1}, \widehat{\beta_2}, \widehat{\beta_k}$ 혹은 $\widehat{B_1}, \widehat{B_2} \cdots \widehat{B_k}$: β_k(기울기)의 추정치 X_{ik}: i번째 사례의 X_k값(독립변수들의 값)

다중회귀분석의 목적은 다음과 같다.

- 2개 이상의 독립변수들이 1개의 종속변수에 미치는 영향을 분석(영향관계 분석)
- 독립변수들은 서로 완전한 독립이 아니므로 몇몇 교란변수(Confounder)[2]를 통제변수로 통제(고정)한 상태에서 개별 독립변수들이 종속변수에 미치는 실질적인 영향을 분석(교란변수를 통제한 후에 실질적인 영향관계 분석)
- 다중회귀모형에 의해 추정된 회귀선을 이용해서 종속변수값의 예측(예측 목적)

[그림 2-2]는 다중회귀분석의 적용상황을 제시한 것이다. 다중회귀분석에서 독립변수는 원칙적으로 연속형 변수가 투입되는 것이 일반적이나 연속형 변수가 아닌 범주형 독립변수인 경우에도 더미변수로 변환되었다면 투입가능하다.

그림 2-2 ▌다중회귀분석의 적용상황

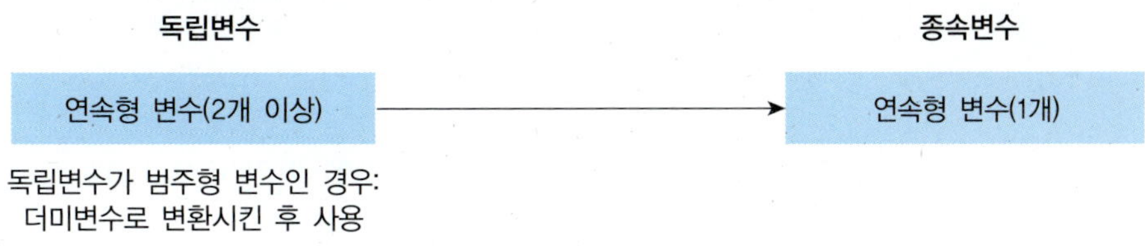

2) 교란변수란 우리가 원인이라고 생각하는 것과 결과라고 생각하는 것에 동시에 영향을 주는 변수를 말한다. 예컨대 보고자 하는 질병과 관련되어 있으면서 그 질병의 원인변수와도 연관되어 있어 질병과 특정 원인과의 연관성을 왜곡시키는 변수를 말한다.

1.2 다중회귀분석의 기본 가정

다중회귀분석의 기본 가정에 대한 진단과 처리는 단순회귀분석과 크게 다르지 않다. 따라서 독립변수와 종속변수 간의 선형성, 이상치 탐색, 잔차의 독립성, 정규성 및 등분산성가정은 단순회귀분석의 가정 진단방법을 따라 검증하면 된다. 그러나 다중회귀분석에서는 독립변수 2개 이상이 회귀모형에 투입되어야 하므로 독립변수들 간의 다중공선성의 존재 여부를 확인하고 필요한 조치를 해야 한다.

다중회귀분석에 투입되는 독립변수들 간에는 상관이 낮아야 한다. 다중공선성(Multicollinearity)이란 다중회귀분석에서 투입된 여러 독립변수들 간에 상관관계가 너무 높아서 발생하게 되는 문제로, 수리적으로는 어떤 독립변수가 다른 독립변수들과 완벽한 선형 독립이 아닌 경우를 말한다. 이는 독립변수들이 서로 독립이 아니라 상호상관관계가 강한 경우(거의 다르지 않은 유사한 독립변수를 선택하는 경우)와 데이터 수에 비해 과다한 독립변수들을 투입하는 경우에 발생한다. 다중공선성이 존재하면 부정확한 회귀분석 결과가 도출될 수 있다. 예컨대 회귀계수의 분산이 커지면 오차가 커지고 예측정확성은 떨어지며 R^2이 과대하게 나올 가능성이 있다.

다중공선성이 의심되는 경우는 [그림 2-3]과 같다.

그림 2-3 | 다중공선성이 의심되는 경우

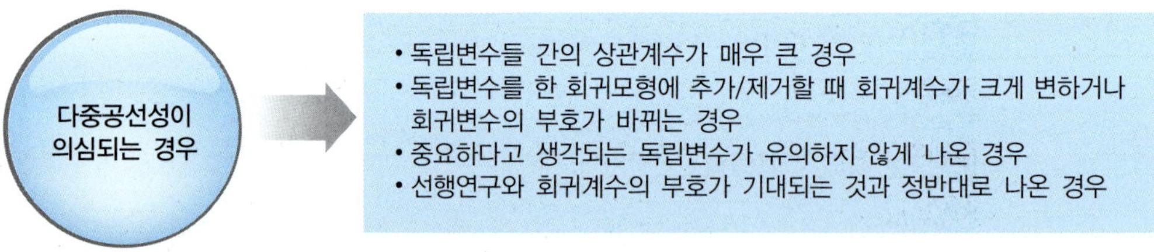

다중공선성은 독립변수들 간의 상관관계가 0.8 이상(연구자에 따라 0.9 이상 기준을 사용하기도 함)일 때 발생할 수 있다. 그러나 세 개의 독립변수 간에 다중공선성이 있으면 두 개 변수 간의 상관계수는 작게 나올 수도 있다. 그러므로 상관계수는 다중공선성을 판단하는데 참고사항이지 적합한 정보는 아니다. 일반적으로 다중회귀분석 결과에서 VIF(Variance Inflation Factor)가 10 이상이거나 공차(Tolerance)가 0.1 이하 그리고 상태지수(Condition index)가 15 이상이면 다중공선성이 존재하는 것으로 판정한다. VIF와 공차의 관계는 VIF=1/Tolerance이다. 따라서 다중공선성을 확인할 때는 VIF와 공차를 모두 확인할 필요는 없으며 VIF만 보면 된다. 연구자들은 다중공선성이 확인되면 상관관계가 상대적으로 높은 불필요한 독립변수를 분석에서 제외시키는 것이 바람직하다. 아니면 다중공선성 관계인 독립변수들의 합이나 평균을 구해 새로운 변수로 통합해 투입할 수 있다. 이외에도 릿지회귀분석(능형회귀분석)을 사용할 수 있으나 대안적인 방법으로 충분하지 않은 것으로 알려져 있다. 한편 다중회귀분석의 목적이 예측인 경우에는 다중공선성을 무시할 수도 있다. 조금 더 자세한 다중공선성의 내용, 진단방법 및 위배 시 해결방법을 알고 싶으면 이 책 제1장의 [표 1-1]을 참조하기 바란다.

SPSS 통계프로그램에서 다중공선성을 확인하기 위해서는 [분석-회귀분석-선형] 메뉴로 들어가 [통계량] 옵션에서 [공선성 진단]을 체크하면 된다. 그러면 다중회귀분석 결과의 출력물에서 계수표를 보면 공선성 통계량인 공차와 VIF가 있음을 알 수 있다. 또한 출력물인 [공선성 진단]에서는 상태지수값을 확인할 수 있다.

그림 2-4 ▌다중회귀분석에서 다중공선성 통계량 출력 방법

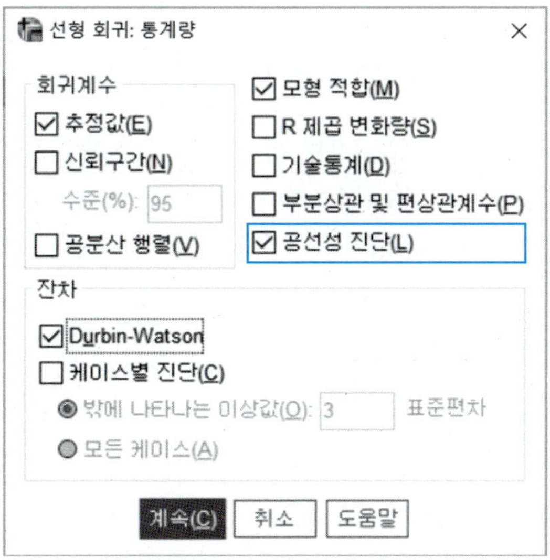

1.3 다중회귀분석의 가설과 가설검증

다중회귀분석의 가설은 다음과 같다.

- 귀무가설(H_0): 모든 독립변수는 종속변수에 영향을 주지 않는다. 혹은 모든 독립변수들의 회귀계수는 0이다($\beta_1 = \beta_2 = \cdots \beta_p = 0$).
- 대립가설(H_1): 독립변수 중에서 적어도 하나는 종속변수에 영향을 준다. 혹은 적어도 하나의 회귀계수는 0이 아니다($\beta_1 \neq \beta_2 \neq \cdots \beta_p \neq 0$).

위의 가설에서 귀무가설은 모든 회귀계수(기울기)가 0이라는 것이고, 대립가설은 회귀계수 중에서 적어도 하나는 0이 아닌 독립변수가 있다는 것이다.

다중회귀분석에서는 회귀계수(기울기)의 검증을 통해서 가설검증을 하며, 이를 개별 회귀계수들(모수들)의 검증이라고 한다. 이는 SPSS의 출력 결과에서 계수표(Coefficients)를 보고 검증하면 된다. 회귀계수의 p값이 유의수준 0.05보다 작으면 대립가설을 채택하고 0.05보다 크면 귀무가설을 기각할 수 없음을 의미한다.

1.4 다중회귀분석의 변수 선택과 종류

다중회귀분석에서 모든 독립변수를 회귀모형 속에 포함시켜 분석할 것인지, 아니면 일부의 독립변수만을 포함시켜 분석할 것인지를 선택해야 한다. 일반적으로는 독립변수가 많은 복잡한 회귀모형보다 간단한 모형이 선호된다.

SPSS에서는 [표 2-1]과 같이 네 가지의 변수 선택방법을 제공하고 있다.

다중회귀분석에서 독립변수를 모형에 투입시키는 방법에 따라 동시적 회귀분석(표준회귀분석, Simultaneous regression or Standard regression analysis), 단계적 회귀분석(Stepwise regression analysis) 및 위계적 회귀분석(순서적 회귀분석, Hierarchical regression analysis or Sequential regression analysis)으로 구분하기도 한다. 여기에서 동시적 회귀분석은 SPSS의 변수 선택방법에서 입력방법(Enter)에 해당하며, 단계적 회귀분석은 단계선택방법을 선택하여 계수 추정을 하는 방법이다.

표 2-1 다중회귀분석에서 변수 선택

변수 선택 방법	내용
입력(Enter)선택법 혹은 모두 선택방법 (All selection method)	가장 많이 사용되는 변수 선택방법으로 모든 독립변수들을 포함시켜 회귀분석하는 방법(독립변수 간의 다중공선성의 문제가 있을 수 있음)
전진선택법 (Forward selection method)	독립변수가 하나도 포함되지 않은 모형으로부터 출발해 종속변수에 미치는 영향력이 가장 큰 유의한 독립변수부터 차례로 하나씩 추가하는 방법(한 번 선택된 변수는 절대로 제거되지 않는 단점이 있으며 적은 수의 독립변수가 최종 회귀모형에 포함됨)
후진선택법 (Backward selection method)	모든 독립변수가 포함된 회귀모형에서 시작하여 종속변수에 미치는 영향력이 가장 작은 유의하지 않은 독립변수부터 하나씩 제거하여 유의한 변수들만 남을 때까지 제거를 계속하는 방법
단계선택법 (Stepwise selection method) = 전진선택법+후진선택법	• 전진선택법은 한 번 선택된 독립변수는 제거가 불가능하다는 단점을 가지고 있기 때문에 이러한 단점을 보완하기 위하여 전진선택법에 후진제거법을 결합시킨 방법 • 독립변수가 하나도 포함되지 않은 모형으로부터 출발해 모형에 변수가 추가되었을 때 회귀계수의 유의확률이 가장 낮은 변수부터 순서대로 회귀모형에 진입하게 되는데, 새로운 독립변수가 진입될 때마다 모형 내 모든 독립변수들의 유의확률을 재평가하여 유의성이 떨어지는 변수가 있으면 제거하고, 다시 모형 밖의 변수 중에서 더 진입시킬 변수가 있는지를 검토하는 방법

동시적 회귀분석(표준회귀분석)은 설명과 예측 목적으로 모두 사용가능하다. 위계적 회귀분석은 예측 목적으로는 거의 사용되지 않으며 주로 설명 목적으로 사용할 수 있다. 단계적 회귀분석은 단순히 예측 목적으로 사용하거나 사전연구나 이론구축이 되지 않은 영역의 자료분석 목적으로만 사용하는 것이 좋으며 설명 목적으로 사용하지 않는 것이 좋다.

위계적 회귀분석(Hierarchical regression analysis)은 임의의 주어진 모형에서 추가적으로 독립변수를 투입했을 때 종속변수에 존재하는 변동성을 얼마나 더 설명할 수 있는지를 확인하는 방법이다. 일반적으로 이 분석에서는 위계를 단위로 독립변수들을 추가해 나가면서 여러 개의 회귀모형을 순차적으로 추정한다. 이때 추가된 위계로 인하여 통계적으로 유의한 만큼의 R^2의 증가가 있었는지를 F-검증(F-test)을 통해 확인하게 된다.

▶ 위계적 회귀분석은 통제변수들의 영향력을 제외시킨 상태(통제한 상태)에서 독립변수의 영향력을 알아내고자 할 때 사용한다. 따라서 위계적 회귀분석은 통제변수가 회귀모형에 포함되어 있는 경우에 유용하게 활용할 수 있는 다중회귀분석방법의 하나이다.

▶ 위계적 회귀분석에서 독립변수의 투입 순서는, 먼저 통제변수를 투입하고, 다음으로 연

구자가 선정한 주요 독립변수를 위계 단위로 투입한다. 1개의 위계에는 하나의 독립변수만이 포함될 수도 있고, 여러 개의 변수들이 포함될 수도 있다.

- ▶ 연구자들은 선행연구 결과 등을 참조하여 투입할 위계의 순서를 명확하게 정해야 하며, 각 위계에 포함될 변수들도 제대로 선정해야 한다. 예컨대 위계들은 시간순서상의 차례를 반영하여 인구통계학적 특성 변수(성별, 연령, 학력 등) → 개인 심리특성 변수(스트레스, 자기효능감) → 직무특성 변수(직무능력)의 순서로 모형에 투입해야 한다.
- ▶ 위계적 회귀분석은 이론적 근거와 논리적 근거에 의해 연구자가 사전에 정한 순서에 따라 독립변수들이 한 번에 하나씩 혹은 여러 독립변수들이 포함되어 있는 위계(Hierarchy) 단위별로 회귀모형에 투입할 수 있다.
- ▶ 단계적 회귀분석과 위계적 회귀분석의 가장 큰 차이는 연구자의 개입 여부이다. 전자는 통계프로그램이 정해진 기준에 따라 독립변수들을 투입하지만 후자는 연구자가 정한 순서에 따라 변수가 투입된다.
- ▶ 단계적 회귀분석에서는 개별 독립변수의 설명력을 알 수 있으며 위계적 회귀분석에서는 각 위계의 설명력을 분리할 수 있다.
- ▶ 단계적 회귀분석에서는 각 회귀모형마다 유의한 변수가 추가되며 그 변수의 설명력이 표시되지만 위계적 회귀분석에서는 각 변수의 설명력이 아닌 추가된 위계에 속한 전체 변수들의 설명력을 보여준다.

위계적 회귀분석에서는 어떤 변수를 어떤 순서로 회귀모형에 투입해야 하는지가 매우 중요하다. 즉, 투입 순서의 정당성이 있어야 한다. 왜냐하면 회귀모형에 독립변수들을 투입하는 순서에 따라 각 독립변수가 종속변수에 미치는 효과가 크게 달라지기 때문이다. 연구자는 이론적 근거와 검토, 선행연구에 대한 고찰 결과 등에 의해서 독립변수의 투입 순서를 정해야 한다. 일반적으로 다음과 같은 투입 순서를 따른다.

- ▶ 연구에서 통제하고자 하는 변수들, 즉 통제변수들(Control variables)을 먼저 투입하고 연구자들이 규명하고자 하는 주요 독립변수들을 나중에 투입한다.
- ▶ 시간적인 순서(Chronological order) 또는 논리적인 순서, 처치 순서를 따른다. 시간적 순서에 따라 종속변수에 오래전부터 영향을 준 변수들을 먼저 투입하고 나중에 영향을 준 변수들을 다음에 투입한다. 이론적으로 중요한 것, 지금까지 회귀모형에 사용해 오던

검증된 독립변수들을 먼저 투입하고 연구자가 규명하고자 하는 독립변수를 나중에 투입한다.

1.5 억제효과와 거짓효과

다중회귀분석과 구조방정식모형분석의 결과를 해석할 때 억제효과와 거짓효과의 개념을 잘 이해하는 것은 중요하며 결과 해석을 풍부하게 해준다. 회귀분석에서 억제효과와 거짓효과가 발생했을 때 단순회귀분석 결과가 옳은 것인지, 아니면 다중회귀분석 결과가 옳은지를 결정해야 한다. 일반적으로 진실한 회귀모형은 연구자가 설정한 모형이라고 볼 수 있으나 다중회귀모형이 참모형인 경우가 많다. 그러나 단순회귀모형이 옳은 경우도 있을 수 있다.

1) 억제효과

독립변수(X_1)와 종속변수(Y) 간의 다중회귀분석을 실시했을 때 독립변수(X_1)의 표준화회귀계수가 유의적이지 않았으나(영차상관에서는 독립변수와 종속변수 간에 유의한 상관관계가 없었으나) 제3의 독립변수(X_2)를 투입해 다중회귀분석을 했을 때 X_1의 표준화회귀계수가 유의하면 독립변수(X_1)는 억제변수(Suppressed variable)이다.

억제효과(Suppressed effect)		
단순회귀분석 $\widehat{Y_i} = \widehat{Y_0} + \widehat{\beta_1} X_1$		다중회귀분석 $\widehat{Y_i} = \widehat{\beta_0} + \widehat{\beta_1} X_1 + \widehat{\beta_2} X_2$
$\hat{\beta}_1$이 비유의적(X_1과 Y의 상관 0)	➡	$\hat{\beta}_1$이 유의적(억제효과)
$\hat{\beta}_1$의 부호 +(정적 상관)	➡	$\hat{\beta}_1$의 부호 −(부적 억제효과)

억제효과(Suppressed effect)란 다중회귀분석에서의 표준화회귀계수가 피어슨 상관관계 분석을 통해 구한 영차상관(Zero-order correlations)보다 더 커진 경우나 표준화회귀계수와 상관관계의 부호가 달라진 경우를 말한다. 전자는 단일한 독립변수(X_1)가 종속변수를 설명하는 모형에 제3의 독립변수(X_2)가 투입되었을 때 기존 독립변수(X_1)의 예측 강도가 오히려 증가하는 상황에 해당된다. 즉, 종속변수 Y와 X_1의 상관계수는 0인데 제3의 변수를 투입

시켜 다중회귀분석을 시행하였더니 X_1의 표준화회귀계수가 −0.5로서 영차상관에서는 보이지 않던 효과가 드러났다면 억제효과로 해석할 수 있다. 이는 제3의 변수인 X_2가 없었을 때 X_1과 Y의 관계가 억제된 것으로 볼 수 있다. 후자는 X_1과 Y의 상관관계가 +4인데 다중회귀분석을 시행하였더니 X_1의 표준화회귀계수가 −4로 부호가 바뀐 경우에 해당된다. 이는 부적 억제효과(Negative suppressed effect)가 일어났음을 의미한다.

2) 거짓효과

독립변수(X_1)와 종속변수(Y) 간의 단순회귀분석을 실시했을 때 독립변수(X_1)의 표준화회귀계수가 유의적이었으나(영차상관에서는 독립변수와 종속변수 간에 충분한 상관관계가 있었으나) 제3의 독립변수(X_2)를 투입해 다중회귀분석을 시행했을 때 X_1의 표준화회귀계수가 유의하지 않으면 독립변수(X_1)는 거짓변수(Spurious variable) 혹은 허위변수이다.

거짓효과(Spurious Effect)		
단순회귀분석 $\widehat{Y}_i = \widehat{\beta}_0 + \widehat{\beta}_1 X_1$		다중회귀분석 $\widehat{Y}_i = \widehat{\beta}_0 + \widehat{\beta}_1 X_1 + \widehat{\beta}_2 X_2$
$\hat{\beta}_1$이 유의적(X_1과 Y의 상관 유의적)	➡	$\hat{\beta}_1$이 비유의적

거짓효과(Spurious effect)란 독립변수와 종속변수 간에 영차상관에서는 유의한 상관이 있었으나 제3의 변수를 투입해 다중회귀분석을 했을 때 표준화회귀계수가 0으로 나타난 경우를 말한다. 즉, 단일한 독립변수(X_1)가 종속변수(Y)를 설명하는 다중회귀모형에 또 다른 제3의 독립변수(X_2)가 투입되면서 기존 독립변수(X_1)의 효과가 사라진 것을 의미한다.

1.6 다중회귀분석에서의 통제와 결과 해석

다중회귀분석은 어떤 독립변수의 효과를 통제(고정, 제거)한 후 관심 독립변수와 종속변수 간의 관계를 확인하는 데 유용하게 사용된다. 이 분석에서 통제(Control)는 통제하고 싶은 독립변수들을 다중회귀모형에 단지 포함시키면 된다. 다만, 통제변수들을 다중회귀모형에 포함시키고자 할 때는 위계적 회귀분석을 이용해 위계1에 통제변수를 포함시켜 분석하고, 그 다음으로 연구하고자 하는 독립변수들을 위계2부터 연구자가 정한 연구모형에 따라 차례대로 입력시키고 분석하면 된다.

단순회귀분석에서의 회귀계수 β_1은 독립변수 X_1이 한 단위 증가 시 기대되는 종속변수 Y의 변화량(증가/감소)이라고 해석한다. 그런데 다중회귀분석에서의 각 회귀계수는 다른 독립변수들의 종속변수 Y에 대한 영향력을 일정하게 통제했을 때(혹은 고정했을 때) 해당 독립변수가 한 단위 증가했을 때 기대되는 종속변수 Y의 변화량(증가/감소)으로 해석하면 된다. 예를 들어, 다음과 같은 다중회귀모형을 분석한다고 하자. 일반적으로 〈해석방법 1〉이 정식적인 결과 해석의 방법이라고 볼 수 있으나 많은 연구자들은 〈해석방법 2〉를 많이 사용해 분석 결과를 제시하고 있다.

$$\widehat{Y_i} = \widehat{\beta_0} + \widehat{\beta_1}X_1 + \widehat{\beta_2}X_2 + \widehat{\beta_3}X_3$$

| 해석방법 1 |

위 회귀선에서 β_1은 'X_2와 X_3의 종속변수 Y에 대한 영향력을 일정한 값으로 통제(혹은 고정)했을 때(Holding X_2 and X_3 constant) X_1이 한 단위 증가할 때 종속변수는 비표준화회귀계수 크기만큼 증가하는 것으로 나타났다'고 해석하면 된다. β_2는 'X_1과 X_3의 종속변수 Y에 대한 영향력을 일정한 값으로 통제(혹은 고정)했을 때(Holding X_1 and X_3 constant) X_2가 한 단위 증가할 때 종속변수는 비표준화회귀계수 크기만큼 증가하는 것으로 나타났다'고 해석하면 된다. β_3은 'X_1과 X_2의 종속변수 Y에 대한 영향력을 일정한 값으로 통제(혹은 고정)했을 때(Holding X_1 and X_2 constant) X_3이 한 단위 증가할 때 종속변수는 비표준화회귀계수 크기만큼 증가하는 것으로 나타났다'고 해석하면 된다. 다만 다중회귀분석을 할 때 독립변수나 종속변수에 로그값을 취해서 변수 변환을 수행한 후에 독립변수로 투입한 경우는 [표 2-2]와 같이 분석 결과를 해석해야 한다.

▌표 2-2▐ 투입변수의 로그 변환이 있는 경우와 없는 경우의 해석방법

로그변환 유무	해석방법	해석예시
독립변수 종속변수	독립변수가 한 단위 증가할 때 종속변수의 증감(비표준화회귀계수)	독립변수가 한 단위 증가할 때 종속변수는 [비표준회귀계수 크기]만큼 증가(감소)하는 것으로 나타났다.
독립변수(로그) 종속변수	독립변수가 1% 증가할 때 종속변수의 증감(비표준화회귀계수/100)	독립변수가 1% 증가할 때 종속변수는 [비표준화회귀계수/100]만큼 증가(감소)하는 것으로 나타났다.
독립변수 종속변수(로그)	독립변수가 한 단위 증가할 때 종속변수의 증감(비표준화회귀계수×100)%	독립변수가 한 단위 증가할 때 종속변수는 [비표준회귀계수 크기×100]%만큼 증가(감소)하는 것으로 나타났다.
독립변수(로그) 종속변수(로그)	독립변수가 1% 증가할 때 종속변수의 증감(비표준화회귀계수)%	독립변수가 1% 증가할 때 종속변수는 [비표준화회귀계수]%만큼 증가(감소)하는 것으로 나타났다.

| 해석방법 2 |

회귀분석 결과를 해석할 때 비표준화회귀계수 혹은 표준화회귀계수가 유의하면 '독립변수는 종속변수에 영향을 미치는 것으로 나타났다'로, 비유의적이면 '독립변수는 종속변수에 영향을 미치지 않는 것으로 나타났다'로 결과를 제시하면 된다. 회귀계수가 유의적이고 부호가 +이면 '독립변수가 높아질수록 종속변수는 높아지는 것으로 나타났다' 혹은 '독립변수는 종속변수에 양(+) 혹은 정의 영향을 주는 것으로 나타났다'로, 회귀계수가 유의적이고 부호가 −이면 '독립변수가 낮아질수록 종속변수는 높아지는 것으로 나타났다' 혹은 '독립변수는 종속변수에 음(−) 혹은 부의 영향을 주는 것으로 나타났다'고 해석하면 된다.

1.7 다중회귀분석의 절차

다중회귀분석의 절차는 [그림 2-5]와 같다. 수행 절차는 기본적으로 제1장에서 소개한 단순회귀분석의 절차와 동일하다. 다만 가정 조건의 진단에서 다중공선성이 있는지의 여부를 확인하는 절차만 추가된다.

그림 2-5 ▎다중회귀분석의 절차

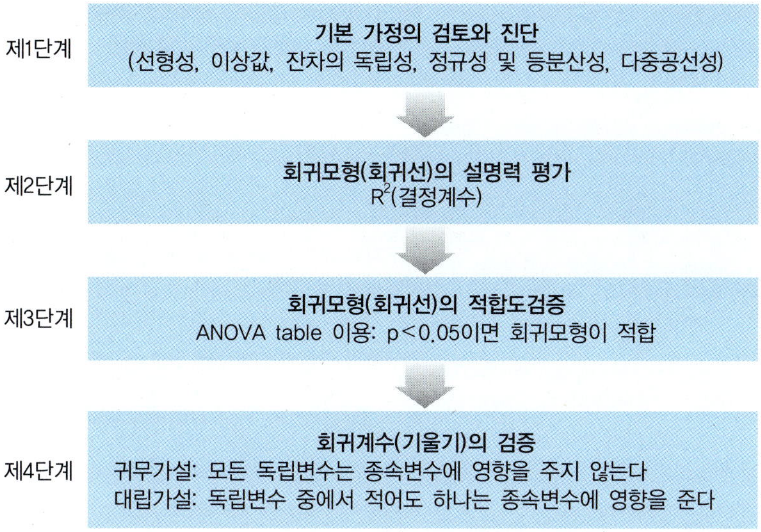

1.8 다중회귀분석을 이용한 논문작성 연구 절차

다중회귀분석을 이용해서 연구논문을 작성하고자 하는 연구자는 [그림 2-6]과 같은 절차를 따르는 것이 일반적이다.

첫째, 연구가설을 설정할 때 연구자가 가장 먼저 할 일은 관심 있는 종속변수를 확정하는 일이다. 종속변수는 연구의 서론 부분에서 핵심을 두고 기술해야 하는 사항이며, 회귀분석을 위한 연구의 출발점이 된다. 종속변수가 완전히 새로울 필요는 없으며 선행연구들에서 탐색하는 것이 좋다.

둘째, 연구하고자 하는 해당 분야에 대한 국내외 선행연구들을 체계적으로 검토(Literature review)한 후 연구자가 채택한 종속변수에 가장 중요한 영향을 미치는 독립변수들이 무엇인지를 파악한다.

셋째, 선행연구에서 크게 중요하게 고려되지 않았으나 연구자가 보기에 중요하다고 판단되는 독립변수 X를 선정하고 연구가설을 설정한다. 이때 연구자가 선택하는 독립변수들은 독창성이 있고 새로운 것일수록 좋다.

그림 2-6 ▌다중회귀분석을 이용한 논문작성 연구 절차도

종속변수의 선정	연구자가 관심 있는 종속변수를 확정 (회귀분석을 이용한 연구의 출발점)
문헌연구를 통해 중요한 독립변수 파악	체계적인 선행연구(Literature review)와 이론 고찰
중요한 독립변수의 선정과 가설 설정	연구자의 주가설(Main hypothesis)에 해당하는 독립변수의 선정과 가설 설정
다중회귀분석의 시행	연구자의 관심 독립변수를 단순회귀모형에 투입해 검증을 한 후에 선행연구에 중요하다고 확인된 독립변수들과 일반적으로 포함시키는 통제변수들을 투입해 다중회귀분석
결과 해석과 보고	회귀분석의 결과를 해석하고 보고

넷째, 연구자가 관심 있는 독립변수들과 종속변수를 모두 확정하고 분석에 필요한 자료 수집을 완료했다면 다중회귀분석을 수행한다. 분석에 투입될 독립변수들은 보통 다음의 세 가지 유형으로 구분할 수 있다.

- 연구의 주가설(Main hypothesis)에 해당하는 연구자가 채택한 고유의 독립변수(X_1)
- 선행연구에서 중요하다고 확인된 독립변수들(X_2, X_3, X_4, $X_5, \cdots$)
- 선행연구에서 일반적으로 포함시키는 통제변수들(Control variables)

마지막으로, 단순회귀분석을 통해 연구자의 주가설(X_1)을 검증하는 것에서 출발해 통제변수들과 선행연구에서 확인된 독립변수들(X_2, X_3, X_4, $X_5, \cdots$)을 투입시켜 다중회귀분석을 시행하고 그 결과를 해석하여 보고한다. 예컨대 먼저 단순회귀분석을 통해 연구자의 주가설 X_1이 채택되는 것이 전제조건이다. 다음으로, 연구자의 주가설 X_1과 선행연구들에서 확인된 독립변수들을 투입해 다중회귀분석을 수행한 결과 연구자의 주가설인 X_1이 채택되고 선행연구에서 중요하다고 확인된 독립변수들(X_2, X_3, X_4, $X_5, \cdots$)이 모두 기각된 경우도 수용가능하다. 한편 다중회귀분석 결과에서 주가설 X_1과 선행연구들에서 확인된 독립변수들(X_2, X_3, X_4, $X_5, \cdots$)이 모두 채택된 경우도 있을 수 있는데 이러한 결과가 연구자에게 있어서는 매우 긍정적인 시나리오라고 할 수 있다. 다만 다중회귀분석에 투입된 통제변수들은 이론적인 근거가 있다면 그 변수의 검증 결과가 채택과 기각 여부가 크게 중요하지 않으며, 다만 포함된 통제변수들의 결과만 제시하면 되며 크게 강조하지 않아도 된다.

2 다중회귀분석의 SPSS 통계 실습

통계 실습 2-1 모두 선택방법(Enter)에 의한 다중회귀분석

다음의 가상회사에 대한 50명을 대상으로 조사한 [제2장 다중회귀분석 데이터]를 이용해서 다중회귀분석(Multiple regression analysis)을 수행하고 분석 결과를 해석하시오. 독립변수는 연속형 변수로 재직기간(단위: 년)과 교육기간(단위: 년)이며 종속변수는 연속형 변수로 연간급여(단위: 천원)이다. 변수 선택은 입력선택방법(Enter), 즉 모두 선택방법(All selection method)을 사용하시오.

☑ 실습 데이터

ID	연간급여(단위: 천원)	재직기간(단위: 년)	교육기간(단위: 년)
1	90,000	14	13
2	48,000	5	15
…	…	…	…
50	88,000	19	14

총 사례 수는 50개임

- 재직기간, 교육기간 → 연속형 변수(독립변수)
- 연간급여 → 연속형 변수(종속변수)

가설

- 귀무가설(H_0): 재직기간과 교육기간은 연간급여에 영향을 주지 않는다($\beta_1 = \beta_2 = 0$).
- 대립가설(H_1): 재직기간과 교육기간 중에서 적어도 하나는 연간급여에 영향을 준다.

실습 데이터	제2장 다중회귀분석 데이터
분석방법 메뉴 선택	그래프–산점도/점도표: 행렬 산점도 분석–상관분석–이변량 상관 분석–기술통계량–데이터 탐색 분석–회귀분석–선형 • 선형 회귀: 통계량 옵션에서 회귀계수의 [추정값], 잔차의 Durbin–Watson, 공선성 진단 체크 • 선형 회귀: 도표 옵션에서 X에 [ZPRED], Y에 [ZRESID] 입력, 표준화 잔차 도표에서 [정규확률도표] 체크 • 선형 회귀: 저장 옵션에서 잔차의 [표준화], 영향력 통계량의 [표준화 DfFit] 체크

1) 실습 과정

❶ [파일–열기–데이터]를 선택한 후 실습 데이터 파일이 있는 위치로 찾아가서 [제2장 다중회귀분석 데이터]를 연다.

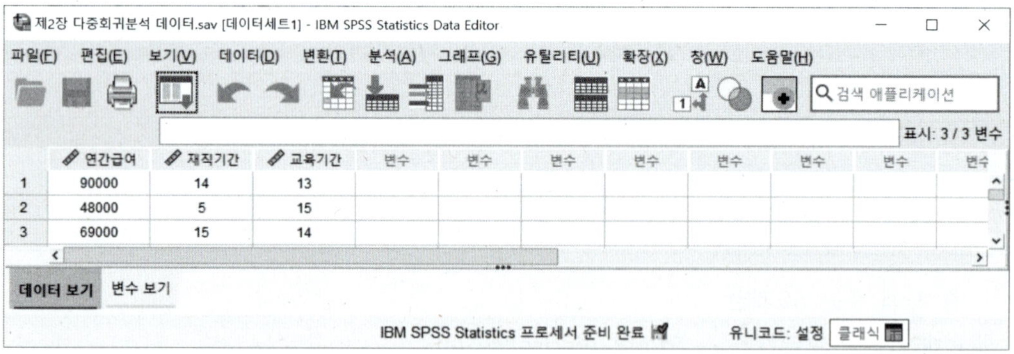

❷ [그래프–산점도/점도표–행렬 산점도]를 선택한 후 [정의] 버튼을 클릭해 [산점도 행렬] 창을 연 후 독립변수인 [연간급여], [재직기간], [교육기간]을 모두 [행렬변수]로 보내고 [확인] 버튼을 클릭한다.

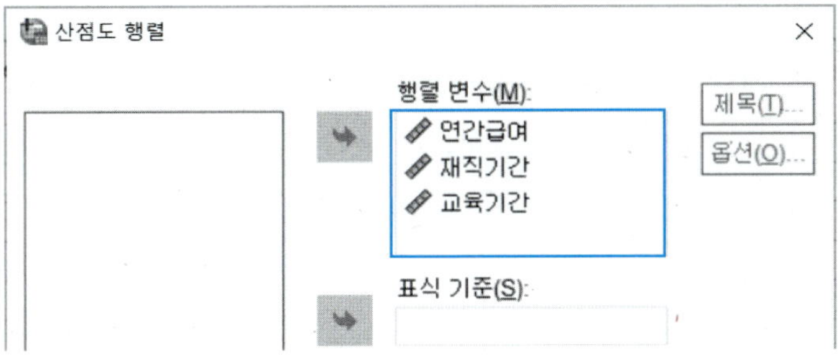

❸ [분석–상관분석–이변량 상관]을 선택하여 상관분석을 실시한다. 이 분석은 필수 절차는 아니지만 다중공선성을 확인하는 데 참조가 되는 정보를 얻기 위해서 수행한다. [연간급여], [재직기간], [교육기간]을 모두 [변수]로 보내고 하단의 [유의한 상관계수 플래그], [하한 삼각형만 표시], [대각 표시]를 모두 체크한다.

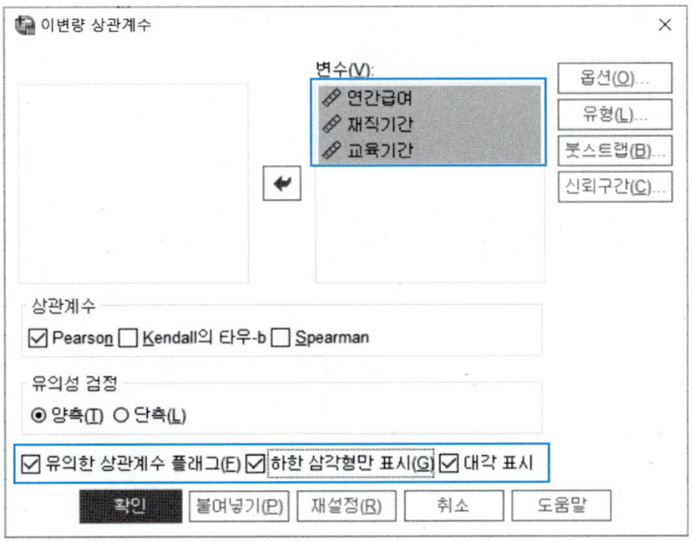

❹ [분석-회귀분석-선형]을 선택하여 [선형 회귀] 창으로 들어간다. 변수선택방법은 디폴트로 [입력]이 선택되어 있으므로 그대로 둔다. 독립변수인 [재직기간], [교육기간]을 [블록(B1/1]에, 그리고 [연간급여]를 [종속변수]로 이동시킨다. [통계량] 옵션에서 [공선성 진단], [회귀계수]의 [추정값], [잔차]의 [Durbin-Watson]을 체크하고 [계속] 버튼을 클릭한다. [도표] 옵션에서 [ZPRED]를 [X]에, [ZRESID]를 [Y]로 이동시키고 표준화 잔차 도표에서 [히스토그램]과 [정규확률도표]를 체크하고 [계속] 버튼을 클릭한다. [저장] 옵션의 [잔차]에서 [표준화]를, [영향력 통계량]에서 [표준화 DfFit]를 체크하고 [계속] 버튼을 클릭한다. 마지막으로 [선형 회귀] 창의 좌측 하단에 있는 [확인] 버튼을 클릭해 다중회귀분석을 실행한다. 이렇게 하면 다중회귀분석의 가정 진단에 필요한 각종 출력물과 분석 결과 제시에 필요한 모든 출력물을 얻을 수 있다. 만약 실행 후에 가정 조건이 위배되는 경우에는 위배 사항들을 교정한 후에 다시 동일한 분석과정을 반복해야 한다. 모든 가정 조건이 충족되었다면 최종적으로 다중회귀분석을 실시한 후에 그 결과를 보고하면 된다.

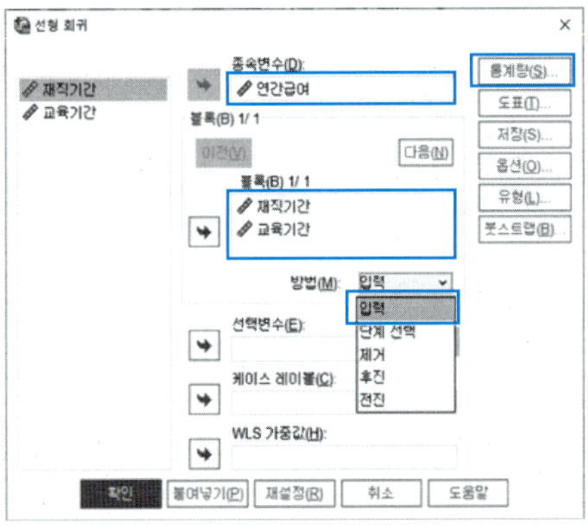

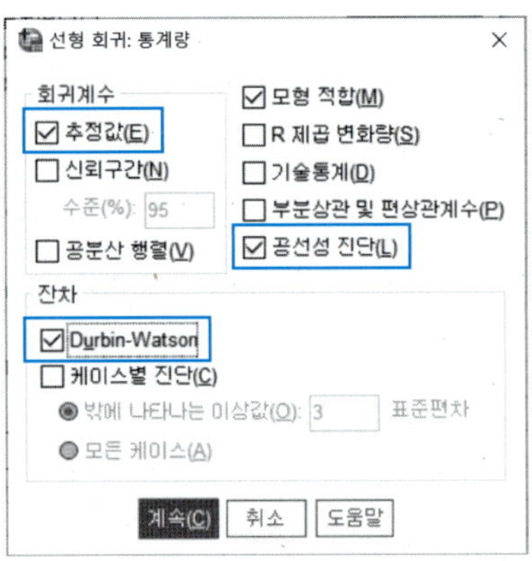

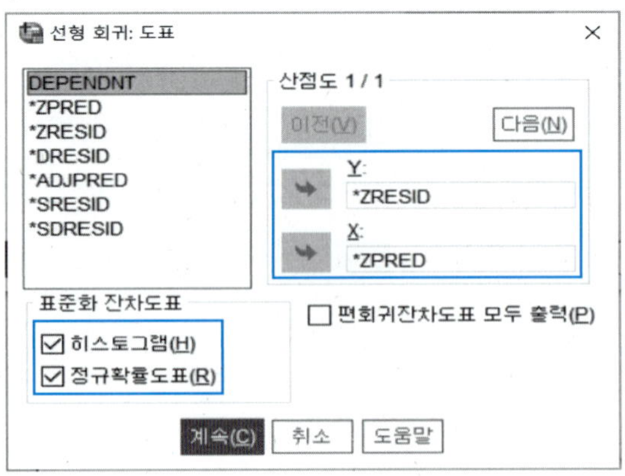

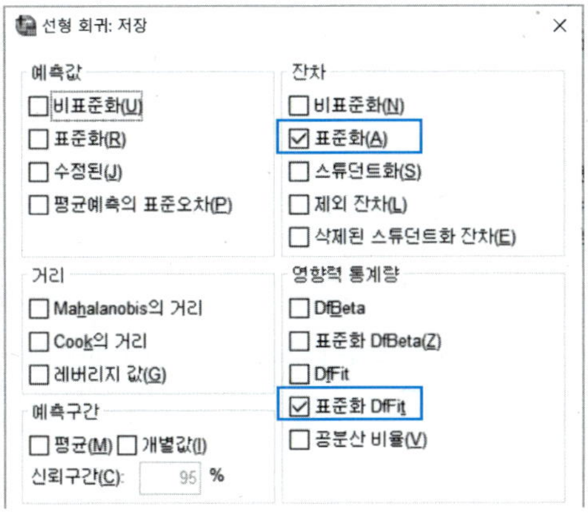

❺ [참고사항] 잔차의 정규성은 출력물 중에서 P-P도표를 이용해 검증하면 된다. 그러나 데이터 파일에 출력되는 표준화된 잔차(Standardized residual) ZRE를 이용해서 잔차의 정규성을 검증할 수도 있다. 이는 [분석-기술통계량-데이터 탐색] 메뉴에서 [Standardized Residual]을 [종속변수]로 이동시키고 [도표] 옵션에서 [검정과 함께 정규성도표]를 체크하고 [계속] 버튼을 클릭한다. 마지막으로 [데이터 탐색] 창의 좌측 하단에 있는 [확인] 버튼을 클릭하면 분석이 완료된다.

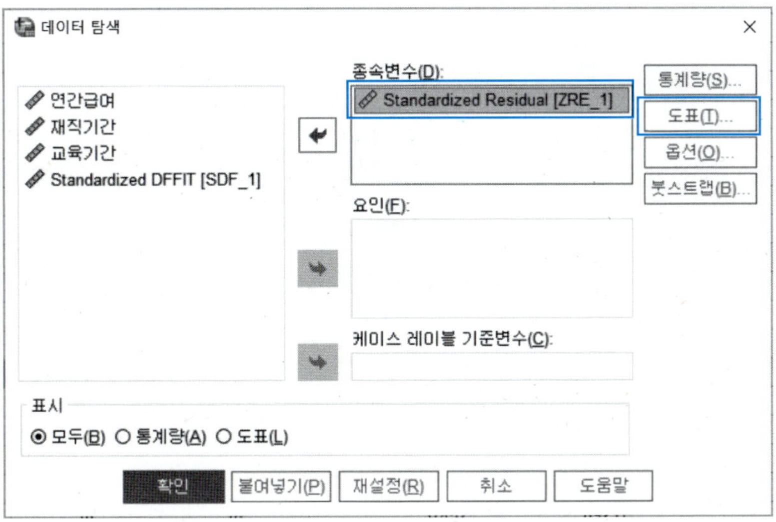

2) 주요 분석 결과

다중회귀분석에 대한 주요 출력 결과를 제시하면 다음과 같다.

| 선형성검증 결과 |

독립변수와 종속변수 간의 행렬 산점도에 의한 선형성검증 결과는 다음과 같다. 육안으로 확인한 결과 독립변수인 재직기간과 종속변수인 연간급여 간에는 직선의 경향을 보이고 있음을 알 수 있다. 교육기간과 연간급여 간에는 무상관인 것처럼 생각할 수 있으나 바로 뒤에서 설명하는 상관관계분석 결과를 보면 교육기간과 연간급여 간에는 유의적인 상관이 있는 것으로 보아 선형성이 있는 것으로 보인다.

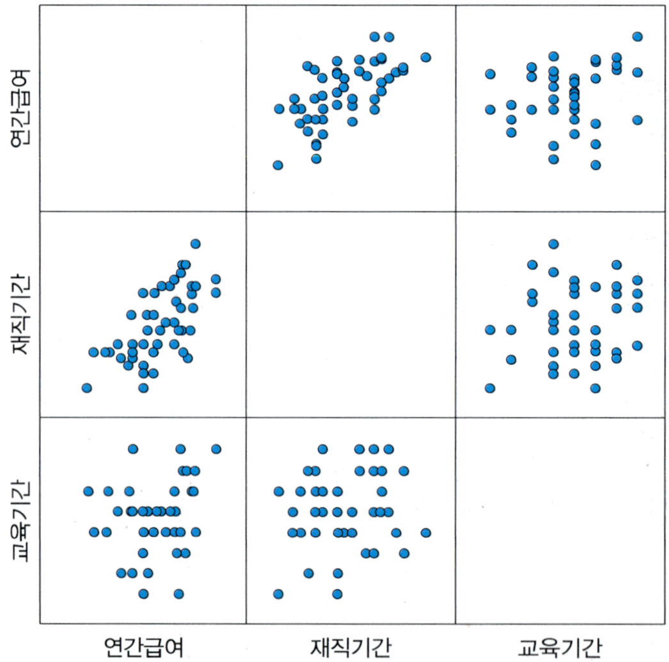

| 상관관계분석 결과 |

다중공선성의 징후가 있는지를 검토하기 위해 수행한 상관관계분석 결과는 다음과 같다. 독립변수인 재직기간과 교육기간의 Pearson 상관계수는 0.205로 낮은 상관관계를 보이고 있어서 독립변수 간의 다중공선성은 없을 것으로 예상된다.

상관관계

		연간급여	재직기간	교육기간
연간급여	Pearson 상관	--		
	N	50		
재직기간	Pearson 상관	.657**	--	
	유의확률 (양측)	<.001		
	N	50	50	
교육기간	Pearson 상관	.344*	.205	--
	유의확률 (양측)	.014	.153	
	N	50	50	50

**. 상관관계가 0.01 수준에서 유의합니다(양측).

*. 상관관계가 0.05 수준에서 유의합니다(양측).

| 이상치검증 결과 |

이상치(Outlier)에 대한 검증 결과는 다음과 같다. 표준화 잔차(ZRE_1)의 절대값 3 이상, 표준화 DfFit(SDF_1)의 절대값이 2 이상을 넘지 않으면 이상치가 없다고 판단한다. 데이터 파일인 [제2장 다중회귀분석 데이터]에 있는 ZRE_1을 보면 3을 넘는 것이 없고, SDF_1의 값이 2를 넘는 사례가 없으므로 이상치는 없다고 판단된다. 연구자들은 이상치가 있다고 판단되는 경우에는 해당 사례를 데이터 파일에서 삭제한 후 회귀분석을 수행해야 한다. 이상치는 앞에서 제시한 선형성검증 결과의 그림을 통해서도 확인할 수 있다.

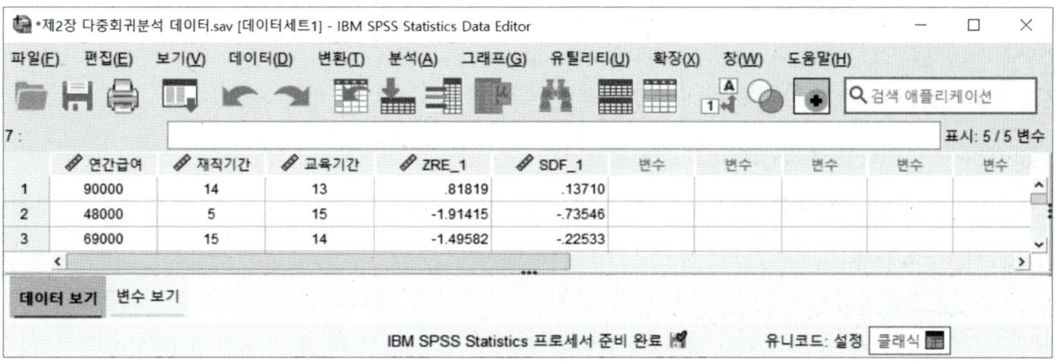

| 잔차의 독립성검증 결과 |

잔차의 독립성검증 결과는 다음과 같다. 회귀분석 실행 결과 Durbin-Watson지수는 2.005로 2에 가까우므로 잔차들 간에는 자기상관이 없이 독립적임을 알 수 있다.

모형 요약[b]

모형	R	R 제곱	수정된 R 제곱	추정값의 표준 오차	Durbin-Watson
1	.691[a]	.477	.455	10643.599	2.005

a. 예측자: (상수), 교육기간, 재직기간
b. 종속변수: 연간급여

| 잔차의 정규성검증 결과 |

잔차의 정규성검증 결과는 다음과 같다. 회귀분석의 실행 결과인 [히스토그램]과 [정규P-P도표]를 보면 잔차들은 정규분포에서 크게 벗어나지 않은 것으로 보인다.

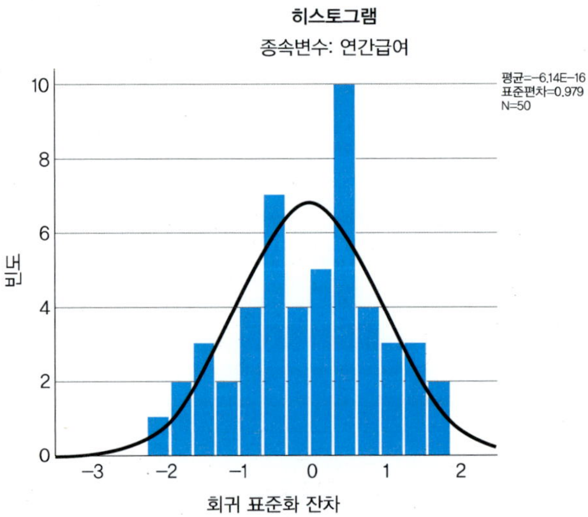

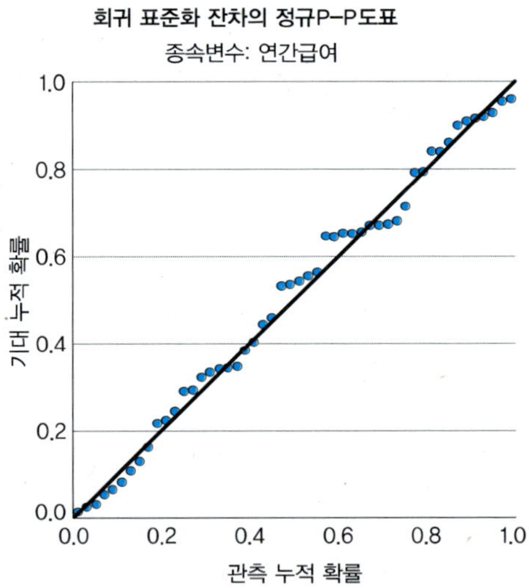

정규성 검정

	Kolmogorov-Smirnov[a]			Shapiro-Wilk		
	통계	자유도	유의확률	통계	자유도	유의확률
Standardized Residual	.089	50	.200*	.978	50	.459

*. 이것은 참 유의성의 하한입니다.
a. Lilliefors 유의확률 수정

[분석-기술통계량-데이터 탐색]의 실행 결과에서의 출력물인 [정규Q-Q도표]를 보면 잔차들은 정규분포를 하고 있는 것으로 보인다. Shapiro-Wilk검증 결과 p값이 0.459로 유의수

준 0.05보다 크므로 잔차들은 정규분포를 하고 있음을 알 수 있다.

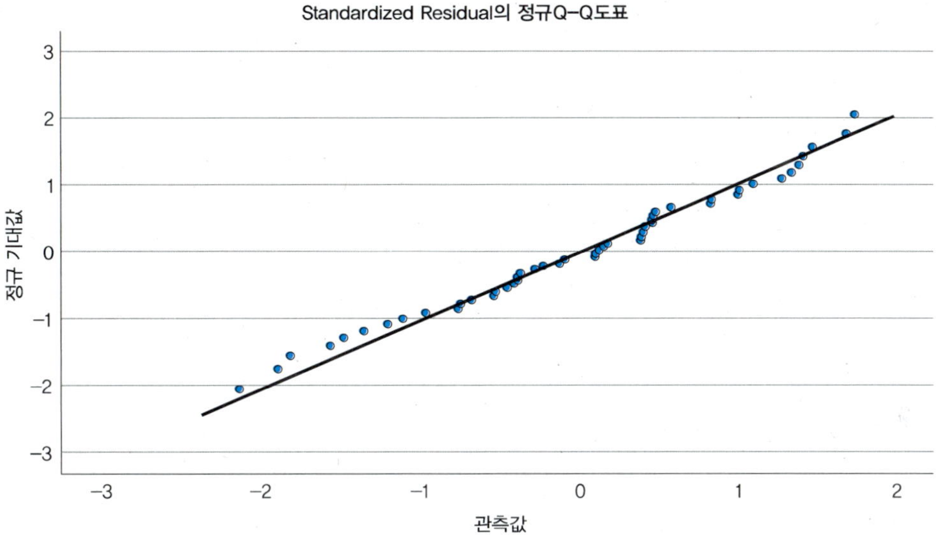

| 잔차의 등분산성검증 결과 |

잔차의 등분산성검증 결과는 다음과 같다. 아래 그림은 잔차 산점도이다. 산점도를 보면 +2와 −2 사이에서 대부분의 데이터 포인트가 일정한 패턴이 없으므로 등분산성의 가정을 만족하고 있음을 알 수 있다.

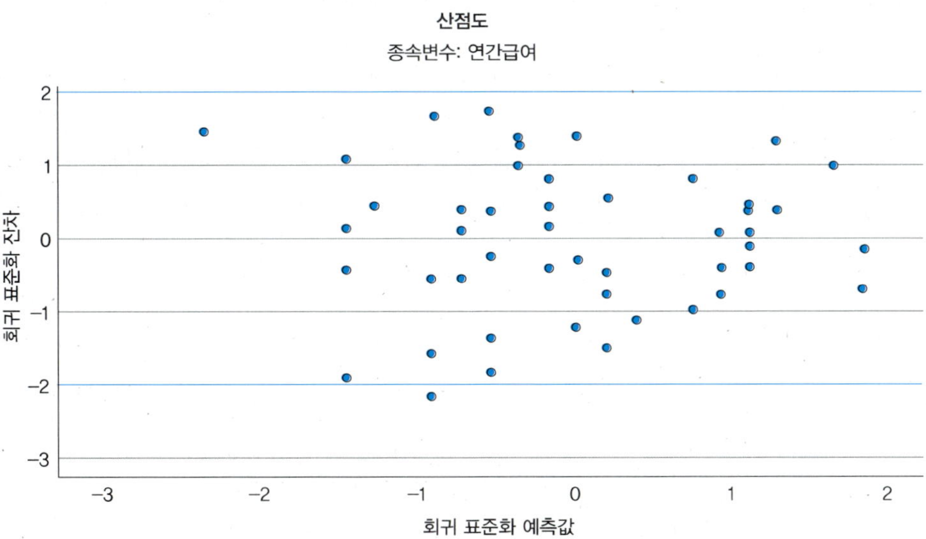

| 다중회귀분석의 주요 검증 결과 |

모두 선택방법(입력방법)에 의한 다중회귀분석의 주요 출력물은 다음과 같다.

① 모형 요약

회귀모형의 수정된 R^2은 0.455이며, 이는 재직기간과 교육기간으로 연간급여의 분산을 설명할 수 있는 정도가 45.5%임을 의미한다. 모형 요약표에서 [추정값의 표준오차]는 오차의 평균크기를 의미한다. 보통 단순회귀분석에서는 R^2만 제시하며, 다중회귀분석에서는 수정된 R^2을 제시한다.

모형 요약[b]

모형	R	R 제곱	수정된 R 제곱	추정값의 표준오차	Durbin-Watson
1	.691[a]	.477	.455	10643.599	2.005

a. 예측자: (상수), 교육기간, 재직기간

b. 종속변수: 연간급여

[참고사항] 회귀분석 결과의 모형 요약표에서 R^2의 계산

회귀분석 결과인 모형 요약표에서 R은 독립변수와 종속변수 간의 상관계수이며 이의 제곱값은 R^2과 동일하다.

$$R^2 = 0.691 \times 0.691 = 0.477$$

② 모형의 적합도

회귀선의 통계적 유의성을 검증하는 F통계량은 21.443이고, 이에 대한 p값은 <0.001로 유의수준 0.001보다 작으므로 회귀선은 통계적으로 유의함을 알 수 있다. 따라서 회귀모형은 잘 적합되었음을 알 수 있다.

ANOVA[a]

모형		제곱합	자유도	평균제곱	F	유의확률
1	회귀	4858338681.9	2	2429169341.0	21.443	<.001[b]
	잔차	5324451000.1	47	113286191.49		
	전체	10182789682	49			

a. 종속변수: 연간급여

b. 예측자: (상수), 교육기간, 재직기간

[참고사항 1] 지수 형태 숫자의 일반 숫자 변환

지수 형태로 표현된 전체값은 1.018E+10은 소수점이 있는 1 뒤에 10자리가 있음을 나타낸다. 이 지수를 일반 숫자로 표현하면 10,180,000,000이다. 인터넷 검색을 통해 지수변환기를 찾아 지수를 입력해 일반 숫자로 변경해서 사용하면 된다(SPSS 28 버전 이하).

[참고사항 2] ANOVA표에서의 R^2 계산

분산분석표(ANOVA table)에 [회귀제곱합/전체제곱합]으로 R^2을 계산할 수 있다. 4,858,338,682/10,180,000,000=0.477(이 값은 앞에서 제시한 ① 모형 요약의 R^2과 동일함을 알 수 있다).

③ 회귀계수

독립변수인 재직기간의 비표준화회귀계수는 1834.249(표준화회귀계수 0.612)이며 이의 p값은<0.001이고 유의수준 0.001보다 작으므로 재직기간은 종속변수인 연간급여에 유의한 영향을 미치고 있음을 알 수 있다. 또 다른 독립변수인 교육기간의 비표준화회귀계수는 1795.069(표준화회귀계수 0.219)이며 이의 p값은 0.048이고 유의수준 0.05보다 작으므로 교육기간은 종속변수인 연간급여에 유의한 영향을 미치고 있음을 알 수 있다.

회귀분석 결과를 회귀선으로 나타내면 [연간급여=32,276.154+1,834.249×재직기간+1,795.069×교육기간]이 된다.

계수[a]

모형		비표준화 계수		표준화 계수	t	유의확률	공선성 통계량	
		B	표준화 오류	베타			공차	VIF
1	(상수)	32276.154	12356.978		2.612	.012		
	재직기간	1834.249	323.044	.612	5.678	<.001	.958	1.044
	교육기간	1795.069	885.055	.219	2.028	.048	.958	1.044

a. 종속변수: 연간급여

[참고사항] 회귀분석 계수표에서의 t값의 계산

재직기간의 t값(t-value)은 [비표준화계수(B)/표준오차]에 의해 계산된다.

1,834.249/323.044=5.678

교육기간의 t값(t-value)은 [비표준화계수(B)/표준오차]에 의해 계산된다.

1,795.069/885.055=2.028

3) 모두 선택방법(입력)에 의한 다중회귀분석 검증 결과의 제시와 해석

다중회귀분석 검증 결과를 요약하면 다음과 같다. 다중회귀분석 결과표는 연구자에 따라서 다양하게 제시될 수 있다.

▌표 2-3 ▌모두 선택방법에 의한 다중회귀분석 결과표 (N=50)

독립변수	B	SE	β	t	p
상수	32,276.154	12,356.978		2.612*	0.012
재직기간	1,834.249	323.044	0.612	5.678***	<0.001
교육기간	1,795.069	885.055	0.219	2.028*	0.048
수정된 R^2=0.455, F=21.443 (<0.001)					

*p<0.05, ***p<0.001, 종속변수: 연간급여

▌표 2-4 ▌모두 선택방법에 의한 다중회귀분석 결과표 다른 양식 예시 (N=50)

독립변수	B	β	수정된 R^2	F
상수	32,276.154		0.455	21.443***
재직기간	1,834.249	0.612***		
교육기간	1,795.069	0.219*		

*p<0.05, ***p<0.001, 종속변수: 연간급여

재직기간과 교육기간이 연간급여에 미치는 영향을 알아보기 위하여 모두 투입방법(입력)으로 다중회귀분석을 실시하였다. 회귀분석의 기본 가정들이 충족되는지를 검증하였다. 먼저 행렬 산점도를 통해 독립변수인 재직기간과 교육기간 그리고 종속변수인 연간급여 간의 선형성을 분석한 결과 이들 간에는 선형적인 관계가 있는 것으로 나타났다. 또한 산점도상에서 크

게 정상적인 데이터 포인트에서 벗어난 경우는 없어서 이상치도 없는 것으로 나타났다. 추가적으로 회귀분석 후에 데이터 파일([제2장 다중회귀분석 데이터])에 있는 ZRE_1을 보면 3을 넘는 것이 없고, SDF_1의 값이 2를 넘는 사례가 없으므로 이상치는 없다고 판단된다.

다음으로 공선성 통계량인 VIF를 보면 재직기간과 교육기간이 모두 1.044로 나타나 기준치인 10 미만이므로 독립변수들 간의 다중공선성은 없었다.

마지막으로 잔차의 독립성, 정규성 및 등분산성을 검증하였다. Durbin-Watson지수가 2.005로 나타나 이 지수에 2에 가까우므로 잔차들은 자기상관이 없이 독립적임을 알 수 있다. 표준화된 잔차에 대한 정규성을 검증한 [정규Q-Q도표]를 보면 잔차들은 정규분포를 하고 있는 것으로 보인다. Shapiro-Wilk검증 결과에서도 p값이 0.459이며 이는 유의수준 0.05보다 크므로 잔차들은 정규분포를 하고 있음을 알 수 있다. 잔차의 등분산성검증을 위해 잔차 산점도(Residual scatterplot)를 살펴본 결과 거의 모든 표준화 잔차들이 일정한 패턴이 없이 +2부터 -2 사이에 일정하게 분포되어 있어서 등분산성가정이 만족된 것으로 판단된다.

연간급여의 변동성 중에서 재직기간과 교육기간이 설명하는 설명력은 45.5%로 나타났다. 분산분석표의 F값이 21.443이고 이는 유의수준 0.01에서 통계적으로 유의한 것으로 나타나 회귀모형은 적합하다고 판단된다.

재직기간과 교육기간이 연간급여에 미치는 영향에 대한 다중회귀분석 결과, 가상기업 근로자들의 재직기간은 연간급여에 유의한 영향을 주는 것으로 나타났다($p<0.001$). 이는 근로자들의 재직기간이 높을수록(B=1,834.249) 연간급여가 높아짐을 의미한다. 또한 교육기간은 연간급여에 유의한 영향을 주는 것으로 나타났다($p<0.05$). 이는 근로자들의 교육기간이 높을수록(B=1,795.069) 연간급여가 높아짐을 의미한다. 독립변수인 재직기간과 교육기간의 표준화회귀계수는 각각 0.612와 0.219로 재직기간이 교육기간보다 연간급여에 상대적으로 크게 영향력을 미치고 있는 것으로 나타났다.

다중회귀분석을 통해 추정된 회귀선은 아래와 같이 나타낼 수 있다. 물론 이 추정된 회귀선이 정확한 예측을 하지 못할 수도 있다. 좀 더 정확한 예측을 할 수 있으려면 연간급여에 영향을 미칠 수 있는 독립변수들을 발굴해서 다중회귀모형을 구축하는 것이 필요할 것이다.

$$\text{연간급여} = 32,276.154 + 1,834.249 \times \text{재직기간} + 1,795.069 \times \text{교육기간}$$

연간급여 추정회귀선에서 상수(절편)는 32,276.154이며, 재직기간의 회귀계수(기울기)는 1,834.249임을 보여준다. 이는 교육기간의 종속변수 연간급여에 대한 영향력을 통제했을 때 재직기간이 한 단위, 즉 1년이 증가할 때 기대되는 연간급여의 증가가 1,834,249원임을 의미한다. 또한 교육기간의 회귀계수(기울기)는 1,795.069임을 보여준다. 이는 재직기간의 종속변수 연간급여에 대한 영향력을 통제했을 때 교육기간이 한 단위, 즉 1년이 증가할 때 기대되는 연간급여의 증가가 1,795,069원임을 의미한다. 연구자들은 새로운 정보로 재직기간과 교육기간만 주어진다면 추정된 회귀선을 통해 연간급여를 추정할 수 있다.

통계 실습 2-2 단계선택방법(Stepwise)에 의한 다중회귀분석

다음의 가상회사에 대한 50명을 대상으로 조사한 [제2장 다중회귀분석 데이터]를 이용해서 다중회귀분석(Stepwise multiple regression analysis)을 수행하고 분석 결과를 해석하시오. 독립변수는 연속형 변수로 재직기간(단위: 년)과 교육기간(단위: 년)이며 종속변수는 연속형 변수로 연간급여(단위: 천원)이다. 변수 선택은 단계선택법(Stepwise)을 사용하시오.

✔ 실습 데이터

ID	연간급여(단위: 천원)	재직기간(단위: 년)	교육기간(단위: 년)
1	90,000	14	13
2	48,000	5	15
…	…	…	…
50	88,000	19	14

총 사례 수는 50개임

- 재직기간, 교육기간 → 연속형 변수(독립변수)
- 연간급여 → 연속형 변수(종속변수)

✔ 가설

- 귀무가설(H_0): 재직기간과 교육기간은 연간급여에 영향을 주지 않는다($\beta_1 = \beta_2 = 0$).
- 대립가설(H_1): 재직기간과 교육기간 중에서 적어도 하나는 연간급여에 영향을 준다.

실습 데이터	제2장 다중회귀분석 데이터
분석방법 메뉴 선택	그래프–산점도/점도표: 행렬 산점도 분석–상관분석–이변량 상관 분석–기술통계량–데이터 탐색 분석–회귀분석–선형 • **선형 회귀:** 통계량 옵션에서 회귀계수의 [추정값], 잔차의 Durbin–Watson, 공선성 진단 체크 • **선형 회귀:** 도표 옵션에서 X에 [ZPRED], Y에 [ZRESID] 입력, 표준화 잔차도표에서 [정규확률도표] 체크 • **선형 회귀:** 저장 옵션에서 잔차의 [표준화], 영향력 통계량의 [표준화 DfFit] 체크

1) 실습 과정

❶ 앞에서 실습한 [통계 실습 2-1]의 모두 선택방법(Enter)에 의한 다중회귀분석과 모든 절차는 동일하다. 다만 실습 ❹에서 [입력] 방법 대신에 [단계 선택]을 선택하는 것만이 다르다.

❷ 모두 선택방법(입력방법)과 모든 실습 과정이 동일하므로 나머지는 생략한다. 각자가 [분석-회귀분석-선형] 메뉴의 [선형 회귀] 창에서 [방법]을 [단계 선택]으로 변경하고 [확인] 버튼을 클릭하여 실습을 종료한다.

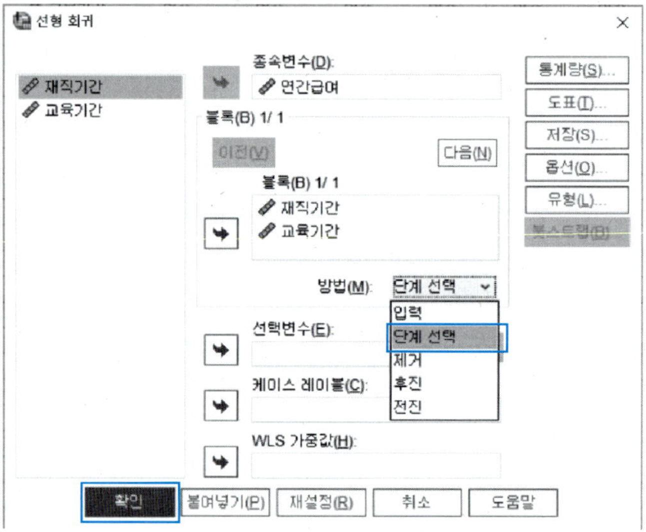

2) 주요 분석 결과

단계선택법에 의한 다중회귀분석의 주요 출력 결과를 제시하면 다음과 같다.

| 기본 가정 검증 결과 |

[통계 실습 2-1]과 동일하므로 앞에서 제시한 것들을 참조하기 바란다.

| 다중회귀분석의 주요 검증 결과 |

단계선택법에 의한 다중회귀분석의 주요 출력물은 다음과 같다.

① 모형 요약

2단계 회귀모형으로 분석되었다. 1단계 모형에는 독립변수로 재직기간이 투입되었고, 2단계 모형에서는 독립변수로 교육기간이 추가 투입되었다. 1단계 모형의 수정된 R^2은 0.420으로 재직기간으로 연간급여 데이터를 설명할 수 있는 설명력의 정도는 42.0%로 나타났다. 이는 연간급여의 변동성 중에서 독립변수인 재직기간의 변동성에 의해 설명되는 비율을 의미한다. 2단계 모형의 수정된 R^2은 0.455로 재직기간과 교육기간으로 연간급여 데이터를 설명할 수 있는 설명력의 정도는 45.5%로 나타났다. 이는 연간급여의 변동성 중에서 독립변수인 재직기간과 교육기간의 변동성에 의해 설명되는 비율을 의미한다.

모형 요약[c]

모형	R	R 제곱	수정된 R 제곱	추정값의 표준 오차	Durbin-Watson
1	.657[a]	.431	.420	10983.382	
2	.691[b]	.477	.455	10643.599	2.005

a. 예측자: (상수), 재직기간
b. 예측자: (상수), 재직기간, 교육기간
c. 종속변수: 연간급여

② 모형의 적합도

1단계 모형에 대한 회귀선의 통계적 유의성을 검증하는 F통계량은 36.410이고, 이에 대한 p값은 <0.001로 유의수준 0.001보다 작으므로 회귀선은 통계적으로 유의함을 알 수 있다. 따라서 회귀모형은 잘 적합되었음을 알 수 있다. 1단계 모형에서는 가장 중요한 변수로 재직기간이 선택되었으며 재직기간이 연간급여에 유의한 영향을 주는 것으로 나타났다.

2단계 모형에 대한 회귀선의 통계적 유의성을 검증하는 F통계량은 21.443이고, 이에 대한 p값은 <0.001로 유의수준 0.001보다 작으므로 회귀선은 통계적으로 유의함을 알 수 있다. 따라서 회귀모형은 잘 적합되었음을 알 수 있다. 2단계 모형에서는 재직기간과 교육기간이 선택되었으며 재직기간과 교육기간이 연간급여에 유의한 영향을 주는 것으로 나타났다.

ANOVA[a]

모형		제곱합	자유도	평균제곱	F	유의확률
1	회귀	4392324959.6	1	4392324959.6	36.410	<.001[b]
	잔차	5790464722.4	48	120634681.72		
	전체	10182789682	49			
2	회귀	4858338681.9	2	2429169341.0	21.443	<.001[c]
	잔차	5324451000.1	47	113286191.49		
	전체	10182789682	49			

a. 종속변수: 연간급여

b. 예측자: (상수), 재직기간

c. 예측자: (상수), 재직기간, 교육기간

③ 회귀계수

1단계 모형에서는 재직기간이 종속변수인 연간급여(B=1968.696)에 영향을 미치는 것으로 나타났다($p<0.001$). 2단계 모형에서는 재직기간(B=1834.249)과 교육기간(B=1795.069)이 연간급여에 영향을 미치는 것으로 나타났다(재직기간 $p<0.001$, 교육기간 $p<0.05$). 즉 재직기간과 교육기간이 높을수록 연간급여가 높아짐을 의미한다.

계수[a]

모형		비표준화 계수		표준화 계수			공선성 통계량	
		B	표준화 오류	베타	t	유의확률	공차	VIF
1	(상수)	55505.102	4787.510		11.594	<.001		
	재직기간	1968.696	326.263	.657	6.034	<.001	1.000	1.000
2	(상수)	32276.154	12356.978		2.612	.012		
	재직기간	1834.249	323.044	.612	5.678	<.001	.958	1.044
	교육기간	1795.069	885.055	.219	2.028	.048	.958	1.044

a. 종속변수: 연간급여

3) 단계선택법에 의한 다중회귀분석 검증 결과의 제시와 해석

단계선택법에 의한 다중회귀분석 검증 결과를 요약하면 [표 2-5]와 같다. 다중회귀분석 결과표는 연구자에 따라서 다양하게 제시될 수 있다.

표 2-5 단계선택법에 의한 다중회귀분석 결과표 (N=50)

변수	단계1		단계2	
	B	β	B	β
상수	55505.102		32276.154	
재직기간	1968.696	0.657***	1834.249	0.612***
교육기간			1795.069	0.219*
수정된 R^2(Δ수정된 R^2)	0.420		0.455(0.035)	
F	36.410***		21.443***	

*p<0.05, ***p<0.001, 종속변수: 연간급여

재직기간과 교육기간이 연간급여에 미치는 영향을 알아보기 위하여 단계선택법(Stepwise)으로 다중회귀분석을 실시하였다. 회귀분석의 기본 가정들이 충족되는지를 검증하였다. 기본 가정 조건인 선형성, 이상치, 잔차의 독립성, 정규성 및 등분산성이 모두 만족되었다(자세한 해석은 [통계 실습 1-1]의 해설 부분을 참조하기 바란다). 따라서 이 연구의 데이터는 다중회귀분석을 실시하기에 적합하다.

1단계 모형에 대한 회귀선의 통계적 유의성을 검증하는 F통계량은 36.410이고, 이에 대한 p값은 <0.001로 유의수준 0.001보다 작으므로 회귀선은 통계적으로 유의함을 알 수 있다. 따라서 회귀모형은 잘 적합되었음을 알 수 있다. 또한 2단계 모형에 대한 회귀선의 통계적 유의성을 검증하는 F통계량은 21.443이고, 이에 대한 p값은 <0.001로 유의수준 0.001보다 작으므로 회귀선은 통계적으로 유의함을 알 수 있다. 따라서 회귀모형은 잘 적합되었음을 알 수 있다.

단계선택법에 의해 다중회귀분석을 수행한 결과 재직기간과 교육기간의 순으로 영향을 주며, 1단계에서 재직기간은 연간급여에 유의한 영향을 주는 것으로 나타났으며 설명력은 42.0%(수정된 R^2=0.420)로 나타났다. 2단계에서 교육기간이 추가되어 3.5%가 증가한 전체 설명력은 45.5%(수정된 R^2=0.455)로 나타났다. 재직기간이 높을수록(B=1834.249) 그리고 교육기간이 높을수록(B=1795.069) 종속변수인 연간급여가 높아지는 것으로 나타났다.

제 3 장

더미회귀분석

Regression Analysis with Dummy Variables

1 더미회귀분석

1.1 더미회귀분석의 의의와 적용상황

더미회귀분석(Regression analysis with dummy variables)은 혼합형 변수(연속형+범주형 변수)인 독립변수와 연속형 종속변수 간의 관계를 설명하거나 예측하는 방법이다.[1)]

일반적 회귀분석에서는 독립변수와 종속변수가 모두 연속형인 경우에 사용한다. 그러나 회귀분석을 사용할 때는 독립변수 중에 연속형 변수 외의 범주형 변수가 있는 경우에는 이를 모두 더미변수(Dummy variable)로 만든 후에 회귀모형에 투입해야 한다. 만약 독립변수에 범주형 변수만 1개가 있으면 단순더미회귀분석(Simple regression analysis with dummy

그림 3-1 ▌단순더미회귀분석과 다중더미회귀분석

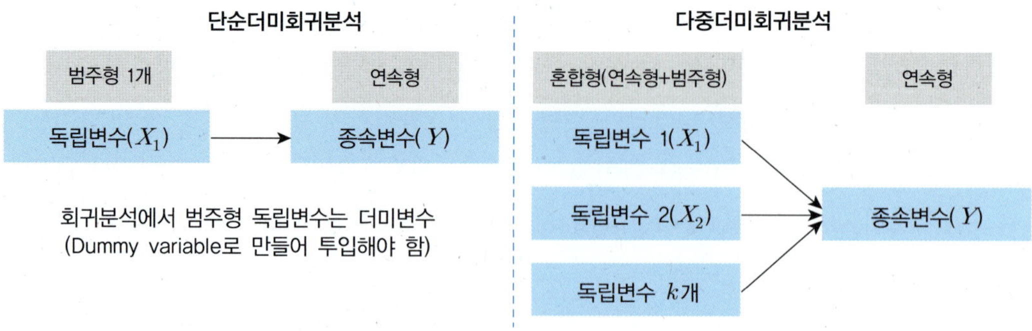

1) 다중회귀분석은 학문 분야에 따라 중회귀분석, 중다회귀분석이라는 명칭을 사용하기도 한다.

variable)을 수행하면 되며, 독립변수 중에 범주형 변수와 연속형 변수가 모두 있으면 다중더미회귀분석(Multiple regression analysis with dummy variables)을 시행해야 한다.

한편 독립변수에 범주형 변수가 있고 종속변수가 연속형 변수가 아니고 범주형 변수이면 로지스틱더미회귀분석(Logistic regression analysis with dummy variable)을 수행할 수 있다. 이 경우에도 독립변수의 수에 따라 1개(더미변수 1개)이면 단순로지스틱더미회귀분석(Simple logistic regression analysis with dummy variable)과 2개 이상(더미변수 1개 이상, 연속형 변수 1개 이상)이면 다중로지스틱더미회귀분석(Multiple logistic regression analysis with dummy variable)으로 구분할 수 있다.

회귀분석의 목적, 기본 가정, 가설 등은 다른 단순회귀분석이나 다중회귀분석과 동일하므로 여기에서는 자세한 설명은 생략한다. 이에 대해서 알고 싶으면 이 책의 제1장과 제2장의 해당 부분을 참조하면 된다. 더미회귀분석의 수행 절차도 단순회귀분석이나 다중회귀분석 부분의 설명 내용과 동일하나 다만 더미회귀분석의 절차를 시작하기 전에 모든 범주형 독립변수에 대해서 더미변수로 전환하는 과정(더미변수의 생성)이 필요하다.

그림 3-2 더미회귀분석의 일반적 적용상황

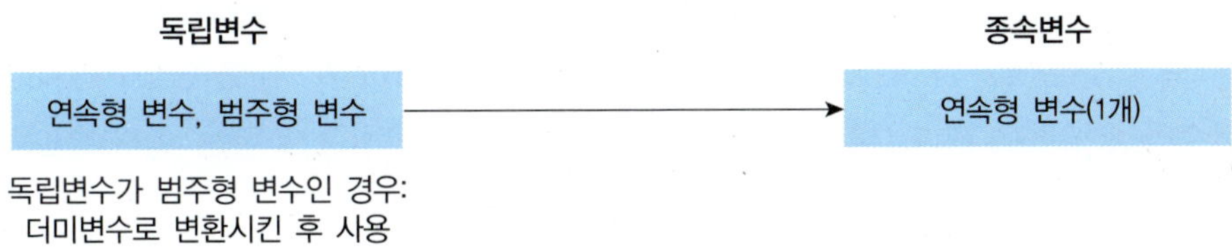

1) 단순더미회귀분석

단순더미회귀모형과 이의 추정된 회귀선을 살펴보기로 하자. 단순더미회귀분석에서는 참조범주의 더미변수($더미_1$)값은 0이기 때문에 추정된 회귀선에서 기울기(회귀계수)는 존재하지 않고 절편($\widehat{\beta_0}$)만 남게 되며, 더미범주의 경우는 더미변수($더미_1$)값은 1이기 때문에 추정된 회귀선에서 절편과 기울기($\widehat{\beta_0}+\widehat{\beta_1}$)가 모두 존재하게 된다. 이러한 이유로 단순더미회귀분석에서는 더미범주인 경우에만 한 개의 회귀선이 도출된다(생성할 더미변수의 개수는 더미변수로 만들고자 하는 범주형 변수의 수준 수(p)−1 = 성별 수준 수 2−1 = 1개).

단순더미회귀모형	단순더미회귀모형의 추정된 회귀선
$Y_i = \beta_0 + \beta_1 더미_1 + \epsilon_i$	$\widehat{Y}_i = \widehat{\beta}_0 + \widehat{\beta}_1 더미_1$ • 더미변수($더미_1$)가 0일 때: $\widehat{Y}_i = \widehat{\beta}_0$ • 더미변수($더미_1$)가 1일 때: $\widehat{Y}_i = \widehat{\beta}_0 + \widehat{\beta}_1$
Y_i: i번째 사례의 Y값(종속변수의 값) β_0: 절편(Intercept) β_1: $더미_1$의 기울기(Slope) = 회귀계수 $더미_1$: 더미변수의 값(독립변수의 값) ϵ_i: 잔차(Residual) 혹은 오차(Error term)	$\widehat{Y}_i$: i번째 사례의 Y예측값(종속변수의 예측값) $\widehat{\beta}_0$: β_0(절편)의 추정치는 참조범주(Reference category)의 추정된 종속변수의 평균값(Mean) $\widehat{\beta}_1$: $더미_1$의 β_1(기울기) 추정치–더미범주(Dummy category, or Event category)와 참조범주(혹은 기준범주, Reference category)의 추정된 종속변수의 평균값 차이(Mean difference), 혹은 더미변수가 0에서 1로 한 단위 증가할 때 더미범주의 종속변수 평균값이 참조범주의 종속변수 평균값보다 더미범주의 기울기(회귀계수) 추정치만큼 평균값이 높다고 해석(기울기가 +인 경우) [참고] 기울기 –이면 평균값이 낮다고 해석

지금부터는 독립변수가 성별변수 1개이고 종속변수인 고객만족도(연속형 변수) 1개인 사례를 가지고 단순더미회귀모형과 이의 추정된 회귀선의 의미를 제시하려고 한다. 회귀분석에서 성별은 범주형 변수이므로 더미변수로 전환해야 한다. 여기에서는 여자를 더미범주(Dummy category)로 남자를 참조범주(Reference category)로 생성하자. 성별은 2수준이므로 1개의 더미변수만 생성하면 된다. 따라서 여기에서는 여자를 더미범주로 하는 여자더미를 생성하였다.

성별 변수의 평균을 분석한 결과 남자의 고객만족도 평균은 69.950이며 여자의 고객만족도 평균은 79.25이며 평균 차이(여자–남자)는 9.300이다. 그리고 주어진 데이터를 이용해 다음과 같은 단순더미회귀모형이 추정되었다고 하자. 참조범주인 남자의 경우에 여자더미=0을 추정된 회귀선에 대입시키면 69.950($\widehat{\beta}_0$)이 되며 이는 남자의 고객만족도 평균을 의미한다. 더미범주인 여자의 경우의 여자더미=1을 추정된 회귀선에 대입하면 79.25가 되며 이는 여자의 고객만족도 평균이다. 따라서 단순더미회귀분석을 수행한 경우 더미변수가 0에서 1로 한 단위 증가할 때, 즉 여자일 때 남자의 고객만족도 평균(69.950)보다 여자의 고객만족도 평균[남자의 고객만족도 평균($\widehat{\beta}_0$) 69.950+여자더미의 기울기($\widehat{\beta}_1$) 9.300=79.25(여자의 고객만족도 평균)]이 9.300만큼 높음을 알 수 있다. 요약하면 단순더미회귀분석의 결과 남자(0)에서 여자

(1)로 한 단위 증가할 때, 즉 여자(더미범주)가 남자(참조범주)의 고객만족도 평균보다 9.300 만큼 높다고 해석하면 된다.

$$\widehat{Y}_i = 69.950 + 9.300 \text{ 여자더미}$$

남자(여자더미=0): $\widehat{Y}_i = 69.950$(남자의 고객만족도 평균)

여자(여자더미=1): $\widehat{Y}_i = 69.950 + 9.300 = 79.25$(여자의 고객만족도 평균)

그림 3-3 ▌ 단순더미회귀분석의 추정된 회귀선

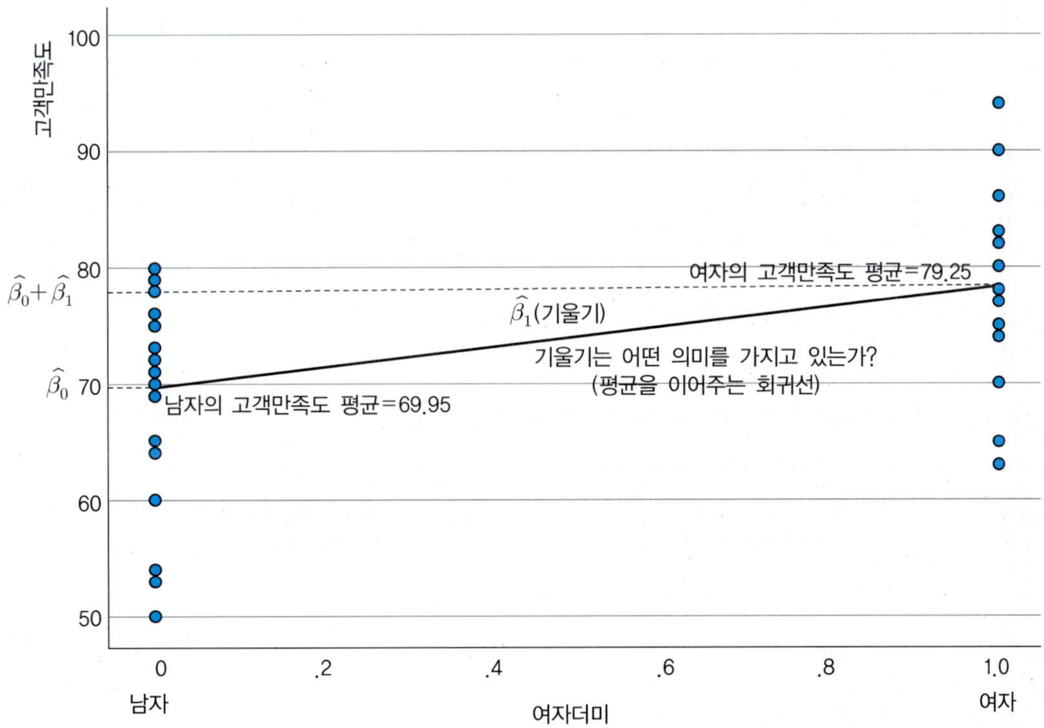

2) 다중더미회귀분석

다중더미회귀모형과 이의 추정된 회귀선을 살펴보기로 하자. 다중더미회귀분석에서는 더미변수의 값(1, 0)에 따라 절편은 다르고 기울기(회귀계수)는 같은 더미변수의 개수만큼 회귀선을 도출할 수 있다. 예컨대 회귀분석에 포함될 범주형 변수(고객유형)의 수준이 3이라면 2개의 더미변수를 생성할 수 있다. 고객유형은 청소년소비자, 성인소비자, 노인소비자의 3개이고 이 중에서 청소년소비자와 성인소비자는 더미범주로, 노인소비자는 참조범주로 사용하고자 한다. 이와 같이 다중회귀분석에서는 더미범주(청소년소비자, 성인소비자)에 해당하는 2개의 회귀선이 도출된다.

다중더미회귀모형	다중더미회귀모형의 추정된 회귀선
$Y_i = \beta_0 + \beta_1 더미_1 + \beta_2 더미_2 + \epsilon_i$	$\widehat{Y_i} = \widehat{\beta_0} + \widehat{\beta_1} 더미_1 + \widehat{\beta_2} 더미_2$ • 더미변수 $더미_1 = 1$, $더미_2 = 0$일 때: $\widehat{Y_i} = \widehat{\beta_0} + \widehat{\beta_1}$ • 더미변수 $더미_1 = 0$, $더미_2 = 1$일 때: $\widehat{Y_i} = \widehat{\beta_0} + \widehat{\beta_2}$
Y_i: i번째 사례의 Y값(종속변수의 값) β_0: 절편(Intercept) β_1, β_2: $더미_1$, $더미_2$의 기울기(Slope) = 회귀계수 $더미_1$, $더미_2$: 더미변수의 값(독립변수의 값) ϵ_i: 잔차(Residual) 혹은 오차(Error term)	$\widehat{Y_i}$: i번째 사례의 Y예측값(종속변수의 예측값) $\widehat{\beta_0}$: β_0(절편)의 추정치는 참조범주(Reference category)의 추정된 종속변수의 평균값(Mean) $\widehat{\beta_1}$, $\widehat{\beta_2}$: $더미_1$, $더미_2$의 β_1, β_2(기울기) 추정치-더미범주와 참조범주의 추정된 종속변수의 평균값 차이, 혹은 더미변수가 0에서 1로 한 단위 증가할 때 더미범주의 종속변수 평균값이 참조범주의 종속변수 평균값보다 더미범주의 기울기(회귀계수) 추정치만큼 평균값이 높다고 해석(기울기가 +인 경우) [참고] 기울기가 −이면 평균값이 낮다고 해석

지금부터는 독립변수가 고객유형 1개이고 종속변수인 고객만족도(연속형 변수) 1개인 사례를 가지고 다중더미회귀모형과 이의 추정된 회귀선의 의미를 제시하려고 한다. 회귀분석에서 고객유형(청소년/성인/노인)은 범주형 변수이므로 더미변수로 전환해야 한다. 여기에서는 청소년과 성인소비자를 더미범주(Dummy category)로, 노인소비자를 참조범주(Reference category)로 생성하자. 고객유형은 3수준이므로 2개의 더미변수를 생성하면 된다. 따라서 여기에서는 청소년과 성인소비자를 더미범주로 하는 청소년더미와 성인더미를 생성하였다.

고객유형 변수의 평균을 분석한 결과 청소년소비자의 고객만족도 평균은 81.615이며 노인소비자의 고객만족도 평균은 65.769이며 평균 차이(청소년-노인)는 15.846이다. 그리고 주어진 데이터를 이용해 다음과 같은 다중더미회귀모형이 추정되었다고 하자. 먼저, 노인소비자의 경우는 모두 청소년더미=0, 성인더미=0이므로 이를 추정된 회귀선에 대입시키면 65.769 ($\widehat{\beta_0}$)가 되며 이는 노인소비자의 고객만족도 평균을 의미한다.

다음으로, 청소년소비자의 경우는 청소년더미=1, 성인더미=0이므로 이를 추정된 회귀선에 대입하면 81.615가 되며 이는 청소년소비자의 고객만족도 평균이다. 따라서 다중더미회귀분석을 수행한 경우 더미변수가 0에서 1로 증가할 때 청소년소비자의 고객만족도 평균[노인의 고객만족도 평균($\widehat{\beta_0}$) 65.769+청소년더미=1의 기울기($\widehat{\beta_1}$) 15.846=81.615(청소년소비자의 고객만족도 평균)]이, 즉 노인소비자의 고객만족도 평균(65.759)보다 15.846만큼 높음을 알 수 있다. 요약하면 다중더미회귀분석의 결과 성인더미를 고정한 상태에서 더미변수가 0에서 1로 한 단위 증가할 때, 즉 청소년소비자(더미범주)가 노인소비자(참조범주)의 고객만족도 평균보다 15.846만큼 평균이 높다고 해석하면 된다.

$\widehat{Y_i} = 65.769 + 15.846$ 청소년더미$+ 10.516$ 성인더미

노인소비자: 청소년더미=0, 성인더미=0일 때

$\widehat{Y_i} = 65.769$(노인소비자의 고객만족도 평균)

청소년소비자: 청소년더미=1, 성인더미=0일 때

$\widehat{Y_i} = 65.769 + 15.846 = 81.615$(청소년소비자의 고객만족도 평균)

성인소비자: 청소년더미=0, 성인더미=1일 때

$\widehat{Y_i} = 65.769 + 10.516 = 76.285$(성인소비자의 고객만족도 평균)

마지막으로, 성인소비자의 경우는 청소년더미=0, 성인더미=1이므로 이를 추정된 회귀선에 대입하면 76.285가 되며 이는 성인소비자의 고객만족도 평균이다. 따라서 다중더미회귀분석을 수행한 경우 더미변수가 0에서 1로 증가할 때, 즉 성인소비자의 고객만족도 평균[노인의 고객만족도 평균($\widehat{\beta_0}$) 65.769+성인더미=1의 기울기($\widehat{\beta_2}$) 10.516=76.285(성인소비자의 고객만족도 평균)]이, 즉 노인소비자의 고객만족도 평균(69.195)보다 10.516만큼 높음을 알 수 있

다. 요약하면 다중더미회귀분석의 결과 청소년더미변수를 고정한 상태에서 더미변수가 0에서 1로 한 단위 증가할 때, 즉 성인소비자(더미범주)가 노인소비자(참조범주)의 고객만족도 평균보다 10.516만큼 평균이 높다고 해석하면 된다.

1.2 더미변수의 생성

더미변수(Dummy variable)[2]는 범주형 변수의 수준들에 숫자 0과 1을 부여해서 생성된 숫자이다. 보통 관심범주(Event)인 더미범주는 '1'을, 참조범주(Reference)는 '0'을 할당한다. 독자가 관심을 가지고 있는 변수를 더미범주(Dummy category) 혹은 이벤트범주(Event category)라 하며 1의 값이 할당된다. 반면 더미범주와 비교하기 위한 목적으로 생성하는 참조범주(Reference category)[3]는 0이 할당된다. 더미범주와 참조범주를 생성하는 몇 가지 원칙을 제시하면 다음과 같다.

- 더미변수의 개수는 회귀분석에 투입할 범주형 변수의 수준(Level)에서 1을 뺀 숫자만큼 만든다(더미변수의 개수 = 범주형 변수의 수준 수−1).[4]
- 참조범주(비교대상이 되는 범주)는 의미가 있는 것으로 정해야 한다. 예컨대 설문 응답에서 '기타'로 응답한 것을 참조범주로 정하지 않는 것이 좋다. 그러나 종교유형을 더미변수로 만드는 경우와 같이 '종교 없음'은 참조범주로 설정할 수 있다. 왜냐하면 더미변수를 통해 어떤 [종교(개신교)]와 [종교 없음]을 비교하면 유용한 의미를 찾아낼 수도 있기 때문이다.
- 연구자가 관심을 갖고 있는 범주를 더미범주로 설정하고 그렇지 않은 범주를 참조범주로 생성한다. 예컨대 독자가 흡연 연구를 한다면 흡연은 1로 비흡연은 0으로 생성한다.

---

2) 더미변수는 가변수(假變數)라고도 한다.

3) 참조범주(Reference category)는 더미변수에서 누락되기 때문에 제외된 범주(Excluded category) 혹은 생략된 범주(Omitted category)라고도 불린다.

4) 더미변수를 만들 때 범주형 변수의 수준 수에서 1을 빼서 한 개를 더미변수를 생성하는 것은 더미변수들을 모두 다 회귀모형에 투입할 경우 완전한 다중공선성(Perfect collinearity) 문제가 발생될 수 있기 때문이다. 보통 더미변수 생성과정에서 제외된 하나의 더미변수는 참조범주(기준범주)로 삼고 더미범주와 비교하면서 분석 결과를 해석한다.

- 기본적이고 일반적인 것, 정상적인 것, 타당한 것 등을 참조범주로 생성한다. 예컨대 비음주, 비흡연, 고혈압이 없는 경우를 참조범주로 사용하며 연구자가 분석에서 관심을 가지고 있는 음주, 흡연, 고혈압이 있는 경우는 더미범주로 생성한다.
- 더미변수 작성과정을 통해 만들어진 더미변수는 실질적으로 이분형 변수이지만 연속형으로 간주하고 회귀분석에 투입한다.
- 회귀분석에서 더미변수를 무한정으로 많이 포함시키는 것은 현실적이지 않다. 만약 포함시킬 범주형 독립변수가 많은 경우에는 상관관계분석, t-검증, ANOVA, 회귀분석 등을 통해 종속변수에 유의한 영향을 미칠 때 사용한다.
- 조절회귀분석에서 더미변수를 조절변수로 사용할 경우에는 평균중심화를 하지 않아야 한다.

더미변수의 생성은 보통 이분형 변수와 3수준 이상(다분형)의 범주형 변수로 구분해서 이루어진다. 이분형 변수의 대표적인 것이 성별 변수이다. 이는 남자와 여자라는 2수준을 가지고 있으며, 이때는 1개의 더미변수(Single dummy predictor)를 생성한다. 연구자가 만약 성별 중에서 남자가 연구의 중심이라면 남자를 더미범주로 하고, 여자는 참조범주로 설정한다. 반대로 여자가 연구의 중심이라면 여자를 더미범주로 하고 남자를 참조범주로 설정하면 된다. 3수준 이상의 범주형 변수에 대한 더미변수의 생성의 경우에도 이분형 변수의 더미변수 생성과 동일한 방법으로 설정하면 된다. 예컨대 고객유형이 청소년, 성인 및 노인소비자로 구분되어 있는 경우라면 2개의 더미변수(Multiple dummy predictors)를 생성하면 된다. 독자가 관심 있는 범주가 청소년과 성인이라면 청소년소비자와 성인소비자를 더미범주로 설정하고, 노인소비자는 참조범주로 설정하면 된다. 반대로 독자의 관심이 성인소비자와 노인소비자라면 이들을 더미범주로 설정하고 청소년소비자를 참조범주로 설정하면 된다.

표 3-1 이분형 변수 성별의 더미변수 만들기

기존변수(성별)		성별 더미변수(새로운 변수)
		여자더미
남자 1	→	0
여자 2	→	1

주: 남자를 참조범주, 여자를 더미범주로 생성한 경우

표 3-2 3수준인 고객유형 범주형 변수의 더미변수 만들기

고객유형(기존변수)		고객유형 더미변수(새로운 변수)	
		청소년더미	성인더미
청소년 1	→	1	0
성인 2	→	0	1
노인 3	→	0	0

주: 노인을 참조범주, 청소년과 성인을 더미범주로 생성한 경우

표 3-3 4수준인 지역 범주형 변수의 더미변수 만들기

지역(기존변수)		지역 더미변수(새로운 변수)		
		서울더미	대구더미	인천더미
서울 1	→	1	0	0
천안 2	→	0	0	0
대구 3	→	0	1	0
인천 4	→	0	0	1

주: 천안을 참조범주, 서울, 대구 및 인천을 더미범주로 생성한 경우

SPSS 통계프로그램을 이용해서 더미변수를 생성하는 방법에 대해서 이 책에서는 두 가지의 경우를 소개한다. 먼저, [변환] 메뉴에 있는 [다른 변수로 코딩변경]을 사용하면 된다. 다음으로, SPSS의 높은 버전에서 제공하고 있는 [변환] 메뉴에 있는 [더미변수 작성]을 사용하는 방법이 있다. 이 방법은 사용하기가 매우 편리하므로 가급적이면 후자인 [더미변수 작성] 방법을 사용할 것을 권유한다. 다만 이 방법을 통해 더미변수를 생성하면 독자가 어떤 범주를 참조범주로 정할지를 알지 못하기 때문에 범주형 변수의 모든 범주에 대해서 더미변수를 만들어준다. 따라서 독자들은 [더미변수 작성]을 통해 일단 더미변수를 작성한 후에 생성된 더미변수 중에서 참조범주로 사용할 더미변수를 데이터 파일에서 제거하거나 참조범주로 사용할 더미변수를 회귀분석 시에 회귀모형에 투입시키지 않으면 된다.

[참고사항] SPSS프로그램 메뉴에 [더미변수 작성] 폴더가 없다면?

SPSS 29 버전을 설치했음에도 불구하고 만약 [변환] 메뉴에 [더미변수 작성]이 없다면 SPSS 프로그램의 [확장] 메뉴의 [확장 허브]에서 [SPSSINC_CREATE_DUMMIES]를 찾아 설치하기 바란다.

SPSS_Stats_PythonEssentials_21_win64.exe(26 MB)

SPSSINC_CREATE_DUMMIES

지금부터는 구체적으로 예시를 통해 5수준을 가지고 있는 학력변수를 가지고 더미변수를 만드는 과정을 알아보기로 하자. 만약 학력변수의 구분을 1. 초등학교 졸업, 2. 중학교 졸업, 3. 고등학교 졸업, 4. 대학교 졸업, 5. 대학원 이상의 5개로 설문하였다면 우리가 만들어야 하는 더미변수의 개수는 4개(수준 수 5개−1)이다.

[그림 3-4]는 5수준의 학력변수를 가지고 4개의 더미변수를 만드는 과정을 예시한 것이다. 설문지에서 학력을 물어 본 설문이 다음과 같다고 하자.

| 학력에 대한 설문 |

귀하의 학력은 다음 중 어느 것에 해당됩니까?

① 초등학교 졸업, ② 중학교 졸업, ③ 고등학교 졸업, ④ 대학교 졸업, ⑤ 대학원 이상

응답자의 내용을 기초로 여러분들은 아마도 SPSS 통계프로그램을 통해 데이터 입력창 [변수 보기]에서 학력변수를 만들고 '초등학교 졸업'은 1로, '중학교 졸업'은 2로, '고등학교 졸업'은 3으로, 대학교 졸업은 4로, '대학원 이상'은 5로 코딩할 것이다. 이렇게 코딩된 학력변수의 숫자들은 더미변수 자신이 속한 더미범주를 1로 코딩변경하고 나머지 범주들은 모두 0으로 코딩변경을 해야 한다.

그림 3-4 ▌ 5수준인 학력변수의 더미변수 만들기

[설문] 귀하의 학력은 다음 중 어느 것에 해당됩니까?
① 초등학교 졸업 ② 중학교 졸업 ③ 고등학교 졸업
④ 대학교 졸업 ⑤ 대학원 이상

더미변수 만들기 방법	1. 변환 메뉴의 다른 변수로 코딩변경 이용 2. 변환 메뉴의 더미변수 작성 이용

학력은 5수준으로 되어 있으므로 더미변수는 **4개**를 만든다. 만약 연구자가 **5. 대학원 이상을 참조범주로 결정**했다면 **4개 더미변수**는 **초졸더미, 중졸더미, 고졸더미, 대졸더미**가 된다. 이때 4개 더미변수는 **더미범주**가 된다.

학력 (기존변수)		학력 더미변수(새로운 변수)			
		초졸더미	중졸더미	고졸더미	대졸더미
초등학교 졸업 1	→	1	0	0	0
중학교 졸업 2	→	0	1	0	0
고등학교 졸업 3	→	0	0	1	0
대학교 졸업 4	→	0	0	0	1
대학원 이상 5	→	0	0	0	0

더미범주 (Dummy category): 1~4행
참조범주 (Reference category): 5행

초졸더미: 초졸 응답자의 코딩 1을 코딩 1로 코딩변경, 나머지 응답자 코딩 2,3,4,5는 0으로 코딩변경
중졸더미: 중졸 응답자의 코딩 2는 코딩 1로 코딩변경, 나머지 응답자 코딩 1,3,4,5는 0으로 코딩변경
고졸더미: 고졸 응답자의 코딩 3은 코딩 1로 코딩변경, 나머지 응답자 코딩 1,2,4,5는 0으로 코딩변경
대졸더미: 대졸 응답자의 코딩 4는 코딩 1로 코딩변경, 나머지 응답자 코딩 1,2,3,5는 0으로 코딩변경

1.3 더미회귀분석 결과의 해석

더미회귀분석 결과의 해석 제시는 다음의 두 가지 중에서 선택해서 하면 된다.

먼저, 단순더미회귀분석에서 더미범주의 비표준화회귀계수(혹은 표준화회귀계수)가 정적으로 유의하면 더미변수(더미범주)가 종속변수에 정적으로 유의한 영향을 주었다고 해석하면 된다. 즉, 더미범주일수록 종속변수가 높게 나타났다고 하면 된다. 부적으로 유의하면 종속변수에 부적으로 유의한 영향을 주었다고 해석하면 된다. 즉, 참조범주일수록 종속변수가 높게 나타났다고 하면 된다. 다중더미회귀분석에서 더미범주의 비표준화회귀계수가 정적으로 유의하면 다른 독립변수를 고정시킨 상태에서 더미변수(더미범주)가 종속변수에 정적으로 유의한 영향을 주었다고 해석하면 된다. 즉, 다른 독립변수들을 고정시킨 상태에서 더미범주일수록 종속변수가 높게 나타났다고 하면 된다. 부적으로 유의하면 다른 독립변수를 고정시킨 상태에서 더미변수(더미범주)가 종속변수에 부적으로 유의한 영향을 주었다고 해석하면 된다. 즉, 참조범주일수록 종속변수가 높게 나타났다고 하면 된다. 물론 변수 간의 상대적 영향력을 비교하고자 할 경우에는 표준화회귀계수를 참조하면 된다.

다음으로, 단순더미회귀분석에서 비표준화회귀계수(혹은 표준화회귀계수)는 더미변수가 0에서 1로 한 단위 증가할 때 정적으로 유의하면 더미범주가 참조범주의 종속변수 평균보다 기울기(비표준화회귀계수)만큼 평균이 높다고 해석하면 된다. 반면에 더미변수가 0에서 1로 한 단위 증가할 때 부적으로 유의하면 더미범주가 참조범주의 종속변수 평균보다 기울기(비표준

화회귀계수)만큼 평균이 낮다고 해석하면 된다. 다중더미회귀분석에서 비표준화회귀계수는 다른 독립변수들을 고정시킨 상태에서 더미변수가 0에서 1로 한 단위 증가할 때 정적으로 유의하면 더미범주가 참조범주의 종속변수 평균보다 기울기(비표준화회귀계수)만큼 평균이 높다고 해석하면 된다. 즉, 더미범주일수록 종속변수가 높게 나타났다고 하면 된다. 반면에 더미변수가 0에서 1로 한 단위 증가할 때 부적으로 유의하면 다른 독립변수들을 고정시킨 상태에서 더미범주가 참조범주의 종속변수 평균보다 기울기(비표준화회귀계수)만큼 평균이 낮다고 해석하면 된다. 즉, 참조범주일수록 종속변수가 높게 나타났다고 하면 된다. 물론 변수 간의 상대적 영향력을 비교하고자 할 경우에는 표준화회귀계수를 참조하면 된다.

2 더미변수 만들기와 더미회귀분석의 SPSS 통계 실습

통계 실습 3-1 이분형 변수의 더미변수 만들기와 단순더미회귀분석

다음의 [이분형 변수의 더미변수 만들기 데이터]를 가지고 SPSS의 [변환] 메뉴에 있는 [다른 변수로 코딩변경]과 [더미변수 작성]을 사용하여 성별에 대한 더미변수를 작성하고 단순더미회귀분석을 실습하시오.

✔ 실습 데이터

ID	성별	고객만족도
1	1	70
2	1	79
…	…	…
40	2	83

총 사례 수는 40개임

- 성별 → 범주형 변수(남자 1, 여자 2): 여자를 더미범주로 설정(남자는 참조범주)
- 고객만족도 → 연속형 변수

☑ 가설

- 귀무가설(H_0): 성별은 고객만족도에 영향을 주지 않는다($\beta_1 = 0$).
- 대립가설(H_1): 성별은 고객만족도에 영향을 준다($\beta_1 \neq 0$).

실습 데이터	제3장 이분형 변수의 더미변수 만들기 데이터
분석방법 메뉴 선택	변환–다른 변수로 코딩변경 변환–더미변수 작성 그래프–산점도/점도표–단순 산점도 분석–회귀분석–선형 분석–기술통계량–데이터 탐색 • 선형 회귀: 통계량 옵션에서 회귀계수의 [추정값], 잔차의 Durbin–Watson 체크 • 선형 회귀: 도표 옵션에서 X에 [ZPRED], Y에 [ZRESID] 입력, 표준화 잔차 도표에서 [정규확률도표] 체크 • 선형 회귀: 저장 옵션에서 잔차의 [표준화], 영향력 통계량의 [표준화 DfFit] 체크

1) 실습 과정

❶ [파일–열기–데이터]를 선택한 후 실습 데이터 파일이 있는 위치로 찾아가서 [제3장 이분형 변수의 더미변수 만들기 데이터]를 연다. [파일–다른 이름으로 저장하기]에서 파일명을 [제3장 단순더미회귀분석 데이터]로 수정한 후 [저장]한다.

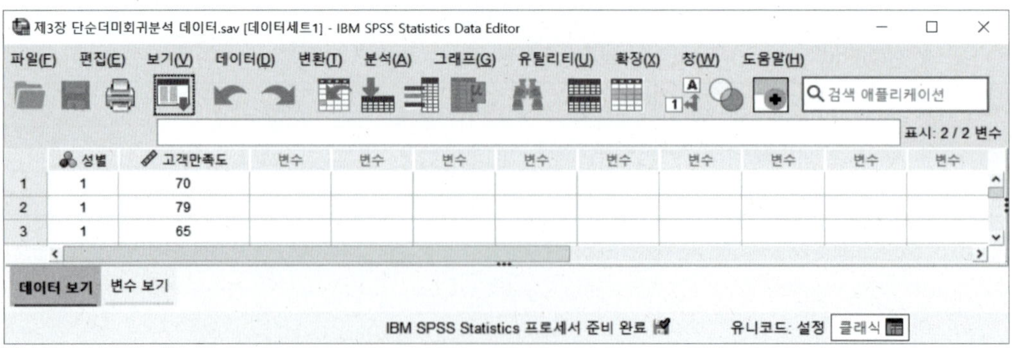

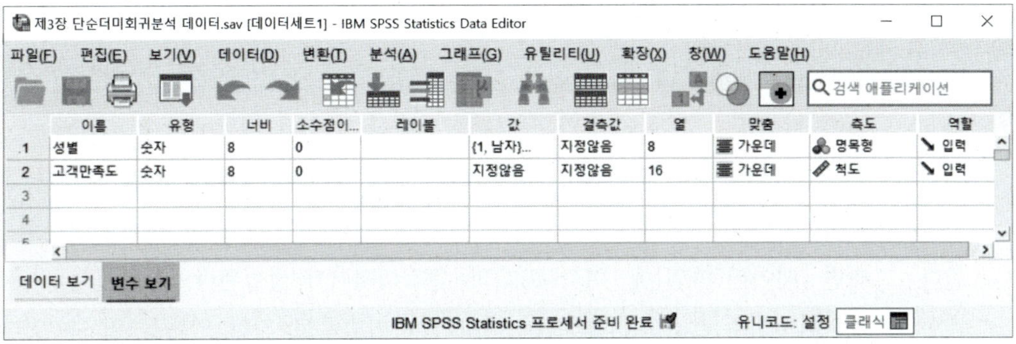

❷ [변환] 메뉴에서 [다른 변수로 코딩변경]을 선택해 창으로 들어간 후 [성별]을 [입력변수 → 출력변수]로 보낸다. [출력변수]의 [이름]에는 [여자더미]를 입력한 후 [변경]을 클릭한다. [기존값 및 새로운 값]을 클릭해 [기존값]에 '1' [새로운 값]에 '0'을 입력하고 [추가] 버튼을 클릭한다. 다시 [기존값]에 '2' [새로운 값]에 '1'을 입력하고 하단의 [계속] 버튼을 클릭한다. 마지막으로 [확인] 버튼을 클릭한다. 그러면 여자는 더미범주가 되고 남자는 참조범주가 된다. 데이터 편집 창 하단에 있는 [변수 보기]에서 [소수점 이하]를 '0'으로, [맞춤]을 '가운데'로, [측도]를 '척도'로 변경 입력한다. 다시 [데이터 보기]로 간 후 [저장] 버튼을 클릭한다. ❸의 실습을 위해 데이터 파일에서 ❷의 과정을 통해 만들어진 여자더미 변수를 삭제한다.

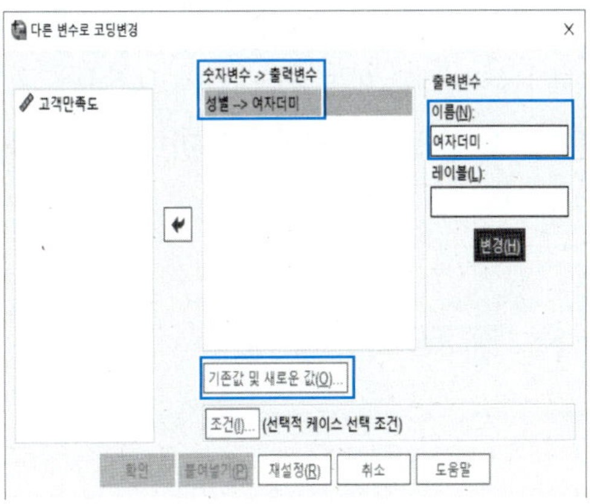

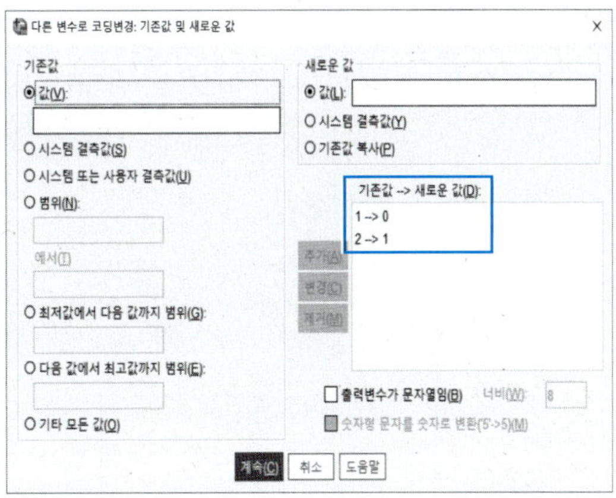

❸ 앞에서 실습한 [다른 변수로 코딩변경]을 통해 만든 더미변수가 포함된 데이터를 이용해 더미회귀분석을 시행하면 된다. 그러나 여기에서는 다른 방법으로도 더미변수를 쉽게 만들 수 있음을 보여주기 위해서 추가적으로 실습한다. [변환] 메뉴에서 [더미변수 작성]을 선택해 창으로 들어간 후 [성별]을 오른쪽 [다음에 대한 더미변수 작성]으로 보낸다. [루트 이름(선택한 변수 당 한 개)]에 [여자더미]를 입력하고 좌 하단에 있는 [확인] 버튼을 클릭한다. 그러면 [데이터 파일]에 [여자더미1]과 [여자더미2]가 생성된다. 여기에서 [여자더미1]은 남자가 더미범주로, [여자더미2]는 여자가 더미범주로 되어 있음을 알 수 있다.

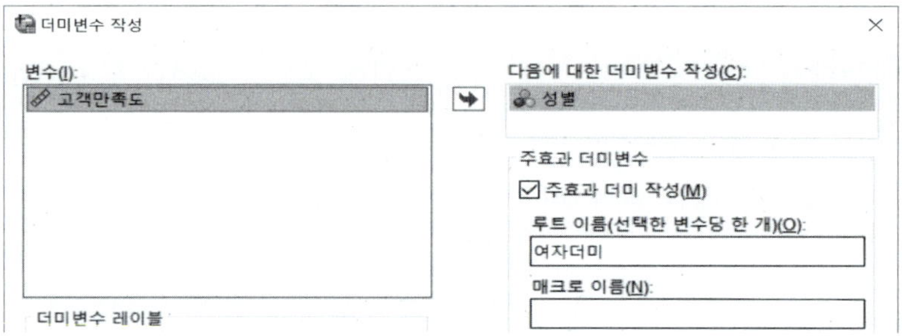

독자는 [데이터 파일]로 가서 2개 중에서 필요한 더미변수는 1개이므로 하나를 선택하고 나머지는 파일에서 삭제해야 한다. 이 실습에서는 여자를 더미범주로 하고 남자를 참조범주로 설정하려고 하므로 [여자더미1]은 삭제하고 나머지 [여자더미2]는 데이터 편집 창 하단에 있는 [변수 보기]에서 변수명을 [여자더미]로 변경하고, [소수점 이하]를 '0', [맞춤]을 '가운데', [측도]를 '척도'로 변경 입력하고 [레이블]을 삭제한다. 다시 [데이터 보기]로 간 후 [저장] 버튼을 클릭한다. 다음은 최종적으로 만들어진 더미변수(더미범주)이다. [저장] 버튼을 클릭한다.

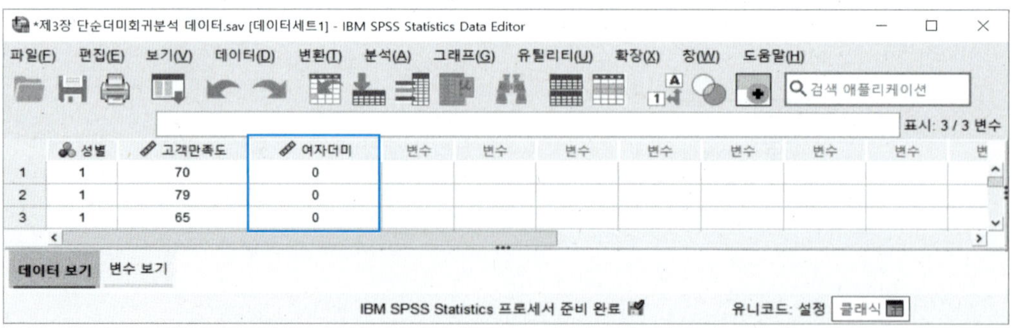

❹ [그래프-산점도/점도표-단순 산점도]를 선택한 후 [정의] 버튼을 클릭해 [단순 산점도] 창을 연 후 독립변수인 [여자더미]를 [X축]에, 종속변수인 [고객만족도]를 [Y축]으로 이동시킨다. 마지막으로 [확인] 버튼을 클릭하면 그래프가 출력된다. 그래프를 육안으로 살펴보면 선형성이 존재함을 확인할 수 있다. 그래프에 마우스를 놓고 몇 번 클릭하면 [도표 편집기]가 나타난다. 편집기 상단의 [요소] 메뉴에서 [전체 회귀선 적합]을 선택하면 회귀선이 그려진다. 이 그래프를 보고 이상값을 사전에 판별할 수도 있다.

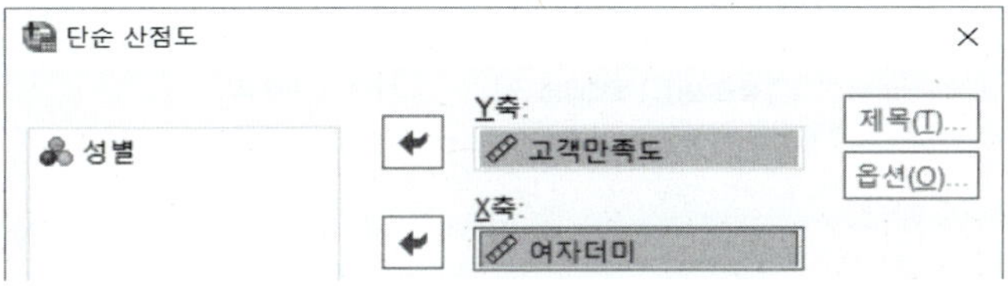

❺ [분석-회귀분석-선형]을 선택하여 [선형 회귀] 창으로 들어간다. 독립변수인 [여자더미]를 [독립변수]에, 그리고 [고객만족도]를 [종속변수]로 이동시킨다. [통계량] 옵션에서 [회귀계수]의 [추정값], [잔차]의 [Durbin-Watson]을 체크하고 [계속] 버튼을 클릭한다. [도표] 옵션에서 [ZPRED]를 [X]에, [ZRESID]를 [Y]로 이동시키고 [표준화 잔차 도표]에서 [히스토그램]과 [정규확률도표]를 체크하고 [계속] 버튼을 클릭한다. [저장] 옵션의 [잔차]에서 [표준화]를, [영향력 통계량]에서 [표준화 DfFit]를 체크하고 [계속] 버튼을 클릭한다. 마지막으로 [선형 회귀] 창의 좌측 하단에 있는 [확인] 버튼을 클릭해 단순회귀분석을 실행한다. 모든 가정 조건이 충족되었다면 최종적으로 단순회귀분석을 실시한 후에 그 결과를 보고하면 된다.

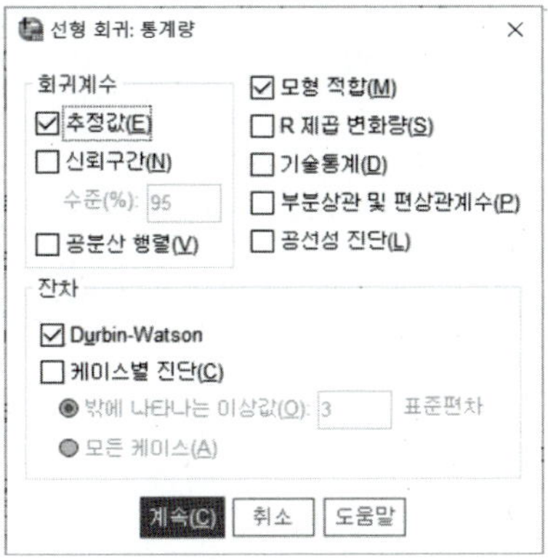

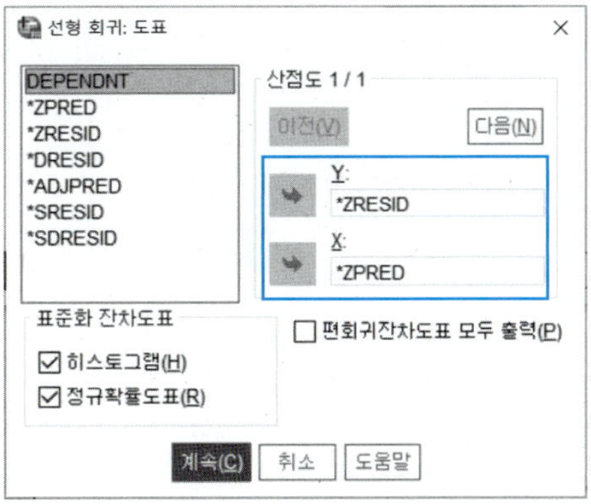

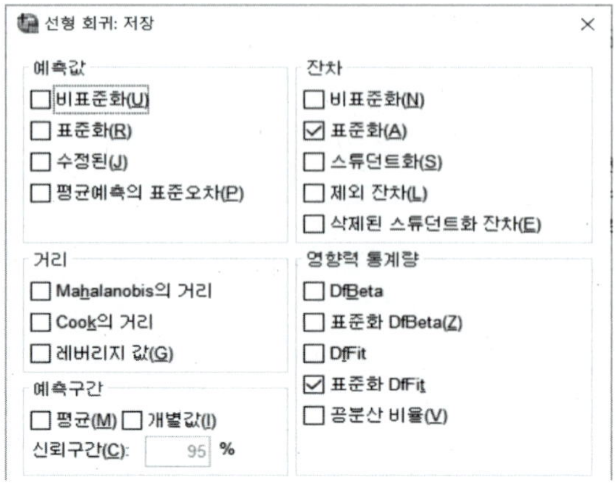

❻ [참고사항] 잔차의 정규성은 출력물 중에서 P-P도표를 이용해 검증하면 된다. 그러나 데이터 파일에 출력되는 표준화된 잔차(Standardized Residual) ZRE를 이용해서 잔차의 정규성을 검증할 수 있다. 이는 [분석-기술통계량-데이터 탐색] 메뉴에서 [Standardized Residual]을 [종속변수]로 이동시키고 [도표] 옵션에서 [검정과 함께 정규성도표]를 체크하고 [계속] 버튼을 클릭한다. 마지막으로 [데이터 탐색] 창의 좌측 하단에 있는 [확인] 버튼을 클릭하면 분석이 완료된다.

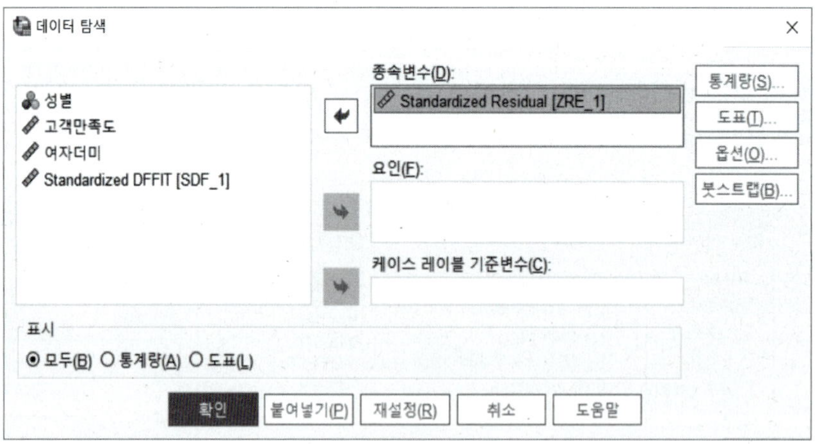

2) 주요 분석 결과

단순더미회귀분석에 대한 주요 출력 결과를 제시하면 다음과 같다.

| 선형성검증 결과 |

독립변수(더미변수)와 종속변수 간의 선형성검증 결과는 다음과 같다.

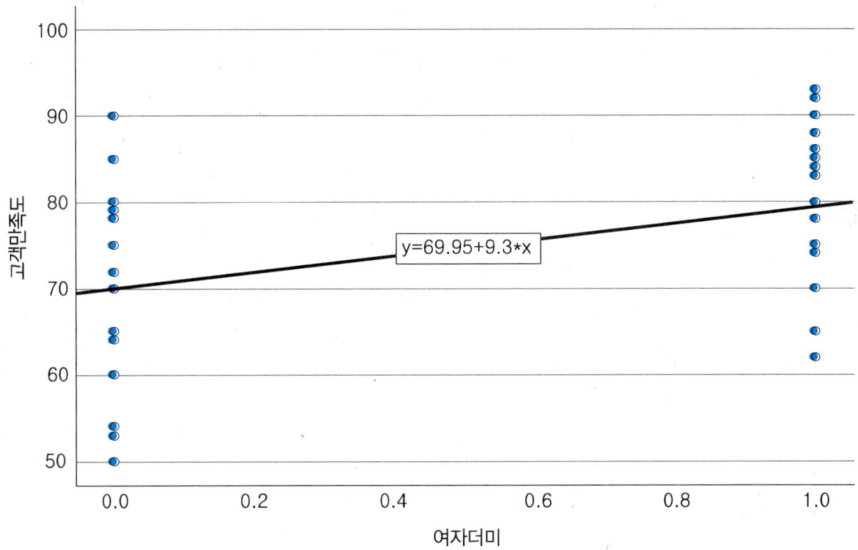

| 이상치검증 결과 |

이상치(Outlier)에 대한 검증 결과는 다음과 같다. 표준화 잔차(ZRE_1)의 절대값 3 이상, 표준화 DfFit(SDF_1)의 절대값이 2 이상을 넘지 않으면 이상치가 없다고 판단한다. 데이터 파일인 [제3장 단순더미회귀분석 데이터]에 있는 ZRE_1을 보면 3을 넘는 것이 없고, SDF_1의 값이 2를 넘는 사례가 없으므로 이상치는 없다고 판단된다.

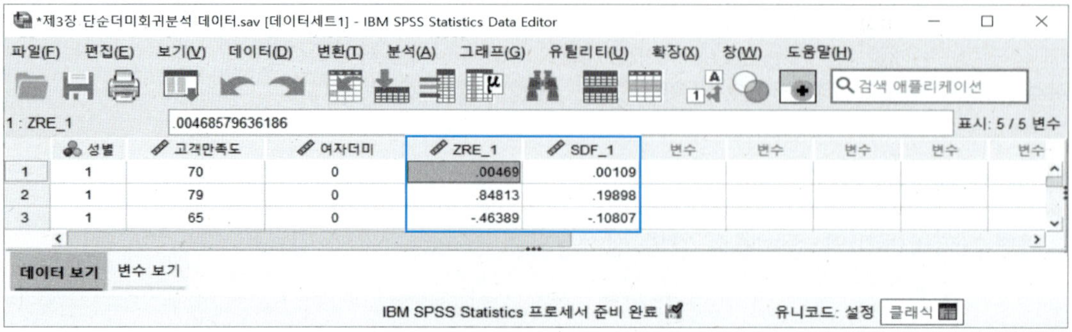

| 잔차의 독립성검증 결과 |

잔차의 독립성검증 결과는 다음과 같다. 회귀분석 실행 결과 Durbin-Watson지수는 1.887로 2에 가까워 잔차들 간에는 자기상관이 없이 독립적임을 알 수 있다.

모형 요약[b]

모형	R	R 제곱	수정된 R 제곱	추정값의 표준 오차	Durbin-Watson
1	.408[a]	.167	.145	10.671	1.887

a. 예측자: (상수), 여자더미

b. 종속변수: 고객만족도

| 잔차의 정규성검증 결과 |

잔차의 정규성검증 결과는 다음과 같다. 회귀분석의 실행 결과인 [히스토그램]과 [정규P-P도표]를 보면 잔차들은 정규분포에서 크게 벗어나지 않은 것으로 보인다.

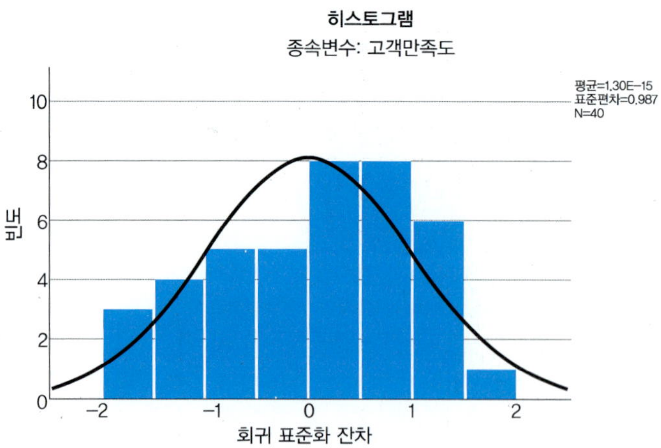

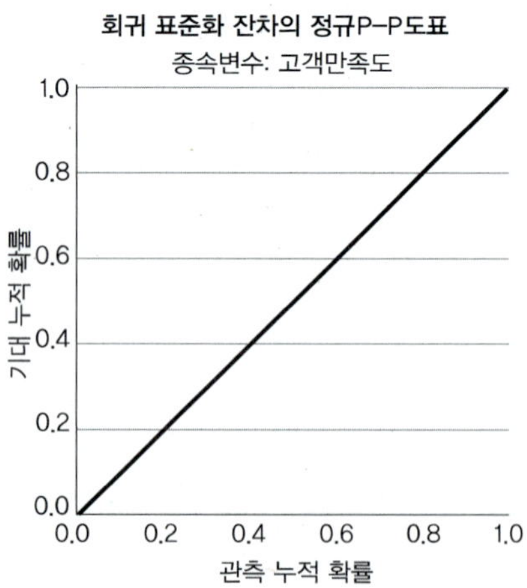

[분석-기술통계량-데이터 탐색]의 실행 결과에서 [정규Q-Q도표]를 보면 잔차들은 정규분포를 하고 있는 것으로 보인다. Shapiro-Wilk검증 결과 p값이 0.145이며 이는 유의수준 0.05보다 크므로 잔차들은 정규분포를 하고 있음을 알 수 있다. 그러나 통계적 검증방법은 쉽게 기각되므로 사용하지 않는 것이 좋다.

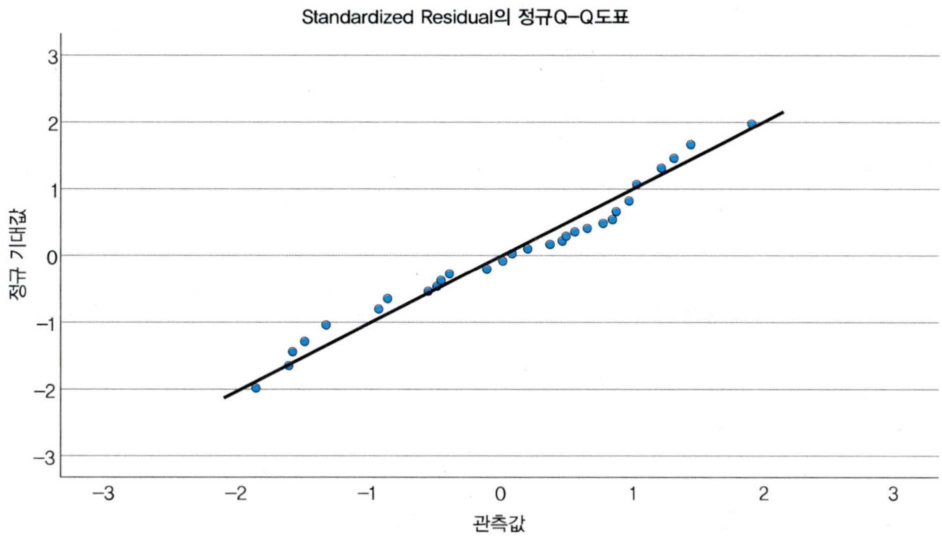

정규성 검정

	Kolmogorov-Smirnov[a]			Shapiro-Wilk		
	통계	자유도	유의확률	통계	자유도	유의확률
Standardized Residual	.103	40	.200*	.958	40	.145

*. 이것은 참 유의성의 하한입니다.

a. Lilliefors 유의확률 수정

| 잔차의 등분산성검증 결과 |

잔차의 등분산성검증 결과는 다음과 같다. 아래 그림은 표준화 잔차 산점도이다. 이 실습 문제의 산점도를 보면 +2와 −2 사이에서 일정한 패턴이 없으므로 등분산성의 가정을 만족하고 있음을 알 수 있다.

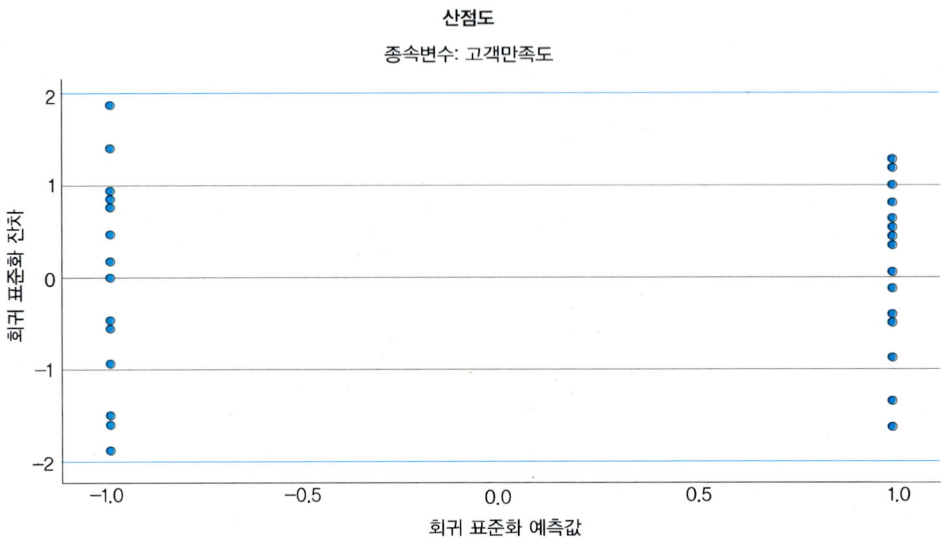

| 단순더미회귀분석의 주요 검증 결과 |

단순더미회귀분석의 주요 출력물은 다음과 같다.

① 모형 요약

결정계수인 R^2은 0.167로 여자더미로 고객만족도를 설명할 수 있는 설명력의 정도는 16.7%이었다. 이는 고객만족도 변수의 변동성 중에서 독립변수 여자더미의 변동성에 의해 설명되는 비율을 의미한다.

모형 요약[b]

모형	R	R 제곱	수정된 R 제곱	추정값의 표준 오차	Durbin-Watson
1	.408[a]	.167	.145	10.671	1.887

a. 예측자: (상수), 여자더미

b. 종속변수: 고객만족도

② 모형의 적합도

회귀선의 통계적 유의성을 검증하는 F통계량은 7.596이고, 이에 대한 p값은 0.009로 유의수준 0.01보다 작으므로 회귀선은 통계적으로 유의함을 알 수 있다. 따라서 회귀모형은 잘 적합되었음을 알 수 있다.

ANOVA[a]

모형		제곱합	자유도	평균제곱	F	유의확률
1	회귀	864.900	1	864.900	7.596	.009[b]
	잔차	4326.700	38	113.861		
	전체	5191.600	39			

a. 종속변수: 고객만족도

b. 예측자: (상수), 여자더미

③ 회귀계수

독립변수인 여자더미의 비표준화회귀계수는 9.300(표준화회귀계수 0.408)이며 이의 p값은 0.009이고 유의수준 0.01보다 작으므로 여자더미는 종속변수인 고객만족도에 유의한 영향을 미치고 있음을 알 수 있다. 회귀분석 결과를 회귀선으로 나타내면 [기대되는 고객만족도=69.950+9.300×여자더미]가 된다.

계수[a]

모형		비표준화 계수 B	비표준화 계수 표준화 오류	표준화 계수 베타	t	유의확률
1	(상수)	69.950	2.386		29.317	<.001
	여자더미	9.300	3.374	.408	2.756	.009

a. 종속변수: 고객만족도

3) 단순더미회귀분석 검증 결과의 제시와 해석

성별이 고객만족도에 미치는 영향을 알아보기 위해 성별을 더미변수로 설정하여 단순더미회귀분석을 실시하였으며, 그 검증 결과를 요약하면 다음과 같다.

표 3-4 단순더미회귀분석 결과표 (N=40)

독립변수	B	SE	β	t	p
상수	69.950	2.386		29.317***	<0.001
여자더미	9.300	3.374	0.408	2.756**	0.009
R^2=0.167, F=7.596 (<0.01)					

**p<0.01, ***p<0.001, 종속변수: 고객만족도, 성별: 참조범주는 남자

▌표 3-5▐ 단순더미회귀분석 결과표 다른 양식 예시 (N=40)

독립변수	B	β	R^2	F
상수	69.950		0.167	7.596
여자더미	9.300	0.408**		

**p<0.01, 종속변수: 고객만족도, 성별: 참조범주는 남자

회귀분석의 기본 가정들인 선형성, 잔차의 독립성, 정규성 및 등분산성은 충족되었다. 고객만족도의 변동성 중에서 여자더미변수가 설명하는 설명력은 16.7%로 나타났다. 분산분석표의 F값이 7.596이고 이는 유의수준 0.01에서 통계적으로 유의한 것으로 나타나 회귀선은 통계적으로 유의하며 회귀모형은 적합하다고 판단된다.

여자더미변수가 고객만족도에 미치는 영향에 대한 단순더미회귀분석 결과, 여자는 고객만족도에 유의한 영향을 주는 것으로 나타났다($p<0.01$). 여자의 비표준화회귀계수는 9.300으로 정적으로 유의하였으며 성별이 남자(0)에서 여자(1)로 한 단위 증가할 때, 즉 여자가 고객만족도 평균이 남자의 고객만족도 평균보다 9.300만큼 높게 나타났다. 즉, 여자가 남자보다 고객만족도가 높음을 의미한다.

단순더미회귀분석을 통해 추정된 회귀선은 다음과 같다. 식에서 69.950은 절편이며 남자의 고객만족도 평균이다. 여자의 고객만족도 평균은 남자보다 여자 회귀선의 기울기인 9.300만큼 높음을 알 수 있다.

$$\text{기대되는 고객만족도} = 69.950 + 9.300 \times \text{여자더미}$$

앞의 회귀선에서 성별은 남자는 0, 여자는 1의 값만을 가지므로 남자와 여자는 각각 다음과 같은 회귀식을 얻게 된다. 따라서 여자가 남자보다 평균이 9.300만큼 높다.

남자: 여자더미=0 고객만족도 평균=69.950
여자: 여자더미=1 고객만족도 평균=69.950+9.300=79.25

통계 실습 3-2 3수준 범주형 변수의 더미변수 만들기와 다중더미회귀분석

다음의 [제3장 다중더미회귀분석의 더미변수 만들기 데이터1]을 가지고 SPSS의 [변환] 메뉴에 있는 [다른 변수로 코딩변경]과 [더미변수 작성]을 사용하여 고객유형에 대한 더미변수를 작성하고 다중더미회귀분석을 실습하시오.

☑ 실습 데이터

ID	고객유형	고객만족도
1	3	70
2	3	79
…	…	…
40	1	83

총 사례 수는 40개임

- 고객유형 → 범주형 변수(청소년소비자 1, 성인소비자 2, 노인소비자 3): 청소년과 성인소비자를 더미범주로 설정(노인소비자는 참조범주)
- 고객만족도 → 연속형 변수

☑ 가설

- 귀무가설(H_0): 고객유형은 고객만족도에 영향을 주지 않는다($\beta_1 = \beta_2 = 0$).
- 대립가설(H_1): 고객유형 중에서 적어도 하나는 고객만족도에 영향을 준다.

실습 데이터	제3장 다중더미회귀분석의 더미변수 만들기 데이터1
분석방법 메뉴 선택	변환–다른 변수로 코딩변경 변환–더미변수 작성 그래프–산점도/점도표–겹쳐 그리기 산점도 분석–회귀분석–선형 분석–기술통계량–데이터 탐색 • **선형 회귀:** 통계량 옵션에서 회귀계수의 [추정값], 잔차의 Durbin–Watson 체크 • **선형 회귀:** 도표 옵션에서 X에 [ZPRED], Y에 [ZRESID] 입력, 표준화 도표에서 [정규확률도표] 체크 • **선형 회귀:** 저장 옵션에서 잔차의 [표준화], 영향력 통계량의 [표준화 DfFit] 체크

1) 실습 과정

❶ [파일-열기-데이터]를 선택한 후 실습 데이터 파일이 있는 위치로 찾아가서 [제3장 다중더미회귀분석의 더미변수 만들기 데이터1]을 연다. [파일-다른이름으로 저장하기]에서 [제3장 다중더미회귀분석 데이터1]로 [저장]한다.

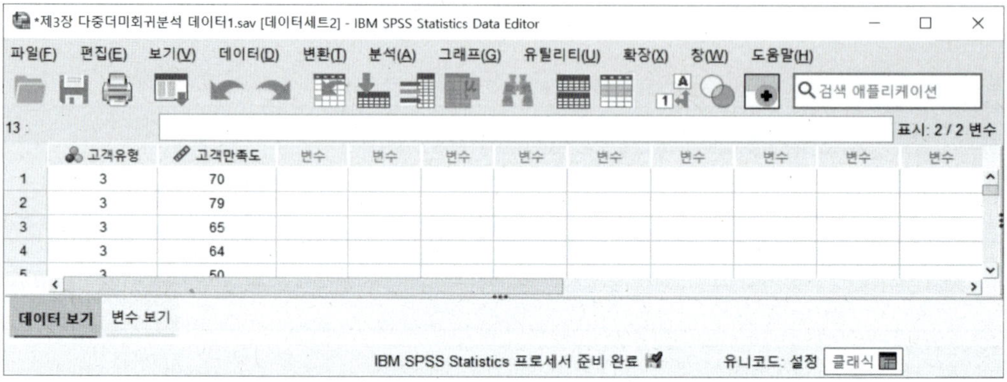

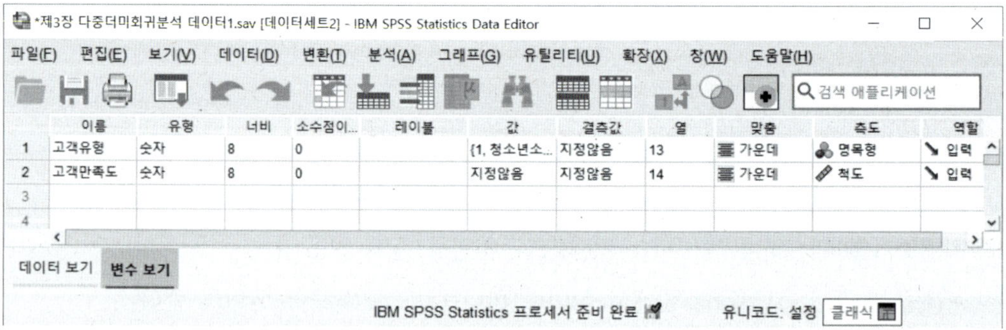

❷ 고객유형은 1. 청소년소비자, 2. 성인소비자, 3. 노인소비자이며, 청소년과 성인소비자를 더미범주로 설정하고 노인소비자를 참조범주로 하려고 한다. 고객유형은 3가지 수준을 가지고 있으므로 2개의 더미변수를 만들 수 있다. ① [변환] 메뉴에서 [다른 변수로 코딩변경]을 선택해 창으로 들어간 후 [고객유형]을 투입 창으로 보낸다. [출력변수]의 [이름]에는 [청소년더미]를 입력한 후 [변경] 버튼을 클릭한다. [기존값 및 새로운 값]을 클릭해 [기존값]의 [값]에 '1' [새로운 값]에 '1'을 입력한 후 [추가] 버튼을 클릭하고, [기존값]에서 '기타 모든 값'을 선택한 후 [새로운 값]에 '0'을 입력하고 [추가] 버튼을 클릭한 후 [계속] 버튼을 클릭한다. [확인] 버튼을 클릭해 [청소년더미]에 대한 더미변수 만들기를 완료한다. ②

[변환] 메뉴에서 [다른 변수로 코딩변경]을 선택해 창으로 들어가서 하단의 [재설정] 버튼을 클릭한다. [변환] 메뉴에서 [다른 변수로 코딩변경]을 선택해 창으로 들어간 후 [고객유형]을 투입 창으로 보낸다. [출력변수]의 [이름]에는 [성인더미]를 입력한 후 [변경] 버튼을 클릭한다. [기존값 및 새로운 값]을 클릭해 [기존값]의 [값]에 '2' [새로운 값]에 '1'을 입력한 후 [추가] 버튼을 클릭하고, [기존값]에서 '기타 모든 값'을 선택한 후 [새로운 값]에 '0'을 입력하고 [추가] 버튼을 누른 후 [계속] 버튼을 클릭한다. [확인] 버튼을 클릭해 [성인더미]에 대한 더미변수 만들기를 완료한다. 데이터 편집 창 하단에 있는 [변수 보기]에서 [소수점 이하]를 '0'으로, [맞춤]을 '가운데'로, [측도]를 '척도'로 변경 입력한다. 다시 [데이터 보기]로 간 후 [저장] 버튼을 클릭한다. 최종적으로 만들어진 2개의 더미변수(더미범주)는 다음과 같다. 뒤에 이어질 실습 ❸을 위해서 [청소년더미], [성인더미]는 데이터 파일에서 삭제하기로 한다. 삭제하는 이유는 ❸의 실습 결과인 더미변수명이 같아지기 때문이다. ❸의 실습을 위해 [청소년더미]와 [성인더미]를 데이터 파일에서 삭제한다.

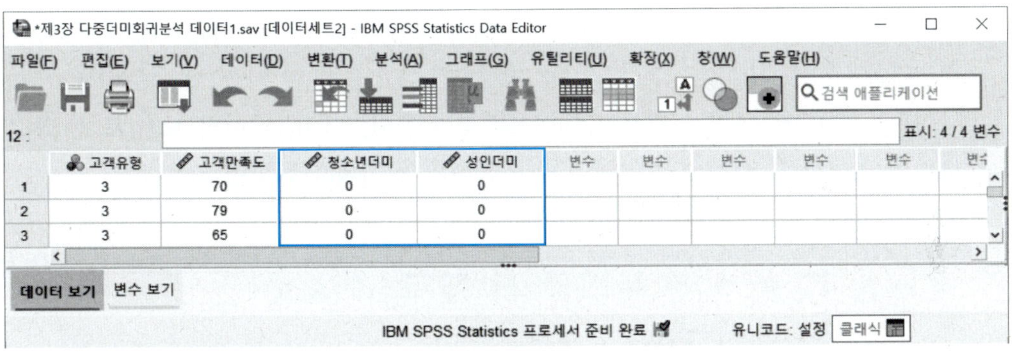

❸ 앞에서 실습한 [다른 변수로 코딩변경]을 통해 만든 더미변수로 더미회귀분석을 시행하면 된다. 그러나 여기에서는 다른 방법으로도 더미변수를 쉽게 만들 수 있음을 보여주기 위해서 추가적으로 실습한다. [변환] 메뉴에서 [더미변수 작성]을 선택해 창으로 들어간 후 [고객유형]을 오른쪽 [다음에 대한 더미변수 작성]으로 보낸다. [루트 이름(선택한 변수당 한 개)]에 [고객유형더미]를 입력하고 좌하단에 있는 [확인] 버튼을 클릭한다. 그러면 [데이터 파일]에 [고객유형더미1], [고객유형더미2] 및 [고객유형더미3]이 생성된다. 여기에서 [고객유형더미1], [고객유형더미2]는 각각 청소년과 성인이 더미범주로, [고객유형더미3]은 노인

이 더미범주로 되어 있음을 알 수 있다.

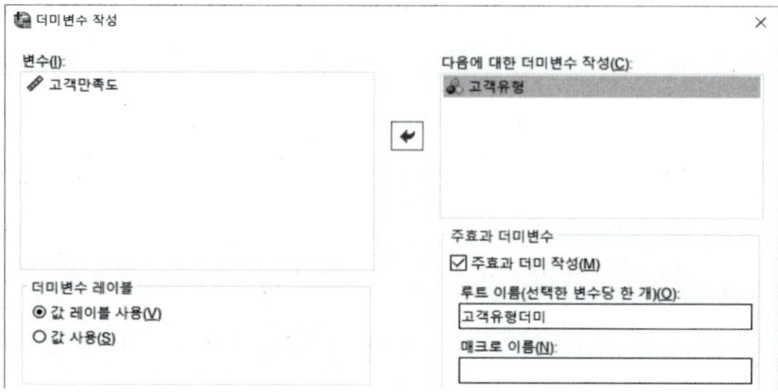

연구자는 [데이터 파일]로 가서 3개 중에서 필요한 더미변수는 2개이므로 2개를 선택하고 나머지 하나는 파일에서 삭제해야 한다. 이 실습에서는 청소년과 성인소비자를 더미범주로 하고 노인소비자를 참조범주로 설정하려고 하므로 [고객유형더미3]은 삭제하고 나머지 [고객유형더미1], [고객유형더미2]는 각각 데이터 편집 창 하단에 있는 [변수 보기]에서 변수명을 [청소년더미]와 [성인더미]로 변경하고, [소수점 이하]를 '0', [맞춤]을 '가운데', [측도]를 '척도'로 변경 입력하고 레이블은 삭제한다. 다시 [데이터 보기]로 간 후 [저장] 버튼을 클릭한다. 다음은 최종적으로 만들어진 더미변수(더미범주)이다.

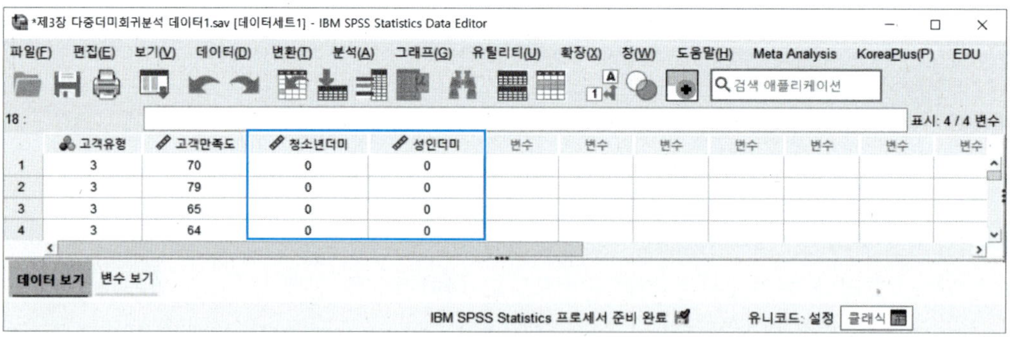

❹ [그래프–산점도/점도표–겹쳐그리기 산점도]를 선택한 후 [정의] 버튼을 클릭해 [겹쳐 그리기 산점도] 창을 연다. 대응1의 [Y축]에 [고객만족도], [X축]에 [청소년더미]를 보내고 대응2의 [Y축]에 [고객만족도], [X축]에 [성인더미]를 보내고 [확인] 버튼을 클릭하면 그래프가 출력된다. 그래프를 육안으로 살펴보면 선형성이 존재함을 확인할 수 있다. 그래프에 마

우스를 놓고 몇 번 클릭하면 [도표 편집기]가 나타난다. 편집기 상단의 [요소] 메뉴에서 [전체 회귀선 적합]을 선택하면 회귀선이 그려진다. 이 그래프를 보고 이상값을 사전에 판별할 수도 있다.

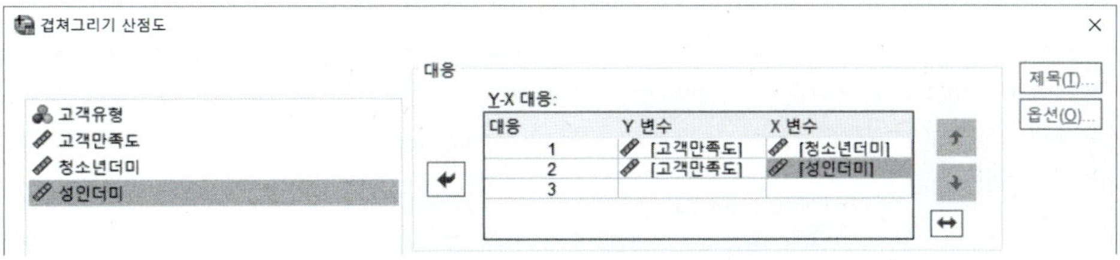

❺ [분석-회귀분석-선형]을 선택하여 [선형 회귀] 창으로 들어간다. [청소년더미]와 [성인더미]를 [독립변수]에, 그리고 [고객만족도]를 [종속변수]로 이동시킨다. 다음 화면과 같이 옵션들을 선택한 후 [선형 회귀] 창의 좌측 하단에 있는 [확인] 버튼을 클릭해 다중더미회귀분석을 실행한다.

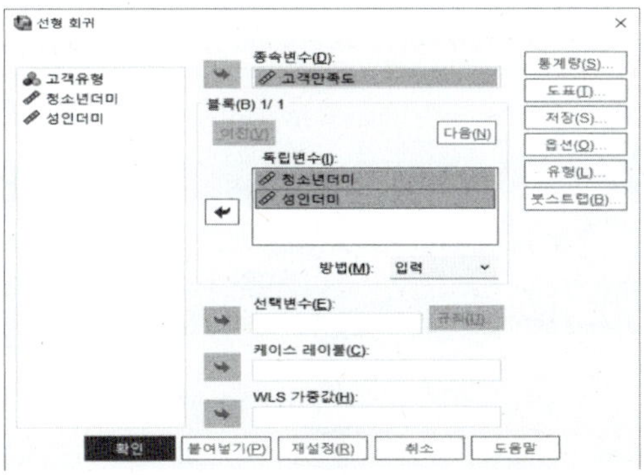

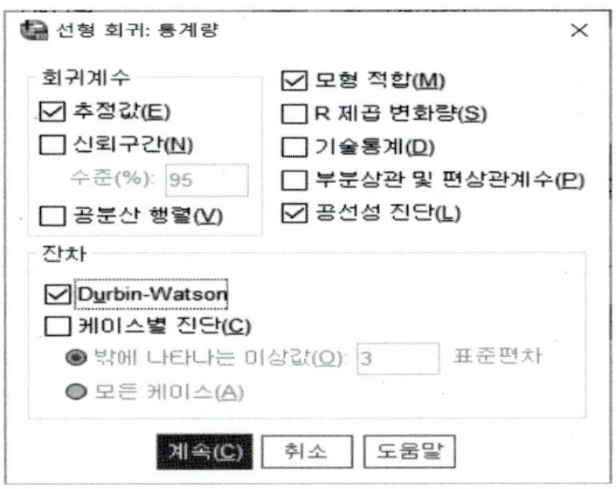

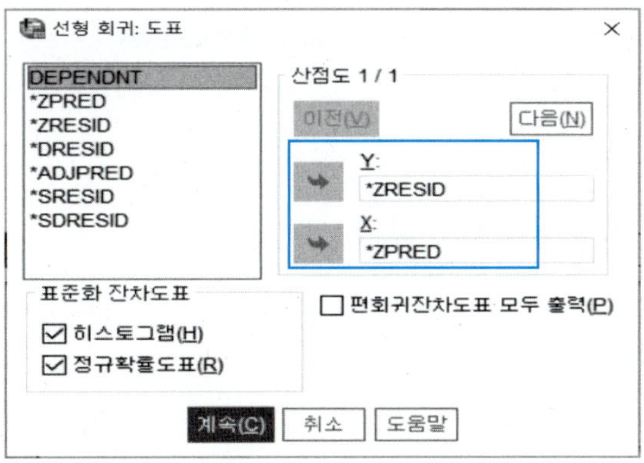

❻ [참고사항] 잔차의 정규성을 검증하기 위해서 [분석-기술통계량-데이터 탐색] 메뉴에서 [Standardized Residual]를 [종속변수]로 이동시키고 [도표] 옵션에서 [검정과 함께 정규성 도표]를 체크하고 [계속] 버튼을 클릭한다. 마지막으로 [데이터 탐색] 창의 좌측 하단에 있는 [확인] 버튼을 클릭하면 분석이 완료된다.

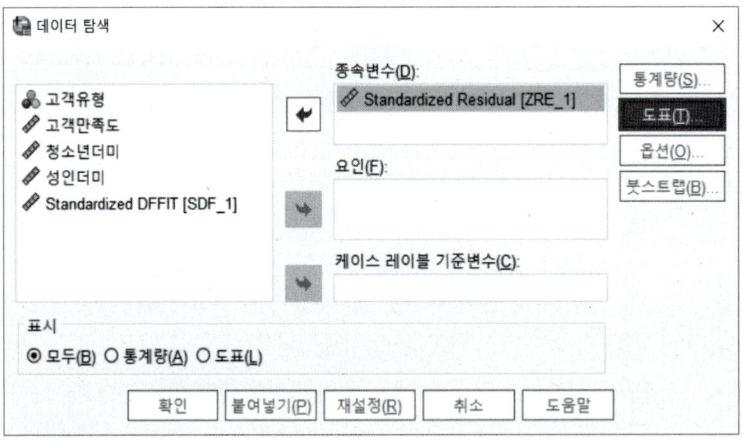

2) 주요 분석 결과

다중더미회귀분석에 대한 주요 출력 결과를 제시하면 다음과 같다.

| 선형성검증 결과 |

독립변수(더미변수)와 종속변수 간의 선형성검증 결과는 다음과 같다.

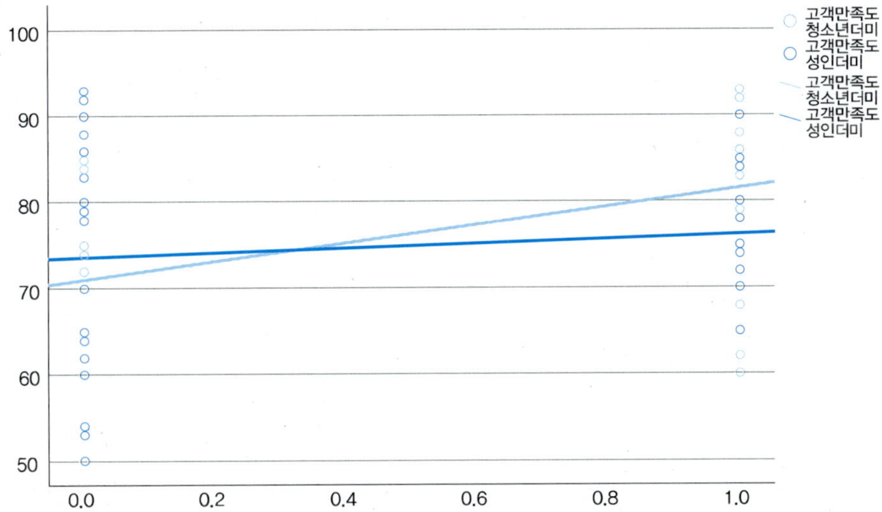

| 이상치검증 결과 |

데이터 파일인 [제3장 다중더미회귀분석 데이터1]에 있는 ZRE_1을 보면 3을 넘지 않고, SDF_1의 값이 2를 넘는 사례가 없으므로 이상치는 없다고 판단된다.

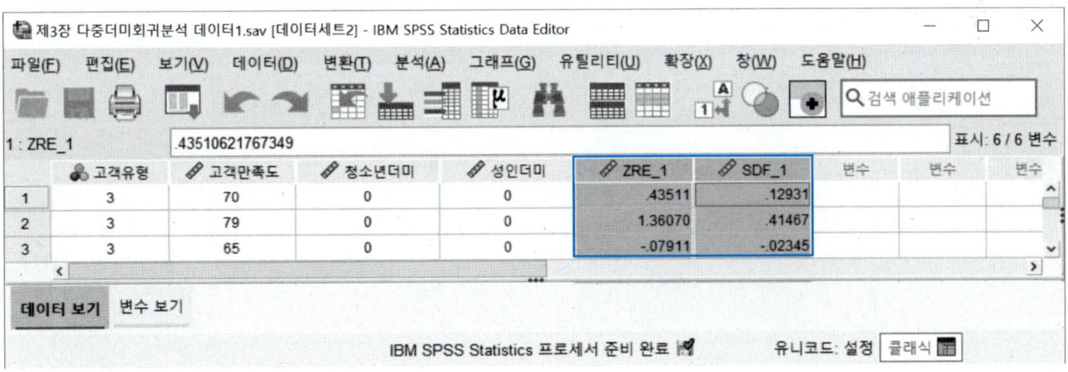

| 잔차의 독립성검증 결과 |

잔차의 독립성검증 결과는 다음과 같다. 회귀분석 실행 결과 Durbin-Watson지수는 2.341로 2에 가까워 잔차들 간에는 자기상관이 없이 독립적임을 알 수 있다.

| 잔차의 정규성검증 결과 |

잔차의 정규성검증 결과는 다음과 같다. 회귀분석의 실행 결과인 [히스토그램]과 [정규P-P도표]를 보면 잔차들은 정규분포에서 크게 벗어나지 않은 것으로 보인다. 또한 [분석-기술통계량-데이터 탐색]의 실행 결과에서 [정규Q-Q도표]를 보면 잔차들은 정규분포를 하고 있는 것으로 보인다. Shapiro-Wilk검증 결과 p값이 0.730이며 이는 유의수준 0.05보다 크므로 잔차들은 정규분포를 하고 있음을 알 수 있다. 출력물의 그림과 통계 결과는 각자가 확인하기 바란다.

| 잔차의 등분산성검증 결과 |

잔차의 등분산성검증 결과는 다음과 같다. 아래 그림은 잔차 산점도이다. 이 실습 문제의 표준화 잔차 산점도를 보면 +2와 −2 사이에서 데이터들이 크게 벗어나지 않고 일정한 패턴이 없으므로 등분산성의 가정을 만족하고 있음을 알 수 있다.

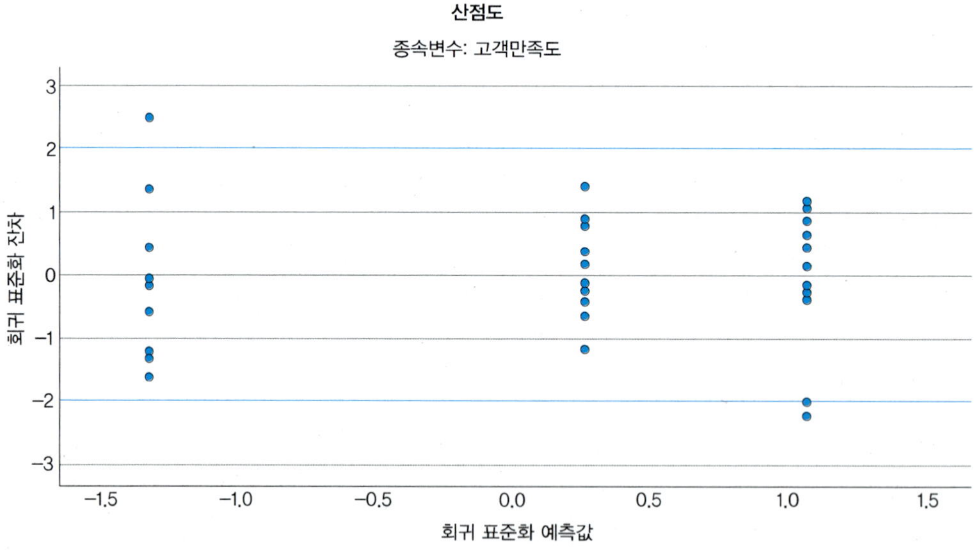

| 다중더미회귀분석의 주요 검증 결과 |

다중더미회귀분석의 주요 출력물은 다음과 같다.

① 모형 요약

결정계수인 수정된 R^2은 0.290으로 독립변수인 [청소년더미]와 [성인더미]로 고객만족도를 설명할 수 있는 설명력의 정도는 29%이었다. 이는 고객만족도 변수의 변동성 중에서 독립변수들의 변동성에 의해 설명되는 비율을 의미한다.

모형 요약[b]

모형	R	R 제곱	수정된 R 제곱	추정값의 표준 오차	Durbin-Watson
1	.571[a]	.326	.290	9.724	2.341

a. 예측자: (상수), 성인더미, 청소년더미

b. 종속변수: 고객만족도

② 모형의 적합도

회귀선의 통계적 유의성을 검증하는 F통계량은 8.955이고, 이에 대한 p값은 <0.001로 유의수준 0.001보다 작으므로 회귀선은 통계적으로 유의함을 알 수 있다. 따라서 회귀모형은 잘 적합되었음을 알 수 있다.

ANOVA[a]

모형		제곱합	자유도	평균제곱	F	유의확률
1	회귀	1693.358	2	846.679	8.955	<.001[b]
	잔차	3498.242	37	94.547		
	전체	5191.600	39			

a. 종속변수: 고객만족도

b. 예측자: (상수), 성인더미, 청소년더미

③ 회귀계수

독립변수인 청소년더미의 비표준화회귀계수는 15.846(표준화회귀계수 0.651)이며 이의 p값은 <0.001이고 유의수준 0.001보다 작으므로 청소년더미는 종속변수인 고객만족도에 유의한 정적 영향을 미치고 있음을 알 수 있다. 또한 성인더미의 비표준화회귀계수는 10.516(표준화회귀계수 0.440)이며 이의 p값은 <0.008이고 유의수준 0.01보다 작으므로 성인더미는 종속변수

인 고객만족도에 유의한 정적 영향을 미치고 있음을 알 수 있다. 회귀분석 결과를 회귀선으로 나타내면 [기대되는 고객만족도 = 65.769+15.846×청소년더미+10.516×성인더미]가 된다.

계수[a]

모형		비표준화 계수 B	비표준화 계수 표준화 오류	표준화 계수 베타	t	유의확률	공선성 통계량 공차	공선성 통계량 VIF
1	(상수)	65.769	2.697		24.388	<.001		
	청소년더미	15.846	3.814	.651	4.155	<.001	.741	1.350
	성인더미	10.516	3.745	.440	2.808	.008	.741	1.350

a. 종속변수: 고객만족도

3) 다중더미회귀분석 검증 결과의 제시와 해석

고객유형이 고객만족도에 미치는 영향을 알아보기 위해서 고객유형을 더미변수로 설정하여 다중더미회귀분석을 실시하였으며, 그 검증 결과를 요약하면 다음과 같다.

표 3-6 다중더미회귀분석 결과표 (N = 40)

독립변수	B	SE	β	t	p
상수	65.769	2.697		24.388***	<0.001
청소년더미	15.846	3.814	0.651	4.155***	<0.001
성인더미	10.516	3.745	0.440	2.808**	0.008
수정된 R^2 = 0.290, F = 8.955 (<0.001)					

**p<0.01, ***p<0.001

종속변수: 고객만족도, 고객유형: 참조범주는 노인소비자

표 3-7 다중더미회귀분석 결과표 다른 양식 예시 (N = 40)

독립변수	B	β	수정된 R^2	F
상수	65.769		0.290	8.955***
청소년더미	15.846	0.651***		
성인더미	10.516	0.440**		

**p<0.01, ***p<0.001

종속변수: 고객만족도, 고객유형: 참조범주는 노인소비자

회귀분석의 기본 가정들인 선형성, 잔차의 독립성, 정규성 및 등분산성은 충족되었다. 공선성 통계량인 VIF는 1.350으로 10 미만이므로 독립변수들 간의 다중공선성은 없는 것으로 나타났다. 고객만족도의 변동성 중에서 청소년과 성인소비자 더미변수가 설명하는 설명력은 29%이었다. 분산분석표의 F값이 8.955이고 이는 유의수준 0.01에서 통계적으로 유의한 것으로 나타나 회귀선은 통계적으로 유의하며 회귀모형은 적합하다고 판단된다.

고객유형 청소년소비자가 고객만족도에 미치는 영향에 대한 다중더미회귀분석 결과, 청소년소비자는 고객만족도에 정적으로 유의한 영향을 주는 것으로 나타났다($p<0.001$). 청소년소비자의 비표준화회귀계수는 15.846으로 정적으로 유의하였으며 다른 독립변수인 성인소비자를 고정시킨 상태에서 고객유형이 노인소비자(0)에서 청소년소비자(1)로 한 단위 증가할 때, 즉 청소년소비자의 고객만족도 평균은 노인소비자의 고객만족도 평균보다 15.846만큼 높게 나타났다.

한편 성인소비자는 고객만족도에 정적으로 유의한 영향을 주는 것으로 나타났다($p<0.01$). 성인소비자의 비표준화회귀계수는 10.516으로 정적으로 유의하였으며 다른 독립변수인 청소년소비자를 고정시킨 상태에서 고객유형이 노인소비자(0)에서 성인소비자(1)로 한 단위 증가할 때, 즉 성인소비자의 고객만족도 평균은 노인소비자의 고객만족도 평균보다 10.516만큼 높게 나타났다.

다중더미회귀분석을 통해 추정된 회귀선은 다음과 같다. 식에서 65.769는 절편이며 노인소비자의 고객만족도 평균이다. 청소년소비자는 노인소비자의 고객만족도 평균보다 청소년소비자의 회귀선의 기울기인 15.846만큼 높음을 알 수 있다.

$$\text{기대되는 고객만족도} = 65.769 + 15.846 \times \text{청소년더미} + 10.516 \times \text{성인더미}$$

앞의 회귀선에서 노인소비자는 청소년더미=0, 성인더미=0이며 청소년소비자는 청소년더미=1, 성인더미=0이다. 성인소비자는 성인더미=1, 청소년더미=0이다. 따라서 각 소비자의 유형에 따른 고객만족도의 평균은 다음과 같이 구할 수 있다.

노인소비자: 청소년=0 성인=0 고객만족도 평균=65.769
청소년소비자: 청소년=1 성인=0 고객만족도 평균=65.769+15.846=81.615
성인소비자: 청소년=0 성인=1 고객만족도 평균=65.769+10.516=76.285

이상의 계산과정에서 알 수 있듯이 청소년소비자와 노인소비자의 고객만족도 평균 차이는 15.846이며 성인소비자와 노인소비자의 고객만족도 평균 차이는 10.516이다.

통계 실습 3-3 2수준 범주형 변수가 포함된 다중더미회귀분석

다음의 [제3장 다중더미회귀분석의 더미변수 만들기 데이터2]를 가지고 SPSS의 [변환] 메뉴에 있는 [더미변수 작성]을 사용하여 성별에 대한 더미변수를 작성하고 다중더미회귀분석을 실습하시오.

☑ 실습 데이터

ID	성별	연간급여	재직기간	교육기간
1	2	90000	14	13
2	2	48000	5	15
…	…	…	…	…
50	1	88000	19	14

총 사례 수는 50개임

- 성별 → 범주형 변수(남자 1, 여자 2): 남자를 더미범주로 설정(여자는 참조범주)
- 재직기간(년) → 연속형 독립변수
- 교육기간(년) → 연속형 독립변수
- 고객만족도(천원) → 연속형 변수

☑ 가설

- 귀무가설(H_0): 성별, 재직기간, 교육기간은 고객만족도에 영향을 주지 않는다.
  $(\beta_1 = \beta_2 = \beta_3 = 0)$
- 대립가설(H_1): 독립변수 중에서 적어도 하나는 고객만족도에 영향을 준다.

실습 데이터	제3장 다중더미회귀분석의 더미변수 만들기 데이터2
분석방법 메뉴 선택	변환–더미변수 작성 그래프–산점도/점도표–행렬 산점도 분석–회귀분석–선형 분석–기술통계량–데이터 탐색 • 선형 회귀: 통계량 옵션에서 회귀계수의 [추정값], 잔차의 Durbin–Watson 체크 • 선형 회귀: 도표 옵션에서 X에 [ZPRED], Y에 [ZRESID] 입력, 표준화 도표에서 [정규확률도표] 체크 • 선형 회귀: 저장 옵션에서 잔차의 [표준화], 영향력 통계량의 [표준화 DfFit] 체크

1) 실습 과정

❶ [파일–열기–데이터]를 선택한 후 실습 데이터 파일이 있는 위치로 찾아가서 [제3장 다중더미회귀분석의 더미변수 만들기2]를 연다. [파일–다른 이름으로 저장하기]에서 파일명을 [제3장 다중더미회귀분석 데이터2]로 수정한 후 [저장]한다.

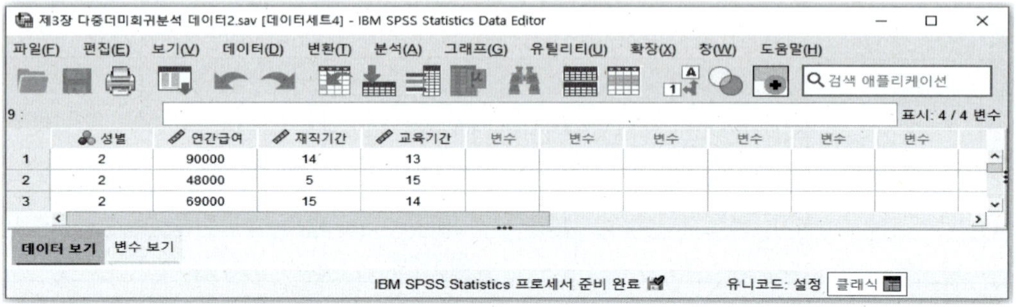

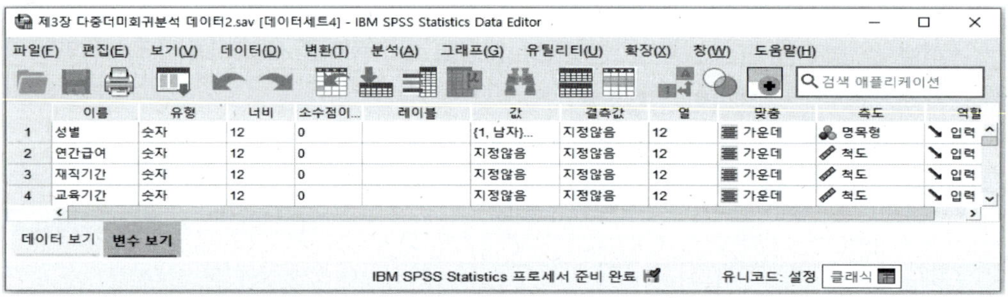

❷ [변환] 메뉴에서 [더미변수 작성]을 선택해 창으로 들어간 후 [성별]을 오른쪽 [다음에 대한 더미변수 작성]으로 보낸다. [루트 이름(선택한 변수당 한 개)]에 [남자더미]를 입력하고 좌하단에 있는 [확인] 버튼을 클릭한다. 그러면 [데이터 파일]에 [남자더미1], [남자더미2]가 생성된다. 여기에서 [남자더미1]은 더미범주로, [남자더미2]는 참조범주로 한다.

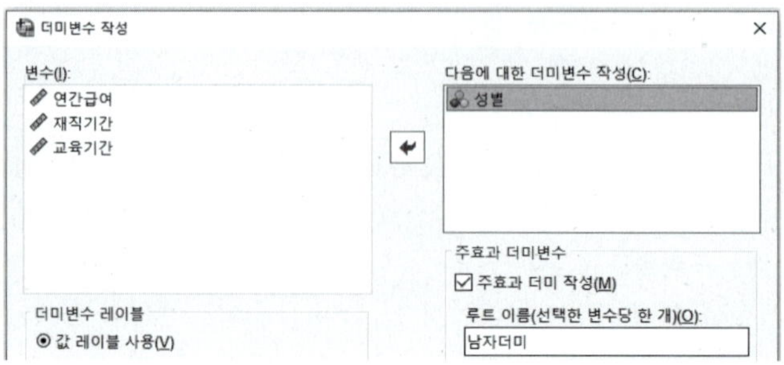

독자는 [데이터 파일]로 가서 2개 중에서 필요한 더미변수는 1개이므로 1개를 선택하고 나머지 하나는 파일에서 삭제해야 한다. 이 실습에서는 남자를 더미범주로 하고 여자를 참조범주로 설정하려고 하므로 [남자더미2]는 삭제하고 나머지 [남자더미1]은 데이터 편집창 하단에 있는 [변수 보기]에서 변수명을 [남자더미]로 변경하고, [소수점 이하]를 '0', [맞춤]을 '가운데', [측도]를 '척도'로 변경 입력하고 레이블은 삭제한다. 다시 [데이터 보기]로 간 후 [저장] 버튼을 클릭한다. 다음은 최종적으로 만들어진 더미변수(더미범주)이다.

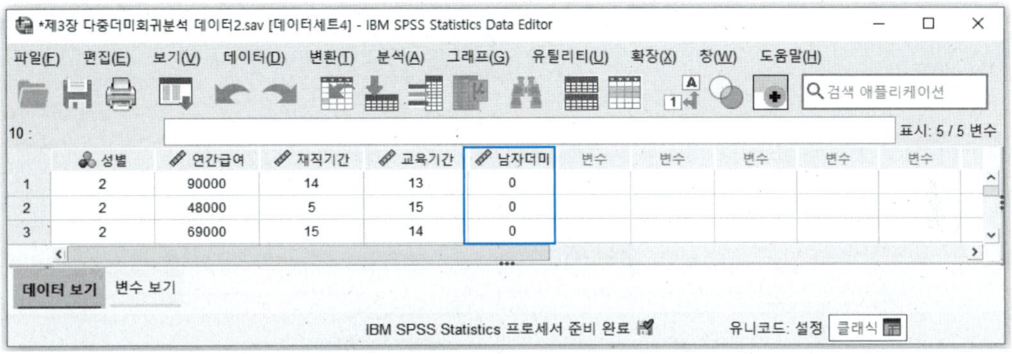

❸ [그래프-산점도/점도표-행렬 산점도]를 선택한 후 [정의] 버튼을 클릭해 [산점도 행렬] 창을 연 후 독립변수들과 종속변수를 모두 [행렬 변수]로 이동시킨 후에 [확인] 버튼을 클릭하면 그래프가 출력된다. 그래프를 육안으로 살펴보면 선형성이 존재함을 확인한다.

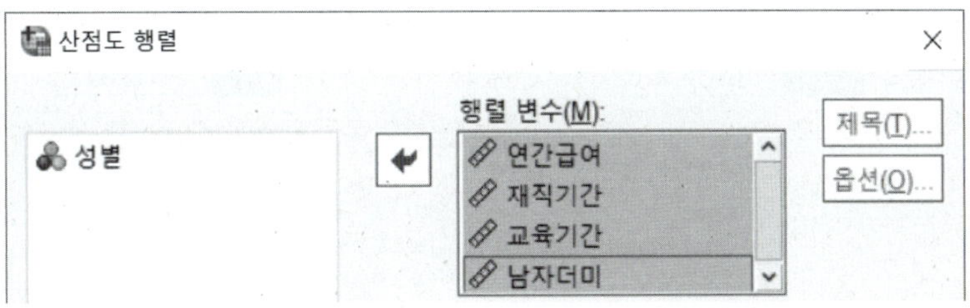

❹ [분석–회귀분석–선형]을 선택하여 [선형 회귀] 창으로 들어간다. '재직기간', '교육기간', [남자더미]를 [독립변수]에, [연간급여]를 [종속변수]로 이동시킨다. 다음 화면과 같이 옵션들을 선택한 후 [선형 회귀] 창의 좌측 하단에 있는 [확인] 버튼을 클릭해 다중더미회귀분석을 실행한다.

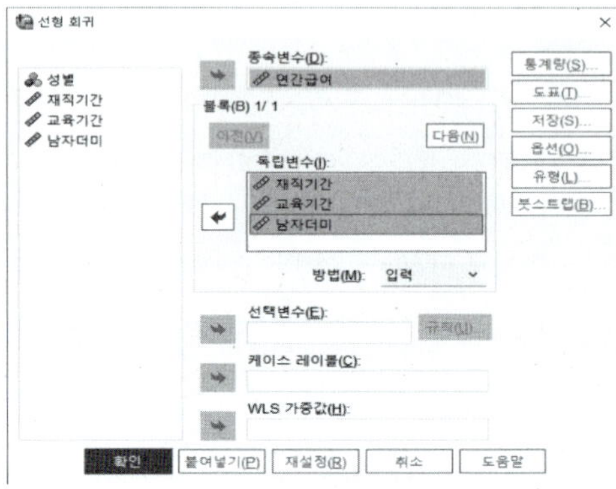

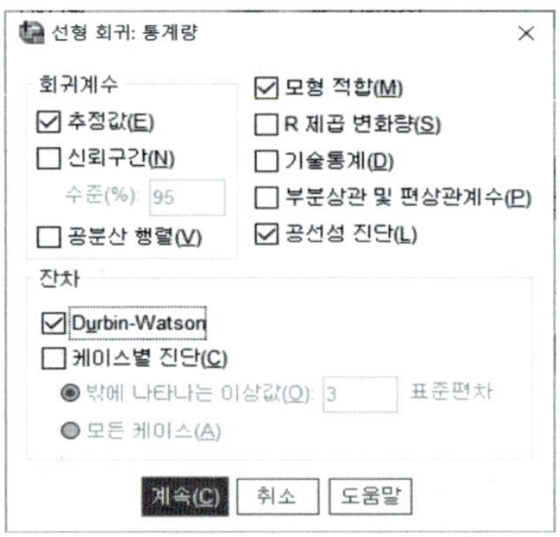

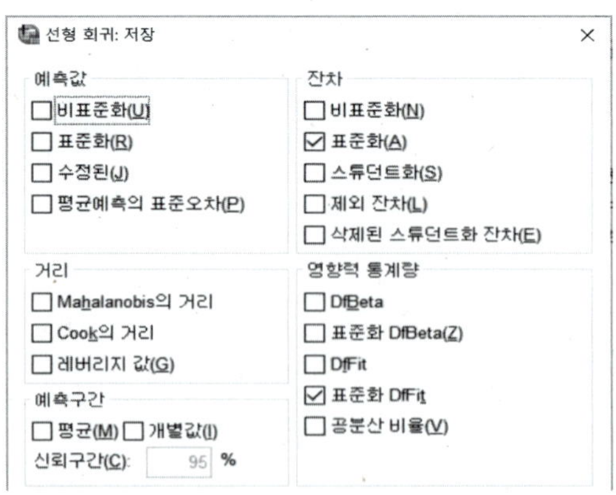

❺ [참고사항] 잔차의 정규성을 검증하기 위해서 [분석-기술통계량-데이터 탐색] 메뉴에서 [Standardized Residual]를 [종속변수]로 이동시키고 [도표] 옵션에서 [검정과 함께 정규성 도표]를 체크하고 [계속] 버튼을 클릭한다. 마지막으로 [데이터 탐색] 창의 좌측 하단에 있는 [확인] 버튼을 클릭하면 분석이 완료된다.

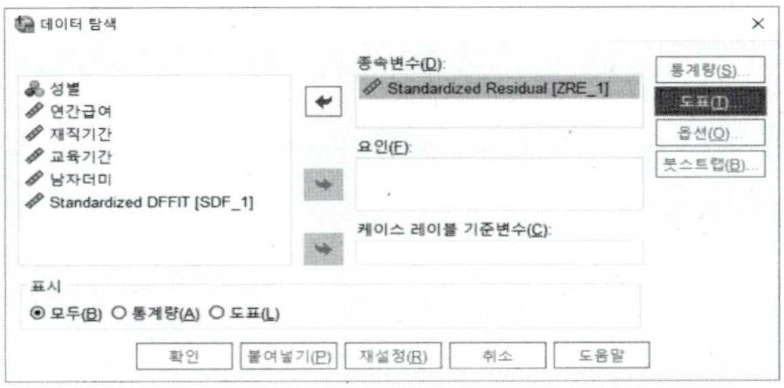

2) 주요 분석 결과

다중더미회귀분석에 대한 주요 출력 결과를 제시하면 다음과 같다.

| 선형성검증 결과 |

독립변수들과 종속변수 간의 선형성검증 결과는 다음과 같다.

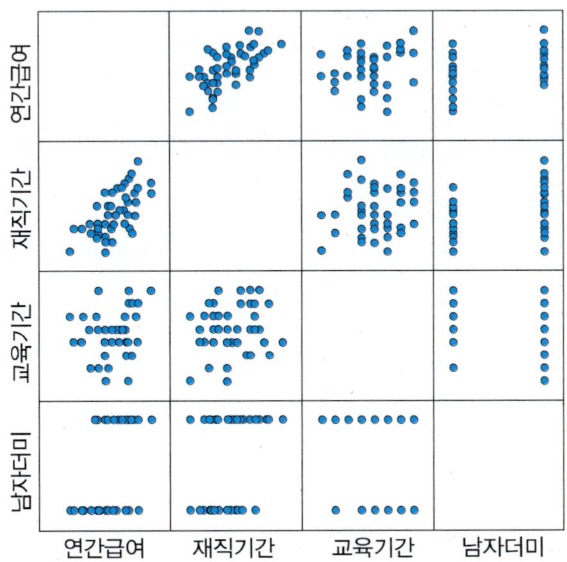

| 이상치검증 결과 |

데이터 파일인 [제3장 다중더미회귀분석 데이터2]에 있는 ZRE_1을 보면 3을 넘지 않고, SDF_1의 값이 2를 넘는 사례가 없으므로 이상치는 없다고 판단된다.

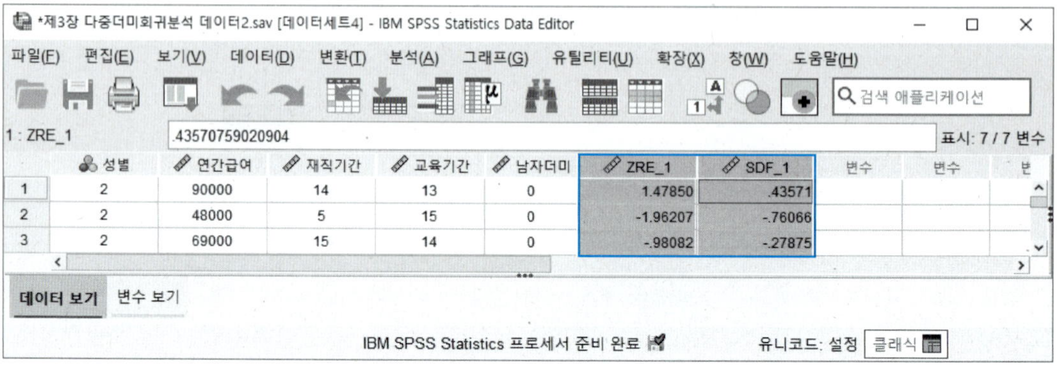

| 잔차의 독립성검증 결과 |

잔차의 독립성검증 결과는 다음과 같다. 회귀분석 실행 결과 Durbin-Watson지수는 2.062로 2에 가까워 잔차들 간에는 자기상관이 없이 독립적임을 알 수 있다.

| 잔차의 정규성검증 결과 |

잔차의 정규성검증 결과는 다음과 같다. 회귀분석의 실행 결과인 [히스토그램]과 [정규P-P도표]를 보면 잔차들은 정규분포에서 크게 벗어나지 않은 것으로 보인다. 또한 [분석-기술통계량-데이터 탐색]의 실행 결과에서 [정규Q-Q도표]를 보면 잔차들은 정규분포를 하고 있는 것으로 보인다. Shapiro-Wilk검증 결과 p값이 0.061이며 이는 유의수준 0.05보다 크므로 잔차들은 정규분포를 하고 있음을 알 수 있다. 출력물의 그림과 통계 결과는 각자가 확인하기 바란다.

| 잔차의 등분산성검증 결과 |

잔차의 등분산성검증 결과는 다음과 같다. 아래 그림은 표준화 잔차 산점도이다. 이 실습 문제의 산점도를 보면 +2와 -2 사이에서 데이터들이 크게 벗어나지 않고 일정한 패턴이 없으므로 등분산성의 가정을 만족하고 있음을 알 수 있다.

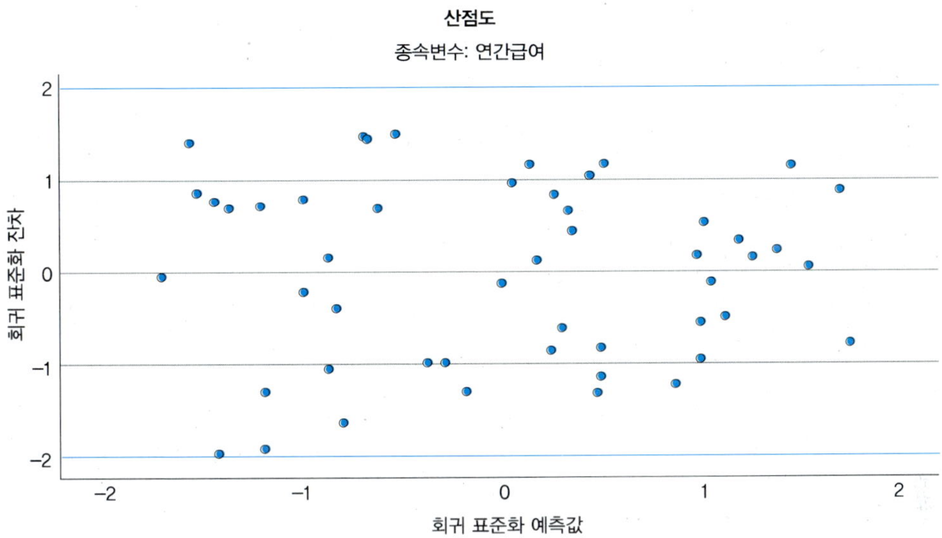

| 다중더미회귀분석의 주요 검증 결과 |

다중더미회귀분석의 주요 출력물은 다음과 같다.

① 모형 요약

결정계수인 수정된 R^2은 0.525로 독립변수인 [재직기간], [교육기간], [남자더미]로 종속변수인 [연간급여]를 설명할 수 있는 설명력의 정도는 52.5%이었다. 이는 고객만족도 변수의 변동성 중에서 독립변수들의 변동성에 의해 설명되는 비율을 의미한다.

모형 요약[b]

모형	R	R 제곱	수정된 R 제곱	추정값의 표준 오차	Durbin-Watson
1	.744[a]	.554	.525	9935.940	2.062

a. 예측자: (상수), 남자더미, 교육기간, 재직기간

b. 종속변수: 연간급여

② 모형의 적합도

회귀선의 통계적 유의성을 검증하는 F통계량은 19.048이고, 이에 대한 p값은 <0.001로 유의수준 0.001보다 작으므로 회귀선은 통계적으로 유의함을 알 수 있다. 따라서 회귀모형은 잘

적합되었음을 알 수 있다.

ANOVA[a]

모형		제곱합	자유도	평균제곱	F	유의확률
1	회귀	5641536540.5	3	1880512180.2	19.048	<.001[b]
	잔차	4541253141.5	46	98722894.381		
	전체	10182789682	49			

a. 종속변수: 연간급여

b. 예측자: (상수), 남자더미, 교육기간, 재직기간

③ 회귀계수

독립변수인 재직기간의 비표준화회귀계수는 1355.085(표준화회귀계수 0.445)이며 이의 p값은 <0.001이고 유의수준 0.001보다 작으므로 재직기간은 종속변수인 연간급여에 유의한 정적 영향을 미치고 있음을 알 수 있다. 또한 교육기간의 비표준화회귀계수는 2100.523(표준화회귀계수 0.256)이며 이의 p값은 0.015이고 유의수준 0.05보다 작으므로 교육기간은 종속변수인 연간급여에 유의한 정적 영향을 미치고 있음을 알 수 있다. 또한 남자더미의 비표준화회귀계수는 9370.944(표준화회귀계수 0.322)이며 이의 p값은 <0.007이고 유의수준 0.01보다 작으므로 남자더미는 종속변수인 연간급여에 유의한 정적 영향을 미치고 있음을 알 수 있다. 회귀분석 결과를 회귀선으로 나타내면 [기대되는 연간급여=29311.744+1335.085×재직기간+2100.523×교육기간+9370.944×남자더미]가 된다.

계수[a]

모형		비표준화 계수		표준화 계수	t	유의확률	공선성 통계량	
		B	표준화 오류	베타			공차	VIF
1	(상수)	29311.744	11583.316		2.531	.015		
	재직기간	1335.085	349.785	.445	3.817	<.001	.712	1.404
	교육기간	2100.523	833.297	.256	2.521	.015	.942	1.062
	남자더미	9370.944	3327.029	.322	2.817	.007	.743	1.345

a. 종속변수: 연간급여

3) 다중더미회귀분석 검증 결과의 제시와 해석

재직기간, 교육기간 및 성별이 연간급여에 미치는 영향을 알아보기 위해서 성별을 더미변수로 설정하여 다중더미회귀분석을 실시하였으며, 그 검증 결과를 요약하면 다음과 같다.

표 3-8 다중더미회귀분석 결과표 (N=50)

독립변수	B	SE	β	t	p
상수	29311.744	11583.316		2.531***	<0.001
재직기간	1335.085	349.785	0.445	3.817***	<0.001
교육기간	2100.523	833.297	0.256	2.521*	0.015
남자더미	9370.944	3327.029	0.322	2.817**	0.007
수정된 R^2=0.525, F=19.048 (<0.01)					

*p<0.05, **p<0.01, ***p<0.001
종속변수: 연간급여, 참조범주는 여자

표 3-9 다중더미회귀분석 결과표 다른 양식 예시 (N=50)

독립변수	B	β	수정된 R^2	F
상수	29311.744		0.525	19.048***
재직기간	1335.085	0.651***		
교육기간	2100.523	0.440*		
남자더미	9370.944	0.440**		

*p<0.05, **p<0.01, ***p<0.001
종속변수: 연간급여, 참조범주는 여자

회귀분석의 기본 가정들인 선형성, 잔차의 독립성, 정규성 및 등분산성은 충족되었다. 공선성 통계량인 VIF는 재직기간이 1.404, 교육기간이 1.062, 남자더미가 1.345로 10 미만이므로 독립변수들 간의 다중공선성은 없는 것으로 나타났다. 수정된 R^2은 0.525로 연간급여의 변동성 중에서 독립변수들인 재직기간, 교육기간 및 남자더미가 설명하는 설명력은 52.5%이었다. 분산분석표의 F값이 19.048이고 이는 유의수준 0.01에서 통계적으로 유의한 것으로 나타나 회귀선은 통계적으로 유의하며 회귀모형은 적합하다고 판단된다.

재직기간이 연간급여에 미치는 영향에 대한 다중더미회귀분석 결과 재직기간은 연간급여에 정적으로 유의한 영향을 주는 것으로 나타났다($p<0.001$). 재직기간의 비표준화회귀계수는 1335.085로 다른 독립변수인 교육기간과 남자더미를 고정시킨 상태에서 연간급여에 정적으로 유의한 영향을 주었으며 재직기간이 길어질수록 연간급여는 올라가는 것으로 나타났다. 이는 다른 독립변수인 교육기간과 남자더미를 고정시킨 상태에서 재직기간이 1년 증가할 때 연간급여의 평균이 1,335.085원만큼 증가함을 의미한다. 교육기간의 비표준화회귀계수는 2100.523으로 다른 독립변수인 재직기간과 남자더미를 고정시킨 상태에서 연간급여에 정적으로 유의한 영향을 주었으며 교육기간이 길어질수록 연간급여는 올라가는 것으로 나타났다($p<0.05$). 이는 다른 독립변수인 재직기간과 남자더미를 고정시킨 상태에서 교육기간이 1년 증가할 때 연간급여의 평균이 2,100,523원만큼 증가함을 의미한다. 남자더미변수가 연간급여에 미치는 다중더미회귀분석 결과 남자의 비표준화회귀계수는 9370.944로 연간급여에 정적으로 유의한 영향을 주는 것으로 나타났다($p<0.01$). 이는 성별이 여자(0)에서 남자(1)로 한 단위 증가할 때, 즉 남자의 연간급여 평균이 여자의 연간급여 평균보다 9370.944원만큼 높게 나타남을 의미한다. 한편 독립변수들이 종속변수인 연간급여에 미치는 영향력의 상대적인 크기를 비교한 결과 재직기간(0.445), 남자더미(0.322), 교육기간(0.256)의 순서로 영향력이 큰 것으로 나타났다.

제 4 장

이분형 로지스틱회귀분석

Binary Logistic Regression Analysis

1 로지스틱회귀분석

1.1 로지스틱회귀분석의 의의와 적용상황

1) 로지스틱회귀분석의 의의

로지스틱회귀분석(Binary or Dichotomous logistic regression analysis)은 다른 회귀분석과 독립변수의 사용(연속형+범주형)은 동일하지만 종속변수가 범주형(질적 변수)일 때 사용하는 회귀분석 방법이다. 이때 종속변수는 이분형(1, 0)이 많이 사용되며 다항(다분형)과 순서형을 가질 수도 있다.

- 로지스틱회귀모형은 오즈(승산)에 자연로그를 취한 로그오즈(LogOdds), 즉 In(P/1−P)을 종속변수로 하는 회귀모형이다. 로지스틱회귀분석에서 로그오즈는 로짓(Logit)이라고도 불리며 회귀분석에서 링크함수(Link function)로 사용된다. 로지스틱함수(Logistic function)는 보통 S자 모양을 가지고 있다.
- 종속변수인 결과변수는 범주형 변수로서 1(사건 발생)과 0(사건 미발생)의 값을 가지며 결과변수의 기대값(평균)은 항상 0과 1 사이의 값을 가지며 사건이 발생할 확률을 나타낸다.
- 종속변수는 이분형 변수가 많이 사용되며, 이의 코딩방법은 관심 있는 결과를 큰 값인 1로 코딩한다. 예컨대 당뇨 유무를 코딩한다면 당뇨가 있는 있는 경우를 1로, 없는 경우를 0으로 코딩한다.

그림 4-1 ▌로지스틱회귀분석의 선택

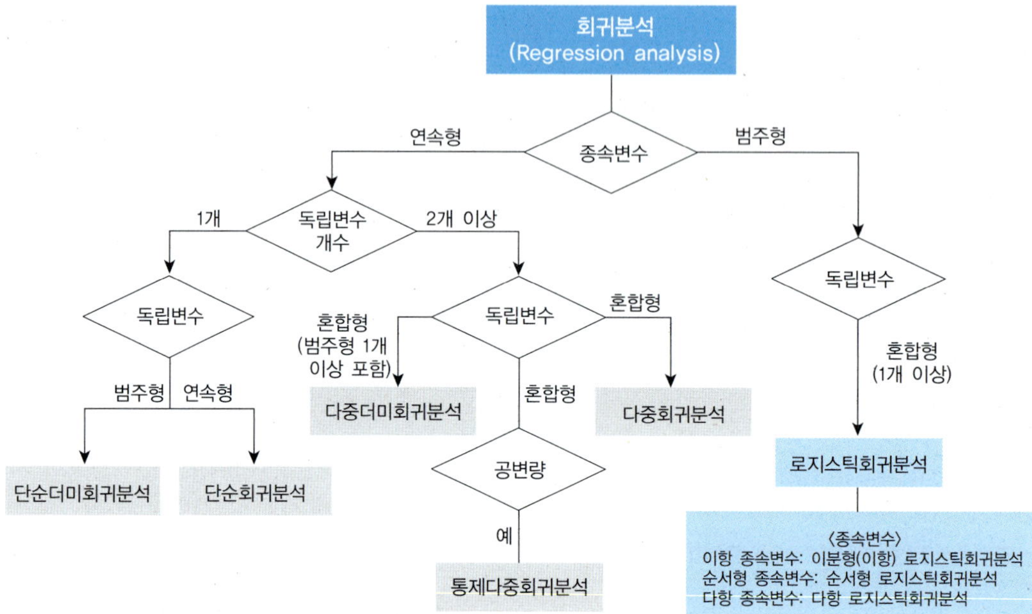

- 로지스틱회귀분석에서는 일반적으로 회귀분석 시 요구되는 기본 가정이 위반되고 있으며, 보통 기본 가정에 대한 검증은 하지 않는다. 다만 독립변수 간의 다중공선성에 대한 검증만 시행한다.
- 로지스틱회귀분석에서 독립변수는 연속형 변수보다는 범주형 변수가 많이 사용된다. 범주형 변수는 모두 더미변수로 변환하여 사용해야 하며, SPSS 통계프로그램에서는 분석 과정에서 범주형 변수를 자동으로 변환시킬 수 있는 옵션을 제공하고 있다. [범주형 변수의 정의] 시 변수 전체를 일괄적으로 한꺼번에 참조범주를 지정해도 되고, 개별 변수별로 하나씩 지정해도 된다.
- 로지스틱회귀분석은 일반적인 회귀분석의 목표와 동일하게 종속변수와 독립변수 간의 관계를 구체적인 함수로 나타내어 독립변수가 종속변수에 미치는 영향관계뿐만 아니라 사건의 발생가능성을 분류·예측하는 목적(Prediction & Classification)으로도 사용된다. 이 방법을 사용하면 입력 데이터가 주어졌을 때 성공/실패, 합격/불합격 등으로 예측 결과를 알려주기 때문에 일종의 분류 기법으로 볼 수 있다.

로지스틱회귀분석은 종속변수가 이분형(혹은 이항)이면 이분형 로지스틱회귀분석(Binary logistic regression analysis), 다항형이면 다항 로지스틱회귀분석(Multinomial logistic regression analysis) 그리고 순서적인 다항형이면 순서형 로지스틱회귀분석(Ordinal logistic regression analysis)으로 구분된다. 한편 로지스틱회귀모형에서 독립변수가 1개이면 단순로지스틱회귀분석(Simple logistic regression analysis)으로, 2개 이상이면 다중로지스틱회귀분석(Multiple logistic regression analysis)으로 구분된다.

2) 로지스틱회귀분석의 적용상황

로지스틱회귀분석은 종속변수가 이분형인 경우에 주로 사용된다. 독립변수는 연속형 변수와 범주형 변수가 모두 사용될 수 있으나 범주형 독립변수인 경우에는 더미변수로 변환한 후 분석에 투입해야 한다. 한 가지 유의할 사항은 범주형 변수를 더미변수로 변환한 경우에는 하나의 범주형 변수에 해당하는 모든 더미변수들을 한꺼번에 모형에 투입하거나 제거해야 한다.

그림 4-2 ▎로지스틱회귀분석의 적용상황

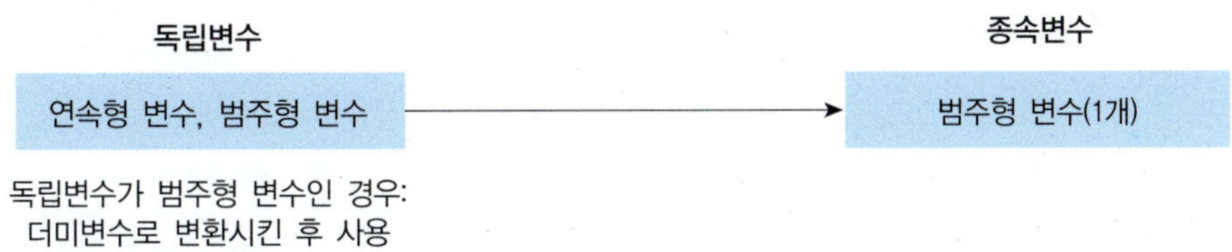

로지스틱회귀분석은 처음에 보건의료 분야에서 많이 사용되었으나 오늘날에는 정치, 제품 테스트, 마케팅, 금융, 전자상거래 등과 같은 사회과학 분야 등에서도 활발하게 적용되고 있다.

로지스틱회귀분석의 구체적인 몇 가지 적용 분야를 제시하면 다음과 같다.

- 제품의 양품/불량 분류
- 고객의 이탈/유지 분류
- 대출의 승인/거절 분류
- 카드 거래의 정상/사기 분류
- 환자의 질병 여부 분류

- 유전자 정보에 의한 백혈병 여부 분류
- 이메일의 스팸/정상 분류 등

1.2 로지스틱회귀분석의 필요성과 모형

로지스틱회귀분석에서 독립변수는 일반적 다중회귀분석과 동일하나 종속변수가 이분형(Binary)이나 다항형 변수(Multi)를 사용한다는 점에서 차이가 있다. 종속변수가 이분형일 때 선형회귀모형을 적용하게 되면 모형의 적합(Fitting)이 제대로 이루어지지 않으며, 정확한 예측값을 얻을 수 없으며 해석이 불가능하다. 또한 [그림 4-3]의 오른쪽 그림에서 보는 것처럼 종속변수인 Y값이 0보다 작거나 1보다 큰 추정값을 제시할 수도 있다는 문제점이 발생된다(우측 [그림 4-3]에서 동그라미 부분). 따라서 로지스틱회귀분석에서는 선형회귀분석과는 다른 방식으로 접근해야 할 필요성이 있다.

그림 4-3 ❙ 로지스틱회귀분석의 모형 적합

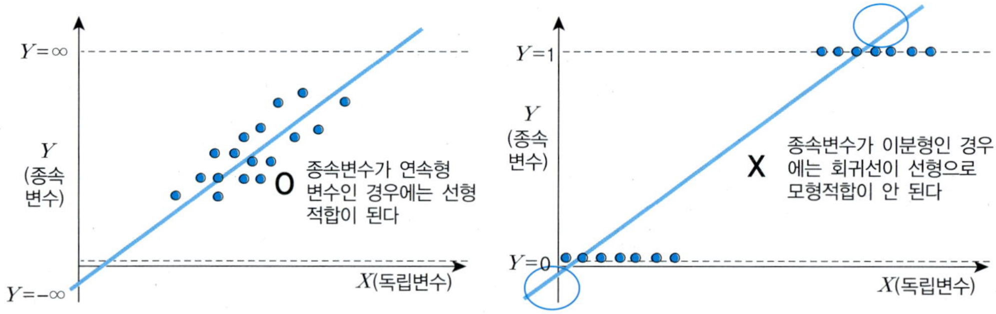

독립변수와 종속변수 간에 선형성이 있다고 가정하는 선형회귀분석은 회귀식의 좌변과 우변의 추정값이 모두 연속적인 숫자를 가정한다. 그러므로 종속변수가 1과 0과 같이 이분형 변수인 경우에는 일반 회귀식으로는 1과 0을 잘못된 값으로 추정할 가능성이 높으므로 확률(Probability: P)[1]을 이용하여 오즈(Odds)로 변환시키고, 다시 이에 자연로그(Natural log)

1) 확률(P)은 상한계(Upper limit)가 1이고 하한계(Lower limit)가 0이 된다. 이로 인해 독립변수와 확률의 관계를 선형함수로 표시할 수 없으며, S자형 곡선인 로지스틱함수로 표시해야 한다. 그런데 확률을 로짓(Logit)으로 변환시키면 상한계와 하한계가 없어지며 독립변수들과 로짓의 관계를 선형함수로 나타낼 수

를 취하는 과정을 거쳐서 로그오즈(LogOdds)로 변환시켜야만 종속변수를 1과 0으로 예측할 수 있게 된다.

오즈(Odds)는 범주 0에 속할 확률 대비 범주 1에 속할 확률로 어떤 사건(Event)이 발생할 확률과 발생하지 않을 확률의 비율을 말한다. 그런데 오즈를 종속변수로 사용하게 되면 종속변수의 값이 0부터 +∞의 값을 가지게 되어 회귀식의 좌변과 우변의 결과값의 범위가 미스매치(Mismatch)되는 현상을 보이게 된다. 즉 좌변은 이분형이므로 [0,1]의 범위를 가지지만 우변은 [−∞,+∞]을 가지게 된다. 또한 오즈는 0에서 무한대의 값을 가질 수 있으나 음의 값을 가질 수 없으며, 특히 0.9 이상의 확률에서는 매우 큰 오즈 값을 가지게 되어 결과를 왜곡할 수 있다.

$$Odds = \frac{P}{1-P} = \frac{\text{사건이 발생할 확률(1)}}{\text{사건이 발생하지 않을 확률(0)}} \quad (0 \leq Odds \leq \infty) \qquad \text{(식 4.1)}$$

이상과 같은 오즈의 문제점을 해결하려면 로지스틱회귀분석에서는 좌변인 종속변수를 오즈에 자연로그를 취하여 종속변수의 결과값 범위를 [−∞,+∞]로 바꾸면 된다. 오즈에 자연로그를 취한 것을 로그오즈(LogOdds)라 하며, 이는 로짓(Logit)이라고 한다.

단순로지스틱회귀모형과 다중로지스틱회귀모형은 각각 (식 4.2), (식 4.3)과 같다. 종속변수는 로그오즈이며, 우측은 일반적인 다중회귀분석모형과 동일하다. 앞에서 오즈를 사용할 때의 종속변수의 추정값은 [0,1]의 범위에 있었으나 로그오즈를 종속변수의 링크함수로 사용하게 되면 종속변수의 추정값의 범위가 [−∞,+∞]로 바뀌게 되며 선형회귀분석의 사용이 가능해진다.

표 4-1 확률, 오즈 및 로그오즈의 값의 범위

구분	값의 범위	특징
확률	$0 \leq P \leq 1$	0.5를 중심으로 대칭
오즈	$0 \leq Odds \leq \infty$	1을 중심으로 대칭
로그오즈	$-\infty \leq \ln(Odds) \leq \infty$	0을 중심으로 대칭

있다.

이제 모형에서 [그림 4-4]와 같이 로그오즈와 독립변수들 간에는 선형적 관계(선형식)가 성립되며 로지스틱회귀분석을 마치 선형회귀분석처럼 사용할 수 있게 된다. 이와 같이 로지스틱회귀분석은 확률과 독립변수들의 비선형적인 관계를 선형식으로 일반화시킬 수 있다.

단순로지스틱회귀모형:

$$Log\,Odds\,(P) = \ln\left(\frac{P}{1-P}\right) = Logit\,(P) = \beta_0 + \beta_1 X_1 + \epsilon_i \qquad \text{(식 4.2)}$$

다중로지스틱회귀모형:

$$Log\,Odds\,(P) = \ln\left(\frac{P}{1-P}\right) = Logit\,(P) = \beta_0 + \beta_1 X_1 + \beta_2 X_2 + \cdots + \beta_k X_k + \epsilon_i \qquad \text{(식 4.3)}$$

그림 4-4 ▌ 로지스틱회귀모형에서 독립변수와 로그오즈(로짓)의 관계

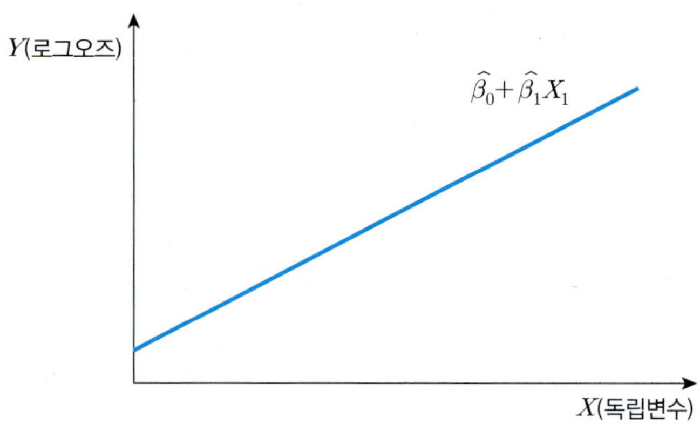

앞에서 제시한 단순로지스틱회귀모형과 다중로지스틱회귀모형은 다시 각각 확률로 변환시킬 수 있다. (식 4.2)와 (식 4.3)을 P로 변환시키면 각각 (식 4.4), (식 4.5)가 된다. 여기에서 P는 독립변수 X가 주어졌을 때 종속변수 Y가 1일 확률[$P(Y=1) \mid X$], 즉 관심 범주에 속할 확률을 의미한다.

$$P = \frac{1}{1+e^{-(\hat{\beta}_0 + \hat{\beta}_1 X_1)}} \qquad \text{(식 4.4)}$$

$$P = \frac{1}{1+e^{-(\hat{\beta}_0 + \hat{\beta}_1 X_1 + \hat{\beta}_2 X_2 + \cdots \hat{\beta}_k X_k)}} \qquad \text{(식 4.5)}$$

보통 (식 4.4)와 (식 4.5)를 로지스틱함수(Logistic function) 혹은 로지스틱회귀선(Logistic regression line)이라 한다. 우리는 이제 P값을 이용해서 종속변수의 확률을 구할 수 있다. 보통 로지스틱회귀모형에서 구한 P와 독립변수들(X) 간에는 선형관계가 아니고 S자형이므로 로지스틱회귀모형을 비선형 회귀모형(Nonlinear regression model)이라고도 한다.

그림 4-5 ▎로지스틱함수(로지스틱회귀선)

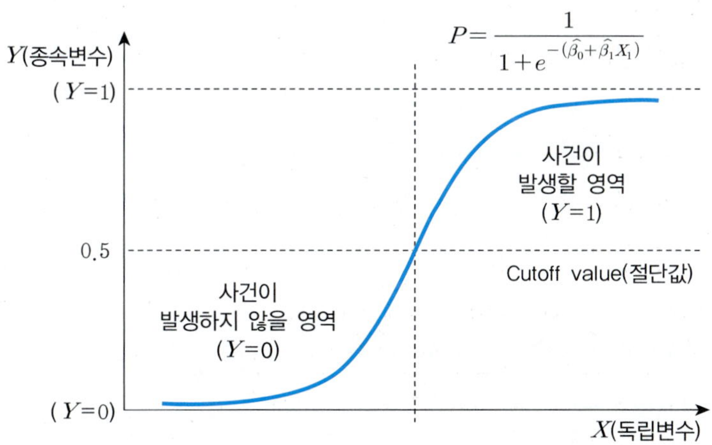

로지스틱회귀분석을 통해 구한 예측값은 0과 1 사이의 값을 가진다. P값의 절단값(Cutoff value) 혹은 분류점은 0.5이며, 이 값이 0.5 미만이면 0(사건이 발생하지 않음)으로 분류 예측하고 0.5 이상이면 1(사건이 발생)로 분류 예측하게 된다.

1.3 로지스틱회귀분석의 가정과 절차

1) 로지스틱회귀분석의 가정

선형회귀분석에서는 엄격한 가정 조건의 충족이 필요하지만 로지스틱회귀분석에서는 독립변수는 서로 독립적이어야 한다는 가정 외에는 별도의 가정에 대한 검증은 필요가 없다. 따라서 연구자들은 독립변수 간의 독립성을 확인하기 위해서 로지스틱회귀분석을 시행하기에 앞서 독립변수 간의 다중공선성(Multicollinearity)의 존재 여부를 검토해야 한다. 로지스틱회귀분석 결과에서는 VIF를 제공하지 않으므로 다중공선성을 파악하려면 독립변수들 간의 상관관계분석(Correlational analysis) 등을 실시할 수 있다. 다중공선성이 없으려면 독립변수 간의 상관관계분석을 통해 얻은 상관계수가 0.8(혹은 0.9)을 넘지 않아야 한다. 물론 상관분석을 할 때 범주형 변수가 있으면 더미변수로 변환시킨 후에 투입해야 한다. 상관계수가 높게 나온 경우에는 상관관계가 높은 변수들 중에서 하나를 삭제하면 다중공선성을 줄일 수 있다. 이외에도 릿지회귀, LASSO, 주성분회귀분석 등을 이용하여 다중공선성을 확인할 수 있다.

Allison(2012)은 언제 다중공선성을 무시해도 좋은지에 대한 다음의 세 가지 조건을 제시하였다.[2] ① 높은 VIF를 가진 변수가 통제변수이고 관심변수는 높은 VIF를 갖지 않는 경우 ② 높은 VIF가 거듭제곱이나 다른 변수와의 곱을 포함해서 발생한 경우(예: 상호작용항을 만든 경우) ③ 높은 VIF를 가진 변수가 3개 이상의 범주를 가진 범주형 변수를 대표하는 더미변수인 경우

2) 로지스틱회귀분석의 절차와 변수 선택

(1) 로지스틱회귀분석의 절차

로지스틱회귀분석의 절차는 [그림 4-6]과 같다.

2) Allison, P. (2012). When can you safely ignore multicollinearity. *Statistical Horizons*, 5(1), 1-2.

그림 4-6 ▎로지스틱회귀분석의 절차

제1단계
기본 가정의 검토와 진단
(독립성 검토: 독립변수 간 다중공선성)

제2단계
회귀모형(회귀선)의 설명력 평가
[Pseudo R^2(유사 결정계수)]

제3단계
회귀모형(회귀선)의 적합도검증
카이제곱검증

제4단계
회귀계수(기울기)의 검증
귀무가설: 독립변수는 종속변수에 영향을 주지 않는다
대립가설: 독립변수는 종속변수에 영향을 준다

첫째, 선형회귀분석처럼 모든 가정을 검토할 필요는 없다. 다만 독립변수 간에 다중공선성이 존재하는지를 검토한다. SPSS 통계프로그램의 로지스틱회귀분석에서는 VIF를 제공하지 않는다. 따라서 다중공선성을 검증하기 위해서는 이변량상관관계분석을 수행하거나 요인분석 등을 수행하여야 한다. 독립변수들 간의 상관관계계수가 0.8(혹은 0.9)을 넘지 않으면 다중공선성이 없는 것으로 판단한다. 그러나 상관관계분석은 공선성을 평가하는데 충분하지 않으며 어떤 경우에는 변수 간의 높은 상관관계가 공선성을 초래하지 않을 수도 있다. 한편 로지스틱회귀분석의 목적이 영향관계가 아니고 단지 예측 목적이라면 다중공선성은 크게 문제가 되지 않는다.

둘째, 회귀모형의 설명력은 유사 R^2(Pseudo R^2)을 이용해서 평가한다. 유사 결정계수는 선형회귀분석의 결정계수보다 다소 낮은 값을 갖는 경향이 있다. 로지스틱회귀분석에서는 모형의 설명력은 대개의 경우 낮게 나오는 편이며, 큰 의미가 없기 때문에 모형 평가에서 유사 R^2에 너무 의존할 필요는 없으며 이 값을 제시하지 않아도 된다.

셋째, 회귀모형의 적합도검증을 위해서는 추정된 회귀모형의 유의성을 검증해야 한다. 모형 계수 전체 테스트(모형 계수의 총괄검증)를 이용해 검증한다.

마지막으로, 회귀계수(기울기)의 통계적 유의성을 검증하여 가설검증을 수행한다.

(2) 로지스틱회귀분석의 변수 선택

로지스틱회귀분석에서 변수 선택방법은 ① 입력방법(Enter), ② 전진선택법(Forward selection), ③ 후진선택법(Backward selection)이 있다.

여러 방법 중에서 어떤 방법이 더 정확하다고 정해진 것은 없다. 따라서 변수의 선택방법은 자신이 연구하는 분야의 선행연구에서 사용한 방법이나 연구자에게 유리한 방법으로 선택해도 된다. 보통은 입력방법(Enter), 전진선택법(LR, Wald)이 많이 사용된다.

1.4 로지스틱회귀모형의 적합도, 설명력 및 회귀계수의 추정과 가설검증

1) 로지스틱회귀분석의 모형 적합도검증

로지스틱회귀모형의 전반적인 적합도검증을 위해서는 모형계수의 총괄검증을 이용한다. 검증 결과표의 마지막 단계의 카이제곱과 이의 p값을 보고 검증하면 된다. p값이 유의수준 0.05 미만이면 대립가설을 채택하고 0.05 이상이면 귀무가설을 기각할 수 없음을 의미한다.

- 귀무가설(H_0): 모든 독립변수들은 종속변수에 영향을 주지 않는다(회귀계수들은 모두 0이다)($\beta_1 = \beta_2 = \cdots \beta_k = 0$).
- 대립가설(H_1): 적어도 하나의 독립변수는 종속변수에 영향을 준다(적어도 하나의 회귀계수는 0이 아니다).

한편 로지스틱회귀모형의 평가를 위한 또 다른 방법으로 Hosmer-Lemeshow의 적합도검증(Goodness-of-fit test)이 있다. 이는 예측한 모형과 실제 모형 간에 차이가 있는지의 여부를 판단하기 위한 검증방법으로 양 모형 간에 차이가 없어야 모형이 적합하다고 판단할 수 있다. 분석 결과 p값이 유의수준 0.05보다 크면 귀무가설을 받아들여 회귀모형이 적합하다고 해석한다. 그러나 이 검증은 표본 수가 큰 경우에만 적용할 수 있으므로 주의가 필요하다.

이상에서 살펴본 것처럼 로지스틱회귀분석의 회귀모형을 평가하는 데에는 하나의 절대적인 방법이 존재하는 것은 아니므로 여러 대안적 방법들을 종합하여 평가하는 것이 필요하다.

2) 로지스틱회귀모형의 설명력

로지스틱회귀모형의 설명력은 분류표(Classification table)와 유사 R^2(Pseudo R^2)을 사용한다. 전자는 전체 분류정확도를 보여주며, 후자는 종속변수의 분산을 독립변수들로 설명하는 정도를 말한다.

로지스틱회귀모형에서 분류를 위한 절단값(Cutoff value)은 0.5이며, 확률의 추정값이 0.5 이상이면 사건이 발생할 것으로 예측하고 0.5 미만이면 발생하지 않을 것으로 예측한다. 분류표는 추정된 회귀모형이 실제 현상을 얼마나 정확히 예측하는가를 의미하는 분류정확도를 보여준다.

유사 R^2은 Cox와 Snell의 R^2과 Nagelkerke R^2이 많이 사용된다. 이 중에서 후자가 좀 더 보편적으로 사용된다. 유사 결정계수는 0부터 1까지의 범위를 가지며 1에 가까울수록 설명력이 높다고 평가한다.

3) 로지스틱회귀분석에서 회귀계수의 추정과 가설검증

(1) 회귀계수의 추정

선형회귀분석에서는 회귀계수의 추정방법으로 최소제곱법을 이용하나 로지스틱회귀분석에서는 최대우도법(Maximum Likelihood Estimation: MLE)을 이용한다. 이는 입력값 X와 모형의 모수 θ가 주어졌을 때, Y가 나타날 확률을 최대화하는 모수 θ를 찾는 방법을 말한다. 즉, 관측된 데이터가 발생할 확률을 알려지지 않은 모수들(Parameter)의 우도함수(Likelihood function)로 표현한 후, 이 함수를 최대화시켜서 원하는 값들이 나올 가능도를 최대로 만드는 모수들의 추정값을 선택하는 방법이다. 우도함수는 예측값이 실제값에 근접하는 경우에 최대화될 수 있다. 여기에서 우도함수란 미지수(모수)에 따른 관측된 데이터의 가능성을 함수로 표현한 것을 말한다.

최대우도법을 사용하는데 필요한 최소한의 표본 수는 추정하고자 하는 미지수(모수)의 10배가 되어야 한다. 예컨대 미지수가 10개이면 100개의 표본크기가 요구된다.

(2) 회귀계수에 대한 가설검증

로지스틱회귀분석에서 회귀계수에 대한 가설검증은 Wald 검증(Wald test)을 이용한다.

- 귀무가설(H_0): 회귀계수는 0이다(독립변수는 종속변수에 유의한 영향을 주지 않는다) ($\beta = 0$).
- 대립가설(H_1): 회귀계수가 0이 아니다(독립변수는 종속변수에 유의한 영향을 준다) ($\beta \neq 0$).

분석 결과표에서 왈드통계량과 이의 p값을 보고 가설검증을 한다. p값이 유의수준 0.05보다 작으면 대립가설을 채택하고 크면 귀무가설을 기각하지 않으면 된다.

1.5 로지스틱회귀분석 결과의 해석

1) 로지스틱회귀분석의 결과 해석을 위한 기초 지식

지금까지 우리들은 로지스틱회귀분석에 대한 제반 기초지식을 학습하였다. 앞에서도 설명한 것처럼 좌변을 확률의 오즈로 변환하고 이를 다시 확률의 로그오즈(로짓)로 변환하면 좌변의 추정값의 범위가 $[-\infty, +\infty]$로 바뀜을 알았다. 이렇게 되면 회귀식의 좌변과 우변의 추정값의 범위가 모두 $[-\infty, +\infty]$로 일치하게 되어 로그오즈와 독립변수들 간에는 선형적 관계(선형식)가 성립되며 로지스틱회귀분석을 마치 선형회귀분석처럼 사용할 수 있음을 확인하였다.

오즈:

$$Odds = \frac{P}{1-P} = e^{\beta_0 + \beta_1 X_1 + \beta_2 X_2 + \cdots + \beta_k X_k}$$

로지스틱회귀모형:

단순로지스틱회귀모형: $\ln\left(\frac{P}{1-P}\right) = \beta_0 + \beta_1 X_1 + \epsilon_i$

다중로지스틱회귀모형: $\ln\left(\frac{P}{1-P}\right) = \beta_0 + \beta_1 X_1 + \beta_2 X_2 + \cdots + \beta_k X_k + \epsilon_i$

해석의 대상인 각 독립변수들의 오즈비(Odds Ratio: OR):

나머지 독립변수는 모두 고정시킨 상태에서 독립변수 X가 1단위 증가할 때 변화하는(늘어나는/감소하는) 승산(Odds)의 비율을 말한다.

모형에 대한 해석은 선형적으로 바라보아도 상관은 없으나 로짓값이 직관적이지 않아 일반적으로 오즈비를 통해 해석한다.

$$Odds\,Ratio = \frac{e^{\hat{\beta}_0 + \hat{\beta}_1 X_1 + \hat{\beta}_2 X_2 + \cdots + \hat{\beta}_j (X_j + 1) + \cdots + \hat{\beta}_k X_k}}{e^{\beta_0 + \hat{\beta}_1 X_1 + \hat{\beta}_2 X_2 + \cdots + \hat{\beta}_k X_k}}$$

$$Odds\,Ratio = e^{\hat{\beta}_j}$$

SPSS 통계프로그램을 이용해 로지스틱회귀분석을 하면 비표준화회귀계수 B와 유의확률, 각 독립변수들에 대한 오즈비 Exp(B) = e^{β_j} 그리고 오즈비에 대한 95% 신뢰구간을 출력해준다.

표 4-2 출력 결과에서 회귀계수(B)와 오즈비[Exp(B)]의 관계

비표준화회귀계수		오즈비(승산비)		오즈(승산)
B>0	➡	Exp(B)>1	➡	승산이 Exp(B)배 증가한다 (Odds increase)
B<0	➡	Exp(B)<1	➡	승산이 Exp(B)배 감소한다 (Odds decrease)
B=0	➡	Exp(B)=1	➡	승산이 같다

위의 표에서 회귀계수(B)가 양수(+)라면 오즈비(승산비)는 1보다 크게 되고, 이는 해당 독립변수가 한 단위 증가함에 따라 승산이 Exp(B)배 증가한다는 의미가 된다. 반대로 회귀계수(B)가 음수(−)라면 오즈비(승산비)는 1보다 작게 되고, 이는 해당 독립변수가 한 단위 증가함에 따라 승산이 Exp(B)배 감소한다는 의미가 된다. 즉 오즈비가 1보다 크면 독립변수가 1단위 증가함에 따라 사건 발생 확률이 증가한다는 것을 나타내며, 1보다 작으면 독립변수가 1단위 증가함에 따라 사건 발생 확률이 감소한다는 것을 나타낸다. 승산비가 1이면 독립변수가 한 단위 증가할 때 종속변수에 대한 독립변수 X의 효과가 없다고 해석한다.

로지스틱회귀모형에서의 기울기(비표준화회귀계수) Exp(B)는 독립변수가 1단위 증가했을 때의 로그오즈비 추정량이고 이는 독립변수가 한 단위 증가했을 때의 오즈비(승산비) 추정량이다.

해석하고자 하는 해당 독립변수의 오즈비(승산비) $Odds\,Ratio = e^{\widehat{\beta}_j} = e^{0.674} = 1.96$

오즈비의 해석방법은 ① 오즈(승산) 이용방법, ② 오즈(승산) 변화 백분율 이용방법이 있다. 오즈에 있어서의 변화 백분율은 [오즈비 Exp(B)−1]×100(%)로 계산하면 된다. 여기에서 변화 백분율은 독립변수가 1단위 증가할 때 오즈에 있어서의 변화 백분율을 말한다.

■ 오즈 이용방법

① 회귀계수 B가 0.674인 경우: 오즈비(승산비)는 Exp(0.674)=1.96, 종속변수–질병 유무 (1. 질병에 걸림, 0. 질병에 안 걸림)
다른 독립변수들을 고정시킨 상태에서 특정 독립변수가 1단위 증가하면 질병에 걸릴 오즈(승산)가 1.96배 증가한다고 해석하면 된다.

② 회귀계수 B가 −0.3인 경우: 오즈비(승산비)는 Exp(−0.3)=0.74, 종속변수–질병 유무 (1. 질병에 걸림, 0. 질병에 안 걸림)
다른 독립변수들을 고정시킨 상태에서 특정 독립변수가 1단위 증가하면 질병에 걸릴 오즈(승산)가 0.74배 감소한다고 해석하면 된다.

■ 오즈 변화 백분율 이용방법

① 회귀계수 B가 0.674인 경우: 오즈비(승산비)는 Exp(0.674)=1.96, 종속변수–질병 유무 (1. 질병에 걸림, 0. 질병에 안 걸림), 변화 백분율(1.96−1)×100=96%
다른 독립변수들을 고정시킨 상태에서 특정 독립변수가 1단위 증가하면 질병에 걸릴 오즈(승산)가 96% 증가한다고 해석하면 된다.

② 회귀계수 B가 −0.3인 경우: 오즈비(승산비)는 Exp(−0.3)=0.74, 종속변수–질병 유무 (1. 질병에 걸림, 0. 질병에 안 걸림)), 변화 백분율(0.74−1)×100=−26%
다른 독립변수들을 고정시킨 상태에서 특정 독립변수가 1단위 증가하면 질병에 걸릴 오즈(승산)가 26% 감소한다고 해석하면 된다.

오즈비에 대한 95% 신뢰구간의 해석에서는 다음 사항에 유의해야 한다.

신뢰구간 오즈비의 하한과 상한이 1 이상이면 유의적(Significant)이라고 보며, 1 미만이면 비유의적(Non-significant)이라고 해석한다.

2) 독립변수가 연속형 변수인 경우의 해석

독립변수가 연속형 변수인 경우는 선형회귀분석과 큰 차이는 없지만 종속변수 부분을 사건범주에 속할 확률로 해석하면 된다. 독립변수가 연속형인 경우에 오즈비는 독립변수가 한 단위 증가할 때의 오즈비를 의미한다.

로지스틱회귀분석 결과에서는 비표준화회귀계수(B), 유의확률(p값), 오즈비 Exp(B) 및 95% 신뢰구간 오즈비의 하한과 상한값을 제공해준다. 이들 결과값을 가지고 결과 해석을 하는 방법을 간략히 [표 4-3]과 같이 예시적으로 제시한다. 다만 오즈비의 해석은 B에 대한 p값이 유의적인 경우에만 해석한다.

표 4-3 독립변수가 연속형 변수일 경우의 결과 해석

독립변수 종속변수	추정값	해석
〈독립변수〉 공부시간 〈종속변수〉 합격 여부 (합격/불합격)	B=0.222 p=0.001 Exp(B)=1.248 (오즈 이용법)	(다른 독립변수들을 통제한 상태에서) 공부시간은 합격에 정적으로 유의한 영향을 준다. 공부시간이 한 시간 증가하면 합격에 속할 오즈(승산)가 1.248배 증가한다.
	(1.248−1)×100 =24.8% (변화 백분율 이용법)	(다른 독립변수들을 통제한 상태에서) 공부시간이 한 시간 증가하면 합격에 속할 오즈(승산)가 24.8% 증가한다.
	Exp(B)=−0.878 (오즈 이용법)	(다른 독립변수들을 통제한 상태에서) 공부시간이 한 시간 증가하면 합격에 속할 오즈(승산)가 0.878배 감소한다.
	(0.878−1)×100 =−12.2% (변화 백분율 이용법)	(다른 독립변수들을 통제한 상태에서) 공부시간이 한 시간 증가하면 합격에 속할 오즈(승산)가 12.2% 감소한다.

3) 독립변수가 범주형 변수인 경우의 해석

독립변수가 이분형인 경우에 오즈비는 독립변수가 한 단계(0에서 1) 증가할 때의 오즈비를 의미한다. 예컨대 성별 변수는 여성이 사건범주(1)[3]이고 남성이 참조범주(0)라고 정의한 경우 '성별

3) 더미회귀분석에서는 사건범주(Event category)를 더미범주라고 했으나 로지스틱회귀분석에서는 설명의

은 여성이 남성에 비해…'라고 해석한다. 만약 고용 형태 변수인 경우에 임시직과 일용직이 사건범주(1)이고 상용직이 참조범주(0)라면 '임시직은 상용직에 비해…' 그리고 '일용직은 상용직에 비해…'라고 해석한다.

표 4-4 독립변수가 이분형 변수일 경우의 결과 해석

<table>
<tr><th>독립변수
종속변수</th><th>추정값</th><th>해석</th></tr>
<tr><td rowspan="7">〈독립변수〉

성별
(여자 1, 남자 0)

고용 형태
(상용직 0,
임시직과 일용직 1)

〈종속변수〉

이직의사
(있음, 없음)</td><td>성별
(오즈 이용법)
B = 3.011
p = 0.005
Exp(B) = 20.308</td><td>성별은 이직의사에 정적으로 유의하게 영향을 주었으며, (다른 독립변수들을 통제한 상태에서) 여성은 남성에 비해 이직에 속할 오즈(승산)가 20.308배 증가한다.</td></tr>
<tr><td>성별
(20.308−1) × 100
= 1,930.8%
(변화 백분율 이용법)</td><td>(다른 독립변수들을 통제한 상태에서) 여성은 남성에 비해 이직에 속할 오즈(승산)가 1,930.8% 증가한다.</td></tr>
<tr><td>고용 형태
p = 0.000</td><td>고용 형태가 이직의사에 정적으로 유의하게 영향을 준다.</td></tr>
<tr><td>임시직
(오즈 이용법)
B = 0.426
p = 0.000
Exp(B) = 1.532</td><td>(다른 독립변수들을 통제한 상태에서) 임시직은 상용직에 비해 이직에 속할 오즈(승산)가 1.532배 증가한다.</td></tr>
<tr><td>임시직
(1.532−1) × 100
= 53.2%
(변화 백분율 이용법)</td><td>(다른 독립변수들을 통제한 상태에서) 임시직은 상용직에 비해 이직에 속할 오즈(승산)가 53.2% 증가한다.</td></tr>
<tr><td>일용직
(오즈 이용법)
B = 0.387
p = 0.142
Exp(B) = 1.473</td><td>일용직은 이직의사에 통계적으로 유의한 영향을 주지 않는다(따라서 오즈비의 해석은 하지 않는다).</td></tr>
</table>

용이함을 위해서 사건범주라는 용어를 사용하였다.

2 이분형 단순로지스틱회귀분석의 SPSS 통계 실습

통계 실습 4-1 이분형 단순로지스틱회귀분석

다음의 [제4장 단순로지스틱회귀분석 이분형 데이터]를 가지고 이분형(이항) 단순로지스틱회귀분석(Binary simple logistic regression analysis)을 실습하시오.

실습 데이터

ID	대학원합격 여부	토익성적
1	0	435
2	1	660
…	…	…
390	1	740

※ 주의사항: 종속변수인 대학원합격 여부는 더미코딩(합격 1, 불합격 0)으로 되어 있어야 한다.

총 사례 수는 390개임

- 토익성적(독립변수) → 연속형 변수
- 대학원합격 여부(종속변수) → 범주형 변수(합격 1, 불합격 0)

가설

- 귀무가설(H_0): 토익성적은 대학원합격 여부의 승산에 영향을 주지 않는다($\beta_1 = 0$).
- 대립가설(H_1): 토익성적은 대학원합격 여부의 승산에 영향을 준다($\beta_1 \neq 0$).

실습 데이터	제4장 단순로지스틱회귀분석 이분형 데이터
분석방법 메뉴 선택	분석–회귀분석–이분형 로지스틱

1) 실습 과정

❶ [파일-열기-데이터]를 선택한 후 실습 데이터 파일이 있는 위치로 찾아가서 [제4장 단순로지스틱회귀분석 이분형 데이터]를 연다.

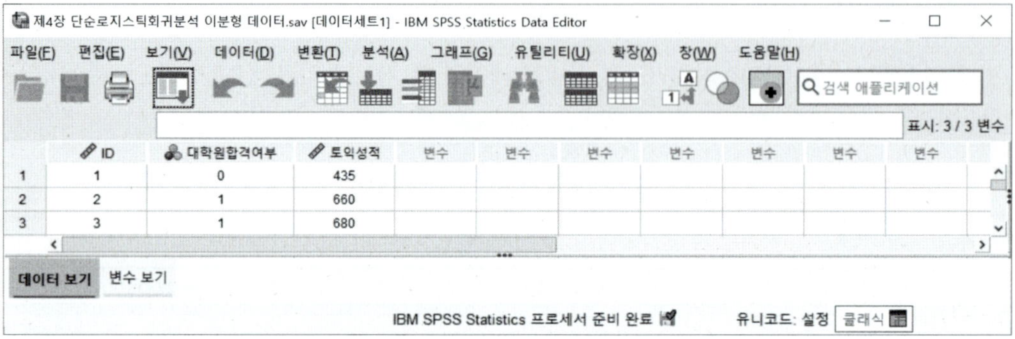

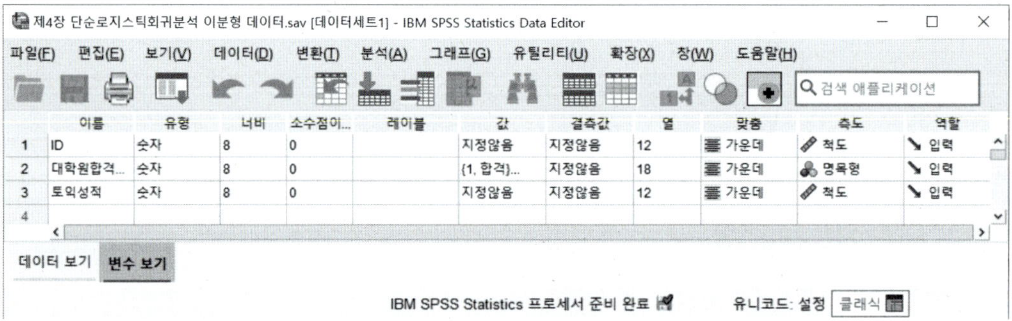

❷ [분석-회귀분석-이분형 로지스틱]을 선택하여 [이분형 로지스틱] 창으로 들어간다. 변수 선택방법은 디폴트로 [입력]이 선택되어 있으므로 그대로 둔다. 독립변수인 [토익성적]을 [블록(B)]의 [공변량]에, 그리고 [대학원합격 여부]를 [종속변수]로 이동시킨다.

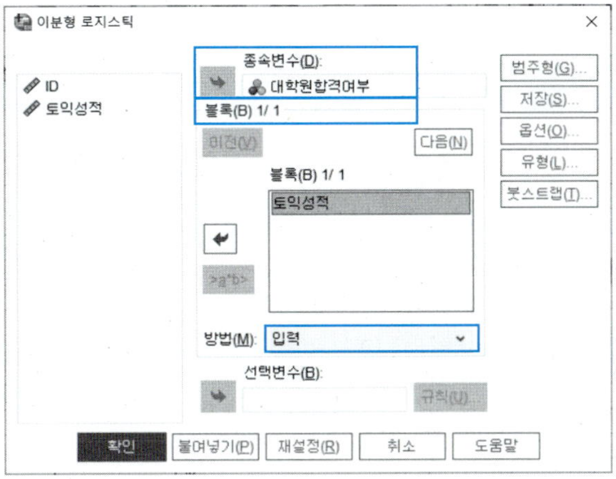

❸ [저장] 창에서 [예측값]의 [확률]과 [소속집단]을 선택한 후 [계속] 버튼을 클릭한다. 여기에서 확률은 합격확률의 예측값을 보여주며, 소속집단은 예측된 확률값의 [절단값(Cutoff value) 혹은 분류점]인 0.5를 기준으로 0.5 이상이면 [합격]으로, 0.5 미만이면 [불합격]으로 소속집단을 결정해준다. 데이터 파일에 확률은 [PRE_1]로, 소속집단은 [PGR_1]로 출력해준다.

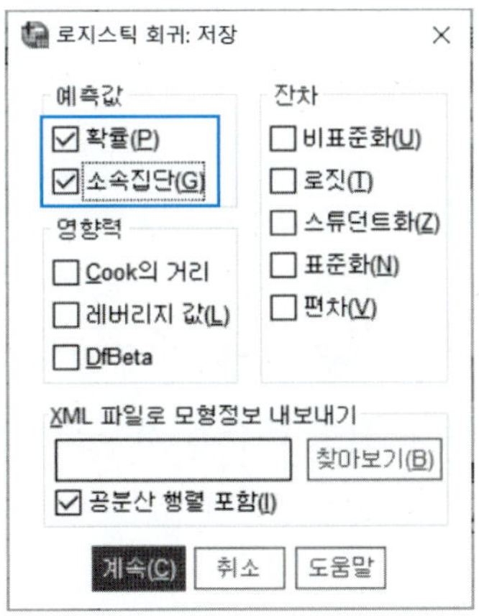

❹ [옵션] 창의 [통계량 및 도표]에서 [분류도표], [Hosmer–Lemeshow적합도], [Exp(B)에 대한 신뢰구간 95%]를 선택한 후 [계속] 버튼을 클릭한다. 마지막으로 [이분형 로지스틱] 창의 하단에 있는 [확인] 버튼을 클릭해 실습을 마친다.

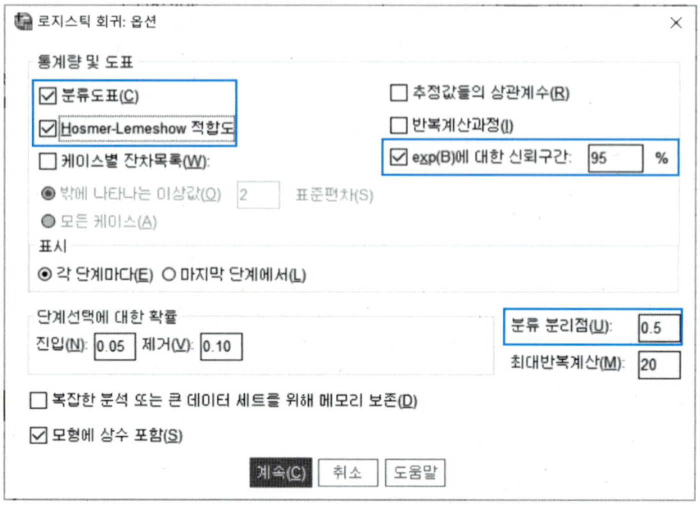

2) 주요 분석 결과

이분형 단순로지스틱회귀분석에 대한 주요 출력 결과를 제시하면 다음과 같다.

| 분류표 결과 |

분류표는 [블록0: 시작 블록]의 결과와 [블록1: 방법 = 입력]의 결과를 보여준다. [블록0]은 독립변수가 투입되지 않은 상수항만 있는 경우의 분류표 결과이며, 아래의 분류표의 [블록1]은 독립변수로 [토익성적]이 투입된 경우의 결과이다. 단계가 여러 개인 경우 최종적인 분류표를 보고 해석한다. 분석 결과의 분류정확도는 70.5%로 나타났다. 아래의 그림은 분류도표를 보여준 것이다. 예측된 확률값의 0.5를 기준으로 왼쪽에 있는 표시들은 불합격(0)으로 분류되어야 하는 것들인데 일부가 합격(1)으로 잘못 분류된 경우를 보여준다. 반면에 0.5를 기준으로 오른쪽에 있는 표시들은 합격(1)으로 분류되어야 하는 것들인데 일부가 불합격(1)으로 잘못 분류된 경우를 보여준다.

분류표[a]

관측됨			예측: 대학원합격여부 0	예측: 대학원합격여부 합격	분류정확 %
1 단계	대학원합격여부	0	175	50	77.8
		합격	65	100	60.6
	전체 퍼센트				70.5

a. 절단값은 .500입니다.

Step number: 1

Observed Groups and Predicted Probabilities

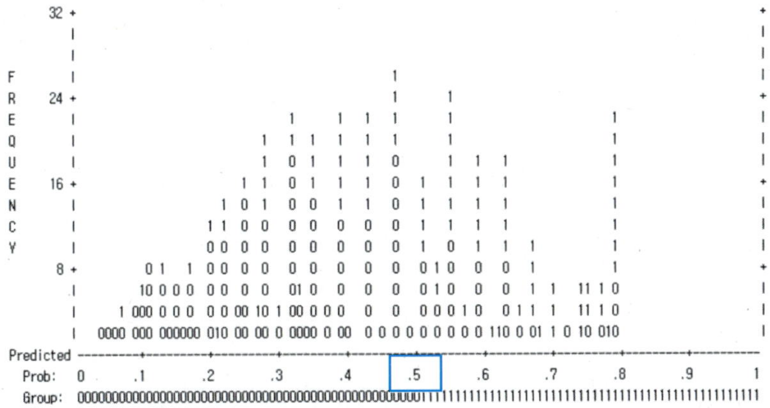

Predicted Probability is of Membership for 합격
The Cut Value is .50
Symbols: 0 - 0
1 - 합격
Each Symbol Represents 2 Cases.

| 모형 계수의 총괄검증 결과 |

[모형 계수의 총괄검증] 결과에서는 전반적인 모형의 적합도를 보여준다. 모형의 카이제곱은 69.197이며 이의 p값은 <0.001이므로 유의수준 0.001에서 모형이 적합하다고 평가할 수 있으며 독립변수인 토익성적은 대학원합격 승산에 영향을 주고 있음을 알 수 있다.

모형 계수의 총괄 검정

		카이제곱	자유도	유의확률
1 단계	단계	69.197	1	<.001
	블록	69.197	1	<.001
	모형	69.197	1	<.001

| 모형 요약: 회귀선의 설명력 결과 |

로지스틱회귀모형의 결정계수(R^2)는 독립변수가 종속변수의 분산을 설명하는 정도를 보여준다. Nagelkerke R^2은 0.219로 나타났으며, 독립변수가 종속변수의 분산을 설명하는 정도인 회귀선의 설명력은 21.9%이었다.

모형 요약

단계	-2 로그 우도	Cox와 Snell의 R-제곱	Nagelkerke R-제곱
1	462.190[a]	.163	.219

a. 모수 추정값이 .001보다 작게 변경되어 계산반복 수 4에서 추정을 종료하였습니다.

| 모형의 평가: Hosmer-Lemeshow검증 결과 |

모형의 적합도검증은 보통 [모형 계수의 총괄검증]을 사용하지만 대안적인 방법으로 Hosmer-Lemeshow검증을 사용한다. 학자에 따라서는 이 검증방법을 폐기해야 한다고 주장하는 경우도 있지만 보완적인 방법으로 사용할 것을 권유한다. 이 검증방법은 표본 수가 큰 경우에 사용할 수 있으며 모형이 기각되어 회귀모형이 적합하지 않다는 대립가설이 채택된 경우에도 걱정할 필요는 없다. 카이제곱값이 6.311이고 이의 p값이 0.612이므로 유의수준 0.05보다 크므로 귀무가설을 기각할 수 없으므로 모형이 적합하다고 평가할 수 있다. 독립변수가 2개 이상일 때 [변수선택의 방법]이 달라서 여러 단계에 걸쳐 추정이 이루어진 경우에는 최종 단계의 모형의 결과값을 가지고 판단하면 된다.

= Hosmer와 Lemeshow 검정 =

단계	카이제곱	자유도	유의확률
1	6.311	8	.612

| 확률과 소속집단 분류 예측 결과 |

로지스틱회귀분석을 실행할 때 [저장] 창에서 [예측값]의 [확률]과 [소속집단]을 선택한 후 분석하면 [데이터 파일]에 확률 추정 결과인 [PRE_1]과 소속집단의 분류 결과인 [PGR_1]이 출력된다. 확률의 절단값(분류점)은 확률값 0.5를 기준으로 사용한다. 0.5 이상이면 1로 예측하고 0.5 미만이면 0으로 예측한다. 아래 결과를 보면 1번 케이스는 확률값이 0.16132이므로 절단값인 0.5보다 작으므로 불합격인 0으로 예측한다. 이에 따라 대학원합격 여부의 실제 값이 불합격 0인데 예측값도 불합격 0으로 예측한 것을 알 수 있다.

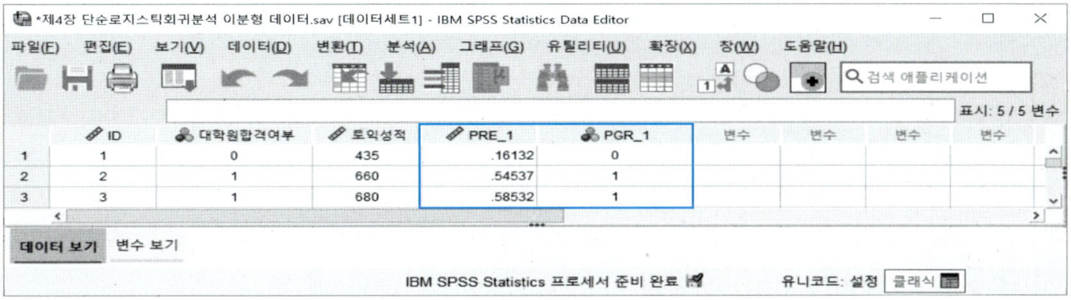

| 이분형 단순로지스틱회귀분석의 주요 검증 결과 |

이분형 단순로지스틱회귀분석의 주요 출력물은 다음과 같다.

① 모형 요약

앞에서 제시한 설명을 참조한다.

② 모형의 적합도

앞에서 제시한 설명을 참조한다.

③ 회귀계수

로지스틱회귀분석의 결과에서 토익성적의 Wald통계량이 54.462이고 이의 p값이 <0.001이어서 유의수준 0.001보다 작으므로 대립가설이 채택되었다. 이는 토익성적이 대학원합격 오즈(승산)에 유의한 영향을 준다고 볼 수 있다.

방정식의 변수

		B	S.E.	Wald	자유도	유의확률	Exp(B)	EXP(B)에 대한 95% 신뢰구간 하한	EXP(B)에 대한 95% 신뢰구간 상한
1 단계[a]	토익성적	.008	.001	54.462	1	<.001	1.008	1.006	1.010
	상수항	-5.187	.679	58.375	1	<.001	.006		

a. 변수가 1: 토익성적 단계에 입력되었습니다.

분석 결과를 회귀선으로 나타내면 [LogOdds(P) = Logit(P) = −5.187+0.008×토익성적]이 된다. 그런데 Logit(P)라는 로지스틱함수를 종속변수로 사용하면 직관적으로 해석하기 어렵다는 문제가 발생된다. 이러한 이유로 로지스틱회귀분석에서는 Logit(P)가 아닌 오즈비(Odds Ratio)에 의해서 해석하는 방법을 사용한다. 분석 결과에서 Exp(B)는 오즈(Odds) 혹은 오즈비와 같다.

$$Odds\,Ratio = \frac{P}{1-P} = e^{\hat{\alpha}+\hat{\beta}_1 X_1} = e^{-5.187+0.008X_1} = e^{-5.187}e^{-0.008X_1}$$

$$Odds\,Ratio = e^{\hat{\beta}_1} = e^{-0.008} = 1.008(e\text{는 자연로그, } \beta\text{는 토익성적 } X_1\text{의 회귀계수})$$

따라서 토익성적이 1점 증가하면 합격 오즈(승산)가 1.008배 증가한다.

3) 이분형 단순로지스틱회귀분석 검증 결과의 제시와 해석

토익성적이 대학원합격 여부에 미치는 영향을 확인하기 위해서 이분형 단순로지스틱회귀분석을 실시하였으며, 그 검증 결과를 요약하면 다음과 같다.

표 4-5 이분형 단순로지스틱회귀분석 결과표 (N=390)

구분	*B*	*SE*	*Odds Ratio*	오즈비의 하한과 상한	
				하한	상한
상수	−5.187***	0.679	0.006		
토익성적	0.008***	0.001	1.008	1.006	1.010
$\chi^2=69.197$(d.f.=1, p<0.001), −2Log우도=462.190 Nagelkerke $R^2=0.219$					

***p<0.001, 종속변수: 대학원합격 여부

모형 계수의 총괄검증 결과 모형의 카이제곱은 69.197이며 이의 p값은 <0.001이므로 유의수준 0.001에서 모형이 적합하다고 볼 수 있다. Nagelkerke R^2은 0.219이며 회귀선의 설명력은 21.9%이었다. 분석 결과의 분류정확도는 70.5%로 나타났다.

토익성적은 대학원합격 승산에 정적으로 영향(p<0.001)을 미쳤으며 토익성적이 한 단위 증가하면 합격 오즈(승산)가 1.008배 증가하는 것으로 나타났다.[4] 즉, 토익성적이 1점 증가하면 대학원 합격에 속할 오즈(승산)가 0.8%[5] 증가함을 알 수 있다.

4) 결과표에서 Exp(B)에 대한 95% 신뢰구간 하한이 1을 넘으면 통계적으로 유의하며, 1보다 작으면 통계적으로 유의하지 않다고 볼 수 있다.

3 이분형 다중로지스틱회귀분석의 SPSS 통계 실습

통계 실습 4-2 이분형 다중로지스틱회귀분석

다음의 [제4장 다중로지스틱회귀분석 이분형 데이터]를 가지고 이분형 다중로지스틱회귀분석(Binary multiple logistic regression analysis)을 실습하시오.

✔ 실습 데이터

ID	대학원합격 여부	성별	출신대학순위	토익성적	대학성적평점
1	0	2	4	435	3.10
2	1	1	3	660	3.30
…	…	…	…	…	…
390	1	1	4	740	3.40

※ 주의사항: 종속변수인 대학원합격 여부는 더미코딩(합격 1, 불합격 0)으로 되어 있어야 한다. 명목형 변수(범주형 변수)인 성별과 출신대학순위는 [값]이 구분 입력되어 있어야 한다. 데이터 파일 내용을 참조하기 바란다.

총 사례 수는 390개임

- 대학원합격 여부(종속변수) → 범주형 변수(합격 1, 불합격 0)
- 성별 → 범주형 변수(남학생 1, 여학생 2)
- 출신대학순위 → 범주형 변수(1순위대학 1, 2순위대학 2, 3순위대학 3, 4순위대학 4)
- 토익성적, 대학성적평점 → 연속형 변수

✔ 가설

- 귀무가설(H_0): 모든 독립변수는 대학원합격 여부의 승산에 영향을 주지 않는다. 혹은 모든 독립변수들의 회귀계수는 0이다.
  ($\beta_1 = \beta_2 = \beta_3 = \beta_4 = \beta_5 = \beta_6 = 0$).

5) 오즈 변화 백분율은 [오즈비 Exp(B)−1]×100(%)로 계산하면 된다. (1.008−1)×100=0.8%

• 대립가설(H_1): 독립변수 중에서 적어도 하나는 대학원합격 여부의 승산에 영향을 준다. 혹은 적어도 하나의 회귀계수는 0이 아니다.

실습 데이터	제4장 다중로지스틱회귀분석 이분형 데이터
분석방법 메뉴 선택	분석-회귀분석-이분형 로지스틱

1) 실습 과정

❶ [파일-열기-데이터]를 선택한 후 실습 데이터 파일이 있는 위치로 찾아가서 [제4장 다중로지스틱회귀분석 이분형 데이터]를 연다.

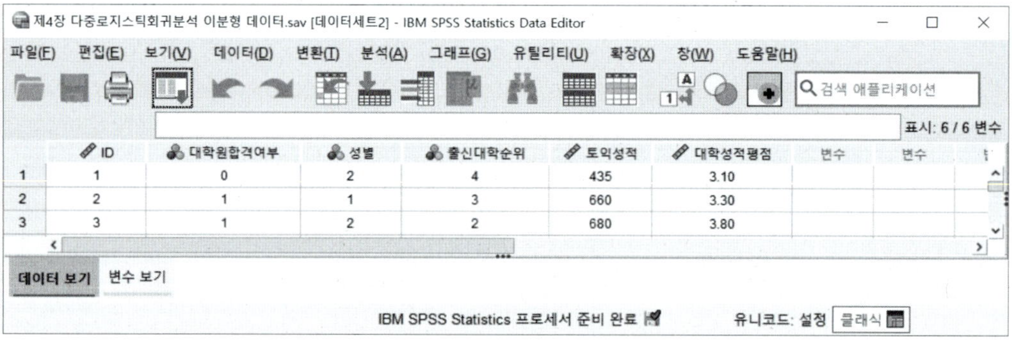

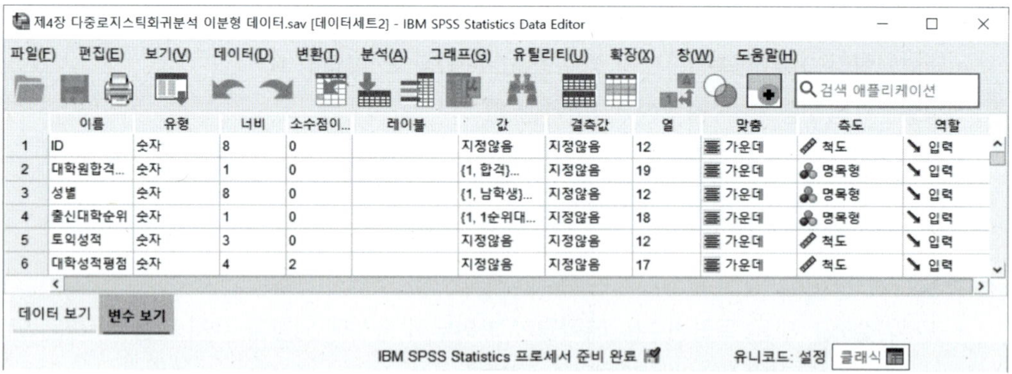

❷ [분석-회귀분석-이분형 로지스틱]을 선택하여 [이분형 로지스틱] 창으로 들어간다. 변수 선택방법은 디폴트로 [입력]이 선택되어 있으므로 그대로 둔다. 그러나 연구자들이 다른 변수 선택방법을 적용하고자 하면 다른 것을 선택해도 된다. 독립변수인 [성별], [출신대학순위], [토익성적], [대학성적평점]을 [공변량]에, 그리고 [대학원합격 여부]를 [종속변수]로 이동시킨다.

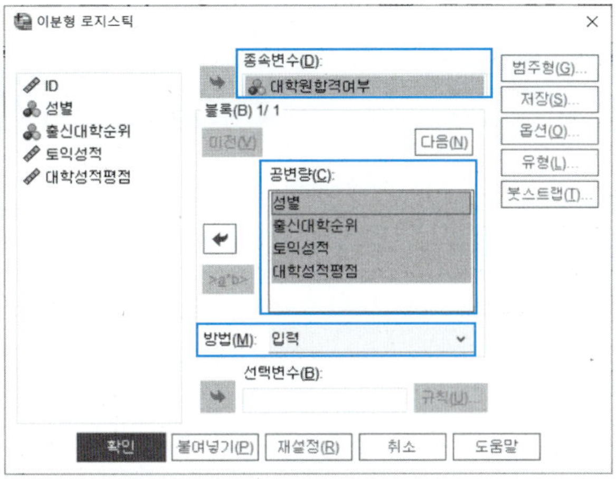

❸ 로지스틱회귀분석에서 범주형 변수들은 분석 후에 오즈비 해석을 위해서 변수값의 참조범주를 지정해야 한다. 참조범주를 지정하면 나머지 변수값은 사건범주(더미범주)가 된다. [이분형 로지스틱] 창의 우측 상단에 있는 [범주형]을 클릭하면 [로지스틱 회귀: 범주형 변수 정의] 창이 나타난다. 먼저 범주형 변수(명목변수)인 [성별]과 [출신대학순위]를 오른쪽으로 이동시킨다. 그러면 우측 하단에 [대비 변경]이 활성화된다. [대비]에서는 [표시자]를 디폴트 그대로 선택한다. 참조범주에는 [처음]과 [마지막]이 있다. 이때 연구자가 [성별]에서 '남학생'과 '여학생' 중 어느 것을 [사건범주]로 하고 나머지를 [참조범주]로 할 것인지를 결정해야 한다. 현재 성별의 코딩은 [남학생]이 '1'로, [여학생]이 '2'로 되어 있다. 만약 [참조범주]에서 [처음]을 선택하면 남학생이 참조범주(0)가 되고 여학생이 사건범주(1)가 되며, [마지막]을 선택하면 [여학생]이 참조범주가 되고 [남학생]은 사건범주(1)가 된다. 또한 현재 출신대학순위의 코딩은 [1순위대학]이 '1'로, [2순위대학]이 '2'로, [3순위대학]이 '3'으로 [4순위대학]이 '4'로 되어 있다. 만약 참조범주에서 [처음]을 선택하면 [1순위대학]이

참조범주(0)가 되고 나머지는 사건범주(1)가 되며, [마지막]을 선택하면 [4순위대학]이 참조범주(0)가 되고 나머지가 사건범주(1)가 된다. 이 실습문제에서는 남학생을 사건범주(더미범주)로 하고 여학생을 참조범주로 그리고 1순위대학, 2순위대학, 3순위대학을 사건범주(1)로 하고 4순위대학을 참조범주(0)로 설정하려고 하므로 [마지막]을 선택하고 [계속] 버튼을 클릭한다.

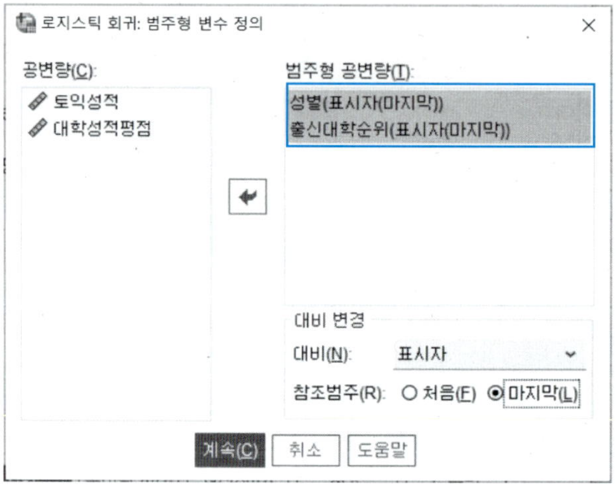

❹ [저장] 창에서 [예측값]의 [확률]과 [소속집단]을 선택한 후 [계속] 버튼을 클릭한다. 여기에서 확률은 합격확률의 예측값을 보여주며, 소속집단은 예측된 확률값의 [절단값(Cutoff value)]인 0.5를 기준으로 0.5 이상이면 [합격]으로, 0.5 미만이면 [불합격]으로 소속집단을 결정해준다. 데이터 파일에 확률은 [PRE_1]로, 소속집단은 [PGR_1]로 출력해준다.

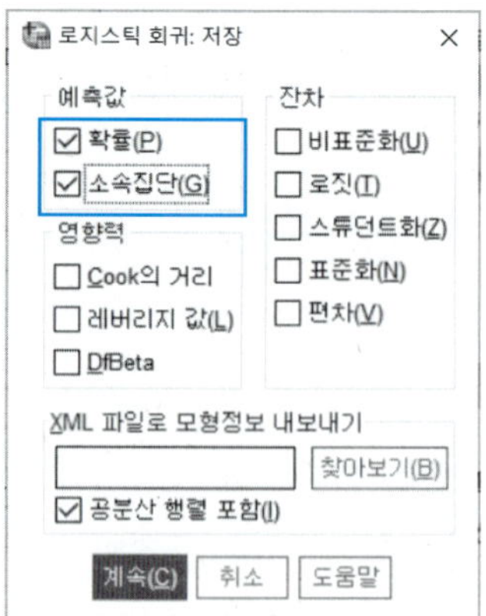

❺ [옵션] 창의 [통계량 및 도표]에서 [분류도표], [Hosmer-Lemeshow적합도], [Exp(B)에 대한 신뢰구간 95%]를 선택한 후 [계속] 버튼을 클릭한다. 마지막으로 [이분형 로지스틱] 창의 하단에 있는 [확인] 버튼을 클릭해 실습을 마친다.

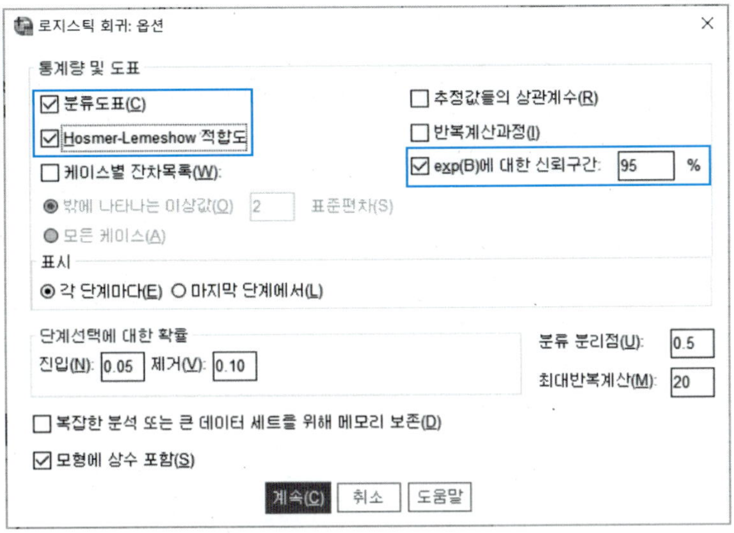

2) 주요 분석 결과

이분형 다중로지스틱회귀분석에 대한 주요 출력 결과를 제시하면 다음과 같다.

| 범주형 변수 코딩 결과 |

출신대학순위 코딩 결과를 보면 1순위대학, 2순위대학, 3순위대학이 사건범주(더미범주)(1)로 4순위대학이 참조범주(0)로 설정되어 있음을 알 수 있다. 성별은 남학생이 사건범주(1)로 여학생이 참조범주(0)로 설정되어 있음을 확인할 수 있다. 이 코딩 결과는 범주형 독립변수에 대한 최종적인 결과 해석 시 중요하게 참조해야 한다.

범주형 변수 코딩

		빈도	모수 코딩 (1)	(2)	(3)
출신대학순위	1순위대학	52	1.000	.000	.000
	2순위대학	147	.000	1.000	.000
	3순위대학	123	.000	.000	1.000
	4순위대학	68	.000	.000	.000
성별	남학생	176	1.000		
	여학생	214	.000		

| 분류표 결과 |

분류표를 보면 분석 결과의 분류정확도는 80%임을 알 수 있다.

분류표[a]

관측됨			예측 대학원합격여부 0	합격	분류정확 %
1 단계	대학원합격여부	0	194	31	86.2
		합격	47	118	71.5
	전체 퍼센트				80.0

a. 절단값은 .500입니다.

| 모형 계수의 총괄검증 결과 |

[모형 계수의 총괄검증] 결과에서는 전반적인 모형의 적합도를 보여준다. 모형의 카이제곱은 140.213이며 이의 p값은 <0.001이므로 유의수준 0.001에서 모형이 적합하다고 평가할 수 있으며, 독립변수인 성별, 출신대학순위, 토익성적 및 대학성적평점 중에서 적어도 하나 이상은 대학원합격 승산에 영향을 주고 있음을 알 수 있다.

블록 1: 방법 = 입력

모형 계수의 총괄 검정

		카이제곱	자유도	유의확률
1 단계	단계	140.213	6	<.001
	블록	140.213	6	<.001
	모형	140.213	6	<.001

| 모형 요약: 회귀선의 설명력 결과 |

로지스틱회귀모형의 결정계수(R^2)는 독립변수가 종속변수의 분산을 설명하는 정도를 보여준다. Nagelkerke R^2은 0.406으로 나타났으며, 독립변수가 종속변수의 분산을 설명하는 정도인 회귀선의 설명력은 40.6%이었다.

모형 요약

단계	-2 로그 우도	Cox와 Snell의 R-제곱	Nagelkerke R-제곱
1	391.174[a]	.302	.406

a. 모수 추정값이 .001보다 작게 변경되어 계산반복수 5에서 추정을 종료하였습니다.

| 모형의 평가: Hosmer-Lemeshow검증 결과 |

Hosmer-Lemeshow검증 결과 카이제곱값이 42.405이고 이의 p값이 <0.001로 유의수준 0.001 미만이므로 모형이 적합하다는 귀무가설이 기각되고 모형이 적합하지 않다는 대립가설이 채택되어 모형이 적합하지 않다고 평가할 수 있다. 그러나 이 검증은 표본 수가 적어서 생긴 문제일 수도 있으므로 회귀모형이 적합하지 않다는 대립가설이 채택된 경우에도 걱정할 필요는 없다. 다른 적합도검증 결과를 참조하여 종합적으로 판단하면 된다.

= Hosmer와 Lemeshow 검정 =

단계	카이제곱	자유도	유의확률
1	42.405	8	<.001

| 확률과 소속집단 분류 예측 결과 |

확률과 소속집단 분류 예측 결과는 데이터 파일에서 확률 추정 결과인 [PRE_1]과 소속집단의 분류 결과인 [PGR_1]을 참조하면 된다. 보통 사건이 발생할 확률의 절단값은 0.5를 이용한다. 각자의 데이터 파일에서 추정 및 예측 결과를 확인해보기 바란다.

| 이분형 다중로지스틱회귀분석의 주요 검증 결과 |

이분형 다중로지스틱회귀분석의 주요 출력물은 다음과 같다.

① 모형 요약

앞에서 제시한 설명을 참조한다.

② 모형의 적합도

앞에서 제시한 설명을 참조한다.

③ 회귀계수

로지스틱회귀분석의 결과에서 독립변수의 통계적 유의성검증은 각 변수의 p값을 보고 하면 된다. 이 사례의 독립변수들은 모두 p값이 <0.001이므로 유의수준 0.001에서 종속변수인 대학원합격 승산에 유의한 영향을 주고 있음을 알 수 있다. 그러나 결과 해석에서는 오즈비 Exp(B)를 이용하는 것이 좋다. 이의 해석에 대해서는 검증 결과의 제시와 해석에서 설명하기로 한다.

방정식의 변수

		B	S.E.	Wald	자유도	유의확률	Exp(B)	EXP(B)에 대한 95% 신뢰구간	
								하한	상한
1 단계[a]	성별(1)	1.032	.257	16.079	1	<.001	2.806	1.695	4.646
	출신대학순위			21.279	3	<.001			
	출신대학순위(1)	1.501	.493	9.283	1	.002	4.488	1.708	11.789
	출신대학순위(2)	-.544	.372	2.143	1	.143	.580	.280	1.203
	출신대학순위(3)	-.087	.376	.054	1	.817	.917	.439	1.914
	토익성적	.007	.001	30.058	1	<.001	1.007	1.004	1.009
	대학성적평점	1.913	.376	25.904	1	<.001	6.773	3.242	14.147
	상수항	-11.332	1.403	65.277	1	<.001	.000		

a. 변수가 1: 성별, 출신대학순위, 토익성적, 대학성적평점 단계에 입력되었습니다.

분석 결과를 회귀선으로 나타내면 다음과 같다.

LogOdds(P) = Logit(P) = −11.332+1.032×남학생+1.501×1순위대학−0.544×2순위대학−0.087×3순위대학+0.007×토익성적+1.913×대학성적평점

참고적으로 대학성적평점의 B(회귀계수)는 1.913이다. 오즈비 Exp(B)는 6.773으로 계산된다. 물론 SPSS 통계프로그램에서는 각 독립변수의 회귀계수에 대한 오즈비 Exp(B)를 자동적으로 계산해 제공하므로 직접 계산할 필요는 없다.

$$Odds\,Ratio = e^{\widehat{\beta}_6} = e^{1.913} = 6.773(e\text{는 자연로그})$$

따라서 대학성적평점이 1점 증가하면 합격 오즈(승산)가 6.773배 증가한다.

3) 이분형 다중로지스틱회귀분석 검증 결과의 제시와 해석

성별, 출신대학순위, 토익성적, 대학성적평점이 대학원합격 여부에 미치는 영향을 확인하기 위해서 이분형 다중로지스틱회귀분석을 실시하였으며, 그 검증 결과를 요약하면 다음과 같다.

표 4-6 이분형 다중로지스틱회귀분석 결과표 (N=390)

구분	B	SE	Exp(B)	Exp(B)의 신뢰구간	
				하한	상한
상수항	−11.332***				
성별	1.032***	0.257	2.806	1.695	4.646
1순위대학	1.501**	0.493	4.488	1.708	11.789
2순위대학	−0.544	0.372	0.580	0.280	1.203
3순위대학	−0.087	0.376	0.917	0.439	1.914
토익성적	0.007***	0.001	1.007	1.004	1.009
대학성적평점	1.913***	0.376	6.773	3.242	14.147
χ^2=140.213(d.f.=6, p<0.001), −2Log우도=391.174 Nagelkerke R^2=0.406					

**p<0.01, ***p<0.001
종속변수: 대학원합격 여부, 참조범주: 여학생, 4순위대학

모형 계수의 총괄검증 결과 모형의 카이제곱은 140.213이며 이의 p값은 <0.001이므로 모형이 적합하다고 볼 수 있다. Nagelkerke R^2은 0.406이며 회귀선의 설명력은 40.6%이었다. 분석 결과의 분류정확도는 80%로 나타났다.

성별은 대학원합격 오즈(승산)에 정적으로 유의한 영향(p<0.001)을 미쳤다. 다른 독립변수들을 통제했을 때 남학생은 여학생에 비해 대학원합격 오즈가 2.806배(180.6%) 증가하는 것으로 나타났다.

출신대학순위는 대학원합격 오즈에 정적으로 유의한 영향을 미쳤다. 1순위대학은 대학원합격 오즈에 정적으로 유의한 영향($p<0.01$)을 미쳤으며, 다른 독립변수들을 통제했을 때 출신대학순위가 1단위 증가하면 1순위대학이 4순위대학보다 합격 오즈가 4.488배(348.8%) 증가하는 것으로 나타났다. 2순위대학과 3순위대학은 대학원합격 오즈에 통계적으로 유의한 영향을 미치지 않았으며 4순위대학보다 대학원합격 오즈가 낮은 것으로 나타났다.

토익성적은 대학원합격 오즈에 정적으로 유의한 영향($p<0.001$)을 미쳤다. 다른 독립변수들을 통제했을 때 토익성적이 1단위 증가하면 대학원합격 오즈가 1.007배(0.7%) 증가하는 것으로 나타났다.

대학성적평점은 대학원합격 오즈에 정적으로 유의한 영향($p<0.001$)을 미쳤다. 다른 독립변수들을 통제했을 때 대학원성적평점이 1단위 증가하면 대학원합격 오즈가 6.773배(577.3%) 증가하는 것으로 나타났다.

제 5 장

다항과 순서형 로지스틱회귀분석

Multinomial and Ordinal Logistic Regression Analysis

1 다항과 순서형 로지스틱회귀분석

1.1 다항 로지스틱회귀분석의 의의와 적용상황

1) 다항 로지스틱회귀분석의 의의

다항 로지스틱회귀분석(Multinomial logistic regression analysis)은 다항 로짓모형(Multinomial logit model)이라고도 하며, 다른 이분형 로지스틱회귀분석과 독립변수의 사용은 동일하지만 종속변수가 3개 이상의 범주를 갖는 경우에 사용하는 회귀분석 방법이다.

- 이분형 로지스틱회귀분석의 단순한 확장이며 다항 로지스틱회귀분석은 각 사건이 일어날 확률을 특정 사건(참조범주)과 대비시킨다는 점이다. 만약 종속변수의 범주가 1, 2, 3, 4의 4개이고 이 중에서 참조범주를 4라고 가정하면 1과 4, 2와 4, 3과 4를 대비시키는 3개의 추정할 회귀식이 필요하다.
- 종속변수는 3개 이상의 다항형 종속변수이어야 한다. 예컨대 선호하는 정당(A, B, C), 선호하는 대통령후보(BUSH, CLINTON, PEROT), 선호하는 상품(A, B, C, D) 등이 사용될 수 있다.
- 종속변수가 3개 이상의 범주형 범주(명목척도)일 때 사용되며, 분석을 위해서 독립변수를 투입할 때 [요인]에는 범주형 변수들을 투입하고 [공변량]에는 연속형 변수들을 투입한다. 이때 범주형 독립변수들은 더미변수를 만들지 않고 [요인]에 그대로 투입해도 된다.
- 추정할 회귀식(회귀선)은 종속변수 범주의 수에서 1을 뺀 것(K−1)으로 생성한다. 예컨대

종속변수가 3개의 범주를 가지고 있으면 2개의 회귀선(로짓함수)을 추정한다. 4개라면 3개의 회귀선을 추정해야 한다.

- 종속변수의 범주가 3개이면 이 중에서 2개는 사건범주가 되고 1개는 참조범주(혹은 기준범주)가 된다.
- 다항 로지스틱회귀분석의 목적은 이분형 로지스틱회귀분석의 그것과 동일하다. 즉, 독립변수가 종속변수에 미치는 영향관계의 파악과 독립변수들을 사용하여 종속변수의 값을 예측하여 특정 범주를 선택할 확률(P), 혹은 특정 범주에 속할 확률을 계산하고, 이 값을 이용해 종속변수의 범주 중에서 하나를 선택해 분류하는 기법이다.
- 다항 로지스틱회귀분석의 기본 가정에 대한 검증과 해석은 이분형 로지스틱회귀분석과 동일하다.

종속변수가 3개 이상의 다항을 가지고 있으면 다항 로지스틱회귀분석(Multinomial logistic regression analysis)을 사용하며, 3개 이상의 범주형 변수를 가지고 있으면서 순서를 가지고 있으면 순서형 로지스틱회귀분석(Ordinal logistic regression analysis)을 사용할 수 있다.

2) 다항 로지스틱회귀분석의 적용상황

다항 로지스틱회귀분석은 종속변수의 범주가 3개 이상인 경우에 주로 사용된다. 이를 사용하는 목적은 독립변수들로 종속변수인 유사로짓을 추정하여 이를 바탕으로 특정 범주를 선택할 확률 혹은 특정 범주에 속할 확률을 계산하는 것이다. 독립변수는 기본적으로 연속형 변수를 사용하며, 범주형 변수인 경우에는 더미변수로 변환한 후 분석에 투입해야 한다.

그림 5-1 ▎다항 로지스틱회귀분석의 적용상황

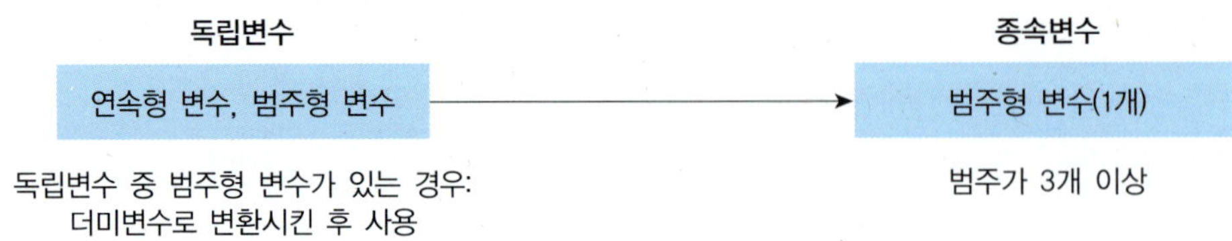

다항 로지스틱회귀분석의 구체적인 몇 가지 적용 분야를 제시하면 다음과 같다.

- 진단 검사 결과를 이용한 혈액형 분류 예측
- 고등학교 성적, 과목 선호도에 따라 대학에서의 전공 분류 예측
- 인구통계학적 특성에 따라 어느 후보에 투표할 것인지 분류 예측
- 3개 이상의 정당 중에서 지지정당의 예측
- 성별, 교육정도를 이용한 대선후보 선호 분류 예측
- 연령, 성별, 데이트 성향이 영화 선호도에 미치는 영향
- 3개 이상의 상품 중에서 선호하는 상품 선택에 대한 예측
- 흡연상태, 식습관, 운동, 음주에 따라 3대 성인병(혈압, 당뇨, 암) 분류 예측
- 성별, 연령, 소득, 가족 수 등에 따라 의료혜택(A, B, C)의 선택 예측 등

3) 다항 로지스틱회귀의 모형과 각 범주에 속할 확률 추정

이분형 로지스틱회귀분석에서는 추정할 회귀식이 하나만 있었으나 다항 로지스틱회귀분석에서는 종속변수의 범주 수에서 1을 뺀 숫자만큼 회귀식을 생성하고 추정해야 한다. 여기에서는 종속변수의 범주 수가 3개(A, B, C)라고 가정하자. 그러면 추정할 회귀식(회귀선)은 2개가 된다. 이때 연구자는 종속변수의 범주 중에서 어느 것을 참조범주로 할 것인지를 결정해야 한다. 예컨대 종속변수의 범주 3개 중에서 C를 참조범주로 하고 A, B를 사건범주로 한다고 가정하자. 그러면 (식 5.1)과 같은 K−1개(3−1=2개)인 2개의 유사로짓(Pseudo logit)을 갖는 회귀식을 만들 수 있다.

(식 5.1)에서 좌변은 유사로짓으로 종속변수이며, 이는 참조범주에 속할 확률 대비 사건범주에 속할 확률을 말한다. 회귀식은 독립변수들의 선형 결합으로 종속변수인 유사로짓함수를 추정하는 것이며, 이 식을 통해 다항 로지스틱회귀분석은 확률과 독립변수들의 비선형적인 관계를 선형식으로 일반화시킬 수 있게 된다. (식 5.1)의 좌변은 참조범주 C가 속할 확률 대비 사건범주 A가 속할 확률 비율인 유사로짓을 의미하며, (식 5.2)의 좌변은 참조범주 C가 속할 확률 대비 사건범주 B가 속할 확률 비율인 유사로짓을 의미한다.

$$Logit(A) = \ln[\frac{P(Y=A|X)}{P(Y=C|X)}] = \alpha_{10} + \beta_{11}X_1 + \cdots + \beta_{1k}X_k + \epsilon_i \quad \text{(식 5.1)}$$

$$Logit(B) = \ln[\frac{P(Y=B|X)}{P(Y=C|X)}] = \alpha_{20} + \beta_{21}X_1 + \cdots + \beta_{2k}X_k + \epsilon_i \quad \text{(식 5.2)}$$

앞에서 제시한 다항 로지스틱회귀모형은 다시 각각 확률로 변환시킬 수 있다. 종속변수의 범주 A에 속할 확률과 범주 B에 속할 확률은 (식 5.3)과 (식 5.4)와 같다. 참조범주 C에 속할 확률은 1에서 범주 A에 속할 확률과 범주 B에 속할 확률을 빼주면 계산된다.

$$P(Y=A|X) = \frac{e^{\alpha_{10} + \beta_{11}X_1 + \cdots + \beta_{1k}X_k}}{1 + e^{\alpha_{10} + \beta_{11}X_1 + \cdots + \beta_{1k}X_k} + e^{\alpha_{20} + \beta_{21}X_1 + \cdots + \beta_{2k}X_k}} \quad \text{(식 5.3)}$$

$$P(Y=B|X) = \frac{e^{\alpha_{20} + \beta_{21}X_1 + \cdots + \beta_{2k}X_k}}{1 + e^{\alpha_{10} + \beta_{11}X_1 + \cdots + \beta_{1k}X_k} + e^{\alpha_{20} + \beta_{21}X_1 + \cdots + \beta_{2k}X_k}} \quad \text{(식 5.4)}$$

$$P(Y=C|X) = 1 - P(Y=A|X) - P(Y=B|X)$$

앞에서 범주 A에 속할 확률과 범주 B에 속할 확률을 계산하는 식을 보여주었다. 만약 200번의 케이스(사람)에서 범주 A에 속할 확률인 $P(Y=A|X)$이 0.412이고 범주 B에 속할 확률인 $P(Y=B|X)$이 0.205라면 참조범주인 범주 C에 속할 확률인 $P(Y=C|X)$는 별도 계산할 필요 없이 0.383(1−0.412−0.205)으로 계산된다. 결국 200번 케이스는 범주 A를 선택할 것(소속 범주 중에서 가장 확률 값이 높은 것을 선택)이라고 예측하게 된다. 물론 SPSS 통계프로그램을 사용한 다항 로지스틱회귀분석 결과에서는 자동으로 각 소속 범주(A, B, C)에 대한 추정된 확률값은 물론 추정된 소속 범주에 대한 예측 결과를 보여준다.

4) 다항 로지스틱회귀분석에서 종속변수의 더미범주와 참조범주의 설정

다항 로지스틱회귀분석은 종속변수가 다항 명목형 범주를 가지고 있을 때 사용한다. 이때 종속변수는 사건범주와 참조범주(기준범주)를 지정해주어야 한다. 참조범주의 설정 방법은 [첫 범주], [마지막 범주], [사용자 정의]의 세 가지가 있다. [그림 5-2]는 다항 로지스틱회귀분석에서 종속변수의 참조범주를 선택하는 방법들을 보여준다. 디폴트는 [마지막 범주]를 참조범주로 설정하게 되어 있다. 참조범주를 변경하고 싶다면 [참조범주]를 클릭하면 보조 창이 나타나며, 여기에서 설정하면 된다.

예를 들어, 다항 범주형 종속변수가 있을 때 범주 A는 '1'로, 범주 B는 '2'로, 범주 C는 '3'으로 코딩되어 있다고 하자. [첫 범주]를 선택하면 범주 A가 참조범주가 되고 B와 C는 사건범주가 된다. [마지막 범주]를 선택하면 범주 C가 참조범주가 되고 A와 B는 사건범주가 된다. [사용자 정의]를 선택해서 [값]에 B를 참조범주로 입력하면 A와 C는 사건범주로 설정된다.

그림 5-2 | 다항 로지스틱회귀분석에서 종속변수의 참조범주 설정

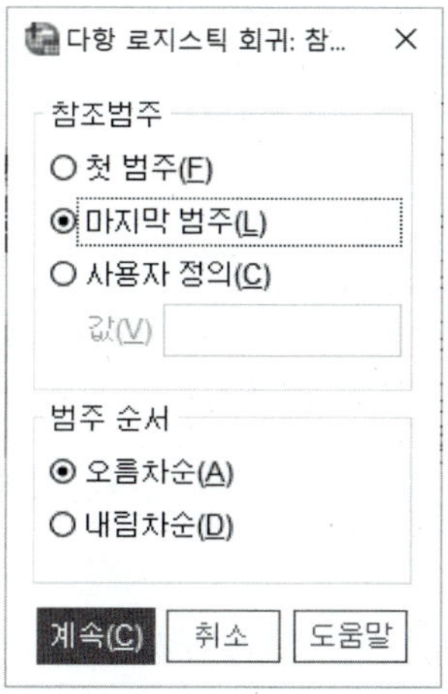

1.2 순서형 로지스틱회귀분석의 의의와 적용상황

1) 순서형 로지스틱회귀분석의 의의

순서형 로지스틱회귀분석(Ordinal logistic regression analysis)은 다른 이분형 로지스틱회귀분석과 독립변수의 사용은 동일하지만 종속변수의 수준 수가 3개 이상인 순서형(서열형)인 범주를 가질 때 사용하는 회귀분석 방법이다.

- 종속변수가 3개 이상의 순서형(서열형) 범주를 가질 때 사용되며, 분석을 위해서 독립변수를 투입할 때 [요인]에는 범주형 변수들을 투입하고 [공변량]에는 연속형 변수들을

투입한다. 범주형 독립변수들은 더미변수를 만들지 않고 [요인]에 그대로 투입해도 된다.

- 순서형 로지스틱회귀분석을 사용하는 목적은 종속변수인 순서형 범주에 대한 예측을 하는 것이다.
- 순서형 로지스틱회귀분석의 기본 가정과 해석은 이분형 로지스틱회귀분석과 동일하지만 기울기의 평행성가정(Parallelism test of slope)에 대한 검증이 필요하다. 이는 모든 종속변수의 범주들에 대해서 기울기 계수가 동일하다(독립변수들 간의 관계는 종속변수와 관련된 모든 가능한 범주 간 비교에서 동일하다)는 가설을 검증하는 것이다. 분석 결과 p값이 유의수준 0.05보다 크면 평행성가정이 만족된다. 평행성가정의 검증을 위해서는 순서형 로지스틱회귀분석의 [출력결과]의 [표시]에서 [라인 평행성검정]을 체크하면 된다.
- 기울기의 평행성가정이 만족되지 않으면 순서형 로지스틱회귀분석을 하지 말고 다항 로지스틱회귀분석을 시행한다.
- 선형회귀분석은 종속변수가 등간격의 연속형일 때 사용할 수 있다. 그러나 순서형 변수(서열척도 Ordinal scale)는 등간격을 가지고 있다고 볼 수 없기 때문에 선형회귀분석을 사용하면 정확한 추정을 할 수 없게 된다. 이때에는 순서형 로지스틱회귀분석을 사용해야 한다. 예컨대 암의 병기는 보통 1기부터 4기까지로 구분되나 1, 2, 3, 4의 병기가 연속으로 배열되어 있어서 등간격이 아니고 순서형 범주를 가지고 있는 변수라고 볼 수 있다. 이외에도 리커트 척도(Likert scale)의 경우도 엄격하게는 순서형 척도이며 종속변수로 사용할 때는 순서형 로지스틱회귀분석을 시행해야 한다(1. 매우 불만족, 2. 불만족, 3. 보통, 4. 만족, 5. 매우 만족). 다른 예로는 정치 후보자에 대한 의견(강력 반대, 반대, 찬성, 강력 찬성), 질병의 정도(없음, 다소 있음, 심각함), 호감도(비호감, 보통, 호감), 대출 상환(해당 날짜에 갚음, 만기일 30일 내 상환, 만기일 60일 내 상환, 만기일 90일 내 상환, 상환 불능), 일 성취도(매우 불만족, 만족, 매우 만족) 등이 있다.
- 순서형 로지스틱회귀분석 결과에서는 오즈비 Exp(B)를 제공하지 않는다. 물론 연구자들은 수동으로 OR을 계산해 결과를 보고해도 된다. 예컨대 연령의 비표준화회귀계수가 −0.031로 추정되었다면 다음과 같이 오즈비(승산비) Exp(B)를 구할 수 있다.

$$Odds\,Ratio\,(OR) = e^{\hat{\beta}} = e^{-0.031} = 0.969$$

따라서 오즈비(OR)를 자동으로 계산한 출력물을 얻고 싶은 연구자들은 제6장과 제7장에서 다루게 될 일반화 선형모형(Generalized Linear Model: GLM)을 사용하는 것이 좋으며 보다 강력한 검증 결과를 얻을 수 있다.

2) 순서형 로지스틱회귀분석의 구성 요소

순서형 로지스틱회귀분석의 세 가지 구성요소는 ① 위치(Location), ② 척도(Scale), ③ 링크함수(Link function)이다.

- **위치요소**: 모형의 예측에 해당하는 부분으로 회귀계수와 독립변수를 포함한 모형항을 정의하는 곳이며, 독립변수 간의 상호작용항을 생성할 때 사용한다. 보통 디폴트로 그대로 두는 경우가 많다. 위치 요소에 포함되는 독립변수들은 연구의 이론적 배경이나 선행연구에 기반을 두고 선택하는 것이 좋다.
- **척도요소**: 요인과 공변량 중 변동성이 많은 경우 척도 모형화하여 모형을 개선시키는 곳이며, 보통 디폴트로 그대로 두는 경우가 많다. 분석의 단순화를 위해서는 먼저는 위치요소만 포함된 모형부터 시작해 이 모형이 주어진 데이터에 부적절한 경우에 척도요소를 모형에 추가시킨다.
- **링크함수**: 링크함수(연결함수)는 종속변수값을 독립변수들과 관련시키는 것으로, 여러 가지 링크함수 중에서 종속변수의 척도에 맞게 선택하면 된다. 일반적으로 종속변수가 1, 0과 같이 이분형이면 로짓함수를 사용한다. 순서형 로지스틱회귀분석에서 사용되는 링크함수는 매우 중요하며 적용상황에 따라 가장 적절한 것을 선택하면 된다. 순서형 로지스틱회귀분석에서 사용가능한 링크함수는 [표 5-1]과 같다. 링크함수의 유형은 로짓(Logit), 보완 로그-로그(Complimentary Log-Log), 음의 로그-로그(Negative Log-Log), 프로빗(Probit), 역 코시(Cauchit)가 있다. 이 중에서 로짓, 보완 로그-로그, 음의 로그-로그가 많이 사용되고 있으며, 대개의 경우 거의 비슷한 결과를 보여준다. 링크함수는 로지스틱회귀분석의 [옵션] 창의 [연결]에서 선택해 지정하며 사전에 종속변수 범주에 대한 분포를 조사하는 것이 필요하다. 따라서 링크함수의 선택을 위해서는 [그래프] 메뉴에서 도표를 출력해보고 가장 적합한 것을 선택한다.

표 5-1 순서형 로지스틱회귀분석에 적용되는 링크함수와 선택

링크함수(연결함수)	적용상황
로짓(Logit)	순서형의 범주가 고르게 분포되어 있는 경우
보완 로그-로그	순서형 범주에서 높은 범주의 빈도가 더 많은 경우
음의 로그-로그	순서형 범주에서 낮은 범주의 빈도가 더 많은 경우
프로빗	정규분포를 가정하는 잠재변수의 분석 시
역 코시	극단값이 많은 경우

3) 순서형 로지스틱회귀분석의 적용상황

순서형 로지스틱회귀분석은 종속변수의 범주가 3개 이상의 순서형인 경우에 주로 사용된다. 이를 사용하는 목적은 독립변수들의 선형 결합으로 종속변수인 유사로짓을 추정하여 이를 바탕으로 특정 범주를 선택할 확률 혹은 특정 범주에 속할 확률을 계산하는 것이다. 독립변수는 기본적으로 연속형 변수이어야 하며, 범주형 변수인 경우에는 [종속변수의 참조범주] 설정 창에서 더미변수를 지정한 후 분석해야 한다.

그림 5-3 순서형 로지스틱회귀분석의 적용상황

순서형 로지스틱회귀분석의 구체적인 몇 가지 적용 분야를 제시하면 다음과 같다.

- 정치후보자에 대한 의견 예측
- 질병 정도에 대한 예측, 질병의 병기 예측
- 대출 상환에 대한 예측
- 사람의 호감도에 대한 예측
- 차량의 선호도(현대, 삼성, 기아) 예측
- 일 성취도에 대한 예측 등

4) 순서형 로지스틱회귀분석의 절차

순서형 로지스틱회귀분석의 절차는 다른 로지스틱회귀분석과 차이가 없다. 다만 모든 종속변수의 범주들에 대해서 기울기 계수가 동일하다는 기울기의 평행성검증(Parallelism test of slope)이 추가된다.

- 귀무가설(H_0): 모든 종속변수의 범주들에 대해서 기울기 계수가 동일하다.
- 대립가설(H_1): 모든 종속변수의 범주들에 대해서 기울기 계수가 동일하지 않다.

2 다항 다중로지스틱회귀분석의 SPSS 통계 실습

통계 실습 5-1 다항 다중로지스틱회귀분석

다음의 [제5장 다항 다중로지스틱회귀분석 데이터]를 가지고 다항 다중로지스틱회귀분석(Multinomial multiple logistic regression analysis)을 실습하시오.

☑ 실습 데이터

ID	연령	성별	경제자유주의	종교자유주의	투표행태_2016
1	19	1	1	2	2
2	22	0	1	7	1
…	…	…	…	…	…
86	29	0	7	5	1

총 사례 수는 86개임

- 연령 → 연속형 변수
- 성별 → 범주형 변수(남자 1, 여자 2)
- 경제자유주의 → 연속형 변수(7점 리커트척도)

- 종교자유주의 → 연속형 변수(7점 리커트척도)
- 투표행태(종속변수) → 범주형 명목변수(클린톤 1, 트럼프 2, 기타후보자 3)

☑ 가설

- 귀무가설(H_0): 독립변수들은 투표행태의 승산에 영향을 주지 않는다
  ($\beta_1 = \beta_2 = \beta_3 = \beta_4 = 0$).
- 대립가설(H_1): 독립변수들 중 적어도 하나 이상은 투표행태의 승산에 영향을 준다.

실습 데이터	제5장 다항 다중로지스틱회귀분석 데이터
분석방법 메뉴 선택	분석–회귀분석–다항 로지스틱

1) 실습 과정

❶ [파일–열기–데이터]를 선택한 후 실습 데이터 파일이 있는 위치로 찾아가서 [제5장 다항 다중로지스틱회귀분석 데이터]를 연다.

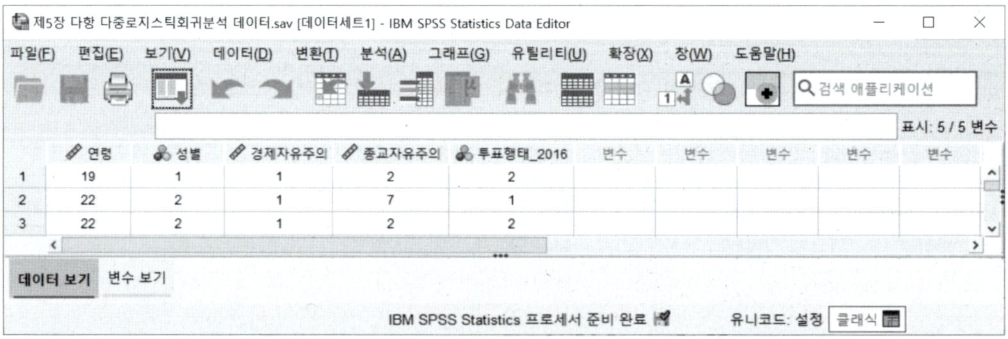

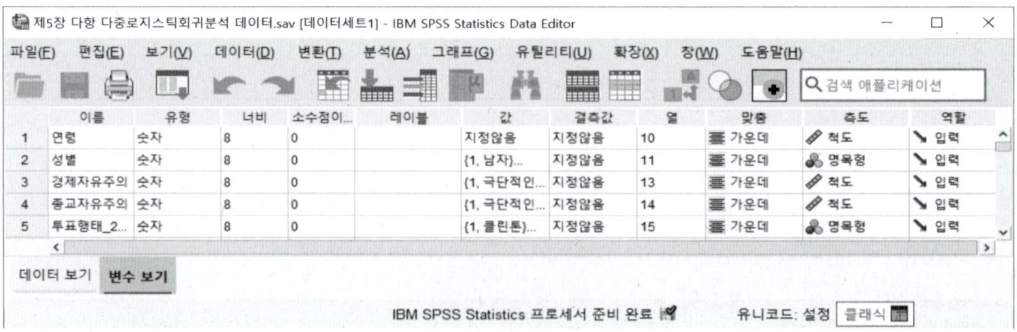

❷ [분석-회귀분석-다항 로지스틱]을 선택하여 [다항 로지스틱 회귀] 창으로 들어간다. 좌측에 있는 [투표행태_2016]을 오른쪽 종속변수로 보낸다. 종속변수는 대통령 후보자 1. 클린톤, 2. 트럼프, 3.기타후보자 중에서 어느 범주를 참조범주로 할 것인지를 정해야 한다. 이 사례에서는 마지막 범주인 3. 기타후보자를 참조범주로 설정하기로 하며 [참조범주]에서 [마지막 범주]를 선택하면 된다. 프로그램은 자동적으로 응답값이 높은 것을 참조범주로 설정한다. 만약 1. 클린톤을 [참조범주]로 설정하고 싶다면 [참조범주]에서 [처음 범주]를 선택하면 된다. 좌측에 있는 [성별]은 범주형 변수이므로 [요인]으로 보낸다. 다만 성별은 데이터 입력과정에서 더미변수로 만들었고 수준이 2이므로 [공변량]에 투입해도 문제가 되지는 않는다. 나머지 연속형 독립변수들인 [연령], [경제자유주의], [종교자유주의]를 모두 [공변량]으로 보낸다.

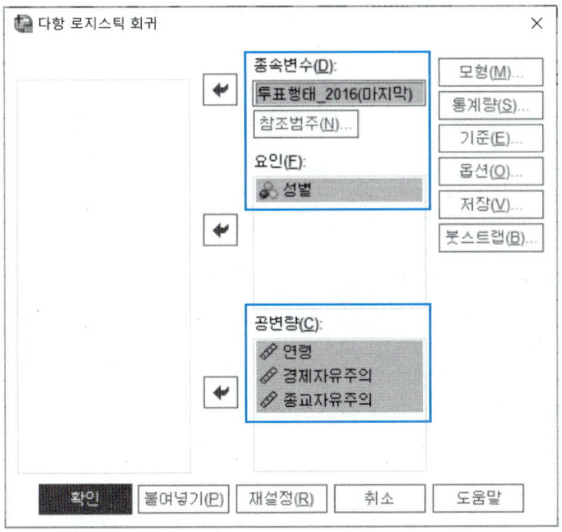

❸ [다항 로지스틱 회귀] 창의 [모형] 옵션에서는 크게 독립변수 간의 [상호작용항]을 만들 필요가 있을 때 사용한다. 이 사례에서는 주효과만 사용하므로 그대로 둔다. [통계량 옵션]에서 디폴트로 선택된 것 외에 [분류표]와 [적합도]를 선택한 후 [계속] 버튼을 클릭한다.

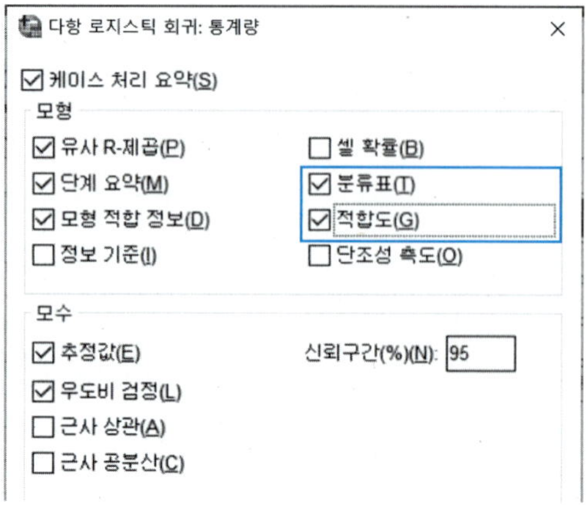

❹ [다항 로지스틱 회귀] 창의 [기준] 옵션 그리고 [옵션]은 그대로 둔다. [저장] 옵션에서 [추정 반응 확률]과 [예측 범주]를 선택하고 [계속] 버튼을 클릭한다. 마지막으로 [확인] 버튼을 클릭해 분석을 실행한다.

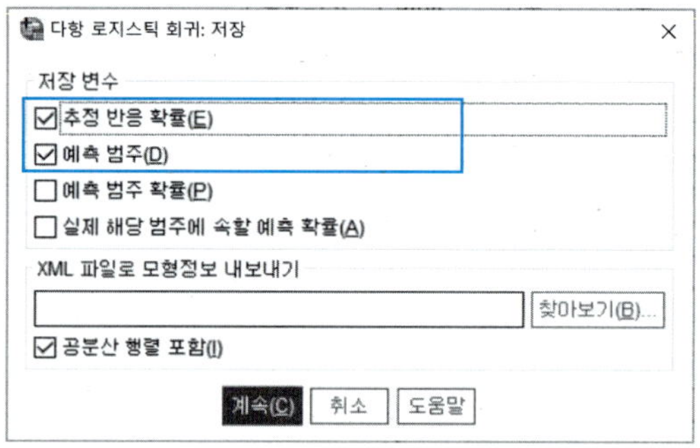

2) 주요 분석 결과

다항 다중로지스틱회귀분석에 대한 주요 출력 결과를 제시하면 다음과 같다.

| 케이스 처리 요약 결과 |

투입된 변수들에 대한 빈도분석 결과를 보여준다.

케이스 처리 요약

		N	주변 퍼센트
투표행태_2016	클린톤	36	41.9%
	트럼프	34	39.5%
	기타후보자	16	18.6%
성별	남자	58	67.4%
	여자	28	32.6%
유효		86	100.0%
결측		0	
전체		86	
부-모집단		83[a]	

a. 종속변수에는 81 (97.6%) 부-모집단에 관측된 값이 하나만 있습니다.

| 모형 적합 정보 결과 |

회귀모형 전체적으로 회귀계수가 모두 0이 아닌지를 검증하는 것으로 우도비검증 결과 p값이 유의수준 0.05보다 작으면 최소한 독립변수 중에서 1개 이상은 종속변수인 투표행태에 유의한 영향을 미침을 의미한다. 전체모형(Full model)에 대한 우도비검증 결과 p값이 유의수준 0.001보다 작으므로 절편만 있는 기저 회귀모형(Baseline model, or Null model)에 비해 모든 독립변수들이 포함된 전체 회귀모형은 통계적으로 의미 있는 개선이 있음을 의미한다.

모형 적합 정보

	모형 적합 기준	우도비 검정		
모형	-2 로그 우도	카이제곱	자유도	유의확률
절편 만	176.846			
최종	125.283	51.564	8	<.001

| 적합도검증 결과 |

[적합도검증] 결과에서는 회귀모형이 데이터를 잘 적합시키는가를 알려주는 전반적인 모형의 적합도를 보여준다. 즉, 모형과 데이터의 합치도를 평가하는 것이며 모형의 회귀선과 실제값의 차이가 적어야 합치도가 높아진다. Pearson과 편차(Deviance)의 카이제곱값에 대한 p값이 0.05보다 커야 모형이 적합하다고 판단할 수 있다. 이 사례는 p값이 모두 유의수준 0.05보다 크므로 모형은 적합하다고 판단된다. 다만 Pearson 카이제곱검증과 편차 결과는 표본 수가 많아지거나 변수의 수가 많아지면 귀무가설의 선택가능성이 낮아지므로 검증 결과를 크게 중요시 않는 경우가 많다.

적합도

	카이제곱	자유도	유의확률
Pearson	160.017	156	.396
편차	122.510	156	.978

| 모형 요약: 회귀선의 설명력 결과 |

로지스틱회귀모형의 설명력인 독립변수가 종속변수의 분산을 설명하는 정도를 보여준다. Nagelkerke R^2은 0.515이었으며, 독립변수가 종속변수의 분산을 설명하는 정도인 회귀선의 설명력은 51.5%로 나타났다. 설명력은 모형 평가에서 중요한 부분은 아니다.

유사 R-제곱

Cox 및 Snell	.451
Nagelkerke	.515
McFadden	.287

| 우도비검증 결과 |

[우도비검증(Likelihood ratio tests)] 결과는 회귀모형에서 각 독립변수의 전반적인 기여도를 검증한다. 이 사례의 회귀모형에서는 경제자유주의만이 유일한 의미 있는 독립변수(예측변수)임을 보여준다. 나머지 연령, 종교자유주의, 성별은 투표행태 결정에 유의미한 독립변수들이 아님을 알 수 있다.

우도비 검정

효과	모형 적합 기준 축소모형의 -2 로그 우도	우도비 검정 카이제곱	자유도	유의확률
절편	125.283[a]	.000	0	.
연령	126.262	.979	2	.613
경제자유주의	152.722	27.439	2	<.001
종교자유주의	126.725	1.442	2	.486
성별	125.551	.268	2	.874

카이제곱 통계량은 최종모형과 축소모형 사이의 -2 로그-우도 차입니다. 축소모형은 최종모형에서 효과 하나를 생략하여 만든 모형입니다. 영가설은 효과의 모든 모수가 0입니다.

a. 이 축소모형은 효과를 생략해도 자유도가 증가되지 않으므로 최종모형과 동일합니다.

| 확률과 소속집단 분류 예측 결과 |

확률과 소속집단 분류 예측 결과는 데이터 파일에서 확률 추정 결과인 [EST1_1], [EST2_1], [EST3_1]과 소속집단의 분류 결과인 [PRE_1]을 참조하면 된다. 종속변수인 3개 범주에 대한 확률 추정치에서 가장 높은 확률값이 최종적인 소속집단으로 분류된다.

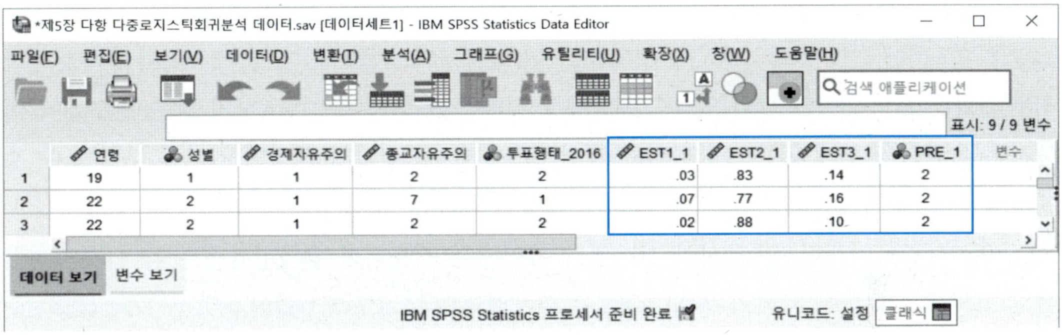

| 분류표 결과 |

분류표를 보면 분석 결과의 분류정확도는 72.1%임을 알 수 있다. 클린톤에 대한 분류정확도는 88.9%, 트럼프에 대한 분류정확도는 88.2%로 나타났다.

분류

관측됨	예측			
	클린톤	트럼프	기타후보자	정확도 퍼센트
클린톤	32	4	0	88.9%
트럼프	4	30	0	88.2%
기타후보자	8	8	0	0.0%
전체 퍼센트	51.2%	48.8%	0.0%	72.1%

| 다항 다중로지스틱회귀분석의 주요 검증 결과 |

다항 다중로지스틱회귀분석의 주요 출력물은 다음과 같다.

① 모형 적합 결과와 적합도

앞에서 제시한 설명을 참조한다.

② 모형의 설명력

앞에서 제시한 설명을 참조한다.

③ 회귀계수: 모수 추정값

[모수 추정값]을 보면 2개로 결과가 구분되어 있음을 알 수 있다. 먼저, 클린톤과 기타후보자의 결과를 보고하는 결과가 표의 상단에 나와 있으며, 다음으로, 트럼프와 기타후보자의 결과를 비교하는 결과가 표의 하단에 나와 있다. 결과 해석 시에는 통계적으로 유의하지 않은 변수들에 대해서는 유의한 영향이 없다고 간단하게 제시하면 된다. 그러나 유의적인 결과를 보인 모수 추정값에 대해서는 승산의 관점에서 결과를 해석해야 한다.

다항 다중로지스틱회귀분석의 결과에서 독립변수의 통계적 유의성검증은 각 변수의 p값을 보고하면 된다. 이 사례의 독립변수들 중에는 경제자유주의만이 p값이 0.024이므로 유의수준 0.05에서 종속변수인 투표행태의 승산에 유의한 영향을 주고 있음을 알 수 있다. 그러나 결과 해석에서는 통계적 유의성검증과 함께 오즈비 Exp(B)를 이용하는 것이 좋다. 이의 해석에 대해서는 검증 결과의 제시와 해석에서 설명하기로 한다.

모수 추정값

투표행태_2016[a]		B	표준화 오류	Wald	자유도	유의확률	Exp(B)	Exp(B)에 대한 95% 신뢰구간	
								하한	상한
클린톤	절편	-2.915	1.589	3.365	1	.067			
	연령	.028	.042	.441	1	.506	1.028	.948	1.115
	경제자유주의	.596	.264	5.108	1	.024	1.815	1.082	3.043
	종교자유주의	.116	.206	.315	1	.575	1.123	.750	1.681
	[성별=1]	-.035	.721	.002	1	.961	.965	.235	3.965
	[성별=2]	0[b]	.	.	0	.	.	.	.
트럼프	절편	2.286	1.422	2.585	1	.108			
	연령	.038	.041	.867	1	.352	1.039	.959	1.125
	경제자유주의	-.682	.295	5.337	1	.021	.506	.283	.902
	종교자유주의	-.128	.195	.432	1	.511	.879	.600	1.290
	[성별=1]	-.330	.697	.224	1	.636	.719	.183	2.820
	[성별=2]	0[b]	.	.	0	.	.	.	.

a. 참조 범주는\ 기타후보자입니다.

b. 이 모수는 중복되었으므로 0으로 설정됩니다.

분석 결과를 2개의 회귀선으로 나타내면 다음과 같다.

Ln(P(클린톤)/P(기타후보자)) = −2.915+0.028×연령+0.596×경제자유주의+0.116×종교자유주의−0.035×성별(남자)

Ln(P(트럼프)/P(기타후보자)) = 2.286+0.038×연령−0.682×경제자유주의−0.128×종교자유주의−0.330×성별(남자)

여기서, Ln은 자연로그를 의미함

3) 다항 다중로지스틱회귀분석 검증 결과의 제시와 해석

연령, 성별, 경제자유주의, 종교자유주의가 2016년 미국 대통령 선거 행태에 미치는 영향을 확인하기 위해서 다항 다중로지스틱회귀분석을 실시하였으며, 그 검증 결과를 요약하면 다음과 같다.

표 5-2 다항 다중로지스틱회귀분석 결과표 (N=86)

구분		B	SE	Exp(B)	Exp(B)의 신뢰구간	
					하한	상한
클린톤	절편	−2.915	1.589			
	연령	0.028	0.042	1.028	0.948	1.115
	성별(남자)	−0.035	0.721	0.965	0.235	3.965
	경제자유주의	0.596*	0.264	1.815	1.082	3.043
	종교자유주의	0.116	0.206	1.123	0.750	1.681
트럼프	절편	2.286	1.422			
	연령	0.038	0.041	1.039	0.959	1.125
	성별(남자)	−0.330	0.697	0.719	0.183	2.820
	경제자유주의	−0.682*	0.295	0.506	0.283	0.902
	종교자유주의	−0.128	0.195	0.879	0.600	1.290
$\chi^2=51.564$(d.f.=8, $p<0.001$), −2Log우도=125.283 Nagelkerke $R^2=0.515$						

*$p<0.05$, 참조범주: 기타후보자, 여성

종속변수: 투표행태(1 클린톤, 2 트럼프, 3 기타후보자)

회귀모형이 전체적으로 회귀계수가 모두 0이 아닌지를 검증하는 것으로 우도비검증 결과 p값이 <0.001로 나타나 유의수준 0.01보다 작아서 독립변수 중에서 1개 이상은 종속변수에 유의한 영향을 미치고 있음을 알 수 있다. 또한 Pearson과 편차 카이제곱검증 결과 p값이 유의수준 0.05보다 크게 나타나 모형과 데이터는 잘 적합된 것으로 나타났다. Nagelkerke R^2은 0.515이며 회귀선의 설명력은 51.5%이었다. 분석 결과의 분류정확도는 72.1%로 나타났다.

분석 결과를 제시하면 다음과 같다.

첫째, 클린톤과 기타후보자를 비교한 모수 추정값을 보면 경제자유주의만이 대통령 후보 선택에 정적으로 유의한 영향을 미쳤음($p<0.05$)을 알 수 있다. 즉, 다른 독립변수들을 통제했을 때 경제자유주의 변수에 대한 점수가 높은 투표자, 즉 경제자유주의자일수록 기타후보자보다는 클린톤을 더 선호하는 것으로 나타났다. 즉 경제자유주의가 한 단위 증가하면 클린톤에 투표할 승산(오즈)이 1.815배(81.5%) 증가하는 것으로 나타났음을 알 수 있다. 그러나 연령, 성별(남자), 종교자유주의는 투표행태에 통계적으로 유의한 영향을 미치지 않는 것으로 나타났다.

둘째, 트럼프와 기타후보자를 비교한 모수 추정값을 보면 경제자유주의만이 대통령 후보 선택에 부적으로 유의한 영향을 미쳤음($p<0.05$)을 알 수 있다. 즉, 다른 독립변수들을 통제했을 때 경제적 자유주의 변수에 대한 점수가 높은 투표자, 즉 경제자유주의자일수록 트럼프보다는 기타후보자를 더 선호하는 것으로 나타났다. 즉, 경제자유주의가 한 단위 증가하면 트럼프에 투표할 승산(오즈)이 0.506배(49.4%) 감소하는 것으로 나타났음을 알 수 있다. 그러나 연령, 성별(남자), 종교자유주의는 투표행태에 통계적으로 유의한 영향을 미치지 않는 것으로 나타났다.

3 순서형 다중로지스틱회귀분석의 SPSS 통계 실습

통계 실습 5-2 순서형 다중로지스틱회귀분석

다음의 [제5장 순서형 다중로지스틱회귀분석 데이터]를 가지고 순서형 다중로지스틱회귀분석(Ordinal multiple logistic regression analysis)을 실습하시오.

☑ 실습 데이터

ID	성별	결혼 여부	연령	구매처방문횟수	재방문의도
1	1	1	20	2	2
2	1	1	20	5	3
…	…	…	…	…	…
475	2	2	39	2	1

총 사례 수는 475개임

- 성별 → 범주형 변수(남자 1, 여자 2)
- 결혼 여부 → 범주형 변수(미혼 1, 기혼 2)
- 연령 → 연속형 변수
- 구매처방문횟수 → 범주형 변수(횟수)
- 재방문의도(종속변수) → 순서형(서열형) 범주형 변수
  (낮은 재방문의도 1, 중간 재방문의도 2, 높은 재방문의도 3)
- 여 → 연속형 변수(종속변수)

☑ 가설

- 귀무가설(H_0): 독립변수들은 재방문의도의 승산에 영향을 주지 않는다
  $(\beta_1 = \beta_2 = \beta_3 = \beta_4 = \beta_5 = \beta_6 = \beta_7)$.
- 대립가설(H_1): 독립변수들 중 적어도 하나 이상은 재방문의도의 승산에 영향을 준다.

실습 데이터	제5장 순서형 다중로지스틱회귀분석 데이터
분석방법 메뉴 선택	분석–회귀분석–순서형 로지스틱

1) 실습 과정

❶ [파일–열기–데이터]를 선택한 후 실습 데이터 파일이 있는 위치로 찾아가서 [제5장 순서형 다중로지스틱회귀분석 데이터]를 연다.

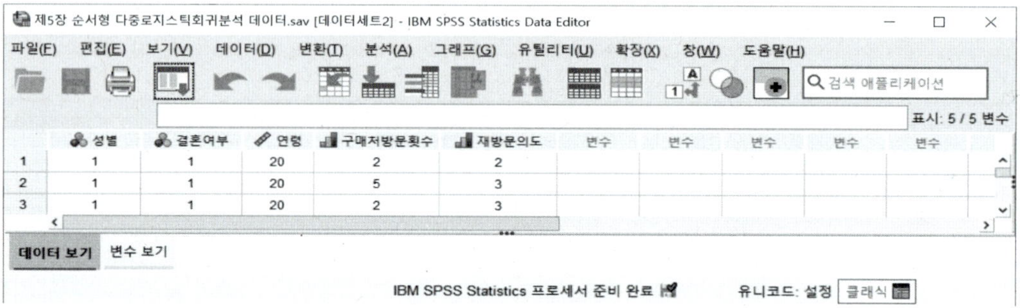

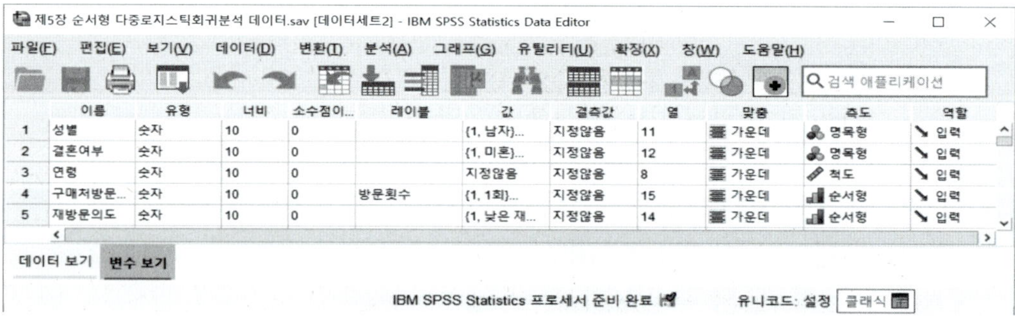

❷ [분석–회귀분석–순서형]을 선택하여 [순서형 회귀] 창으로 들어간다. 좌측에 있는 [재방문의도]를 오른쪽 [종속변수]로, 범주형 독립변수들인 [성별], [결혼 여부], [방문횟수]를 [요인]으로 그리고 연속형 독립변수인 [연령]을 [공변량]으로 보낸다.

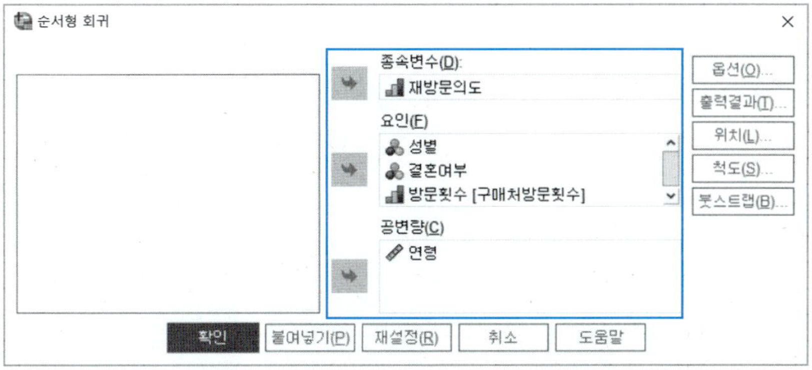

❸ 분석 메뉴에서 [그래프-막대형 차트]를 선택하면 [막대형 차트] 보조창이 나타난다. [단순]을 선택한 후 [정의]를 클릭한다. 그러면 [단순 막대 정의: 케이스 집단들의 요약값] 보조창이 나타난다. 여기에서 종속변수인 [재방문의도]를 오른쪽 [범주축(X)]으로 보내고 [확인] 버튼을 클릭해 실행한다. 그러면 그래프가 출력된다. 이 사례에서는 그래프를 보면 높은 범주의 빈도가 상대적으로 낮은 범주(낮은 재방문의도)의 빈도보다 많으므로 연결함수(Link function)로 보완 Log-Log를 사용하기로 한다.

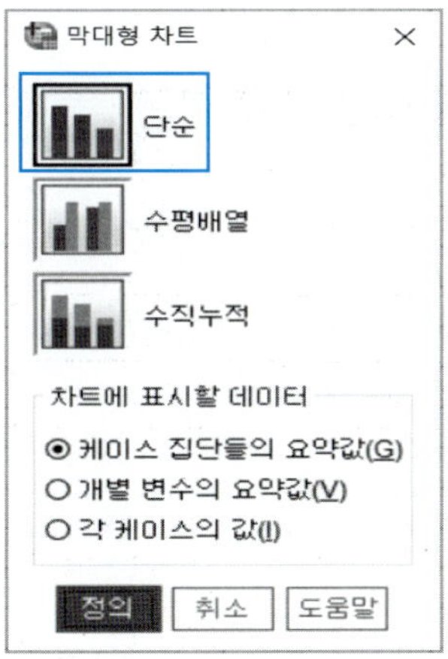

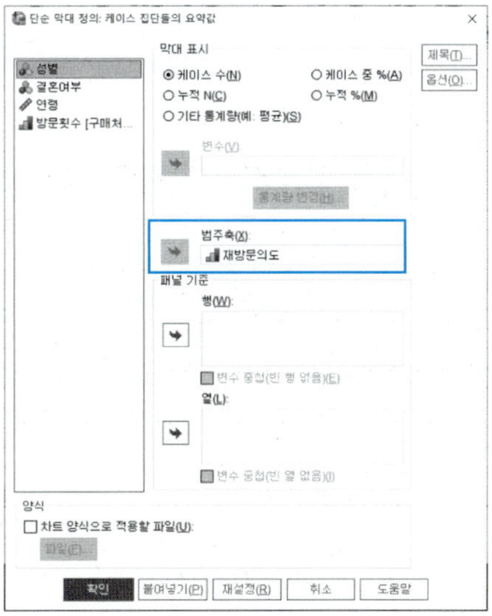

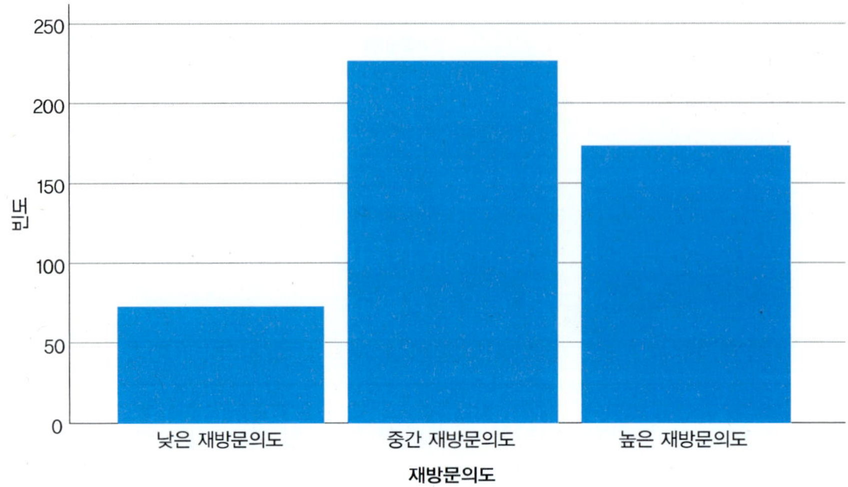

❹ [순서형 회귀] 창의 [옵션]에서는 연결함수의 선택이 중요하다. 앞에서 실습한 결과로 얻은 그래프에 따라 [연결]에서 [보 로그-로그]를 선택하고 [계속] 버튼을 클릭한다.

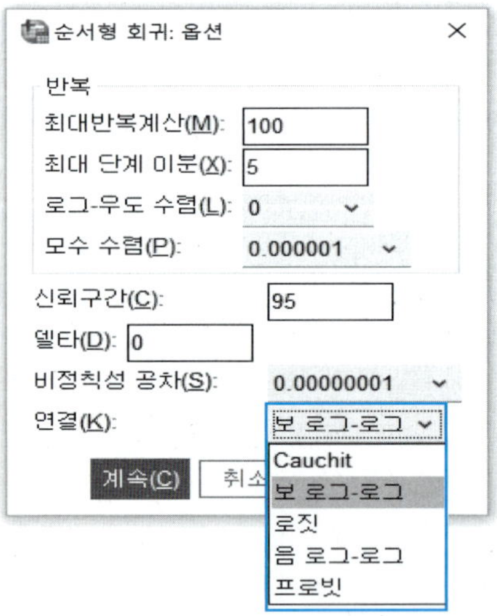

❺ [순서형 회귀] 창의 [출력결과] 옵션에서 [표시]의 [평행성검정] 그리고 [저장변수]의 [추정 반응 확률], [예측 범주]를 선택한 후 [계속] 버튼을 클릭한다.

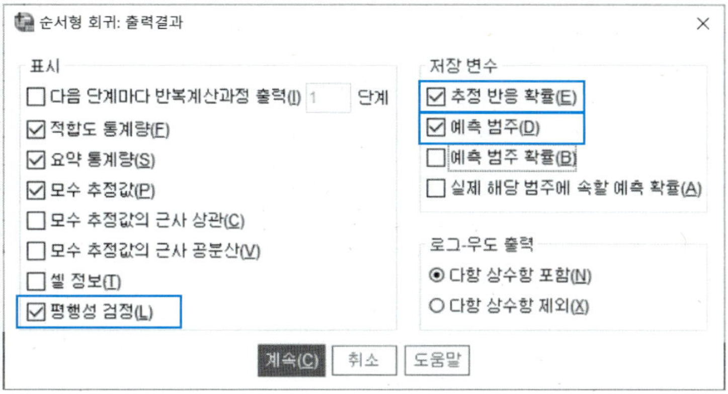

❻ [순서형 회귀] 창의 [위치], [척도]는 이 사례에서 특별히 지정할 사항이 없으므로 그대로 두고 [확인] 버튼을 클릭해 실행한다.

2) 주요 분석 결과

순서형 다중로지스틱회귀분석에 대한 주요 출력 결과를 제시하면 다음과 같다.

| 케이스 처리 요약 결과 |

투입된 변수들에 대한 빈도분석 결과를 보여준다.

케이스 처리 요약

		N	주변 퍼센트
재방문의도	낮은 재방문의도	74	15.6%
	중간 재방문의도	227	47.8%
	높은 재방문의도	174	36.6%
성별	남자	230	48.4%
	여자	245	51.6%
결혼여부	미혼	370	77.9%
	기혼	105	22.1%
방문횟수	1회	59	12.4%
	2회	200	42.1%
	3회	127	26.7%
	4회	51	10.7%
	5회	38	8.0%
유효		475	100.0%
결측		0	
전체		475	

| 모형 적합 정보 결과 |

회귀모형이 전체적으로 회귀계수가 모두 0이 아닌지를 검증한 결과 p값이 유의수준 0.001보다 작아서 최소한 독립변수 중에서 하나 이상은 종속변수인 재방문의도에 유의한 영향을 미치고 있음을 알 수 있다.

모형 적합 정보

모형	-2 로그 우도	카이제곱	자유도	유의확률
절편 만	601.258			
최종	573.394	27.864	7	<.001

연결함수: 보 로그-로그.

| 적합도검증 결과 |

[적합도검증] 결과 Pearson 카이제곱값이 대한 p값이 0.05보다 커서 모형이 적합하다고 판단할 수 있다. 그러나 편차에 대한 p값은 유의수준 0.001보다 작아서 모형이 적합치 않다고 볼 수 있다. 다만 Pearson 카이제곱검증과 편차 결과는 표본 수가 많아지거나 변수의 수가 많아지면 귀무가설의 선택가능성이 낮아지므로 검증 결과를 크게 중요시 않는 경우가 많다.

적합도

	카이제곱	자유도	유의확률
Pearson	350.477	311	.061
편차	391.995	311	.001

연결함수: 보 로그-로그.

| 모형 요약: 회귀선의 설명력 결과 |

로지스틱회귀모형의 설명력인 독립변수가 종속변수의 분산을 설명하는 정도를 보여준다. Nagelkerke R^2은 0.066이었으며, 독립변수가 종속변수의 분산을 설명하는 정도인 회귀선의 설명력은 6.6%로 나타났다. 설명력은 다항 다중로지스틱회귀분석과 마찬가지로 모형 평가에서 중요한 부분은 아니다.

유사 R-제곱

Cox 및 Snell	.057
Nagelkerke	.066
McFadden	.029

연결함수: 보 로그-로그.

| 평행성검증 결과 |

평행성검증을 통해 모든 종속변수의 범주들에 대해서 기울기 계수가 동일한지를 알아본 결과 p값이 유의수준 0.05보다 커서 평행성가정이 만족되었다.

평행성 검정[a]

모형	-2 로그 우도	카이제곱	자유도	유의확률
영가설	573.394			
일반	560.178	13.216	7	.067

영가설 상태는 위치 모수가(기울기 계수) 대응 범주에 있어 동일함을 나타냅니다.

a. 연결함수: 보 로그-로그.

| 확률과 소속집단 분류 예측 결과 |

확률과 소속집단 분류 예측 결과는 데이터 파일에서 확률 추정 결과인 [EST1_1], [EST2_1], [EST3_1]과 소속집단의 분류 결과인 [PRE_1]을 참조하면 된다. 종속변수인 3개 범주에 대한 확률 추정치에서 가장 높은 확률값이 최종적인 소속집단으로 분류된다.

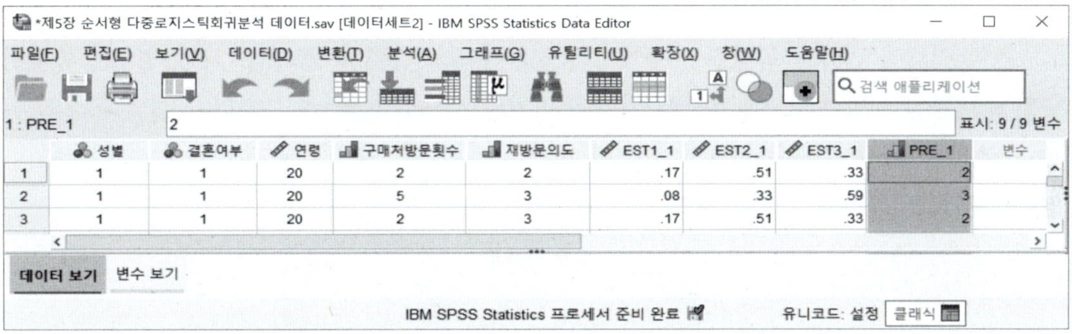

[참고사항]

SPSS 통계프로그램에서 순서형 로지스틱회귀분석은 결과로 오즈비(승산비) Exp(B)를 제공해주지 않는다. 따라서 연구자들은 오즈비를 수동 계산해서 사용해야 한다. 이 장과 동일한 데이터를 가지고 [일반화선형모형](Generalized linear model)을 사용하면 Exp(B)에 대한 출력물을 얻을 수 있다. 물론 어떤 링크함수를 이용하느냐에 따라서 결과는 약간 차이가 있을 수 있다. 이에 대해서는 제6장에서 설명할 것이다.

| 순서형 다중로지스틱회귀분석의 주요 검증 결과 |

순서형 다중로지스틱회귀분석의 주요 출력물은 다음과 같다.

① 모형 적합 결과와 적합도

앞에서 제시한 설명을 참조한다.

② 모형의 설명력

앞에서 제시한 설명을 참조한다.

③ 회귀계수: 모수 추정값

순서형 다중로지스틱회귀분석은 1개의 회귀선을 추정하며 [모수 추정값]은 다음과 같다. [임계값](Thresholds)은 종속변수의 각 범주별(마지막 범주 제외) 절편의 유의성을 검증한 결과이다. 여기에서 임계값은 절편(상수항)으로 결과 해석에서는 실질적인 관심 사항은 아니다. [위치]는 독립변수들의 모수 추정값을 보여준다.

분석 결과에 의하면 독립변수 중에서 연령과 구매처방문횟수 중에서 1, 2번 범주는 종속변수인 소비자의 재방문의도에 유의한 영향을 미치는 것으로 나타났다. 그러나 성별과 결혼 여부 그리고 구매처방문횟수 중에서 3, 4번 범주는 소비자의 재방문의도에 통계적으로 유의한 영향을 미치지 않은 것으로 분석되었다.

모수 추정값

		B 추정값	표준화 오류	Wald	자유도	유의확률	95% 신뢰구간 하한	95% 신뢰구간 상한
임계값	[재방문의도 = 1]	-3.492	.549	40.487	1	<.001	-4.567	-2.416
	[재방문의도 = 2]	-1.674	.534	9.825	1	.002	-2.721	-.627
위치	연령	-.031	.014	5.293	1	.021	-.058	-.005
	[성별=1]	-.031	.120	.066	1	.798	-.266	.205
	[성별=2]	0a	.	.	0	.	.	.
	[결혼여부=1]	-.373	.195	3.662	1	.056	-.754	.009
	[결혼여부=2]	0a	.	.	0	.	.	.
	[구매처방문횟수=1]	-.647	.302	4.595	1	.032	-1.238	-.055
	[구매처방문횟수=2]	-.756	.267	8.035	1	.005	-1.279	-.233
	[구매처방문횟수=3]	-.207	.282	.536	1	.464	-.759	.346
	[구매처방문횟수=4]	-.323	.314	1.056	1	.304	-.939	.293
	[구매처방문횟수=5]	0a	.	.	0	.	.	.

연결함수: 보 로그-로그.

a. 현재 모수는 중복되므로 0으로 설정됩니다.

3) 순서형 다중로지스틱회귀분석 검증 결과의 제시와 해석

성별, 결혼 여부, 연령, 구매처방문횟수가 소비자의 재방문의도에 미치는 영향을 확인하기 위해서 순서형 다중로지스틱회귀분석을 실시하였으며, 그 검증 결과를 요약하면 다음과 같다.

표 5-3 순서형 다중로지스틱회귀분석 결과표 (N=475)

구분	B	SE	p값	p값의 신뢰구간	
				하한	상한
재방문의도1의 절편	−3.492***	0.549	<0.001	−4.567	−2.416
재방문의도2의 절편	−1.674**	0.534	0.002	−2.721	−0.627
연령	−0.031*	0.014	0.021	−0.058	−0.005
성별(남자)	−0.031	0.120	0.798	−0.266	0.205
결혼 여부(미혼)	−0.373	0.195	0.056	−0.754	0.009
구매처방문횟수1	−0.647*	0.302	0.032	−1.238	−0.055
구매처방문횟수2	−0.756**	0.267	0.005	−1.279	−0.233
구매처방문횟수3	−0.207	0.282	0.464	−0.759	0.346
구매처방문횟수4	−0.323	0.314	0.304	−0.939	0.293

$\chi^2=27.864$(d.f.=7, $p<0.001$), −2Log우도=573.394
Nagelkerke $R^2=0.066$
Pearson $\chi^2=350.477$(d.f.=311, $p=0.061$)
Deviance=391.995(d.f.=311, $p=0.001$)

*p<0.05, **p<0.01, ***p<0.001
종속변수: 재방문의도(1 낮은 재방문의도, 2 중간 재방문의도, 3 높은 재방문의도)
참조범주: 구매처방문횟수 5, 여자
연결함수: 보완 로그-로그

회귀모형이 회귀계수가 모두 0이 아닌지를 검증하기 위해서 총괄검증을 통해 우도비검증을 수행한 결과 p값이 <0.001로 나타나 유의수준 0.001보다 작아서 독립변수 중에서 1개 이상은 종속변수에 유의한 영향을 미치고 있음을 알 수 있다. 또한 Pearson 카이제곱에 대한 검증 결과 p값이 유의수준 0.05보다 크게 나타나 모형과 데이터는 잘 적합된 것으로 나타났다. 그러나 편차에 대한 p값이 유의수준 0.001보다 작게 나타나 모형과 데이터는 적합하지 않았다. Nagelkerke R^2은 0.066이며 회귀선의 설명력은 6.6%이었다. 결과적으로 여러 가

지 적합도지수에 대해 종합적으로 비교 검토한 결과 이 사례의 모형은 적합하다고 판단된다.

첫째, 연령은 비표준화회귀계수의 추정값이 음수(-0,031)이므로 다른 독립변수들이 통제되었을 때 나이가 많아질수록 소비자들은 높은 재방문의도 범주에 속할 승산(오즈)이 감소하는 것으로 나타났다($p<0.05$).

둘째, 다른 독립변수들이 통제되었을 때 구매처방문횟수가 1회인 소비자들은 구매처방문횟수가 5회인 소비자들에 비해서 높은 재방문의도 범주에 속할 승산(오즈)이 0.524배(47.6%) 감소하는 것으로 나타났다($p<0.05$).

셋째, 다른 독립변수들이 통제되었을 때 구매처방문횟수가 2회인 소비자들은 구매처방문횟수가 5회인 소비자들에 비해서 높은 재방문의도 범주에 속할 승산(오즈)이 0.469배(53.1%) 감소하는 것으로 나타났다($p<0.01$).

마지막으로, 성별과 결혼 여부 그리고 구매처방문횟수 중에서 3, 4번 범주는 소비자의 재방문의도에 통계적으로 유의한 영향을 미치지 않는 것으로 분석되었다.

[표 5-3]에서 결과에 오즈비(승산비) Exp(B)가 제공되고 있지 않음을 알 수 있다. 만약에 여러분이 오즈비를 계산하고 싶다면 수동 계산해서 이용하면 된다. 계산에 필요한 정보는 [표 5-3]에 제시된 비표준화회귀계수 B이다. 여기에서는 수동으로 계산한 결과를 가지고 [표 5-4]를 다시 제시하고 그에 대한 해석을 추가하고자 한다.

연령의 오즈비계산: $\hat{\beta}= e^{-0.031} = 0.969$

성별(남자)의 오즈비계산: $\hat{\beta}= e^{-0.031} = 0.969$

결혼 여부(미혼)의 오즈비계산: $\hat{\beta}= e^{-0.373} = 0.689$

구매처방문횟수1의 오즈비계산: $\hat{\beta}= e^{-0.647} = 0.524$

구매처방문횟수2의 오즈비계산: $\hat{\beta}= e^{-0.756} = 0.469$

구매처방문횟수3의 오즈비계산: $\hat{\beta}= e^{-0.207} = 0.813$

구매처방문횟수4의 오즈비계산: $\hat{\beta}= e^{-0.323} = 0.724$

표 5-4 순서형 다중로지스틱회귀분석 결과표: 오즈비가 추가된 표 (N=86)

구분	B	SE	OR	p값의 신뢰구간	
				하한	상한
재방문의도1의 절편	−3.492***	0.549		−4.567	−2.416
재방문의도2의 절편	−1.674**	0.534		−2.721	−0.627
연령	−0.031*	0.014	0.969	−0.058	−0.005
성별(남자)	−0.031	0.120	0.969	−0.266	0.205
결혼 여부(미혼)	−0.373	0.195	0.689	−0.754	0.009
구매처방문횟수1	−0.647*	0.302	0.524	−1.238	−0.055
구매처방문횟수2	−0.756**	0.267	0.469	−1.279	−0.233
구매처방문횟수3	−0.207	0.282	0.813	−0.759	0.346
구매처방문횟수4	−0.323	0.314	0.724	−0.939	0.293

χ^2=27.864(d.f.=7, p<0.001), −2Log우도=573.394, Nagelkerke R^2=0.066
Pearson χ^2=350.477(d.f.=311, p=0.061)
Deviance=391.995(d.f.=311, p=0.001)

*p<0.05, **p<0.01, ***p<0.001
종속변수: 재방문의도(1 낮은 재방문의도, 2 중간 재방문의도, 3 높은 재방문의도)
참조범주: 구매처방문횟수 5, 여자
연결함수: 보완 로그-로그

오즈비를 가지고 순서형 다중로지스틱회귀분석 결과를 해석하면 다음과 같다.

첫째, 연령은 비표준화회귀계수의 추정값이 음수(−0.031)이므로 다른 독립변수들이 통제되었을 때 나이가 많아질수록 소비자들은 높은 재방문의도 범주에 속할 승산(오즈)이 감소하는 것으로 나타났다(이는 나이가 어릴수록 소비자들은 높은 재방문의도 범주에 속할 승산이 증가하는 것으로 볼 수 있다). 즉, 나이가 한 단위 증가하면 높은 재방문의도에 속할 승산(오즈)이 0.969배(3.1%) 감소하는 것으로 나타났다.

둘째, 다른 독립변수들이 통제되었을 때 구매처방문횟수가 1회인 소비자들은 구매처방문횟수가 5회인 소비자들에 비해서 높은 재방문의도 범주에 속할 승산(오즈)이 0.524배(47.6%) 감소하는 것으로 나타났다. 즉, 구매처방문횟수 1회에서 한 단위 증가하면 높은 재방문의도 범주에 속할 승산이 감소할 것으로 예상된다.

셋째, 다른 독립변수들이 통제되었을 때 구매처방문횟수가 2회인 소비자들은 구매처방문횟수가 5회인 소비자들에 비해서 높은 재방문의도 범주에 속할 승산(오즈)이 감소하는 것으로 나타났다. 즉, 구매처방문횟수 2회에서 한 단위 증가하면 높은 재방문의도 범주에 속할 승산이 0.469배(53.1%) 감소할 것으로 예상된다.

마지막으로, 성별과 결혼 여부 그리고 구매처방문횟수 중에서 3, 4번 범주는 소비자의 재방문의도에 통계적으로 유의한 영향을 미치지 않는 것으로 분석되었다.

제6장 일반화 선형모형을 이용한 순서형 다중로지스틱회귀분석

Ordinal Multiple Logistic Regression Analysis using GLM

1 일반화 선형모형을 이용한 순서형 다중로지스틱회귀분석

1.1 일반화 선형모형의 의의와 적용상황

1) 일반화 선형모형의 의의

선형회귀분석(Linear regression analysis)은 일반화 선형모형(Generalized Linear Model: GLM)에 해당하며, 이는 독립변수와 종속변수의 관계가 선형이며 종속변수의 분포가 정규분포일 때 사용된다. GLM은 회귀모형 좌변의 종속변수가 정규분포(Normal distribution)를 가질 경우에만 적용할 수 있었던 것에서 좌변의 종속변수가 어떠한 확률분포(Probability distribution)를 가지든지 관계없이 적합한 링크함수(Link function)의 지정을 통해서 사용할 수 있는 회귀분석 방법이다. GLM에서의 초점은 회귀모형식의 우변에 있는 선형 예측식(Linear predictor)과 선형 예측자를 종속변수의 확률분포에 맞는 링크함수와 연결시켜서 독립변수들이 종속변수에 미치는 영향뿐만 아니라 종속변수의 범주를 분류하고 예측하는데 두고 있다.

- GLM은 선형모형을 확장한 것으로 종속변수의 정규분포와 오차항의 등분산성을 반드시 가정하는 것은 아니므로 광범위하게 적용가능한 회귀분석모형이다.
- GLM은 종속변수가 정규분포를 따를 때뿐만 아니라 정규성 가정이 깨진 이항분포(이분형), 순서형 분포, 다항분포, 음이항분포, 포아송분포, 감마분포 등과 같은 다양한 지수족 분포(Exponential family of distribution)를 따를 때 사용할 수 있다.

- GLM은 종속변수가 정규분포를 가지는 경우와 그렇지 않은 경우에도 모두 사용할 수 있다. 종속변수로 사용가능한 형태의 예시로는 이분형(1, 0), 범주형(노란색, 빨간색, 주황색, 파란색), 순서형 범주(낮은 범주, 중간 범주, 높은 범주), 빈도형(개수형, 횟수, Count data), 률(rates, 발생률, 사망률, 질병발생률 등) 데이터 등이다.
- GLM은 일반선형모형에서처럼 회귀식의 우변에 선형 예측식을 사용하는 것은 동일하다. 그러나 회귀식의 좌변의 경우는 종속변수의 확률분포(Distribution)에 적합한 연결함수 중에서 하나를 선택해 지정하는 것이 다르다.
- GLM은 종속변수가 지정된 연결함수를 통해 요인 및 공변량과 선형적으로 관련되도록 일반선형모형을 확장한다.
- 선형회귀분석은 일반선형모형(General linear model)을 이용하여 최소제곱법으로 회귀식을 추정하나 GLM은 최대우도법을 이용해 회귀선을 추정한다.
- GLM은 분포의 특성에 따라 주어진 단조증가함수 g를 이용하여 Y의 평균과 선형예측식의 관계를 설정하는 모형이다.
- GLM을 이용한 순서형 다중로지스틱회귀분석을 사용하면 순서형 로지스틱회귀분석 결과에서 얻을 수 없었던 오즈비(승산비) Exp(B)를 구할 수 있다.

일반선형모형과 일반화 선형모형(GLM)은 비슷한 용어인 것처럼 보이지만 전혀 다른 회귀모형화 기법이다. 일반선형모형을 이용하는 선형회귀분석은 종속변수와 독립변수의 선형 결합으로 모형화를 했으나 GLM을 이용하는 회귀분석은 종속변수를 적절한 함수로 변화시킨 함수 $f(X)$와 독립변수를 선형 결합으로 모형화하는 회귀모형이다. 다음에서 (식 6.1)은 일반선형모형이며 (식 6.2)는 GLM을 나타낸 것이다.

일반선형모형: $Y = \beta_0 + \beta_1 X_1 + \beta_2 X_2 + \cdots + \beta_k X_k + \epsilon_i$ (식 6.1)

일반화 선형모형: $g(Y) = \beta_0 + \beta_1 X_1 + \beta_2 X_2 + \cdots + \beta_k X_k + \epsilon_i$ (식 6.2)

여기서, Y는 Y의 기대값 $E(Y)$, 즉 Y의 평균임

로지스틱회귀분석에서 설명한 것처럼 종속변수가 연속형이고 오차항이 정규분포를 하며 등분산성의 가정이 만족되면 보통 일반선형모형을 이용한다. 그러나 종속변수가 이분형, 다항

인 경우와 같이 범주형이거나 오차항이 정규성이나 등분산성을 만족하지 못하고 정규성이나 등분산성이 깨지게 되면 일반선형모형을 사용할 수 없게 된다. 왜냐하면 회귀분석의 중요한 가정이 깨진 상황에서 일반선형모형을 적용하게 되면 모형의 적합이 제대로 이루어지지 않게 되며, 정확한 예측값을 얻을 수 없으며, 해석하기가 어렵게 된다. 이러한 문제점을 해결하기 위해서는 종속변수를 적절한 함수로 변화시킨 링크함수를 사용해야 한다. GLM에서는 다양한 링크함수를 사용하여 종속변수로 사용되는 링크함수와 독립변수들의 선형 결합을 통해 모형화를 하게 된다.

2) 일반화 선형모형의 적용상황

회귀분석은 기본적으로 종속변수가 정규분포를 이루고 있는 연속형 변수일 때 사용된다. 그러나 종속변수가 범주형이거나 개수(Count) 혹은 도수 형태인 경우에는 일반선형모형을 사용할 수 없다. 이와 같이 종속변수가 범주형 변수이거나 정규분포 가정을 충족하지 못하는 경우에는 GLM을 사용해야 한다.

GLM의 유형은 종속변수의 확률분포에 따라 로지스틱회귀분석, 포아송회귀분석, 정규선형모형 등으로 분류된다. 또한 GLM은 종속변수의 특성에 따라 이분형 로지스틱회귀분석(종속변수: 0, 1), 순서형 로지스틱회귀분석(종속변수가 순서형 다항변수), 포아송회귀분석(종속변수가 개수(Count)로 나타내는 경우) 등으로 구분한다.

1.2 일반화 선형모형의 구성요소

GLM의 세 가지 구성요소는 랜덤요소(Random component), 체계적 요소(Systematic component) 및 연결함수(Link function)이다.

그림 6-1 ▌일반화 선형모형의 구성요소

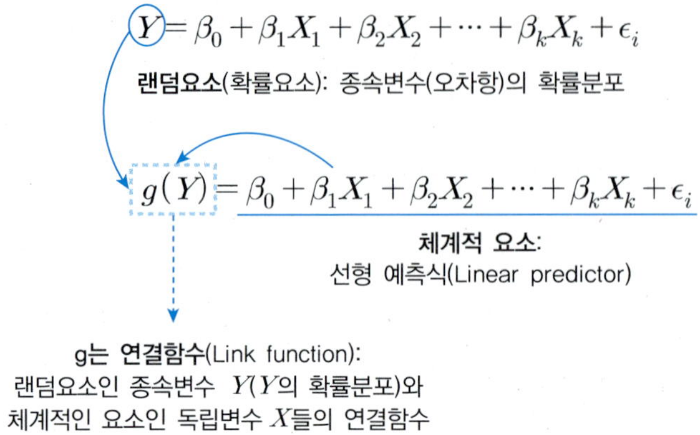

1) 랜덤요소: 분포(회귀식의 좌변)

GLM에서 랜덤요소 혹은 확률요소는 종속변수 Y이며 랜덤이라는 말은 이 종속변수가 확률분포(Probability distribution)를 가지고 있다는 것을 의미한다. 이는 회귀식의 좌변에서 Y이다. 종속변수의 확률분포는 이항분포, 감마분포, 포아송분포 등을 가질 수 있다.

2) 체계적 요소: 선형 예측식(회귀식의 우변)

체계적 요소는 회귀식의 우변에 있는 회귀식을 말한다. 이는 독립변수인 X들이 선형 결합된 형태를 가지고 있다.

$$\beta_0 + \beta_1 X_1 + \beta_2 X_2 + \cdots + \beta_k X_k + \epsilon_i \text{ (선형 예측식, Linear predictor)}$$

3) 연결함수

연결함수는 랜덤요소인 종속변수 Y(확률분포)와 체계적 요소(선형 예측식)를 연결해주는 함수로, 종속변수에 적용하는 함수를 말한다. GLM은 주로 종속변수가 다음과 같이 다양한 지수족(Exponential family)에서 사용한다. 종속변수의 확률분포에 따라 사용가능한 연결함수는 다음과 같다.

① 종속변수의 분포가 정규분포인 경우: 항등함수(척도형 반응변수)

② 종속변수의 분포가 이항분포인 경우: 로짓함수(이분형, 순서형 및 다항 반응변수)
③ 종속변수의 분포가 포아송인 경우: 로그함수(빈도형 반응변수)
④ 종속변수의 분포가 감마분포인 경우: 역수함수(척도형 반응변수)

많은 연구자들이 사용하고 있는 일반화 선형모형의 유형은 [표 6-2]와 같다.

표 6-1 종속변수와 연결함수에 따른 일반화 선형모형의 유형

종속변수(반응변수)	적합한 연결함수	GLM의 유형과 회귀모형
척도형	항등(Identity)	회귀분석(일반선형모형), 감마회귀분석
이분형/순서형/다항	로짓(Logit)	로지스틱회귀분석(로짓모형), 프로빗회귀분석
빈도형(계수형)	로그(Log)	포아송회귀분석(로그선형모형), 음이항회귀분석

GLM의 중요한 다중회귀분석들에 대한 선형모형식을 제시하면 다음과 같다. 식에서 좌변은 연결함수이며 우변은 선형 예측식을 나타낸다.

회귀분석모형(일반선형모형): $Y=\beta_0+\beta_1X_1+\beta_2X_2+\cdots+\beta_kX_k+\epsilon_i$

로지스틱회귀분석모형: $\ln\left(\dfrac{P}{1-P}\right)=Logit(P)=\beta_0+\beta_1X_1+\beta_2X_2+\cdots+\beta_kX_k+\epsilon_i$

포아송회귀모형(로그선형모형): $\ln(Y)=Log(Y)=\beta_0+\beta_1X_1+\beta_2X_2+\cdots+\beta_kX_k+\epsilon_i$

프로빗회귀모형: $\phi^{-1}(Y)=Probit(Y)=\beta_0+\beta_1X_1+\beta_2X_2+\cdots+\beta_kX_k+\epsilon_i$

1.3 모형 유형, 분포와 연결함수의 지정

SPSS 통계프로그램을 이용해 GLM을 실행할 때 중요하게 지정해야 할 사항들을 제시하면 다음과 같다.

모형 유형에서는 종속변수의 형태(척도형, 순서형, 빈도형, 이분형 또는 이벤트/시행 데이터, 혼합형)와 사용자 정의를 지정할 수 있다. 일반적인 방법은 분포와 연결함수가 미리 지정되어 있는 유형 중에서 연구의 성격에 적합한 것을 선택하는 것이며, 여기에서 지정할 수 없는 분포와 연결함수는 [사용자 정의]를 사용해 사용자가 직접 지정하는 방식이 있다.

그림 6-2 | GLM의 모형 지정

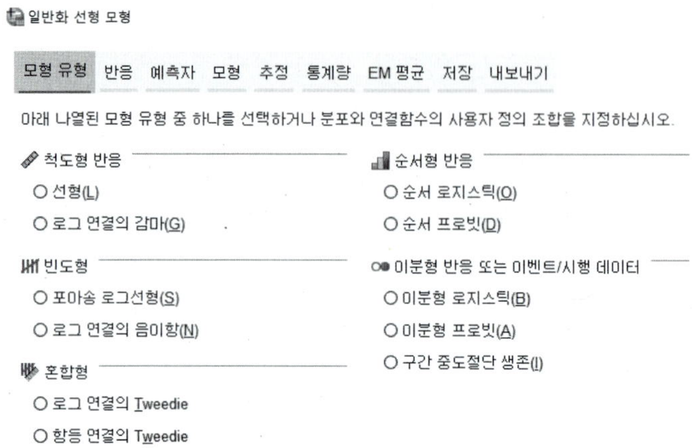

[표 6-2]는 일반화 선형모형의 분포와 연결함수의 지정에 대해서 요약한 것이다. 여기에서 제시된 분포 지정과 연결함수 지정을 보고 여러분의 연구에서 적합한 모형을 표의 왼쪽에 있는 유형 중에서 하나를 선택해 실행하면 된다.

표 6-2 | GLM의 분포와 연결함수 지정

모형 유형		분포 지정	연결함수 지정
척도형 반응	선형	정규	항등
	로그 연결의 감마	감마	로그
순서형 반응	순서 로지스틱	다항	누적로짓
	순서 프로빗	다항	누적프로빗
빈도형	포아송 로그선형	포아송	로그
	로그 연결의 음이항	음이항	로그
이분형	이분형 로지스틱	이항	로짓
	이분형 프로빗	이항	프로빗
	구간 중도절단 생존	이항	보완 로그-로그

혼합형	로그 연결의 Tweedie	Tweedie	로그
	항등 연결의 Tweedie	Tweedie	항등

[그림 6-3]과 [표 6-3]은 일반화 선형모형의 [사용자 정의]를 연구자 스스로가 지정해야 하는 경우에 적용할 수 있는 분포 유형과 연결함수 유형을 제시한 것이다.

그림 6-3 ▌GLM의 [사용자 정의] 지정

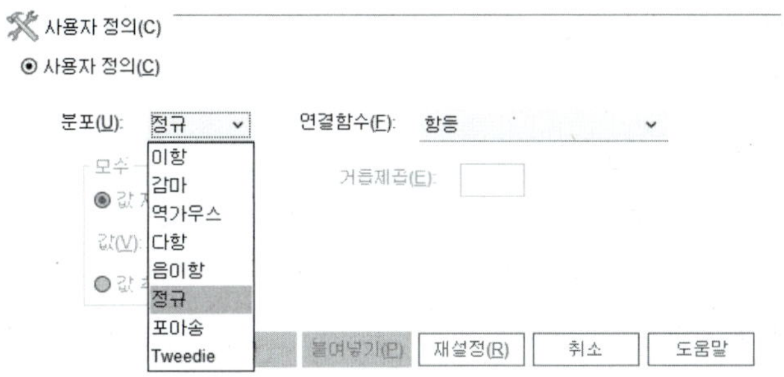

▌표 6-3 ▌분포 지정이 가능한 종류: [사용자 정의]

분포 유형	적합한 지정
이항	이분형 반응이나 이벤트 수를 나타내는 변수의 경우
감마	어떤 사건이 여러 번 발생하는 데 걸리는 시간에 대한 확률분포
역 가우스	더 큰 양의 값 쪽으로 비대칭되는 양의 척도값을 가진 변수 (양의 방향으로 편중된 음이 아닌 데이터를 가진 변수)
다항	순서 반응을 나타내는 변수
음이항	k성공을 관측하는 데 필요한 시행 횟수로 생각할 수 있으며 양의 정수값을 갖는 변수
정규	중앙(평균)값에 대해 값이 대칭되는 종 형태의 분포를 띠는 척도변수
포아송	단위시간당 어떤 사건이 발생하는 횟수에 대한 확률분포를 가지는 변수
Tweedie	감마분포와 포아송 혼합으로 표현할 수 있는 복합변수

표 6-4 연결함수 지정이 가능한 종류: [사용자 정의]

함수 유형	적합한 지정
항등	$g(Y)=Y$ 정규분포 등의 랜덤요소를 갖는 경우(정규분포일 때) 넣는 값과 나오는 값이 같은 함수 $Y=Y$를 의미
로그	$g(Y)=\ln(Y)$ 랜덤요소와 독립변수들 간의 비선형관계 (포아송분포일 때)
거듭제곱	$g(Y)=Y^a$ 어떤 변수의 거듭제곱으로 정해지는 함수

2 일반화 선형모형을 이용한 순서형 다중로지스틱회귀분석의 SPSS 통계 실습

통계 실습 6-1 GLM을 이용한 순서형 다중로지스틱회귀분석

다음의 [제6장 GLM 이용 순서형 다중로지스틱회귀분석 데이터]를 가지고 GLM을 이용한 순서형 다중로지스틱회귀분석(Ordinal multiple logistic regression analysis)을 실습하시오. 여기에서 사용될 데이터는 제5장 순서형 다중로지스틱회귀분석 데이터와 동일하다. 그러나 링크함수의 지정 등의 차이에 따라 출력 결과는 약간 다를 수 있음을 유의하기 바란다.

✔ 실습 데이터

ID	성별	결혼 여부	연령	구매처방문횟수	재방문의도
1	1	1	20	2	2
2	1	1	20	5	3
...	...	...	...	...	...
475	2	2	39	2	1

총 사례 수는 475개임

- 성별 → 범주형 변수(남자 1, 여자 2)
- 결혼 여부 → 범주형 변수(미혼 1, 기혼 2)
- 연령 → 연속형 변수
- 구매처방문횟수 → 범주형 변수(횟수)
- 재방문의도(종속변수) → 순서형(서열형) 범주형 변수
  (낮은 재방문의도 1, 중간 재방문의도 2, 높은 재방문의도 3)

☑ 가설

- 귀무가설(H_0): 독립변수들은 재방문의도의 승산에 영향을 주지 않는다
  $(\beta_1 = \beta_2 = \beta_3 = \beta_4 = 0)$.
- 대립가설(H_1): 독립변수들 중 적어도 하나는 재방문의도의 승산에 영향을 준다.

실습 데이터	제6장 GLM 이용 순서형 다중로지스틱회귀분석 데이터
분석방법 메뉴 선택	분석–일반화 선형모형–일반화 선형모형

1) 실습 과정

❶ [파일–열기–데이터]를 선택한 후 실습 데이터 파일이 있는 위치로 찾아가서 [제6장 GLM 이용 순서형 다중로지스틱회귀분석 데이터]를 연다.

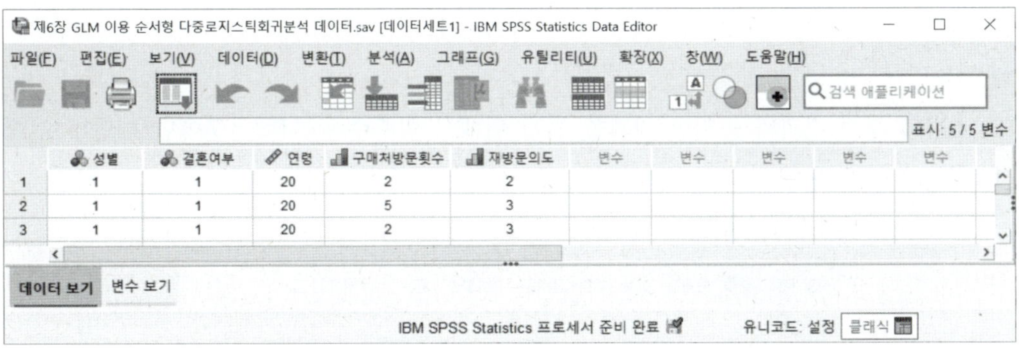

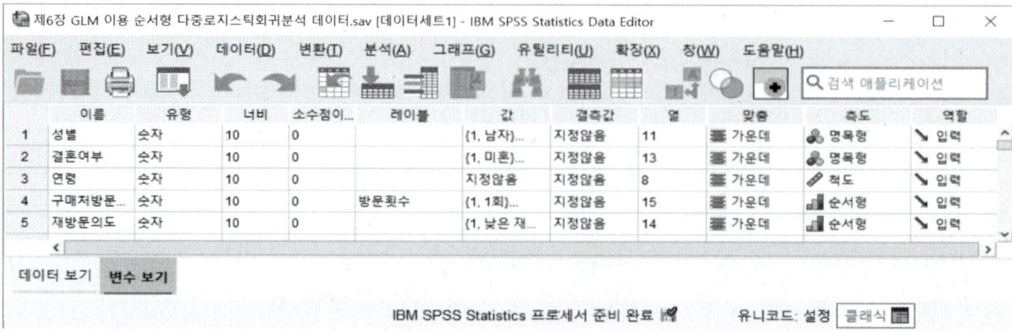

❷ [분석-일반화 선형모형-일반화 선형모형]을 선택하여 [일반화 선형모형] 창으로 들어간다. 우측 상단에 있는 [순서형 반응]에서 [순서 로지스틱]을 선택한다.

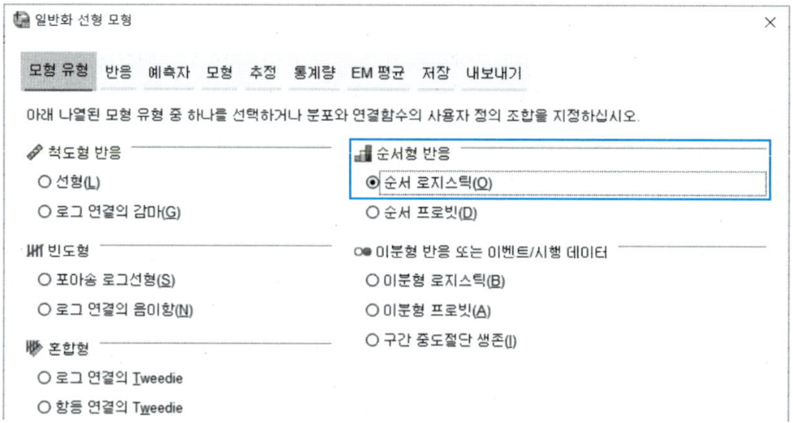

❸ [일반화 선형모형] 창의 [반응] 탭에서 [재방문의도]를 우측 상단의 [종속변수]로 보낸다. 제5장의 분석 결과와 동일한 결과를 얻기 위해서 범주순서([다항분포에만 해당])는 [오름차순] 그대로 둔다.

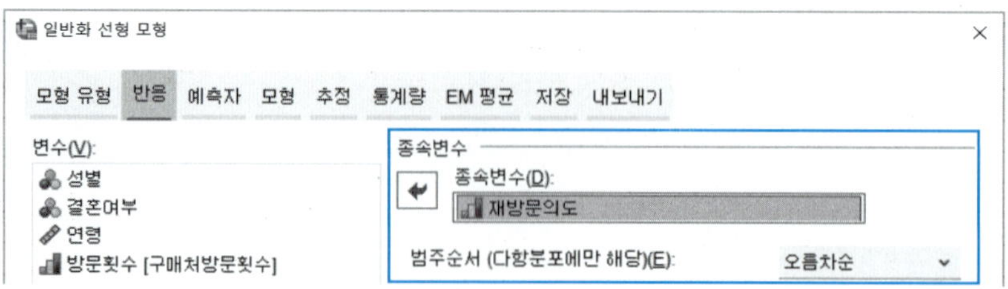

❹ [일반화 선형모형] 창의 [예측자] 탭에서 좌측 [변수]에 있는 범주형 변수인 [성별], [결혼여부], [방문횟수(구매처방문횟수)]는 우측의 [요인]으로, 그리고 연속형 변수인 [연령]은 [공변량]으로 이동시킨다.

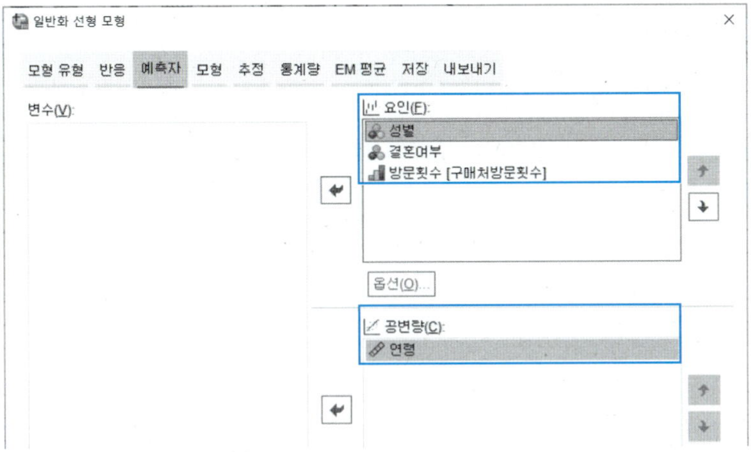

❺ [일반화 선형모형] 창의 [모형] 탭에서 [모형 효과 지정]에 있는 모든 변수들을 우측의 [모형]으로 이동시킨다. [항 설정]에서 [주효과]는 그대로 둔다.

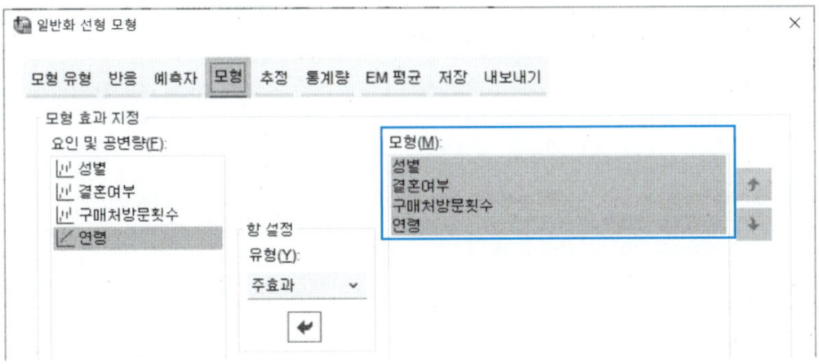

❻ [일반화 선형모형] 창의 [추정] 탭은 그대로 둔다. [통계량] 탭의 [인쇄]에서 [모수 추정값] 바로 밑에 있는 [지수 모수 추정값 포함]을 선택한다. 이는 출력물에 오즈비(승산비) Exp(B)를 출력하기 위한 것이다.

❼ [일반화 선형모형] 창의 [저장] 탭에서 [예측 범주]를 선택한다. 마지막으로 좌측 하단에 있는 [확인] 버튼을 클릭하여 실행한다.

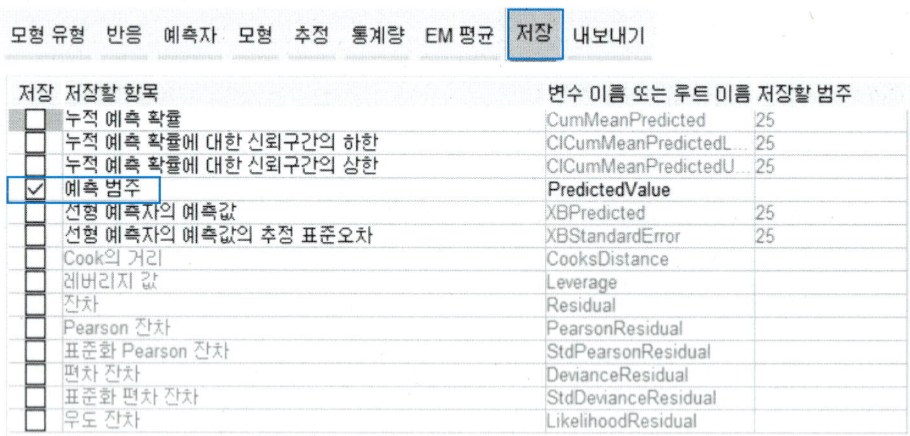

2) 주요 분석 결과

GLM을 이용한 순서형 다중로지스틱회귀분석에 대한 주요 출력 결과를 제시하면 다음과 같다.

| 모형 정보 결과 |

모형 정보로 사용된 종속변수, 확률분포, 누적 로짓을 보여준다.

모형정보

종속변수	재방문의도[a]
확률 분포	다항
연결함수	누적 로짓

a. 프로시저는 오름차순에 있는 종속변수에 누적 연결함수를 적용합니다.

| 케이스 처리 요약 결과 |

전체 케이스에 대한 사례 수를 보여준다.

케이스 처리 요약

	N	퍼센트
포함됨	475	100.0%
제외됨	0	0.0%
전체	475	100.0%

| 범주형 변수 정보 요약 결과 |

범주형 변수와 종속변수에 대한 빈도분석 결과를 보여준다.

범주형 변수 정보

			N	퍼센트
종속변수	재방문의도	낮은 재방문의도	74	15.6%
		중간 재방문의도	227	47.8%
		높은 재방문의도	174	36.6%
		전체	475	100.0%
요인	성별	남자	230	48.4%
		여자	245	51.6%
		전체	475	100.0%
	결혼여부	미혼	370	77.9%
		기혼	105	22.1%
		전체	475	100.0%
	방문횟수	1회	59	12.4%
		2회	200	42.1%
		3회	127	26.7%
		4회	51	10.7%
		5회	38	8.0%
		전체	475	100.0%

| 연속형 변수 정보 요약 결과 |

연속형 변수에 대한 기술통계량을 보여준다.

연속형 변수 정보

		N	최소값	최대값	평균	표준편차
공변량	연령	475	20	39	28.16	5.968

| 총괄검증 결과 |

총괄검증 결과 우도비 카이제곱값이 30.858이고 p값이 <0.001이므로 유의수준 0.001보다 작아서 최소한 독립변수 중에서 적어도 하나는 종속변수인 재방문의도에 유의한 영향을 미치고 있으며 모형이 매우 잘 적합되고 있음을 보여준다.

총괄 검정[a]

우도비 카이제곱	자유도	유의확률
30.858	7	<.001

종속변수: 재방문의도
모형: (임계값), 성별, 결혼여부, 방문횟수, 연령

a. 적합한 모형을 임계값 전용 모형과 비교합니다.

| 모형 효과검증 결과 |

모형 효과에 대한 Wald 카이제곱 검증 결과 [성별]을 제외한 나머지 [결혼 여부], [구매처방문횟수], [연령] 변수는 종속변수인 재방문의도에 유의한 영향을 미치고 있음을 알 수 있다.

모형 효과 검정

	제 III 유형		
소스	우도비 카이제곱	자유도	유의확률
성별	.001	1	.981
결혼여부	4.051	1	.044
방문횟수	21.047	4	<.001
연령	7.840	1	.005

종속변수: 재방문의도
모형: (임계값), 성별, 결혼여부, 방문횟수, 연령

| 적합도검증 결과 |

[적합도검증] 결과 Pearson 카이제곱값은 1.121이며, 편차값은 1.251이므로 과대산포 기준에서 크게 벗어나지 않았으므로 회귀모형은 적합하다고 볼 수 있다. 모형이 부적합한 경우에는 편차와 카이제곱을 자유도로 나눈 값이 1보다 훨씬 크게 나타나며, 이 값이 작을수록 잘 적합된 것으로 판단한다. 그러나 모형 적합도검증 결과는 표본 수나 변수의 수가 많아지면 귀무가설의 선택가능성이 낮아지므로 검증 결과를 크게 중요시 않는 경우가 많다.

적합도[a]

	변수값	자유도	값/자유도
편차	389.001	311	1.251
척도 편차	389.001	311	
Pearson 카이제곱	348.543	311	1.121
척도 Pearson 카이제곱	348.543	311	
로그 우도[b]	-285.200		
Akaike 정보 기준(AIC)	588.400		
무한 표본 수정된 AIC (AICC)	588.787		
베이지안 정보 기준(BIC)	625.870		
일관된 AIC(CAIC)	634.870		

종속변수: 재방문의도
모형: (임계값), 성별, 결혼여부, 방문횟수, 연령

| 범주 예측값 결과 |

종속변수인 [재방문의도]에 대한 예측 결과는 데이터 파일에서 [PredictedValue]를 참조하면 된다.

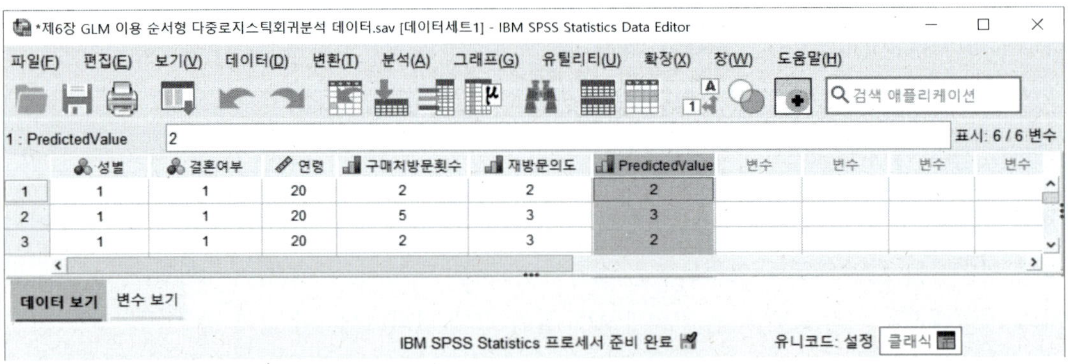

| GLM을 이용한 순서형 다중로지스틱회귀분석의 주요 검증 결과 |

GLM을 이용한 순서형 다중로지스틱회귀분석의 주요 출력물은 다음과 같다.

① 모형 적합 결과와 적합도

앞에서 제시한 설명을 참조한다.

② 회귀계수: 모수 추정값

GLM을 이용한 순서형 다중로지스틱회귀분석은 1개의 회귀선을 추정하며 [모수 추정값]은 다음과 같다. [임계값](Thresholds)은 종속변수의 각 범주별(마지막 범주 제외) 절편의 유의성을 검증한 결과이다. 여기에서 임계값은 절편(상수항)으로 결과 해석에서는 실질적인 관심 사항은 아니다. 나머지는 독립변수들의 모수 추정값을 보여준다.

분석 결과에 의하면 독립변수 중에서 연령, 결혼 여부, 구매처방문횟수 중에서 1, 2번 범주는 종속변수인 소비자의 재방문의도에 유의한 영향을 미치는 것으로 나타났다. 그러나 성별과 구매처방문횟수 중에서 3, 4번 범주는 소비자의 재방문의도에 통계적으로 유의한 영향을 미치지 않는 것으로 분석되었다.

모수 추정값

모수2	B	표준오차	95% Wald 신뢰구간 하한	95% Wald 신뢰구간 상한	가설검정 Wald 카이제곱	가설검정 자유도	가설검정 유의확률	Exp(B)	Exp(B)에 대한 95% Wald 신뢰구간 하한	Exp(B)에 대한 95% Wald 신뢰구간 상한
임계값 [재방문의도=1]	-4.587	.8116	-6.178	-2.996	31.940	1	<.001	.010	.002	.050
임계값 [재방문의도=2]	-2.238	.7882	-3.783	-.693	8.065	1	.005	.107	.023	.500
[성별=1]	-.004	.1778	-.353	.344	.001	1	.981	.996	.703	1.411
[성별=2]	0[a]	.	.	.	.	.	.	1	.	.
[결혼여부=1]	-.589	.2937	-1.165	-.014	4.027	1	.045	.555	.312	.986
[결혼여부=2]	0[a]	.	.	.	.	.	.	1	.	.
[방문횟수=1]	-.850	.4078	-1.650	-.051	4.349	1	.037	.427	.192	.950
[방문횟수=2]	-1.127	.3511	-1.815	-.439	10.299	1	.001	.324	.163	.645
[방문횟수=3]	-.298	.3669	-1.018	.421	.662	1	.416	.742	.361	1.523
[방문횟수=4]	-.437	.4170	-1.254	.381	1.097	1	.295	.646	.285	1.463
[방문횟수=5]	0[a]	.	.	.	.	.	.	1	.	.
연령	-.059	.0210	-.100	-.017	7.779	1	.005	.943	.905	.983
(척도)	1[b]									

종속변수: 재방문의도
모형: (임계값), 성별, 결혼여부, 방문횟수, 연령

a. 중복된 모수이므로 0으로 설정됩니다.

b. 표시된 값으로 고정됩니다.

3) GLM을 이용한 순서형 다중로지스틱회귀분석 검증 결과의 제시와 해석

성별, 결혼 여부, 연령, 구매처방문횟수가 소비자의 재방문의도에 미치는 영향을 확인하기 위해서 GLM을 이용해 순서형 다중로지스틱회귀분석을 실시하였으며, 그 검증 결과를 요약하면 다음과 같다.

회귀모형이 회귀계수가 모두 0이 아닌지를 검증하기 위해서 총괄검증을 통해 우도비검증을 수행한 결과 p값이 <0.001로 나타나 유의수준 0.001보다 작아서 독립변수 중에서 1개

이상은 종속변수에 유의한 영향을 미치고 있음을 알 수 있다.

표 6-5 GLM을 이용한 순서형 다중로지스틱회귀분석 결과표 (N=475)

구분	B	SE	Exp(B)	Exp(B)의 신뢰구간	
				하한	상한
재방문의도1의 절편	−4.587***	0.8116	0.010	0.002	0.050
재방문의도2의 절편	−2.238**	0.7882	0.107	0.023	0.500
연령	−0.059**	0.0210	0.943	0.905	0.983
성별(남자)	−0.004	0.1778	0.996	0.703	1.411
결혼 여부(미혼)	−0.589*	0.2937	0.555	0.312	0.986
구매처방문횟수1	−0.850*	0.4078	0.427	0.192	0.950
구매처방문횟수2	−1.127***	0.3511	0.324	0.163	0.645
구매처방문횟수3	−0.298	0.3669	0.742	0.361	1.523
구매처방문횟수4	−0.437	0.4170	0.646	0.285	1.463
χ^2=30.858(d.f.=7, p<0.001), −2Log우도=−285.200 Pearson χ^2=348.543(d.f.=311, 값/자유도=1.121) Deviance=389.001(d.f.=311, 값/자유도=1.251)					

*p<0.05, **p<0.01, ***p<0.001
종속변수: 재방문의도(1 낮은 재방문의도, 2 중간 재방문의도, 3 높은 재방문의도)
참조범주: 구매처방문횟수 5, 여자, 결혼
연결함수: 누적로짓

GLM을 이용한 순서형 다중로지스틱회귀분석 결과를 해석하면 다음과 같다.

첫째, 연령은 재방문의도에 부적(−0.059)으로 유의한 영향을 미쳤다(p<0.01). 다른 독립변수들이 통제되었을 때 나이가 한 단위 증가하면 소비자들은 높은 재방문의도 범주에 속할 승산(오즈)이 0.943배(5.7%) 감소하는 것으로 나타났다. 이는 나이가 어릴수록 소비자들은 높은 재방문의도 범주에 속할 승산이 증가하는 것으로 볼 수 있다.

둘째, 결혼 여부는 재방문의도(−0.589)에 부적으로 유의한 영향을 미쳤다(p<0.05). 다른 독립변수들이 통제되었을 때 미혼 소비자들은 기혼 소비자들에 비해 높은 재방문의도에 속할 승산(오즈)이 0.555배(44.5%) 감소하는 것으로 나타났다. 이는 기혼 소비자일수록 높은 재방문의도 범주에 속할 승산이 증가하는 것으로 볼 수 있다.

셋째, 구매처방문횟수1은 재방문의도(−0.850)에 부적으로 유의한 영향을 미쳤다(p

<0.05). 다른 독립변수들이 통제되었을 때 구매처방문횟수가 1회인 소비자들은 구매처방문횟수가 5회인 소비자들에 비해서 높은 재방문의도 범주에 속할 승산(오즈)이 0.427배(57.3%) 감소하는 것으로 나타났다. 즉, 구매처방문횟수 1회에서 한 단위 증가하면 높은 재방문의도 범주에 속할 승산이 감소할 것으로 예상된다.

넷째, 구매처방문횟수 2는 재방문의도(−1.127)에 부적으로 유의한 영향을 미쳤다(p<0.001). 다른 독립변수들이 통제되었을 때 구매처방문횟수가 2회인 소비자들은 구매처방문횟수가 5회인 소비자들에 비해서 높은 재방문의도 범주에 속할 승산(오즈)이 0.324배(67.6%) 감소하는 것으로 나타났다. 즉, 구매처방문횟수 2회에서 한 단위 증가하면 높은 재방문의도 범주에 속할 승산이 감소할 것으로 예상된다.

마지막으로, 성별과 구매처방문횟수 중에서 3, 4번 범주는 소비자의 재방문의도에 통계적으로 유의한 영향을 미치지 않는 것으로 분석되었다(p>0.05).

제 7 장 일반화 선형모형을 이용한 포아송회귀분석과 음이항회귀분석

Poisson and Negative Binomial Regression Analysis

1 포아송분포

1.1 포아송분포의 개념

포아송분포(Poisson distribution)란 단위시간 동안 혹은 단위 공간에서 어떤 사건이 발생하는 횟수를 나타내는 확률분포로 음수는 없고(x=0, 1, 2, …) 오른쪽으로 긴 꼬리를 가진 이산확률분포를 말한다. 포아송분포의 특성은 평균과 분산이 같다는 것이며, 이 분포는 실제 생활에서 매우 유용하게 사용되고 있다. 시행횟수 N이 크고 사건의 발생확률 P는 매우 작을 때 사용된다.

▶ 그림 7-1 ▌ 포아송분포

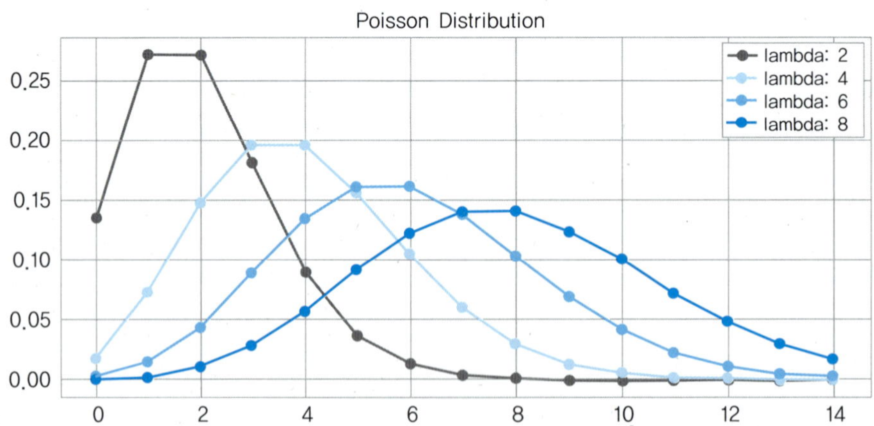

자료: 송성주, 전명식. (2015). 수리통계학. 자유아카데미.

분포를 결정하는 유일한 파라미터는 람다(λ, Lambda)이다. 예컨대 람다가 커지면 평균과 분산이 커져서 그래프가 우측으로, 그리고 좌우로 퍼지게 된다.

확률변수 x가 포아송확률변수이고 모수가 λ인 확률질량함수 $f(x)$는 다음과 같다. $f(x)$는 단위시간 안에 x건의 사건발생확률이며, x는 발생하는 사건 수이다. λ는 단위시간 안에 어떤 사건이 일어날 횟수에 대한 기대값(평균사건발생횟수)을 의미하며, e는 자연상수(2.71828)이다.

$$f(x) = \frac{\lambda^x e^{-\lambda}}{x!},\ x = 1,\ 2,\ 3 \cdots$$

예를 들어, 주중 아침 10분 동안 드라이브스루 커피 서비스를 받기 위해 매장에 도착하는 자동차가 평균 10대일 때 10분 동안에 5대가 도착할 확률은 얼마인가? 여기에서 단위시간은 10분이고, 확률변수 x는 10분 동안 매장에 도착하는 자동차 대수, 단위시간당 평균은 10대이다. λ는 10, x는 5를 공식에 대입해 계산해보자. 즉, $10^5 \times 2.71828^{-10}/5! = 100{,}000 \times 0.0000453999/120 = 0.0378$로 계산된다. 따라서 10분 동안에 5대가 매장에 도착할 확률은 0.0378이 된다.

포아송분포의 전제조건은 다음의 세 가지이다.

- **독립성**: 어떤 단위시간 혹은 단위 공간에 발생한 결과는 중복되지 않은 다른 시간이나 공간에서 발생한 결과와 서로 독립이다.
- **일정성**: 단위 시간이나 공간에서 발생한 평균발생횟수는 일정하다.
- **비집락성**: 매우 짧은 시간이나 매우 작은 공간에 두 개 이상의 결과가 동시에 발생할 확률은 0이다.

1.2 포아송분포의 적용 분야

포아송분포는 다음과 같은 확률적인 문제를 알아내기 위해 사용된다.

- 하루 동안 발생하는 출생자 수 혹은 사망자 수
- 하루 동안 발생하는 범죄건수

- 하루 동안 발생하는 고속도로 교통사고 수
- 한 시간 내 찾아오는 방문객의 수
- 하루에 찾아오는 환자의 수
- 한 시간 동안 세차장에 도착하는 자동차의 수
- 한 해 동안 일어나는 지진건수
- 어떤 특정량의 방사선을 DNA에 쬐었을 때 발생하는 돌연변이 수
- 검진한 환자 1만 명당 희귀병 환자의 수
- 한 시간 내 스타벅스의 드라이브스루 창구에 도착하는 자동차의 수
- 일정시간 동안 톨게이트를 통과하는 차량의 수
- 한 시간 동안 은행에 다녀간 고객의 수
- 한 시간 동안 사무실에 걸려온 전화(phone call)의 수
- 국도 1km당 패인 구멍의 수
- 어떤 책의 한 페이지에 존재하는 오타의 수
- 일정량의 혈액 속에 있는 적혈구의 수
- 단위 길이당 옷감의 흠집 수

2 포아송회귀분석

2.1 포아송회귀분석의 의의와 적용상황

1) 포아송회귀분석의 의의

회귀분석에서 종속변수의 평균이 10 미만의 작은 값을 가지며, 0 이상의 정수(0, 1, 2 …)만 있는 빈도형 데이터(Count data: 도수 데이터, 가산 데이터 및 계수형 데이터라는 명칭을 사용하기도 함)로 우측으로 길게 치우쳐진 분포(Skewed to the right)를 가지는 포아송분포(Poisson distribution)일 경우에는 회귀모형의 가정들(오차항의 정규성, 등분산성가정)을

위배하게 되어 일반적 선형회귀분석을 시행하면 문제가 발생된다. 이러한 현상을 무시하고 표준 선형회귀분석을 적용하면 모수추정치에 대한 분산을 과소추정(Underestimation)하게 되고, 이로 인하여 가설검정에서 낮은 검증력을 갖게 된다. 이러한 문제를 해결하기 위해서 필요한 것이 바로 포아송회귀분석(Poisson regression analysis)이다. 이는 종속변수가 정규분포가 아니며 이분산을 가질 때 적용할 수 있는 회귀분석 방법으로 회귀식의 우변인 선형 예측자(Linear predictor)와 좌변인 종속변수의 확률분포(포아송분포)를 연결시키는 링크함수인 로그함수를 통해서 독립변수들이 종속변수에 미치는 영향뿐만 아니라 종속변수의 빈도(사건발생횟수)를 예측하는 데 사용된다.

- 포아송회귀모형은 종속변수(Dependent variable)가 포아송분포를 따르며 평균과 분산이 같다는 등산포를 가정(종속변수 평균 = 분산)한다. 이 가정이 위반되면 대안적인 회귀모형인 음이항회귀분석 등을 사용하면 된다.
- 포아송회귀모형은 종속변수가 0 이상의 빈도형(가산, 도수, 건수, 개수) 데이터(Count data)이면서 오차가 정규분포와 등분산이 아닌 경우, 즉 비정규분포, 이분산일 때 사용한다(0, 1, 2 …).
- 포아송회귀모형은 주로 결과 발생이 매우 적은 경우(전체 대상자의 5% 미만에서 결과가 발생할 경우)에 사용된다.
- 포아송회귀모형은 사건발생횟수에 자연로그를 취한 값을 종속변수로 사용하기 때문에 로그선형모형(Loglinear model)이라고도 불린다. 이는 로그를 (표준) 연결함수로 사용하고 포아송분포 함수를 반응의 가정된 확률분포로 사용하는 일반화 선형모형이다.
- 일반적으로 현실에서는 분산이 평균보다 큰 과대산포(Overdispersion)가 종종 발생한다. 그러므로 과대산포가 존재하는 데이터의 경우에는 이를 반영해 조절할 수 있는 음이항회귀분석(Negative binomial regression analysis)을 이용하는 것이 추천된다. 과대산포는 이상치들로 인해 생길 수 있기 때문에 일반화 선형모형을 적용하기 전에 이상치들을 제거하는 작업이 선행되어야 한다.
- 포아송회귀모형은 오즈비(승산비) Exp(B)를 구할 수 있다. 오즈비에 대한 결과 해석도 다른 일반화 선형모형과 같이 하면 된다.

다음의 회귀식은 포아송회귀모형을 제시한 것이다. 좌변의 포아송분포와 우변의 선형 예측자를 연결하는 적합한 함수는 로그함수(Log function)이다.

포아송회귀모형(로그선형모형):

$$\ln(Y) = \ln(\lambda) = \beta_0 + \beta_1 X_1 + \beta_2 X_2 + \cdots + \beta_k X_k$$

여기서, Y는 Y의 기대값 $E(Y)$이며 λ로 표시하고 사건발생횟수 평균(Y의 평균)임

위의 식을 λ에 대하여 재표현하면 다음과 같이 독립변수들의 지수함수(Exponential function) 형태로 나타낼 수 있다.

$$\lambda = e^{\beta_0 + \beta_1 X_1 + \beta_2 X_2 + \cdots + \beta_k X_k}$$

포아송회귀분석을 적용할 때 종속변수에 대한 관측값의 시간 간격이 다른 경우에는 약간 변형된 포아송회귀모형을 사용해야 한다. 각 관측값의 시간 간격이 다른 경우에 종속변수는 사건발생횟수를 단위시간으로 나눈 단위시간당 사건발생횟수(사건발생률)가 분석대상이 된다. 이를 분석하기 위해서는 시간변수가 포아송회귀모형에 포함되어야 한다. 아래의 회귀식을 보면 포아송분포의 기대값인 λ의 로그변환 형태가 독립변수들의 선형결합으로 이루어진다. 이때 로그연결함수(Log link function)를 사용하는 이유는 포아송분포는 항상 0보다 크게 나타나기 때문이다.

종속변수 측정의 시간단위가 다른 경우의 포아송회귀모형:

$$\ln\left(\frac{\lambda}{time}\right) = \beta_0 + \beta_1 X_1 + \beta_2 X_2 + \cdots + \beta_k X_k + \epsilon_i$$

$$\ln(\lambda) = \ln(time) + \beta_0 + \beta_1 X_1 + \beta_2 X_2 + \cdots + \beta_k X_k + \epsilon_i$$

한편 의학연구에서는 2023년 '100,000명당 피부암 발생 환자 수가 4.5명이었다'와 같이 일정기간 동안 단위 인구당 새로 발생한 사건의 횟수(발생건수)를 사용하는 경우가 많다. 이런 경우에는 총 인구수인 N을 알아야 하며, 이를 변위변수(Offset variable)로 사용해야 한다.

종속변수가 단위인구당 사건의 발생횟수로 측정한 경우의 포아송회귀모형:

$$\ln\left(\frac{\lambda}{N}\right) = \beta_0 + \beta_1 X_1 + \beta_2 X_2 + \cdots + \beta_k X_k$$

$$\ln(\lambda) = \ln(N) + \beta_0 + \beta_1 X_1 + \beta_2 X_2 + \cdots + \beta_k X_k + \epsilon_i$$

여기서, N은 총 인구수를 나타냄

2) 포아송회귀분석의 적용상황

포아송회귀분석은 독립변수는 선형회귀분석과 동일하지만 종속변수는 범주형 변수, 즉 빈도형 데이터일 경우에 사용한다. 이때 종속변수 데이터는 포아송분포를 따른다.

그림 7-2 포아송회귀분석의 적용상황

3) 포아송회귀분석의 변위변수 사용

포아송회귀분석에서는 각 케이스의 사건발생횟수(혹은 위험)에 대한 노출의 양을 측정하는 것인 변위변수 혹은 오프셋변수(Offset variable)가 사용된다. 변위변수는 종속변수인 사건발생횟수를 측정한 기간이 각 케이스(관측치)마다 다를 때 사용할 수 있으며, 분석 시에 해당 변수에 자연로그를 취한 후 단순히 회귀식 우변의 선형 예측식에 추가시키면 된다. 이 변수는 각 케이스가 중요 사건(Event)마다 다른 노출 수준을 가질 수 있는 포아송회귀모형에 특히 유용하다. 예를 들어, 개별 운전자의 사고 비율을 모델링할 때 3년에 한 번 사고를 낸 3년 운전경력자와 25년에 한 번 사고를 낸 25년 운전경력자 사이에는 중요한 차이가 있을 수 있다. 따라서 종속변수인 사고횟수를 예측할 때 '운전경력'이라는 변수에 따라서 사고횟수의 가중치를 달리해야 한다. 왜냐하면 운전경력을 고려하지 않으면 3년 경력자의 1번의 사고횟수와 25년 경력자의 사고횟수 1번은 동일하게 취급하여 분석을 한 것이 되기 때문이다. 이러한 이유로 포아송회귀분석에서는 운전경력 변수에 자연로그를 취한 변위변수로 투입해 분석해야 한다.

2.2 포아송회귀모형의 대안: 음이항회귀분석

포아송회귀분석은 종속변수의 평균과 분산이 같다는 등분산 가정을 하고 있다. 그러나 현실에서는 평균보다 분산이 큰 과대산포의 경우가 많다. 과대산포의 문제를 해결하기 위해서는 대표적으로 음이항회귀분석(Negative binomial regression analysis)을 대안으로 사용할 수 있다. 음이항회귀분석은 종속변수가 음이항분포를 따른다고 가정한다.

그림 7-3 ❙ 포아송회귀모형과 대안 모형 선택

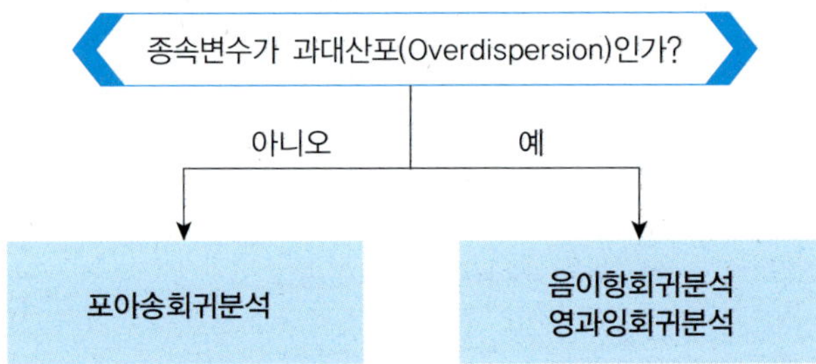

[그림 7-3]은 빈도형 데이터 분석을 위한 포아송회귀모형과 그 대안적 선택방법에 대해서 제시하고 있다. 특히 SPSS 통계프로그램을 사용한 포아송회귀분석에서는 적합도 통계량 중에서 편차(Deviance) 혹은 이탈도의 값을 이용해 과대산포 여부를 결정한다. 편차값은 관측된 데이터가 적합모형에서 벗어난 정도를 나타낸다. 이 값이 1이면 등산포(Equi-dispersion), 1보다 큰 값은 과대산포(Over-dispersion), 1보다 작은 값은 과소산포(Under-dispersion)를 나타낸다. 등산포가정을 위반하는 가장 일반적인 유형은 과대산포이다.

편차값이 1보다 크면 포아송회귀분석보다는 음이항회귀분석을 사용하는 것이 추천된다. Field(2018)는 2를 기준으로 이를 넘으면 과대산포라고 보았으며 포아송회귀분석을 적용하는 것은 문제가 있다고 주장하였다.[1] Payne 외(2017)는 편차값(카이제곱/자유도)이 1.2를 넘으면 포아송회귀분석보다는 음이항회귀분석을 사용할 것을 권고하였다.[2] 이일현(2014), 허명회

1) Field, A. (2018). *Discovering statistics using IBM SPSS Statistics*(5th ed.). Sage.

2) Payne, E. H., Gebregziabher, M., Hardin, J. W., Ramakrishnan, V., & Egede, L. E. (2018). An empirical approach to determine a threshold for assessing overdispersion in Poisson and negative binomial models for count data. *Communications in Statistics-Simulation and Computation*, 47(6), 1722-1738.

(2014)는 편차값이 4를 넘으면 포아송회귀모형이 적합하지 않다고 보았다. 이때는 추가적으로 독립변수를 투입하거나 모형 수정이 필요하다고 보았다.[3] 만약 모형 수정이 필요하고 음이항회귀분석을 사용치 않고 포아송회귀분석을 적용하고자 하는 경우에는 [일반화 선형모형] 창의 [추정] 탭에서 [척도 모수 방법]을 [고정값]에서 [편차]나 [Pearson 카이제곱]으로 변경해야 한다.

3 일반화 선형모형을 이용한 포아송회귀분석과 음이항회귀분석의 SPSS 통계 실습

통계 실습 7-1 GLM을 이용한 포아송회귀분석

다음의 [제7장 포아송회귀분석 선박손상횟수 데이터_Ships][4]를 가지고 GLM을 이용한 포아송다중회귀분석(Poisson multiple regression analysis)을 실습하시오. 실습에 사용할 종속변수는 빈도형 데이터이며 −999는 결측치이다.

☑ 실습 데이터

ID	선박유형	건조년도	운항기간	ln선박사용개월수	선박손상횟수
1	1	60	60	4.84	0
2	1	60	75	4.14	0
…	…	…	…	…	…
40	5	75	75	6.30	1

3) 이일현. (2014). *EasyFlow 회귀분석*. 서울: 한나래출판사.
허명회. (2014). *SPSS 오픈하우스 고급 통계학 특강1*. 데이타솔루션.

4) McCullagh, P., & Nelder, J. A. (2019). *Generalized linear models*. Routledge.

총 사례 수는 40개임

- 선박유형 → 범주형 변수(A '1', B '2', C '3', D '4', E '5')
- 건조년도 → 범주형 변수(1960-64 '60', 1965-69 '65' 1970-74 '70' 1975-79 '75')
- 운항기간 → 범주형 변수(1960-74 '60' 1975-79 '75')
- ln선박사용개월수 → 연속형 변수
- 선박손상횟수(종속변수) → 범주형 변수(빈도형)

☑ 가설

- 귀무가설(H_0): 독립변수들은 선박손상횟수에 영향을 주지 않는다
  $(\beta_1 = \beta_2 = \beta_3 = \beta_4 = 0)$.
- 대립가설(H_1): 독립변수들 중 적어도 하나는 선박손상횟수에 영향을 준다.

실습 데이터	제7장 포아송회귀분석 선박손상횟수 데이터_Ships
분석방법 메뉴 선택	분석-기술통계량-빈도분석 분석-일반화 선형모형-일반화 선형모형

1) 실습 과정

❶ [파일-열기-데이터]를 선택한 후 실습 데이터 파일이 있는 위치로 찾아가서 [제7장 포아송회귀분석 선박손상횟수 데이터_Ships]를 연다.

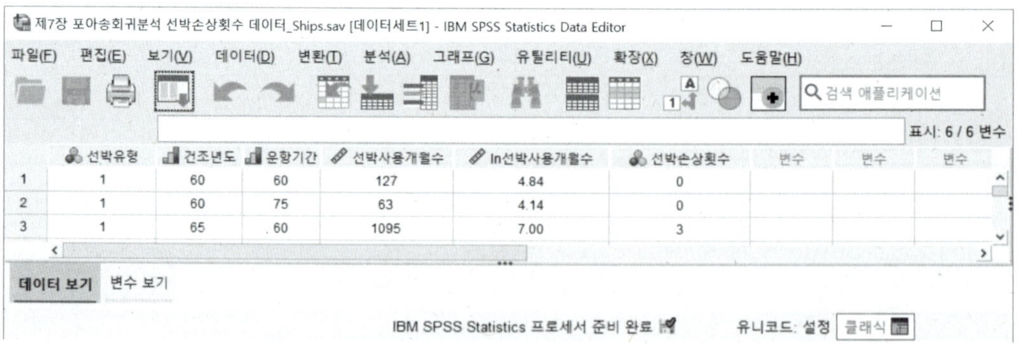

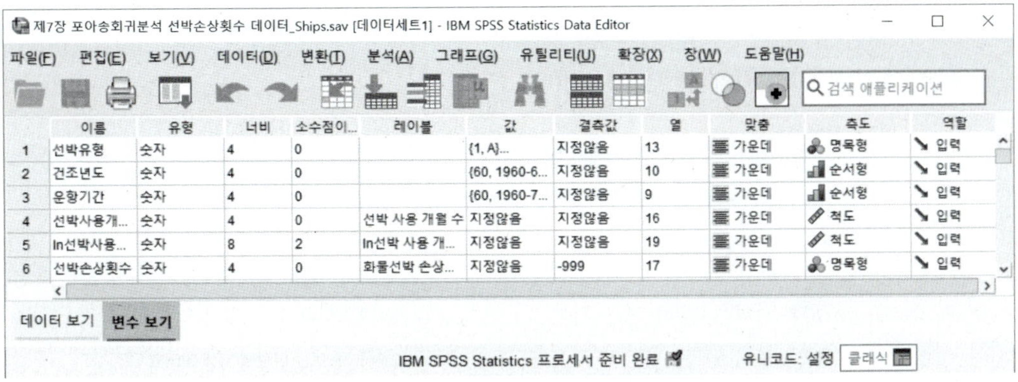

❷ [분석-기술통계량-빈도분석]으로 들어가서 오른쪽 [변수]에 [화물선박 손상횟수]를 이동시킨다. 우측 상단의 [통계량] 옵션에서 [평균]과 [분산]을 선택한 후 [계속] 버튼을 클릭한다. [차트] 옵션에서 [막대형 차트]를 선택한 후 [계속] 버튼을 클릭한다. 마지막으로 좌측 하단의 [확인] 버튼을 클릭한다. 이 작업은 종속변수의 확률분포를 파악하기 위해서 수행한 것이다.

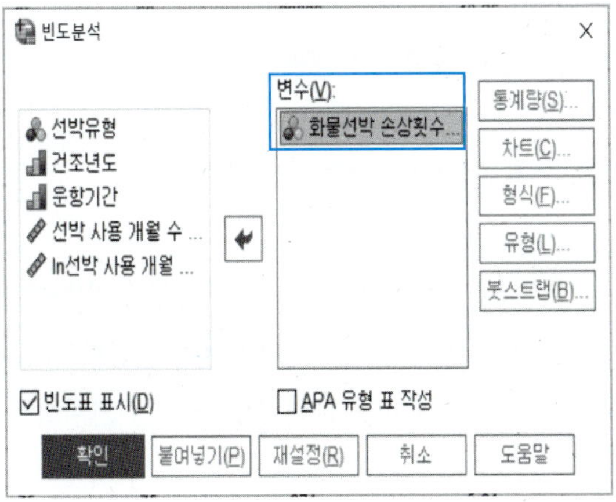

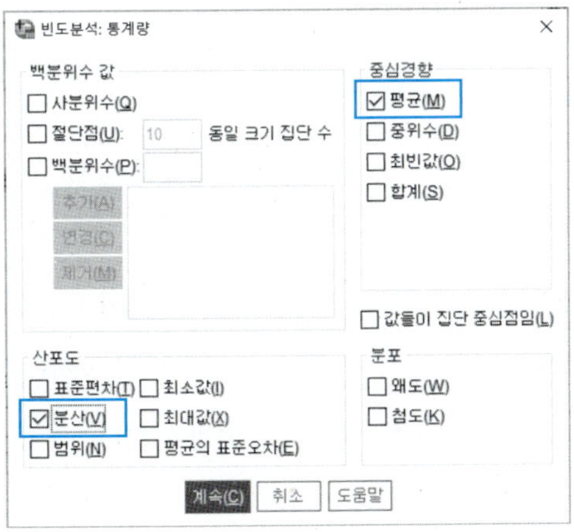

❸ [분석-일반화 선형모형-일반화 선형모형]을 선택하여 [일반화 선형모형] 창으로 들어간다. 좌측 중간에 있는 [포아송 로그선형]을 선택한다.

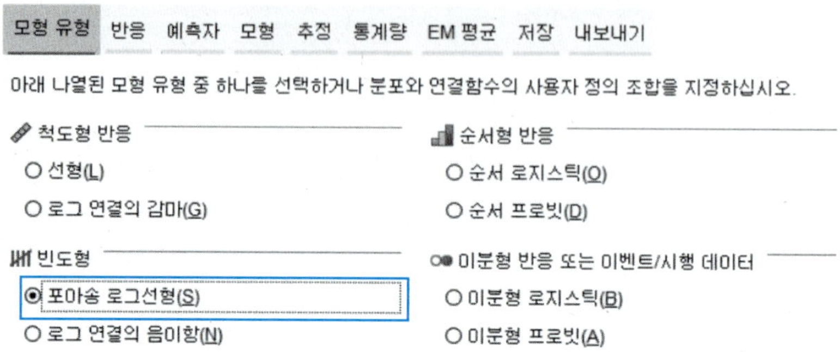

❹ [일반화 선형모형] 창의 [반응] 탭에서 [화물선박 손상횟수]를 우측 상단의 [종속변수]로 보낸다.

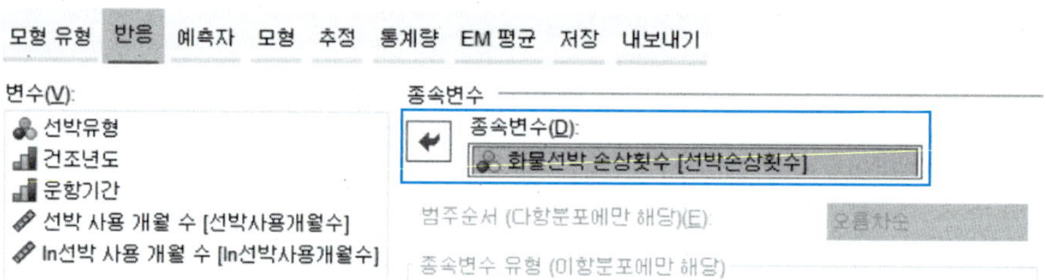

❺ [일반화 선형모형] 창의 [예측자] 탭에서 좌측 [변수]에 있는 범주형 변수인 [선박유형], [건조년도], [운항기간]을 우측의 [요인]으로, 그리고 연속형 변수인 [ln선박사용개월수]는 [변위]의 [변위변수]로 이동시킨다. 우측 중간에 있는 [옵션]을 클릭하면 범주형 변수들을 더미변수로 지정할 수 있다. [오름차순]을 선택하면 마지막 값이 [참조범주]가 되고, [내림차순]을 선택하면 처음 값이 [참조범주]가 된다. 만약 중간값을 [참조범주]로 설정하고 싶다면 더미변수를 직접 만들어야 한다. 이 실습에서는 [내림차순]을 선택하기로 한다.

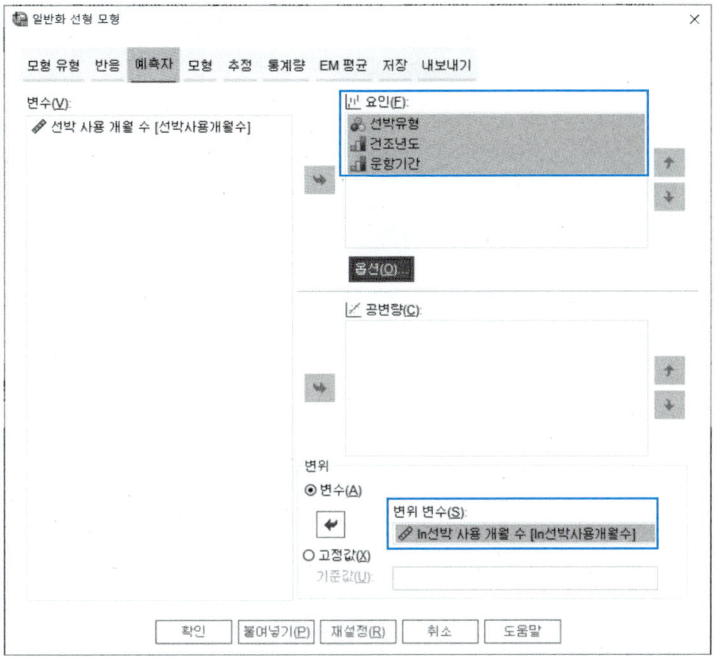

❻ [일반화 선형모형] 창의 [모형] 탭에서 [모형 효과 지정]에 있는 모든 변수들을 우측의 [모형]으로 이동시킨다. [항 설정]에서 [주효과]는 그대로 둔다.

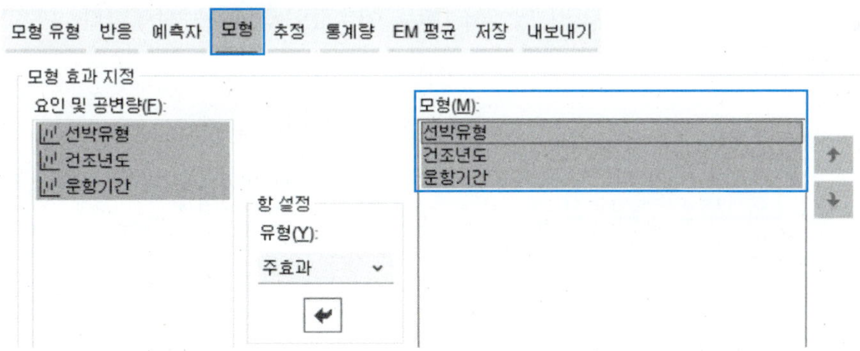

❼ [일반화 선형모형] 창의 [추정] 탭은 그대로 둔다. [통계량] 탭의 [인쇄]에서 [모수 추정값] 바로 밑에 있는 [지수 모수 추정값 포함]을 선택한다. 이는 출력물에 오즈비(승산비) Exp(B)를 출력하기 위한 것이다. 마지막으로 좌측 하단에 있는 [확인] 버튼을 클릭하여 실행한다.

❽ [일반화 선형모형] 창의 [저장] 탭에서 [반응 예측값의 평균]을 선택한다. 마지막으로 좌측 하단에 있는 [확인] 버튼을 클릭하여 실행한다.

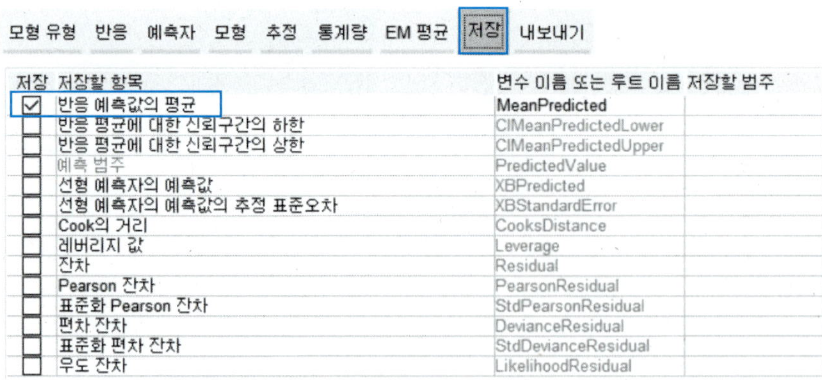

2) 주요 분석 결과

GLM을 이용한 포아송다중회귀분석에 대한 주요 출력 결과는 다음과 같다.

| 종속변수의 빈도분석 결과 |

종속변수가 포아송분포인지를 알아보기 위해서 빈도분석을 수행한 결과이다. 종속변수 데이터의 평균(10.47)보다 분산(247.590)이 큰 것으로 나타나 과대산포일 가능성이 있다. 분석 결과의 그림을 보면 데이터가 왼쪽으로 치우쳐 있어서 포아송분포의 형태를 가지고 있음을 알 수 있다.

통계량

화물선박 손상횟수

N	유효	34
	결측	6
평균		10.47
분산		247.590

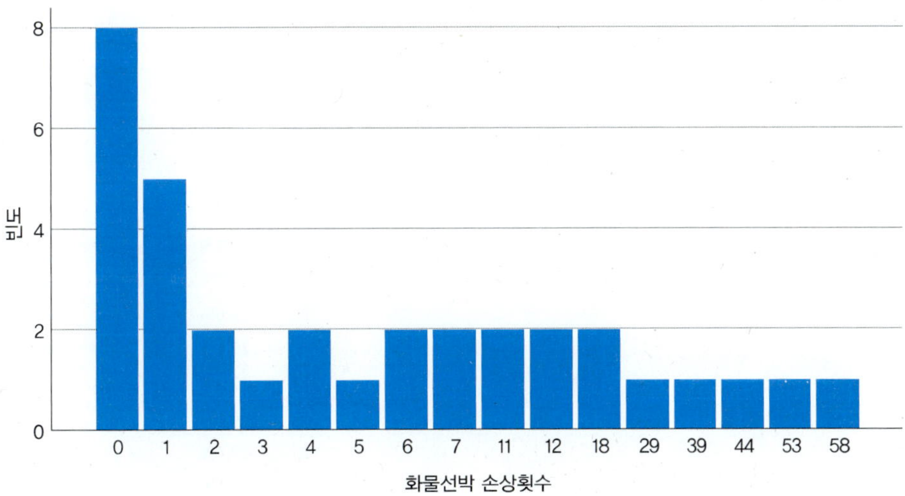

| 모형 정보 결과 |

모형 정보로 사용된 종속변수, 확률분포, 연결함수 및 변위변수를 보여준다. 이 실습에서는 변위변수로 [ln선박 사용 개월 수]를 투입하였음을 보여준다.

모형정보

종속변수	화물선박 손상횟수
확률 분포	포아송
연결함수	로그
범위 변수	ln선박 사용 개월 수

| 케이스 처리 요약 결과 |

전체 케이스에 대한 사례 수를 보여준다.

케이스 처리 요약

	N	퍼센트
포함됨	34	85.0%
제외됨	6	15.0%
전체	40	100.0%

| 범주형 변수 정보 요약 결과 |

범주형 변수와 종속변수에 대한 빈도분석 결과를 보여준다.

범주형 변수 정보

			N	퍼센트
요인	선박유형	E	6	17.6%
		D	7	20.6%
		C	7	20.6%
		B	7	20.6%
		A	7	20.6%
		전체	34	100.0%
	건조년도	1975-79	5	14.7%
		1970-74	10	29.4%
		1965-69	10	29.4%
		1960-64	9	26.5%
		전체	34	100.0%
	운항기간	1975-79	19	55.9%
		1960-74	15	44.1%
		전체	34	100.0%

| 연속형 변수 정보 요약 결과 |

연속형 변수에 대한 기술통계량을 보여준다.

연속형 변수 정보

		N	최소값	최대값	평균	표준편차
종속변수	화물선박 손상횟수	34	0	58	10.47	15.735
변위	ln선박 사용 개월 수	34	3.81	10.71	7.0493	1.72109

| 총괄검증 결과 |

총괄검증 결과 우도비 카이제곱값이 107.633이고 이의 p값이 0.000이므로 유의수준 0.001보다 작으므로 독립변수들 중에 적어도 하나는 종속변수인 화물선박 손상횟수에 유의한 영향을 미침을 보여준다.

총괄 검정[a]

우도비 카이제곱	자유도	유의확률
107.633	8	.000

종속변수: 화물선박 손상횟수
모형: (절편), 선박유형, 건조년도, 운항기간, 변위 = ln선박 사용 개월 수

a. 적합한 모형을 절편 전용 모형과 비교합니다.

| 모형 효과검증 결과 |

모형 효과에 대한 Wald 카이제곱검증 결과 [선박유형], [건조년도], [운항기간]은 모두 종속변수인 화물선박 손상횟수에 유의한 영향을 미침을 보여준다.

모형 효과 검정

	제 III 유형		
소스	Wald 카이제곱	자유도	유의확률
(절편)	3616.491	1	.000
선박유형	26.067	4	<.001
건조년도	29.157	3	<.001
운항기간	10.567	1	.001

종속변수: 화물선박 손상횟수
모형: (절편), 선박유형, 건조년도, 운항기간, 변위 = ln선박 사용 개월 수

| 적합도검증 결과 |

[적합도검증] 결과 편차값이 1.548이며 Pearson 카이제곱값이 1.691이므로 다소 과대산포일 수도 있다. 그러나 Field(2018)이 제시한 문제가 되는 과대산포는 2 이상이므로 이 실습에서는 그대로 포아송회귀분석을 적용하는 것으로 한다. 또한 편차값이 4보다 크지는 않으므로 모형 수정의 필요성은 크지 않은 것으로 나타났다. 따라서 이 실습에서는 모형 수정은 하지 않기로 한다.

적합도[a]

	변수값	자유도	값/자유도
편차	38.695	25	1.548
척도 편차	38.695	25	
Pearson 카이제곱	42.275	25	1.691
척도 Pearson 카이제곱	42.275	25	
로그 우도[b]	-68.281		
Akaike 정보 기준(AIC)	154.562		
무한 표본 수정된 AIC (AICC)	162.062		
베이지안 정보 기준(BIC)	168.299		
일관된 AIC(CAIC)	177.299		

종속변수: 화물선박 손상횟수
모형: (절편), 선박유형, 건조년도, 운항기간, 변위 = ln선박 사용 개월 수

a. 정보 기준은 가능한 작은 형태입니다.

b. 전체 로그 우도 함수가 표시되고 계산 정보 기준에 사용됩니다.

| 종속변수 반응 예측값의 평균 추정 결과 |

종속변수인 [화물선박 손상횟수]에 대한 반응 예측값의 평균 추정치는 데이터 파일에서 [MeanPredicted]를 참조하면 된다.

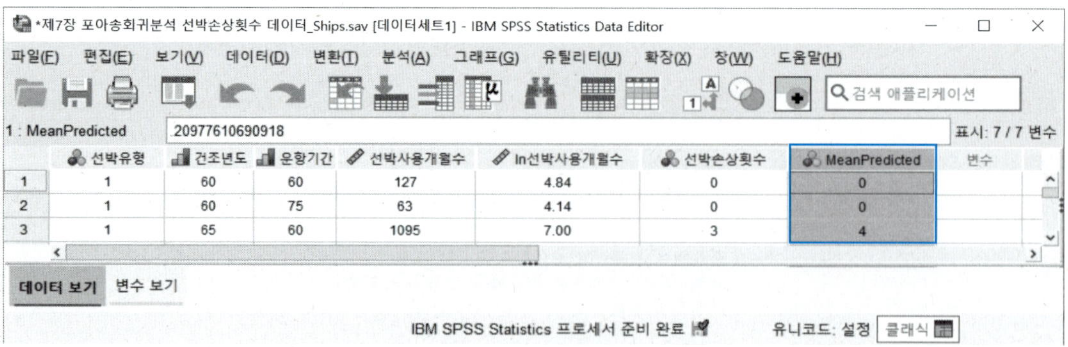

| GLM을 이용한 포아송다중회귀분석의 주요 검증 결과 |

GLM을 이용한 포아송다중회귀분석의 주요 출력물은 다음과 같다.

① 모형 적합 결과와 적합도

앞에서 제시한 설명을 참조한다.

② 회귀계수: 모수 추정값

모수 추정값을 보면 모든 독립변수들이 종속변수에 유의한 영향을 미친 것으로 나타났다.

모수 추정값

			95% Wald 신뢰구간		가설검정				Exp(B)에 대한 95% Wald 신뢰구간	
모수2	B	표준오차	하한	상한	Wald 카이제곱	자유도	유의확률	Exp(B)	하한	상한
(절편)	-6.406	.2174	-6.832	-5.980	867.891	1	.000	.002	.001	.003
[선박유형=5]	.326	.2359	-.137	.788	1.905	1	.168	1.385	.872	2.199
[선박유형=4]	-.076	.2906	-.645	.494	.068	1	.794	.927	.524	1.638
[선박유형=3]	-.687	.3290	-1.332	-.042	4.364	1	.037	.503	.264	.958
[선박유형=2]	-.543	.1776	-.891	-.195	9.361	1	.002	.581	.410	.823
[선박유형=1]	0^a	.	.	.	.	.	.	1	.	.
[건조년도=75]	.453	.2332	-.004	.910	3.782	1	.052	1.574	.996	2.485
[건조년도=70]	.818	.1698	.486	1.151	23.239	1	<.001	2.267	1.625	3.162
[건조년도=65]	.697	.1496	.404	.990	21.704	1	<.001	2.008	1.498	2.692
[건조년도=60]	0^a	.	.	.	.	.	.	1	.	.
[운항기간=75]	.384	.1183	.153	.616	10.567	1	.001	1.469	1.165	1.852
[운항기간=60]	0^a	.	.	.	.	.	.	1	.	.
(척도)	1^b									

종속변수: 화물선박 손상횟수
모형: (절편), 선박유형, 건조년도, 운항기간, 변위 = ln선박 사용 개월 수
a. 중복된 모수이므로 0으로 설정됩니다.
b. 표시된 값으로 고정됩니다.

3) GLM을 이용한 포아송다중회귀분석 검증 결과의 제시와 해석

선박유형, 건조년도 및 운항기간이 종속변수인 화물선박 손상횟수에 미치는 영향을 확인하기 위해서 GLM을 이용해 포아송다중회귀분석을 실시하였으며, 그 검증 결과를 요약하면 다음과 같다. 선박의 손상횟수를 측정한 기간이 각 관측값마다 다르기 때문에 사용기간당 화물선박 손상횟수를 종속변수로 하였으며, 변위변수(Offset variable)로 시간변수인 '선박사용 개월 수의 로그'를 투입하였다.

회귀모형이 회귀계수가 모두 0이 아닌지를 검증하기 위해서 총괄검증을 통해 우도비검증을 수행한 결과 p값이 <0.000로 나타나 유의수준 0.001보다 작아서 독립변수 중에서 1개 이상은 종속변수에 유의한 영향을 미치고 있음을 알 수 있다.

표 7-1 GLM을 이용한 포아송다중회귀분석 결과표 (N=40)

구분	B	SE	Exp(B)	Exp(B)의 신뢰구간	
				하한	상한
절편	−6.406***	0.2174	0.002	0.001	0.003
선박유형(E)	0.326	0.2359	1.385	0.872	2.199
선박유형(D)	−0.076	0.2906	0.927	0.524	1.638
선박유형(C)	−0.687*	0.3290	0.503	0.264	0.958
선박유형(B)	−0.543**	0.1776	0.581	0.410	0.823
건조년도(1975−79)	0.453	0.2332	1.574	0.996	2.485
건조년도(1970−74)	0.818***	0.1698	2.267	1.625	3.162
건조년도(1965−69)	0.697***	0.1496	2.008	1.498	2.692
운항기간(1975−79)	0.384***	0.1183	1.469	1.165	1.852
χ^2=107.633(d.f.=8, p<0.001), −2Log우도=−68.281 Pearson χ^2=38.695(d.f.=25, 값/자유도=1.548) Deviance=42.275(d.f.=25, 값/자유도=1.691)					

*p<0.05, **p<0.01, ***p<0.001
종속변수: 화물선박 손상횟수
참조범주: 선박유형 A, 건조년도 60=1960−64, 운항기간 60=1960−74
연결함수: 로그, 확률분포: 포아송

GLM을 이용한 포아송다중회귀분석 결과를 해석하면 다음과 같다.

첫째, 선박유형 C는 A에 비해 통계적으로 부적으로 화물선박 손상횟수에 유의한 영향을 미쳤으며(p<0.05), 선박유형 C가 A보다 화물선박 손상횟수가 평균 −0.687건 적은 것으로 나타났다. 다른 독립변수들이 통제되었을 때 선박유형 C는 A보다 화물선박 손상횟수가 0.503배(49.7%) 감소하는 것으로 나타났다.

둘째, 선박유형 B는 A에 비해 통계적으로 부적으로 화물선박 손상횟수에 유의한 영향을 미쳤으며(p<0.01), 선박유형 B가 A보다 화물선박 손상횟수가 평균 −0.543건 적은 것으로

나타났다. 다른 독립변수들이 통제되었을 때 선박유형 B는 A보다 화물선박 손상횟수가 0.581배(41.9%) 감소하는 것으로 나타났다.

셋째, 건조년도(1970-74)의 선박은 건조년도(1960-64)의 선박에 비해 통계적으로 정적으로 화물선박 손상횟수에 유의한 영향을 미쳤다($p<0.001$). 다른 독립변수들이 통제되었을 때 건조년도(1970-74)의 선박은 건조년도(1960-64)의 선박보다 화물선박 손상횟수가 1.574배(57.4%) 증가하는 것으로 나타났다.

넷째, 건조년도(1965-69)의 선박은 건조년도(1960-64)의 선박에 비해 통계적으로 정적으로 화물선박 손상횟수에 유의한 영향을 미쳤다($p<0.001$). 다른 독립변수들이 통제되었을 때 건조년도(1965-69)의 선박은 건조년도(1960-64)의 선박보다 화물선박 손상횟수가 2.008배(100.8%) 증가하는 것으로 나타났다.

여섯째, 운항기간(1975-79)의 선박은 운항기간(1960-74)의 선박에 비해 통계적으로 정적으로 화물선박 손상횟수에 유의한 영향을 미쳤다($p<0.001$). 다른 독립변수들이 통제되었을 때 운항기간(1975-79)의 선박은 운항기간(1960-74)의 선박보다 화물선박 손상횟수가 1.468배(46.8%) 증가하는 것으로 나타났다.

마지막으로, 선박유형 D와 E 그리고 건조년도(1975-79)의 선박은 화물선박 손상횟수에 유의한 영향을 미치지 않았다.

통계 실습 7-2 GLM을 이용한 음이항회귀분석

다음의 [제7장 GLM을 이용한 음이항회귀분석 뇌전증 발작횟수 데이터_Breslow][5]를 가지고 음이항다중회귀분석(Negative binomial multiple regression analysis)을 실습하시오. 실습에 사용할 종속변수는 빈도형 데이터이다.

✔ 실습 데이터

ID	치료시작전 8주 동안 발작횟수(Base)	환자 나이 (Age)	치료제 (Trt)	치료시작후 8주 동안 발작횟수(SumY)
1	11	31	placebo	14
2	11	30	placebo	14
…	…	…	…	…
59	12	37	progabide	10

총 사례 수는 59개임

- Base(치료시작전 8주 동안 발작횟수) → 연속형 변수
- Age(환자 나이) → 연속형 변수
- Trt(치료제) → Placebo(위약), Proabide(진약)
- SumY(치료시작후 8주 동안 발작횟수) → 범주형 변수(명목형 빈도형 데이터, 종속변수)

✔ 가설

- 귀무가설(H_0): 독립변수들은 치료시작후 8주 동안 발작횟수에 영향을 주지 않는다.
- 대립가설(H_1): 독립변수들 중 적어도 하나는 치료시작후 8주 동안 발작횟수에 영향을 준다.

실습 데이터	제7장 음이항회귀분석 뇌전증 발작횟수 데이터_Breslow
분석방법 메뉴 선택	분석–기술통계량–빈도분석 분석–일반화 선형모형–일반화 선형모형

5) Breslow, N. E., & Clayton, D. G. (1993). Approximate inference in generalized linear mixed models. *Journal of the American Statistical Association*, 88(421), 9–25.

1) 실습 과정

❶ [파일–열기–데이터]를 선택한 후 실습 데이터 파일이 있는 위치로 찾아가서 [제7장 음이항회귀분석 뇌전증 발작횟수 데이터_Breslow]를 연다.

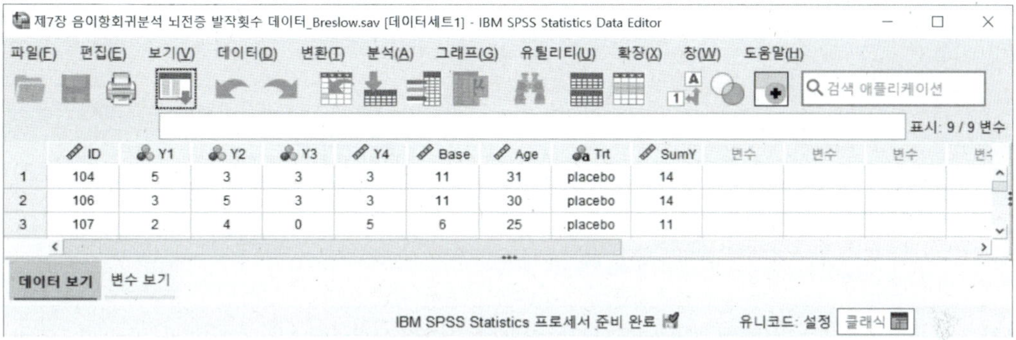

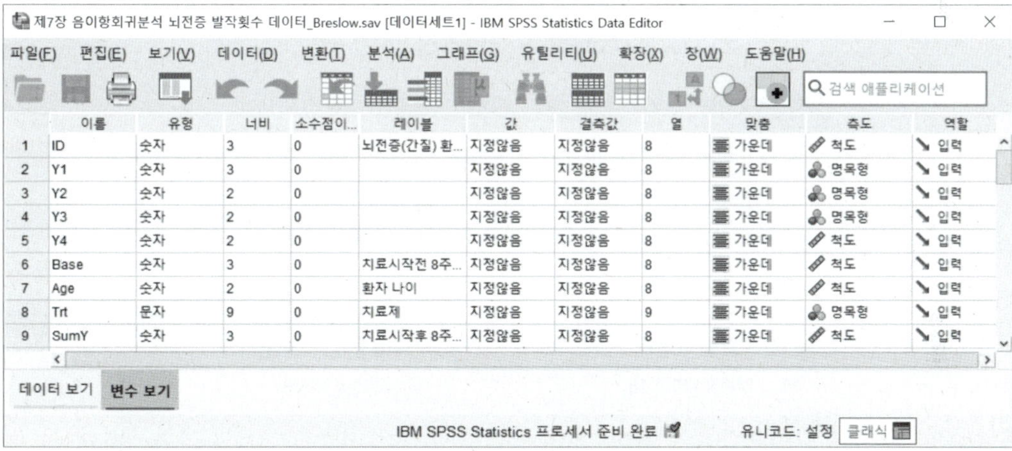

❷ [분석–기술통계량–빈도분석]으로 들어가서 오른쪽 [변수]에 [치료시작후 8주 동안 발작횟수]를 이동시킨다. 우측 상단의 [통계량] 옵션에서 [평균]과 [분산]을 선택한 후 [계속] 버튼을 클릭한다. [차트] 옵션에서 [막대형 차트]를 선택한 후 [계속] 버튼을 클릭한다. 마지막으로 좌측 하단의 [확인] 버튼을 클릭한다. 이 작업은 종속변수의 확률분포를 파악하기 위해서 수행한 것이다.

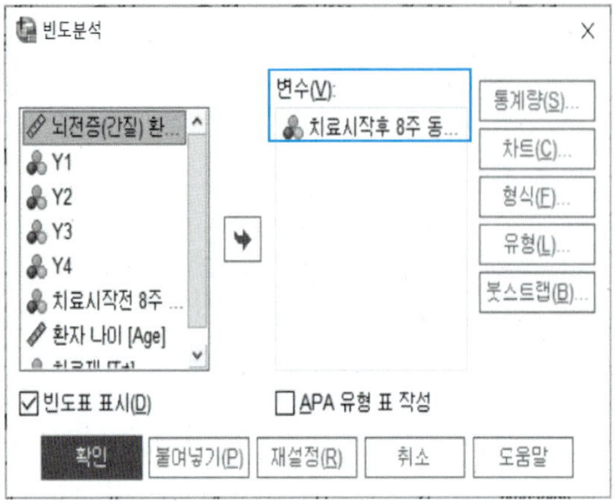

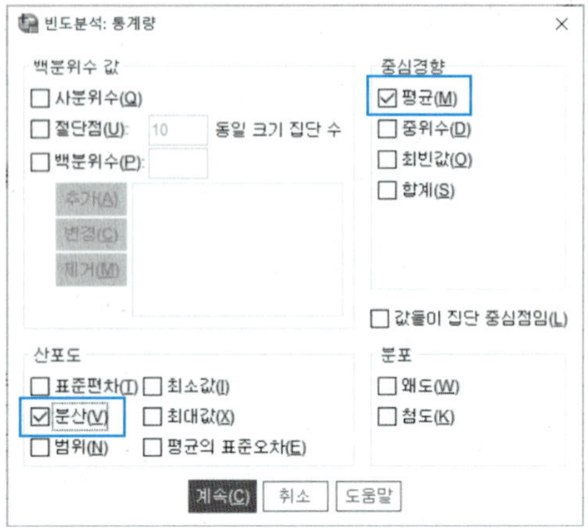

❸ [분석-일반화 선형모형-일반화 선형모형]을 선택하여 [일반화 선형모형] 창으로 들어간다. 좌측 중간에 있는 [포아송 로그선형]을 선택한다.

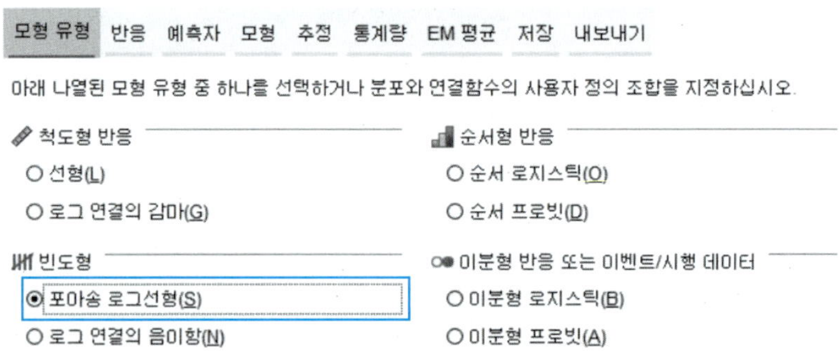

❹ [일반화 선형모형] 창의 [반응] 탭에서 [치료시작후 8주 동안 발작횟수]를 우측 상단의 [종속변수]로 보낸다.

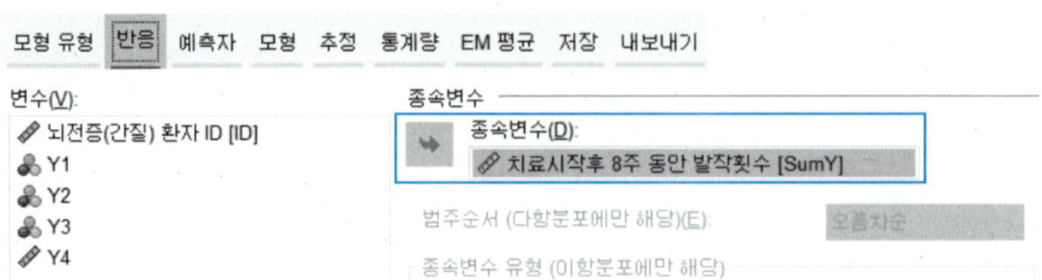

❺ [일반화 선형모형] 창의 [예측자] 탭에서 좌측 [변수]에 있는 범주형 변수인 [치료제]를 우측의 [요인]으로 그리고 연속형 변수인 [치료시작전 8주 동안 발작횟수], [환자 나이]는 [공변량]으로 이동시킨다. 이 실습에서는 [내림차순]을 선택하기로 한다.

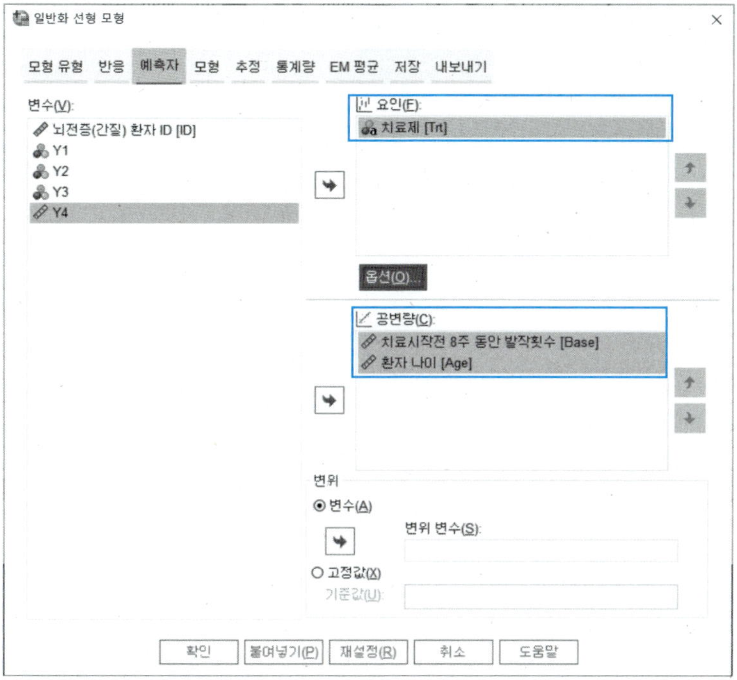

❻ [일반화 선형모형] 창의 [모형] 탭에서 [모형 효과 지정]에 있는 모든 변수들을 우측의 [모형]으로 이동시킨다. [항 설정]에는 [주효과]를 그대로 둔다.

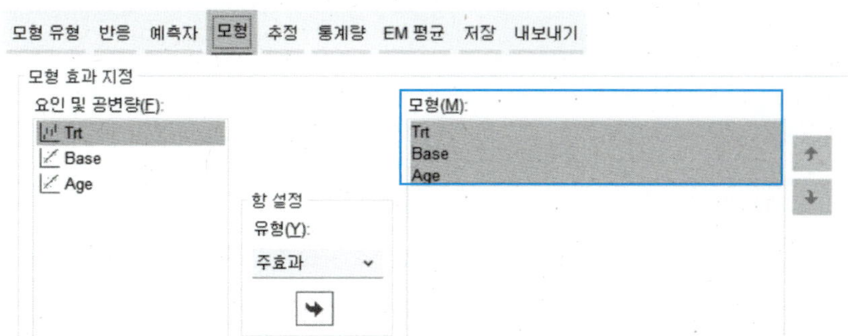

❼ [일반화 선형모형] 창의 [추정] 탭은 그대로 둔다. [통계량] 탭의 [인쇄]에서 [모수 추정값] 바로 밑에 있는 [지수 모수 추정값 포함]을 선택한다. 이는 출력물에 오즈비(승산비) Exp(B)를 출력하기 위한 것이다.

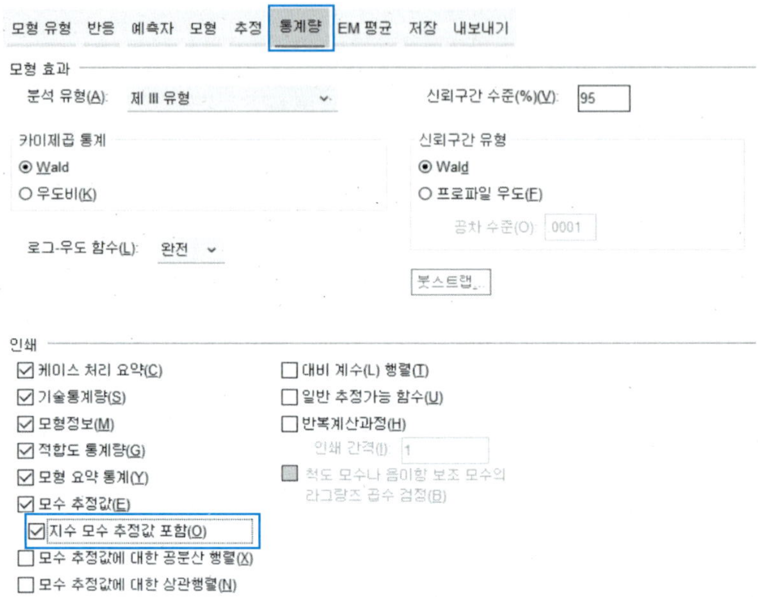

❽ [일반화 선형모형] 창의 [저장] 탭에서 [반응 예측값의 평균]을 선택한다. 마지막으로 좌측 하단에 있는 [확인] 버튼을 클릭하여 실행한다.

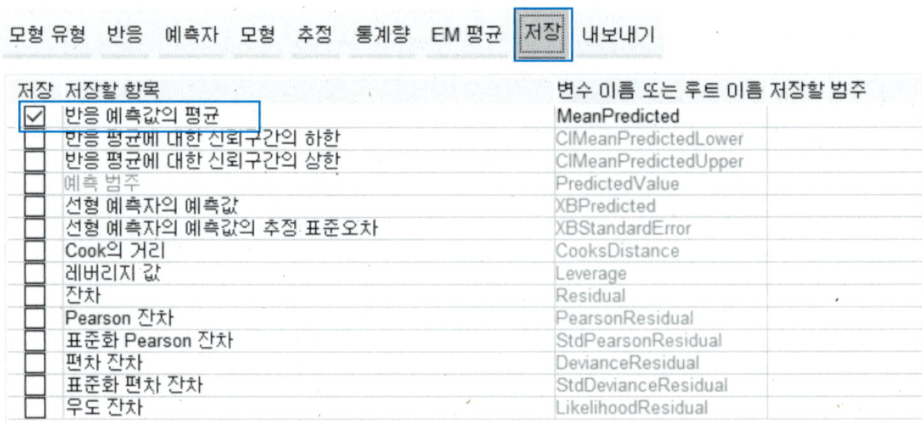

❾ 실행 결과의 출력물에서 [적합도]를 확인한다. 편차값(변수값/자유도)이 10.172로 나타났다. 편차값이 4를 넘었으므로 이 실습 데이터는 [포아송회귀분석]보다는 [음이항회귀분석]이 더 적합함을 알 수 있다.

적합도[a]

	변수값	자유도	값/자유도
편차	559.444	55	10.172
척도 편차	559.444	55	
Pearson 카이제곱	646.841	55	11.761
척도 Pearson 카이제곱	646.841	55	
로그 우도[b]	-421.354		
Akaike 정보 기준(AIC)	850.707		
무한 표본 수정된 AIC (AICC)	851.448		
베이지안 정보 기준(BIC)	859.017		
일관된 AIC(CAIC)	863.017		

종속변수: 치료시작후 8주동안 발작횟수
모형: (절편), 치료제, 치료시작전 8주동안 발작횟수, 환자 나이

a. 정보 기준은 가능한 작은 형태입니다.

b. 전체 로그 우도 함수가 표시되고 계산 정보 기준에 사용됩니다.

❿ 음이항회귀분석을 수행하기 위해서 [일반화 선형 모형] 창의 [모형 유형] 탭에서 좌측 중간에 있는 [빈도형]의 [로그 연결의 음이항]을 선택한다. 마지막으로 좌측 하단에 있는 [확인] 버튼을 클릭하여 실행한다.

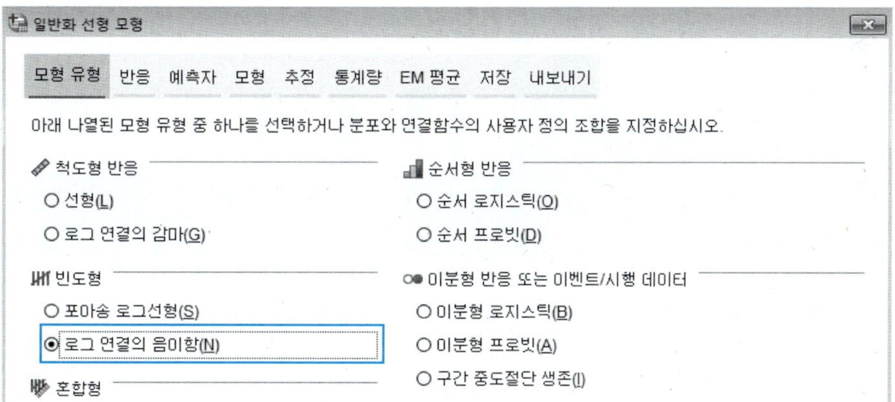

2) 주요 분석 결과

GLM을 이용한 음이항다중회귀분석에 대한 주요 출력 결과는 다음과 같다.

| 종속변수의 빈도분석 결과 |

종속변수가 포아송분포인지를 알아보기 위해서 빈도분석을 수행한 결과이다. 종속변수 데이터의 평균(33.05)보다 분산(2077.911)이 큰 것으로 나타나 과대산포일 가능성이 있다. 분석 결과의 그림을 보면 데이터가 왼쪽으로 치우쳐 있는 음이항분포의 형태를 가지고 있음을 알 수 있다.

통계량

치료시작후 8주 동안 발작횟수

N	유효	59
	결측	0
평균		33.05
분산		2077.911

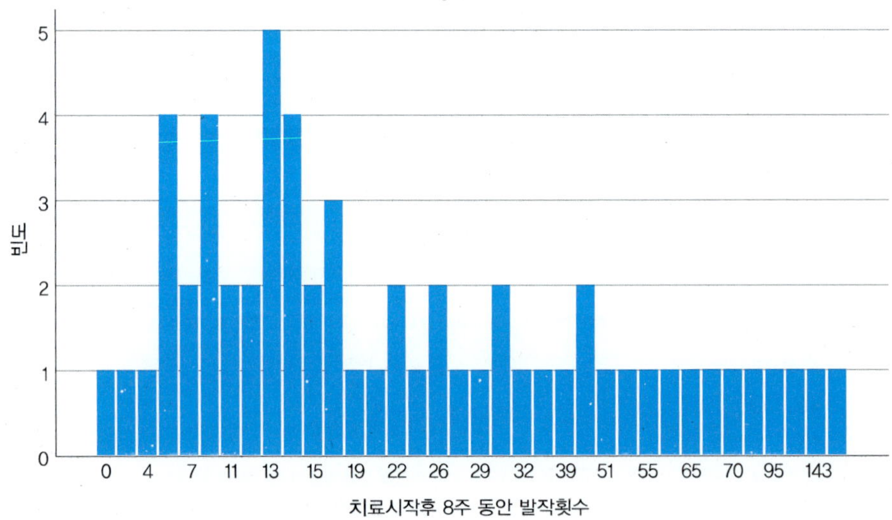

| 모형 정보 결과 |

모형 정보로 사용된 종속변수, 확률분포 및 연결함수를 보여준다.

모형정보

종속변수	치료시작후 8주동안 발작횟수
확률 분포	음이항(1)
연결함수	로그

| 케이스 처리 요약 결과 |

전체 케이스에 대한 사례 수를 보여준다.

케이스 처리 요약

	N	퍼센트
포함됨	59	100.0%
제외됨	0	0.0%
전체	59	100.0%

| 범주형 변수 정보 요약 결과 |

범주형 변수와 종속변수에 대한 빈도분석 결과를 보여준다.

범주형 변수 정보

			N	퍼센트
요인	치료제	progabide	31	52.5%
		placebo	28	47.5%
		전체	59	100.0%

| 연속형 변수 정보 요약 결과 |

연속형 변수에 대한 기술통계량을 보여준다.

연속형 변수 정보

		N	최소값	최대값	평균	표준편차
종속변수	치료시작후 8주동안 발작횟수	59	0	302	33.05	45.584
공변량	치료시작전 8주동안 발작횟수	59	6	151	31.22	26.877
	환자 나이	59	18	42	28.34	6.302

| 총괄검증 결과 |

총괄검증 결과 우도비 카이제곱값이 37.795이고 이의 p값이 <0.001이므로 유의수준 0.001보다 작으므로 독립변수들 중에 적어도 하나는 종속변수인 [치료시작후 8주 동안 발작횟수]에 유의한 영향을 미침을 보여준다.

총괄 검정[a]

우도비 카이제곱	자유도	유의확률
37.795	3	<.001

종속변수: 치료시작후 8주동안 발작횟수
모형: (절편), 치료제, 치료시작전 8주동안 발작횟수, 환자 나이

a. 적합한 모형을 절편 전용 모형과 비교합니다.

| 모형 효과검증 결과 |

모형 효과에 대한 Wald 카이제곱검증 결과 [치료시작전 8주 동안 발작횟수]만 유의수준 0.001에서 종속변수인 [치료시작후 8주 동안 발작횟수]에 유의한 효과가 있음을 보여준다.

모형 효과 검정

	제 III 유형		
소스	Wald 카이제곱	자유도	유의확률
(절편)	6.978	1	.008
치료제	.539	1	.463
치료시작전 8주동안 발작횟수	22.240	1	<.001
환자 나이	.514	1	.473

종속변수: 치료시작후 8주동안 발작횟수
모형: (절편), 치료제, 치료시작전 8주동안 발작횟수, 환자 나이

| 적합도검증 결과 |

[적합도검증] 결과 편차값이 0.416이므로 과소산포인 것으로 보인다. 편차와 Pearson의 카이제곱을 자유도로 나눈 값이 1보다 작으므로 데이터가 음이항회귀모형에 적합함을 알 수 있다.

적합도[a]

	변수값	자유도	값/자유도
편차	22.879	55	.416
척도 편차	22.879	55	
Pearson 카이제곱	23.102	55	.420
척도 Pearson 카이제곱	23.102	55	
로그 우도[b]	-247.371		
Akaike 정보 기준(AIC)	502.742		
무한 표본 수정된 AIC (AICC)	503.483		
베이지안 정보 기준(BIC)	511.053		
일관된 AIC(CAIC)	515.053		

종속변수: 치료시작후 8주동안 발작횟수
모형: (절편), 치료제, 치료시작전 8주동안 발작횟수, 환자 나이

a. 정보 기준은 가능한 작은 형태입니다.

b. 전체 로그 우도 함수가 표시되고 계산 정보 기준에 사용됩니다.

| 종속변수 반응 예측값의 평균 추정 결과 |

종속변수인 [치료시작후 8주 동안 발작횟수]에 대한 반응 예측값의 평균 추정치는 데이터 파일에서 [MeanPredicted-1]을 참조하면 된다.

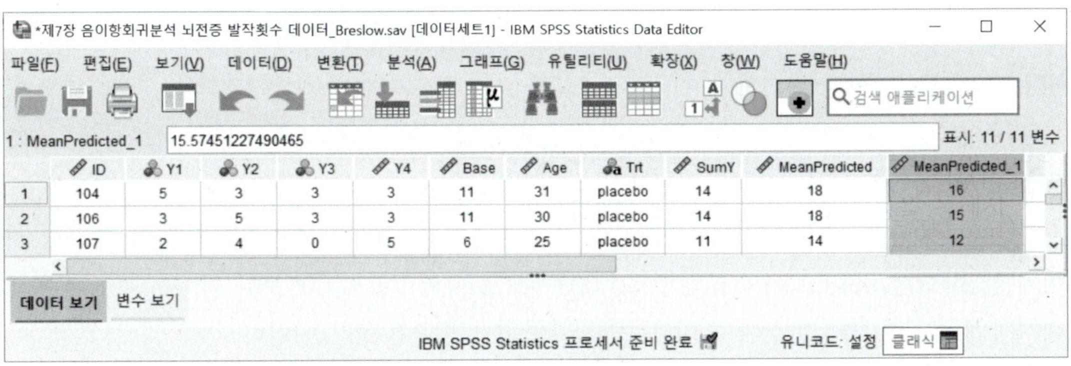

| GLM을 이용한 음이항다중회귀분석의 주요 검증 결과 |

GLM을 이용한 음이항다중회귀분석의 주요 출력물은 다음과 같다.

① 모형 적합 결과와 적합도

앞에서 제시한 설명을 참조한다.

② 회귀계수: 모수 추정값

모수 추정값을 보면 독립변수 중에서 치료시작전 8주 동안 발작횟수만이 종속변수에 유의한 영향을 미친 것으로 나타났다.

모수 추정값

			95% Wald 신뢰구간		가설검정				Exp(B)에 대한 95% Wald 신뢰구간	
모수2	B	표준오차	하한	상한	Wald 카이제곱	자유도	유의확률	Exp(B)	하한	상한
(절편)	1.935	.7223	.520	3.351	7.178	1	.007	6.926	1.681	28.530
[치료제=progabide]	-.197	.2686	-.724	.329	.539	1	.463	.821	.485	1.390
[치료제=placebo]	0[a]	.	.	.	.	.	.	1	.	.
치료시작전 8주동안 발작횟수	.028	.0060	.016	.040	22.240	1	<.001	1.029	1.017	1.041
환자 나이	.016	.0225	-.028	.060	.514	1	.473	1.016	.972	1.062
(척도)	1[b]									
(음이항)	1[b]									

종속변수: 치료시작후 8주동안 발작횟수
모형: (절편), 치료제, 치료시작전 8주동안 발작횟수, 환자 나이

a. 중복된 모수이므로 0으로 설정됩니다.

b. 표시된 값으로 고정됩니다.

3) GLM을 이용한 포아송다중회귀분석 검증 결과의 제시와 해석

치료제, 치료시작전 8주 동안 발작횟수 및 환자 나이가 종속변수인 치료시작후 8주 동안 발작횟수에 미치는 영향을 확인하기 위해서 GLM을 이용해 음이항다중회귀분석을 실시하였으며, 그 검증 결과를 요약하면 다음과 같다. 적합도에 대한 검증 결과 종속변수인 치료시작후 8주 동안 발작횟수 데이터는 음이항회귀분석에 적합한 것으로 나타났다.

회귀모형이 회귀계수가 모두 0이 아닌지를 검증하기 위해서 총괄검증을 통해 우도비 카이제곱값이 37.795이고 이의 p값이 <0.001이므로 유의수준 0.001보다 작아서 독립변수 중에서 1개 이상은 종속변수에 유의한 영향을 미치고 있음을 알 수 있다.

표 7-2 GLM을 이용한 음이항다중회귀분석 결과표 (N=59)

구분	B	SE	Exp(B)	Exp(B)의 신뢰구간	
				하한	상한
절편	1.935**	0.7223	6.926	1.681	28.530
치료제(Progabide)	−0.197	0.2686	0.821	0.485	1.390
치료시작전 8주 동안 발작횟수 (Base)	0.028***	0.0060	1.029	1.017	1.041
환자 나이(Age)	0.016	0.0225	1.016	0.972	1.062
χ^2=37.795(d.f.=3, p<0.001), −2Log우도=−247.371 Pearson χ^2=22.879(d.f.=55, 변수값/자유도=0.416) Deviance=23.102(d.f.=55, 변수값/자유도=0.420)					

**p<0.01, ***p<0.001
종속변수: 치료시작후 8주 동안 발작횟수
참조범주: Placebo(위약)
연결함수: 로그, 확률분포: 음이항

GLM을 이용한 음이항다중회귀분석 결과를 해석하면 다음과 같다.

첫째, 치료시작전 8주 동안 발작횟수는 치료시작후 8주 동안 발작횟수에 정적으로 유의한 영향을 미쳤다(p<0.001). 다른 독립변수들이 통제되었을 때 발작횟수가 한 단위 증가하면 치료시작전 8주 동안 발작횟수는 치료시작후 8주 동안 발작횟수를 1.017배(1.7%) 증가시키는 것으로 나타났다.

둘째, 치료제와 환자 나이는 치료시작후 발작횟수에 유의한 영향을 미치지 못하는 것으로 나타났다(p>0.05). 이는 다른 변수를 통제했을 때 진약인 Progabide가 위약에 비해 뇌전증 발작횟수를 줄인다고 하기에는 증거가 충분하지 않음을 알 수 있다.

제 8 장

영과잉 포아송회귀분석과 영과잉 음이항회귀분석

Zero-Inflated Poisson Regression Analysis and Zero-Inflated Negative Binomial Regression Analysis

1 영과잉 포아송회귀분석과 영과잉 음이항회귀분석

1.1 영과잉 포아송회귀분석과 영과잉 음이항회귀분석의 의의와 필요성

빈도형 데이터에서는 정상적인 포아송분포로부터 추론되는 0의 빈도보다 '전혀 없음'과 같이 항상 0으로 처리되는 빈도가 과잉적으로 관찰되는 경우가 많다. 예컨대 TV가 없는 사람이나 TV를 가지고 있으나 TV를 시청하지 않는 사람은 모두 하루 TV 시청시간이 0이다. 그러나 TV를 가지고 있지 않은 사람들의 0은 영과잉의 원인이 되며 포아송분포로는 설명이 되지 않는다. 이와 같이 TV를 가지고 있지 않아서 시청시간이 0인 경우는 항상 0(Always zeros)으로 처리될 수밖에 없으며 보통 영과잉(Excess zeros, or Zero inflation) 혹은 구조적인 0(Structural zeros)이라고 한다. 연구과정에서 영과잉이 발생하는 것은 ① 특정 행동을 나타내지 않은 집단(예: 비흡연자 집단)을 연구에 포함시키거나 ② 특정 행동을 나타내지만 표본추출 계획(Sampling plan)에서 제외(예: 입원환자만 표본추출한 경우)시킨 연구에서 나타난다.

종속변수가 0의 빈도수가 많은 영과잉의 데이터에 대해서 포아송분포를 가정하고 포아송회귀모형을 적용하면 다양한 오류가 발생된다. 대표적으로 추정의 부정확성이 발생하여 독립변수의 유의성 여부가 달라지며, 평균에 비해 분산이 과도하게 큰 값을 보이는 과대산포(Over-dispersion)의 문제가 발생할 수 있다. 이러한 문제를 해결하기 위해서 과도한 0의 빈도를 회귀모형에 반영하는 것이 바로 영과잉 회귀분석(Zero-inflated regression analysis)이다.

- 영과잉 회귀분석은 사건의 발생확률과 발생횟수에 영향을 미치는 독립변수를 한 번에 탐색할 수 있다.
- 영과잉 데이터를 일반 포아송회귀분석이나 음이항회귀분석을 사용하여 분석하게 되면 영과잉 부분에 대한 과소추정이 발생할 수 있다.
- 영과잉 회귀분석은 로짓함수(로지스틱함수)와 포아송함수의 혼합(Mixture) 확률분포를 가지는 회귀모형으로, 표본의 모든 사례를 활용하여 사건의 발생확률과 발생빈도의 추정을 동시에 할 수 있다는 장점이 있다.
- 영과잉 회귀분석은 가산모형(Count model)과 로짓모형(Logit model)을 이용해서 종속변수의 사건발생 빈도와 사건발생 가능성을 추정한다.
- ZINBR 모형(영과잉 음이항회귀분석)은 아직 문제가 발생하지 않았지만 앞으로 문제가 발생될 가능성을 예측하는 로짓모형과 이미 문제가 나타난 대상들에게서는 그 문제의 심각성에 미치는 영향 요인을 예측하는 가산모형을 동시에 분석할 수 있다.
- 가산모형과 로짓모형의 독립변수들을 동일하게 설정하기도 하지만 동일하게 설정할 필요는 없다. 왜냐하면 가산모형의 빈도에 대한 영향요인과 0의 집단에 속할 확률에 대한 영향요인은 차이가 있을 수 있다는 점을 가정하기 때문이다.
- 모형의 적합도 평가는 AIC(Akaike Information Criterion)를 사용한다. AIC가 작을수록 더 좋은 모형 적합도를 가진다.
- 영과잉 회귀분석에서 영과잉 포아송회귀분석과 영과잉 음이항회귀분석을 선택하기 위해서는 과산포 파라미터[Log(alpla) 혹은 ln(alpha)/Log(theta) 혹은 ln(theta)]의 통계적 유의성을 분석해야 한다. 귀무가설은 '과산포가 없다'이며, 과산포 파라미터가 유의하면 과산포이므로 영과잉 음이항회귀분석을 선택하고, 유의하지 않으면 과산포가 아니므로 영과잉 포아송회귀분석을 선택한다.

표 8-1 영과잉 포아송회귀분석과 영과잉 음이항회귀분석의 개념

구분	영과잉 회귀분석의 개념
영과잉 포아송회귀분석 (ZIPR)	종속변수의 **평균과 분산이 같은 등산포(Equi-dispersion)이고 영과잉(Excess zeros)이 있는 데이터인 경우**에 독립변수들(설명변수들)이 종속변수에 미치는 사건의 발생확률(가능성)과 사건발생건수에 미치는 영향을 분석하기 위한 회귀분석 방법
영과잉 음이항회귀분석 (ZINBR)	종속변수의 **평균보다 분산이 큰 과대산포(Over-dispersion)이고 영과잉(Excess zeros)이 있는 데이터인 경우**에 독립변수들(설명변수들)이 종속변수에 미치는 사건의 발생확률(가능성)과 사건발생건수에 미치는 영향을 분석하기 위한 회귀분석 방법

영과잉 회귀분석은 영과잉 포아송회귀분석(Zero-inflated Poisson regression analysis: ZIPR)과 영과잉 음이항회귀분석(Zero-inflated negative binomial regression analysis: ZINBR)으로 구분된다. 각 방법의 개념은 [표 8-1]과 같다.

영과잉 회귀분석을 수행하기 위해서는 종속변수인 빈도형 데이터(Count data) 0, 1, 2, 3 … 중에서 0인 부분(0)과 0이 아닌 1 이상에 속하는 부분(1, 2, 3 …)으로 구분해야 한다. 즉 전체 연구대상 집단을 종속변수의 응답값에 따라 [0으로 응답한 집단]과 [1 이상으로 응답한 집단]으로 나누어서 분석한다. 전자의 0으로 응답한 집단의 데이터는 로짓모형(Logit model)[1]을 이용하며 이는 독립변수들을 가지고 종속변수인 사건이 발생하지 않을 가능성인 0의 값(빈도값)을 가질 확률(무발생 확률, Probability of zero)을 추정하며, 후자의 1 이상으로 응답한 집단의 데이터는 가산모형(Count model)을 이용하며 이는 독립변수들을 가지고 종속변수인 사건이 발생할 가능성을 의미하는 다른 값(1, 2, 3 …)인 사건발생 횟수(빈도)의 증가(혹은 감소)에 영향을 미치는 요인(위험요인)이 무엇인지를 탐색한다.

로짓모형에서는 사건이 발생하지 않을 확률을 추정한다. 예를 들면 물고기를 한 마리도 잡지 못할 확률이 잡을 확률에 비해 더 증가(혹은 감소)하는지를 추정한다. 가산모형에서는 사건이 발생의 횟수(빈도)가 증가하는지, 아니면 감소하는지를 추정한다. 예를 들면 물고기를 잡을 횟수(빈도)가 증가하는지, 아니면 감소하는지를 추정한다.

이상에서 설명한 것처럼 영과잉 포아송회귀분석에서는 두 개의 잠재집단이 존재한다는 것을 가정하고 있다. 즉, [0으로 응답한 집단]과 [1 이상으로 응답한 집단]으로 구분해 분석한다. 전자의 경우에는 데이터가 베르누이분포(확률변수의 가능한 값이 두 개뿐인 확률분포)를 따르기 때문에 로짓함수(로지스틱함수)를 연결함수로 사용하며, 후자의 경우에는 종속변수 데이터

1) 로짓모형은 영과잉모형(Zero inflation model)이라고도 한다.

가 포아송분포를 따르므로 로그(Log)함수를 사용한다.

가산모형(Count model)

$$\ln(\lambda) = \beta_0 + \beta_1 X_1 + \beta_2 X_2 + \cdots + \beta_k X_{k^\cdot} + \epsilon_i$$

여기서, λ는 사건발생횟수 평균(종속변수 Y의 평균)

로짓모형(Logit model) = 영과잉모형(Zero inflation model)

$$\ln\left(\frac{\pi}{1-\pi}\right) = Logit(\pi) = \beta_0 + \beta_1 X_1 + \beta_2 X_2 + \cdots + \beta_k X_{k^\cdot} + \epsilon_i$$

여기서, π는 Y가 1 이상의 값에 속할 확률(사건의 발생할 확률)
$1-\pi$는 종속변수 Y가 0에 속할 확률(사건이 발생하지 않을 확률)

영과잉 회귀모형의 회귀식에서 가산모형의 β는 사건발생횟수(빈도)와 독립변수들인 X들 간의 회귀계수이며, 로짓모형의 β는 사건이 발생하지 않을 집단에 속할 확률에 대한 독립변수들의 회귀계수를 의미한다.

1.2 영과잉 포아송회귀분석과 영과잉 음이항회귀분석의 적용상황

종속변수가 영과잉 데이터(Excess zeros data)이고 평균과 분산이 같은 등산포(Equi-dispersion)이면 영과잉 포아송회귀분석을 선택한다. 반면에 종속변수가 영과잉 데이터이고 평균보다 분산이 큰 과대산포이면 평균과 분산이 같다는 포아송분포의 기본 가정이 깨지므로 이 경우에는 영과잉 음이항회귀분석을 적용한다.

그림 8-1 ❙ 영과잉 포아송회귀분석과 영과잉 음이항회귀분석의 선택

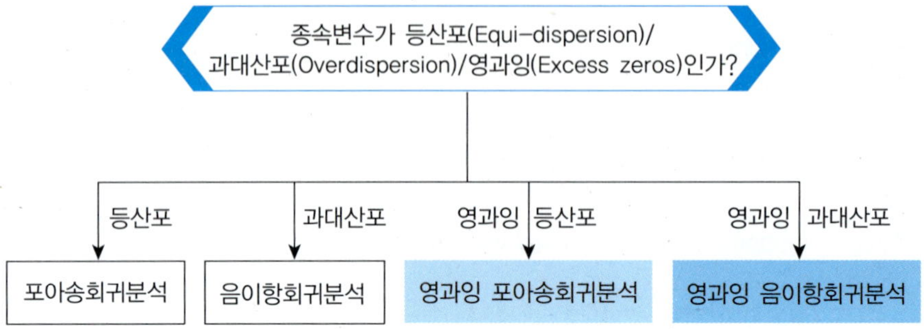

2 영(0)과잉 계수 모형의 추가 설치

영과잉 회귀분석을 수행하기 위해서는 먼저 [영(0)과잉 계수 모형]을 설치해야 한다. 왜냐하면 SPSS에서는 영과잉 회귀분석을 위한 하위 메뉴를 제공하지 않기 때문이다. 이와 같이 SPSS 통계 프로그램에서는 자주 이용되는 기본 분석을 위한 방법만 기본 메뉴에 제공하고 있으며, 평상시 잘 사용되지 않는 방법들에 대한 분석 메뉴를 제공하지 않으므로 [확장-확장 허브] 메뉴에 들어가서 필요한 확장 프로그램을 설치해야 한다. 기본적인 설치 절차를 제시하면 다음과 같다.

- SPSS의 [확장-확장 허브] 메뉴를 클릭해 들어간다. 그러면 다양한 분석 프로그램들이 나타난다.
- [STATS_ZEROINFL]을 찾은 후 [확장 가져오기]를 체크한 후 [확인] 버튼을 클릭한다.
- 설치가 완료되면 [분석-일반화 선형 모형]의 하위 메뉴로 [영(0)과잉 계수 모형]이 추가되었음을 확인할 수 있다.

▶ 그림 8-2 ▌ 영과잉 회귀분석 프로그램 추가 설치

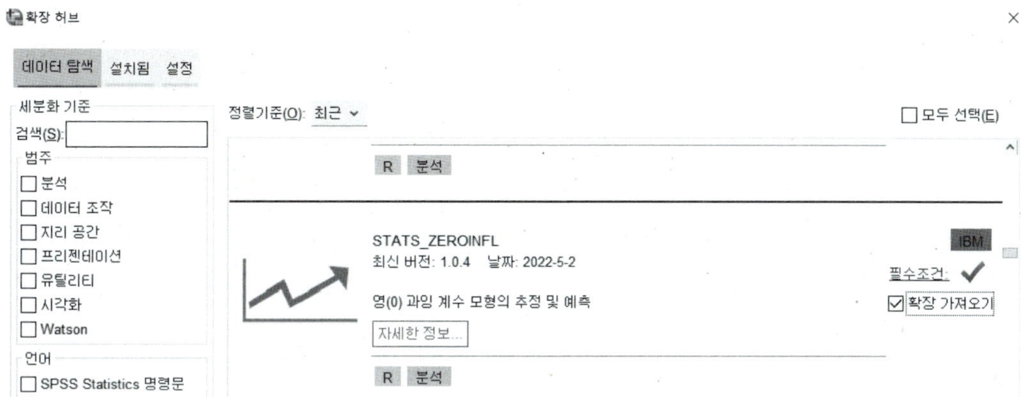

▶ 그림 8-3 ▌ 영과잉 회귀분석 프로그램이 설치 완료된 화면

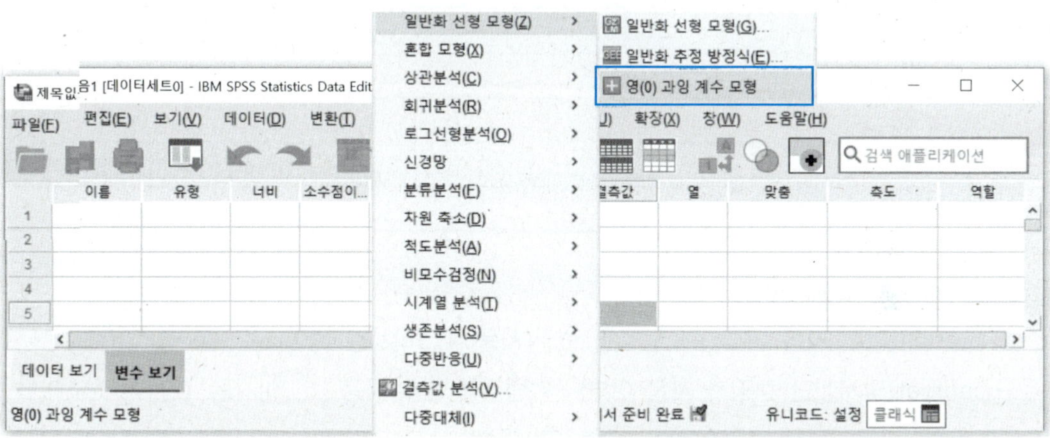

3 영과잉 회귀분석의 SPSS 통계 실습

통계 실습 8-1 영과잉 포아송회귀분석

미국의 주립 야생생물학자들은 주립공원에서 어부들이 얼마나 많은 물고기를 잡는지를 모델링하려고 한다. 다음의 [제8장 영과잉회귀분석 낚시 데이터_Fish]에는 공원에 갔던 250개 집단에 대한 데이터가 있다.[2] 종속변수 데이터는 포아송분포(등산포)이며 공원에 갔던 일부의 사람들은 낚시를 했지만 어떤 물고기도 잡지 않았기 때문에 초과 0을 포함하고 있다. 주어진 낚시 데이터를 가지고 영과잉 포아송회귀분석(Zero-Inflated Poisson regression analysis: ZIPR)를 실습하시오.

✔ 실습 데이터

ID	livebait	camper	persons	children	count
1	0	0	1	0	0
2	1	1	1	0	0
…	…	…	…	…	…
250	1	1	2	1	0

총 사례 수는 250개임

- livebait(미끼 사용 여부) → 범주형 변수(사용 '1', 미사용 '0')
- camper(낚시집단 캠핑카 사용 여부) → 범주형 변수(사용 '1', 미사용 '0')
- persons(낚시집단 총인원 수) → 연속형 변수
- children(캠핑집단 어린이 수) → 연속형 변수
- count(잡은 물고기 수)(종속변수) → 연속형 변수(0, 1, 2 …)

✔ 가설

- 귀무가설(H_0): 독립변수들은 잡은 물고기 수에 영향을 주지 않는다
  $(\beta_1 = \beta_2 = \beta_3 = \beta_4 = 0)$.

2) https://gist.github.com/sachinsdate/09cfd42b7701c48ec68b04c786786434

• 대립가설(H_1): 독립변수들 중 적어도 하나는 잡은 물고기 수에 영향을 준다.

실습 데이터	제8장 영과잉회귀분석 낚시 데이터_Fish
분석방법 메뉴 선택	확장–확장 허브 분석–기술통계량–빈도분석 분석–일반화 선형모형–영(0)과잉 계수 모형

1) 실습 과정

❶ 영과잉 회귀분석에 필요한 프로그램이 분석 메뉴의 [일반화 선형 모형]에 없다면 [확장–확장 허브]를 선택한 후 필요한 프로그램인 [STATS_ZEROINFL]을 설치해야 한다. 설치 방법은 앞에서 설명한 이 장의 본문을 참조하기 바란다.

❷ [파일–열기–데이터]를 선택한 후 실습 데이터 파일이 있는 위치로 찾아가서 [제8장 영과잉회귀분석 낚시 데이터_Fish]를 연다.

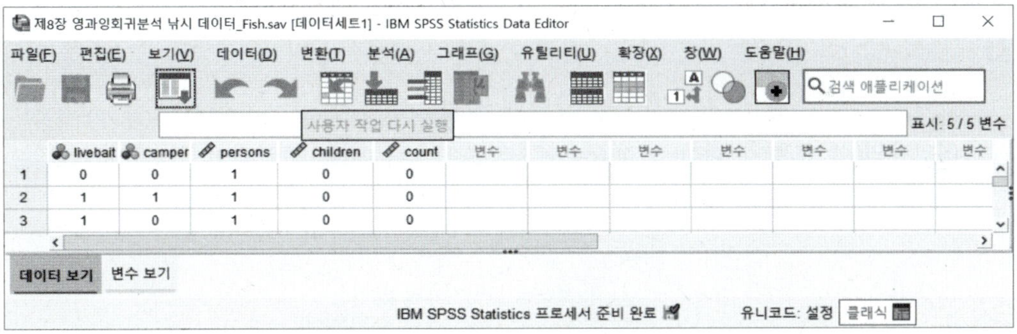

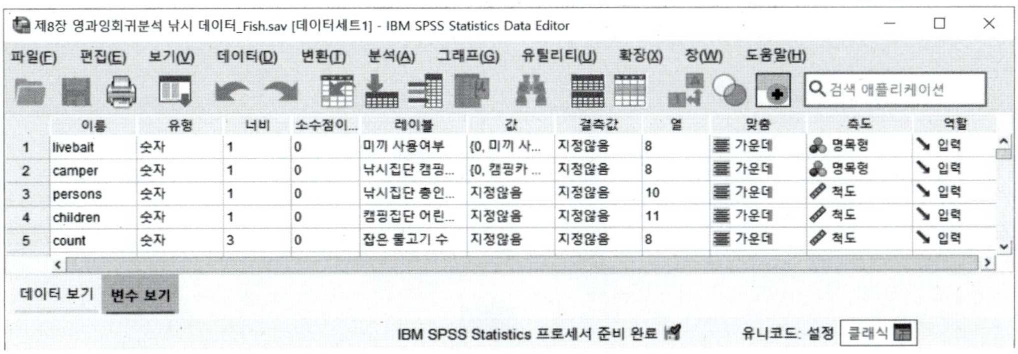

❸ [분석-기술통계량-빈도분석]으로 들어가서 오른쪽 [변수]에 [잡은 물고기 수(count)]를 이동시킨다. 우측 상단의 [통계량] 옵션에서 [평균]과 [분산]을 선택한 후 [계속] 버튼을 클릭한다. [차트] 옵션에서 [막대형 차트]를 선택한 후 [계속] 버튼을 클릭한다. 마지막으로 좌측 하단의 [확인] 버튼을 클릭한다. 이 작업은 종속변수의 확률분포를 파악하기 위해서 수행한 것이다.

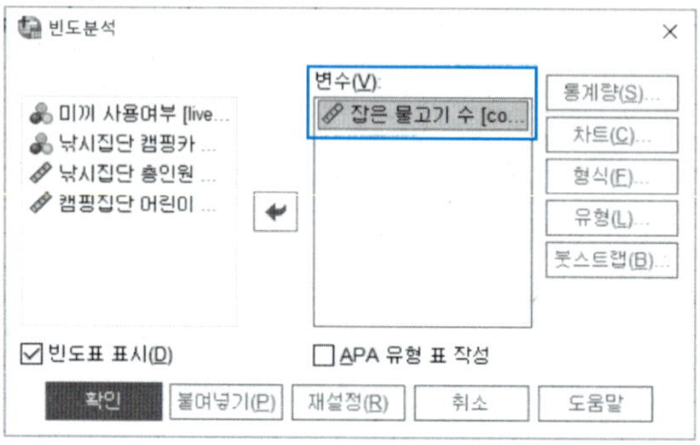

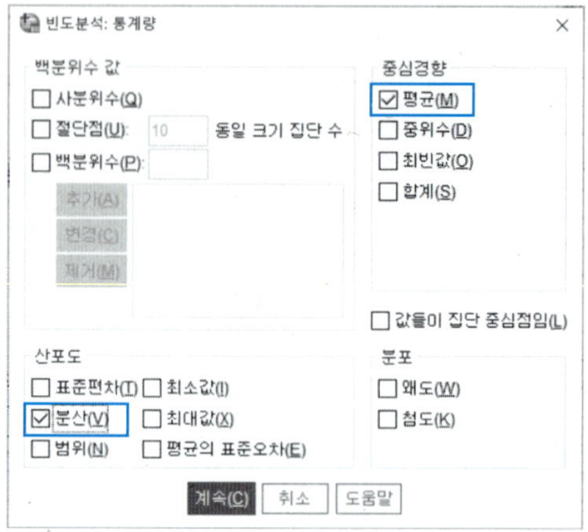

❹ [분석-일반화 선형모형-영(0)과잉 계수 모형]을 선택하여 [영(0)과잉 계수 모형] 창으로 들어간다. 우측 상단에 있는 [옵션]을 클릭해 들어간다. [계수 모형 분포]에서 [포아송]이, 그리고 [영(0) 모형에 대한 연결함수는 [로짓]이 디폴트로 선택되어 있으므로 그대로 두고 [계속] 버튼을 클릭한다.

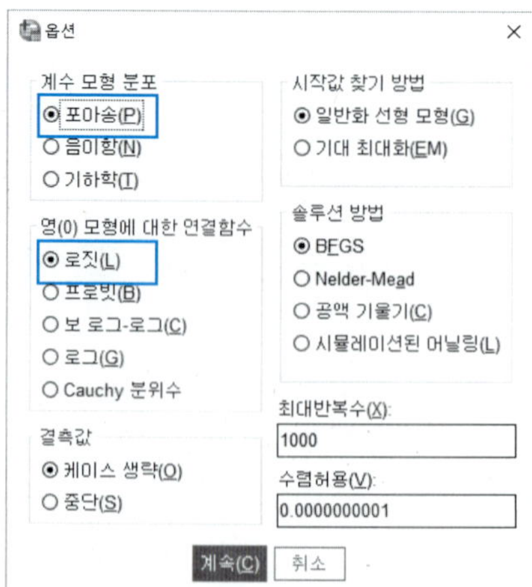

❺ [영(0)과잉 계수 모형] 창에서 좌측 [변수]에 있는 종속변수인 [잡은 물고기 수(count)]를 우측의 [종속변수]로 보낸다. 그리고 범주형 변수인 [미끼 사용 여부(livebait)]와 [낚시집단 캠핑카 사용 여부(camper)], 연속형 변수인 [낚시집단 총인원 수(persons)], [캠핑집단 어린이 수(children)]를 [계수 모형 예측자]와 [영(0) 모형 예측자]로 이동시킨다. 계수 모형 예측자와 영(0) 모형 예측자(계수 변수 사용 생략) 사이에 있는 [영(0) 모형에 대해 계수 예측자 사용]을 해제한다. 마지막으로 좌측 하단에 있는 [확인] 버튼을 클릭해 분석을 실행한다.

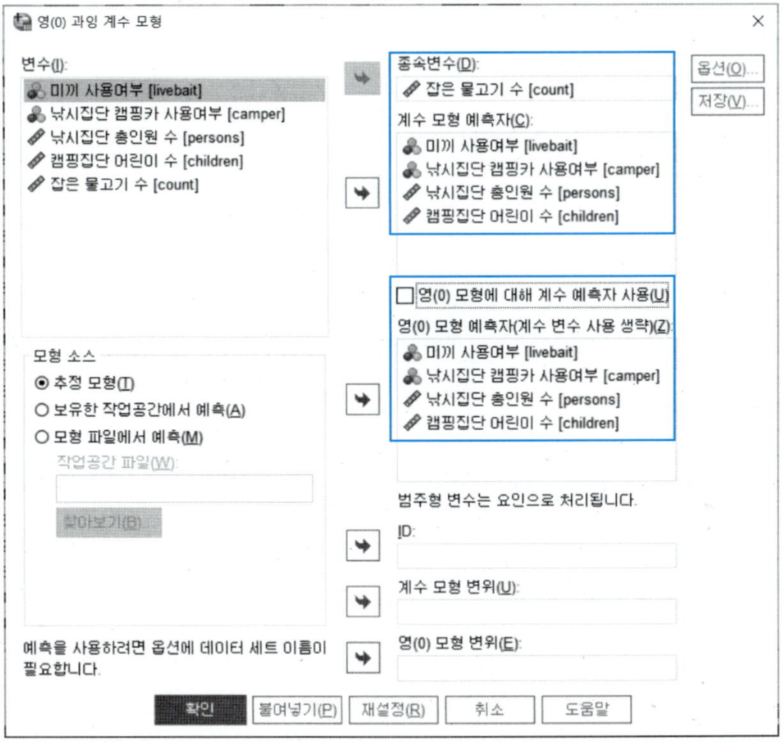

2) 주요 분석 결과

영과잉 포아송회귀분석에 대한 주요 출력 결과는 다음과 같다.

| 종속변수의 빈도분석 결과 |

종속변수가 포아송분포인지를 알아보기 위해서 빈도분석을 수행한 결과이다. 종속변수 데이터의 평균(3.30)보다 분산(135.374)이 큰 것으로 나타나 과대산포일 가능성이 있다. 그러나 이 실습에서는 등산포를 가정하고 영과잉 포아송회귀분석을 수행하였다. [통계 실습 8-2]에서는 과대산포를 반영하여 영과잉 음이항회귀분석을 수행한 후 영과잉 포아송회귀분석과 영과잉 음이항회귀분석 중에서 적합도가 높은 것을 최종 적합 모형으로 선택하고자 한다.

통계량

잡은 물고기 수

N	유효	250
	결측	0
평균		3.30
분산		135.374

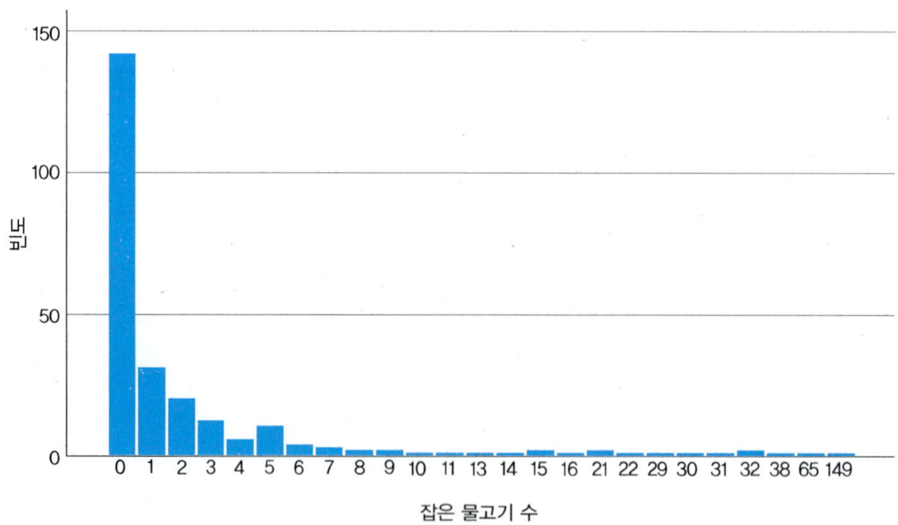

잡은 물고기 수

		빈도	퍼센트	유효 퍼센트	누적 퍼센트
유효	0	142	56.8	56.8	56.8
	1	31	12.4	12.4	69.2
	2	20	8.0	8.0	77.2
	3	12	4.8	4.8	82.0
	4	6	2.4	2.4	84.4
	5	10	4.0	4.0	88.4
	6	4	1.6	1.6	90.0
	7	3	1.2	1.2	91.2
	8	2	.8	.8	92.0
	9	2	.8	.8	92.8
	10	1	.4	.4	93.2
	11	1	.4	.4	93.6
	13	1	.4	.4	94.0
	14	1	.4	.4	94.4
	15	2	.8	.8	95.2
	16	1	.4	.4	95.6
	21	2	.8	.8	96.4
	22	1	.4	.4	96.8
	29	1	.4	.4	97.2
	30	1	.4	.4	97.6
	31	1	.4	.4	98.0
	32	2	.8	.8	98.8
	38	1	.4	.4	99.2
	65	1	.4	.4	99.6
	149	1	.4	.4	100.0
	전체	250	100.0	100.0	

| 모형 요약 정보 결과 |

사용된 종속변수(count), 계수 모형 분포(Poisson), 영(0)과잉 연결함수(logit), 케이스 수, 로그우도, 로그우도 자유도, AIC 정보가 출력되었다.

요약

	요약
종속변수	count
계수 모형 분포	poisson
영(0) 과잉 연결 모형	logit
계수 모형 변위	--해당 없음--
영(0) 과잉 모형 변위	--해당 없음--
결측값 처리	omit
시작값 방법	genlin
수렴	예
케이스 수	250
로그 우도	-712.41089
로그 우도 D.F.	10
AIC	1444.82178
Theta	--해당 없음--

| 영과잉 포아송회귀분석 결과 |

가산모형(Count model)과 영과잉모형(Zero inflation model)의 계수들을 보여준다. 가산모형에서는 모든 독립변수들이 종속변수에 유의한 영향을 미쳤다. 영과잉모형에서는 livebait(미끼 사용 여부)가 종속변수에 유의한 영향을 미치지 않았으며 나머지 독립변수들은 유의한 영향을 미쳤다.

빈도 계수

가산 모형 계수

	추정값	표준오차	z 값	유의성
(Intercept)	-2.452	.319	-7.679	.000
livebait1	1.819	.281	6.461	.000
camper1	.597	.093	6.400	.000
persons	.836	.044	19.178	.000
children	-1.181	.093	-12.676	.000

종속변수: count

영(0) 과잉 계수

영(0) 과잉 모형 계수

	추정값	표준오차	z 값	유의성
(Intercept)	.834	1.401	.595	.552
livebait1	.741	1.315	.563	.573
camper1	-.872	.373	-2.335	.020
persons	-.931	.212	-4.386	.000
children	1.959	.348	5.630	.000

종속변수: count

3) 영과잉 포아송회귀분석 검증 결과의 제시와 해석

미끼 사용 여부, 낚시집단 캠핑카 사용 여부, 낚시집단 총인원 수, 캠핑집단 어린이 수가 잡은 물고기 수에 미치는 영향을 확인하기 위해서 영과잉 포아송회귀분석을 실시하였다. 가산모형의 분포는 포아송분포를 선택하였으며, 영과잉모형에 대한 연결함수는 Logit을 선택하였다. 회귀식의 추정을 위해서 종속변수가 0인 집단을 대상으로 하는 영과잉모형(로짓모형, Zero inflation model, or Logit model)과 종속변수의 0 이외의 빈도 값(1, 2, 3 …)을 대상으로 하는 가산모형(Count model)을 구분해 수행하였다.

가설검증 결과를 요약하면 다음과 같다.

표 8-2 영과잉 포아송회귀분석 결과표 (N=250)

구분	B	SE	Exp(B)
〈가산모형〉			
절편	−2.452***	0.319	0.086
미끼 사용 여부	1.819***	0.281	6.166
낚시집단 캠핑카 사용 여부	0.597***	0.093	1.817
낚시집단 총인원 수	0.836***	0.044	2.301
캠핑집단 어린이 수	−1.181***	0.093	0.307
〈영과잉모형〉			
절편	0.834	1.401	2.303
미끼 사용 여부	0.741	1.315	2.098
낚시집단 캠핑카 사용 여부	−0.872*	0.373	0.418
낚시집단 총인원 수	−0.931***	0.212	0.394
캠핑집단 어린이 수	1.959***	0.348	7.092
Loglikelihood = −712.411(d.f = 10), AIC = 1,444.822			

*p<0.05, ***p<0.001, Exp(B)는 계산기를 이용해 수동으로 계산함
종속변수: 잡은 물고기 수
참조범주: 미끼 사용안함 0, 캠핑카 사용안함 0
연결함수: 로짓/확률분포: 포아송

먼저, 물고기를 한 마리 이상 잡은 집단의 가산모형 분석 결과에서는 모든 독립변수들이 유의수준 0.001에서 종속변수에 유의한 영향을 미쳤다($p<0.001$). 첫째, 미끼와 캠핑카 사용 여부는 잡은 물고기 수(횟수)에 정적으로 유의한 영향을 미쳤다. 이는 다른 독립변수들을 통제했을 때 미끼를 사용하면 사용하지 않는 것에 비해 잡은 물고기 수가 6.166배(561.6%) 증가하며, 캠핑카를 사용하면 사용하지 않는 것에 비해 잡은 물고기 수가 1.817배(81.7%) 증가함을 의미한다. 둘째, 낚시집단에 속한 총인원 수는 잡은 물고기 수에 정적으로 유의한 영향을 미쳤다. 이는 다른 독립변수들을 통제했을 때 낚시집단에 속한 총인원 수가 많아질수록 잡은 물고기 수가 2.301배(130.1%) 증가함을 의미한다. 셋째, 캠핑집단에 속한 어린이 수는 잡은 물고기 수에 부적으로 유의한 영향을 미쳤다. 이는 다른 독립변수들을 통제했을 때 캠핑집단에 속한 어린이가 많아질수록 잡은 물고기 수가 0.307배(69.3%) 감소함을 의미한다.

다음으로, 물고기를 한 마리도 잡지 못한 0으로 응답한 집단의 영과잉모형(로짓모형)의 분석 결과에서는 미끼 사용 여부는 물고기를 한 마리도 잡지 못할 가능성에 통계적으로 유의한 영향을 미치지 않았으나($p>0.5$), 낚시집단 캠핑카 사용 여부는 0.05 수준에서($p<0.05$), 낚시집단 총인원 수 및 캠핑집단 어린이 수는 유의수준 0.001 수준에서 통계적으로 유의한 영향($p<0.001$)을 미쳤다. 첫째, 낚시집단에서 캠핑카 사용 여부는 물고기를 한 마리도 잡지 못할 가능성에 부적으로 영향을 미쳤다. 이는 다른 독립변수들을 통제했을 때 캠핑카를 사용하면 물고기를 한 마리도 잡지 못할 가능성이 0.418배(58.2%) 감소함을 의미한다. 둘째, 낚시집단에 속한 총인원 수는 물고기를 한 마리도 잡지 못할 가능성에 부적으로 영향을 미쳤다. 이는 다른 독립변수들을 통제했을 때 낚시집단에 속하는 총인원이 많아질수록 물고기를 한 마리도 잡지 못할 가능성은 0.394배(60.6%) 감소함을 의미한다. 셋째, 캠핑집단에 속한 어린이 수는 물고기를 한 마리도 잡지 못할 가능성과 부적으로 영향을 미쳤다. 이는 다른 독립변수들을 통제했을 때 캠핑집단에 속한 어린이일수록 물고기를 한 마리도 잡지 못할 가능성이 7.092배(609.2%) 증가함을 의미한다.

통계 실습 8-2 영과잉 음이항회귀분석

미국의 주립 야생생물학자들은 주립공원에서 어부들이 얼마나 많은 물고기를 잡는지를 모델링하려고 한다. 다음의 [제8장 영과잉회귀분석 낚시 데이터_Fish]에는 공원에 갔던 250개 집단에 대한 데이터가 있다.[3] 종속변수 데이터는 포아송분포(과대산포)이며 공원에 갔던 일부의 사람들은 낚시를 했지만 어떤 물고기도 잡지 않았기 때문에 초과 0을 포함하고 있다. 주어진 낚시 데이터를 가지고 영과잉 음이항회귀분석(Zero-inflated negative binomial regression analysis: ZINBR)을 실습하시오.

✔ 실습 데이터

ID	livebait	camper	persons	children	count
1	0	0	1	0	0
2	1	1	1	0	0
…	…	…	…	…	…
250	1	1	2	1	0

총 사례 수는 250개임

- livebait(미끼 사용 여부) → 범주형 변수(사용 '1', 미사용 '0')
- camper(낚시집단 캠핑카 사용 여부) → 범주형 변수(사용 '1', 미사용 '0')
- persons(낚시집단 총인원 수) → 연속형 변수
- children(캠핑집단 어린이 수) → 연속형 변수
- count(잡은 물고기 수)(종속변수) → 연속형 변수(0, 1, 2 …)

✔ 가설

- 귀무가설(H_0): 독립변수들은 잡은 물고기 수에 영향을 주지 않는다 ($\beta_1 = \beta_2 = \beta_3 = \beta_4 = 0$).
- 대립가설(H_1): 독립변수들 중 적어도 하나는 잡은 물고기 수에 영향을 준다.

3) https://gist.github.com/sachinsdate/09cfd42b7701c48ec68b04c786786434

실습 데이터	제8장 영과잉회귀분석 낚시 데이터_Fish
분석방법 메뉴 선택	분석–기술통계량–빈도분석 분석–일반화 선형모형–영(0)과잉 계수 모형

1) 실습 과정

앞에서 설명한 [통계 실습 8–1]과 거의 모든 실습 절차가 동일하다. 다만 아래에서 ❸ 번의 옵션 선택만 차이가 난다.

❶ [파일–열기–데이터]를 선택한 후 실습 데이터 파일이 있는 위치로 찾아가서 [제8장 영과잉 회귀분석 낚시 데이터_Fish]를 연다.

❷ [분석–기술통계량–빈도분석]으로 들어가서 오른쪽 [변수]에 [잡은 물고기 수(count)]를 이동시킨다. 우측 상단의 [통계량] 옵션에서 [평균]과 [분산]을 선택한 후 [계속] 버튼을 클릭한다. [차트] 옵션에서 [막대형 차트]를 선택한 후 [계속] 버튼을 클릭한다. 마지막으로 좌측 하단의 [확인] 버튼을 클릭한다.

❸ [분석–일반화 선형모형–영(0)과잉 계수 모형]을 선택하여 [영(0)과잉 계수 모형] 창으로 들어간다. 우측 상단에 있는 [옵션]을 클릭해 들어간다. [계수 모형 분포]에서 [음이항]을 선택한다. [영(0) 모형에 대한 연결함수는 [로짓]이 디폴트로 선택되어 있으므로 그대로 두고 [계속] 버튼을 클릭한다.

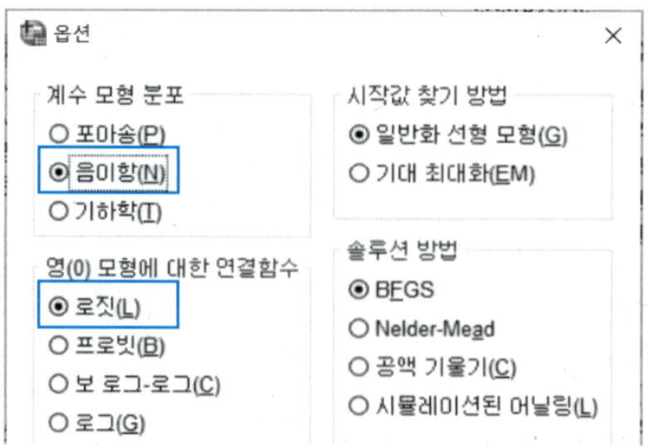

❹ [영(0)과잉 계수 모형] 창에서 좌측 [변수]에 있는 종속변수인 [잡은 물고기 수(count)]를 우측의 [종속변수]로 보낸다. 그리고 범주형 변수인 [미끼 사용 여부(livebait)]와 [낚시집단 캠핑카 사용 여부(camper)], 연속형 변수인 [낚시집단 총인원 수(persons)], [캠핑집단 어린이 수(children)]를 [계수 모형 예측자]와 [영(0)모형 예측자]로 이동시킨다. 계수 모형 예측자와 영(0)모형 예측자(계수 변수 사용 생략) 사이에 있는 [영(0)모형에 대해 계수 예측자 사용]을 해제한다. 마지막으로 좌측 하단에 있는 [확인] 버튼을 클릭해 분석을 실행한다.

2) 주요 분석 결과

영과잉 음이항회귀분석에 대한 주요 출력 결과는 다음과 같다.

| 종속변수의 빈도분석 결과 |

[통계 실습 8-1]과 분석 결과가 동일하다. 다만 종속변수의 데이터가 과대산포이며 영과잉으로 보고 이 실습에서는 영과잉 음이항회귀분석을 수행한 후 앞에서 실습한 영과잉 포아송회귀분석과 영과잉 음이항회귀분석 중에서 적합도가 높은 것을 최종 적합 모형으로 선택하고자 한다.

| 모형 요약 정보 결과 |

사용된 종속변수(Count), 계수 모형 분포(Poisson), 영(0)과잉 연결함수(Logit), 케이스 수, 로그우도, 로그우도 자유도, AIC 정보가 출력되었다. 앞의 [통계 실습 8-1]과 다른 것은 [Theta]값이 출력되었다는 점이다.

요약

	요약
종속변수	count
계수 모형 분포	negbin
영(0) 과잉 연결 모형	logit
계수 모형 범위	--해당 없음--
영(0) 과잉 모형 범위	--해당 없음--
결측값 처리	omit
시작값 방법	genlin
수렴	예
케이스 수	250
로그 우도	-388.14454
로그 우도 D. F.	11
AIC	798.28909
Theta	0.623
표준오차 로그(theta)	0.162481069087438

| 영과잉 음이항회귀분석 결과 |

가산모형(Count model)과 영과잉모형(Zero inflation model)의 계수들을 보여준다. 가산모형에서는 camper(낚시집단 캠핑카 사용 여부]만 종속변수에 영향을 미치지 않았으며 나머지 독립변수들이 종속변수에 유의한 영향을 미쳤다. 영과잉모형(로짓모형)에서는 모든 독립변수들이 종속변수에 유의한 영향을 미치지 않았다.

빈도 계수

가산 모형 계수

	추정값	표준오차	z 값	유의성
(Intercept)	-3.033	.474	-6.397	.000
livebait1	1.650	.412	4.004	.000
camper1	.256	.241	1.062	.288
persons	1.086	.109	10.000	.000
children	-1.323	.237	-5.582	.000
Log(theta)	-.473	.162	-2.913	.004

종속변수: count

영(0) 과잉 계수

영(0) 과잉 모형 계수

	추정값	표준오차	z 값	유의성
(Intercept)	-20.145	310.896	-.065	.948
livebait1	4.161	24.469	.170	.865
camper1	-15.463	308.676	-.050	.960
persons	.361	.739	.488	.625
children	15.074	308.668	.049	.961

종속변수: count

3) 영과잉 음이항회귀분석 검증 결과의 제시와 해석

미끼 사용 여부, 낚시집단 캠핑카 사용 여부, 낚시집단 총인원 수, 캠핑집단 어린이 수가 잡은 물고기 수에 미치는 영향을 확인하기 위해서 영과잉 음이항회귀분석을 실시하였다. 가산모형의 분포는 음이항분포를 선택하였으며, 영과잉모형에 대한 연결함수는 Logit을 선택하였다. 회귀식의 추정을 위해서 종속변수가 0인 집단을 대상으로 하는 영과잉모형(로짓모형, Zero inflation model, or Logit model)과 종속변수가 0 이외의 빈도값(1, 2, 3 …)을 대상으로 하는 가산모형(Count model)을 구분해 수행하였다.

가설검증 결과를 요약하면 다음과 같다. 분석에 사용된 종속변수 데이터는 영과잉이고, 분석 결과 과산포를 결정하는 Log(Theta)값이 −0.473이고 통계적으로 유의적이므로 과산포임을 알 수 있다. 따라서 이 실습에서 사용된 데이터는 영과잉 음이항회귀분석을 수행하는 것이 적절하다.

표 8-3 영과잉 음이항회귀분석 결과표 (N=250)

구분	B	SE	Exp(B)
〈가산모형〉			
절편	−3.033***	0.474	0.048
미끼 사용 여부	1.650***	0.412	5.207
낚시집단 캠핑카 사용 여부	0.256	0.241	1.292
낚시집단 총인원 수	1.086***	0.109	2.962
캠핑집단 어린이 수	−1.323***	0.237	0.266
Log(theta)	−0.473**	0.162	0.623
〈영과잉모형〉			
절편	−20.145	310.896	0.000
미끼 사용 여부	4.161	24.469	64.136
낚시집단 캠핑카 사용 여부	−15.463	308.676	0.000
낚시집단 총인원 수	0.361	0.739	1.435
캠핑집단 어린이 수	15.074	308.668	3,520,100.154
Loglikelihood=−388.145(d.f=11), AIC=798.289			

**p<0.01, ***p<0.001, Exp(B)는 계산기를 이용해 수동으로 계산함
종속변수: 잡은 물고기 수
참조범주: 미끼 사용안함 0, 캠핑카 사용안함 0
연결함수: 로짓/확률분포: 음이항

분석 결과 영과잉모형(로짓모형)에서는 모든 독립변수들이 종속변수인 잡은 물고기 수에 통계적으로 유의한 영향을 미치지 않았다(p>0.05). 그러나 가산모형에서는 낚시집단 캠핑카 사용 여부는 종속변수에 유의한 영향을 미치지 않았으나(p>0.05), 미끼 사용 여부, 낚시집

단에 속한 총인원 수 및 캠핑집단에 속한 어린이 수는 종속변수에 유의한 영향을 미쳤다($p<0.001$). 따라서 지금부터는 가산모형 결과 중에서 통계적인 유의성을 나타낸 독립변수들을 중심으로 결과에 해석을 제시하기로 한다.

첫째, 미끼 사용 여부는 잡은 물고기 수(횟수)에 정적으로 유의한 영향을 미쳤다. 이는 다른 독립변수들을 통제했을 때 미끼를 사용하면 사용하지 않는 것에 비해 잡은 물고기 수가 5.207배(420.7%) 증가함을 의미한다.

둘째, 낚시집단에 속한 총인원 수는 잡은 물고기 수에 정적으로 유의한 영향을 미쳤다. 이는 다른 독립변수들을 통제했을 때 낚시집단에 속한 총인원 수가 많아질수록 잡은 물고기 수가 2.962배(196.2%) 증가함을 의미한다.

마지막으로, 캠핑집단에 속한 어린이 수는 잡은 물고기 수에 부적으로 유의한 영향을 미쳤다. 이는 다른 독립변수들을 통제했을 때 캠핑집단에 속한 어린이가 많아질수록 잡은 물고기 수가 0.623배(37.7%) 감소함을 의미한다.

이 장에서는 [통계 실습 8-1]의 영과잉 포아송회귀분석과 [통계 실습 8-2]의 영과잉 음이항회귀분석 중에서 하나의 회귀모형을 선택해야 한다. [통계 실습 8-1]의 영과잉 포아송회귀분석 결과 로그우도가 −712.411(d.f.=10), AIC=1,444.822이다. [통계 실습 8-2]의 영과잉 음이항회귀분석 결과 로그우도가 −388.145(d.f.=11), AIC=798.289이다. 영과잉 포아송회귀분석의 AIC보다 영과잉 음이항회귀분석의 AIC가 작으므로 이 장의 실습에서는 영과잉 음이항회귀분석을 수행한 것이 적절한 회귀모형임을 알 수 있다.

제 9 장

위계적 다중회귀분석과 통제다중회귀분석

Hierarchical Multiple Regression Analysis and Multiple Regression Analysis with Control Variables

1 위계적 다중회귀분석과 단계적 다중회귀분석

1.1 위계적 다중회귀분석의 의의와 개념

위계적 다중회귀분석(Hierarchical multiple regression analysis)은 연구자가 설계한 연구모형에서 추가적으로 계속해서 각 단계의 위계에 독립변수를 투입했을 때 각 위계가 종속변수에 존재하는 변동성을 얼마나 더 설명할 수 있는지를 확인하는 회귀분석 방법이다. 일반적으로 이 분석에서는 임의의 주어진 모형에서 시작하여 여러 단계별로 한 개 혹은 독립변수들을 추가해 나가면서 여러 개의 회귀모형을 설정하며 축차적으로 추정한다. 이때 추가된 위계로 인하여 통계적으로 유의한 만큼의 R^2의 증가가 있었는지를 F-검증(F-test)을 통해 확인하게 된다.

- 위계적 다중회귀분석은 통제변수들의 영향력을 제외시킨 상태(통제한 상태)에서 독립변수의 영향력을 알아내고자 할 때 사용한다. 그러므로 이 분석 방법은 통제변수가 회귀모형에 포함될 경우에 각 위계별로 독립변수들의 통계적 유의성을 검증할 수 있는 유용한 다중회귀분석 방법의 하나이다.
- 위계적 다중회귀분석에서 인구통계학적 특성변수 등의 통제변수는 보통 독립변수들보다 먼저 투입하며, 다음으로 연구자의 관심 독립변수를 투입한다.
- 위계적 다중회귀분석에서 변수의 선택방법은 [입력(Enter)]이며 이는 디폴트로 설정되어 있으므로 변경하지 않고 그대로 두면 된다.
- 각 위계에는 하나의 독립변수만이 포함될 수도 있고, 여러 개의 변수들이 위계 형태로 포

함될 수도 있다.

- 위계적 다중회귀분석에서는 선행연구에 의하여 이론적 토대를 가지고 있는 변수라면 유의한 독립변수와 유의하지 않은 독립변수들이 함께 추가되며, 회귀모형의 설명력은 각 독립변수에 대해 표시되는 것이 아니라 추가된 각 위계에 속한 통제변수와 독립변수들의 전체 설명력이 표시된다.
- 위계적 다중회귀분석에서 중요한 것은 R^2(결정계수) 증가분에 대한 통계적 유의성 평가이다. 왜냐하면 R^2의 증가분(ΔR^2) 값, 즉 [R제곱 변화량]이 유의해야 추가된 위계가 의미가 있기 때문이다. 예컨대 유의성 평가 결과 1단계 모형과 2단계 모형이 있는 경우 2단계 모형의 [유의확률 F변화량]이 0.05보다 작으면 R^2의 변화량이 통계적으로 유의미하게 증가하였음을 의미하며, 2단계 위계에 속한 독립변수들이 종속변수에 유의한 영향을 준다는 것을 나타낸다.
- 이 장에서 학습하게 되는 위계적 다중회귀분석, 단계적 다중회귀분석 및 통제다중회귀분석의 기본 가정은 일반적인 다중회귀분석과 동일하다. 검토해야 할 가정에는 ① 독립변수와 종속변수 간의 선형성(데이터 선형성), ② 오차항의 정규성, 독립성, 등분산성, ③ 독립변수들 간의 다중공선성이 포함된다.
- 위계적 다중회귀분석을 통해 얻은 분석 결과에 대한 해석은 개별 변수들을 중심으로 하지 않는 것이 바람직하며 각 단계의 위계(Hierarchy)를 중심으로 해석해야 한다.

위계적 다중회귀분석에서는 독립변수가 처음으로 투입된 1단계 모형과 독립변수가 추가적으로 투입된 2단계 모형이 위계적 관계(Hierarchical relationship)를 형성한다. 이때 임의의 주어진 임의의 1단계모형에서 다음 단계의 모형에 독립변수들을 하나씩 혹은 위계 단위로 계속하여 추가하면서 여러 개의 회귀모형을 설정할 수 있다. 여기에서 중요한 것은 독립변수들이 어떻게 각 단계별로 회귀모형에 투입되는가이다.

위계적 다중회귀분석의 단계별 회귀식은 다음과 같다.

1단계 모형: $Y_i = \beta_0 + \beta_1 X_1 + \epsilon_i$

2단계 모형: $Y_i = \beta_0 + \beta_1 X_1 + \beta_2 X_2 + \cdots + \epsilon_i$

3단계 모형: $Y_i = \beta_0 + \beta_1 X_1 + \beta_2 X_2 + \beta_3 X_3 + \cdots + \epsilon_i$

⋮

K단계 모형: $Y_i = \beta_0 + \beta_1 X_1 + \beta_2 X_2 + \beta_3 X_3 + \cdots + \beta_k X_k + \epsilon_i$

1단계 모형에서는 X_1변수가 투입된다(X_1). 2단계 모형에서는 X_1변수에 추가하여 X_2변수가 투입된다(X_1, X_2). 3단계 모형에서는 X_1변수와 X_2변수에 추가로 X_3변수가 투입됨을 알 수 있다(X_1, X_2, X_3). 각 단계의 모형에서는 변수가 1개만 투입될 수도 있지만 여러 개의 변수들을 위계 형태로 동시에 투입하는 것도 가능하다.

요약하면 위계적 다중회귀분석에서는 [표 9-1]과 같이 독립변수를 이론적 배경, 인과적 순서, 시간적 순서 등을 고려하여 하나씩 혹은 위계 단위로 1단계, 2단계, 3단계 등으로 축차적으로 투입해 종속변수에 미치는 영향을 분석한다.

표 9-1 위계적 다중회귀분석에서 단계별 독립변수의 축차적 투입 방법

모형 단계	독립변수	종속변수
1단계	X_1	Y
2단계	$X_1 + X_2$	
3단계	$X_1 + X_2 + X_3$	
…	…	

1.2 위계적 다중회귀분석의 가설과 적용상황

위계적 다중회귀분석 모형이 2단계 모형까지 있다고 가정하면 각 단계의 회귀식은 다음과 같다.

1단계 모형: $Y_i = \beta_0 + \beta_1 X_1 + \epsilon_i$

2단계 모형: $Y_i = \beta_0 + \beta_1 X_1 + \beta_2 X_2 + \cdots + \epsilon_i$

1단계 모형에서 다음 단계인 2단계 모형으로 추가한 독립변수 X_2로 인하여 통계적으로 유의한 만큼의 R^2의 증가가 있었는지는 F검증을 통해 확인할 수 있다. 이때 2단계에서 추가된 독립변수인 X_2가 종속변수에 유의한 영향을 미쳤는지를 검증하면 된다. 회귀계수의 유의성 검증을 위한 귀무가설과 연구가설은 다음과 같다. 물론 3단계까지 모형이 설정되었다면 3단계에서 추가된 독립변수인 X_3의 회귀계수(β_3)에 대한 가설을 설정하고 검증해야 할 것이다.

위계적 다중회귀분석의 가설은 다음과 같다.

- **귀무가설(H_0)**: 추가된 독립변수 X_2는 종속변수에 영향을 주지 않는다($\beta_2 = 0$).
- **대립가설(H_1)**: 추가된 독립변수 X_2는 종속변수에 영향을 준다($\beta_2 \neq 0$).

그림 9-1 위계적 다중회귀분석의 적용상황

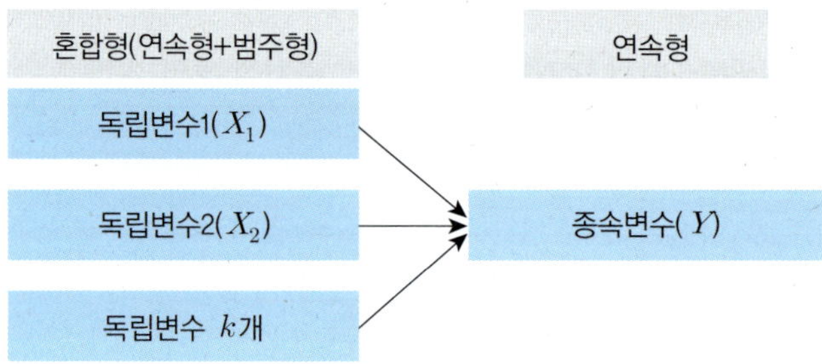

위계적 다중회귀분석은 [그림 9-1]과 같이 2개 이상의 독립변수와 1개의 종속변수 간의 관계를 설명하는 데 사용되는 방법으로 독립변수는 2개 이상의 혼합형 변수(연속형 변수와 범주형 변수 모두 투입가능), 그리고 종속변수는 1개의 연속형 변수일 때 사용한다. 위계적 다중회귀분석은 매개효과검증뿐만 아니라 조절효과검증을 위한 방법으로도 널리 사용되고 있다. 위계적 다중회귀분석을 이용한 매개효과분석과 조절효과분석은 이 책의 제10장과 제11장에서 설명하고 실습할 것이다.

1.3 위계적 다중회귀분석에서 변수 투입의 순서

위계적 다중회귀분석에서는 어떤 변수를 어떤 순서로 회귀모형에 투입해야 하는지가 매우 중요하다. 즉 투입 순서의 정당성을 확보해야 한다. 왜냐하면 회귀모형에 독립변수들을 투입하는 순서에 따라 모형의 R^2 증가에 대한 통계적 유의성이 달라질 수 있기 때문이다. 예컨대 X_1변수와 X_2변수가 있다고 하자. 1단계에서 X_1변수를 투입하면 R^2의 증가가 있고 2단계에서 X_2를 투입했을 경우에도 통계적으로 유의한 R^2의 증가가 있었다고 하자. 그런데 반대로 변수 투입의 순서를 바꾸어 1단계에서 X_2를 투입하면 R^2의 증가가 나타났지만 2단계에서 X_1을 투입하면 유의한 R^2 증가가 나타나지 않을 수도 있다.

연구자는 이론적 근거와 선행연구에 대한 고찰 결과 등에 의해서 독립변수의 투입 순서를 정해야 한다. 위계적 다중회귀분석에서 변수 투입의 순서를 결정할 때 일반적으로 지켜야 할 몇 가지 원칙을 제시하면 [그림 9-2]와 같다.

그림 9-2 ▌위계적 다중회귀분석에서 독립변수들의 투입 순서

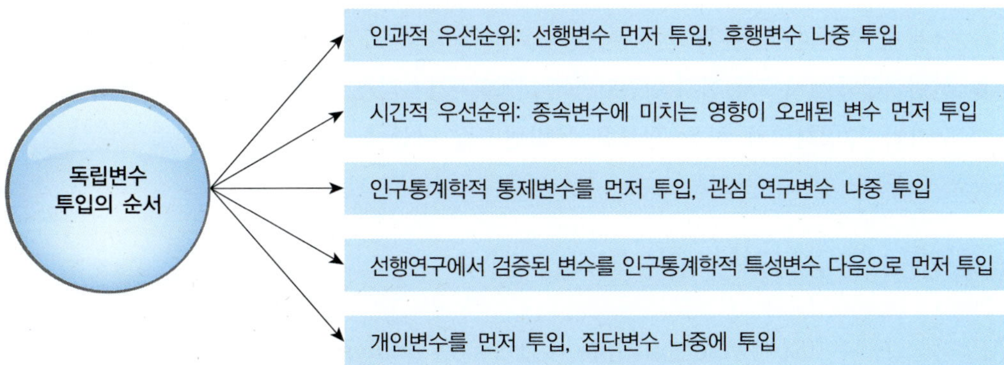

- 위계적 다중회귀분석은 이론적 근거와 논리적 근거에 의해 연구자가 사전에 정한 순서에 따라 독립변수들은 한 번에 하나씩 혹은 여러 독립변수들이 포함되어 있는 위계(Hierarchy) 단계별로 회귀모형에 투입할 수 있다.
- 위계적 다중회귀분석에서 독립변수의 투입 순서는, 먼저 연구에서 통제하고자 하는 변수들, 즉 통제변수들(Control variables)을 먼저 투입하고 연구자들이 규명하고자 하는 주요 독립변수들을 나중에 투입한다. 예컨대 인구통계학적 특성변수들인 성별, 직업,

결혼 여부, 학력, 직위 등을 먼저 투입(범주형 변수는 더미변수로 변환한 후 투입)하고 나머지 독립변수들은 다음 단계에서 투입한다.

- 개인수준의 독립변수를 먼저 투입하고 집단수준의 독립변수를 나중에 투입한다.
- 시간적인 순서(Chronological order) 또는 논리적인 순서, 처치 순서를 따른다. 시간적 순서에 따라 종속변수에 오래전부터 영향을 준 변수들을 먼저 투입하고 나중에 영향을 준 변수들을 다음에 투입한다. 예컨대 위계들은 시간순서상의 차례를 반영하여 인구통계학적 특성변수(성별, 연령, 종교, 학력, 직업 등) → 개인 심리특성변수(스트레스, 자기효능감) → 직무특성변수(직무능력)의 순서로 모형에 투입하는 것이 필요하다.
- 인과적 우선순위를 고려하여 독립변수를 투입한다. 즉, 종속변수에 미치는 독립변수들의 원인과 결과의 선후를 고려하여 후행변수보다 선행연구변수를 먼저 투입한다. 예컨대 조절효과검증 시 독립변수와 조절변수를 먼저 투입하고 독립변수와 조절변수를 곱한 상호작용항은 다음 모형에 투입한다. 또 다른 예로 어떤 상점에 대한 리뷰 평점이나 리뷰 수는 선행변수가 될 수 있으며 이의 결과로 가격할인율이 결정되므로 가격할인율은 후행변수가 된다. 따라서 리뷰 평점이나 리뷰 수를 먼저 투입하고 가격할인율을 다음 단계에 투입하게 된다.
- 선행연구들에서 지금까지 회귀모형에 사용해 오던 검증된 독립변수들을 먼저 투입하고 연구자가 규명하고자 하는 새로운 독립변수를 나중에 투입한다.

1.4 단계적 다중회귀분석의 의의와 개념

단계적 다중회귀분석(Stepwise multiple regression analysis)은 다중회귀분석 방법의 하나로 단계선택방법(Stepwise)을 선택하여 계수 추정을 하는 방법이다. 이는 연구자가 회귀분석을 수행할 때 임의로 종속변수에 미치는 독립변수를 선택하는 것이 아니라 프로그램이 독립변수를 자동적으로 선택하는 방법이다. 최종적으로는 종속변수에 유의한 영향을 미치는 변수는 모형에 남기고 그렇지 않은 변수들은 제거된다.

- 단계적 다중회귀분석과 위계적 다중회귀분석의 가장 큰 차이는 연구자의 개입 여부이다. 전자는 통계프로그램이 정해진 기준에 따라 독립변수들을 투입하지만 후자는 연구자가 정한 순서에 따라 변수가 투입된다.

▶ 단계적 다중회귀분석에서는 각 모형마다 유의한 독립변수가 추가되며 추가된 독립변수의 설명력이 표시된다. 각 모형의 독립변수에는 통제변수와 독립변수가 포함된다.

▶ 단계적 다중회귀분석에서는 개별 독립변수의 설명력을 알 수 있으며 위계적 다중회귀분석에서는 각 위계의 설명력을 알 수 있다.

2 위계적 다중회귀분석의 SPSS 통계 실습

통계 실습 9-1 위계적 다중회귀분석

다음의 천체관광을 목적으로 천문대를 방문한 방문객을 대상으로 조사한 [제9장 위계적 다중회귀분석 데이터]를 이용해서 위계적 다중회귀분석(Hierarchical multiple regression analysis)을 수행하고 분석 결과를 해석하시오. 독립변수의 투입 방법은 [입력(Enter)]이다.

✔ 실습 데이터

연령	성별	망원경보유	교육적 동기	일탈적 동기	오락적 동기	지역문화 체험동기	재방문 의도
15	2	2	5.00	4.50	4.67	5.00	4.00
42	1	2	4.75	4.75	4.33	3.25	4.00
…	…	…	…	…	…	…	…
41	1	2	5.00	4.50	5.00	1.00	5.00

총 사례 수는 200개임

- 연령 → 연속형 변수(통제변수)
- 성별, 망원경보유 → 범주형 변수(통제변수)
- 교육적 동기, 일탈적 동기, 오락적 동기, 지역문화체험동기 → 연속형 변수(연구변수, 독립변수)
- 재방문의도 → 연속형 변수(종속변수)

☑ 가설

- 귀무가설(H_0): 연령, 성별, 망원경보유 여부를 통제한 상태에서 천체관광의 교육적 동기, 일탈적 동기, 오락적 동기, 지역문화체험동기는 천문대의 재방문의도에 영향을 주지 않는다.
- 대립가설(H_1): 연령, 성별, 망원경보유 여부를 통제한 상태에서 천체관광의 교육적 동기, 일탈적 동기, 오락적 동기, 지역문화체험동기는 천문대의 재방문의도에 영향을 준다.

실습 데이터	제9장 위계적 다중회귀분석 데이터
분석방법 메뉴 선택	변환–더미변수 작성 분석–회귀분석–선형

1) 실습 과정

❶ [파일–열기–데이터]를 선택한 후 실습 데이터 파일이 있는 위치로 찾아가서 [제9장 위계적 다중회귀분석 데이터]를 연다.

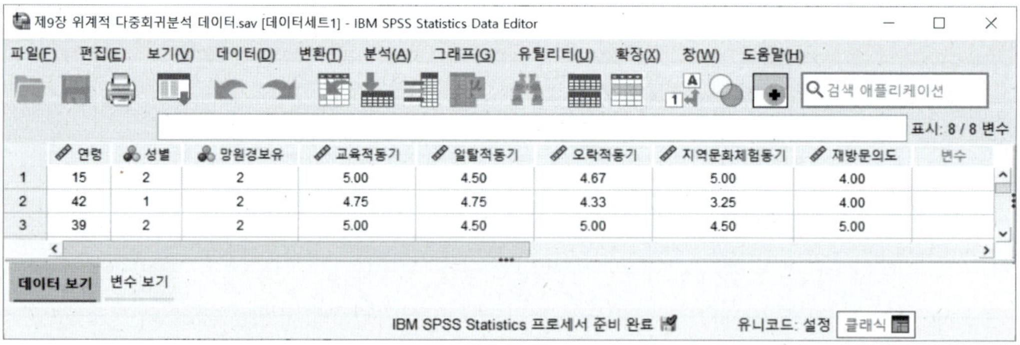

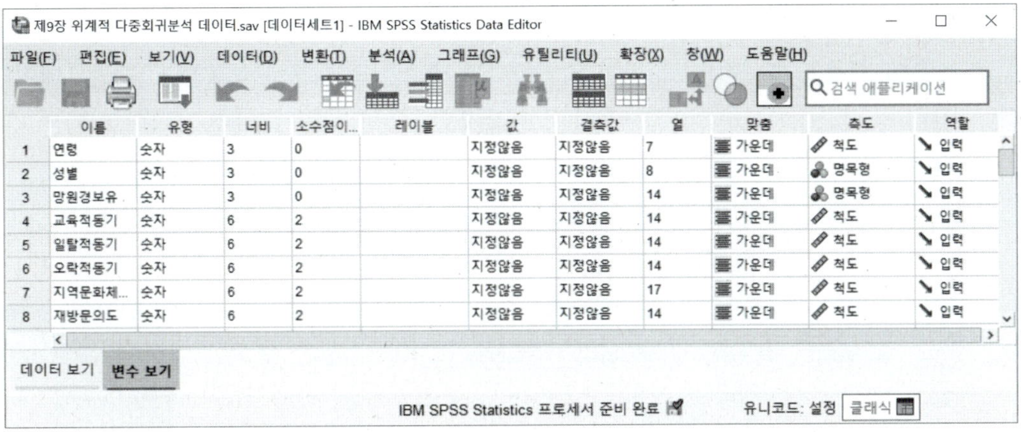

❷ 위계적 다중회귀분석을 수행하기에 앞서 변수 중에 범주형 변수가 있으면 이를 더미변수로 변환해야 한다. [변환] 메뉴에서 [더미변수 작성]을 선택해 창으로 들어간 후 [성별]을 오른쪽 [다음에 대한 더미변수 작성]으로 보낸다. [루트 이름(선택한 변수당 한 개)]에 [남자더미]를 입력하고 좌 하단에 있는 [확인] 버튼을 클릭한다. 그러면 [데이터 파일]에 [남자더미1]과 [남자더미2]가 생성된다. 여기에서 [남자더미1]은 남자가 더미범주로, [남자더미2]는 여자가 더미범주로 되어 있음을 알 수 있다.

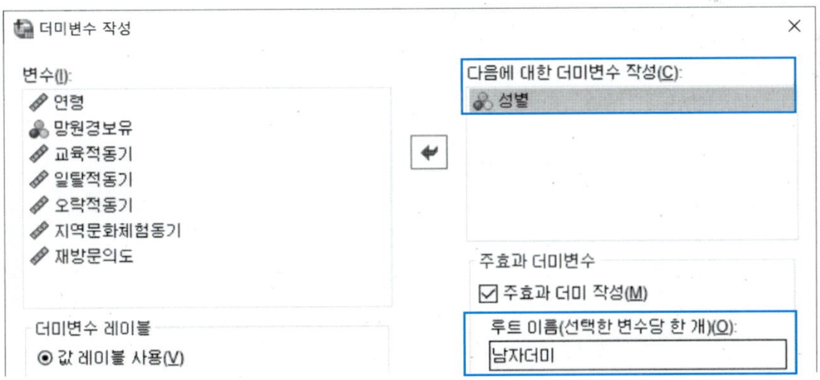

독자들은 [데이터 파일]로 가서 2개 중에서 필요한 더미변수는 1개이므로 하나를 선택하고 나머지는 파일에서 삭제해야 한다. 이 실습에서는 남자를 더미범주로 하고 여자를 참조범주로 설정하려고 하므로 [남자더미2]는 삭제하고 나머지 [남자더미1]은 데이터 편집창 하단

에 있는 [변수 보기]에서 변수명을 [남자더미]로 변경하고, [소수점 이하]를 '0', [맞춤]을 '가운데', [측도]를 '척도'로 변경 입력한다. [레이블]의 내용은 삭제한다. 다시 [데이터 보기]로 간 후 [저장] 버튼을 클릭한다. 최종적으로 만들어진 더미변수(더미범주)는 다음과 같다.

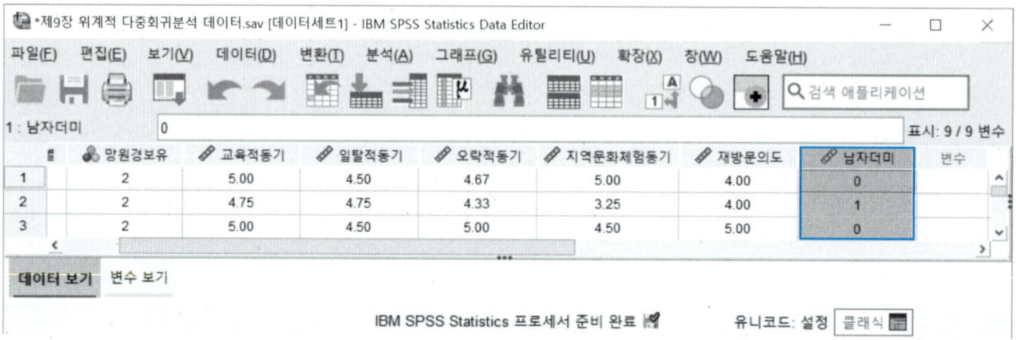

❸ [변환] 메뉴의 [더미변수 작성] 창에서 [다음에 대한 더미변수 작성]에 ❷의 실습으로 이미 선택되어 있는 [성별]을 왼쪽으로 보낸 후 [망원경보유]를 오른쪽 [다음에 대한 더미변수 작성]으로 보낸다. [루트 이름(선택한 변수당 한 개)]에 [망원경보유더미]를 입력하고 좌 하단에 있는 [확인] 버튼을 클릭한다. 그러면 [데이터 파일]에 [망원경보유더미1]과 [망원경보유더미2]가 생성된다. 여기에서 [망원경보유더미1]은 망원경보유자가 더미범주로, [망원경보유더미2]는 망원경미보유자가 더미범주로 되어 있음을 알 수 있다.

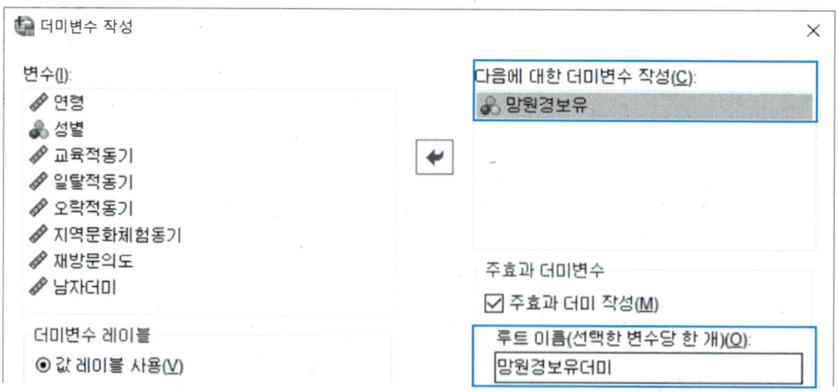

독자들은 [데이터 파일]로 가서 2개 중에서 필요한 더미변수는 1개이므로 하나를 선택하고

나머지는 파일에서 삭제해야 한다. 이 실습에서는 망원경보유더미1를 더미범주로 하고 망원경보유더미2를 참조범주로 설정하려고 하므로 [망원경보유더미2]는 삭제하고 나머지 [망원경보유더미1]은 데이터 편집 창 하단에 있는 [변수 보기]에서 변수명을 [망원경보유더미]로 변경하고, [소수점 이하]를 '0', [맞춤]을 '가운데', [측도]를 '척도'로 변경 입력한다. [레이블]의 내용은 삭제한다. 다시 [데이터 보기]로 간 후 [저장] 버튼을 클릭한다. 최종적으로 만들어진 더미변수(더미범주)는 다음과 같다.

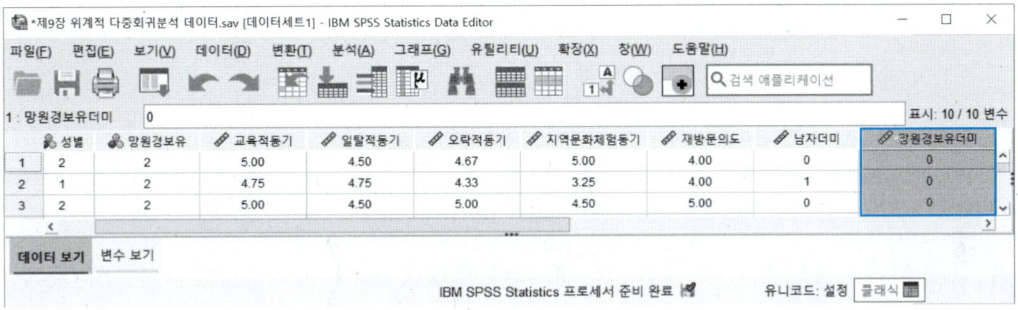

❹ [분석-회귀분석-선형]을 선택하여 [선형 회귀] 창으로 들어간다. 변수 선택방법은 디폴트로 [입력]이 선택되어 있으므로 그대로 둔다. ① 통제변수인 첫 번째 위계변수들인 [연령], [남자더미], [망원경보유더미]를 [블록(B) 1/1]의 [독립변수]로 이동시킨다. ② [선형 회귀] 창의 오른쪽 상단에 있는 [다음]을 클릭한다. 연구변수인 관광동기에 해당하는 [교육적 동기], [일탈적 동기], [오락적 동기], [지역문화체험동기]를 [블록(B) 2/2]의 [독립변수]로 이동시킨다. [재방문의도]는 [종속변수]로 이동시킨다. [통계량] 옵션에서 [공선성 진단], [R제곱 변화량], [잔차]의 [Durbin-Watson]을 체크하고 [계속] 버튼을 클릭한다. [도표] 옵션에서 [ZPRED]를 [X]에, [ZRESID]를 [Y]로 이동시키고 표준화 잔차 도표에서 [히스토그램]과 [정규확률도표]를 체크하고 [계속] 버튼을 클릭한다. 마지막으로 [선형 회귀] 창의 좌측 하단에 있는 [확인] 버튼을 클릭해 위계적 다중회귀분석을 실행한다.

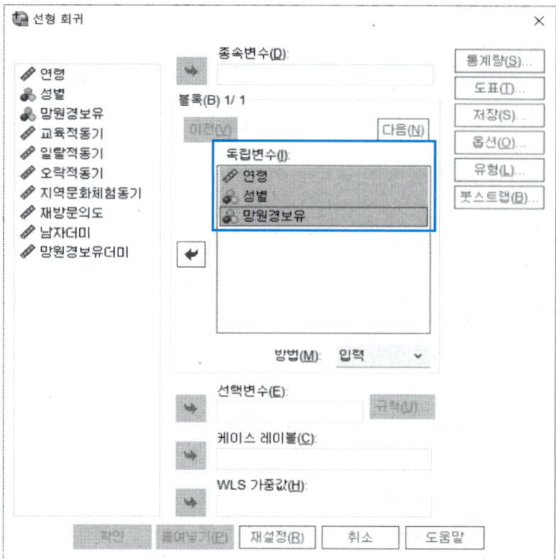

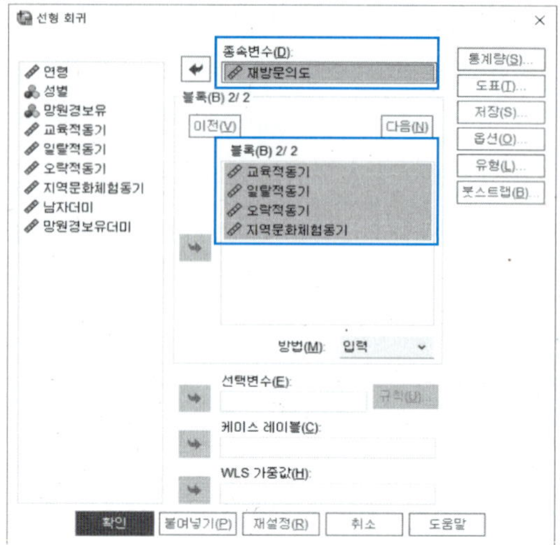

2) 주요 분석 결과

위계적 다중회귀분석에 대한 주요 출력 결과를 제시하면 다음과 같다.

| 입력/제거된 변수 결과 |

모형1에 통제변수인 연령, 성별, 망원경보유가, 모형2에 천체관광동기인 교육적 동기, 일탈적 동기, 오락적 동기 및 지역문화체험동기가 투입되었음을 알 수 있다.

입력/제거된 변수[a]

모형	입력된 변수	제거된 변수	방법
1	망원경보유, 연령, 성별[b]	.	입력
2	일탈적동기, 지역문화체험동기, 교육적동기, 오락적동기[b]	.	입력

a. 종속변수: 재방문의도

b. 요청된 모든 변수가 입력되었습니다.

| 모형 요약과 잔차의 독립성검증 결과 |

모형1은 첫 번째 위계에 속한 연령, 성별, 망원경보유만 선택된 경우로 이들 세 개의 변수가 종속변수인 재방문의도의 변동성을 설명하는 설명력은 3.9%로 낮게 나타났다. 모형2는 두 번째 위계에 속한 교육적 동기, 일탈적 동기, 오락적 동기 및 지역문화체험동기가 추가된 경우로서 첫 번째 위계에 있는 세 개의 독립변수가 모두 포함된 경우의 R^2은 48.4%로 높게 나타났다. 모형1의 R^2이 3.9%이고 모형2의 R^2은 48.4%이므로 첫 번째 위계가 있는 상태에서 두 번째 위계가 추가된 경우 R^2은 44.4%가 증가하였다. 여기에서 문제는 증가된 R^2이 과연 의미가 있는가이다. 이에 따라 증가된 R^2에 대한 통계적 유의성을 검증한 것이 바로 [유의확률 F변화량]이다. 즉 이 값은 R^2의 변화량(ΔR^2)에 대한 통계적 유의성을 검증한 것이다(H_0: $\Delta R^2=0$). [유의확률 F변화량]이 <0.05이면 R^2의 변화량이 0이 아니며 유의미하게 증가하였다는 것을 의미한다. 이 실습 문제에서는 두 번째 위계가 추가되어 R^2의 변화량(ΔR^2)인 44.4%는 유의수준 0.05보다 작으므로 통계적으로 의미가 있으며, 두 번째 위계에 속한 변수들이 재방문의도에 유의한 영향을 주고 있음을 의미한다.

잔차의 독립성검증 결과는 다음과 같다. 회귀분석 실행 결과 Durbin-Watson지수는 1.993으로 2에 가까워 잔차들 간에는 자기상관이 없이 독립적임을 알 수 있다.

모형 요약[c]

모형	R	R 제곱	수정된 R 제곱	추정값의 표준오차	통계량 변화량					Durbin-Watson
					R 제곱 변화량	F 변화량	자유도1	자유도2	유의확률 F 변화량	
1	.199[a]	.039	.025	.75107	.039	2.684	3	196	.048	
2	.696[b]	.484	.465	.55633	.444	41.307	4	192	<.001	1.993

a. 예측자: (상수), 망원경보유, 연령, 성별

b. 예측자: (상수), 망원경보유, 연령, 성별, 일탈적동기, 지역문화체험동기, 교육적동기, 오락적동기

c. 종속변수: 재방문의도

| 모형의 적합도 결과 |

분산분석표에서 모형1의 유의확률이 $p=0.048$이므로 유의수준 0.05에서 유의하여 모형은 적합하며, 첫 번째 위계에 속한 연령, 성별 및 망원경보유가 재방문의도에 유의한 영향을 주는 변수가 있다는 것을 의미한다. 모형2의 유의확률이 <0.001이므로 유의수준 0.001에서 유의하여 모형은 적합하며, 두 번째 위계에 속한 교육적 동기, 일탈적 동기, 오락적 동기 및 지역문화체험동기 중 적어도 하나 이상이 재방문의도에 유의한 영향을 주는 변수가 있다는 것을 의미한다.

ANOVA[a]

모형		제곱합	자유도	평균제곱	F	유의확률
1	회귀	4.542	3	1.514	2.684	.048[b]
	잔차	110.565	196	.564		
	전체	115.107	199			
2	회귀	55.682	7	7.955	25.701	<.001[c]
	잔차	59.425	192	.310		
	전체	115.107	199			

a. 종속변수: 재방문의도

b. 예측자: (상수), 망원경보유, 연령, 성별

c. 예측자: (상수), 망원경보유, 연령, 성별, 일탈적동기, 지역문화체험동기, 교육적동기, 오락적동기

| 잔차의 정규성검증 결과 |

잔차의 정규성(Normality)검증 결과에서 회귀분석의 실행 결과인 [히스토그램]과 [정규P-P도표]를 보면 잔차들은 정규분포에서 크게 벗어나지 않은 것으로 보인다.

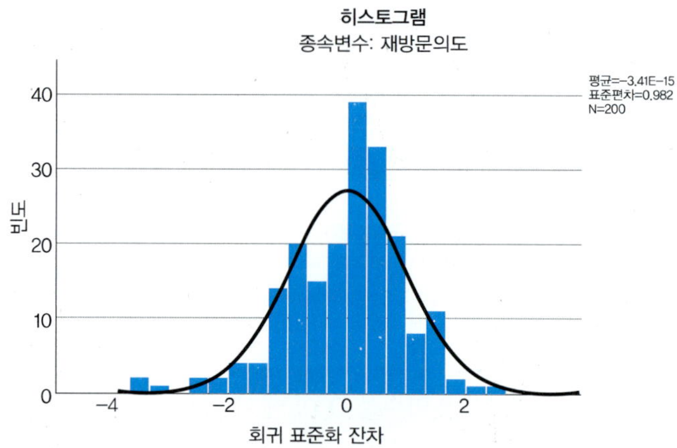

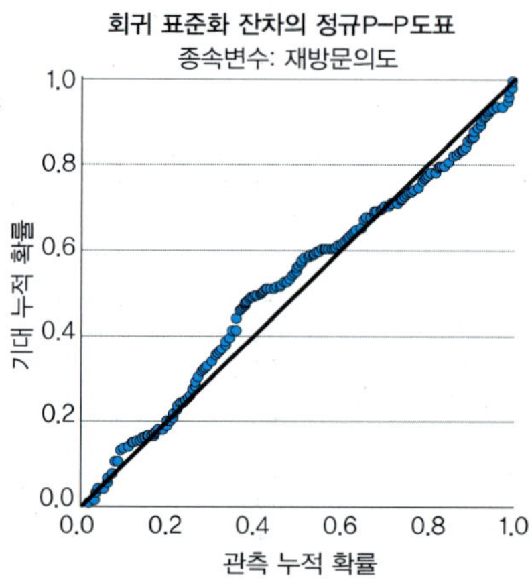

| 잔차의 등분산성검증 결과 |

잔차의 등분산성검증 결과는 다음과 같다. 아래 그림은 표준화 잔차 산점도이다. 이 실습 문제의 산점도를 보면 +2와 −2 사이에서 일정한 패턴이 없으므로 등분산성의 가정을 만족하고 있음을 알 수 있다.

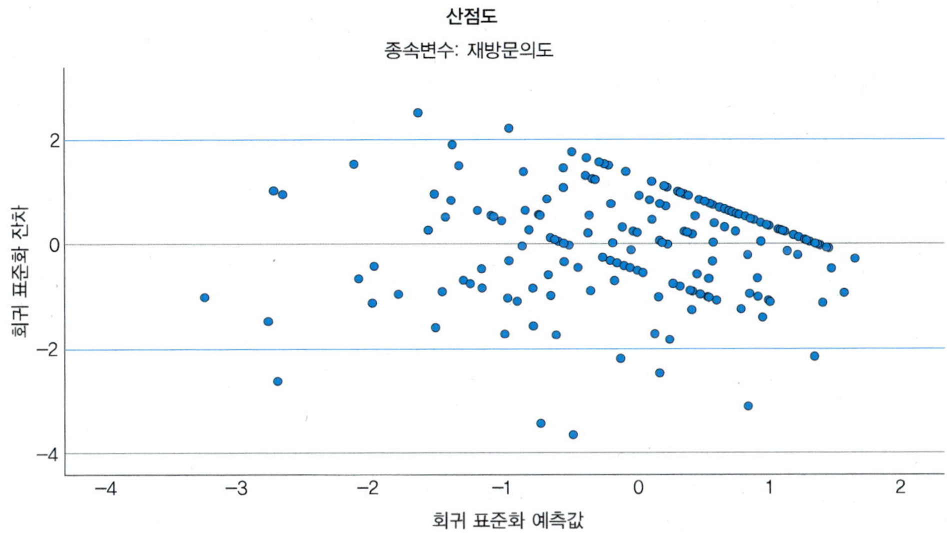

| 회귀계수표 결과 |

위계적 다중회귀분석을 통해 모형1(위계1)에서는 연령, 성별 및 망원경보유라는 통제변수들이 재방문의도에 미치는 영향을, 그리고 모형2(위계2)에서는 천체관광동기인 교육적 동기, 일탈적 동기, 오락적 동기 및 지역문화체험동기가 재방문의도에 미치는 영향을 검증한 결과이다.

계수[a]

모형		비표준화 계수 B	비표준화 계수 표준화 오류	표준화 계수 베타	t	유의확률	공선성 통계량 공차	공선성 통계량 VIF
1	(상수)	4.397	.245		17.958	<.001		
	연령	.006	.004	.114	1.616	.108	.984	1.016
	성별	.086	.119	.057	.727	.468	.811	1.233
	망원경보유	-.260	.123	-.165	-2.113	.036	.805	1.243
2	(상수)	1.319	.301		4.384	<.001		
	연령	.007	.003	.134	2.531	.012	.952	1.050
	성별	-.008	.090	-.005	-.086	.932	.780	1.282
	망원경보유	-.287	.101	-.182	-2.837	.005	.655	1.528
	교육적동기	.319	.070	.306	4.581	<.001	.605	1.654
	일탈적동기	.350	.062	.364	5.642	<.001	.646	1.547
	오락적동기	.169	.069	.170	2.458	.015	.562	1.779
	지역문화체험동기	-.054	.038	-.083	-1.429	.155	.805	1.242

a. 종속변수: 재방문의도

3) 위계적 다중회귀분석 검증 결과의 제시와 해석

위계적 다중회귀분석을 통해 모형1과 모형2의 검증 결과를 요약하면 다음과 같다. 분석 결과표는 연구자에 따라서 다양하게 제시될 수 있다.

회귀분석의 가정 조건에 대한 검토 결과 잔차의 정규성, 독립성, 등분산성의 가정은 충족되었으며 독립변수들 간의 다중공선성의 문제는 없는 것으로 나타났다.

분산분석표에서 모형1(위계1)의 유의확률이 p=0.048이므로 유의수준 0.05에서 유의하여 모형은 적합하며, 첫 번째 위계에 속한 연령, 성별 및 망원경보유가 재방문의도에 유의한 영향을 주는 변수가 있다는 것을 의미한다. 모형2(위계2)의 유의확률이 <0.001이므로 유의수준 0.001에서 유의하여 모형은 적합하며, 두 번째 위계에 속한 교육적 동기, 일탈적 동기, 오락적 동기 및 지역문화체험동기 중 적어도 하나 이상이 재방문의도에 유의한 영향을 주는 변수가 있다는 것을 의미한다.

표 9-2 위계적 다중회귀분석 결과 (N=200)

변수	모형1		모형2		
	B	β	B	β	VIF
상수	4.397		1.319		
연령	0.006	0.114	0.007	0.134*	1.050
남자더미	0.086	0.057	-0.008	-0.005	1.282
망원경보유더미	-0.260	0.165*	-0.287	0.182**	1.528
교육적 동기			0.319	0.306***	1.654
일탈적 동기			0.350	0.364***	1.547
오락적 동기			0.169	0.170*	1.779
지역문화체험동기			-0.054	-0.083	1.242
$R^2(\Delta R^2)$	0.039		0.484(44.4%***)		
수정된 R^2	0.025		0.465		
F	2.684*		25.701***		

*p<0.05, **p<0.01, ***p<0.001

종속변수: 재방문의도, 참조범주: 여자더미, 망원경미보유

모형1의 R^2이 3.9%이고 모형2의 R^2은 48.4%(모형2의 R^2 0.484－모형1의 R^2 0.039＝0.445이나 이는 소수점 이하 자리 때문에 발생한 차이임)이므로 첫 번째 위계가 있는 상태에서 두 번째 위계가 추가된 경우 R^2은 44.4%가 유의하게 증가한 것으로 나타났다. 이는 모형1에서 통제변수인 연령, 성별 및 망원경보유를 통제한 상태에서 두 번째 위계에 속한 변수들인 천체관광동기인 교육적 동기, 일탈적 동기, 오락적 동기 및 지역문화체험동기가 재방문의도에 유의한 영향을 주고 있음을 의미한다.

분석 결과를 모형1과 모형2로 구분해 제시하면 다음과 같다.

모형1(위계1)에서는 연령과 성별은 재방문의도에 유의한 영향을 미치지 않았다. 망원경보유더미($p<0.05$)는 재방문의도에 유의한 영향을 주었다. 이는 망원경을 보유한 관광객일수록(B＝－0.260) 재방문의도가 낮아졌음을 의미한다. 이러한 결과는 망원경을 보유한 사람들은 천체관광을 위해서 천문대 사이트를 방문하지 않고 자신의 망원경을 이용해 어디에서나 천체를 관측할 수 있기 때문인 것으로 보인다.

모형2(위계2)에서는 통제변수 중에서 성별은 재방문의도에 유의한 영향을 미치지 않았지만 연령($p<0.05$)과 망원경보유($p<0.01$)는 재방문의도에 유의한 영향을 주었다. 이는 연령이 높을수록(B＝0.134), 망원경을 보유하지 않은 관광객일수록(B＝－0.287) 재방문의도가 높아짐을 의미한다. 천체관광동기 중에서 지역문화체험동기는 재방문의도에 유의한 영향을 미치지 않았지만 교육적 동기($p<0.001$), 일탈적 동기($p<0.001$) 및 오락적 동기($p<0.05$)는 재방문의도에 유의한 영향을 주었다. 이는 교육적 동기가 높을수록(B＝0.319), 일탈적 동기가 높을수록(B＝0.350) 그리고 오락적 동기(B＝0.169)가 높을수록 재방문의도가 높아짐을 의미한다.

관광동기의 표준화회귀계수를 보면 일탈적 동기가 0.364, 교육적 동기가 0.306, 오락적 동기가 0.170의 순으로 재방문의도에 영향을 미침을 알 수 있다. 반면에 지역문화체험동기의 표준화회귀계수는 －0.083으로 재방문의도에 영향을 미치지 않고 있음을 알 수 있다.

3 통제다중회귀분석

통제다중회귀분석(Multiple regression analysis with control variables)이란 통제변수를 이용하여 회귀분석하는 것으로 통제변수의 영향력을 통제한 상태에서 독립변수가 종속변수에 미치는 영향관계를 알아내려는 방법이다. 결국 연구자가 설정한 회귀모형 속에 통제하고자 하는 통제변수를 단순히 포함시켜 분석하면 통제다중회귀분석이 된다. 여기에서 통제변수(Control variables)란 연구자가 연구를 진행하면서 통제하고자 하는 변수를 말한다. 일반적으로 사회과학 연구에서 통제변수로 많이 사용되는 것은 인구통계학적 특성변수와 선행연구에서 선행연구들에서 종속변수에 영향을 준다고 검증된 변수들이다.

- 통제다중회귀분석은 별도의 회귀분석방법이라기보다는 통제변수들을 가지고 있는 다중회귀분석 기법을 말한다. 즉, 다중회귀분석에 인구통계학적 특성변수나 선행연구를 통해 이미 검증된 변수들을 단순히 회계모형에 투입하면 통제변수가 포함된 다중회귀분석이 된다.
- 회귀분석에서 모든 통제변수를 회귀모형에 투입시킬 수는 없다. 연구에서 회귀모형에 투입할 통제변수를 결정하기 위해서는 사전에 통제변수가 종속변수에 미치는 영향을 검증하여 통제변수가 종속변수에 유의한 영향을 미치는 경우에만 모형에 포함시키는 것이 필요하다. 이를 위해서 범주형 변수는 t-검증이나 분산분석 그리고 연속형 변수는 상관관계분석이나 회귀분석 등을 활용할 수 있다.
- 인구통계학적 특성변수들이나 선행연구들에서 이미 검증된 독립변수들은 회귀모형에 통제변수로 투입할 수 있다. 위계적 다중회귀분석방법은 통제변수를 위계별로 회귀모형 속에 포함시켜 분석하는 통제다중회귀분석의 하나이다.
- 통제변수로 사용되는 독립변수들 중에서 범주형 변수가 있으면 이들 변수는 더미변수(Dummy variable)로 변환시킨 후에 회귀모형에 투입해야 한다. 이와 같이 통제변수 중에 범주형 변수가 포함되어 있으면 통제변수를 더미변수로 변환시킨 후에 회귀분석을 해야 하기 때문에 이를 더미통제다중회귀분석(Multiple regression analysis with dummy control variables)이라고도 한다.

- 위계적 통제다중회귀분석을 수행하는 경우 인구통계학적 특성변수들을 1단계 위계에 포함시키고 2단계 위계부터는 독립변수들을 투입한다.
- 다중회귀분석과 통제다중회귀분석을 구별하는 것이 쉽지 않다. 왜냐하면 다중회귀분석으로 사용하는 변수의 대부분이 통제변수이기 때문이다.
- 통제변수가 포함된 다중회귀분석 결과는 위계적 다중회귀분석의 마지막 단계 결과와 동일하다.
- 통제변수가 포함된 통제다중회귀분석 결과는 일반적인 다중회귀분석의 표와 같으며 해석방법도 다르지 않다. 다중회귀분석에서 보통 통제변수를 투입한 경우에도 통제변수의 결과는 해석 시 강조하지 않는 경우가 많다.
- 통제다중회귀분석 결과를 분석 결과표에 제시할 때 아예 통제변수를 포함시키지 않는 경우도 있는데, 이때는 결과표에 비표준화회귀계수(B)도 제시하지 말고 표준화회귀계수만을 제시해야 한다.

이상에서 논의한 위계적 다중회귀분석, 통제다중회귀분석 및 단계적 다중회귀분석의 개념을 요약하면 [표 9-3]과 같다.

표 9-3 위계적 다중회귀분석, 통제다중회귀분석 및 단계적 다중회귀분석의 개념

구분	개념
위계적 다중회귀분석 (Hierarchical multiple regression analysis)	임의의 주어진 모형에서 추가적으로 계속해서 각 단계의 위계에 독립변수를 투입했을 때 각 위계가 종속변수에 존재하는 변동성을 얼마나 더 설명할 수 있는지를 확인하는 회귀분석 방법(이론적 배경 등을 토대로 연구자가 각 위계에 포함될 독립변수들을 결정해 투입시키는 방법)
통제다중회귀분석 (Control multiple regression analysis)	통제변수를 이용하여 회귀분석하는 것으로 통제변수의 영향력을 통제한 상태에서 독립변수가 종속변수에 미치는 영향관계를 알아내려는 방법
단계적 다중회귀분석 (Stepwise multiple regression analysis)	독립변수를 하나씩 추가/제거하여 종속변수를 잘 예측하는 변수들을 선택하는 기법으로 연구자가 독립변수의 선택을 결정하지 않고 통계프로그램이 자동적으로 선택하는 방법

4 통제다중회귀분석의 SPSS 통계 실습

통계 실습 9-2 **통제다중회귀분석: 통제변수가 포함된 다중회귀분석**

다음의 천체관광을 목적으로 천문대를 방문한 방문객을 대상으로 조사한 [제9장 통제다중회귀분석 데이터]를 이용해서 통제다중회귀분석(Multiple regression analysis with control variables)을 수행하고 분석 결과를 해석하시오. 독립변수의 투입 방법은 [입력(Enter)]이다.

✔ 실습 데이터

연령	성별	망원경보유	교육적 동기	일탈적 동기	오락적 동기	지역문화체험동기	재방문 의도
15	2	2	5.00	4.50	4.67	5.00	4.00
42	1	2	4.75	4.75	4.33	3.25	4.00
⋯	⋯	⋯	⋯	⋯	⋯	⋯	⋯
200	1	2	5.00	4.50	5.00	1.00	5.00

총 사례 수는 200개임

- 연령 → 연속형 변수(통제변수)
- 성별, 망원경보유 → 범주형 변수(통제변수)
- 교육적 동기, 일탈적 동기, 오락적 동기, 지역문화체험동기 → 연속형 변수(연구변수, 독립변수)
- 재방문의도 → 연속형 변수(종속변수)

✔ 가설

- 귀무가설(H_0): 연령, 성별, 망원경보유 여부를 통제한 상태에서 천체관광의 교육적 동기, 일탈적 동기, 오락적 동기, 지역문화체험동기는 천문대의 재방문의도에 영향을 주지 않는다.

- 대립가설(H_1): 연령, 성별, 망원경보유 여부를 통제한 상태에서 천체관광의 교육적 동기, 일탈적 동기, 오락적 동기, 지역문화체험동기는 천문대의 재방문의도에 영향을 준다.

실습 데이터	제9장 통제다중회귀분석 데이터
분석방법 메뉴 선택	변환-더미변수 작성 분석-회귀분석-선형

1) 실습 과정

❶ [파일-열기-데이터]를 선택한 후 실습 데이터 파일이 있는 위치로 찾아가서 [제9장 통제다중회귀분석 데이터]를 연다.

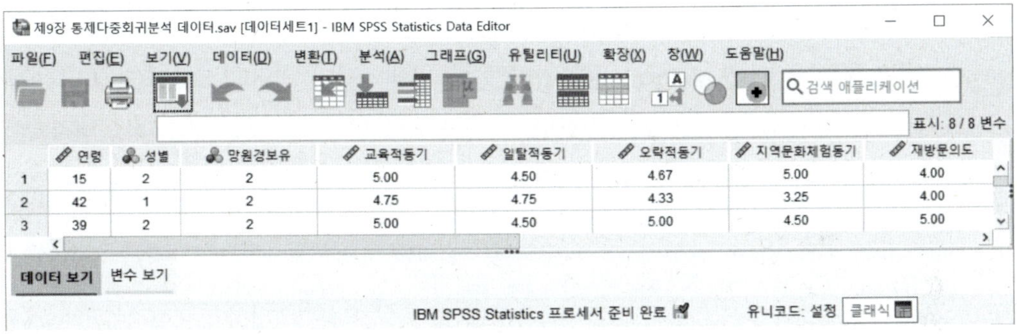

❷ 통제다중회귀분석을 수행하기에 앞서 변수 중에 범주형 변수가 있으면 이를 더미변수로 변환해야 한다. [변환] 메뉴에서 [더미변수 작성]을 선택해 창으로 들어간 후 [성별]을 오른쪽 [다음에 대한 더미변수 작성]으로 보낸다. [루트 이름(선택한 변수당 한 개)]에 [남자더미]를 입력하고 좌 하단에 있는 [확인] 버튼을 클릭한다. 그러면 [데이터 파일]에 [남자더미1]과 [남자더미2]가 생성된다. 여기에서 [남자더미1]은 남자가 더미범주로, [남자더미2]는 여자가 더미범주로 되어 있음을 알 수 있다.

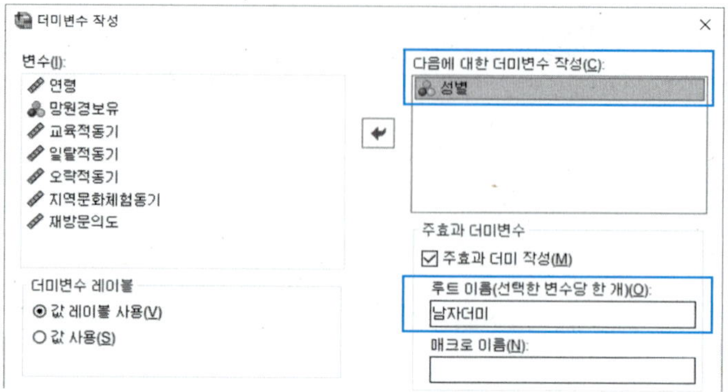

독자들은 [데이터 파일]로 가서 2개 중에서 필요한 더미변수는 1개이므로 하나를 선택하고 나머지는 파일에서 삭제해야 한다. 이 실습에서는 남자를 더미범주로 하고 여자를 참조범주로 설정하려고 하므로 [남자더미2]는 삭제하고 나머지 [남자더미1]은 데이터 편집 창 하단에 있는 [변수 보기]에서 변수명을 [남자더미]로 변경하고, [소수점 이하]를 '0', [맞춤]을 '가운데', [측도]를 '척도'로 변경 입력한다. [레이블]의 내용은 삭제한다. 다시 [데이터 보기]로 간 후 [저장] 버튼을 클릭한다. 최종적으로 만들어진 더미변수(더미범주)는 다음과 같다.

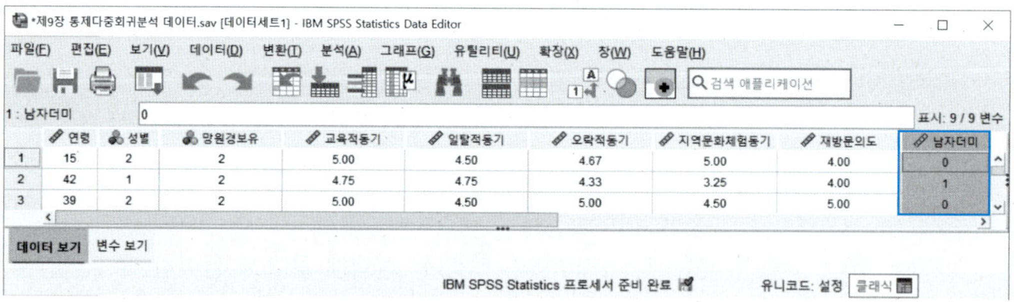

❸ [변환] 메뉴의 [더미변수 작성] 창에서 [성별]을 왼쪽으로 보낸 후 [망원경보유]를 오른쪽 [다음에 대한 더미변수 작성]으로 보낸다. [루트 이름(선택한 변수 당 한 개)]에 [망원경보유더미]를 입력하고 좌 하단에 있는 [확인] 버튼을 클릭한다. 그러면 [데이터 파일]에 [망원경보유더미1]과 [망원경보유더미2]가 생성된다. 여기에서 [망원경보유더미1]은 망원경보유자가 더미범주로, [망원경보유더미2]는 망원경미보유자가 더미범주로 되어 있음을 알 수 있다.

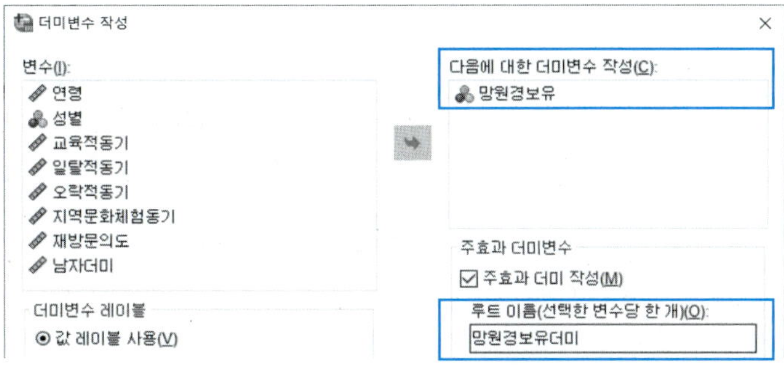

독자들은 [데이터 파일]로 가서 2개 중에서 필요한 더미변수는 1개이므로 하나를 선택하고 나머지는 파일에서 삭제해야 한다. 이 실습에서는 망원경보유더미1을 더미범주로 하고 망원경보유더미2를 참조범주로 설정하려고 하므로 [망원경보유더미2]는 삭제하고 나머지 [망원경보유더미1]은 데이터 편집 창 하단에 있는 [변수 보기]에서 변수명을 [망원경보유더미]로 변경하고, [소수점 이하]를 '0', [맞춤]을 '가운데', [측도]를 '척도'로 변경 입력한다. [레이블]의 내용은 삭제한다. 다시 [데이터 보기]로 간 후 [저장] 버튼을 클릭한다. 최종적으로 만들어진 더미변수(더미범주)는 다음과 같다.

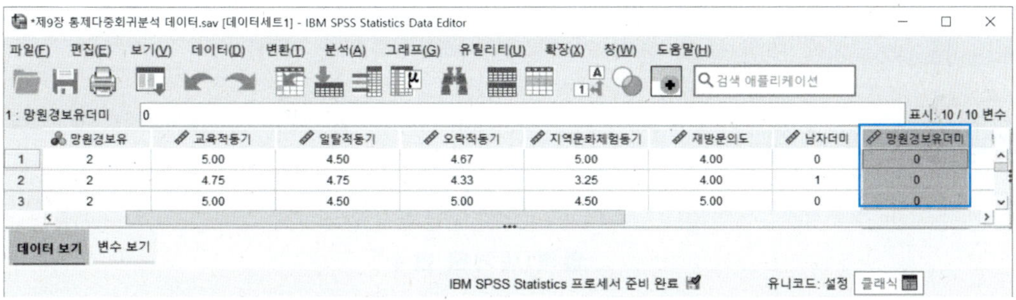

❹ [분석-회귀분석-선형]을 선택하여 [선형 회귀] 창으로 들어간다. 변수 선택방법은 디폴트로 [입력]이 선택되어 있으므로 그대로 둔다. 통제변수인 [연령], [남자더미], [망원경보유더미]와 연구변수인 관광동기에 해당하는 [교육적 동기], [일탈적 동기], [오락적 동기], [지역문화체험동기]를 오른쪽의 [독립변수]로 모두 이동시킨다. [재방문의도]는 [종속변수]로 이동시킨다. [통계량] 옵션에서 [공선성 진단], [잔차]의 [Durbin-Watson]을 체크하고 [계속] 버튼을 클릭한다. [도표] 옵션에서 [ZPRED]를 [X]에, [ZRESID]를 [Y]로 이동시키고 표준

화 잔차 도표에서 [히스토그램]과 [정규확률도표]를 체크하고 [계속] 버튼을 클릭한다. 마지막으로 [선형 회귀] 창의 좌측 하단에 있는 [확인] 버튼을 클릭해 통제다중회귀분석을 실행한다.

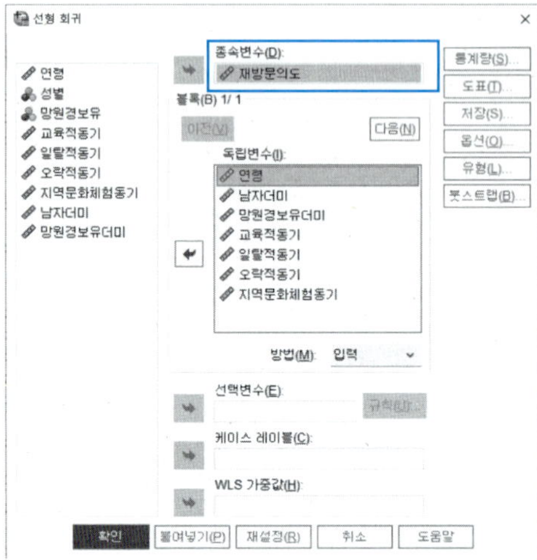

2) 주요 분석 결과

통제다중회귀분석에 대한 주요 출력 결과를 제시하면 다음과 같다.

| 입력/제거된 변수 결과 |

독립변수에 통제변수와 연구변수가 모두 투입되었음을 알 수 있다.

입력/제거된 변수[a]

모형	입력된 변수	제거된 변수	방법
1	지역문화체험동기, 연령, 남자더미, 일탈적동기, 교육적동기, 망원경보유더미, 오락적동기[b]	.	입력

a. 종속변수: 재방문의도

b. 요청된 모든 변수가 입력되었습니다.

| 잔차의 독립성검증 결과 |

잔차의 독립성검증 결과는 다음과 같다. 회귀분석 실행 결과 Durbin-Watson지수는 1.993으로 2에 가까워 잔차들 간에는 자기상관이 없이 독립적임을 알 수 있다.

모형 요약[b]

모형	R	R 제곱	수정된 R 제곱	추정값의 표준오차	Durbin-Watson
1	.696[a]	.484	.465	.55633	1.993

a. 예측자: (상수), 지역문화체험동기, 연령, 남자더미, 일탈적동기, 교육적동기, 망원경보유더미, 오락적동기

b. 종속변수: 재방문의도

| 모형의 적합도 결과 |

분산분석표에서 유의확률이 <0.001이므로 유의수준 0.001에서 유의하며, 이는 회귀모형이 적합함을 의미한다.

ANOVA[a]

모형		제곱합	자유도	평균제곱	F	유의확률
1	회귀	55.682	7	7.955	25.701	<.001[b]
	잔차	59.425	192	.310		
	전체	115.107	199			

a. 종속변수: 재방문의도

b. 예측자: (상수), 지역문화체험동기, 연령, 남자더미, 일탈적동기, 교육적동기, 망원경보유더미, 오락적동기

| 잔차의 정규성검증 결과 |

잔차의 정규성검증 결과에서 [히스토그램]과 [정규P-P도표]를 보면 잔차들은 정규분포에서 크게 벗어나지 않은 것으로 보인다.

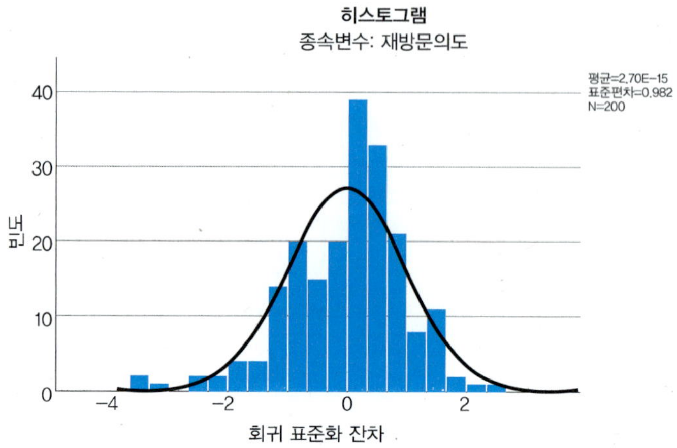

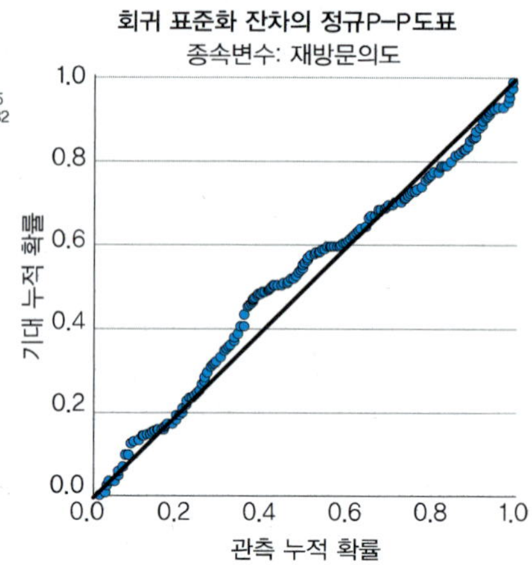

| 잔차의 등분산성검증 결과 |

잔차의 등분산성검증 결과는 다음과 같다. 아래 그림은 표준화 잔차 산점도이다. 이 실습 문제의 산점도를 보면 +2와 −2 사이에서 일정한 패턴이 없으므로 등분산성의 가정을 만족하고 있음을 알 수 있다.

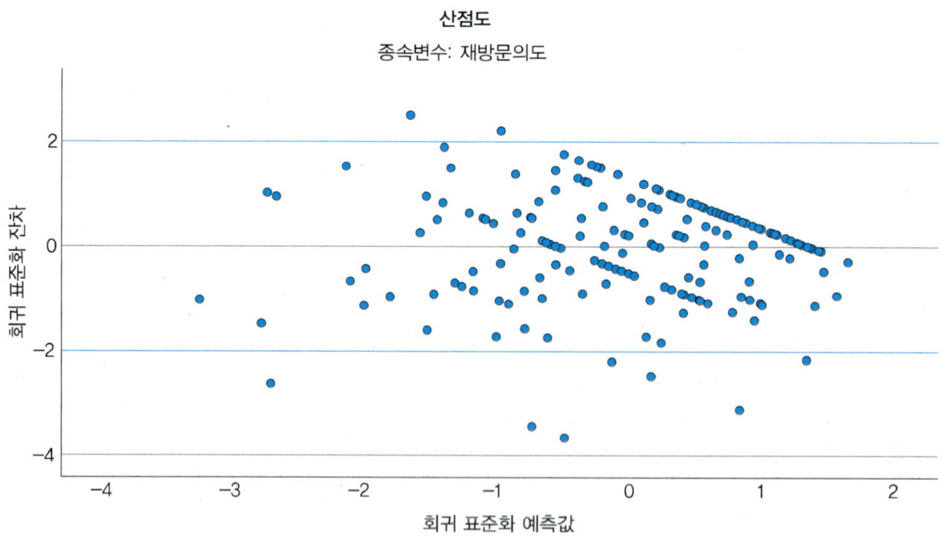

| 회귀계수표 결과 |

통제다중회귀분석을 통해 성별, 남자더미, 망원경보유더미를 통제한 상태에서 관광동기인 교육적 동기, 일탈적 동기, 오락적 동기 및 지역문화체험동기가 재방문의도에 미치는 영향을 검증한 결과이다.

계수[a]

모형		비표준화 계수		표준화 계수	t	유의확률	공선성 통계량	
		B	표준화 오류	베타			공차	VIF
1	(상수)	.731	.297		2.457	.015		
	연령	.007	.003	.134	2.531	.012	.952	1.050
	남자더미	.008	.090	.005	.086	.932	.780	1.282
	망원경보유더미	.287	.101	.182	2.837	.005	.655	1.528
	교육적동기	.319	.070	.306	4.581	<.001	.605	1.654
	일탈적동기	.350	.062	.364	5.642	<.001	.646	1.547
	오락적동기	.169	.069	.170	2.458	.015	.562	1.779
	지역문화체험동기	-.054	.038	-.083	-1.429	.155	.805	1.242

a. 종속변수: 재방문의도

3) 통제다중회귀분석 검증 결과의 제시와 해석

연령, 성별, 망원경보유를 통제한 상태에서 천체관광동기가 재방문의도에 미치는 영향을 알아보기 위해서 통제다중회귀분석 검증 결과를 요약하면 다음과 같다. 분석 결과표는 연구자에 따라서 다양하게 제시될 수 있다.

회귀분석의 가정 조건에 대한 검토 결과 잔차의 정규성, 독립성, 등분산성의 가정은 충족되었으며 독립변수들 간의 다중공선성의 문제는 없는 것으로 나타났다.

재방문의도의 변동성 중에서 연령, 성별, 망원경보유, 교육적 동기, 일탈적 동기, 오락적 동기, 지역문화체험동기가 설명하는 설명력(수정된 R^2)은 46.5%로 나타났다. 분산분석표의 F값이 25.701이고 이는 유의수준 0.001에서 통계적으로 유의한 것으로 나타나 회귀모형은 적합하다고 판단된다. 분석 결과 교육적 동기($p<0.001$), 일탈적 동기($p<0.001$) 및 오락적 동기($p<0.05$)는 재방문의도에 유의한 영향을 주었다. 이는 천체 관광객들의 교육적 동기가 높을수록(B=0.319), 일탈적 동기가 높을수록(B=0.350) 그리고 오락적 동기가 높을수록(B=0.169) 재방문의도가 높아짐을 의미한다. 독립변수인 교육적 동기와 일탈적 동기의 표준화 회귀계수는 각각 0.306과 0.364로 오락적 동기인 0.170보다 상대적으로 재방문의도에 크게

영향력을 미치고 있는 것으로 나타났다. 그러나 지역문화체험동기(B=−0.054)는 재방문의도에 영향을 미치지 않는 것으로 분석되었다.

표 9-4 통제다중회귀분석 결과 (N=200)

독립변수	B	SE	β	t	VIF
상수	0.731	0.297		2.457*	
연령	0.007	0.003	0.134	2.531*	1.050
남자더미	0.008	0.090	0.005	0.086	1.282
망원경보유더미	0.287	0.101	0.182	2.837**	1.528
교육적 동기	0.319	0.070	0.306	4.581***	1.654
일탈적 동기	0.350	0.062	0.364	5.642***	1.547
오락적 동기	0.169	0.069	0.170	2.458*	1.779
지역문화체험동기	−0.054	0.038	−0.083	−1.429	1.242
수정된 R^2=0.455, F=25.701 (<0.001), D-W=1.993					

*p<0.05, **p<0.01, ***p<0.001
종속변수: 재방문의도, 참조범주: 여자더미, 망원경미보유

표 9-5 통제다중회귀분석 결과표에 다른 양식 예시 (N=200)

독립변수	B	β
상수	0.731	2.457*
연령	0.007	2.531*
남자더미	0.008	0.086
망원경보유더미	0.287	2.837**
교육적 동기	0.319	4.581***
일탈적 동기	0.350	5.642***
오락적 동기	0.169	2.458*
지역문화체험동기	−0.054	−1.429
수정된 R^2=0.465, F=25.701 (<0.001), D-W=1.993		

*p<0.05, **p<0.01, ***p<0.001
종속변수: 재방문의도, 참조범주: 여자더미, 망원경미보유

제10장

매개회귀분석

Mediated Regression Analysis (Mediation Analysis using Multiple Regression)

1 매개회귀분석

1.1 매개회귀분석의 개념과 필요성

매개회귀분석(Mediated regression analysis, or Mediation analysis using multiple regression)은 독립변수와 종속변수 사이에서 매개적 역할을 하는 매개변수가 개입되는 경우에 사용되는 다중회귀분석 방법이다.

▶ 그림 10-1 ▮ 기본적인 매개모형의 구조: 단순매개모형

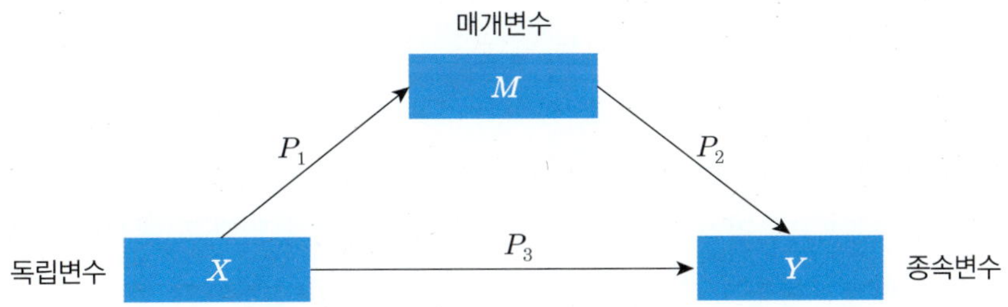

직접효과: P_3 간접효과: P_1P_2 총효과: $P_3+P_1P_2$

[그림 10-1]은 단순매개모형(Simple mediation model)을 제시한 것이다. 모형에서 X는 독립변수, M은 매개변수, Y는 종속변수이다. M을 통제한 상태에서 X가 Y에 미치는 영향에 대한 단순회귀분석을 통해 얻은 P_3은 직접효과(Direct effect)이다. X가 M에 미치는 영향에 대한 단순회귀분석을 통해 얻은 회귀계수 P_1과 M이 Y에 미치는 영향에 대한 단순회귀분석을

통해 얻은 회귀계수 P_2의 곱(product)인 $P_1 \times P_2 = P_1P_2$는 간접효과(Indirect effect)이다.

> 총효과(Total effect) = 직접효과(Direct effect) + 간접효과(Indirect effect)
> 총효과 = $P_3 + P_1P_2$

- 매개변수(Mediator or Mediating variable)란 독립변수와 종속변수 간의 관계를 설명하기 위해 중간에 개입하는 제3의 변수를 말한다. 이는 독립변수와 종속변수 간의 인과관계를 조금 더 자세히 설명할 때 필요한 변수로 독립변수와 종속변수 간의 연결 역할(Linking role)을 수행하는 변수이다.
- 매개변수와 조절변수를 구분하는 것은 중요하다. 독립변수와 매개변수, 매개변수와 종속변수 간에 높은 상관관계(High correlation)가 존재하면 매개변수일 가능성이 높으며, 낮은 상관관계(Low correlation)가 존재하면 조절변수일 가능성이 높다. 특히 매개변수와 종속변수 간의 상관관계가 높아야 검증력(Power)을 높일 수 있고 매개효과가 존재할 가능성이 높아진다.
- 매개효과분석(Mediation analysis, or Mediating effect analysis)이란 독립변수와 종속변수의 관계에서 개입되는 매개변수가 매개효과를 가지는지를 검증하는 것을 말한다. 매개효과(Mediation effect)는 독립변수와 종속변수 간에 매개변수가 개입될 때 발생된다. 독립변수가 매개변수에 미치는 영향을 분석한 결과로 얻은 회귀계수(P_1)와 매개변수가 종속변수에 미치는 영향을 분석한 결과로 얻은 회귀계수(P_2)의 곱($P_1 \times P_2 = P_1P_2$)을 간접효과(Indirect effect)라 하며, 이 간접효과의 크기가 통계적으로 유의하면 매개효과가 있다고 말하고, 비유의적이면 매개효과가 없다고 해석한다.
- 연구자들은 매개모형을 구축하기 위해서 선행연구들을 검토해야 한다. 예컨대 어떤 선행연구들에서 X가 M에 영향을 미친다($X \rightarrow M$)는 연구들이 있었고 다른 선행연구들에서 M이 Y에 영향을 미친다($M \rightarrow Y$)는 결과가 있었다면 이를 결합시켜 [$X \rightarrow M \rightarrow Y$]라는 매개모형을 구축할 수 있다. 또 다른 선행연구들에서 X가 Y에 영향을 미친다는 연구 결과들이 있었다면 [그림 10-1]과 같은 단순매개모형을 만들 수 있을 것이다. 좀 더 구체적으로 실례를 들어보면 스트레스라는 변수가 불안이라는 변수에 영향

을 미친다(스트레스 → 불안)는 연구 결과와 불안이 우울에 유의한 영향을 미친다(불안 → 우울)는 연구 결과가 보고되었다면 연구자들은 이들 변수 간의 관계를 결합하여 스트레스가 불안에 영향을 주고 다시 불안이 우울에 영향을 준다는 매개모형(스트레스 → 불안 → 우울)을 구축할 수 있게 된다.

논문을 작성하기 위해서 연구자들은 기존의 연구와 이론의 통합 과정을 통해서 변수들 간의 관계를 결합시켜 연구가설을 설정하고 필요한 데이터를 수집한 후 통계적 가설검증을 수행하게 된다. 특히 매개모형의 구축 시 중요한 것은 독립변수와 종속변수 간의 인과관계 메커니즘을 발견하는 것이다. 예컨대 독립변수와 종속변수 간의 관계에서 단일 매개변수 찾기, 다중 매개변수 찾기, 이중 매개변수 찾기 등에 대한 지속적인 탐색이 필요하다.

연구자들은 매개모형의 구축과정과 매개효과분석을 통해 얻은 분석 결과를 토대로 연구 결과에 대한 학문적 시사점(Academic implication)과 실무적 시사점(Practical implication)을 명확하게 제시해야 한다. 먼저, 매개모형 구축과정에서 발견한 새로운 매개변수에 학문적 의의를 논문에 제시해야 한다. 다음으로, 종속변수에 대한 관리 측면에서 실무적 시사점을 제언해야 한다. 예컨대 만약 매개효과분석을 통해 완전매개효과가 발견된 경우에는 우울의 문제를 중재하기 위해서 연구 대상자들의 불안을 관리할 수 있는 대안들을 제시해야 한다. 부분매개효과가 발견된 경우에는 우울을 효과적으로 관리하기 위해서 스트레스와 불안을 동시에 관리할 수 있는 방안을 제시해야 한다.

1.2 매개회귀분석의 적용상황과 가설

매개회귀분석은 독립변수, 매개변수 및 종속변수로 연속형 변수와 범주형 변수가 모두 적용가능하다. 범주형 변수가 독립변수와 매개변수로 사용되는 경우에는 해당 변수를 더미변수로 변환한 후에 회귀분석에 투입해야 한다. 매개회귀분석 방법으로는 분석 단계별(1단계: $X \rightarrow M$, 2단계: $X \rightarrow Y$, 3단계: X, $M \rightarrow Y$)로 회귀분석과 로지스틱회귀분석 등이 사용된다.

그림 10-2 매개회귀분석의 적용상황

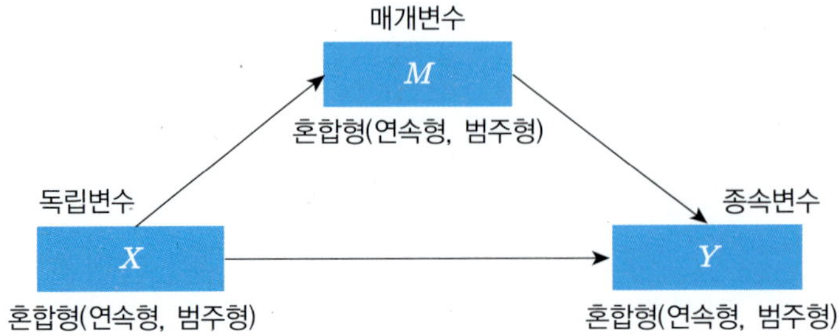

매개회귀분석의 가설은 다음과 같다.

- 귀무가설(H_0): 독립변수는 매개변수를 매개로 종속변수에 영향을 주지 않는다 (혹은 매개변수는 독립변수가 종속변수에 미치는 영향을 매개하지 않는다).
- 대립가설(H_1): 독립변수는 매개변수를 매개로 종속변수에 영향을 준다 (혹은 매개변수는 독립변수가 종속변수에 미치는 영향을 매개한다).

1.3 매개효과모델링의 방법과 매개효과모형의 유형

매개모형을 구축하는 것을 매개효과모델링(Mediation effect modeling)이라고 한다. 이를 위해서는 먼저, 시간적 우선순위 등을 고려하여 배열(Arrangement) 결정을 해야 한다. 다음으로 변수들 간의 영향관계를 고려하여 독립변수, 매개변수 및 종속변수 간의 가설 관계(Hypothetical relation)를 설정해야 한다.

그림 10-3 ▌ 완전매개효과 모델링과 부분매개효과 모델링

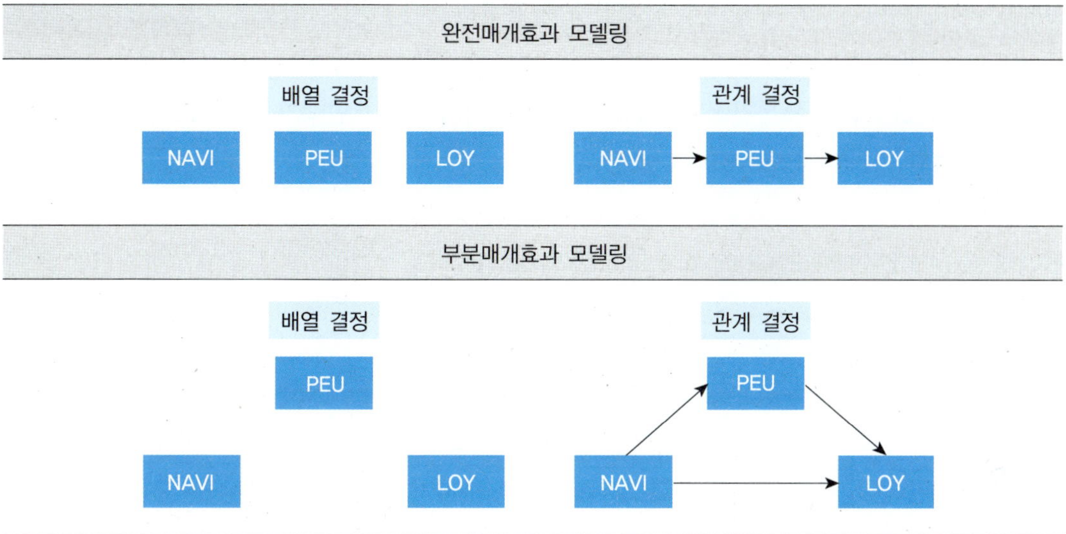

[그림 10-3]은 매개효과모델링의 두 가지 유형인 ① 선형적 매개효과만 존재하는 완전매개효과모형과 ② 부분매개효과 관계가 존재하는 부분매개효과모형을 제시한 것이다. 첫째, 완전매개효과모형에서는 선행연구 결과를 토대로 배열을 항해용이성(NAVI)이 가장 먼저, 사용용이성(PEU)이 중간, 그리고 고객충성도(LOY)가 마지막 순서로 배열되도록 결정하였다. 다음으로, 항해용이성은 사용용이성에, 사용용이성은 고객충성도에 영향을 미치는 관계로 모형을 구축하였다(NAVI → PEU → LOY). 둘째, 부분매개효과모형에서는 선행연구의 결과를 참조하여 배열을 항해용이성(NAVI)이 가장 먼저, 사용용이성(PEU)이 중간, 그리고 고객충성도(LOY)가 마지막 순서가 되도록 결정하였다. 다음으로, 항해용이성은 사용용이성과 고객충성도(NAVI → PEU, NAVI → LOY)에, 사용용이성은 고객충성도(PEU → LOY)에 영향을 미치는 관계를 가지는 모형으로 구축하였다(NAVI → LOY, NAVI → PEU → LOY).

많은 연구들에서 대표적으로 많이 사용되고 있는 매개효과모형의 유형에는 ① 매개변수가 하나인 단순매개모형([그림 10-4]), ② 매개변수가 2개 이상인 다중매개모형([그림 10-5]), ③ 매개변수가 여러 개인 병렬다중매개모형([그림 10-6]), ④ 매개변수가 직렬로 2개 이상인 직렬다중매개모형([그림 10-7]), ⑤ 독립변수가 2개 이상인 다중독립매개모형([그림 10-8]), ⑥ 종속변수가 2개 이상인 다중종속매개모형([그림 10-9]) 등이 있다.

매개모형에서 매개변수를 통제한 상태에서 독립변수가 종속변수에 미치는 영향을 직접효과라고 하며, 독립변수가 매개변수를 경유하여 종속변수에 미치는 영향은 간접효과라고 한다. 독립변수와 종속변수 간에 여러 개의 매개변수가 있는 경우에는 개별간접효과(Specific indirect effects 혹은 특정간접효과)가 존재한다. 따라서 매개변수가 2개 이상인 매개모형에서 총간접효과는 개별간접효과들의 합이 된다.

그림 10-4 ▌단순매개모형(Simple mediation model)

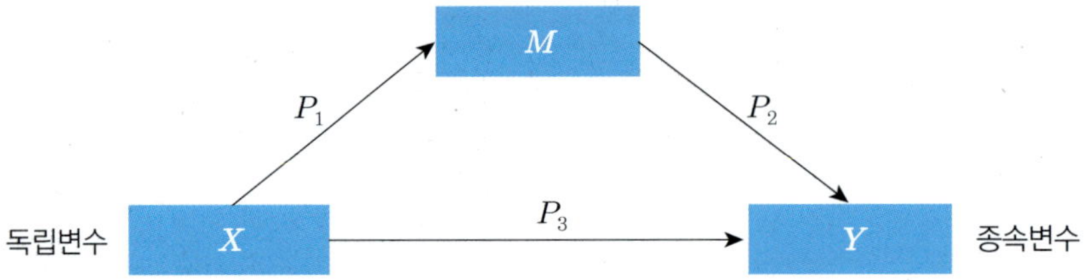

X: 독립변수 M: 매개변수 Y: 종속변수
직접효과: P_3 간접효과: P_1P_2 총효과: $P_3+P_1P_2$

그림 10-5 ▌병렬다중매개모형(Parallel multiple mediation model): 매개변수가 2개인 경우

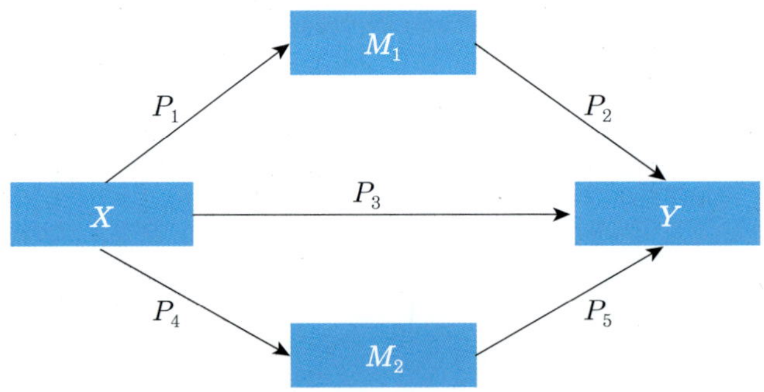

직접효과: P_3 간접효과: $P_1P_2+P_4P_5$ 총효과: $P_3+P_1P_2+P_4P_5$

총간접효과(Total indirect effect)는 개별간접효과(Specific indirect effect)의 합이다. 개별간접효과는 다른 모든 매개변수들이 일정한 상태에서 독립변수가 개별매개변수를 경유하여 종속변수에 미치는 영향을 계량화시킨 것이다.

▶ 그림 10-6 ▮ 병렬다중매개모형(Parallel multiple mediation model): 매개변수가 2개 이상인 경우

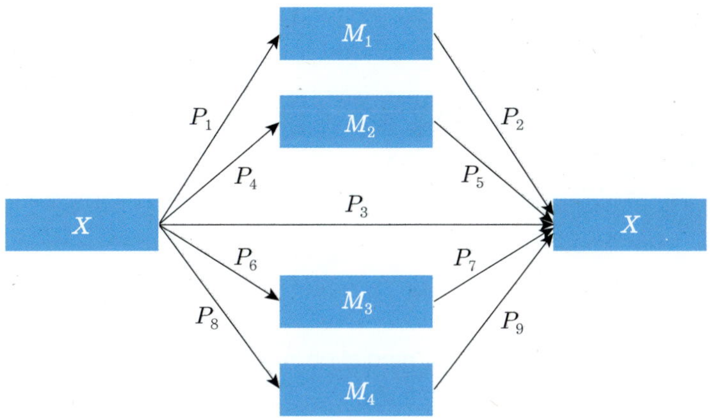

직접효과: P_3
간접효과: $P_1P_2+P_4P_5+P_6P_7+P_8P_9$
총효과: $P_3+P_1P_2+P_4P_5+P_6P_7+P_8P_9$

▶ 그림 10-7 ▮ 직렬다중매개모형(Serial multiple mediation model)

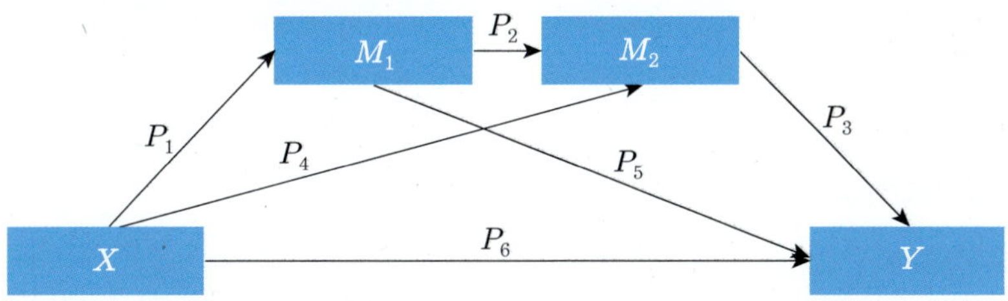

직접효과: P_6
간접효과: $P_1P_2P_3+P_1P_5+P_3P_4$
총효과: $P_6+P_1P_2P_3+P_1P_5+P_3P_4$

그림 10-8 | 다중독립매개모형(Multiple X mediation model)

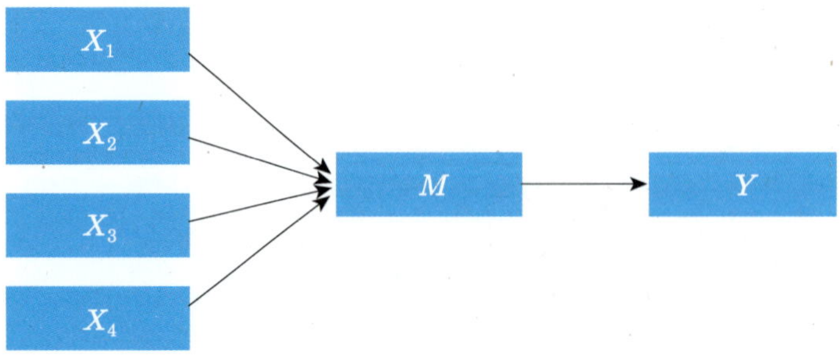

그림 10-9 | 다중종속매개모형(Multiple Y mediation model)

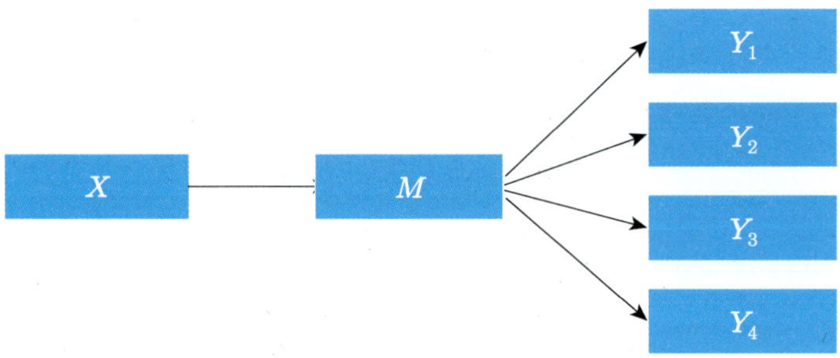

1.4 Baron & Kenney접근법에 의한 매개효과분석

매개효과검증 방법으로 가장 많이 사용되는 것은 Baron & Kenney(1986)가 제안한 접근법이며 이는 BK접근법[1)]이라고 불린다. 하지만 BK접근법은 간접효과(매개효과)의 크기와 통계적 유의성을 알려주지 않는다. 이를 보완하기 위해서 일반적으로 Sobel(1982)이 제안한 Sobel test[2)]는 수작업으로 검증통계량을 계산해야 하는 번거로움이 있었다. Kris Preacher는 이를 개선하여 웹사이트에서 자동으로 계산할 수 있는 Sobel test calculator[3)4)]를 제공하였다. 이 장에서

1) Baron, R. M., & Kenny, D. A. (1986). The moderator-mediator variable distinction in social psychological research: Conceptual, strategic, and statistical considerations. *Journal of Personality and Social Psychology*, 51(6), 1173.

2) Sobel, M. E. (1982). Asymptotic confidence intervals for indirect effects in structural equation models. *Sociological Methodology*, 13, 290-312.

는 Sobel test를 이용해서 간접효과에 대한 검증통계량인 Z-통계량과 이의 유의확률을 계산해 매개효과를 검증하고자 한다. 최근에는 Sobel test calculator를 개선한 Daniel Soper의 Sobel test calculator[5]가 많이 사용되고 있다.

그림 10-10 BK접근법을 이용한 매개효과검증 모형

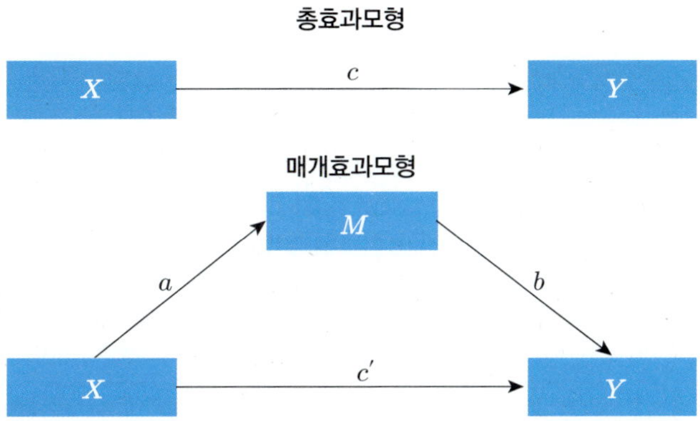

Baron & Kenney(1986) 접근법(BK접근법)을 쉽게 설명하기 위해서 총효과모형과 매개효과모형을 구분해서 제시하면 [그림 10-10]과 같다. 총효과모형은 독립변수인 X가 종속변수인 Y에 미치는 영향을 분석하기 위한 것이며 c는 X가 Y에 미치는 총효과(Total effect)를 나타내는 비표준화회귀계수이다. 매개효과모형에서 c'(c prime)은 매개변수인 M을 통제한 상태에서 독립변수 X가 종속변수인 Y에 미치는 영향을 분석하기 위한 것이며 이는 직접효과(Direct effect)를 나타내는 비표준화회귀계수이다. 정리하면 c는 총효과를 나타내는 비표준화회귀계수이며, c'은 직접효과를 나타내는 비표준화회귀계수이다.

매개효과모형을 가지고 총효과, 직접효과 및 간접효과의 관계를 나타내면 다음과 같다. 여기에서 ab는 매개효과모형에서 a(독립변수를 X로 하고 종속변수를 M으로 하여 단순회귀분석한 결과에서 X의 비표준화회귀계수)와 b(독립변수 X와 매개변수 M을 독립변수로 하고 종

3) https://quantpsy.org/sobel/sobel.htm.
4) Preacher, K. J., & Hayes, A. F. (2004). SPSS and SAS procedures for estimating indirect effects in simple mediation models. *Behavior Research Methods, Instruments, & Computers*, 36(4), 717-731.
5) https://www.danielsoper.com/statcalc/calculator.aspx?id=31(Danielsoper가 제공하는 Sobel test calculator는 인터넷 검색을 통해 쉽게 구할 수 있음.

속변수를 Y로 하여 다중회귀분석한 결과에서 M의 비표준화회귀계수)를 곱한 값으로 간접효과(Indirect effect)를 의미한다.

> 총효과(Total effect) = 직접효과(Direct effect) + 간접효과(Indirect effect)
> $c = c' + ab$

Baron & Kenney(1986)의 BK접근법은 [표 10-1]과 같이 3단계 과정에 대한 세 번의 회귀분석을 통해서 회귀계수의 유의성을 파악하여 매개효과를 검증한다.

표 10-1 Baron & Kenney(1986)의 매개회귀분석 방법

단계	회귀분석	조건
1단계	$M = i_1 + aX + \epsilon_1$	회귀계수 a가 유의적이어야 한다.
2단계	$Y = i_2 + cX + \epsilon_2$	회귀계수 c(총효과)가 유의적이어야 한다.
3단계	$Y = i_3 + c'X + bM + \epsilon_3$	회귀계수 b가 유의적이어야 한다. ① c'(직접효과)이 유의적이면 부분매개 ② c'(직접효과)이 비유의적이면 완전매개

[1단계] 독립변수를 X로, 종속변수를 M으로 하여 단순회귀분석을 실시한 결과 독립변수 X의 비표준화회귀계수 a가 유의적이어야 한다. 회귀식에서 i는 상수(Intercept) 혹은 절편을 표시하고 있다.

$$M = i_1 + aX + \epsilon_1$$

[2단계] 독립변수를 X로, 종속변수를 Y로 하여 단순회귀분석을 실시한 결과 독립변수 X의 비표준화회귀계수 c가 유의적이어야 한다. 여기에서 독립변수 X의 회귀계수 c는 총효과를 의미한다.

$$Y = i_2 + cX + \epsilon_2$$

[3단계] 독립변수를 X와 M으로, 종속변수를 Y로 하여 다중회귀분석을 실시한 결과 독립변수 M의 비표준화회귀계수 b가 유의적이어야 한다. 반면 다중회귀분석에서 M을 통제한 상태에서 X의 비표준화회귀계수 c'(직접효과)은 유의적일 수도 있고 비유적일 수도 있다. 3단계 분석에서 M이 포함되었을 때(통제되었을 때) X가 Y에 미치는 영향이 총효과 c보다 직접효과인 c'의 크기가 줄어들었고($c' < c$) 직접효과의 회귀계수 c'이 유의적이면 부분매개(Partial mediation)한다고 해석한다. 반면에 직접효과의 회귀계수 c'이 비유의적이면 완전매개(Perfect mediation, or 전부매개 Full mediation)한다고 해석한다.

$$Y = i_3 + c'X + bM + \epsilon_3$$

BK접근법은 연구자들에 의해서 매개효과분석을 위해 가장 많이 사용되어 왔다. 그러나 매개효과검증을 한 번에 수행할 수 없을 뿐만 아니라 결정적으로 간접효과의 크기를 제공해 주지 못하며 간접효과에 대한 통계적 유의성을 검증할 수 없다는 한계를 가지고 있다. 이러한 문제를 해결하기 위해서 많은 연구자들은 통계분석을 시행한 후에 회귀계수 a(독립변수가 매개변수에 미치는 영향)와 b(매개변수가 종속변수에 미치는 영향)를 수작업으로 곱하여 계산하고 간접효과(ab)의 통계적 유의성검증을 위해서 사용하고 있다. Sobel test를 이용한 간접효과의 통계적 유의성검증 방법에 대해서는 뒤에서 설명하기로 한다.

1.5 완전매개와 부분매개

BK접근법에서는 매개효과를 완전매개 혹은 전부매개(Perfect mediation, or Full mediation)와 부분매개(Partial mediation)로 구분하고 있다. 앞에서 설명한 것처럼 BK접근법의 3단계에서 매개변수 M을 통제한 상태에서 독립변수 X가 종속변수 Y에 통계적으로 유의한 영향을 미치는지의 여부에 대한 다중회귀분석 결과 독립변수 X가 종속변수 Y에 유의한 영향을 미치면 부분매개라고 하며 유의한 영향을 미치지 않으면 완전매개라고 해석한다.

매개효과모형은 [그림 10-11]과 같이 완전매개모형과 부분매개모형으로 구분된다. 전자는 X와 Y의 관계가 간접효과(ab)에 의해서 완전히 설명됨을 의미한다. 후자는 M이 X와 Y의 관계를 완전히 설명하지 못함을 의미한다.

그림 10-11 ▌완전매개모형과 부분매개모형

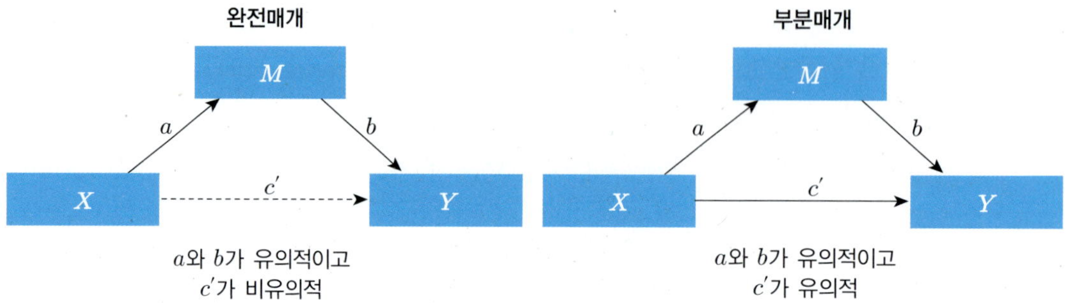

Hayes(2017)는 완전매개와 부분매개의 구분이 실질적으로나 이론적으로 의미가 없다고 주장하였다.[6] 그는 완전매개와 부분매개의 구분은 총효과가 통계적으로 0과 다르다는 가정에 근거하고 있으나 총효과가 없어도 간접효과가 있는 경우가 있을 수 있다는 것이다. 이외에도 독립변수가 종속변수에 유의한 영향을 미쳐야 한다는 전제조건이 있다는 점이다. 하지만 독립변수가 종속변수에 영향을 미치지 않아도 독립변수와 종속변수 간에는 매개효과가 존재할 수 있다. 또한 완전매개를 원한다면 보다 적은 표본크기를 갖는 것이 최선(Too small sample-size dependent)이나 이는 표본크기가 클수록 좋다는 일반적인 원칙에 위배된다. 이상과 같은 문제 때문에 Hayes는 완전매개와 부분매개의 구분은 폐기되어야 한다고 주장하고 있다.

1.6 Sobel test를 이용한 간접효과의 통계적 유의성검증

BK접근법은 매개효과검증을 위한 간접효과의 크기를 제공해주지 않으며 수작업으로 간접효과 크기를 계산한다고 하여도 여전히 통계적 유의성을 검증할 수 없다. Sobel(1982)이 제안한 Sobel test는 BK접근법을 적용하여 1단계와 3단계의 비표준화회귀계수(Unstandardized

6) Hayes, A. F. (2017). *Introduction to mediation, moderation, and conditional process analysis: A regression-based approach*. Guilford publications.

regression weight) a와 b 그리고 그의 표준오차(Standard error)인 s_a와 s_b를 이용해 간접효과의 통계적 유의성을 검증한다.

Sobel test를 하려면 BK접근법의 ① 1단계를 통해 독립변수 X가 매개변수 M에 미치는 영향에 대한 비표준화회귀계수 a와 표준오차 s_a ② 3단계 분석을 통해 매개변수 M이 종속변수 Y에 미치는 영향에 대한 비표준화회귀계수 b와 표준오차 s_b가 필요하다. 간접효과(ab)의 통계적 유의성 검증을 위한 검증통계량 Z값은 다음과 같은 산식에 의해서 구한다. 아래 공식은 Sobel의 매개효과 검증통계량을 계산하기 위한 식이며 이 값은 표준정규분포를 따르므로 절대값 1.96 이상인 경우에 매개효과가 있다고 해석한다.

$$Z = \frac{a \times b}{\sqrt{a^2 \times s_b^2 + b^2 \times s_a^2}}$$

[그림 10-12]에 제시된 Preacher의 Sobel test calculator는 인터넷사이트에서 구할 수 있다. BK접근법을 적용하여 구한 a, b, s_a, s_b를 [Input] 란에 차례대로 입력하고 [Calculate]를 클릭하면 Z 검증통계량과 유의확률을 계산할 수 있다.

그림 10-12 ▌ Preacher의 Sobel test calculator

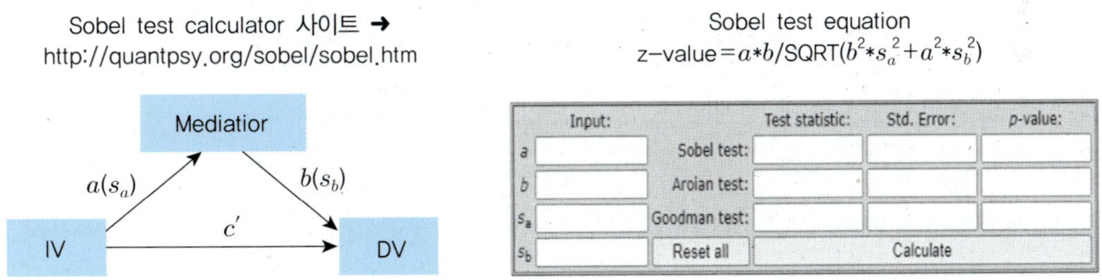

Kris Preacher의 Sobel test calculator는 p값을 지수형태로 제공해주기 때문에 이해하기 어려울 수도 있다. 이러한 이유로 연구자들은 [그림 10-13]과 같은 Daniel Soper의 Sobel test calculator를 많이 사용하고 있다. 이 Calculator는 s_a, s_b를 각각 SE_A, SE_B로 표시하고 있다. 계산요소 4개를 모두 입력하고 나면 Sobel 검증통계량과 유의확률(단측 유의확률, 양측 유의확률)을 숫자형태로 제공해준다.

Sobel test는 정규분포를 가정하고 있고 통계적 검증력이 약하다는 단점을 가지고 있다. 또한 검증시 비표준화회귀계수가 필요하다는 한계가 있다. 이러한 문제를 해결하기 위해서는 Hayes가 제안한 SPSS 부가프로그램의 하나인 PROCESS macro나 Mplus 등의 구조방정식 프로그램을 사용하는 것이 좋다. 이 책의 제13장에서는 PROCESS macro를 이용한 매개회귀분석에 대해서 살펴볼 것이다.

그림 10-13 ▌ Daniel Soper의 Sobel test calculator

Daniel Soper Sobel test calculator 사이트 ➜
https://www.danielsoper.com/statcalc/calculator.aspx?id=31

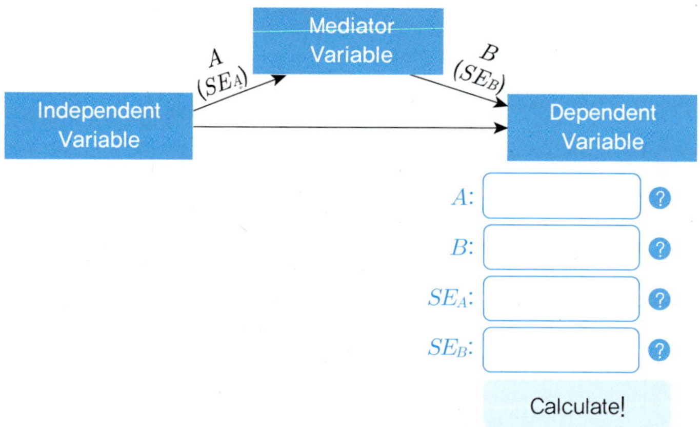

이상에서 우리들은 BK접근법과 Sobel test의 적용에는 여러 가지 한계가 있음을 알아보았다. 최근에는 Hayes 등의 많은 연구자들은 BK접근법의 필수적 조건이었던 2단계의 '독립변수가 종속변수에 반드시 유의한 영향을 미쳐야 한다'는 것도 이제는 불필요하다고 주장하고 있다. 이는 독립변수가 종속변수에 미치는 영향을 규명하지 않아도 된다는 것을 의미한다. 다만 간접효과(ab)의 통계적 유의성(Statistical significance)만 분석하여 유의적이면 매개효과가 있고, 그렇지 않으면 매개효과가 없다고 해석하면 된다. 또한 간접효과의 유의성검증 방법으로 Sobel test를 사용하기보다는 PROCESS macro 등에서 제공하는 부트스트래핑(Bootstrapping)을 통해 간접효과의 유의성을 검증하는 방법이 점차 중요해지고 있으며 설득력을 얻어가고 있다.

2 매개회귀분석의 SPSS 통계 실습

통계 실습 10-1 매개회귀분석을 이용한 완전매개효과 검증 실습

다음의 가상회사에서 스마트공장 프로그램을 사용하고 있는 사용자 204명을 대상으로 조사한 [제10장 BK접근법 매개효과분석 데이터1]을 이용해서 BK접근법에 의한 매개회귀분석을 실습하고 Sobel test calculator를 이용해 간접효과의 통계적 유의성을 검증하시오. 다만, 이 실습에서는 매개효과분석에 초점이 있으므로 회귀분석의 가정 조건에 대한 검토와 분석 결과에 대한 설명은 생략하기로 한다.

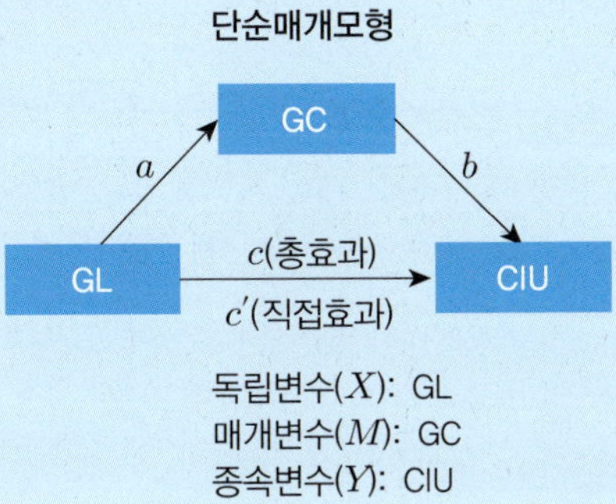

GL → GC → CIU

분석단계
Step 1: X: GL → M: GC
Step 2: X: GL → Y: CIU
Step 3: X: GL, M: GC → Y: CIU

✔ 실습 데이터

ID	GL	GC	CIU
1	5.25	6.00	5.00
2	6.50	6.40	7.00
…	…	…	…
204	5.75	5.80	5.60

총 사례 수는 204개임

- GL(목표수준) → 연속형 변수(독립변수)
- GC(목표몰입) → 연속형 변수(매개변수)
- CIU(지속사용의도) → 연속형 변수(종속변수)

☑ 가설

- 귀무가설(H_0): 목표수준은 목표몰입을 매개로 지속사용의도에 영향을 주지 않는다.
- 대립가설(H_1): 목표수준은 목표몰입을 매개로 지속사용의도에 영향을 준다.

실습 데이터	제10장 BK접근법 매개효과분석 데이터1
분석방법 메뉴 선택	분석-회귀분석-선형

1) 실습 과정

❶ [파일-열기-데이터]를 선택한 후 실습 데이터 파일이 있는 위치로 찾아가서 [제10장 BK접근법 매개효과분석 데이터1]을 연다.

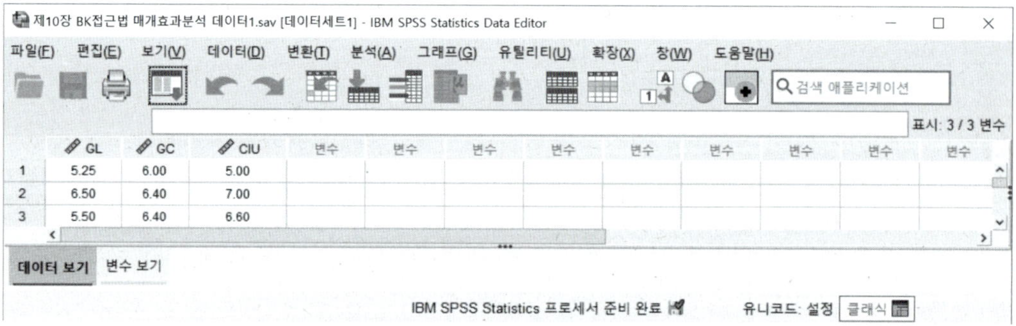

❷ [분석-회귀분석-선형]을 선택하여 [선형 회귀] 창으로 들어간다. 1단계(Step 1)로 독립변수인 [GL]을 [독립변수]로, 매개변수인 [GC]를 [종속변수]로 이동시킨다. 회귀분석에 대한 가정 조건들에 대한 검증은 생략한다. 그러나 가정 조건을 검토하고자 한다면 이 책의 제2장 다중회귀분석을 참조하기 바란다. 통계량 등 옵션에 대한 것은 디폴트를 적용하기로 하고 그대로 둔다. 창의 좌측 하단에 있는 [확인] 버튼을 클릭해 단순회귀분석을 실행한다.

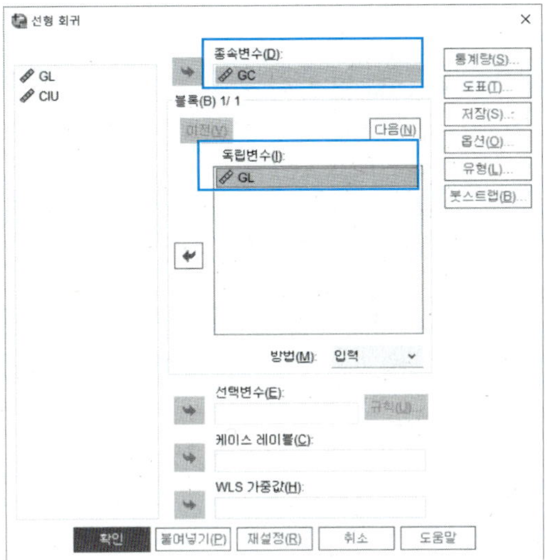

❸ [분석-회귀분석-선형]을 선택하여 [선형 회귀] 창으로 들어간다. 2단계(Step 2)로 오른쪽 [종속변수]에 있는 [GC]를 왼쪽으로 보내고, [CIU]를 오른쪽 [종속변수]로 이동시킨다. 독립변수인 [GL]은 이미 1단계에서 [블록(B) 1/1]에 선택되어 있으므로 그대로 둔다. 창의 좌측 하단에 있는 [확인] 버튼을 클릭해 단순회귀분석을 실행한다.

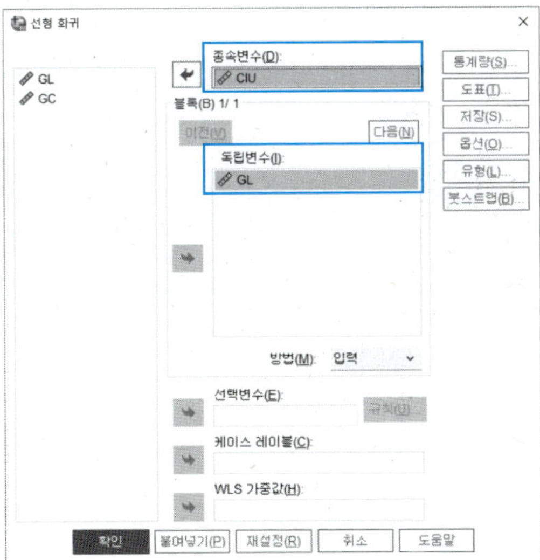

❹ [분석-회귀분석-선형]을 선택하여 [선형 회귀] 창으로 들어간다. 3단계(Step 3)로 나머지는 그대로 두고 왼쪽에 있는 [GC]를 오른쪽 독립변수 칸인 [블록(B) 1/1]로 이동시킨다. 창의 좌측 하단에 있는 [확인] 버튼을 클릭해 다중회귀분석을 실행한다.

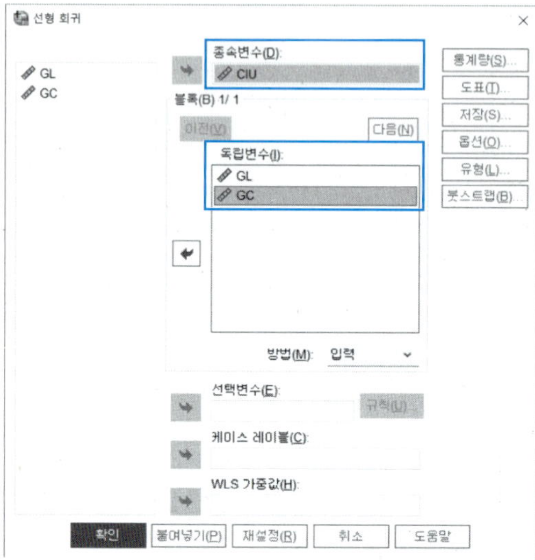

❺ 인터넷 검색(혹은 이 장의 웹사이트 주소 입력)을 통해 Preacher의 Sobel test calculator와 Daniel Soper의 Sobel test calculator로 각각 들어간다. BK접근법의 1단계에서 얻은 비표준화회귀계수 a와 표준오차 s_a(혹은 SE_A), 3단계에서 얻은 비표준화회귀계수 b와 표준오차 s_b(혹은 SE_B)를 두 개의 Calculator에 각각 입력하여 Z 검증통계량을 구해 간접효과의 유의도(H_0: $ab=0$)를 검증한다. 간접효과가 유의적이면 매개효과가 있다고 해석하고 비유의적이면 매개효과가 없다고 보고한다. 물론 두 Calculator의 분석 결과는 동일하다. 이 책에서는 Daniel Soper의 Sobel test calculator를 이용해 분석한 결과를 제시하고 해석하기로 한다.

2) 주요 분석 결과

매개회귀분석을 이용한 완전매개효과 검증 결과를 제시하면 다음과 같다.

| 1단계 검증 결과 |

① 모형 요약

1단계 회귀모형(독립변수 GL → 매개변수 GC)의 설명력인 R^2은 0.368(수정된 R^2=0.365)로 GL의 GC에 대한 설명력은 36.8%이다.

모형 요약

모형	R	R 제곱	수정된 R 제곱	추정값의 표준 오차
1	.606[a]	.368	.365	.60757

a. 예측자: (상수), GL

② 모형의 적합도

1단계 회귀모형(독립변수 GL → 매개변수 GC)에 대한 분산분석표의 유의확률 <0.001이므로 유의수준 0.001에서 유의하며, 이는 회귀모형이 적합함을 의미한다.

ANOVA[a]

모형		제곱합	자유도	평균제곱	F	유의확률
1	회귀	43.366	1	43.366	117.479	<.001[b]
	잔차	74.566	202	.369		
	전체	117.932	203			

a. 종속변수: GC

b. 예측자: (상수), GL

③ 회귀계수

1단계 회귀모형(독립변수 GL → 매개변수 GC)의 독립변수인 GL이 매개변수인 GC에 미치는 영향에 대한 단순회귀분석 결과 GL의 비표준화회귀계수는 0.523(표준오차는 0.048)이고 이의 유의확률은 <0.001이므로 유의수준 0.001에서 유의적인 것으로 나타났다(a는 0.523, s_a는 0.048).

계수[a]

모형		비표준화 계수 B	비표준화 계수 표준화 오류	표준화 계수 베타	t	유의확률
1	(상수)	3.240	.265		12.248	<.001
	GL	.523	.048	.606	10.839	<.001

a. 종속변수: GC

| 2단계 검증 결과 |

① 모형 요약

2단계 회귀모형(독립변수 GL → 종속변수 CIU)의 설명력인 R^2은 0.186(수정된 R^2=0.182)으로 GL의 CIU에 대한 설명력은 18.6%이다.

모형 요약

모형	R	R 제곱	수정된 R 제곱	추정값의 표준오차
1	.431[a]	.186	.182	.93949

a. 예측자: (상수), GL

② 모형의 적합도

2단계 회귀모형(독립변수 GL → 종속변수 CIU)에 대한 분산분석표의 유의확률 <0.001이므로 유의수준 0.001에서 유의하며, 이는 회귀모형이 적합함을 의미한다.

ANOVA[a]

모형		제곱합	자유도	평균제곱	F	유의확률
1	회귀	40.695	1	40.695	46.106	<.001[b]
	잔차	178.295	202	.883		
	전체	218.990	203			

a. 종속변수: CIU

b. 예측자: (상수), GL

③ 회귀계수

2단계 회귀모형(독립변수 GL → 종속변수 CIU)의 독립변수인 GL이 종속변수인 CIU에 미치는 영향에 대한 단순회귀분석 결과 GL의 비표준화회귀계수는 0.507이고 이의 유의확률은 <0.001이므로 유의수준 0.001에서 유의적인 것으로 나타났다(c는 0.507).

계수[a]

모형		비표준화 계수		표준화 계수		
		B	표준화 오류	베타	t	유의확률
1	(상수)	3.199	.409		7.821	<.001
	GL	.507	.075	.431	6.790	<.001

a. 종속변수: CIU

| 3단계 검증 결과 |

① 모형 요약

3단계 회귀모형(독립변수 GL, 매개변수 GC → 종속변수 CIU)의 설명력인 수정된 R^2= 0.328로 GL과 GC의 CIU에 대한 설명력은 32.8%이다.

모형 요약

모형	R	R 제곱	수정된 R 제곱	추정값의 표준오차
1	.579[a]	.335	.328	.85132

a. 예측자: (상수), GC, GL

② 모형의 적합도

3단계 회귀모형(독립변수 GL, 매개변수 GC → 종속변수 CIU)에 대한 분산분석표의 유의확률 <0.001이므로 유의수준 0.001에서 유의하며, 이는 회귀모형이 적합함을 의미한다.

ANOVA[a]

모형		제곱합	자유도	평균제곱	F	유의확률
1	회귀	73.317	2	36.658	50.581	<.001[b]
	잔차	145.674	201	.725		
	전체	218.990	203			

a. 종속변수: CIU

b. 예측자: (상수), GC, GL

③ 회귀계수

3단계 회귀모형(독립변수 GL, 매개변수 GC → 종속변수 CIU)의 독립변수인 GL과 매개변수인 GC가 종속변수인 CIU에 미치는 영향에 대한 다중회귀분석 결과 먼저, GL의 비표준화회귀계수는 0.161이고 이의 유의확률은 <0.060이므로 유의수준 0.05에서 유의적이지 않은 것으로 나타

났다(c'은 0.161). 다음으로, GC의 비표준화회귀계수는 0.661(표준오차는 0.099)이고 이의 유의확률은 <0.001이므로 유의수준 0.001에서 유의적인 것으로 나타났다(b는 0.661, s_b는 0.099).

계수[a]

모형		비표준화 계수 B	비표준화 계수 표준화 오류	표준화 계수 베타	t	유의확률
1	(상수)	1.056	.489		2.158	.032
	GL	.161	.085	.137	1.890	.060
	GC	.661	.099	.485	6.709	<.001

a. 종속변수: CIU

| Sobel test에 의한 간접효과의 통계적 유의성검증 결과 |

BK접근법에 의해서 각 경로의 회귀계수와 통계적 유의성을 알아보았다. 3단계 회귀분석을 통해 비표준화회귀계수는 다음과 같다. 간접효과(ab)는 a와 b의 곱으로 수작업 계산이 가능하며, 이 값은 0.346이다.

$c=0.507$, $c'=0.161$, $a=0.523$, $b=0.661$

$$\text{총효과}(c)=\text{직접효과}(c')+\text{간접효과}(a\times b)$$
$$0.507=0.161+0.346(0.523\times 0.661)$$

BK접근법을 구한 각 경로의 회귀계수를 이용해 Sobel test calculator에 입력하면 간접효과 0.346이 통계적으로 유의한지를 알 수 있는 Z 검증통계량과 이의 유의확률을 얻을 수 있다. 다음에 제시하는 ①과 ②의 검증 결과는 같다.

① Preacher의 Sobel test calculator를 통한 검증

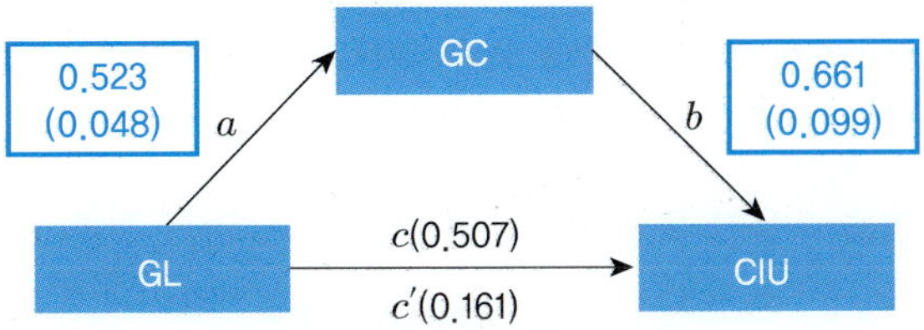

Input:			Test statistic:	Std. Error:	p-value:
a	0.523	Sobel test:	5.69292861	0.06072498	1e-8
b	0.661	Aroian test:	5.6755772	0.06091063	1e-8
s_a	0.048	Goodman test:	5.71044013	0.06053877	1e-8
s_b	0.099	Reset all	Calculate		

② Soper의 Sobel test calculator를 통한 검증

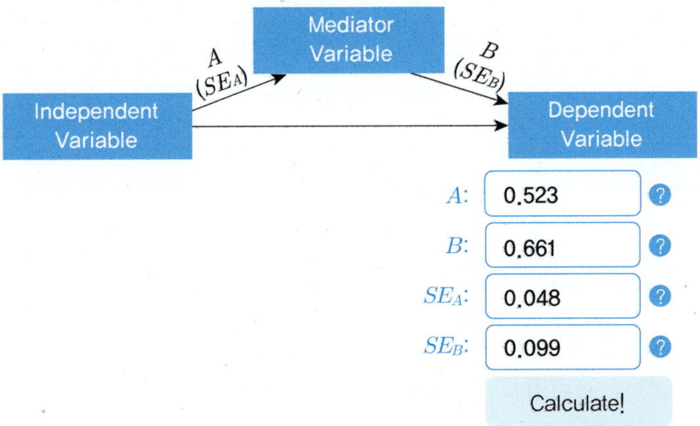

Sobel test statistic: 5.69292861
One-tailed probability: 0.00000001
Two-tailed probability: 0.00000001

간접효과(0.523*0.661=0.346)의 Z-value는 5.693이고 p-value는 0.000이므로 유의수준 0.001에서 간접효과가 유의적인 것으로 나타났다. 그러나 GL이 CIU에 유의한 영향을 미치지 않으므로 완전매개효과가 있다고 해석하면 된다.

3) BK접근법을 이용한 완전매개효과 검증 결과의 제시와 해석

BK접근법을 이용한 완전매개효과에 대한 검증 결과를 요약하면 다음과 같다.

그림 10-14 ▌BK접근법을 이용한 목표몰입의 완전매개효과 검증 결과

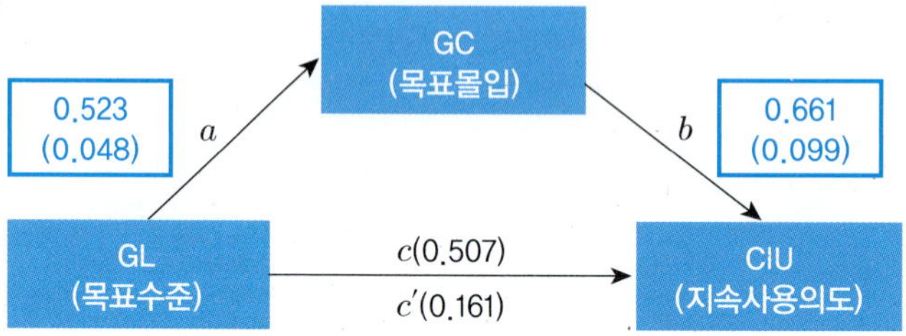

▌표 10-2 ▌BK접근법을 이용한 목표몰입의 완전매개효과 검증 결과 (N=204)

단계		B	SE	β	R^2	F	Sobel test
1단계	GL → GC	0.523***	0.048	0.606	0.368	117.479***	5.693***
2단계	GL → CIU	0.507***	0.075	0.431	0.186	46.106***	
3단계	GL → CIU GC → CIU	0.161 0.661***	0.085 0.099	0.137 0.485	0.335	50.581***	

***p<0.001

목표수준과 지속사용의도 간에 목표몰입의 매개효과를 검증하기 위해서 3단계 회귀분석을 수행하였다. 목표수준이 목표몰입을 설명하는 설명력은 36.8%(수정된 R^2=0.365), 목표수준이 지속사용의도를 설명하는 설명력은 18.6%(수정된 R^2=0.182), 목표수준과 목표몰입이 지속사용의도를 설명하는 설명력은 33.5%(수정된 R^2=0.328)로 나타났다. 제1단계, 제2단계 및 제3단계의 분산분석표의 유의확률이 <0.001이므로 유의수준 0.001에서 유의하며, 이는 세 개의 회귀모형이 모두 적합함을 의미한다.

1단계에서 목표수준이 목표몰입을 유의하게 설명하였고(B=0.523, p<0.001), 2단계에서도 목표수준이 지속사용의도를 유의하게 설명하였다(B=0.507, p<0.001). 3단계에서는 목표수준은 지속사용의도를 유의적으로 설명하지 못하였고(B=0.161, p>0.05), 목표몰입은 지속사용의도를 유의하게 설명하였다(B=0.661, p<0.001). 특히 목표수준이 지속사용의도에 미치는 영향관계에서 총효과(*c*)는 0.507이고 직접효과(*c′*)는 0.161로 나타나 비표준

화회귀계수가 감소하였다. 결국 계수값의 크기를 볼 때 총효과보다 직접효과가 작아졌고 직접효과는 비유의적인 것으로 나타나 완전매개효과가 있는 것으로 검증되었다.

한편 간접효과 0.346이 통계적으로 유의한지를 알아보기 위해서 Sobel test를 수행한 결과 유의하게 나타났고($Z=5.693$, $p<0.001$) 목표수준이 지속사용의도에 미치는 직접효과는 없는 것으로 분석되어 목표수준과 지속사용의도 간에는 목표몰입이 완전매개효과 혹은 전부매개(Perfect mediation, or Full mediation)가 있는 것으로 검증되었다.

통계 실습 10-2 매개회귀분석을 이용한 부분매개효과 검증 실습

다음의 가상회사에서 스마트공장 프로그램을 사용하고 있는 사용자 204명을 대상으로 조사한 [제10장 BK접근법 매개효과분석 데이터2]를 이용해서 BK접근법에 의한 매개회귀분석을 실습하고 Sobel test calculator를 이용해 간접효과의 통계적 유의성을 검증하시오. 다만, 이 실습에서는 매개효과분석에 초점이 있으므로 회귀분석의 가정 조건에 대한 검토와 분석 결과에 대한 설명은 생략하기로 한다.

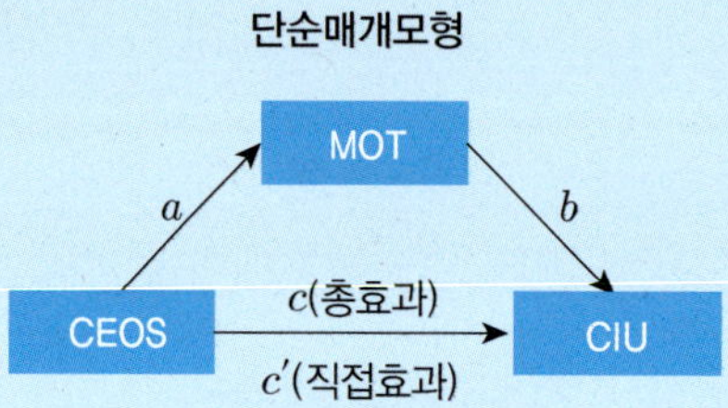

독립변수(X): CEOS
매개변수(M): MOT
종속변수(Y): CIU

CEOS → MOT → CIU

분석단계
Step 1: X: CEOS → M: MOT
Step 2: X: CEOS → Y: CIU
Step 3: X: CEOS, M: MOT → Y: CIU

✔ 실습 데이터

ID	CEOS	MOT	CIU
1	5.20	4.40	5.00
2	6.80	6.20	7.00
…	…	…	…
204	5.40	5.60	5.60

총 사례 수는 204개임

- CEOS(CEO지원) → 연속형 변수(독립변수)
- MOT(동기부여) → 연속형 변수(매개변수)
- CIU(지속사용의도) → 연속형 변수(종속변수)

☑ 가설

- 귀무가설(H_0): CEO지원은 동기부여를 매개로 지속사용의도에 영향을 주지 않는다.
- 대립가설(H_1): CEO지원은 동기부여를 매개로 지속사용의도에 영향을 준다.

실습 데이터	제10장 BK접근법 매개효과분석 데이터2
분석방법 메뉴 선택	분석-회귀분석-선형

1) 실습 과정

❶ [파일-열기-데이터]를 선택한 후 실습 데이터 파일이 있는 위치로 찾아가서 [제10장 BK접근법 매개효과분석 데이터2]를 연다.

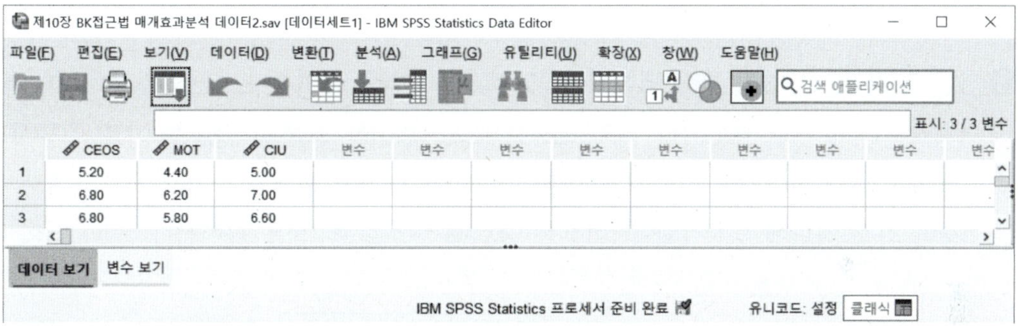

❷ [분석-회귀분석-선형]을 선택하여 [선형 회귀] 창으로 들어간다. 1단계(Step 1)로 독립변수인 [CEOS]를 [독립변수]로, 매개변수인 [MOT]를 [종속변수]로 이동시킨다. 통계량 등 옵션에 대한 것은 디폴트를 적용하기로 하고 그대로 둔다. 창의 좌측 하단에 있는 [확인] 버튼을 클릭해 단순회귀분석을 실행한다.

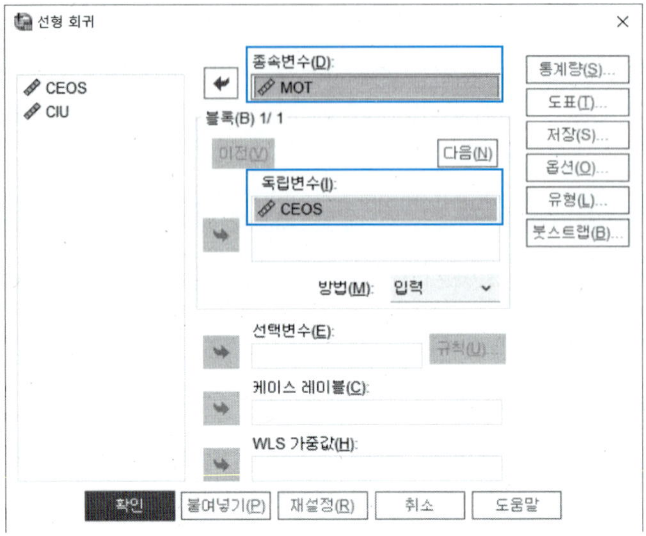

❸ [분석-회귀분석-선형]을 선택하여 [선형 회귀] 창으로 들어간다. 2단계(Step 2)로 오른쪽 [종속변수]에 있는 [MOT]를 왼쪽으로 보내고, [CIU]를 오른쪽 [종속변수]로 이동시킨다. 독립변수인 [CEOS]는 이미 1단계에서 [블록(B) 1/1]에 선택되어 있으므로 그대로 둔다. 창의 좌측 하단에 있는 [확인] 버튼을 클릭해 단순회귀분석을 실행한다.

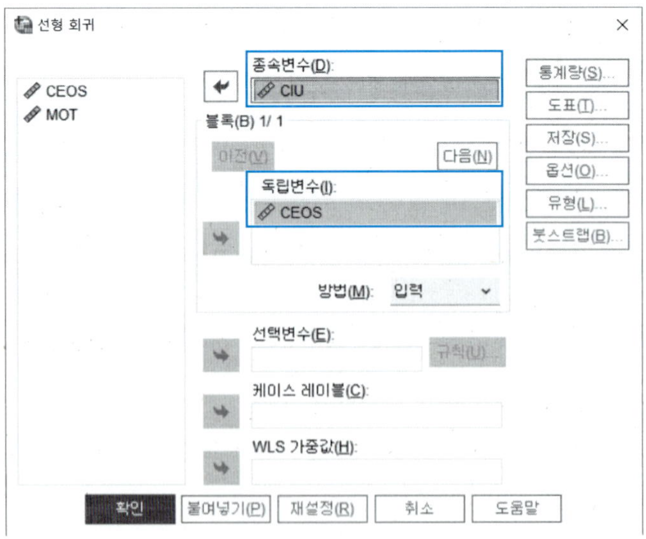

❹ [분석-회귀분석-선형]을 선택하여 [선형 회귀] 창으로 들어간다. 3단계(Step 3)로 나머지는 그대로 두고 왼쪽에 있는 [MOT]를 오른쪽 독립변수 칸인 [블록(B) 1/1]로 이동시킨다. 창의 좌측 하단에 있는 [확인] 버튼을 클릭해 다중회귀분석을 실행한다.

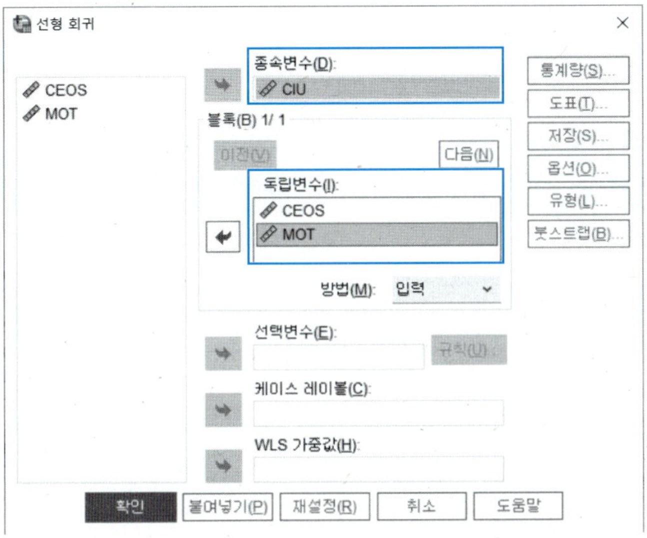

❺ 인터넷 검색(혹은 이 장의 웹사이트 주소 입력)을 통해 Preacher의 Sobel test calculator와 Daniel Soper의 Sobel test calculator로 각각 들어간다. BK접근법의 1단계에서 얻은 비표준화회귀계수 a와 표준오차 s_a(혹은 SE_A), 3단계에서 얻은 비표준화회귀계수 b와 표준오차 s_b(혹은 SE_B)를 두 개의 Calculator에 각각 입력하여 Z 검증통계량을 구해 간접효과의 유의도(H_0: $ab=0$)를 검증한다. 간접효과가 유의적이면 매개효과가 있다고 해석하고 비유의적이면 매개효과가 없다고 보고한다. 물론 두 Calculator의 분석 결과는 동일하다. 이 책에서는 Daniel Soper의 Sobel test calculator를 이용해 분석한 결과를 제시하고 해석하기로 한다.

2) 주요 분석 결과

매개회귀분석을 이용한 완전매개효과 검증 결과를 제시하면 다음과 같다.

| 1단계 검증 결과 |

① 모형 요약

1단계 회귀모형(독립변수 CEOS → 매개변수 MOT)의 설명력인 R^2은 0.265(수정된 R^2= 0.261)로 CEOS의 MOT에 대한 설명력은 26.5%이다.

모형 요약

모형	R	R 제곱	수정된 R 제곱	추정값의 표준오차
1	.515[a]	.265	.261	.82597

a. 예측자: (상수), CEOS

② 모형의 적합도

1단계 회귀모형(독립변수 CEOS → 매개변수 MOT)에 대한 분산분석표의 유의확률 <0.001 이므로 유의수준 0.001에서 유의하며, 이는 회귀모형이 적합함을 의미한다.

ANOVA[a]

모형		제곱합	자유도	평균제곱	F	유의확률
1	회귀	49.648	1	49.648	72.773	<.001[b]
	잔차	137.809	202	.682		
	전체	187.456	203			

a. 종속변수: MOT

b. 예측자: (상수), CEOS

③ 회귀계수

1단계 회귀모형(독립변수 CEOS → 매개변수 MOT)의 독립변수인 CEOS가 매개변수인 MOT에 미치는 영향에 대한 단순회귀분석 결과 CEOS의 비표준화회귀계수는 0.490(표준오차는 0.057) 이고 이의 유의확률은 <0.001이므로 유의수준 0.001에서 유의적인 것으로 나타났다(a는 0.490, s_a는 0.057).

계수[a]

모형		비표준화 계수 B	비표준화 계수 표준화 오류	표준화 계수 베타	t	유의확률
1	(상수)	2.702	.319		8.475	<.001
	CEOS	.490	.057	.515	8.531	<.001

a. 종속변수: MOT

| 2단계 검증 결과 |

① 모형 요약

2단계 회귀모형(독립변수 CEOS → 종속변수 CIU)의 설명력인 R^2은 0.435(수정된 R^2= 0.432)로 CEOS의 CIU에 대한 설명력은 43.5%이다.

모형 요약

모형	R	R 제곱	수정된 R 제곱	추정값의 표준오차
1	.660[a]	.435	.432	.78254

a. 예측자: (상수), CEOS

② 모형의 적합도

2단계 회귀모형(독립변수 CEOS → 종속변수 CIU)에 대한 분산분석표의 유의확률 <0.001이므로 유의수준 0.001에서 유의하며, 이는 회귀모형이 적합함을 의미한다.

ANOVA[a]

모형		제곱합	자유도	평균제곱	F	유의확률
1	회귀	95.293	1	95.293	155.615	<.001[b]
	잔차	123.698	202	.612		
	전체	218.990	203			

a. 종속변수: CIU

b. 예측자: (상수), CEOS

③ 회귀계수

2단계 회귀모형(독립변수 CEOS → 종속변수 CIU)의 독립변수인 CEOS가 종속변수인 CIU에 미치는 영향에 대한 단순회귀분석 결과 CEOS의 비표준화회귀계수는 0.679이고 이의 유의확률은 <0.001이므로 유의수준 0.001에서 유의적인 것으로 나타났다(c는 0.679).

계수[a]

모형		비표준화 계수 B	비표준화 계수 표준화 오류	표준화 계수 베타	t	유의확률
1	(상수)	2.234	.302		7.395	<.001
	CEOS	.679	.054	.660	12.475	<.001

a. 종속변수: CIU

| 3단계 검증 결과 |

① 모형 요약

3단계 회귀모형(독립변수 CEOS, 매개변수 MOT → 종속변수 CIU)의 설명력인 수정된 R^2 = 0.523으로 CEOS와 MOT의 CIU에 대한 설명력은 52.3%이다.

모형 요약

모형	R	R 제곱	수정된 R 제곱	추정값의 표준오차
1	.726[a]	.528	.523	.71741

a. 예측자: (상수), MOT, CEOS

② 모형의 적합도

3단계 회귀모형(독립변수 CEOS, 매개변수 MOT → 종속변수 CIU)에 대한 분산분석표의 유의확률 <0.001이므로 유의수준 0.001에서 유의하며, 이는 회귀모형이 적합함을 의미한다.

ANOVA[a]

모형		제곱합	자유도	평균제곱	F	유의확률
1	회귀	115.540	2	57.770	112.244	<.001[b]
	잔차	103.451	201	.515		
	전체	218.990	203			

a. 종속변수: CIU

b. 예측자: (상수), MOT, CEOS

③ 회귀계수

3단계 회귀모형(독립변수 CEOS, 매개변수 MOT → 종속변수 CIU)의 독립변수인 CEOS와 매개변수인 MOT가 종속변수인 CIU에 미치는 영향에 대한 다중회귀분석 결과 먼저, CEOS의 비표준화회귀계수는 0.491이고 이의 유의확률은 <0.001이므로 유의수준 0.001에서 유의적인 것으로 나타났다(c'은 0.491). 다음으로, MOT의 비표준화회귀계수는 0.383(표준오차는 0.061)이고 이의 유의확률은 <0.001이므로 유의수준 0.001에서 유의적인 것으로 나타났다(b는 0.383, s_b는 0.061).

계수[a]

모형		비표준화 계수 B	비표준화 계수 표준화 오류	표준화 계수 베타	t	유의확률
1	(상수)	1.198	.322		3.716	<.001
	CEOS	.491	.058	.477	8.439	<.001
	MOT	.383	.061	.355	6.272	<.001

a. 종속변수: CIU

| Sobel test에 의한 간접효과의 통계적 유의성검증 결과 |

BK접근법에 의해서 각 경로의 회귀계수와 통계적 유의성을 알아보았다. 3단계 회귀분석을 통해 비표준화회귀계수는 다음과 같다. 간접효과(ab)는 a와 b의 곱으로 수작업 계산이 가능하며, 이 값은 0.188이다.

$c=0.679$, $c'=0.491$, $a=0.490$, $b=0.383$

$$\text{총효과}(c)=\text{직접효과}(c')+\text{간접효과}(a\times b)$$
$$0.679=0.491+0.188(0.490\times 0.383)$$

BK접근법을 구한 각 경로의 회귀계수를 이용해 Sobel test calculator에 입력하면 간접효과 0.188이 통계적으로 유의한지를 알 수 있는 Z 검증통계량과 이의 유의확률을 얻을 수 있다. 다음에 제시하는 ①과 ②의 검증 결과는 같다.

① Preacher의 Sobel test calculator를 통한 검증

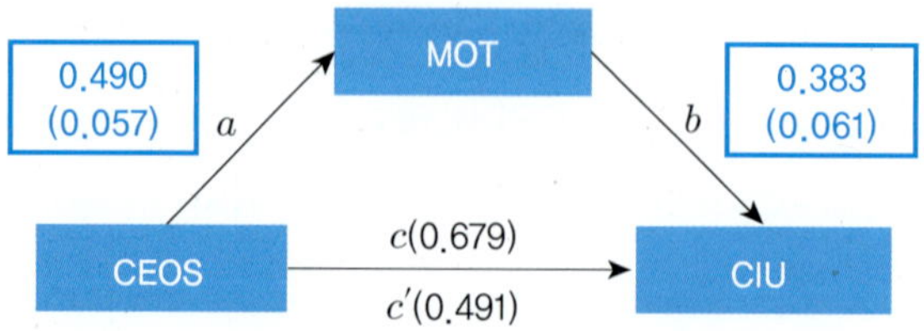

	Input:		Test statistic:	Std. Error:	p-value:
a	0.490	Sobel test:	5.07030205	0.03701357	4e-7
b	0.383	Aroian test:	5.04807773	0.03717653	4.5e-7
s_a	0.057	Goodman test:	5.0928225	0.0368499	3.5e-7
s_b	0.061	Reset all	Calculate		

② Soper의 Sobel test calculator를 통한 검증

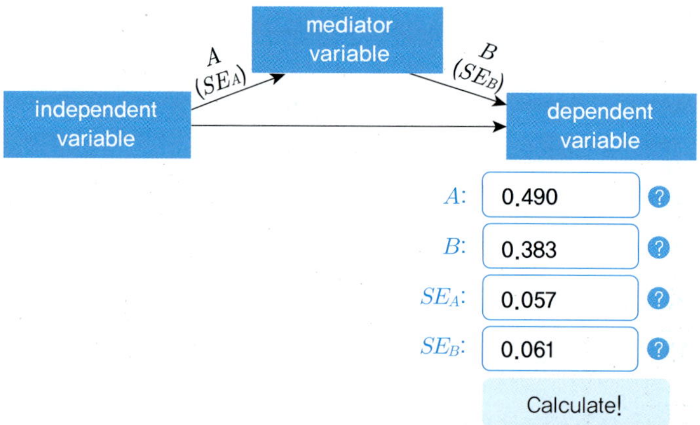

Sobel test statistic: 5.07030205
One-tailed probability: 0.00000020
Two-tailed probability: 0.00000040

간접효과(0.490*0.383=0.188)의 Z-value는 5.070이고 p-value는 0.000이므로 간접효과가 유의수준 0.001에서 유의적인 것으로 나타났다. 또한 CEOS가 CIU에 유의한 영향을 미치고 있으므로 부분매개효과가 있다고 해석하면 된다.

3) BK접근법을 이용한 부분매개효과 검증 결과의 제시와 해석

BK접근법을 이용한 부분매개효과에 대한 검증 결과를 요약하면 다음과 같다.

CEO지원과 지속사용의도 간에 동기부여의 매개효과를 검증하기 위해서 3단계 회귀분석을 수행하였다. CEO지원이 동기부여를 설명하는 설명력은 26.5%(수정된 R^2=0.261), CEO지원이 지속사용의도를 설명하는 설명력은 43.5%(수정된 R^2=0.432), CEO지원과 동기부여가 지속사용의도를 설명하는 설명력은 52.8%(수정된 R^2=0.523)로 나타났다. 제1단계, 제2단계 및 제3단계의 분산분석표의 유의확률이 <0.001이므로 유의수준 0.001에서 유의하며, 이는 세 개의 회귀모형이 모두 적합함을 의미한다.

그림 10-15 BK접근법을 이용한 동기부여의 부분매개효과 검증 결과

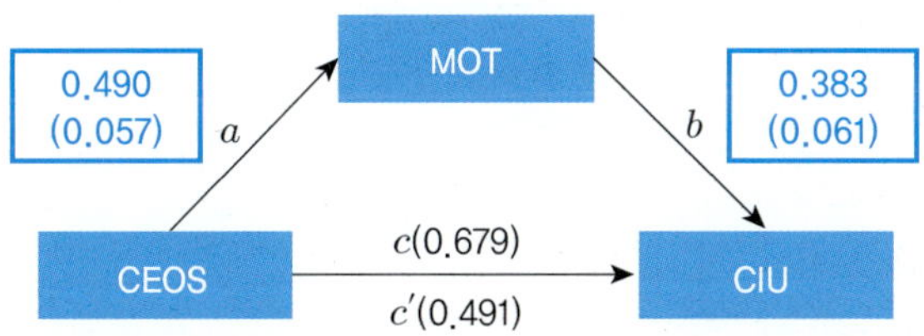

표 10-3 BK접근법을 이용한 동기부여의 부분매개효과 검증 결과 (N=204)

모형		B	SE	β	R^2	F	Sobel test
1단계	CEOS → MOT	0.490***	0.057	0.515	0.265	72.773***	5.070***
2단계	CEOS → CIU	0.679***	0.054	0.660	0.435	155.615***	
3단계	CEOS → CIU MOT → CIU	0.491*** 0.383***	0.058 0.061	0.477 0.355	0.528	112.244***	

***p<0.001

1단계에서 CEO지원이 동기부여를 유의하게 설명하였고(B=0.490, p<0.001), 2단계에서도 CEO지원이 지속사용의도를 유의하게 설명하였다(B=0.679, p<0.001). 3단계에서는 CEO지원은 지속사용의도를 유의하게 설명하였고(B=0.491, p<0.001), 동기부여는 지속사용의도를 유의하게 설명하였다(B=0.383, p<0.001). 특히 CEO지원이 지속사용의도에 미치는 영향관계에서 총효과(c)는 0.679이고 직접효과(c')는 0.491로 나타나 비표준화회귀계

수가 감소하였다. 결국 계수값의 크기를 볼 때 총효과보다 직접효과가 작아졌고 직접효과도 유의적인 것으로 나타나 부분매개효과가 있는 것으로 검증되었다.

한편 간접효과 0.188이 통계적으로 유의한지를 알아보기 위해서 Sobel test를 수행한 결과 유의하게 나타났고($Z=5.070$, $p<0.001$) CEO지원이 지속사용의도에 미치는 직접효과가 있는 것으로 분석되어 CEO지원과 지속사용의도 간에는 동기부여가 부분매개효과(Partial mediation)가 있는 것으로 검증되었다.

통계 실습 10-3 독립변수가 여러 개인 경우의 매개효과검증 실습

다음의 천체관광을 목적으로 천문대를 방문한 방문객을 대상으로 조사한 [제10장 BK접근법 매개효과분석 데이터3]를 이용해서 BK접근법에 의한 매개회귀분석을 실습하고 Soper의 Sobel test calculator를 이용해 간접효과의 통계적 유의성을 검증하시오. 또한 이 실습에서는 매개효과분석에 초점이 있으므로 회귀분석의 가정 조건에 대한 검토와 분석 결과에 대한 설명은 생략하기로 한다.

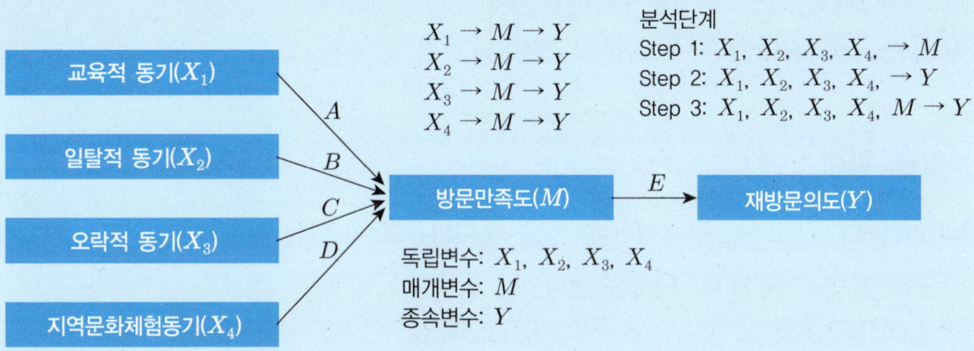

✔ 실습 데이터

교육적 동기	일탈적 동기	오락적 동기	지역문화 체험동기	방문 만족도	재방문 의도
5.00	4.50	4.67	5.00	4.22	4.00
4.75	4.75	4.33	3.25	4.22	4.00
…	…	…	…	…	…
5.00	4.50	5.00	1.00	4.67	5.00

총 사례 수는 200개임

- 교육적 동기, 일탈적 동기, 오락적 동기, 지역문화체험동기 → 연속형 변수(독립변수)
- 방문만족도 → 연속형 변수(매개변수)
- 재방문의도 → 연속형 변수(종속변수)

☑ 가설

- 귀무가설(H_0): 방문만족도는 천체관광의 교육적 동기, 일탈적 동기, 오락적 동기, 지역문화체험동기와 천문대 재방문의도 간에 매개영향을 주지 않는다.
- 대립가설(H_1): 방문만족도는 천체관광의 교육적 동기, 일탈적 동기, 오락적 동기, 지역문화체험동기와 천문대 재방문의도 간에 매개영향을 준다.

실습 데이터	제10장 BK접근법 매개효과분석 데이터3
분석방법 메뉴 선택	분석–회귀분석–선형

1) 실습 과정

❶ [파일–열기–데이터]를 선택한 후 실습 데이터 파일이 있는 위치로 찾아가서 [제10장 BK접근법 매개효과분석 데이터3]을 연다.

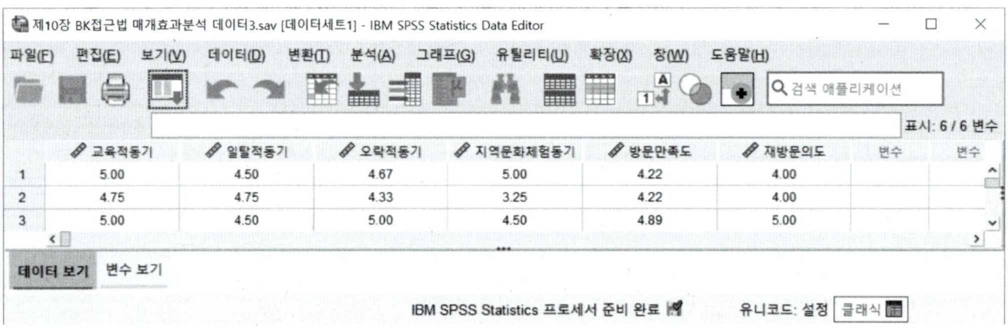

❷ [분석–회귀분석–선형]을 선택하여 [선형 회귀] 창으로 들어간다. 1단계(Step 1)로 독립변수인 [교육적 동기], [일탈적 동기], [오락적 동기], [지역문화체험동기]를 오른쪽의 [독립변수]로 이동시키고, 매개변수인 [방문만족도]를 [종속변수]로 이동시킨다. 통계량 등 옵션에 대한 것은 디폴트를 적용하기로 하고 그대로 둔다. 창의 좌측 하단에 있는 [확인] 버튼을 클릭해 다중회귀분석을 실행한다.

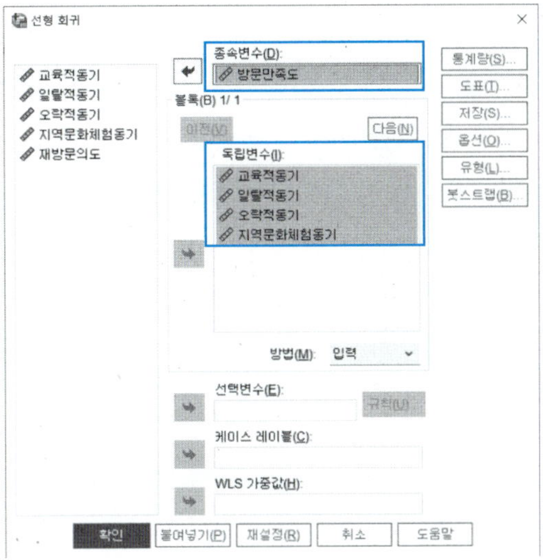

❸ [분석-회귀분석-선형]을 선택하여 [선형 회귀] 창으로 들어간다. 2단계(Step 2)로 오른쪽 [종속변수]에 있는 [방문만족도]를 왼쪽으로 보내고 [재방문의도]를 오른쪽 [종속변수]로 이동시킨다. 독립변수인 [교육적 동기], [일탈적 동기], [오락적 동기], [지역문화체험동기]는 이미 1단계에서 [블록(B) 1/1]에 선택되어 있으므로 그대로 둔다. 통계량 등 옵션에 대한 것은 디폴트를 적용하기로 하고 그대로 둔다. 창의 좌측 하단에 있는 [확인] 버튼을 클릭해 다중회귀분석을 실행한다.

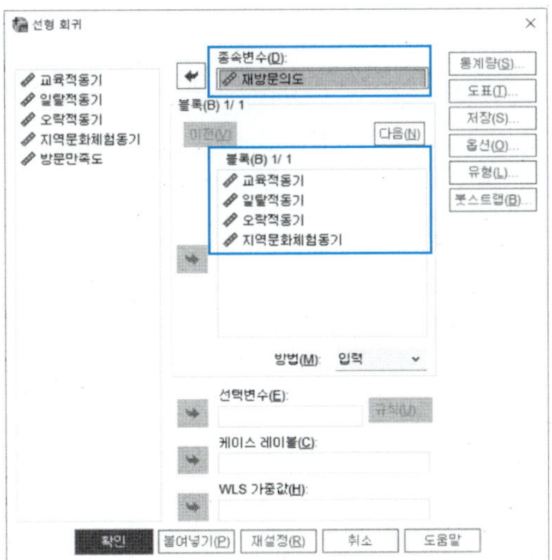

❹ [분석-회귀분석-선형]을 선택하여 [선형 회귀] 창으로 들어간다. 3단계(Step 3)로 나머지는 그대로 두고 왼쪽에 있는 [방문만족도]를 오른쪽 독립변수 칸인 [블록(B) 1/1]로 이동시킨다. 통계량 등 옵션에 대한 것은 디폴트를 적용하기로 하고 그대로 둔다. 창의 좌측 하단에 있는 [확인] 버튼을 클릭해 다중회귀분석을 실행한다.

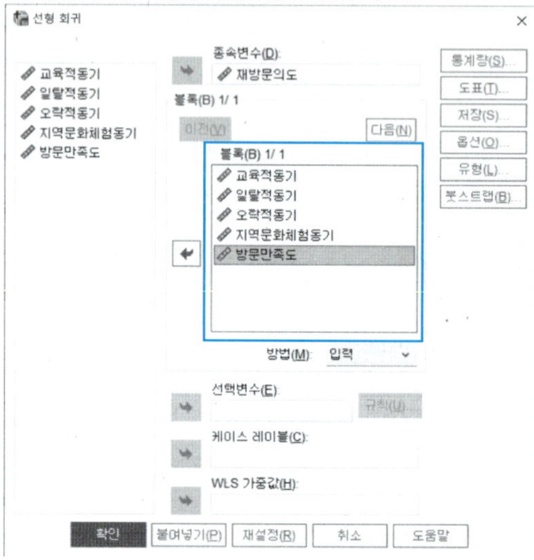

❺ 인터넷 검색(혹은 이 장의 웹사이트 주소 입력)을 통해 Daniel Soper의 Sobel test calculator로 들어간다. BK접근법의 1단계에서 얻은 비표준화회귀계수와 이의 표준오차, 3단계에서 얻은 비표준화회귀계수와 이의 표준오차를 Calculator에 입력하여 Z 검증통계량을 구해 간접효과의 유의도(H_0: $ab=0$)를 검증한다. 간접효과가 유의적이면 매개효과가 있다고 해석하고 비유의적이면 매개효과가 없다고 보고한다.

2) 주요 분석 결과

매개회귀분석을 이용한 매개효과검증 결과를 제시하면 다음과 같다.

| 1단계 검증 결과 |

① 모형 요약

1단계 회귀모형(독립변수 X_1, X_2, X_3, X_4 → 매개변수 M)의 설명력인 수정된 $R^2=0.566$으로

독립변수들(X_1, X_2, X_3, X_4)이 매개변수인 방문만족도 M에 대한 설명력은 56.6%이다.

모형 요약

모형	R	R 제곱	수정된 R 제곱	추정값의 표준오차
1	.758[a]	.575	.566	.44037

a. 예측자: (상수), 지역문화체험동기, 교육적동기, 일탈적동기, 오락적동기

② 모형의 적합도

1단계 회귀모형(독립변수 X_1, X_2, X_3, X_4 → 매개변수 M)에 대한 분산분석표의 유의확률 <0.001이므로 유의수준 <0.001에서 유의하며, 이는 회귀모형이 적합함을 의미한다.

ANOVA[a]

모형		제곱합	자유도	평균제곱	F	유의확률
1	회귀	51.172	4	12.793	65.971	<.001[b]
	잔차	37.815	195	.194		
	전체	88.987	199			

a. 종속변수: 방문만족도

b. 예측자: (상수), 지역문화체험동기, 교육적동기, 일탈적동기, 오락적동기

③ 회귀계수

1단계 회귀모형(독립변수 X_1, X_2, X_3, X_4 → 매개변수 M)의 독립변수들이 매개변수인 M에 미치는 영향에 대한 다중회귀분석 결과 X_1(교육적 동기)의 비표준화회귀계수는 0.351(표준오차 0.054)이고 이의 유의확률은 <0.001이므로 유의수준 0.001에서 유의적인 것으로 나타났다(A는 0.351, SE_A는 0.054). X_2(일탈적 동기)의 비표준화회귀계수는 0.094(표준오차 0.046)이고 이의 유의확률은 0.045이므로 유의수준 0.05에서 유의적인 것으로 나타났다(B는 0.094, SE_B는 0.046). X_3(오락적 동기)의 비표준화회귀계수는 0.343(표준오차 0.053)이고 이의 유의확률은 <0.001이므로 유의수준 0.001에서 유의적인 것으로 나타났다(C는 0.343, SE_C는 0.053). X_4(지역문화체험동기)의 비표준화회귀계수는 0.015(표준오차 0.028)이고 이의 유의확률은 0.580이므로 유의수준 0.05에서 비유의적인 것으로 나타났다(D는 0.015, SE_D는 0.046).

계수[a]

모형		비표준화 계수 B	비표준화 계수 표준화 오류	표준화 계수 베타	t	유의확률
1	(상수)	.958	.206		4.660	<.001
	교육적동기	.351	.054	.382	6.440	<.001
	일탈적동기	.094	.046	.111	2.018	.045
	오락적동기	.343	.053	.392	6.512	<.001
	지역문화체험동기	.015	.028	.027	.554	.580

a. 종속변수: 방문만족도

| 2단계 검증 결과 |

① 모형 요약

2단계 회귀모형(독립변수 X_1, X_2, X_3, X_4 → 종속변수 Y)의 설명력인 수정된 R^2은 0.427로 독립변수들(X_1, X_2, X_3, X_4)이 종속변수인 재방문의도 Y에 대한 설명력은 42.7%이다.

모형 요약

모형	R	R 제곱	수정된 R 제곱	추정값의 표준오차
1	.662[a]	.438	.427	.57595

a. 예측자: (상수), 지역문화체험동기, 교육적동기, 일탈적동기, 오락적동기

② 모형의 적합도

2단계 회귀모형(독립변수 X_1, X_2, X_3, X_4 → 종속변수 Y)에 대한 분산분석표의 유의확률 <0.001이므로 유의수준 0.001에서 유의하며, 이는 회귀모형이 적합함을 의미한다.

ANOVA[a]

모형		제곱합	자유도	평균제곱	F	유의확률
1	회귀	50.422	4	12.606	38.001	<.001[b]
	잔차	64.685	195	.332		
	전체	115.107	199			

a. 종속변수: 재방문의도

b. 예측자: (상수), 지역문화체험동기, 교육적동기, 일탈적동기, 오락적동기

③ 회귀계수

2단계 회귀모형(독립변수 X_1, X_2, X_3, X_4 → 종속변수 Y)의 독립변수들이 종속변수인 Y에 미치는 영향에 대한 다중회귀분석 결과 X_1(교육적 동기)의 비표준화회귀계수는 0.276이고 이의 유의확률은 <0.001이므로 유의수준 0.001에서 유의적인 것으로 나타났다(c_1은 0.276). X_2(일탈적 동기)의 비표준화회귀계수는 0.431이고 이의 유의확률은 <0.001이므로 유의수준 0.001에서 유의적인 것으로 나타났다(c_2는 0.431). X_3(오락적 동기)의 비표준화회귀계수는 0.107이고 이의 유의확률은 0.122이므로 유의수준 0.05에서 비유의적인 것으로 나타났다(c_3은 0.107). X_4(지역문화체험동기)의 비표준화회귀계수는 −0.086이고 이의 유의확률은 0.019이므로 유의수준 0.05에서 유의적인 것으로 나타났다(c_4는 −0.086).

계수[a]

모형		비표준화 계수 B.	비표준화 계수 표준화 오류	표준화 계수 베타	t	유의확률
1	(상수)	1.261	.269		4.689	<.001
	교육적동기	.276	.071	.264	3.878	<.001
	일탈적동기	.431	.061	.448	7.108	<.001
	오락적동기	.107	.069	.107	1.552	.122
	지역문화체험동기	-.086	.037	-.133	-2.364	.019

a. 종속변수: 재방문의도

| 3단계 검증 결과 |

① 모형 요약

3단계 회귀모형(독립변수 X_1, X_2, X_3, X_4 매개변수 M → 종속변수 Y)의 설명력인 R^2은 수정된 R^2=0.463으로 독립변수들과 매개변수가 종속변수 Y에 대한 설명력은 46.3%이다.

모형 요약

모형	R	R 제곱	수정된 R 제곱	추정값의 표준오차
1	.690[a]	.476	.463	.55734

a. 예측자: (상수), 방문만족도, 지역문화체험동기, 일탈적동기, 교육적동기, 오락적동기

② 모형의 적합도

3단계 회귀모형(독립변수 X_1, X_2, X_3, X_4, 매개변수 M → 종속변수 Y)에 대한 분산분석표의 유의확률 <0.001이므로 유의수준 0.001에서 유의하며, 이는 회귀모형이 적합함을 의미한다.

ANOVA[a]

모형		제곱합	자유도	평균제곱	F	유의확률
1	회귀	54.846	5	10.969	35.313	<.001[b]
	잔차	60.262	194	.311		
	전체	115.107	199			

a. 종속변수: 재방문의도

b. 예측자: (상수), 방문만족도, 지역문화체험동기, 일탈적동기, 교육적동기, 오락적동기

③ 회귀계수

3단계 회귀모형(독립변수 X_1, X_2, X_3, X_4, 매개변수 M → 종속변수 Y)의 독립변수들과 매개변수인 M이 종속변수인 Y에 미치는 영향에 대한 다중회귀분석 결과 첫째, X_1의 비표준화회귀계수는 0.156이고 이의 유의확률은 0.041이므로 유의수준 0.05에서 유의적인 것으로 나타났다(c_1'은 0.156). 둘째, X_2의 비표준화회귀계수는 0.399이고 이의 유의확률은 <0.001이므로 유의수준 0.001에서 유의적인 것으로 나타났다(c_2'은 0.399). 셋째, X_3의 비표준화회귀계수는 −0.010이고 이의 유의확률은 0.888이므로 유의수준 0.05에서 유의적이지 않은 것으로 나타났다(c_3'은 −0.010). 넷째, X_4의 비표준화회귀계수는 −0.092이고 이의 유의확률은 0.010이므로 유의수준 0.01에서 유의적인 것으로 나타났다(c_4'은 −0.092). 마지막으로, M의 비표준화회귀계수는 0.342(표준오차 0.091)이고 이의 유의확률은 <0.001이므로 유의수준 0.001에서 유의적인 것으로 나타났다(E는 0.342, SE_E는 0.091).

계수[a]

모형		비표준화 계수 B	비표준화 계수 표준화 오류	표준화 계수 베타	t	유의확률
1	(상수)	.933	.274		3.402	<.001
	교육적동기	.156	.076	.150	2.059	.041
	일탈적동기	.399	.059	.414	6.730	<.001
	오락적동기	-.010	.074	-.010	-.141	.888
	지역문화체험동기	-.092	.035	-.141	-2.591	.010
	방문만족도	.342	.091	.301	3.773	<.001

a. 종속변수: 재방문의도

| 독립변수들이 종속변수에 미치는 영향에 대한 검증 결과 |

2단계 분석과정에서 얻은 총효과(X_1, X_2, X_3, X_4 → Y)와 3단계 분석과정에서 얻은 직접효과

(M을 통제한 상태에서 X_1, X_2, X_3, X_4 → Y)는 다음과 같이 요약할 수 있다.

총효과	B	유의성	직접효과	B	유의성
c_1	0.276	유의적	c_1'	0.156	유의적
c_2	0.431	유의적	c_2'	0.399	유의적
c_3	0.107	비유의적	c_3'	−0.010	비유의적
c_4	−0.086	유의적	c_4'	−0.092	유의적

| Sobel test에 의한 간접효과의 통계적 유의성검증 결과 |

간접효과를 수작업으로 계산하면 다음과 같다.

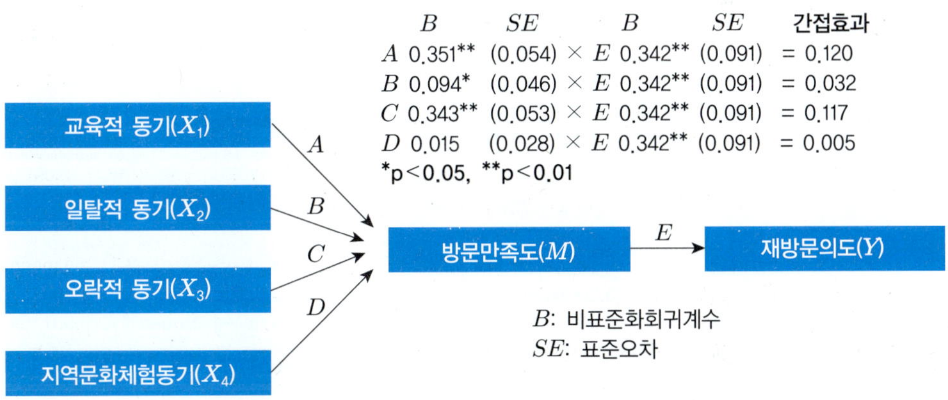

BK접근법을 구한 각 경로의 회귀계수를 이용해 Soper의 Sobel test calculator에 입력하면 간접효과가 통계적으로 유의한지를 알 수 있는 Z 검증통계량과 이의 유의확률을 얻을 수 있다. 위의 그림에서 입력요소는 각 관광동기별(A, B, C, D)로 비표준화회귀계수(B)와 그의 표준오차(SE)이다.

간접효과에 대한 통계적 유의성을 검증한 결과 교육적 동기와 오락적 동기는 방문만족도를 매개로 재방문의도에 유의한 영향을 미쳤으며 매개효과가 있음을 알 수 있다. 그러나 방문만족도는 일탈적 동기, 지역문화체험동기는 재방문의도 간의 관계에서 매개영향을 주지 않는 것으로 나타났다.

방문만족도의 교육적 동기와 재방문의도 간($X_1 \rightarrow M \rightarrow Y$)의 간접효과($0.351 \times 0.342 = 0.120$)의 Z-value는 3.254이고 p-value는 0.001이므로 간접효과가 유의수준 0.001에서 유의적인 것으로 나타났다. 그리고 교육적 동기가 재방문의도에 유의한 영향을 미치고 있으므로 부분매개효과가 있다고 해석하면 된다. 한편 방문만족도의 오락적 동기와 재방문의도 간($X_3 \rightarrow M \rightarrow Y$)의 간접효과($0.343 \times 0.342 = 0.117$)의 Z-value는 3.250이고 p-value는 0.001이므로 간접효과가 유의수준 0.001에서 유의적인 것으로 나타났다. 그리고 오락적 동기가 재방문의도에 유의한 영향을 미치고 있지 않으므로 완전매개효과가 있다고 해석하면 된다.

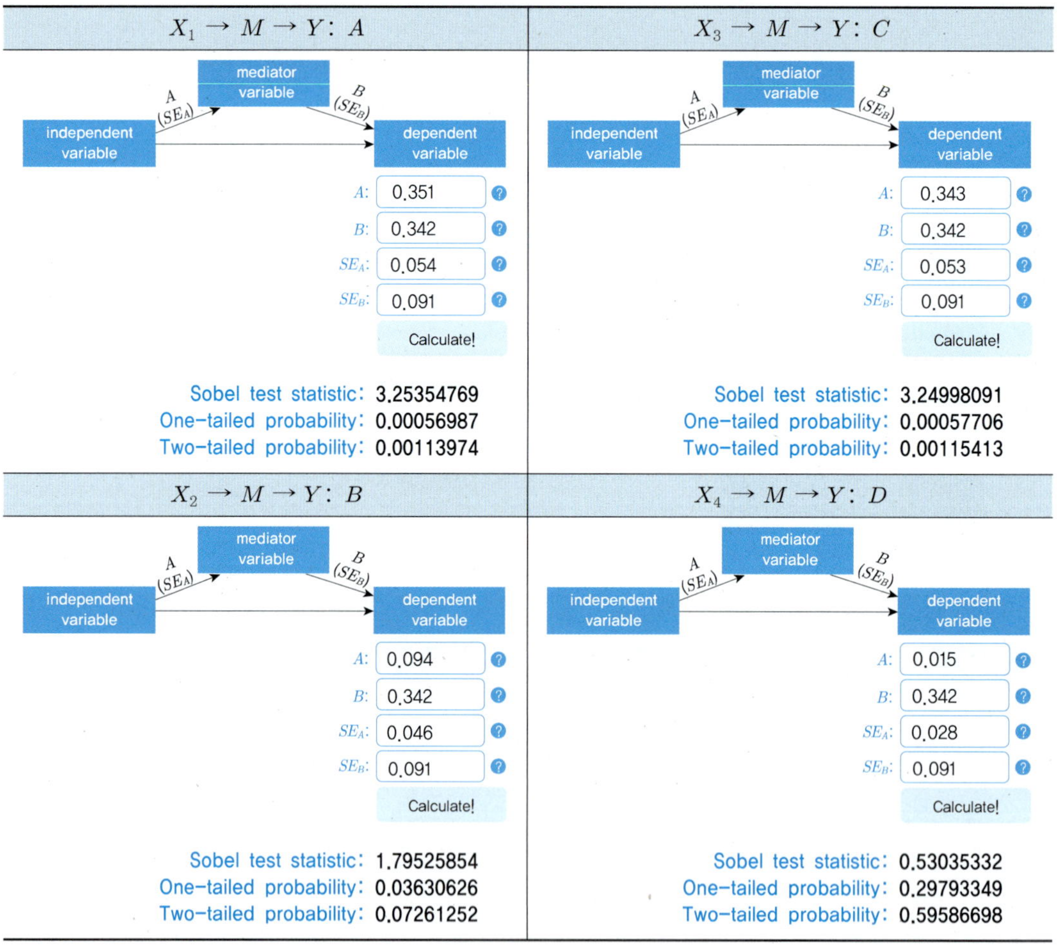

3) BK접근법을 이용한 방문만족도 매개효과검증 결과의 제시와 해석

교육적 동기, 일탈적 동기, 오락적 동기 및 지역문화체험동기가 재방문의도에 미치는 영향에 대해서 방문만족도가 매개하는지를 알아보기 위해서 BK접근법을 이용한 매개효과분석을 실시하였다. 교육적 동기, 일탈적 동기, 오락적 동기 및 지역문화체험동기가 방문만족도를 설명하는 설명력은 56.6%(수정된 $R^2=0.566$), 교육적 동기, 일탈적 동기, 오락적 동기 및 지역문화체험동기가 재방문의도를 설명하는 설명력은 42.7%(수정된 $R^2=0.427$), 교육적 동기, 일탈적 동기, 오락적 동기, 지역문화체험동기 및 방문만족도가 재방문의도를 설명하는 46.39%(수정된 $R^2=0.463$)로 나타났다. 제1단계, 제2단계 및 제3단계의 분산분석표의 유의확률이 <0.001이므로 유의수준 0.001에서 유의하며, 이는 세 개의 회귀모형이 모두 적합함을 의미한다.

BK접근법을 이용한 매개효과에 대한 검증 결과를 요약하면 다음과 같다.

표 10-4 BK접근법을 이용한 방문만족도의 매개효과검증 결과 (N=200)

변수	1단계 모형	2단계 모형	3단계 모형	Sobel test
	방문만족도	재방문의도	재방문의도	
	B	B	B	
상수	0.958***	1.261***	0.933***	
교육적 동기	0.351***	0.276***	0.156*	3.254**
일탈적 동기	0.094*	0.431***	0.399***	1.795
오락적 동기	0.343***	0.107	−0.010	3.250**
지역문화체험동기	0.015	−0.086*	−0.092**	0.530
방문만족도			0.342***	
R^2(수정된 R^2)	0.575(0.566)	0.438(0.427)	0.476(0.463)	
F	65.971***	38.001***	35.313***	

*$p<0.05$, **$p<0.01$, ***$p<0.001$

표 10-5 독립변수가 종속변수에 미치는 영향에 대한 총효과와 직접효과 결과

총효과	B	유의성	직접효과	B	유의성
c_1	0.276	유의적	c_1'	0.156	유의적
c_2	0.431	유의적	c_2'	0.399	유의적
c_3	0.107	비유의적	c_3'	−0.010	비유의적
c_4	−0.086	유의적	c_4'	−0.092	유의적

1단계에서 독립변수인 교육적 동기($p<0.001$), 일탈적 동기($p<0.05$), 오락적 동기($p<0.001$)가 매개변수인 방문만족도 유의한 영향을 주었으나, 지역문화체험동기($p>0.05$)는 방문만족도에 유의한 영향을 주지 못하였다.

2단계에서 독립변수인 교육적 동기($p<0.001$), 일탈적 동기($p<0.001$), 지역문화체험동기($p<0.05$)는 종속변수인 재방문의도에 유의한 영향을 주었으나, 오락적 동기($p>0.05$)는 유의한 영향을 주지 못하였다.

3단계에서 방문만족도를 통제한 상태에서 교육적 동기($p<0.05$), 일탈적 동기($p<0.001$), 지역문화체험동기($p<0.01$)가 재방문의도에 유의한 영향을 주었으나, 오락적 동기($p>0.05$)는 재방문의도에 유의한 영향을 주지 못하였다. 매개변수인 방문만족도($p<0.001$)는 종속변수인 재방문의도에 유의한 영향을 주었다.

매개효과검증 결과를 요약하면 다음과 같다.

첫째, 독립변수인 교육적 동기는 매개변수인 방문만족도에 유의한 영향을 주었으며, 매개변수인 방문만족도는 재방문의도에 유의한 영향을 주었다. 방문만족도를 통제한 상태에서 교육적 동기가 재방문의도에 유의한 영향을 미쳤으며, 직접효과(0.156)는 총효과(0.276)보다 줄었으므로 부분매개효과가 있는 것으로 나타났다.

둘째, 독립변수인 일탈적 동기는 매개변수인 방문만족도에 유의한 영향을 주었으며, 매개변수인 방문만족도는 재방문의도에 유의한 영향을 주었다. 방문만족도를 통제한 상태에서 일탈적 동기는 재방문의도에 유의한 영향을 미쳤으며, 직접효과(0.399)는 총효과(0.431)보다 줄었으므로 부분매개효과가 있는 것으로 나타났다.

셋째, 독립변수인 오락적 동기는 매개변수인 방문만족도에 유의한 영향을 주었으며, 매개변수인 방문만족도는 재방문의도에 유의한 영향을 주었다. 방문만족도를 통제한 상태에서 오락적 동기는 재방문의도에 유의한 영향을 미치지 않았으며, 직접효과(−0.010)는 총효과

(0.107)보다 줄었지만 비유의적이므로 완전매개효과가 있는 것으로 나타났다.

마지막으로, 독립변수인 지역문화체험동기는 매개변수인 방문만족도에 유의한 영향을 주지 않았으며, 매개변수인 방문만족도는 재방문의도에 유의한 영향을 주었다. 따라서 매개효과는 없는 것으로 나타났다.

한편 간접효과의 통계적 유의성을 검증하기 위해서 Sobel test를 수행한 결과를 요약하면 다음과 같다.

첫째, 교육적 동기와 재방문의도 간에 방문만족도의 간접효과(0.120)는 $p<0.001$이어서 매개효과가 유의미한 것으로 검증되었다. 그리고 교육적 동기가 재방문의도에 유의한 영향을 미치고 있으므로 부분매개효과가 있다고 해석하면 된다.

둘째, 일탈적 동기와 재방문의도 간에 방문만족도의 간접효과(0.032)는 $p>0.05$이어서 매개효과가 유의미하지 않은 것으로 검증되었다. BK접근법을 이용했을 때는 부분매개효과가 있는 것으로 분석되었으나 Sobel test를 이용해 통계적 유의성을 검증한 결과에는 매개효과가 없는 것으로 나타났다.

셋째, 오락적 동기와 재방문의도 간에 방문만족도의 간접효과(0.117)는 $p<0.001$이어서 매개효과가 유의미한 것으로 검증되었다. 그리고 오락적 동기가 재방문의도에 유의한 영향을 미치고 있지 않으므로 완전매개효과가 있다고 해석하면 된다.

마지막으로, 지역문화체험동기와 재방문의도 간에 방문만족도의 간접효과(0.005)는 $p>0.05$이어서 매개효과가 유의미하지 않은 것으로 검증되었다.

제 11 장 조절회귀분석

Moderated Regression Analysis
(Moderation Analysis using Multiple Regression)

1 조절회귀분석

1.1 조절회귀분석의 개념과 필요성

조절회귀분석(Moderated regression analysis, or Moderation analysis using multiple regression)은 조절효과를 분석하는 것으로 조절변수의 수준(Level)이나 조건(Condition)에 따라서 독립변수와 종속변수 간의 관계의 크기(Strength)와 방향(Direction)이 어떻게 강화(Enhancing)되거나 완화(Buffering)되는지를 분석하기 위해서 사용되는 다중회귀분석 방법이다.

- 조절변수(Moderator variable, or Moderating variable)는 독립변수가 종속변수에 미치는 영향을 중간에서 조절하는 제3의 독립변수로 시간의 경과에 따라 속성이 크게 변하지 않는 성격을 가지고 있는 변수이다. 이에는 인구통계학적 변수, 사람의 기질 등 개인 심리특성변수 그리고 선행연구를 통해서 조절변수로 확인된 것 등이 속한다.
- 조절효과분석(Moderation effect analysis)은 독립변수와 조절변수를 곱하여 상호작용항 변수(Interaction term variable)를 만들고 이 변수의 회귀계수가 종속변수에 어떤 영향을 주는지를 검증하는 방법이다. 여기에서 조절효과 혹은 상호작용효과(Moderation effect, or Interaction effect)란 하나의 독립변수 X가 종속변수 Y에 미치는 영향관계가 또 다른 조절변수 W의 수준에 따라서 달라지는 것을 의미한다. 보통 조절효과는 '독립변수 X가 종속변수 Y에 미치는 효과의 크기나 방향을 조절변수 W가 조절한다'고 표현한다. 또는 '종속변수 Y에 대하여 독립변수 X와 조절변수 W 간에 상호작

조절효과분석의 절차는 [그림 11-2]와 같다.

그림 11-2 ▌조절효과분석의 절차

조절변수의 선정과 가설 설정	조절변수의 선정 연구가설의 설정
회귀분석 기본 가정의 검토와 진단	선형성, 이상값, 다중공선성 잔차의 독립성, 정규성 및 등분산성
조절회귀분석(통계 검증)	독립변수와 조절변수의 평균중심화 다중회귀분석(모든 변수 동시 투입 방법/위계적 회귀분석)
분석 결과의 시각화(Visualization)	상호작용 도표(Interaction plot) 그리기
조절효과의 평가와 분석 결과의 제시	조절효과의 평가 분석 결과의 제시

첫째, 방향성 가설의 설정이 가능하도록 체계적으로 문헌 검토를 수행하고, 이론적 가정을 토대로 조절변수를 선정한다.

둘째, 회귀분석의 기본 가정을 검토하여 데이터를 검증한다.

셋째, 조절회귀분석을 수행한다. 독립변수와 조절변수에 대한 평균중심화 혹은 변수의 표준화를 수행한다.

넷째, 상호작용 도표(Interaction plot)를 통해 분석 결과를 시각화한다. 도표를 그리기 위해서는 선행연구들에서 많이 사용되고 있는 Excel 템플릿이나 도표 작성이 가능한 통계프로그램을 사용한다. 조절효과분석의 심층탐구 방법으로 Aiken & West 방법인 단순기울기분석(특정값 선택법)이나 Johnson-Neyman 방법 등을 적용할 수 있으며, 이 책에서는 관련 내용을 제12장부터 제15장까지에서 제시하고 있다.

마지막으로, 조절회귀분석 결과를 평가하고, 이의 평가 결과는 사회 각 분야의 실제 현장 문제해결에 필요한 실무적 시사점을 제공할 수 있도록 보고한다.

1.2 조절회귀분석의 적용상황과 가설

조절회귀분석은 독립변수, 조절변수 및 종속변수로 연속형 변수와 범주형 변수가 모두 적용가능하다. SPSS에서는 보통 조절변수로 이분형 변수로 되어 있는 범주형 변수를 많이 사용하고 있으며 세 개의 범주를 가지고 있는 경우에도 사용할 수 있다. 독립변수와 조절변수 그리고 통제변수 등이 범주형인 경우에는 더미변수로 변환한 후에 조절회귀분석에 투입해야 한다. 조절효과분석을 위한 통계기법으로는 다중회귀분석과 로지스틱 조절회귀분석 등이 사용된다.

그림 11-3 조절회귀분석의 적용상황

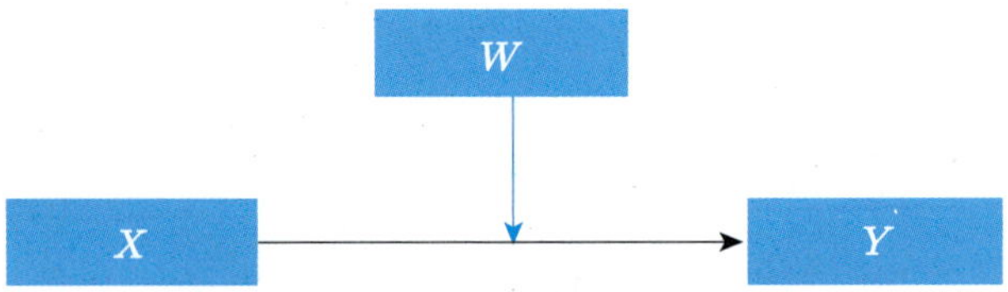

독립변수(X): 혼합형(연속형 변수, 범주형 변수)
조절변수(W): 혼합형(연속형 변수, 범주형 변수)
종속변수(Y): 혼합형(연속형 변수, 범주형 변수)

조절회귀분석의 가설은 기존 이론과 선행연구의 결과를 검토한 후 조절변수가 독립변수와 종속변수 간의 관계를 정적으로 변화시키는지 아니면 부적으로 변화시키는지를 확인할 수 있도록 방향성 가설을 설정하는 것이 필요하다. 그러나 방향성 가설의 설정이 어려운 경우에는 비방향성 가설을 설정하는 것도 문제가 되지 않는다.

기본적인 조절회귀분석의 가설을 예시하면 다음과 같다.

- 귀무가설(H_0): 조절변수는 독립변수와 종속변수 간의 관계에서 조절역할을 하지 않을 것이다(혹은 조절변수에 따라서 독립변수가 종속변수에 영향을 미치지 않을 것이다, 조절변수가 커질수록 독립변수와 종속변수 간의 관계는 줄어들지 않을 것이다).
- 대립가설(H_1): 조절변수는 독립변수와 종속변수 간의 관계에서 조절역할을 할 것이다(혹은 조절변수에 따라서 독립변수가 종속변수에 영향은 달라질 것이다, 조절변수가 커질수록 독립변수와 종속변수 간의 관계는 줄어들 것이다).

조절회귀분석을 수행하는 경우에 설정하는 가설은 방향성 가설을 설정하는 것이 좋으며 조절효과의 유형에 따라서 설정할 수 있다(배병렬, 2021).[1] 여기에서는 편의상 귀무가설은 설정하지 않고 대립가설을 설정하기로 한다.

① 강화효과 가설

조절변수가 강화효과를 가지는 경우에는 다음과 같이 가설을 설정한다.

- 가설(H_1): 조절변수는 독립변수와 종속변수 간의 관계를 정적으로 조절할 것이다. 즉, 조절변수가 증가할수록 독립변수와 종속변수 간의 관계는 강해질 것이다.

② 완화효과 가설

조절변수가 완화효과(감소효과)를 가지는 경우에는 다음과 같이 가설을 설정한다.

- 가설(H_1): 조절변수는 독립변수와 종속변수 간의 관계를 부적으로 조절할 것이다. 즉, 조절변수가 증가할수록 독립변수와 종속변수 간의 관계는 약해질 것이다.

③ 방해효과 가설

조절변수가 방해효과(반대효과, 상쇄효과)를 가지는 경우에는 다음과 같이 가설을 설정한다.

- 가설(H_1): 조절변수는 독립변수와 종속변수 간의 관계를 정적에서 부적으로 혹은 부적에서 정적으로 변화시킬 것이다.

1.3 상호작용항 변수를 만드는 방법

조절회귀분석을 수행하려면 독립변수 X와 조절변수(Moderator) W를 곱하여 상호작용항 변수(Interaction term variable) XW를 만들어야 한다. 그런데 두 변수값을 그대로 곱하면 값이 너무 커져서 다중공선성의 문제가 발생된다. 이러한 문제를 외견상으로도 해결하려면 상호작용항 변수를 만들기 이전에 ① 독립변수와 조절변수를 평균중심화(Mean centering)하거나 ② 독립변수와 조절변수의 각 값을 표준화시키는 방법(Standardization)을 이용해 Z값을 구해야

1) 배병렬. (2021). *SPSS/PROCESS에 의한 조절효과 및 매개효과분석: 이론과 실제.* 도서출판 청람.

한다. 다만 종속변수는 평균중심화를 수행하지 않아도 되며, 통제변수가 연속형 변수인 경우에는 평균중심화를 한다.

먼저, 평균중심화를 통한 상호작용항 변수를 만드는 방법은 [그림 11-4]와 같다. 관련 내용의 실습은 이 장의 뒤에서 제시될 실습 문제에서 설명하기로 한다.

다음으로, [그림 11-5]와 같이 독립변수와 조절변수를 표준화시키는 방법이 있다. SPSS 분석 메뉴에서 [분석-기술통계량-기술통계]로 들어간 후 [기술통계] 창에서 표준화시킬 변수를 오른쪽 [변수]로 보내고 화면 하단에 있는 [표준화 값을 변수로 저장]을 체크한 후 [확인] 버튼을 클릭하면 [데이터 파일]에 새로운 표준화된 변수들(원래의 변수명 앞에 Z라는 글자가 추가됨)이 출력된다.

그림 11-4 ▌독립변수와 조절변수의 평균중심화하기와 상호작용항 변수 만들기

평균중심화시킬 변수의 선정	독립변수와 조절변수의 선택 (종속변수는 생략해도 됨)
대상변수의 평균 구하기	SPSS의 [분석-기술통계량-기술통계]에 들어가 평균(Mean value)을 구함
평균중심화(Mean centering) 수행하기	SPSS의 [변환-변수 계산]에 들어가 [목표변수]에 평균중심화할 변수명(예: 방문만족도_mc)을 적고 [숫자 표현식]에는 [대상변수-평균]을 입력한 후 [확인] 버튼 클릭
평균중심화시킨 독립변수와 조절변수를 곱하여 상호작용항 만들기	SPSS의 [변환-변수 계산]에 들어가 평균중심화된 두 변수를 곱하여 조절변수를 만듬 V1V2_mc=독립변수_mc×조절변수_mc

그림 11-5 독립변수와 조절변수의 표준화하기와 상호작용항 변수 만들기

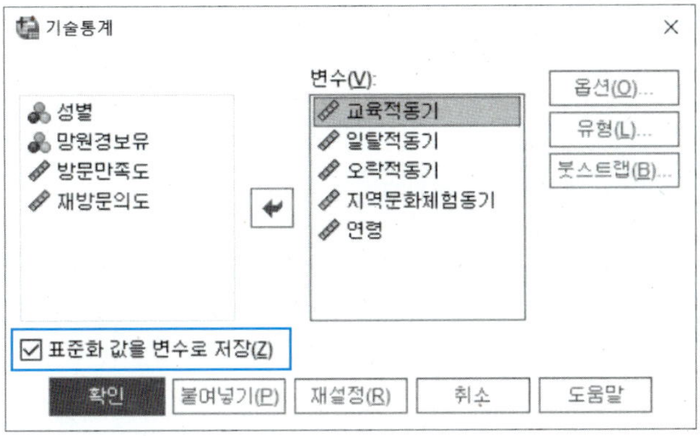

독립변수와 조절변수의 상호작용항 변수를 만들 때 사전에 독립변수나 조절변수를 평균중심화는 해도 되고 하지 않아도 분석 결과에는 차이가 없다. 다만 평균중심화를 하지 않고 상호작용항 변수를 만들면 VIF가 10을 넘게 되어 다중공선성의 문제가 발생할 수 있다. 물론 평균중심화를 해도 다중공선성의 문제가 근본적으로 해결되는 것은 아니며 외견상 해결된 것처럼 보일 뿐이다. 평균중심화의 필요성에 대해서는 다른 견해가 있을 수 있지만 대다수의 연구자들은 평균중심화를 하지 않는 것보다는 하는 것이 좋다는 의견을 가지고 있다. 평균중심화를 권장하는 이유 중의 하나는 각 변수의 원점수를 이용해 상호작용항 변수를 만드는 것보다 평균중심화를 하고 상호작용항 변수를 만들었을 때 정확한 해석이 가능한 경우도 있기 때문이다(배병렬, 2021). 따라서 이 책에서는 가능하면 평균중심화를 수행한 후에 상호작용항 변수를 만들고 조절효과분석을 할 것을 추천한다.

1.4 Baron & Kenney(1986)의 조절효과 검증방법

조절효과를 검증하기 위한 방법에는 ① [입력(Enter)] 선택법을 사용해 독립변수, 조절변수, 상호작용항 변수를 모두 동시 투입하는 방법과 ② 독립변수, 조절변수, 상호작용항 변수를 3단계로 투입하는 위계적 회귀분석을 이용해 조절회귀분석을 수행하는 방법이 있다. 전자의 방법은 일반적 다중회귀분석과 동일하므로 실습과정을 통해서 설명하기로 한다. 후자의 방법은 Baron & Kenney(1986)의 BK접근법이라고 한다.

지금부터는 위계적 회귀분석을 통해 조절회귀분석을 수행하는 방법을 소개한다. BK접근법은 [표 11-1]과 같이 3단계 과정에 대한 세 번의 회귀분석을 통해서 회귀계수의 유의성을 파악하여 조절효과를 검증한다.

표 11-1 Baron & Kenney(1986)의 조절회귀분석 방법

모형 단계	투입변수	조건
1단계	독립변수	독립변수의 회귀계수가 유의적이어야 한다.
2단계	조절변수	독립변수와 조절변수가 종속변수에 미치는 영향이 유의적이든 비유의적이든 관계가 없다.
3단계	상호작용항 변수	2단계에서 3단계로의 R^2 증가분이 유의적으로 증가하고 ① 상호작용항 변수의 회귀계수가 유의적이면 조절효과 존재 ② 상호작용항 변수의 회귀계수가 비유의적이면 조절효과가 없음

[1단계] 1단계로 독립변수가 종속변수에 미치는 영향을 검증하기 위해서 독립변수(X)를 투입한다. 독립변수 X의 비표준화회귀계수는 유의적이어야 한다.

$$Y_i = \beta_0 + \beta_1 X + \epsilon_i$$

[2단계] 2단계로 독립변수와 조절변수가 종속변수에 미치는 영향을 검증하기 위해서 조절변수(Y)를 투입한다. 이때 독립변수와 조절변수가 종속변수에 유의한 영향을 주든지 영향을 주지 않든지 간에 관계가 없다.

$$Y_i = \beta_0 + \beta_1 X + \beta_2 W + \epsilon_i$$

[3단계] 3단계로 독립변수(X), 조절변수(Y) 및 상호작용항(XW) 변수가 종속변수에 미치는 영향을 검증하기 위해서 상호작용항 변수를 투입한다. 2단계에서 3단계로의 R^2 증가분이 유의하고 ① 상호작용항 변수의 회귀계수가 유의적이면 조절효과가 있는 것으로 해석하고 ② 상호작용항 변수의 회귀계수가 비유의적이면 조절효과가 없는 것으로 해석한다.

$$Y_i = \beta_0 + \beta_1 X + \beta_2 W + \beta_3 XW + \epsilon_i$$

BK접근법에 의한 조절회귀분석은 상호작용항 변수의 유의성에만 초점을 두었으며 독립변수 X나 조절변수 W가 종속변수 Y에 미치는 영향에 대해서는 간과하였다. 이러한 문제를 보완하기 위해서 [그림 11-6]과 같이 조절변수 W가 종속변수 Y에 미치는 유의성을 검증하는 방법이 추가되었다. 그림에서 실선 화살표는 통계적으로 유의한 경우($p<0.05$)이고 점선은 통계적 유의성이 없는 경우($p>0.05$)이다.

그림 11-6 **순수조절변수와 유사조절변수의 구분**

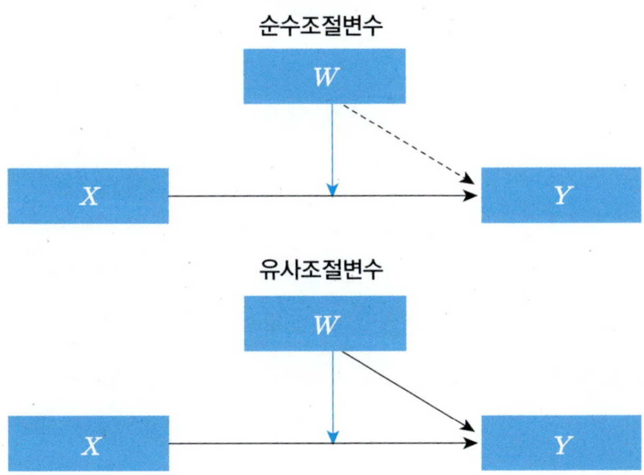

만약 조절효과분석 결과에서 ① 상호작용항이 유의하고 조절변수가 종속변수에 유의한 영향을 미치면 이때의 조절변수 W를 유사조절변수(Quasi moderator variable)라고 한다. ② 상호작용항은 유의하지만 조절변수가 종속변수에 유의한 영향을 미치지 않으면 이때의 조절변수 W를 순수조절변수(Pure moderator variable)라고 한다.

1.5 조절효과 그래프 그리기

조절회귀분석을 통해 상호작용항 변수의 회귀계수가 유의하여 조절효과가 있다고 규명되었다고 해도 조절효과분석 결과를 완전하게 이해하기는 어려운 점이 있다. 조절효과의 유형을 명확하게 밝혀내고 조절변수가 어떤 식으로 조절효과를 나타내는지를 알아내려면 조절효과 그래프, 즉 상호작용 도표(Interaction plot)를 그려보아야 한다.

조절효과에 대한 단순기울기분석(Simple slope analysis)이 가능한 상호작용 도표를 그릴 수 있는 Excel 기반의 다양한 템플릿이 개발되어 있다. 그 중에 국내적으로 많이 사용되는 것은 Jose(2013)의 ≪ModGraph-I≫,[2] Dawson의 홈페이지에서 제공하는 ≪Two-way linear interaction≫,[3] 이일현(2020)의 웹사이트 StatEdu에서 제공하는 ≪EasyFlow Statistics macro≫[4] 등이 있다. 물론 단순기울기분석을 위해 개발된 상호작용 도표는 Process macro와 SPSS를 결합해 사용하는 방법 등이 있으며, 구조방정식에서 상호작용 도표를 제공하는 SmartPLS 등의 프로그램도 있다. 이 장에서는 간단하게 상호작용 도표를 그려볼 수 있는 이일현(2020), Jose(2013)의 Excel macro 기반의 템플릿을 소개하기로 한다. 템플릿을 입수하기 위해서는 이 장의 각주에서 제공하고 있는 웹사이트 주소를 참조하기 바란다.

먼저, 이일현(2020)이 제공하는 상호작용 도표 그리기를 위한 템플릿은 [그림 11-7]과 같이 범주형 조절변수와 연속형 조절변수로 구분해 제시되고 있다.

---

2) https://psychology.victoria.ac.nz/modgraph/modgraph.php. Jose, P. E. (2013). *ModGraph-I: A programme to compute cell means for the graphical display of moderational analyses: The internet version, Version 3.0*. Victoria University of Wellington, Wellington, New Zealand. Retrieved [date] from https://psychology. victoria.ac.nz/modgraph/.

3) http://www.jeremydawson.co.uk/slopes.htm.

4) http://www.statedu.com/EFS/263747. Lee, I. H. (2020). *EasyFlow Statistics macro*. Retrieved from: http://www.statedu.com. KOREA. DOI: 10.22934/StatEdu.2020.1.

그림 11-7 이일현(2020)의 상호작용 도표 그리기를 위한 템플릿

범주형 조절변수에 대한 상호작용 도표 그리기

범주형 조절변수

Constant	x	Mo	XMo
0.120	0.312	0.015	0.180

독립변수			범위	
독립변수	평균	2.672	최소값	1
	표준편차	0.445	최대값	5

조절변수 집단 구분

High
Low

평균중심화	0

Yes: 1 / No: 0

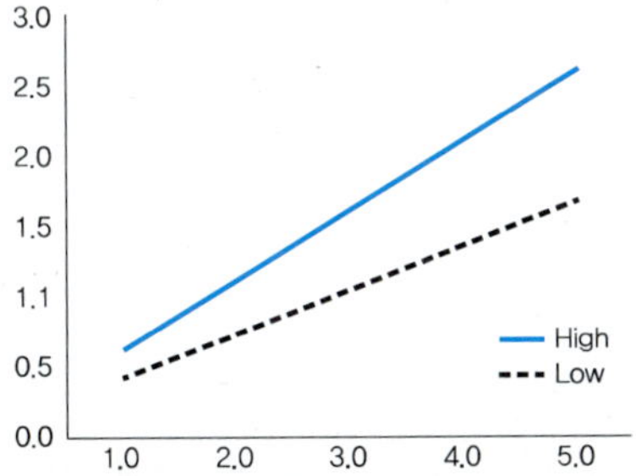

연속형 조절변수에 대한 상호작용 도표 그리기

연속형 조절변수

Constant	x	Mo	XMo
0.120	0.312	0.015	0.240

구분			범위	
독립변수	평균	2.672	최소값	1
	표준편차	0.445	최대값	5
조절변수	평균	2.572	최소값	1
	표준편차	0.572	최대값	4

조절변수 집단 구분

High
Low

평균중심화	0

Yes: 1 / No: 0

1. 통제변수가 있는 경우: 각 통제변수의 평균값을 회귀계수와 곱한 값을 상수항에 더한다.
2. Dummy 변수가 포함된 경우: 0/1로 입력한 경우 0으로 계산하여 상수항에 더한다.

ex) y = 0.1 + 0.312X + 0.015Mo + 0.180XMo + 0.12D.sex.F + 0.04C

X: 독립변수 Mo: 조절변수
D.sex.F: 여자가 1인 Dummy 변수
C: 통제변수(평균이 3)

0.1 + 0 + 0.04*3 = 0.12

3. 조절변수 집단 구분은 고/저(High/Low)로 설정
4. 첫 번째 그림은 조절변수를 5단계(5점 척도인 경우 1, 2, 3, 4, 5)로 구분하여 그린 그래프 두 번째 그림은 조절변수의 M, SD(고집단), M-SD(저잡단)로 구분한 그래프

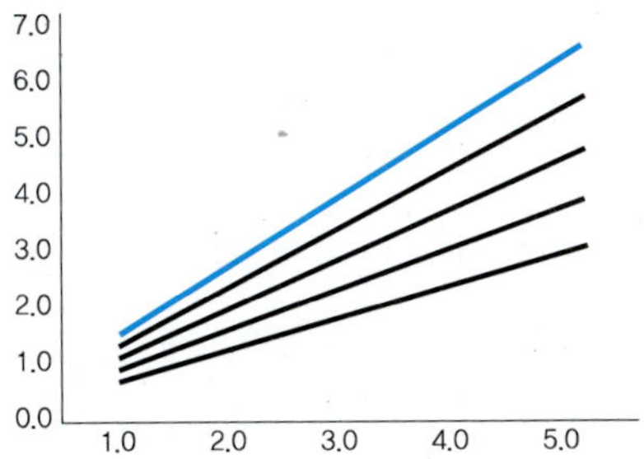

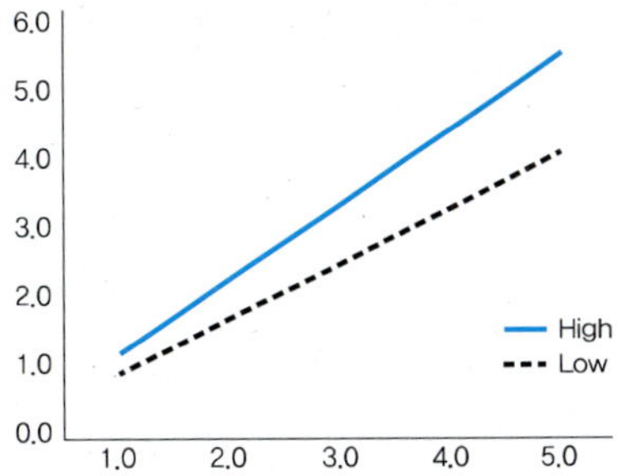

그림 11-8 ▌Jose(2013)의 상호작용 도표 그리기를 위한 템플릿

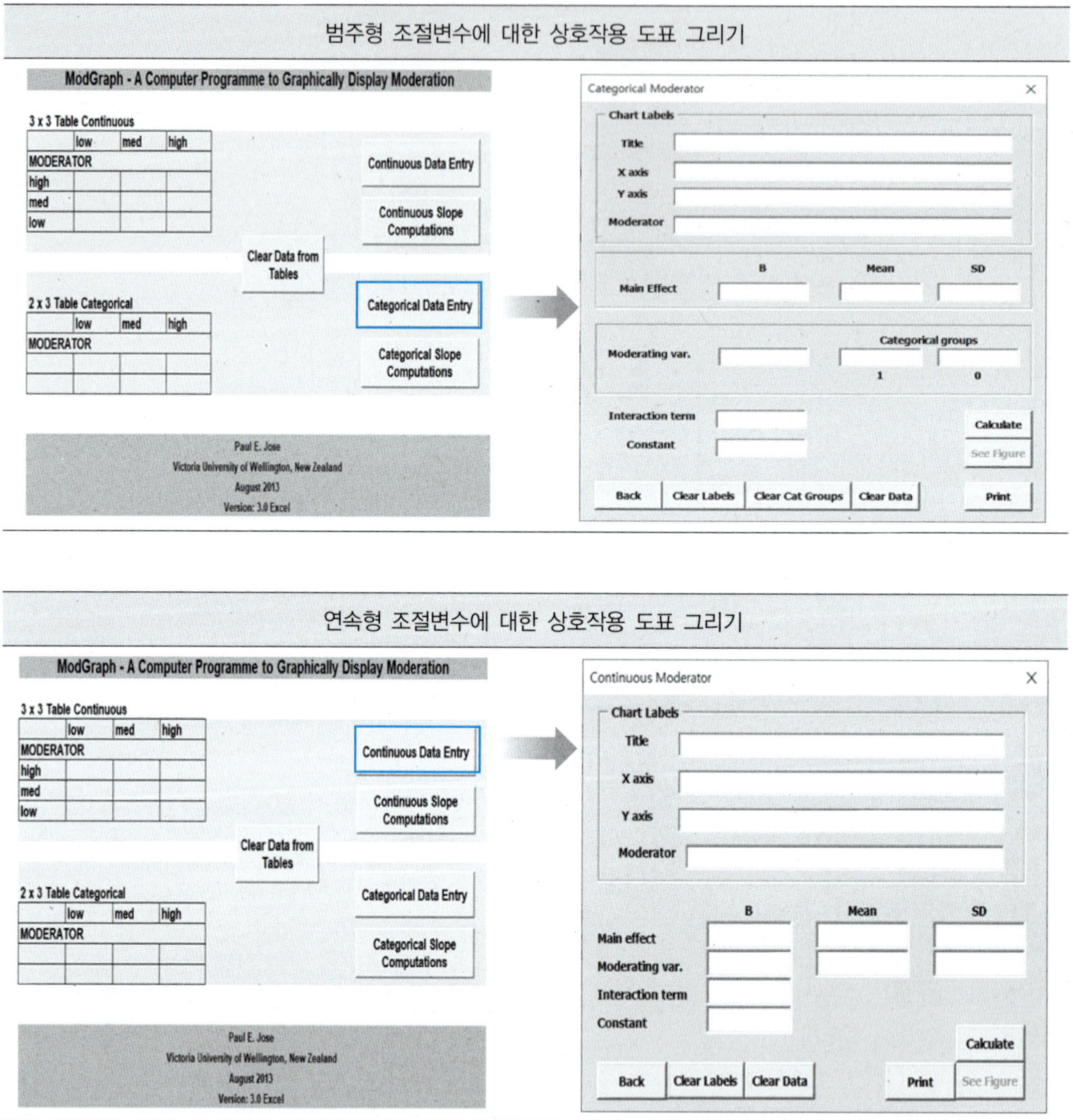

① 범주형 조절변수에 대한 상호작용 도표를 그리기 위해서는 조절회귀분석 결과와 기술통계분석 등을 통한 독립변수의 평균과 표준편차, 범위로 최소값과 최대값, 평균중심화 여부, 조절변수 집단 구분 등에 대한 정보가 필요하다. ② 연속형 조절변수에 대한 상호작용 도표를 그리기

위해서는 조절회귀분석 결과와 기술통계분석 등을 통한 독립변수와 조절변수의 평균과 표준편차, 범위로 최소값과 최대값, 평균중심화 여부, 조절변수 집단 구분 등에 대한 정보가 필요하다. 물론 조절변수 집단 구분의 명칭은 필요에 따라 변경할 수 있다. 모두 입력한 후에는 [Calculate]를 클릭한다.

다음으로, Jose(2013)가 제공하는 상호작용 도표 그리기를 위한 템플릿은 [그림 11-8]과 같이 범주형 조절변수와 연속형 조절변수로 구분해 제시되고 있다. ① 범주형 변수에 대한 상호작용 도표를 그리기 위해서는 차트 레이블(제목, X축, Y축, 조절변수), 독립변수의 비표준화회귀계수, 평균 및 표준편차, 조절변수 비표준화회귀계수, 상호작용항 변수의 비표준화회귀계수, 상수, 조절변수 집단 구분에 대한 입력이 필요하다. ② 연속형 변수에 대한 상호작용 도표를 그리기 위해서는 차트 레이블(제목, X축, Y축, 조절변수), 독립변수, 조절변수 및 상호작용항 변수의 비표준화회귀계수, 평균 및 표준편차, 상수를 입력하는 것이 필요하다. 모두 입력한 후에는 [Calculate]를 클릭한다.

1.6 조절효과의 유형과 평가

1) 조절효과의 유형

조절효과의 유형은 연속형 조절변수인가, 아니면 범주형 조절변수인가에 따라서 달라진다(이일현, 2014; 배병렬, 2021).[5] 먼저, 연속형 조절변수인 경우에는 조절변수의 크기가 증가할수록 독립변수가 종속변수에 미치는 영향이 증가하는지(강화되는지), 약화(감소)시키는지 그리고 조절변수의 크기가 증가할수록 독립변수가 종속변수에 미치는 영향이 반대로 나타나는지에 따라서 구분할 수 있다. 구체적으로는 ① 강화효과(Enhancing effect, or Strengthing effect), ② 완화효과(감소효과)(Buffering effect, or Weakening effect), ③ 방해효과(상쇄효과, 역전효과)(Antagonistic effect, or Reversing effect) 등으로 구분된다. 이와 같이 연속형 조절변수의 경우에는 조절변수의 크기가 증가할 때 독립변수와 종속변수의 관계를 강화시키거나 약화(억제)시킬 수 있다. 전자를 강화효과라 하며 후자를 완화효과라고 한다. 조절변수의 크기가 증가할수록 독립변수가 종속변수에 미치는 효과가 반대로 나타나는 경우를 방

5) 배병렬. (2021). *Amos 27 구조방정식모델링*. 도서출판 청람.
이일현. (2014). *EasyFlow 회귀분석*. 서울: 한나래출판사.

해효과라고 한다. 일반적으로는 조절효과분석에서 대부분은 강화효과나 완화효과인 경우가 많다.

다음으로, 범주형 조절변수인 경우에는 존재효과(Existence effect)와 경쟁효과(Competing effect)로 분류한다. 전자는 독립변수가 종속변수에 미치는 영향이 조절변수의 어떤 범주에서는 영향을 미치는 반면 다른 범주에서는 영향이 없는 경우에 해당한다. 후자는 독립변수가 종속변수에 어떤 집단에서는 정적으로 영향을 미치는데 반해, 다른 집단에서는 부적으로 영향을 미치는 경우에 해당한다.

2) 조절효과의 평가

조절회귀분석을 통해서 우리들은 상호작용항 변수의 회귀계수가 유의하면 조절효과가 있다고 결론내릴 수 있다. 하지만 이러한 평가만으로는 구체적으로 그 조절효과가 강화효과인지, 완화효과인지, 아니면 방해효과인지를 알기 어렵다. 그러므로 조절효과의 평가에서 가장 중요한 것은 조절효과의 유형을 찾아내어 결과 해석을 풍부하게 하는 것이다.

조절효과를 평가할 때 고려되어야 하는 중요한 점은 조절회귀분석을 수행한 후에 독립변수와 상호작용항 변수(상호작용항)의 부호(Sign)를 확인하는 것이다. 이때 독립변수의 회귀계수의 부호에 따라서 상호작용 도표의 형태가 달라진다. 예컨대 독립변수의 회귀계수 부호가 정적(+)이면 상호작용 도표에서 단순기울기는 우상향 기울기(Upward slope)를 가지며, 반대로 부적(−)이면 우하향 기울기(Downward slope)를 가지게 된다.

그림 11-9 ▌조절효과의 평가에서 독립변수의 부호에 따른 그림의 형태

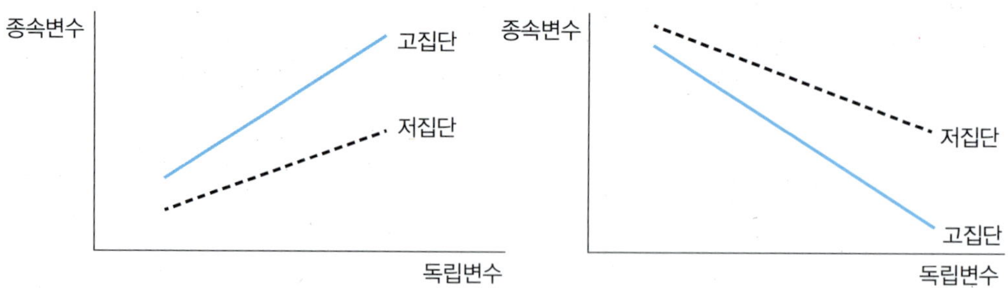

조절효과의 평가는 [표 11-2], [표 11-3]과 같이 크게 범주형 조절변수인 경우와 연속형 조절변수인 경우로 나누어서 이루어진다(이일현, 2014).

▌표 11-2▐ 범주형 조절변수의 조절효과의 평가

독립변수 X의 회귀계수(B_1) 부호	상호작용항 변수 XW의 회귀계수(B_2) 부호	두 계수의 합 (B_1+B_2)	조절효과의 평가
+	+		조절변수는 독립변수가 종속변수에 미치는 정의 영향을 강하게 한다(강화효과).
+	−	$B_1+B_2>0$	조절변수는 독립변수가 종속변수에 미치는 정의 영향을 약하게 한다(완화효과).
		$B_1+B_2<0$	조절변수는 독립변수가 종속변수에 미치는 영향을 역조절한다(방해효과).
−	+	$B_1+B_2>0$	조절변수는 독립변수가 종속변수에 미치는 영향을 역조절한다(방해효과).
		$B_1+B_2<0$	조절변수는 독립변수가 종속변수에 미치는 부의 영향을 약하게 한다(완화효과)
−	−		조절변수는 독립변수가 종속변수에 미치는 부의 영향을 강하게 한다(강화효과).

▌표 11-3▐ 연속형 조절변수의 조절효과의 평가

독립변수 X의 회귀계수(B_1) 부호	상호작용항 변수 XW의 부호	조절효과의 평가
+	+	조절변수의 값이 커질수록 독립변수가 종속변수에 미치는 정의 영향을 강하게 한다(강화효과).
+	−	조절변수의 값이 커질수록 독립변수가 종속변수에 미치는 정의 영향을 약하게 한다(완화효과).
−	+	조절변수의 값이 커질수록 독립변수가 종속변수에 미치는 부의 영향을 약하게 한다(완화효과).
−	−	조절변수의 값이 커질수록 독립변수가 종속변수에 미치는 부의 영향을 강하게 한다(강화효과).

2 조절회귀분석의 SPSS 통계 실습

통계 실습 11-1 범주형 조절변수의 조절회귀분석 실습: 입력(Enter) 선택법

다음의 [제11장 조절효과분석 데이터1]을 이용해서 독립변수인 사업성과가 종속변수인 회사 직원의 월급에 미치는 영향에 대하여 범주형 조절변수인 취업보장 여부가 조절하는지를 분석하기 위해서 조절회귀분석을 실습하시오. 다만, 이 실습에서는 모든 변수를 동시에 투입하는 입력(Enter) 선택법을 선택하며, 변수의 평균중심화는 하지 않기로 한다(다중공선성의 문제를 보여주기 위한 목적이다).

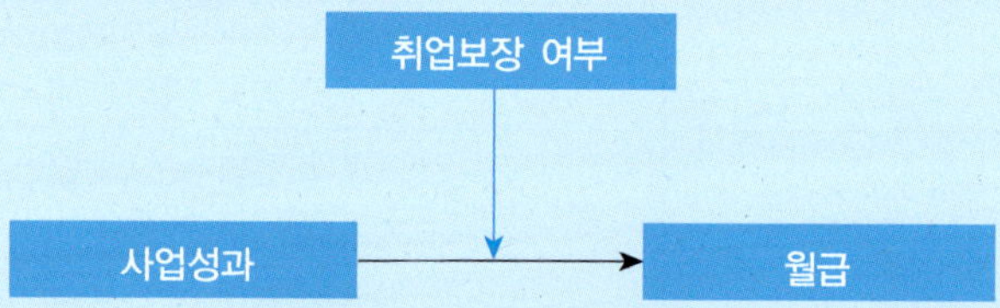

독립변수(X): 사업성과
조절변수(W): 취업보장 여부
종속변수(Y): 월급

☑ 실습 데이터

ID	사업성과	취업보장여부	월급
1	36	2	634
2	15	2	20
…	…	…	…
220	24	1	1070

총 사례 수는 220개임

- 사업성과 → 연속형 변수(독립변수)
- 취업보장 여부 → 범주형 변수(조절변수): 취업보장 1, 취업미보장 2
- 월급 → 연속형 변수(종속변수)

☑ 가설

- 귀무가설(H_0): 취업보장 여부는 사업성과가 월급에 미치는 영향을 조절하지 않는다.
- 대립가설(H_1): 취업보장 여부는 사업성과가 월급에 미치는 영향을 조절한다.

실습 데이터	제11장 조절효과분석 데이터1
분석방법 메뉴 선택	분석–기술통계량–기술통계분석 분석–회귀분석–선형

1) 실습 과정

❶ [파일–열기–데이터]를 선택한 후 실습 데이터 파일이 있는 위치로 찾아가서 [제11장 조절효과분석 데이터1]을 연다.

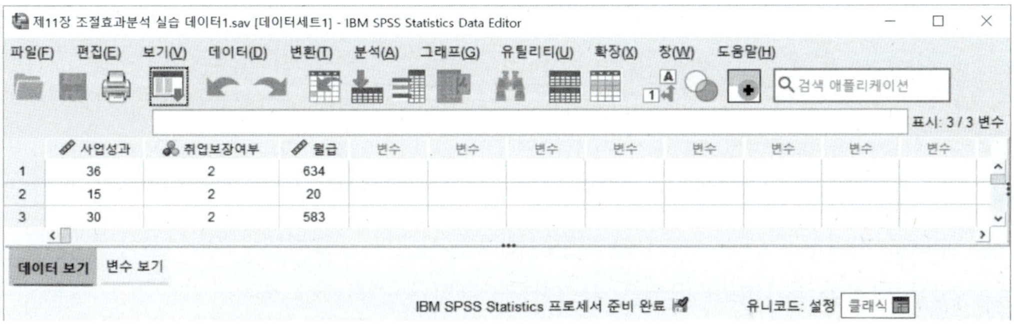

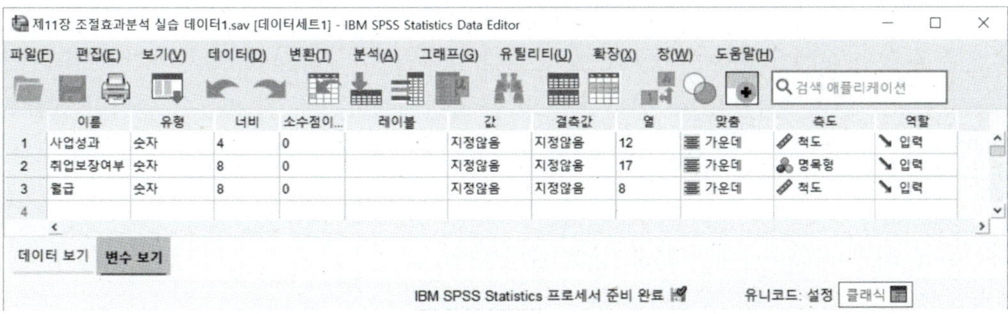

❷ 범주형 조절변수가 있는 경우에 상호작용 도표를 그리려면 독립변수의 [평균], [표준편차], [최소값], [최대값] 정보가 필요하다. [분석-기술통계량-기술통계]로 들어간 후 [기술통계] 창에서 독립변수인 [사업성과]를 오른쪽 [변수]로 이동시킨다. [옵션]에서 [평균], [표준편차]를 선택한 후 [계속] 버튼을 클릭한 후 마지막으로 [확인] 버튼을 클릭한다. 이렇게 구한 [평균], [표준편차] 정보는 상호작용 도표를 그릴 때 입력요소로 투입한다.

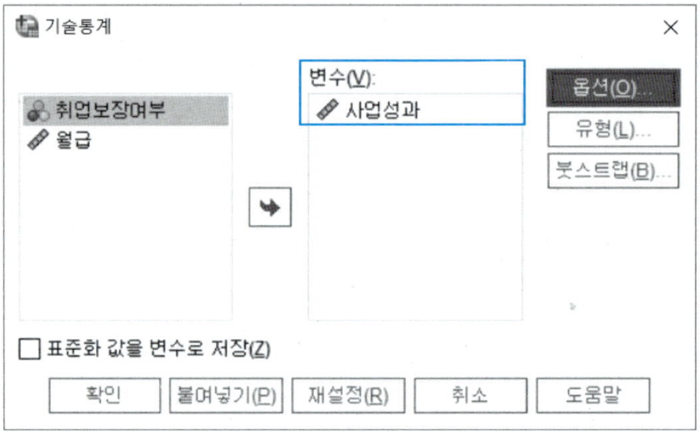

❸ 범주형 조절변수는 더미변수로 변환한다. [변환-다른 변수로 코딩변경]으로 들어간 후 [취업보장 여부]를 [숫자변수 → 출력변수]로 이동시킨다. [출력변수]의 [이름]에 [취업보장더미]를 입력한 후 [변경] 버튼을 클릭한다. 창의 중간하단에 있는 [기존값 및 새로운 값]을 클릭하여 보조 창이 나타나면 먼저, [기존값]에 [1]을 그리고 [새로운 값]에 [1]을 입력한 후 화면 중간에 있는 [추가] 버튼을 클릭한다(더미범주 생성). 다음으로, [기존값]에 [2]을 그리고 [새로운 값]에 [0]을 입력한 후 화면 중간에 있는 [추가] 버튼을 클릭한다(참조범주 생성). 마지막으로, [확인] 버튼을 클릭한 후 [데이터 파일]의 하단에 있는 [변수 보기]를 클릭한 후 [소수점 이하] [2]를 [0]으로, [맞춤]을 [가운데로], [측도]를 [척도]로 변경한 후에 화면 하단의 [데이터 보기]를 클릭한다.

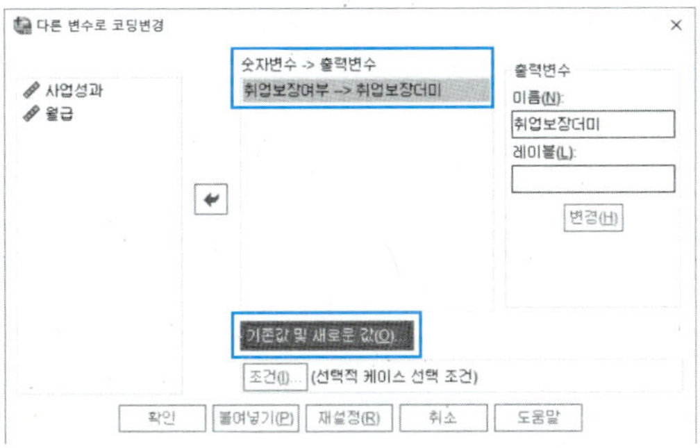

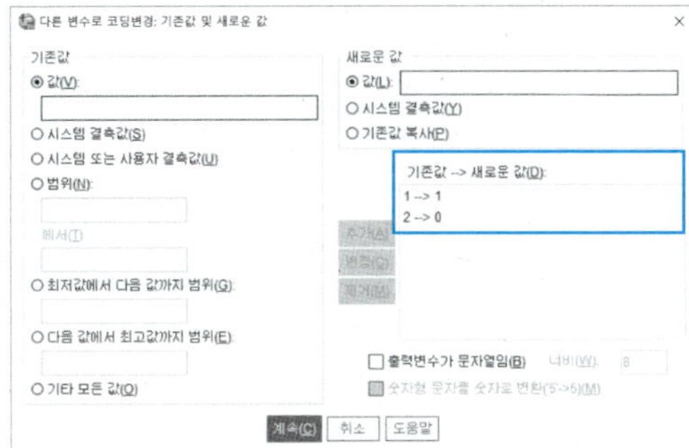

❹ 상호작용항 변수를 만든다. 독립변수인 [사업성과]와 조절변수인 [취업보장더미]를 곱하여 상호작용항을 만든다. [변환-변수 계산]으로 들어간 후 [목표변수]에는 [사업취업보장]을 입력하고, [사업성과]를 [숫자표현식]으로 이동시키고 [곱하기 기호]를 선택한 후 다시 [취업보장더미]를 [숫자표현식]으로 이동시킨다. 마지막으로, [확인] 버튼을 클릭한 후 [데이터 파일]의 하단에 있는 [변수 보기]를 클릭한 후 [사업취업보장]의 [소수점 이하] [2]를 [0]으로, [맞춤]을 [가운데로], [측도]를 [척도]로 변경한 후에 화면 하단의 [데이터 보기]를 클릭한다.

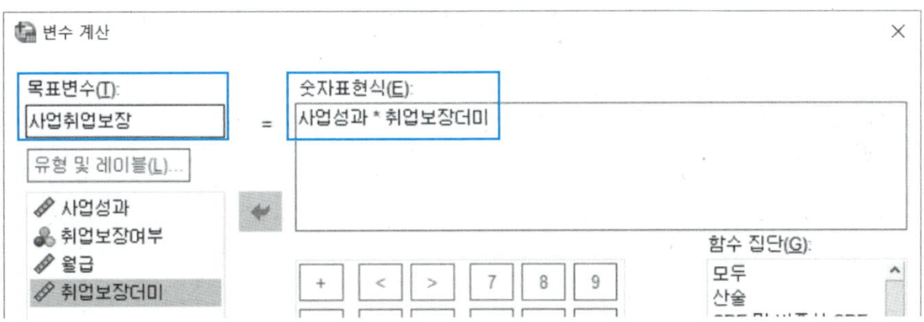

❺ 조절효과검증을 수행한다. [분석-회귀분석-선형]을 선택하여 [선형 회귀] 창으로 들어간다. 변수 선택방법은 디폴트로 [입력]이 선택되어 있으므로 그대로 둔다. [월급]을 [종속변수]로, [사업성과], [취업보장더미], [사업취업보장]을 [독립변수]로 이동시킨다. [통계량] 옵션에서 [공선성 진단], [잔차]의 [Durbin-Watson]을 체크하고 [계속] 버튼을 클릭한다. 마지막으로 [선형 회귀] 창의 좌측 하단에 있는 [확인] 버튼을 클릭해 조절회귀분석을 실행한다.

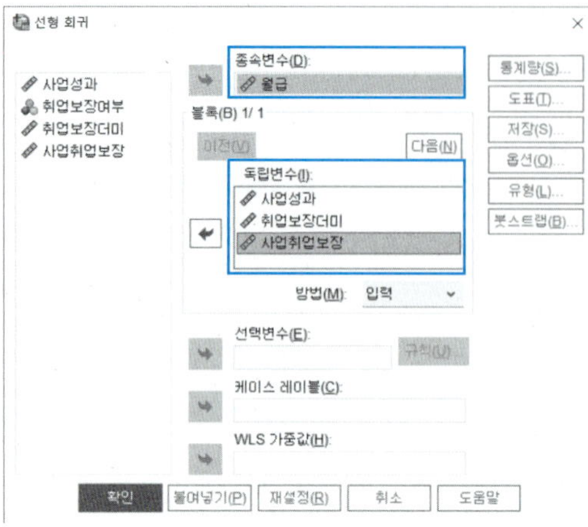

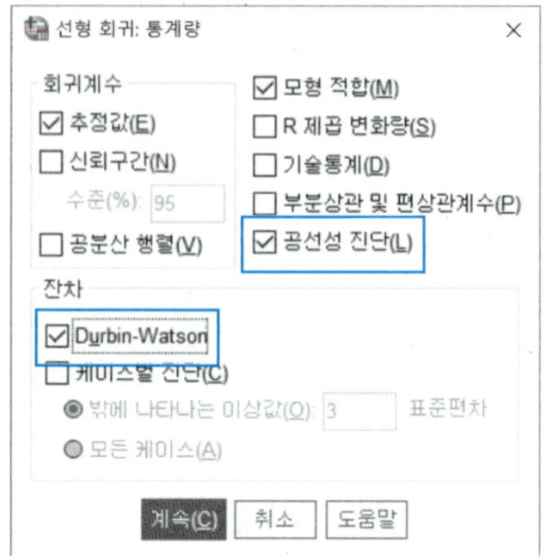

2) 주요 분석 결과

조절회귀분석에 대한 주요 출력 결과를 제시하면 다음과 같다.

| 기술통계분석 |

독립변수인 [사업성과]의 기술통계량 분석 결과는 다음과 같다. 평균은 30.75, 표준편차는 9.387, 최소값은 10, 최대값은 54로 나타났다.

기술통계량

	N	최소값	최대값	평균	표준편차
사업성과	220	10	54	30.75	9.387
유효 N(목록별)	220				

| 입력/제거된 변수 결과 |

독립변수에 독립변수, 조절변수, 상호작용항 변수가 모두 투입되었음을 알 수 있다.

입력/제거된 변수[a]

모형	입력된 변수	제거된 변수	방법
1	사업취업보장, 사업성과, 취업보장더미[b]	.	입력

a. 종속변수: 월급

b. 요청된 모든 변수가 입력되었습니다.

| 모형 요약과 자기상관 결과 |

회귀모형의 수정된 R^2은 0.890이며, 이는 독립변수, 조절변수 및 상호작용항 변수가 월급을 설명하는 설명력의 정도가 89%임을 의미한다. 종속변수의 자기상관에 대한 Durbin-Watson값이 2.035이므로 이 값이 2에 가까우므로 자기상관은 없는 것으로 나타났다.

모형 요약[b]

모형	R	R 제곱	수정된 R 제곱	추정값의 표준오차	Durbin-Watson
1	.944[a]	.891	.890	169.120	2.035

a. 예측자: (상수), 사업취업보장, 사업성과, 취업보장더미

b. 종속변수: 월급

| 모형의 적합도 결과 |

분산분석표에서 유의확률이 <0.001이므로 유의수준 0.001에서 유의하며, 이는 회귀모형이 적합함을 의미한다.

ANOVA[a]

모형		제곱합	자유도	평균제곱	F	유의확률
1	회귀	50691790.03	3	16897263.34	590.783	<.001[b]
	잔차	6177921.871	216	28601.490		
	전체	56869711.90	219			

a. 종속변수: 월급

b. 예측자: (상수), 사업취업보장, 사업성과, 취업보장더미

| 계수표와 다중공선성 분석 결과 |

기본 가정 조건에 대한 검토 중에서 이 실습에서는 종속변수의 자기상관과 독립변수의 다중공선성에 대해서만 분석하였다(자세한 분석을 원하면 제2장 다중회귀분석을 참조하면 된다). 계수표의 VIF를 보면 조절변수와 상호작용항 변수의 VIF가 10을 넘고 있어서 독립변수들 간에 다중공선성의 문제가 있는 것으로 나타났다. 물론 조절회귀분석 결과에서는 독립변수와 조절변수를 평균중심화하지 않는 경우에 흔히 발생하는 문제이다. 이는 외견상으로 나타나는 문제이며 평균중심화를 수행하면 없어지는 문제이므로 크게 관심을 둘 필요는 없다. 그러나 외견상 보기가 좀 좋지 않을 수 있으므로 연구자들은 흔히 독립변수와 조절변수를 평균중심화한 후에 조

절회귀분석을 시행하는 것을 추천하고 있다. 이에 대해서는 [통계 실습 11-2]에서 실습하기로 한다. 한편 계수표를 보면 상호작용항 변수인 [사업취업보장]의 회귀계수에 대한 유의확률이 <0.001로 나타나 유의수준 0.001에서 유의하였다. 따라서 사업성과가 월급에 미치는 영향을 취업보장 여부가 조절하고 있음을 알 수 있다.

계수[a]

모형		비표준화 계수		표준화 계수			공선성 통계량	
		B	표준화 오류	베타	t	유의확률	공차	VIF
1	(상수)	174.830	59.766		2.925	.004		
	사업성과	9.771	1.794	.180	5.446	<.001	.460	2.172
	취업보장더미	166.821	79.379	.164	2.102	.037	.083	12.117
	사업취업보장	23.694	2.464	.754	9.615	<.001	.082	12.235

a. 종속변수: 월급

3) 조절회귀분석 검증 결과의 제시와 해석

이 실습에서는 독립변수에 대한 평균중심화를 수행하지 않음으로 인해서 독립변수 간에 다중공선성이 발생하였다. 이러한 이유로 이 조절회귀분석의 검증 결과에 대해서는 자세한 설명을 생략하기로 한다. 다중공선성의 문제를 제거하기 위해서 [통계 실습 11-2]에서는 [통계 실습 11-1]과 동일한 자료를 가지고 독립변수의 평균중심화를 수행한 후에 조절회귀분석의 절차를 진행할 것이다. 따라서 자세한 검증 결과와 해석에 대해서는 [통계 실습 11-2]를 실습한 후에 제시할 것이다.

통계 실습 11-2 **범주형 조절변수의 조절회귀분석 실습: 입력(Enter) 선택법**

다음의 [제11장 조절효과분석 데이터1]을 이용해서 독립변수인 사업성과가 종속변수인 회사 직원의 월급에 미치는 영향에 대하여 범주형 조절변수인 취업보장 여부가 조절하는지를 분석하기 위해서 조절회귀분석을 실습하시오. 다만, 이 실습에서는 모든 변수를 동시에 투입하는 입력(Enter) 선택법을 선택하며, 변수의 평균중심화를 수행하기로 한다. 이 실습에서는 연구모형과 데이터가 [제11장 조절효과분석 데이터1]과 동일하므로 자세한 설명은 생략한다.

실습 데이터	제11장 조절효과분석 데이터1
분석방법 메뉴 선택	분석–기술통계량–기술통계분석 분석–회귀분석–선형

1) 실습 과정

❶ [파일–열기–데이터]를 선택한 후 실습 데이터 파일이 있는 위치로 찾아가서 [제11장 조절효과분석 데이터1]을 연다.

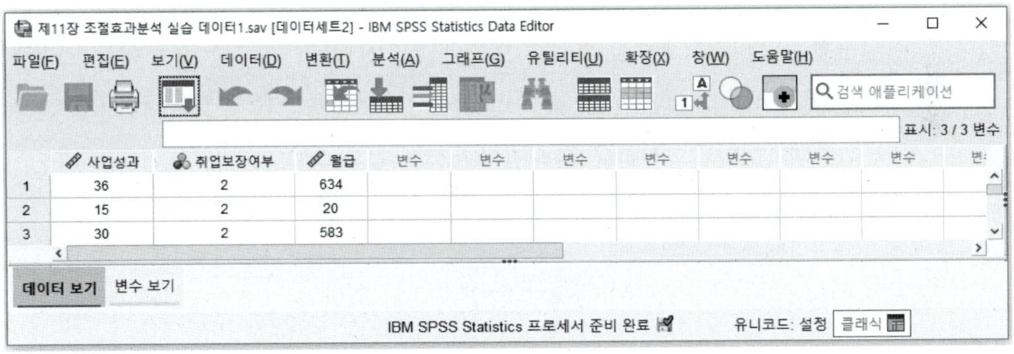

❷ 범주형 조절변수의 경우에 상호작용 도표를 그리려면 독립변수의 [평균], [표준편차], [최소값], [최대값] 정보가 필요하다. [분석–기술통계량–기술통계]로 들어간 후 [기술통계] 창에서 독립변수인 [사업성과]를 오른쪽 [변수]로 이동시킨다. [옵션]에서 [평균], [표준편차], [최소값], [최대값]을 선택한 후 [계속] 버튼을 클릭한 후 마지막으로 [확인] 버튼을 클릭한

다. 이렇게 구한 정보는 상호작용 도표를 그릴 때 입력요소로 투입한다.

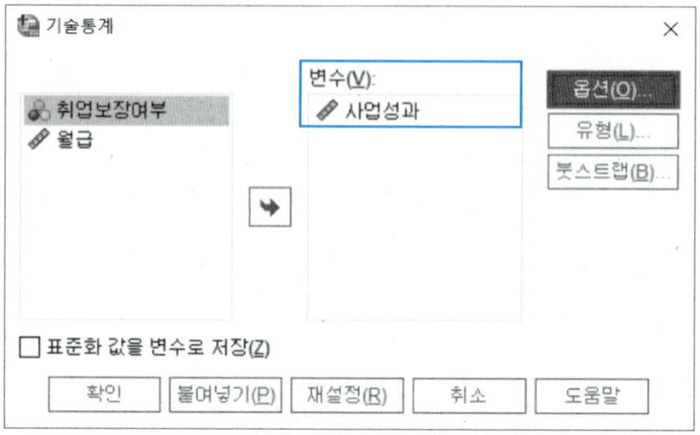

❸ 범주형 조절변수는 더미변수로 변환한다. [변환–다른 변수로 코딩변경]으로 들어간 후 [취업보장 여부]를 [숫자변수 → 출력변수]로 이동시킨다. [출력변수]의 [이름]에 [취업보장더미]를 입력한 후 [변경] 버튼을 클릭한다. 창의 중간하단에 있는 [기존값 및 새로운 값]을 클릭하여 보조 창이 나타나면 먼저, [기존값]에 [1]을 그리고 [새로운 값]에 [1]을 입력한 후 화면 중간에 있는 [추가] 버튼을 클릭한다(더미범주 생성). 다음으로, [기존값]에 [2]를 그리고 [새로운 값]에 [0]을 입력한 후 화면 중간에 있는 [추가] 버튼을 클릭한다(참조범주 생성). 마지막으로, [확인] 버튼을 클릭한 후 [데이터 파일]의 하단에 있는 [변수 보기]를 클릭한 후 [소수점 이하] [2]를 [0]으로, [맞춤]을 [가운데로], [측도]를 [척도]로 변경한 후에 화면 하단의 [데이터 보기]를 클릭한다.

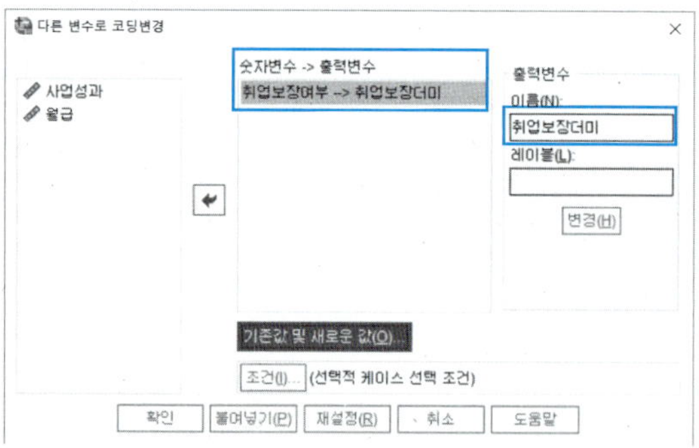

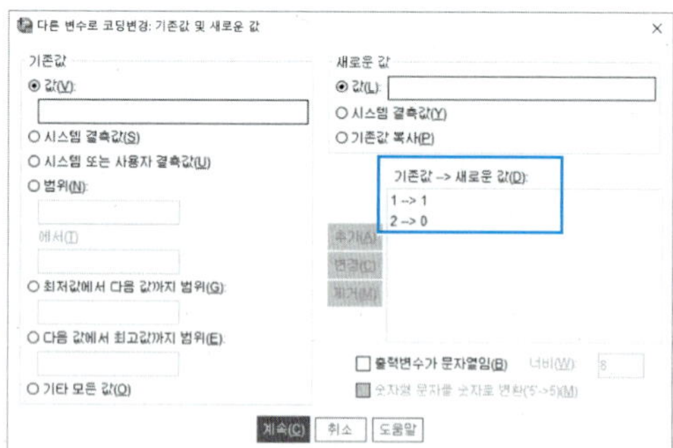

❹ 독립변수와 조절변수에 대해서 평균중심화한다. 그런데 조절변수는 이분형 변수이므로 평균중심화가 불필요하므로 독립변수인 [사업성과]에 대해서만 평균중심화한다. [변환–변수 계산]에 들어간 후 [목표변수]에 평균중심화할 새로운 변수명으로 [사업성과_mc]를 적어 넣는다. 왼쪽에 있는 [사업성과]를 [숫자표현식]으로 이동시킨 후 빼기 기호인 [–]를 입력하고 앞의 ❷에서 실습 결과로 출력한 [사업성과]의 [평균]값을 적어 넣은 후에 [확인] 버튼을 클릭한다. [데이터 파일]의 하단에 있는 [변수 보기]를 클릭한 후 [사업성과_mc]의 [맞춤]을 [가운데로], [측도]를 [척도]로 변경한 후에 화면 하단의 [데이터 보기]를 클릭한다.

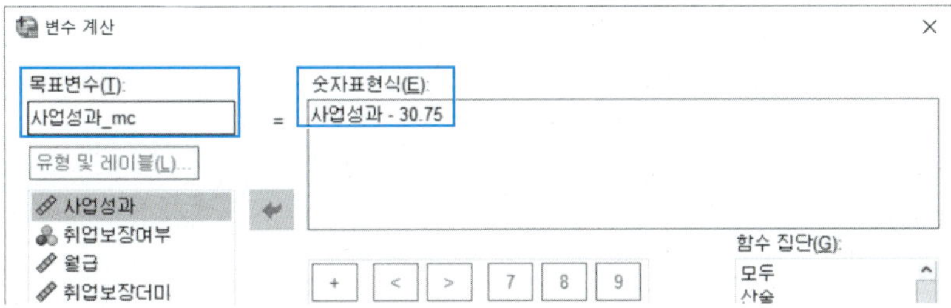

❺ 상호작용항 변수를 만든다. 독립변수에 대해 앞에서 평균중심화한 [사업성과_mc]와 조절변수인 [취업보장더미]를 곱하여 상호작용항을 만든다. [변환–변수 계산]으로 들어간 후 [목표변수]에는 [사업성과취업보장]을 입력하고, [사업성과]를 [숫자표현식]으로 이동시키고 [곱하기 기호]를 선택한 후 다시 [취업보장더미]를 [숫자표현식]으로 이동시킨다. 마지막으로, [확인] 버튼을 클릭한 후 [데이터 파일]의 하단에 있는 [변수 보기]를 클릭한 후 [사업성과취업보장]의 [맞춤]을 [가운데로], [측도]를 [척도]로 변경한 후에 화면 하단의 [데이터 보기]를 클릭한다.

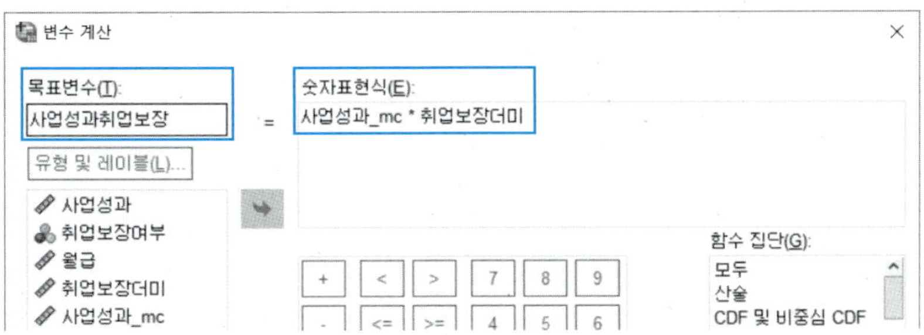

❻ 조절효과검증을 수행한다. [분석-회귀분석-선형]을 선택하여 [선형 회귀] 창으로 들어간다. 변수 선택방법은 디폴트로 [입력]이 선택되어 있으므로 그대로 둔다. [월급]을 [종속변수]로, [사업성과_mc], [취업보장더미], [사업성과취업보장]을 [독립변수]로 이동시킨다. [통계량] 옵션에서 [공선성 진단], [잔차]의 [Durbin-Watson]을 체크하고 [계속] 버튼을 클릭한다. 마지막으로 [선형 회귀] 창의 좌측 하단에 있는 [확인] 버튼을 클릭해 조절회귀분석을 실행한다.

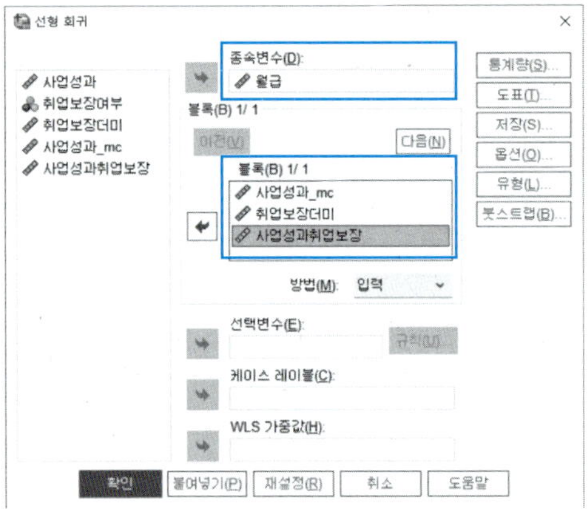

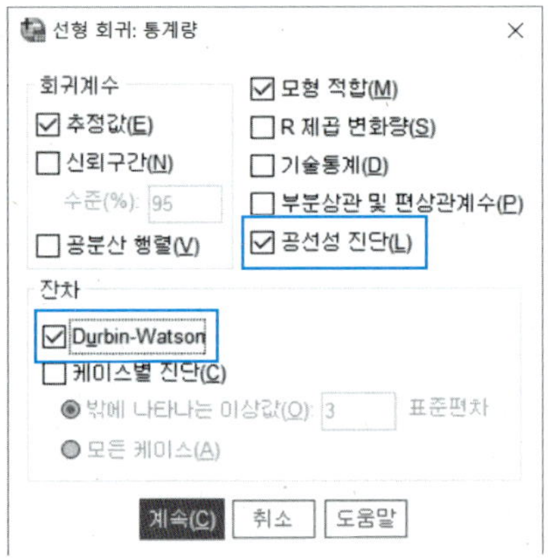

❼ 조절효과 그래프인 상호작용 도표를 그린다. 웹사이트에서 Excel 템플릿을 불러서 [범주형 조절변수]를 불러온다. 계산요소에 실습 결과에서 요약한 결과를 입력한다. Constant에는 [상수값 475.303], X에는 [독립변수값 9.771](사업성과_mc), Mo에는 [조절변수값 895.418](취업보장더미), XMo에는 [상호작용항 변수값 23.694](사업성과취업보장), 독립변수 [평균값 30.75]과 [표준편차값 9.387], 범위에는 [최소값 10]과 [최대값 54], 평균중심화에는 중심화했으면 [1], 하지 않았으면 [0], 조절변수 집단 구분은 [High], [Low](다른 조절변수 고저 이름을 입력하고 싶은 직접 수정)

2) 주요 분석 결과

조절회귀분석에 대한 주요 출력 결과를 제시하면 다음과 같다.

| 기술통계분석 |

독립변수인 [사업성과]의 기술통계량 분석 결과 평균은 30.75, 표준편차는 9.387, 최소값은 10, 최대값은 54로 나타났다.

기술통계량

	N	최소값	최대값	평균	표준편차
사업성과	220	10	54	30.75	9.387
유효 N(목록별)	220				

| 입력/제거된 변수 결과 |

독립변수에 독립변수, 조절변수, 상호작용항 변수가 모두 투입되었음을 알 수 있다.

입력/제거된 변수[a]

모형	입력된 변수	제거된 변수	방법
1	사업성과취업보장, 취업보장더미, 사업성과_mc[b]	.	입력

a. 종속변수: 월급

b. 요청된 모든 변수가 입력되었습니다.

| 모형 요약과 자기상관 결과 |

회귀모형의 수정된 R^2은 0.890이며, 이는 독립변수, 조절변수 및 상호작용항 변수가 월급을 설명하는 설명력의 정도가 89%임을 의미한다. 종속변수의 자기상관에 대한 Durbin-Watson값이 2.035이어서 이 값이 2에 가까우므로 종속변수의 자기상관은 없는 것으로 나타났다.

모형 요약[b]

모형	R	R 제곱	수정된 R 제곱	추정값의 표준오차	Durbin-Watson
1	.944[a]	.891	.890	169.120	2.035

a. 예측자: (상수), 사업성과취업보장, 취업보장더미, 사업성과_mc

b. 종속변수: 월급

| 모형의 적합도 결과 |

분산분석표에서 유의확률이 <0.001이므로 유의수준 0.001에서 유의하며, 이는 회귀모형이 적합함을 의미한다.

ANOVA[a]

모형		제곱합	자유도	평균제곱	F	유의확률
1	회귀	50691790.03	3	16897263.34	590.783	<.001[b]
	잔차	6177921.871	216	28601.490		
	전체	56869711.90	219			

a. 종속변수: 월급

b. 예측자: (상수), 사업성과취업보장, 취업보장더미, 사업성과_mc

| 계수표와 다중공선성 분석 결과 |

기본 가정 조건에 대한 검토 중에서 이 실습에서는 종속변수의 자기상관과 독립변수의 다중공선성에 대해서만 분석하였다(자세한 분석을 원하면 제2장 다중회귀분석을 참조하면 된다). 계수표의 VIF를 보면 조절변수와 상호작용항 변수의 VIF가 10을 넘지 않고 있어서 독립변수들 간에 다중공선성의 문제는 없는 것으로 나타났다. 한편 계수표를 보면 상호작용항 변수인 [사업성과취업보장]의 회귀계수에 대한 유의확률이 <0.001로 나타나 유의수준 0.001에서 유의하였다. 따라서 사업성과가 월급에 미치는 영향을 취업보장 여부가 조절하고 있음을 알 수 있다.

계수[a]

모형		비표준화 계수		표준화 계수			공선성 통계량	
		B	표준화 오류	베타	t	유의확률	공차	VIF
1	(상수)	475.303	16.299		29.162	<.001		
	사업성과_mc	9.771	1.794	.180	5.446	<.001	.460	2.172
	취업보장더미	895.418	23.037	.881	38.868	<.001	.980	1.021
	사업성과취업보장	23.694	2.464	.316	9.615	<.001	.465	2.149

a. 종속변수: 월급

| 상호작용 도표 결과 |

이일현(2020)의 상호작용 도표 작성 매크로로 그린 그림은 다음과 같다. 조절회귀분석 결과 독립변수인 [사업성과_mc]의 회귀계수 부호가 +이고 상호작용항 변수인 [사업성과취업보장]의 회귀계수의 부호가 +이므로 '취업보장 여부는 사업성과가 월급에 미치는 영향을 강화시키고 있다'고 해석할 수 있다.

독립변수의 회귀계수(B_1) 부호	상호작용항 변수의 회귀계수(B_2) 부호	조절효과의 평가
+	+	조절변수는 독립변수가 종속변수에 미치는 정의 영향을 강하게 한다(강화효과).

범주형 조절변수

Constant	x	Mo	XMo
475.303	9.771	895.418	23.694

독립변수	평균	30.75
	표준편차	9.387

범위

최소값	10
최대값	54

조절변수 집단 구분

High
Low

평균중심화	1

Yes: 1 / No: 0

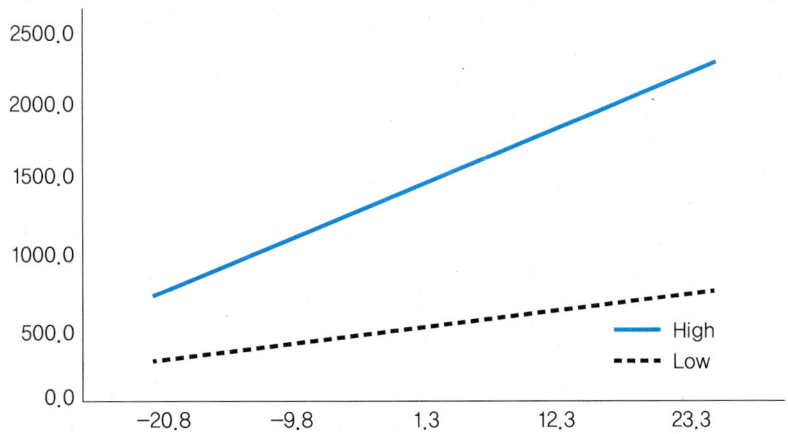

3) 조절회귀분석 검증 결과의 제시와 해석

사업성과가 월급에 미치는 영향에 대한 취업보장 여부의 조절회귀분석 검증 결과를 요약하면 다음과 같다. 변수 투입방식은 모든 변수를 투입하는 입력(Enter)을 선택하였다. 범주형 조절변수인 취업보장 여부는 더미변수로 변환하였으며, 상호작용항 변수의 다중공선성 문제를 해결하기 위해서 독립변수는 평균중심화를 하였다. 평균중심화한 독립변수인 사업성과_mc와 조절변수인 취업보장더미를 곱하여 상호작용항 변수를 생성하여 조절회귀분석을 실시하였다.

회귀모형의 수정된 R^2은 0.890이며, 이는 독립변수, 조절변수 및 상호작용항 변수가 월급을 설명하는 설명력의 정도가 89%임을 의미한다. 분산분석표에서 F값은 590.783이며 이의 유의확률이 <0.001이므로 유의수준 0.001에서 유의하며, 이는 회귀모형이 적합함을 의미한다. Durbin-Watson 통계량은 2.035로 2에 가까우므로 종속변수의 자기상관은 없었으며, 독립변수의 VIF가 10 미만으로 나타나 독립변수들 간의 다중공선성은 없는 것으로 나타났다.

입력 선택법에 의해 조절회귀분석을 수행한 결과를 요약하면 다음과 같다.

첫째, 독립변수인 사업성과는 종속변수인 월급에 정의 유의한 영향($p<0.001$)을 미쳤다. 이는 사업성과가 높아질수록 직원들의 월급이 높아짐을 의미한다.

표 11-4 사업성과와 월급 간의 관계에서 취업보장 여부의 조절효과에 대한 분석 결과 (N=220)

독립변수	B	SE	β	t	VIF
상수	475.303	16.299		29.162	
사업성과_mc	9.771	1.794	0.180	5.446***	2.172
취업보장더미	895.418	23.037	0.881	38.868***	1.021
사업성과_mc ×취업보장더미	23.694	2.464	0.316	9.615***	2.149
수정된 R^2=0.890, F=590.783 (<0.001), D-W=2.035)					

***p<0.001, 종속변수: 월급, 참조범주: 취업미보장

둘째, 조절변수인 취업보장더미는 종속변수인 월급에 유의한 영향($p<0.001$)을 미쳤다. 취업보장을 받은 직원이 그렇지 않은 직원에 비해 월급이 높음을 의미한다.

마지막으로, 상호작용항 변수인 사업성과×취업보장 여부는 월급에 유의한 정의 영향(p

<0.001)을 미쳤다. 이는 조절효과가 있음을 의미한다. 조절변수가 종속변수에 영향을 미치고 상호작용항 변수도 종속변수에 유의한 영향을 미치고 있으므로 범주형 조절변수는 유사조절변수임을 알 수 있다. 구체적으로 상호작용 효과가 어떻게 나타났는지를 알아보기 위해서 [그림 11-10]과 같이 상호작용 도표를 그려보았다. 이러한 결과는 조절변수가 높은 집단일 때, 즉 취업보장을 받은 직원이 그렇지 않은 직원에 비해 사업성과가 월급에 미치는 정의 영향을 강하게 하는 것으로 볼 수 있다.

그림 11-10 ▌조절효과의 상호작용 도표

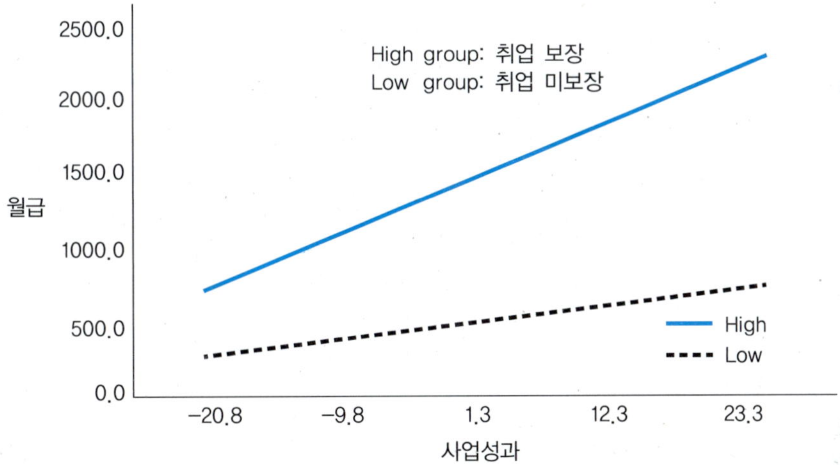

통계 실습 11-3 BK접근법에 의한 범주형 조절변수의 위계적 조절회귀분석 실습: 위계적 변수 투입방법

다음의 [제11장 조절효과분석 데이터1]을 이용해서 독립변수인 사업성과가 종속변수인 회사 직원의 월급에 미치는 영향에 대하여 범주형 조절변수인 취업보장 여부가 조절하는지를 분석하기 위해서 위계적 조절회귀분석을 실습하시오. 다만, 이 실습에서는 변수를 위계적으로 투입하는 방법을 선택하며(물론 위계적 회귀분석을 이용하여 조절효과분석을 하는 경우에도 입력(Enter)을 선택해야 한다), 변수의 평균중심화를 수행하기로 한다. 이 실습에서는 연구모형과 데이터가 [제11장 조절효과분석 데이터1]과 동일하므로 자세한 설명은 생략한다.

실습 데이터	제11장 조절효과분석 데이터1
분석방법 메뉴 선택	분석–기술통계량–기술통계분석 분석–회귀분석–선형

1) 실습 과정

❶ [파일–열기–데이터]를 선택한 후 실습 데이터 파일이 있는 위치로 찾아가서 [제11장 조절효과분석 데이터1]을 연다.

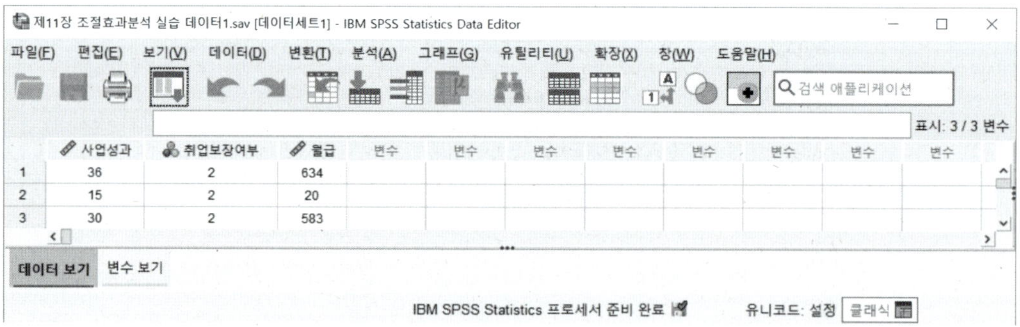

❷ 범주형 조절변수가 있는 경우에 상호작용 도표를 그리려면 독립변수의 [평균], [표준편차], [최소값], [최대값] 정보가 필요하다. 실습 방법은 [통계 실습 11-2]와 동일하다.

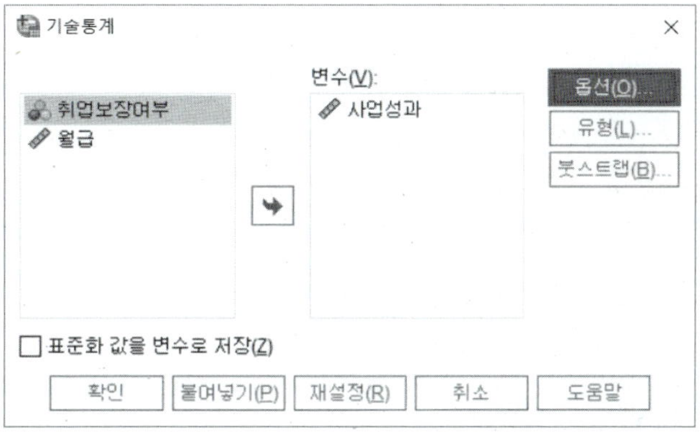

❸ 범주형 조절변수는 더미변수로 변환한다. 실습 방법은 [통계 실습 11-2]와 동일하다.

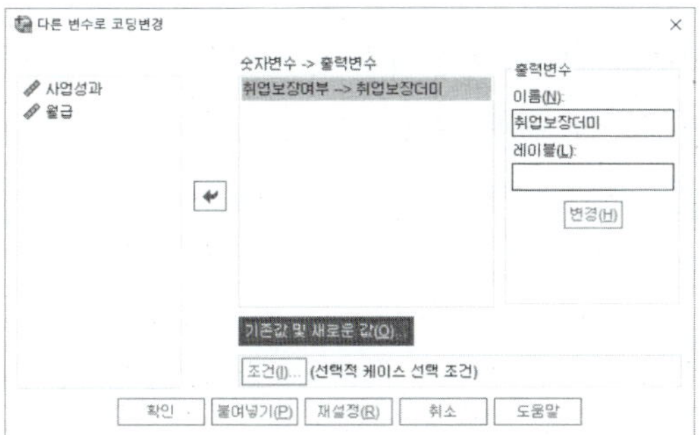

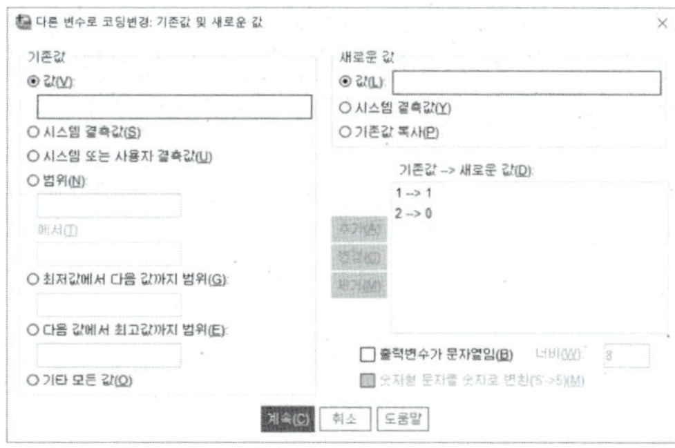

❹ 독립변수와 조절변수에 대해서 평균중심화한다. 실습 방법은 [통계 실습 11-2]와 동일하다.

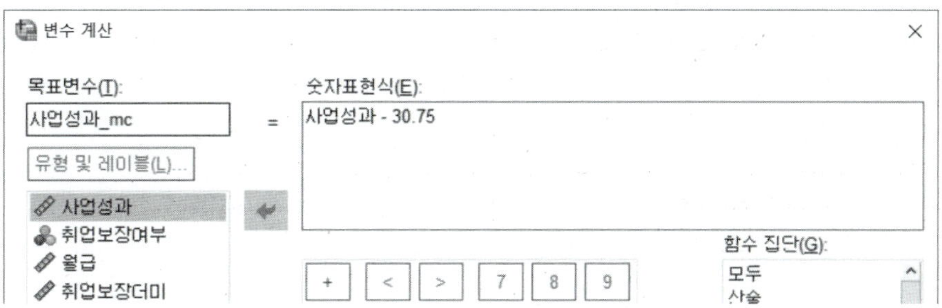

❺ 상호작용항 변수를 만든다. 실습 방법은 [통계 실습 11-2]와 동일하다.

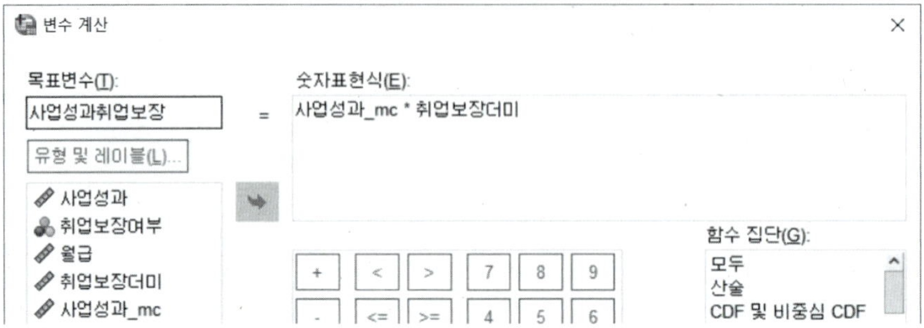

❻ 조절효과검증을 수행한다. [분석–회귀분석–선형]을 선택하여 [선형 회귀] 창으로 들어간다. 변수 선택방법은 디폴트로 [입력]이 선택되어 있으므로 그대로 둔다. ① 1단계로 첫 번째 위계변수인 독립변수 [사업성과_mc]를 [블록(B) 1/1]의 [독립변수]로 이동시킨다. ② [선형 회귀] 창의 오른쪽 상단에 있는 [다음]을 클릭한다. 2단계로 두 번째 위계변수인 조절변수 [취업보장더미]를 [블록(B) 2/2]의 [독립변수]로 이동시킨다. ③ [선형 회귀] 창의 오른쪽 상단에 있는 [다음]을 클릭한다. 3단계로 세 번째 위계변수인 상호작용항 변수 [사업성과취업보장]을 [블록(B) 3/3]의 [독립변수]로 이동시킨다. [월급]을 [종속변수]로 이동시킨다. [통계량] 옵션에서 [공선성 진단], [R제곱 변화량], [잔차]의 [Durbin–Watson]을 체크하고 [계속] 버튼을 클릭한다. 마지막으로 [선형 회귀] 창의 좌측 하단에 있는 [확인] 버튼을 클릭해 조절회귀분석을 실행한다.

1단계	2단계

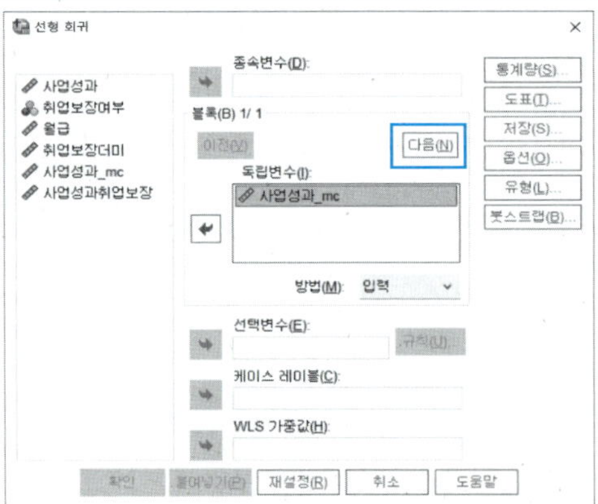

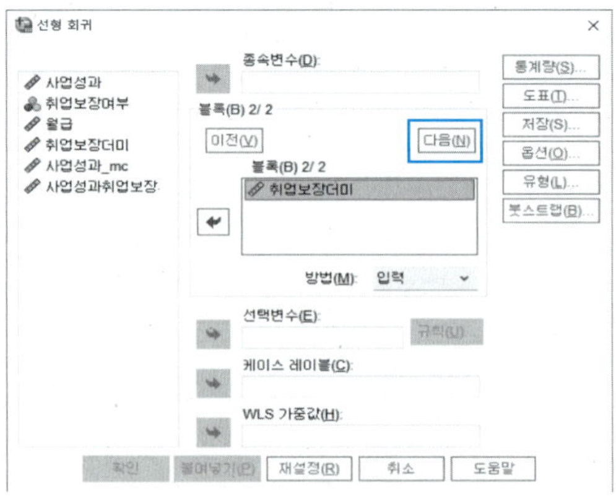

3단계

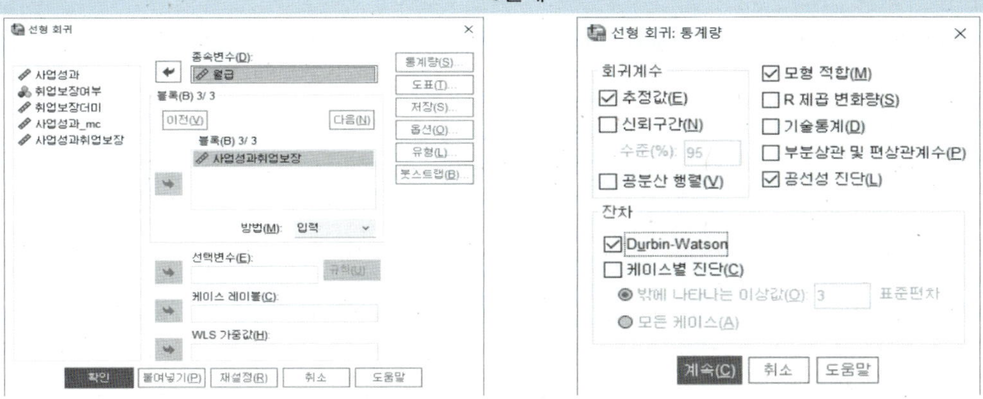

❼ 조절효과 그래프인 상호작용 도표를 그린다. 웹사이트에서 Excel 템플릿을 불러서 [범주형 조절변수]를 불러온다. 계산요소에 실습 결과를 입력한다. Constant에는 [상수값 475.303], X에는 [독립변수값 9.771](사업성과_mc), Mo에는 [조절변수값 895.418](취업보장더미), XMo에는 [상호작용항 변수값 23.694](사업성과취업보장), 독립변수 [평균값 30.75]과 [표준편차값 9.387], 범위에는 [최소값 10]과 [최대값 54], 평균중심화에는 중심화했으면 [1], 하지 않았으면 [0], 조절변수 집단 구분은 [High], [Low](다른 조절변수 고저 이름을 입력하고 싶으면 직접 수정)

2) 주요 분석 결과

조절회귀분석에 대한 주요 출력 결과를 제시하면 다음과 같다.

| 기술통계분석 |

독립변수인 [사업성과]의 기술통계량 분석 결과 평균은 30.75, 표준편차는 9.387, 최소값은 10, 최대값은 54로 나타났다.

기술통계량

	N	최소값	최대값	평균	표준편차
사업성과	220	10	54	30.75	9.387
유효 N(목록별)	220				

| 입력/제거된 변수 결과 |

독립변수에 독립변수, 조절변수, 상호작용항 변수가 3단계에 걸쳐서 투입되었음을 알 수 있다.

입력/제거된 변수[a]

모형	입력된 변수	제거된 변수	방법
1	사업성과_mc[b]	.	입력
2	취업보장더미[b]	.	입력
3	사업성과취업보장[b]	.	입력

a. 종속변수: 월급

b. 요청된 모든 변수가 입력되었습니다.

| 모형 요약과 자기상관 결과 |

1단계 회귀모형의 수정된 R^2은 0.082이며, 이는 독립변수인 사업성과_mc가 월급을 설명하는 설명력의 정도가 8.2%임을 의미한다. 2단계 회귀모형의 R^2은 0.845이며, 이는 독립변수인 사업성과_mc, 취업보장더미가 월급을 설명하는 설명력의 정도가 84.5%임을 의미한다. 3단계 회귀모형의 R^2은 0.891이며, 이는 독립변수인 사업성과_mc, 취업보장더미가 월급을 설명하는 설명력의 정도가 89.1%임을 의미한다. 2단계에서 3단계로의 R^2 변화량은 0.046이며 $p<0.001$(유의확률 F변화량)이므로 유의수준 0.001에서 유의하였다. 이는 조절효과가 존재함을 의미한다.

종속변수의 자기상관에 대한 Durbin-Watson값이 2.035이므로 이 값이 2에 가까우므로 종속변수의 자기상관은 없는 것으로 나타났다.

모형 요약[d]

모형	R	R 제곱	수정된 R 제곱	추정값의 표준오차	통계량 변화량: R 제곱 변화량	F 변화량	자유도1	자유도2	유의확률 F 변화량	Durbin-Watson
1	.286[a]	.082	.078	489.368	.082	19.470	1	218	<.001	
2	.919[b]	.845	.843	201.630	.763	1067.152	1	217	<.001	
3	.944[c]	.891	.890	169.120	.046	92.449	1	216	<.001	2.035

a. 예측자: (상수), 사업성과_mc

b. 예측자: (상수), 사업성과_mc, 취업보장더미

c. 예측자: (상수), 사업성과_mc, 취업보장더미, 사업성과취업보장

d. 종속변수: 월급

| 모형의 적합도 결과 |

분산분석표에서 유의확률은 1단계 모형, 2단계 모형, 3단계 모형이 모두 <0.001이므로 유의수준 0.001에서 유의하게 나타났다. 이는 회귀모형이 적합하며 독립변수 중에서 종속변수에 영향을 주는 변수가 있다는 것을 의미한다.

ANOVA[a]

모형		제곱합	자유도	평균제곱	F	유의확률
1	회귀	4662782.316	1	4662782.316	19.470	<.001[b]
	잔차	52206929.59	218	239481.328		
	전체	56869711.90	219			
2	회귀	48047621.77	2	24023810.88	590.922	<.001[c]
	잔차	8822090.135	217	40654.793		
	전체	56869711.90	219			
3	회귀	50691790.03	3	16897263.34	590.783	<.001[d]
	잔차	6177921.871	216	28601.490		
	전체	56869711.90	219			

a. 종속변수: 월급

b. 예측자: (상수), 사업성과_mc

c. 예측자: (상수), 사업성과_mc, 취업보장더미

d. 예측자: (상수), 사업성과_mc, 취업보장더미, 사업성과취업보장

| 계수표와 다중공선성 분석 결과 |

기본 가정 조건에 대한 검토 중에서 이 실습에서는 종속변수의 자기상관과 독립변수의 다중공선성에 대해서만 분석하였다(자세한 분석을 원하면 제2장 다중회귀분석을 참조하면 된다). 계수표의 VIF를 보면 조절변수와 상호작용항 변수의 VIF가 10을 넘지 않고 있어서 독립변수들 간에 다중공선성의 문제가 없는 것으로 나타났다. 한편 계수표를 보면 1단계 모형에서 사업성과_mc는 월급에 유의한 영향을 주었다. 2단계 모형에서 사업성과_mc와 취업보장더미는 월급에 유의한 영향을 주었다. 3단계 모형에서 사업성과_mc, 취업보장더미, 사업성과취업보장은 월급에 유의한 영향을 주었다. 상호작용항 변수가 유의하게 나타났으므로 사업성과가 월급에 미치는 영향을 취업보장 여부가 조절하고 있음을 알 수 있다.

계수[a]

모형		비표준화 계수 B	비표준화 계수 표준화 오류	표준화 계수 베타	t	유의확률	공선성 통계량 공차	공선성 통계량 VIF
1	(상수)	907.261	32.993		27.498	<.001		
	사업성과_mc	15.545	3.523	.286	4.413	<.001	1.000	1.000
2	(상수)	458.687	19.322		23.739	<.001		
	사업성과_mc	22.334	1.466	.411	15.231	<.001	.980	1.020
	취업보장더미	897.209	27.465	.882	32.667	<.001	.980	1.020
3	(상수)	475.303	16.299		29.162	<.001		
	사업성과_mc	9.771	1.794	.180	5.446	<.001	.460	2.172
	취업보장더미	895.418	23.037	.881	38.868	<.001	.980	1.021
	사업성과취업보장	23.694	2.464	.316	9.615	<.001	.465	2.149

a. 종속변수: 월급

| 상호작용 도표 결과 |

이일현(2020)의 상호작용 도표 작성 매크로를 이용하여 그린 그림은 [통계 실습 11-2]와 동일하다. 따라서 실습은 [통계 실습 11-2]를 참조하기 바란다. 결과적으로 위계적 조절회귀분석 결과 독립변수인 [사업성과_mc]의 회귀계수 부호가 +이고 상호작용항 변수인 [사업성과취업보장]의 회귀계수의 부호가 +이므로 '취업보장 여부는 사업성과가 월급에 미치는 영향을 강화시키고 있다'고 결론을 내린다. 상호작용 도표를 그릴 때 회귀식의 추정 결과에 대한 데이터 입력은 3단계를 기준으로 하면 된다.

3) 위계적 조절회귀분석 검증 결과의 제시와 해석

사업성과가 월급에 미치는 영향에 대한 취업보장 여부의 위계적 조절회귀분석 검증 결과를 요약하면 다음과 같다. 독립변수들은 위계별로 투입하는 위계적 회귀분석방법을 선택하였다. 범주형 조절변수인 취업보장 여부는 더미변수로 변환하였으며, 상호작용항 변수의 다중공선성 문제를 해결하기 위해서 독립변수는 평균중심화를 하였다. 평균중심화한 독립변수인 사업성과와 조절변수인 더미변수인 취업보장더미를 곱하여 상호작용항 변수를 생성하여 BK접근법을 적용해 위계적 조절회귀분석을 실시하였다.

❚ 표 11-5 ❚ 사업성과와 월급 간의 관계에서 취업보장 여부의 조절효과에 대한 위계적 조절회귀분석 결과

(N=220)

변수	모형1		모형2		모형3		
	B	β	B	β	B	β	VIF
상수	907.261		459.687		475.303		
사업성과_mc	15.545	0.286***	22.334	0.411***	9.771	0.180***	2.172
취업보장더미			897.209	0.882***	895.418	0.881***	1.021
사업성과_mc×취업보장더미					23.694	0.316***	2.149
$R^2(\Delta R^2)$	0.082		0.845(0.763***)		0.891(0.046***)		
수정된 R^2	0.078		0.843		0.896		
F	19.470***		590.922***		590.783***		

***p<0.001, 종속변수: 월급, 참조범주: 취업 미보장, D-W=2.035

1단계 회귀모형의 독립변수인 사업성과가 종속변수인 월급을 설명하는 설명력은 8.2%이었다. 조절변수가 추가된 2단계 회귀모형의 84.5%로 1단계보다 76.3%가 증가하였으며 R^2 변화량은 유의하였다.[6] 상호작용항 변수(사업성과×취업보장더미)가 추가된 3단계 회귀모형의 설명력은 89.1%로 2단계보다 4.6% 증가하였으며 R^2 변화량은 $p<0.001$(유의확률 F변화량)이므로 유의수준 0.001에서 유의하여 조절효과가 있는 것으로 나타났다. 종속변수의 자기상관에 대한 Durbin-Watson값이 2.035이어서 2에 가까우므로 종속변수의 자기상관은 없었으며, 독립변수의 VIF가 10 미만으로 나타나 독립변수들 간의 다중공선성은 없는 것으로 나타났다.

위계적 조절회귀분석에 의한 분석 결과를 요약하면 다음과 같다.

첫째, 1단계 회귀모형에서 독립변수인 사업성과는 종속변수인 월급에 정의 유의한 영향($p<0.001$)을 미쳤다. 이는 사업성과가 높아질수록 직원들의 월급이 높아짐을 의미한다.

둘째, 2단계 회귀모형에서 조절변수인 취업보장더미는 종속변수인 월급에 유의한 영향($p<0.001$)을 미쳤다. 취업보장을 받은 직원이 그렇지 않은 직원에 비해 월급이 높음을 의미한다.

마지막으로, 3단계 회귀모형에서 상호작용항 변수인 사업성과×취업보장더미는 월급에

6) 위계적 회귀분석에서는 R^2을 보고하며 보통 수정된 R^2으로 보고하지 않는다.

유의한 정의 영향($p<0.001$)을 미쳤다. 이는 조절효과가 있음을 의미한다. 조절변수가 종속변수에 영향을 미치고 상호작용항 변수도 종속변수에 유의한 영향을 미치고 있으므로 범주형 조절변수는 유사조절변수임을 알 수 있다. 구체적으로 상호작용 효과가 어떻게 나타났는지를 알아보기 위해서 [그림 11-11]과 같이 상호작용 도표를 그려보았다. 이러한 결과는 범주형 조절변수인 취업보장 여부가 사업성과가 월급에 미치는 정의 영향을 강화시키는 효과가 있었다. 즉, 취업보장을 받은 직원이 그렇지 않은 직원에 비해 사업성과가 평균월급에 미치는 정의 영향이 크게 나타났음을 의미한다.

그림 11-11 **조절효과의 상호작용 도표**

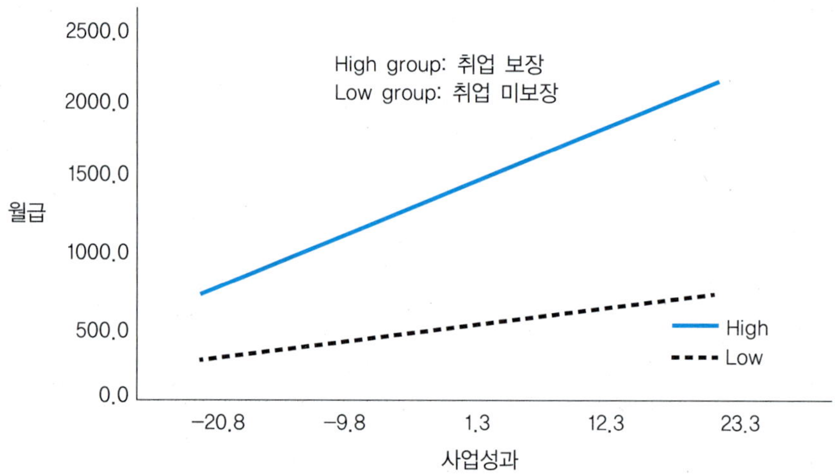

통계 실습 11-4 BK접근법에 의한 연속형 조절변수의 위계적 조절회귀분석 실습: 위계적 변수 투입방법

다음의 [제11장 조절효과분석 데이터2]를 이용해서 독립변수인 CEO지원이 종속변수인 스마트공장의 지속사용의도에 미치는 영향에 대하여 연속형 조절변수인 동기부여가 조절하는지를 분석하기 위해서 위계적 조절회귀분석을 실습하시오. 다만, 이 실습에서는 변수를 위계적으로 투입하는 방법을 선택하며(물론 위계적 회귀분석을 이용하여 조절효과분석을 하는 경우에도 입력(Enter)을 선택해야 한다), 변수는 평균중심화가 아닌 표준화(Standardization)하는 방법을 사용해 수행하기로 한다.

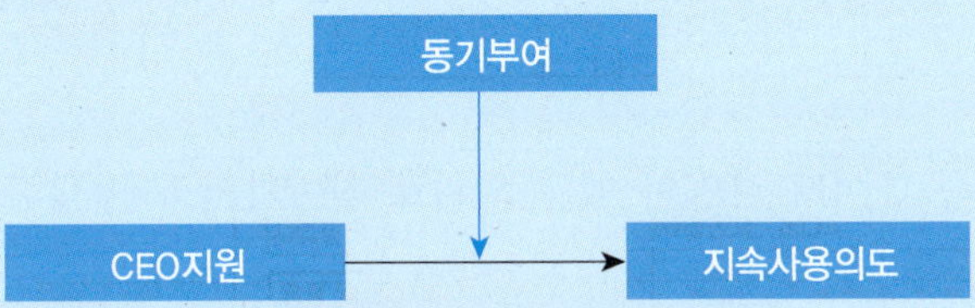

분석단계
Step 1: CEO지원 → 지속사용의도
Step 2: 동기부여 → 지속사용의도
Step 3: CEO지원×동기부여 → 지속사용의도

독립변수(X): CEO지원
조절변수(W): 동기부여
종속변수(Y): 지속사용의도

✔ 실습 데이터

ID	CEO지원	동기부여	지속사용의도
1	6.8	6.2	7.0
2	6.6	6.4	7.0
…	…	…	…
220	5.4	5.6	5.6

총 사례 수는 220개임

- CEO지원 → 연속형 변수(독립변수)
- 동기부여 → 연속형 변수(조절변수)
- 지속사용의도 → 연속형 변수(종속변수)

☑ 가설

- 귀무가설(H_0): 동기부여는 CEO지원이 지속사용의도에 미치는 영향을 조절하지 않는다.
- 대립가설(H_1): 동기부여는 CEO지원이 지속사용의도에 미치는 영향을 조절한다.

실습 데이터	제11장 조절효과분석 데이터2
분석방법 메뉴 선택	분석-기술통계량-기술통계분석 분석-회귀분석-선형

1) 실습 과정

❶ [파일-열기-데이터]를 선택한 후 실습 데이터 파일이 있는 위치로 찾아가서 [제11장 조절효과분석 데이터2]를 연다.

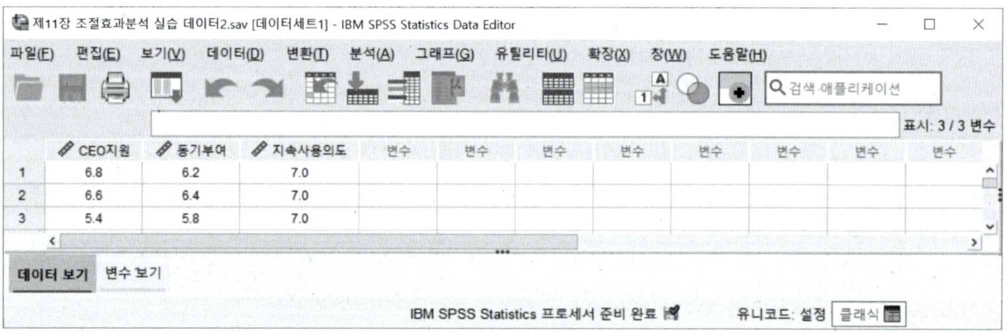

❷ 연속형 조절변수인 경우에 상호작용 도표를 그리려면 독립변수와 조절변수의 [평균], [표준편차], [최소값], [최대값] 정보가 필요하다. [분석-기술통계량-기술통계]로 들어간 후 [기술통계] 창에서 독립변수인 [CEO지원]과 조절변수인 [동기부여]를 오른쪽 [변수]로 이동시킨다. [옵션]에서 [평균], [표준편차], [최소값], [최대값]을 선택한 후 [계속] 버튼을 클릭한다(이렇게 구한 정보는 상호작용 도표를 그릴 때 입력요소로 투입한다). 또한 이 실습에서는 변수의 표준화 방법으로 평균중심화를 대신하기로 하였으므로 [기술통계] 창에서 [표준화 값을 변수로 저장]을 체크하고 [확인] 버튼을 클릭한다. 그러면 선택한 변수들에 대한 표준화된 값으로 [데이터 파일]에 변수명 앞에 Z가 붙은 새로운 변수가 추가된다. 마지막으

로 [데이터 파일]의 하단에 있는 [변수 보기]를 클릭한 후 [ZCEO지원]과 [Z동기부여]의 [레이블]을 삭제하고, [맞춤]을 [가운데로]로 변경한 후에 화면 하단의 [데이터 보기]를 클릭한다.

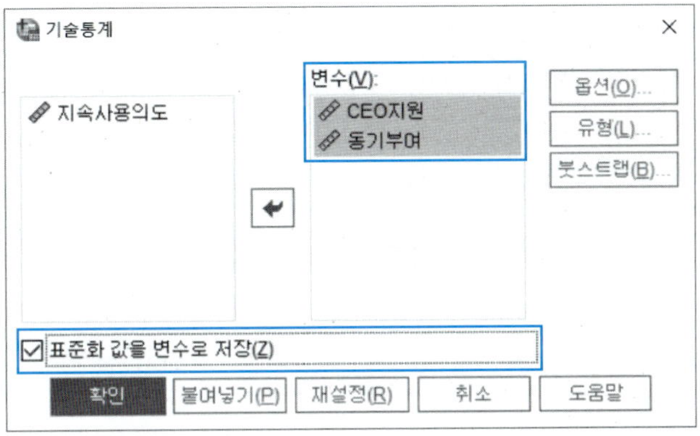

❸ 상호작용항 변수를 만든다. 독립변수인 표준화시킨 [ZCEO지원]과 조절변수인 [Z동기부여]를 곱하여 상호작용항을 만든다. [변환–변수 계산]으로 들어간 후 [목표변수]에는 [CEO지원동기부여_stand]를 입력하고, [ZCEO지원]을 [숫자 표현식]으로 이동시키고 [곱하기 기호]를 선택한 후 다시 [Z동기부여]를 [숫자표현식]으로 이동시킨다. 마지막으로 [확인] 버튼을 클릭한 후 [데이터 파일]의 하단에 있는 [변수 보기]를 클릭한 후 [CEO지원동기부여_stand]의 [맞춤]을 [가운데로]로 변경한 후에 화면 하단의 [데이터 보기]를 클릭한다.

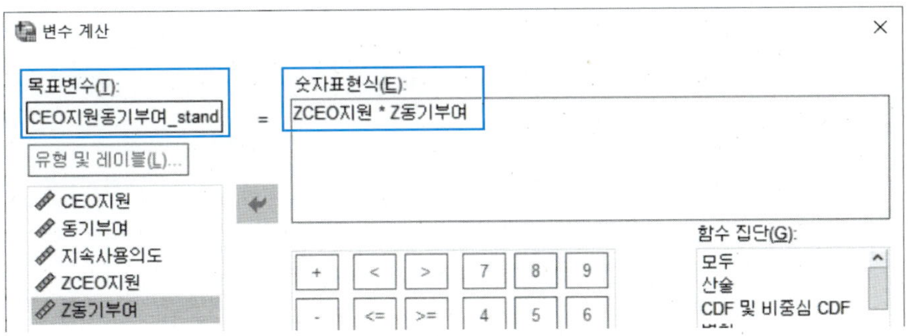

❹ 조절효과검증을 수행한다. [분석-회귀분석-선형]을 선택하여 [선형 회귀] 창으로 들어간다. 변수 선택방법은 디폴트로 [입력]이 선택되어 있으므로 그대로 둔다. ① 1단계로 첫 번째 위계변수인 독립변수 [ZCEO지원]을 [블록(B) 1/1]의 [독립변수]로 이동시킨다. ② [선형 회귀] 창의 오른쪽 상단에 있는 [다음]을 클릭한다. 2단계로 두 번째 위계변수인 조절변수 [Z동기부여]를 [블록(B) 2/2]의 [독립변수]로 이동시킨다. ③ [선형 회귀] 창의 오른쪽 상단에 있는 [다음]을 클릭한다. 3단계로 세 번째 위계변수인 상호작용항 변수 [CEO지원동기부여_stand]를 [블록(B) 3/3]의 [독립변수]로 이동시킨다. [지속사용의도]를 [종속변수]로 이동시킨다. [통계량] 옵션에서 [공선성 진단], [R제곱 변화량], [잔차]의 [Durbin-Watson]을 체크하고 [계속] 버튼을 클릭한다. [선형 회귀] 창의 좌측 하단에 있는 [확인] 버튼을 클릭해 위계적 조절회귀분석을 실행한다.

1단계	2단계

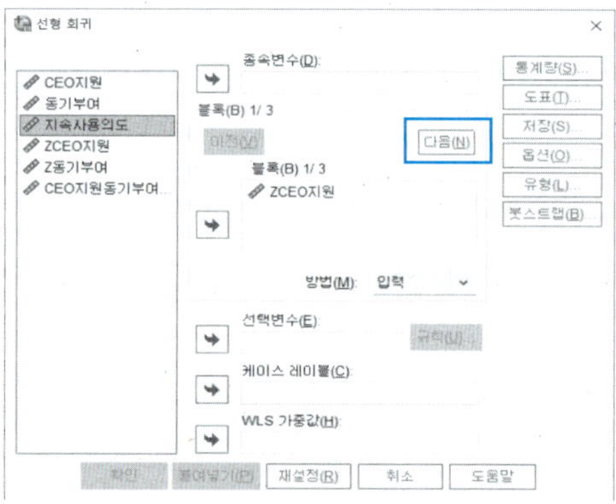

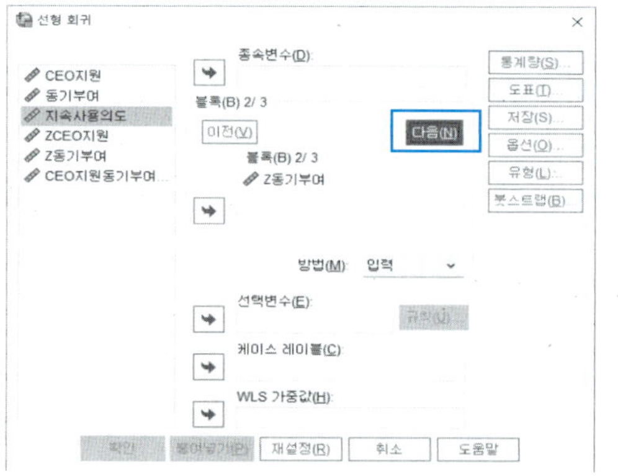

3단계

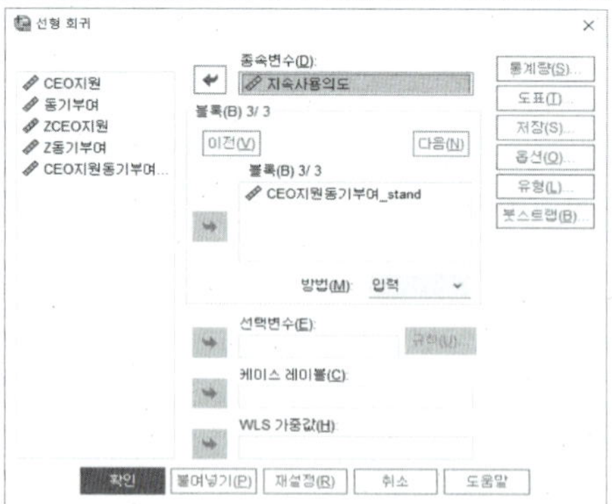

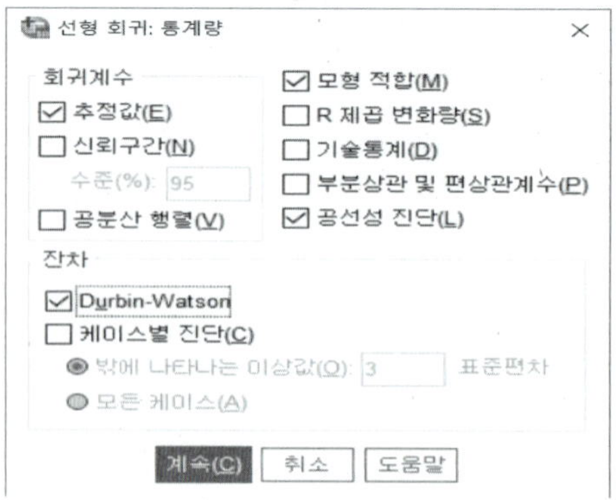

❺ 조절효과 그래프인 상호작용 도표를 그린다. 웹사이트에서 Excel 템플릿인 [연속형 조절변수]를 불러온다. 계산요소에 실습 결과를 입력한다. Constant에는 [상수 6.000], X에는 [독립변수 0.442](ZCEO지원), Mo에는 [조절변수 0.358](Z동기부여), XMo에는 [상호작용항 변수 −0.101](CEO지원동기부여_stand), 독립변수의 [평균 5.454]과 [표준편차 1.011], 범위에는 [최소값 1.6]과 [최대값 7.0], 조절변수의 [평균 5.386]과 [표준편차 0.958], 범위에는 [최소값 1.6]과 [최대값 7.0], 평균중심화(표준화)에는 표준화했으면 [1], 하지 않았으면 [0], 조절변수 집단 구분은 [High], [Low]

2) 주요 분석 결과

위계적 조절회귀분석에 대한 주요 출력 결과를 제시하면 다음과 같다.

| 기술통계분석 |

독립변수인 [CEO지원]의 기술통계량 분석 결과 평균은 5.454, 표준편차는 1.011, 최소값은 1.6, 최대값은 7로 나타났다. 조절변수인 [동기부여]의 평균은 5.386, 표준편차는 0.9583, 최소값은 1.6, 최대값은 7로 나타났다.

기술통계량

	N	최소값	최대값	평균	표준편차
CEO지원	200	1.6	7.0	5.454	1.0114
동기부여	200	1.6	7.0	5.386	.9583
유효 N(목록별)	200				

| 입력/제거된 변수 결과 |

독립변수에 독립변수, 조절변수, 상호작용항 변수가 3단계에 걸쳐서 투입되었음을 알 수 있다.

입력/제거된 변수[a]

모형	입력된 변수	제거된 변수	방법
1	ZCEO지원[b]	.	입력
2	Z동기부여[b]	.	입력
3	CEO지원동기부여_stand[b]	.	입력

a. 종속변수: 지속사용의도

b. 요청된 모든 변수가 입력되었습니다.

| 모형 요약과 자기상관 결과 |

1단계 회귀모형의 R^2(수정된 R^2=0.431)은 0.434이며, 이는 독립변수인 ZCEO지원이 종속변수인 지속사용의도를 설명하는 설명력의 정도가 43.4%임을 의미한다. 2단계 회귀모형의 R^2(수정된 R^2=0.518)은 0.523이며, 이는 독립변수인 ZCEO지원, Z동기부여가 종속변수인 지속사용의도를 설명하는 설명력의 정도가 52.3%임을 의미한다. 3단계 회귀모형의 R^2(수정된 R^2=0.532)은 0.539이며, 이는 독립변수인 사업성과_mc, 취업보장더미가 월급을 설명하는 설명력의 정도가 53.9%임을 의미한다. 2단계에서 3단계로의 R^2 변화량은 0.016이며 $p<0.010$(유의확률 F변화량)이므로 유의수준 0.01에서 유의하였다. 이는 조절효과가 존재함을 의미한다.

종속변수의 자기상관에 대한 Durbin-Watson 값이 1.725이다. 이 값이 2에 가까워야 하지만 보통 지수가 1.5~2.5 사이에 있으면 자기상관이 없다고 판정하므로 종속변수의 자기상관은 없는 것으로 나타났다.

모형 요약[d]

모형	R	R 제곱	수정된 R 제곱	추정값의 표준오차	통계량 변화량					Durbin-Watson
					R 제곱 변화량	F 변화량	자유도1	자유도2	유의확률 F 변화량	
1	.659[a]	.434	.431	.7847	.434	151.653	1	198	<.001	
2	.723[b]	.523	.518	.7221	.089	36.779	1	197	<.001	
3	.734[c]	.539	.532	.7117	.016	6.818	1	196	.010	1.725

a. 예측자: (상수), ZCEO지원

b. 예측자: (상수), ZCEO지원, Z동기부여

c. 예측자: (상수), ZCEO지원, Z동기부여, CEO지원동기부여_stand

d. 종속변수: 지속사용의도

| 모형의 적합도 결과 |

분산분석표에서 유의확률은 1단계 모형, 2단계 모형, 3단계 모형이 모두 <0.001이므로 유의수준 0.001에서 유의하게 나타났다. 이는 회귀모형이 적합하며 독립변수 중에서 종속변수에 영향을 주는 변수가 있다는 것을 의미한다.

ANOVA[a]

모형		제곱합	자유도	평균제곱	F	유의확률
1	회귀	93.372	1	93.372	151.653	<.001[b]
	잔차	121.908	198	.616		
	전체	215.280	199			
2	회귀	112.551	2	56.276	107.918	<.001[c]
	잔차	102.729	197	.521		
	전체	215.280	199			
3	회귀	116.004	3	38.668	76.343	<.001[d]
	잔차	99.275	196	.507		
	전체	215.280	199			

a. 종속변수: 지속사용의도

b. 예측자: (상수), ZCEO지원

c. 예측자: (상수), ZCEO지원, Z동기부여

d. 예측자: (상수), ZCEO지원, Z동기부여, CEO지원동기부여_stand

| 계수표와 다중공선성 분석 결과 |

기본 가정 조건에 대한 검토 중에서 이 실습에서는 종속변수의 자기상관과 독립변수의 다중공선성에 대해서만 분석하였다(자세한 분석을 원하면 제2장 다중회귀분석을 참조하면 된다). 계수표의 VIF를 보면 조절변수와 상호작용항 변수의 VIF가 10을 넘지 않고 있어서 독립변수들 간에 다중공선성의 문제가 없는 것으로 나타났다. 한편 계수표를 보면 1단계 모형에서 ZCEO지원은 지속사용의도에 유의한 영향($p<0.001$)을 주었다. 2단계 모형에서 ZCEO지원과 Z동기부여는 지속사용의도에 유의한 영향($p<0.001$)을 주었다. 3단계 모형에서 ZCEO지원, Z동기부여 및 CEO지원동기부여_stand는 지속사용의도에 유의한 영향($p<0.01$)을 주었다. 상호작용항 변수가 유의하게 나타났으므로 CEO지원이 지속사용의도에 미치는 영향을 동기부여가 조절하고 있음을 알 수 있다.

계수[a]

모형		비표준화 계수		표준화 계수	t	유의확률	공선성 통계량	
		B	표준화 오류	베타			공차	VIF
1	(상수)	5.949	.055		107.220	<.001		
	ZCEO지원	.685	.056	.659	12.315	<.001	1.000	1.000
2	(상수)	5.949	.051		116.505	<.001		
	ZCEO지원	.501	.060	.481	8.407	<.001	.739	1.353
	Z동기부여	.361	.060	.347	6.065	<.001	.739	1.353
3	(상수)	6.000	.054		111.062	<.001		
	ZCEO지원	.442	.063	.425	7.041	<.001	.645	1.549
	Z동기부여	.358	.059	.344	6.095	<.001	.739	1.354
	CEO지원동기부여_stand	-.101	.039	-.139	-2.611	.010	.827	1.209

a. 종속변수: 지속사용의도

| 상호작용 도표 결과 |

이일현(2020)의 상호작용 도표 작성 매크로를 이용하여 그린 그림은 다음과 같다. 결과적으로 위계적 조절회귀분석 결과 독립변수인 [ZCEO지원]의 회귀계수 부호가 +이고 상호작용항 변수인 [CEO지원동기부여_stand]의 회귀계수의 부호가 −이므로 '동기부여의 정도가 커질수록 CEO지원이 지속사용의도에 미치는 정의 영향을 약하게 한다'고 결론을 내린다. 상호작용 도표를 그릴 때 회귀식의 추정 결과에 대한 데이터 입력은 3단계를 기준으로 하면 된다.

연속형 조절변수

Constant	x	Mo	XMo
6.000	0.442	0.358	−0.101

독립변수	평균	5.454
	표준편차	1.011
조절변수	평균	5.386
	표준편차	0.958

범위

최소값	1.6
최대값	7
최소값	1.6
최대값	7

조절변수 집단 구분

High
Low

평균중심화	1

Yes: 1 / No: 0

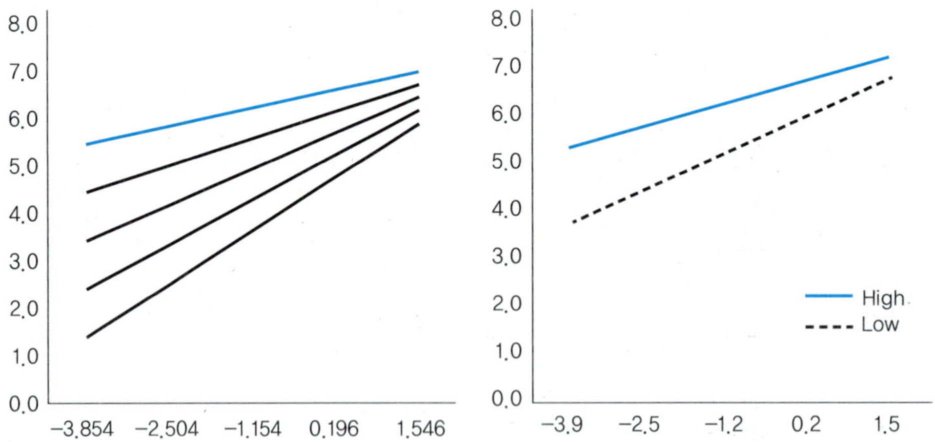

3) 위계적 조절회귀분석 검증 결과의 제시와 해석

사업성과가 월급에 미치는 영향에 대한 취업보장 여부의 위계적 조절회귀분석 검증 결과를 요약하면 다음과 같다. 독립변수들은 위계별로 투입하는 위계적 회귀분석방법을 선택하였다. 다중공선성 문제를 해결하기 위해서 독립변수와 조절변수를 표준화시켰다. 독립변수인 CEO지원과 조절변수인 동기부여를 곱하여 상호작용항 변수인 CEO지원동기부여를 생성하여 BK 접근법을 적용해 위계적 조절회귀분석을 실시하였다.

표 11-6 CEO지원과 지속사용의도 간의 관계에서 동기부여의 조절효과에 대한 위계적 조절회귀분석 결과 (N=220)

변수	모형1		모형2		모형3		
	B	β	B	β	B	β	VIF
상수	5.949		5.949		6.000		
ZCEO지원	15.545	0.659***	0.501	0.481***	0.442	0.425***	1.549
Z동기부여			0.361	0.347***	0.358	0.344***	1.354
ZCEO지원×Z동기부여					−0.101	−0.139**	1.209
$R^2(\Delta R^2)$	0.434		0.523(0.089***)		0.539(0.016**)		
수정된 R^2	0.431		0.518		0.532		
F	151.653***		107.918***		76.343***		

**p<0.01, ***p<0.001, 종속변수: 월급, D−W=1.725

1단계 회귀모형의 독립변수인 ZCEO지원이 종속변수인 지속사용의도를 설명하는 설명력은 43.4%이었다. 조절변수가 추가된 2단계 회귀모형의 52.3%로 1단계보다 8.9% 증가하였으며 R^2 변화량은 유의하였다. 상호작용항 변수(CEO지원×동기부여)가 추가된 3단계 회귀모형의 설명력은 53.9%로 2단계보다 1.6%가 증가하였으며 R^2 변화량은 $p<0.01$(유의확률 F변화량)이므로 유의수준 0.01에서 유의하여 조절효과가 있는 것으로 나타났다. 종속변수의 자기상관에 대한 Durbin−Watson값이 1.725이어서 이 값이 2에 가까워야 하지만 보통 지수가 1.5~2.5 사이에 있어서 종속변수의 자기상관은 없는 것으로 나타났다. 독립변수의 VIF가 10 미만으로 나타나 독립변수들 간의 다중공선성은 없는 것으로 나타났다.

위계적 조절회귀분석에 의한 분석 결과를 요약하면 다음과 같다.

첫째, 1단계 회귀모형에서 독립변수인 CEO지원은 종속변수인 지속사용의도에 정의 유의한 영향($p<0.001$)을 미쳤다. 이는 CEO지원 정도가 높아질수록 지속사용의도가 높아짐을 의미한다.

둘째, 2단계 회귀모형에서 조절변수인 동기부여는 종속변수인 지속사용의도에 유의한 영향($p<0.001$)을 미쳤다. 이는 동기부여 정도가 높아질수록 지속사용의도가 높아짐을 의미한다.

마지막으로, 3단계 회귀모형에서 상호작용항 변수인 CEO지원×동기부여는 지속사용의도에 유의한 정의 영향($p<0.01$)을 미쳤다. 이는 조절효과가 있음을 의미한다. 조절변수가 종속변수에 영향을 미치고 상호작용항 변수도 종속변수에 유의한 영향을 미치고 있으므로 연속형 조절변수는 유사조절변수임을 알 수 있다. 구체적으로 상호작용 효과가 어떻게 나타났는지를 알아보기 위해서 다음과 같이 상호작용 도표를 그려보았다. 결과적으로 위계적 조절회귀분석 결과 독립변수인 [CEO지원]의 회귀계수 부호가 +이고 상호작용항 변수인 [CEO지원동기부여]의 회귀계수의 부호가 −이므로 '동기부여의 정도가 커질수록 CEO지원이 지속사용의도에 미치는 정의 영향을 약하게 한다'고 해석할 수 있다.

그림 11-12 | 조절효과의 상호작용 도표

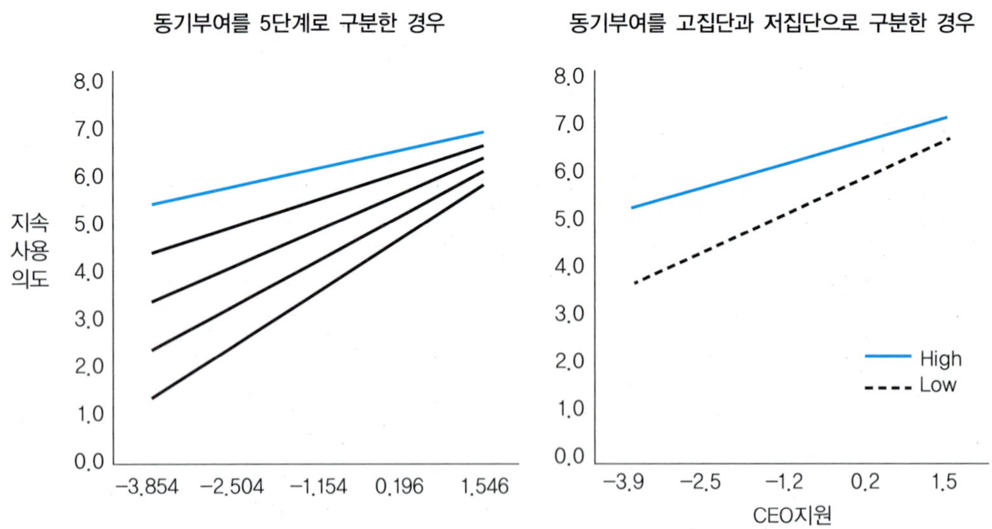

통계 실습 11-5 BK접근법에 의한 연속형 조절변수의 위계적 조절회귀분석 실습: 위계적 변수 투입방법

다음의 [제11장 조절효과분석 데이터3]을 이용해서 독립변수인 기업가정신, 컨설턴트전문성 및 정부지원정책이 종속변수인 스마트공장의 지속사용의도에 미치는 영향에 대하여 연속형 조절변수인 혁신저항이 조절하는지를 분석하기 위해서 위계적 조절회귀분석을 실습하시오. 다만, 이 실습에서는 변수를 위계적으로 투입하는 방법을 선택하며(물론 위계적 회귀분석을 이용하여 조절효과분석을 하는 경우에도 입력(Enter)을 선택해야 한다), 독립변수와 조절변수는 평균중심화를 수행하기로 한다.

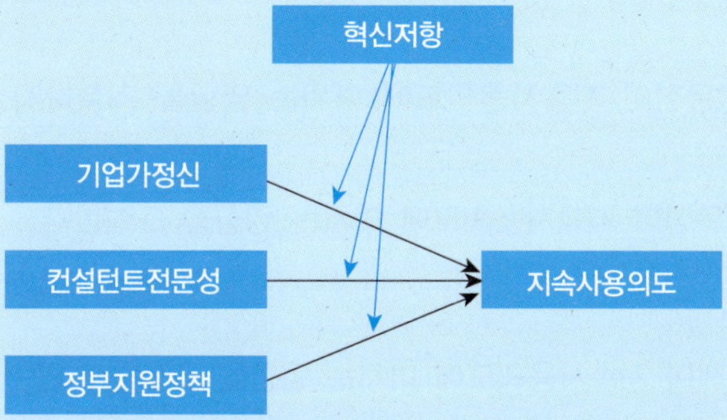

분석단계
Step 1: 기업가정신, 컨설턴트전문성, 정부지원정책 → 지속사용의도
Step 2: 혁신저항 → 지속사용의도
Step 3: 기업가정신×혁신저항 → 지속사용의도
컨설턴트전문성×혁신저항 → 지속사용의도
정부지원정책×혁신저항 → 지속사용의도

독립변수(X): 기업가정신, 컨설턴트전문성, 정부지원정책
조절변수(W): 혁신저항
종속변수(Y): 지속사용의도

✔ 실습 데이터

ID	기업가정신	컨설턴트전문성	정부지원정책	혁신저항	지속사용의도
1	4.00	3.00	3.00	1.00	3.00
2	3.00	3.00	3.33	1.17	3.00
…	…	…	…	…	…
144	3.60	3.40	3.67	3.50	3.40

총 사례 수는 144개임

- 기업가정신, 컨설턴트전문성, 정부지원정책 → 연속형 변수(독립변수)
- 혁신저항 → 연속형 변수(조절변수)
- 지속사용의도 → 연속형 변수(종속변수)

✔ 가설 1

- 귀무가설(H_0): 혁신저항은 기업가정신이 지속사용의도에 미치는 영향을 조절하지 않는다.
- 대립가설(H_1): 혁신저항은 기업가정신이 지속사용의도에 미치는 영향을 조절한다.

✔ 가설 2

- 귀무가설(H_0): 혁신저항은 컨설턴트전문성이 지속사용의도에 미치는 영향을 조절하지 않는다.
- 대립가설(H_1): 혁신저항은 컨설턴트전문성이 지속사용의도에 미치는 영향을 조절한다.

✔ 가설 3

- 귀무가설(H_0): 혁신저항은 정부지원정책이 지속사용의도에 미치는 영향을 조절하지 않는다.
- 대립가설(H_1): 혁신저항은 정부지원정책이 지속사용의도에 미치는 영향을 조절한다.

실습 데이터	제11장 조절효과분석 데이터3
분석방법 메뉴 선택	분석–기술통계량–기술통계분석 분석–회귀분석–선형

1) 실습 과정

❶ [파일-열기-데이터]를 선택한 후 실습 데이터 파일이 있는 위치로 찾아가서 [제11장 조절효과분석 데이터3]을 연다.

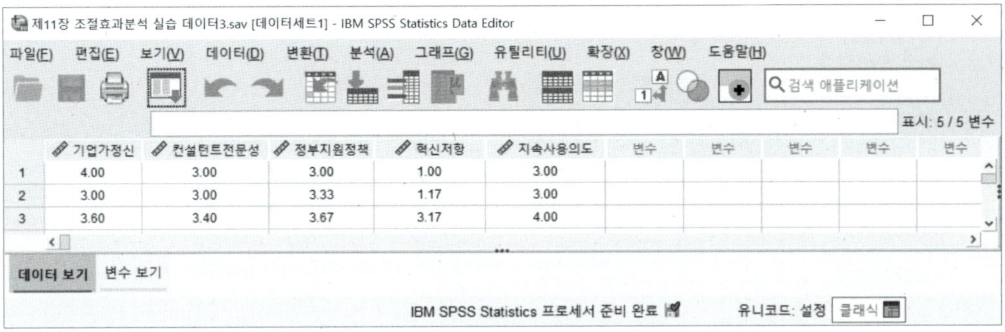

❷ 연속형 조절변수의 경우에 상호작용 도표를 그리려면 독립변수(기업가정신, 컨설턴트전문성, 정부지원정책)와 조절변수(혁신저항)의 [평균], [표준편차], [최소값], [최대값] 정보가 필요하다. [분석-기술통계량-기술통계]로 들어간 후 [기술통계] 창에서 독립변수인 [기업가정신], [컨설턴트전문성], [정부지원정책]을 오른쪽 [변수]로 이동시킨다. [옵션]에서 [평균], [표준편차], [최소값], [최대값]을 선택한 후 [계속] 버튼을 클릭한 후 마지막으로 [확인] 버튼을 클릭한다. 이렇게 구한 정보는 상호작용 도표를 그릴 때 입력요소로 투입한다.

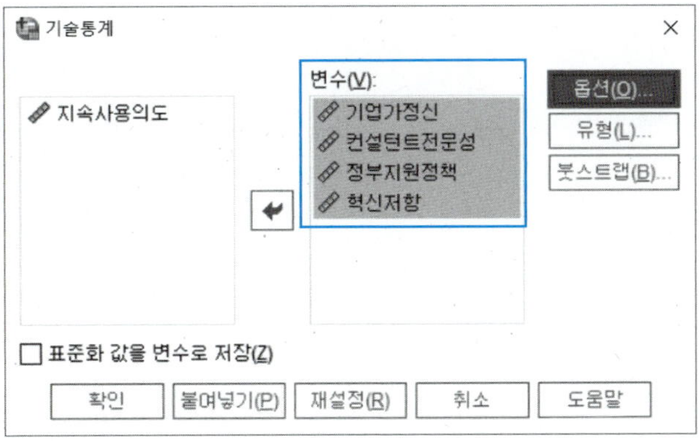

❸ 독립변수(기업가정신, 컨설턴트전문성, 정부지원정책)와 조절변수(혁신저항)에 대해서 [변환–변수 계산]에 들어가서 평균중심화한다. 실습 방법은 [통계 실습 11-2]와 동일하다.

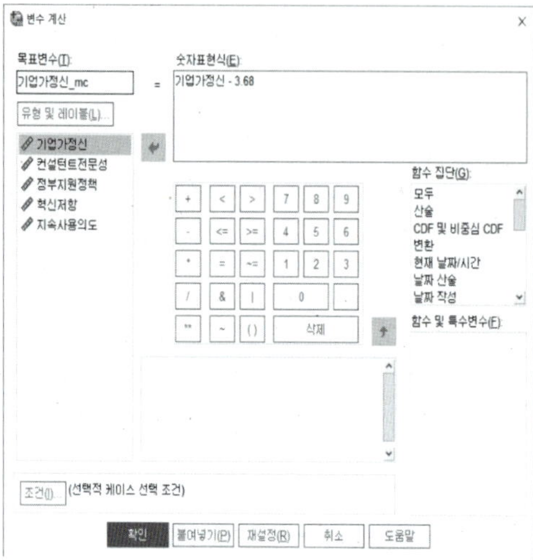

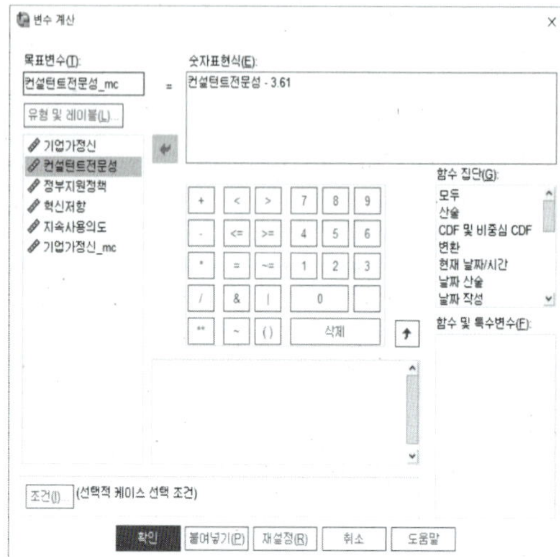

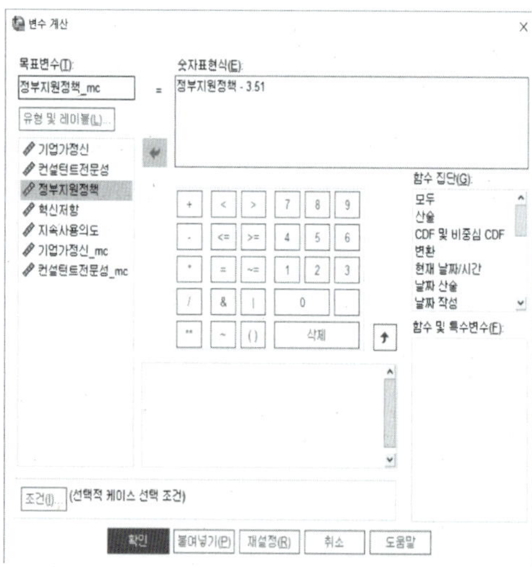

❹ 상호작용항 변수를 만든다. 독립변수를 평균중심화한 [기업가정신_mc]와 조절변수인 [혁신저항_mc]를 곱하여 상호작용항을 만든다. [컨설턴트전문성_mc]와 조절변수인 [혁신저항_mc]를 곱하여 상호작용항을 만든다. [정부지원정책_mc]와 조절변수인 [혁신저항_mc]를 곱하여 상호작용항을 만든다. 실습 방법은 [통계 실습 11-2]와 동일하다.

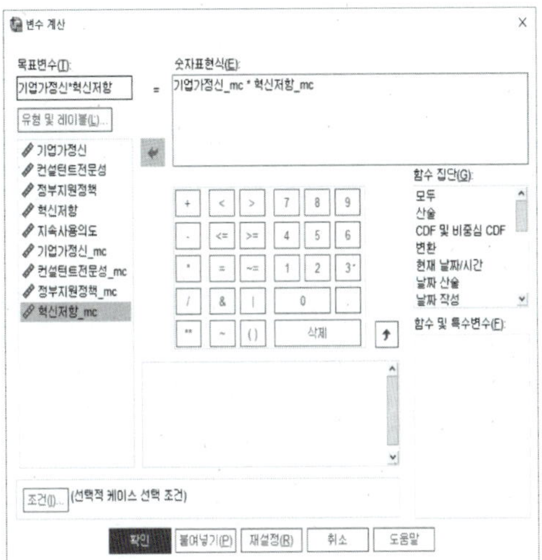

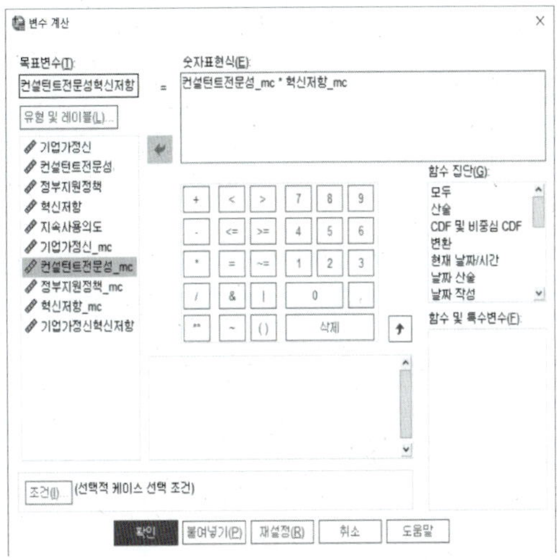

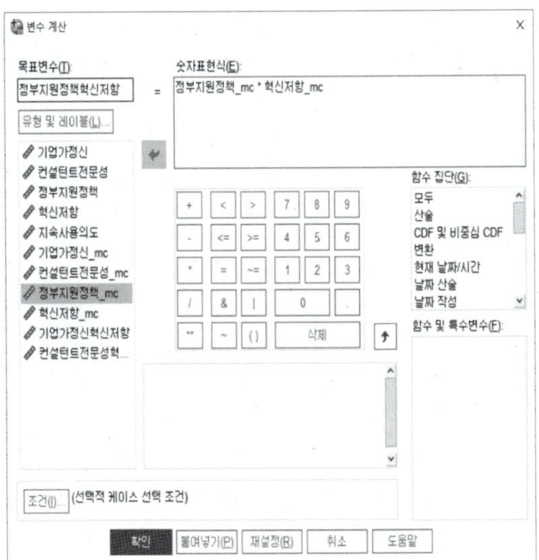

❺ 조절효과검증을 수행한다. [분석-회귀분석-선형]을 선택하여 [선형 회귀] 창으로 들어간다. 변수 선택방법은 디폴트로 [입력]이 선택되어 있으므로 그대로 둔다. ① 1단계로 첫 번째 위계변수인 독립변수 [기업가정신_mc], [컨설턴트전문성_mc], [정부지원정책_mc]를 [블록(B) 1/1]의 [독립변수]로 이동시킨다. ② [선형 회귀] 창의 오른쪽 상단에 있는 [다음]을 클릭한다. 2단계로 두 번째 위계변수인 조절변수 [혁신저항_mc]를 [블록(B) 2/2]의 [독립변수]로 이동시킨다. ③ [선형 회귀] 창의 오른쪽 상단에 있는 [다음]을 클릭한다. 3단계로 세 번째 위계변수인 상호작용항 변수 [기업가정신혁신저항], [컨설턴트전문성혁신저항], [정부지원정책혁신저항]을 [블록(B) 3/3]의 [독립변수]로 이동시킨다. [지속사용의도]를 [종속변수]로 이동시킨다. [통계량] 옵션에서 [공선성 진단], [R제곱 변화량], [잔차]의 [Durbin-Watson]을 체크하고 [계속] 버튼을 클릭한다. [선형 회귀] 창의 좌측 하단에 있는 [확인] 버튼을 클릭해 위계적 조절회귀분석을 실행한다.

1단계	2단계
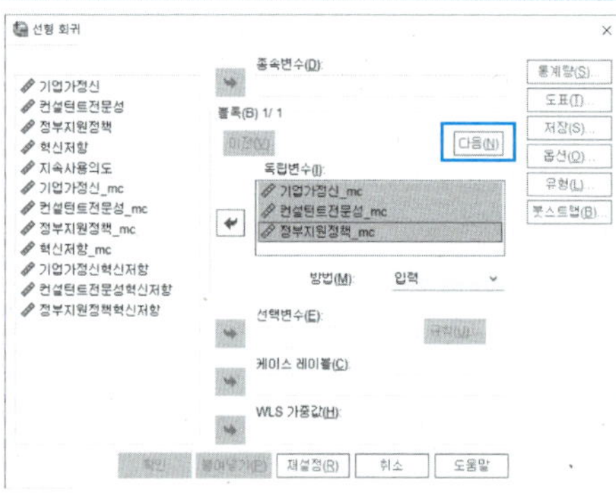	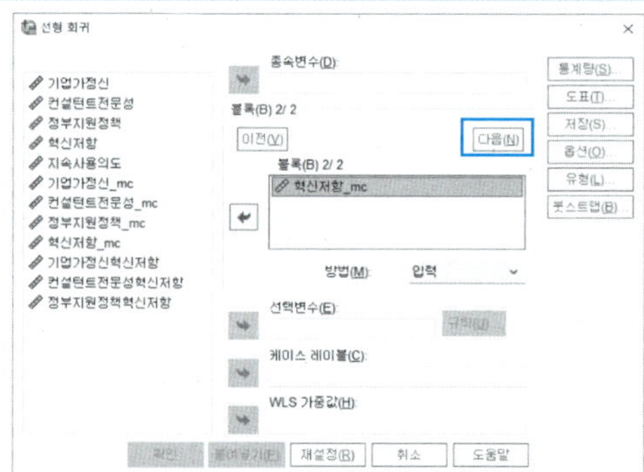

3단계

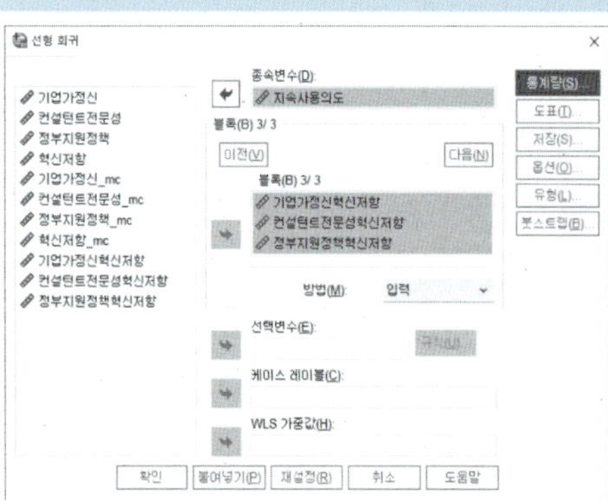

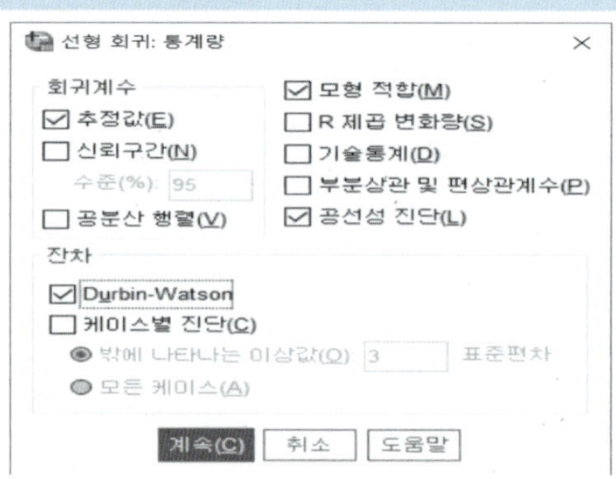

❻ 조절효과 그래프인 상호작용 도표를 그린다. 웹사이트에서 Excel 템플릿인 [연속형 조절변수]를 불러온다. 계산요소에 실습 결과를 입력하여 상호작용 도표를 그린다. 원래는 세 개의 상호작용 도표를 그려서 조절효과를 평가해야 하나 이 실습에서는 컨설턴트전문성이나 정부지원정책에 대한 그림은 상호작용항 변수의 계수가 비유의적으로 그릴 필요가 없다. 다만 ❺의 실습 결과 기업가정신의 경우에만 조절효과가 있는 것으로 나타났기 때문에 이에 대한 분석 결과만 요약하고 상호작용 도표를 그려서 평가하면 된다. Constant에는 [상수값 3.632], X에는 [독립변수 0.254](기업가정신), Mo에는 [조절변수 −0.135](혁신저항), XMo에는 [상호작용항 변수 0.171](기업가정신혁신저항), 독립변수의 [평균 3.68]과 [표준편차 0.705], 범위에는 [최소값 1.20]과 [최대값 5.00], 조절변수의 [평균 2.81]과 [표준편차 0.903], 범위에는 [최소값 1.00]과 [최대값 5.00], 평균중심화(표준화)에는 중심화했으면 [1], 하지 않았으면 [0], 조절변수 집단 구분은 [High], [Low]

2) 주요 분석 결과

위계적 조절회귀분석에 대한 주요 출력 결과를 제시하면 다음과 같다.

| 기술통계분석 |

독립변수인 [CEO지원]의 기술통계량 분석 결과 독립변수와 조절변수의 평균과 표준편차, 최소값, 최대값은 다음과 같다.

기술통계량

	N	최소값	최대값	평균	표준편차
기업가정신	144	1.20	5.00	3.6833	.70542
컨설턴트전문성	144	2.00	5.00	3.6111	.69475
정부지원정책	144	1.00	5.00	3.5116	.73740
혁신저항	144	1.00	5.00	2.8090	.90281
유효 N(목록별)	144				

| 입력/제거된 변수 결과 |

독립변수에 독립변수, 조절변수, 상호작용항 변수가 3단계에 걸쳐서 투입되었음을 알 수 있다.

입력/제거된 변수[a]

모형	입력된 변수	제거된 변수	방법
1	정부지원정책_mc, 기업가정신_mc, 컨설턴트전문성_mc[b]	.	입력
2	혁신저항_mc[b]	.	입력
3	컨설턴트전문성혁신저항, 정부지원정책혁신저항, 기업가정신혁신저항[b]	.	입력

a. 종속변수: 지속사용의도

b. 요청된 모든 변수가 입력되었습니다.

| 모형 요약과 자기상관 결과 |

모형 요약[d]

모형	R	R 제곱	수정된 R 제곱	추정값의 표준오차	통계량 변화량					Durbin-Watson
					R 제곱 변화량	F 변화량	자유도1	자유도2	유의확률 F 변화량	
1	.712[a]	.507	.497	.44253	.507	48.085	3	140	<.001	
2	.718[b]	.515	.501	.44072	.008	2.152	1	139	.145	
3	.757[c]	.574	.552	.41775	.059	6.236	3	136	<.001	1.789

a. 예측자: (상수), 정부지원정책_mc, 기업가정신_mc, 컨설턴트전문성_mc

b. 예측자: (상수), 정부지원정책_mc, 기업가정신_mc, 컨설턴트전문성_mc, 혁신저항_mc

c. 예측자: (상수), 정부지원정책_mc, 기업가정신_mc, 컨설턴트전문성_mc, 혁신저항_mc, 컨설턴트전문성혁신저항, 정부지원정책혁신저항, 기업가정신혁신저항

d. 종속변수: 지속사용의도

1단계 회귀모형의 R^2(수정된 R^2=0.497)은 0.507이며, 이는 독립변수인 기업가정신_mc, 컨설턴트전문성_mc, 정부지원정책_mc가 종속변수인 지속사용의도를 설명하는 설명력의 정도가 50.7%임을 의미한다. 2단계 회귀모형의 R^2(수정된 R^2=0.501)은 0.515이며, 이는 독립변수인 기업가정신_mc, 컨설턴트전문성_mc, 정부지원정책_mc, 혁신저항_mc가 종속변수인 지속사용의도를 설명하는 설명력의 정도가 51.5%임을 의미한다. 3단계 회귀모형의 R^2(수정된 R^2=0.552)은 0.574이며, 이는 독립변수인 기업가정신_mc, 컨설턴트전문성_mc, 정부지원정책_mc, 혁신저항_mc, 기업가정신혁신저항, 컨설턴트전문성혁신저항, 정부지원정책혁신저

항이 종속변수인 지속사용의도를 설명하는 설명력의 정도가 57.4%임을 의미한다. 2단계에서 3단계로의 R^2 변화량은 0.059이며 $p<0.000$(유의확률 F변화량)이므로 유의수준 0.001에서 유의하였다. 이는 조절효과가 존재함을 의미한다.

종속변수의 자기상관에 대한 Durbin-Watson값이 1.789이다. 이 값이 2에 가까워야 하지만 보통 지수가 1.5~2.5 사이에 있으면 자기상관이 없다고 판정하므로 종속변수의 자기상관은 없는 것으로 나타났다.

| 모형의 적합도 결과 |

분산분석표에서 유의확률은 1단계 모형, 2단계 모형, 3단계 모형이 모두 <0.001이므로 유의수준 0.001에서 유의하게 나타났다. 이는 회귀모형이 적합하며 독립변수 중에서 종속변수에 영향을 주는 변수가 있다는 것을 의미한다.

ANOVA[a]

모형		제곱합	자유도	평균제곱	F	유의확률
1	회귀	28.250	3	9.417	48.085	<.001[b]
	잔차	27.417	140	.196		
	전체	55.666	143			
2	회귀	28.668	4	7.167	36.898	<.001[c]
	잔차	26.999	139	.194		
	전체	55.666	143			
3	회귀	31.933	7	4.562	26.141	<.001[d]
	잔차	23.734	136	.175		
	전체	55.666	143			

a. 종속변수: 지속사용의도

b. 예측자: (상수), 정부지원정책_mc, 기업가정신_mc, 컨설턴트전문성_mc

c. 예측자: (상수), 정부지원정책_mc, 기업가정신_mc, 컨설턴트전문성_mc, 혁신저항_mc

d. 예측자: (상수), 정부지원정책_mc, 기업가정신_mc, 컨설턴트전문성_mc, 혁신저항_mc, 컨설턴트전문성혁신저항, 정부지원정책혁신저항, 기업가정신혁신저항

| 계수표와 다중공선성 분석 결과 |

기본 가정 조건에 대한 검토 중에서 이 실습에서는 종속변수의 자기상관과 독립변수의 다중공선성에 대해서만 분석하였다(자세한 분석을 원하면 제2장 다중회귀분석을 참조하면 된다). 계

수표의 VIF를 보면 조절변수와 상호작용항 변수의 VIF가 10을 넘지 않고 있어서 독립변수들 간에 다중공선성의 문제는 없는 것으로 나타났다.

계수[a]

모형		비표준화 계수 B	표준화 오류	표준화 계수 베타	t	유의확률	공선성 통계량 공차	VIF
1	(상수)	3.664	.037		99.354	<.001		
	기업가정신_mc	.208	.072	.235	2.880	.005	.527	1.897
	컨설턴트전문성_mc	.426	.078	.474	5.465	<.001	.467	2.143
	정부지원정책_mc	.077	.061	.091	1.262	.209	.682	1.467
2	(상수)	3.664	.037		99.759	<.001		
	기업가정신_mc	.210	.072	.237	2.918	.004	.527	1.898
	컨설턴트전문성_mc	.421	.078	.469	5.413	<.001	.466	2.147
	정부지원정책_mc	.100	.063	.118	1.599	.112	.638	1.569
	혁신저항_mc	-.062	.043	-.090	-1.467	.145	.919	1.088
3	(상수)	3.632	.036		100.327	<.001		
	기업가정신_mc	.254	.075	.288	3.413	<.001	.442	2.265
	컨설턴트전문성_mc	.349	.083	.389	4.222	<.001	.369	2.709
	정부지원정책_mc	.146	.071	.173	2.072	.040	.449	2.227
	혁신저항_mc	-.135	.044	-.195	-3.078	.003	.780	1.282
	기업가정신혁신저항	.171	.085	.181	2.020	.045	.392	2.550
	컨설턴트전문성혁신저항	-.012	.078	-.014	-.157	.875	.385	2.599
	정부지원정책혁신저항	.105	.070	.131	1.516	.132	.419	2.384

a. 종속변수: 지속사용의도

한편 계수표를 보면 1단계 모형에서 기업가정신_mc($p<0.01$)와 컨설턴트전문성_mc($p<0.001$)는 지속사용의도에 유의한 영향을 주었으나 정부지원정책_mc는 유의한 영향을 미치지 않았다. 2단계 모형에서 기업가정신_mc($p<0.01$), 컨설턴트전문성_mc($p<0.001$)는 지속사용의도에 유의한 영향을 주었으나 정부지원정책_mc, 혁신저항_mc는 유의한 영향을 미치지 않았다. 3단계 모형에서 기업가정신_mc($p<0.001$), 컨설턴트전문성_mc($p<0.001$), 정부지원정책_mc($p<0.05$), 혁신저항_mc($p<0.01$), 기업가정신혁신저항($p<0.05$)은 지속사용의도에 유의한 영향을 주었으나 컨설턴트전문성혁신저항, 정부지원정책혁신저항은 유의한 영향을 미치지 않았다. 기업가정신과 혁신저항의 상호작용항 변수만 유의하게 나타났으므로 기업가정신이 지속사용의도에 미치는 영향을 혁신저항이 조절하고 있음을 알 수 있다.

| 상호작용 도표 결과 |

이일현(2020)의 상호작용 도표 작성 매크로를 이용하여 그린 그림은 다음과 같다. 결과적으로 위계적 조절회귀분석 결과 독립변수인 [기업가정신_mc]의 회귀계수 부호가 +이고 상호작용항 변수인 [기업가정신혁신저항]의 회귀계수의 부호가 +이므로 '혁신저항은 기업가정신이 지속사용의도에 미치는 영향을 강화시키고 있다'고 결론내릴 수 있다. 상호작용 도표를 그릴 때 회귀식의 추정 결과에 대한 데이터 입력은 3단계를 기준으로 하면 된다.

연속형 조절변수

Constant	x	Mo	XMo
3.632	0.254	−0.135	0.171

				범위	
독립변수	평균	3.683		최소값	1.2
	표준편차	0.705		최대값	5
조절변수	평균	2.809		최소값	1.6
	표준편차	0.903		최대값	7

조절변수 집단 구분
High
Low

평균중심화	1

Yes: 1 / No: 0

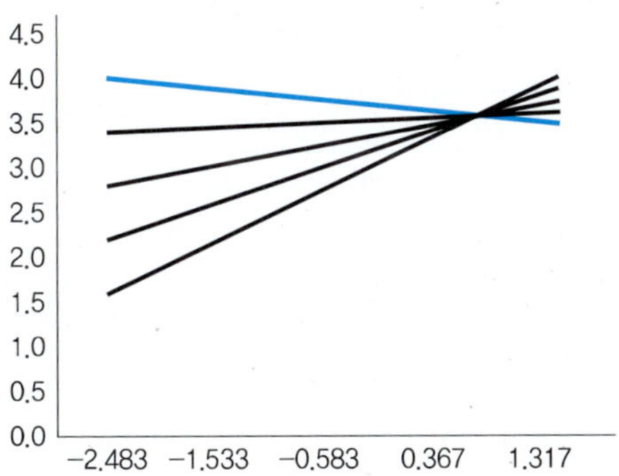

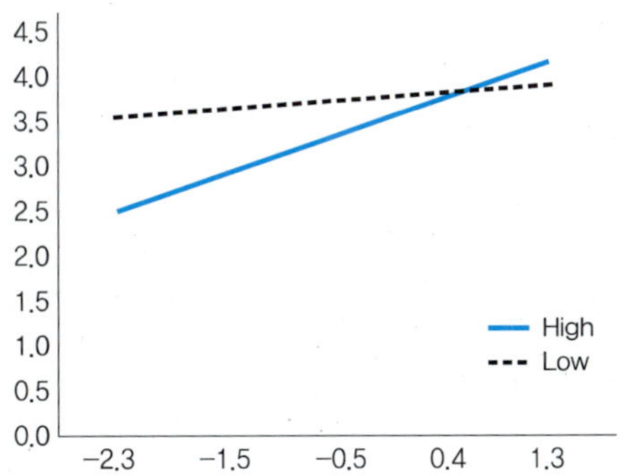

3) 위계적 조절회귀분석 검증 결과의 제시와 해석

기업가정신, 컨설턴트전문성 및 정부지원정책이 지속사용의도에 미치는 영향에 대한 혁신저항의 위계적 조절회귀분석 검증 결과를 요약하면 다음과 같다. 독립변수들은 위계 단계별로 투입하는 위계적 회귀분석방법을 선택하였다. 다중공선성 문제를 해결하기 위해서 독립변수와 조절변수를 평균중심화하였다. 독립변수인 기업가정신, 컨설턴트전문성, 정부지원정책과 조절변수인 혁신저항을 곱하여 상호작용항 변수인 기업가정신혁신저항, 컨설턴트혁신저항, 정부지원정책혁신저항을 생성하여 BK접근법을 적용해 위계적 조절회귀분석을 실시하였다.

표 11-6 기업가정신, 컨설턴트전문성, 정부지원정책과 혁신저항 간의 관계에서 혁신저항의 조절효과에 대한 위계적 조절회귀분석 결과

(N=130)

변수	모형1		모형2		모형3		
	B	β	B	β	B	β	VIF
상수	3.664		3.664		3.632		
기업가정신_mc	0.208	0.235**	0.210	0.237**	0.254	0.289***	2.265
컨설턴트전문성_mc	0.426	0.474***	0.421	0.469***	0.349	0.389***	2.709
정부지원정책_mc	0.077	0.091	0.100	0.118	0.146	0.173*	2.227
혁신저항_mc			−0.062	−0.090	−0.135	−0.195**	1.282
기업가정신×혁신저항					0.171	0.181*	2.550
컨설턴트전문성×혁신저항					−0.012	−0.014	2.599
정부지원정책×혁신저항					0.105	0.131	2.384
$R^2(\Delta R^2)$	0.507		0.515(0.059)		0.574(0.059***)		
수정된 R^2	0.497		0.501		0.552		
F	151.653***		107.918***		76.343***		

*p<0.05, **p<0.01, ***p<0.001, 종속변수: 지속사용의도, D-W=1.789

1단계 회귀모형의 R^2(수정된 R^2=0.497)은 0.507이며, 이는 독립변수인 기업가정신, 컨설턴트전문성, 정부지원정책이 종속변수인 지속사용의도를 설명하는 설명력의 정도가 50.7%임을 의미한다. 2단계 회귀모형의 R^2(수정된 R^2=0.501)은 0.515이며, 이는 독립변수인 기업가정신, 컨설턴트전문성, 정부지원정책, 혁신저항이 종속변수인 지속사용의도를 설명하는 설명력의 정도가 51.5%임을 의미한다. 3단계 회귀모형의 R^2(수정된 R^2=0.552)은 0.574이며, 이는 독립변수인 기업가정신, 컨설턴트전문성, 정부지원정책, 혁신저항, 기업가정신혁신저항, 컨설턴트전문성혁신저항, 정부지원정책혁신저항이 종속변수인 지속사용의도를 설명하는 설명력의 정도가 57.4%임을 의미한다. 2단계에서 3단계로의 R^2 변화량은 0.059로 2단계보다 5.9%가 증가하였으며 R^2 변화량은 $p<0.01$(유의확률 F변화량)이므로 유의수준 0.001에서 유의하여 조절효과가 있는 것으로 나타났다. 종속변수의 자기상관에 대한 Durbin-Watson값이 1.789이다. 이 값이 2에 가까워야 하지만 보통 지수가 1.5~2.5 사이에 있으면 자기상관이 없다고 판정하므로 종속변수의 자기상관은 없는 것으로 나타났다. 독립변수의 VIF가 10 미만으로 나타나 독립변수들 간의 다중공선성은 없는 것으로 나타났다.

위계적 조절회귀분석에 의한 분석 결과를 요약하면 다음과 같다.

첫째, 1단계 회귀모형에서 독립변수인 기업가정신($p<0.01$), 컨설턴트전문성($p<0.001$)은 종속변수인 지속사용의도에 정의 유의한 영향을 미쳤다. 이는 기업가정신과 컨설턴트전문성의 정도가 높아질수록 지속사용의도가 높아짐을 의미한다. 그러나 정부지원정책은 지속사용의도에 유의한 영향($p>0.05$)을 미치지 않았다.

둘째, 2단계 회귀모형에서 독립변수인 기업가정신($p<0.01$)과 컨설턴트전문성($p<0.001$)은 종속변수인 지속사용의도에 정의 유의한 영향을 미쳤다. 그러나 정부지원정책과 혁신저항은 지속사용의도에 유의한 영향($p>0.05$)을 미치지 않았다.

마지막으로, 3단계 회귀모형에서 독립변수인 기업가정신($p<0.001$), 컨설턴트전문성($p<0.001$), 정부지원정책($p<0.05$)은 지속사용의도에 유의한 정의 영향을 미쳤다. 조절변수인 혁신저항($p<0.01$)은 지속사용의도에 유의한 부의 영향을 미쳤다. 상호작용항 변수인 기업가정신혁신저항은 지속사용의도에 유의한 영향($p<0.05$)을 미쳤으나 컨설턴트전문성혁신저항과 정부지원정책혁신저항은 유의한 영향($p>0.05$)을 주지 않았다. 구체적으로 상호작용 효과가 있는 것으로 나타난 기업가정신과 혁신저항의 상호작용이 어떻게 나타났는지를 알아보기 위해서 다음과 같이 상호작용 도표를 그려보았다. 결과적으로 위계적 조절회귀분석 결과 독립변수인 [기업가정신]의 회귀계수 부호가 +이고 상호작용항 변수인 [기업가정신×혁신저항]의 회귀계수의 부호가 +이므로 '혁신저항은 기업가정신이 지속사용의도에 미치는 영향을 강화시키고 있다'고 해석할 수 있다.

그림 11-13 | 조절효과의 상호작용 도표

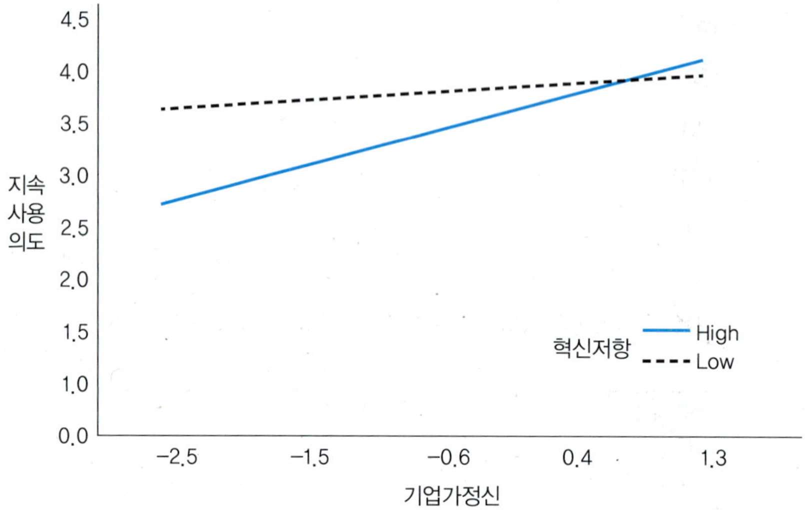

SPSS 29와
PROCESS macro 4.0을 이용한
회귀분석 따라하기

PROCESS macro 4.0을 이용한 회귀분석

제2부

제12장 PROCESS macro 4.0의 설치와 기본 운용법

Installation and Basic Operation of PROCESS macro 4.0

1 PROCESS macro 4.0의 의의와 설치

1.1 프로그램의 의의

캐나다 Calgary 대학교의 Andrew F. Hayes 교수가 개발한 PROCESS macro 4.0은 매개효과와 조절효과 그리고 조절된 매개효과(조건부과정분석) 등[1]을 검증하는데 사용할 수 있는 매크로 기반의 프로그램이다.

- PROCESS macro 프로그램은 구글(Google) 웹사이트에서 쉽게 다운로드받을 수 있으며 SPSS, SAS 및 R 등에 추가로 설치해 사용할 수 있는 애드온 프로그램(Adds-on program)이다.
- 매우 다양한 유형(Type)의 템플릿(Template)을 제공하여 쉽게 매개효과와 조절효과를 검증할 수 있다. 템플릿의 모델 번호(Model number)를 보면 92개 정도까지 가능한 것으로 되어 있으나 최초의 템플릿을 계속 수정하고 보완하면서 현재는 57개의 템플릿만 사용할 수 있다. 따라서 템플릿의 모델 번호가 연속적으로 모두 있는 것은 아니며 중간에 빠져 있는 경우가 있다.
- 조절효과가 있는 것으로 검증된 경우 PROCESS macro의 출력물을 이용하여 SPSS에서 상호작용 도표(Interaction plot)를 그릴 수 있다.

---

1) Hayes, Andrew F. (2022). *Introduction to mediation, moderation, and conditional process analysis: A regression-based approach*. 3th ed. Guilford Publication.

- ▶ 간접효과의 유의성을 검증하기 위해 부트스트래핑 기법을 사용하고 있으며 기존의 BK 접근법이나 Sobel test 등을 획기적으로 개선하였다.
- ▶ 프로그램의 운영은 ① 메뉴방식(Menu-driven method)과 ② 명령어를 이용한 방법이 있다. 이 책에서는 두 가지 방식 중에서 사용의 편의성이 높은 메뉴방식을 활용하기로 한다. 사용자는 양 방법 중에서 자신의 목적에 맞는 것을 선택해 사용하면 된다.
- ▶ 프로그램은 연구변수가 다수의 측정변수들(Indicator) 혹은 관측변수로 구성된 잠재변수로 되어 있는 경우에는 사용할 수 없으며 연구변수들이 각각 1개의 관측변수로 구성되어 있는 경우에만 사용할 수 있다는 단점이 있다. 따라서 구성개념이 잠재변수로 이루어져 있는 경우에는 AMOS, SmartPLS, Mplus 등의 구조방정식 전용 프로그램을 사용해야 한다.

1.2 프로그램의 다운로드와 설치 및 실행

PROCESS macro 4.0 프로그램은 구글(Google) 웹사이트의 주소 창에서 다음의 주소(https://haskayne.ucalgary.ca/CCRAM/resource-hub)를 적어 넣은 후에 키보드상에서 [Enter]를 누르면 쉽게 다운로드받을 수 있다.

- ▶ 프로그램을 설치하려면 사전에 PROCESS macro를 부가해서 설치할 수 있는 SPSS 등과 같은 프로그램이 설치되어 있어야 한다.
- ▶ 프로그램 설치 이후에도 SPSS 창에 데이터가 불러져 있어야 프로그램의 초기화면으로 들어갈 수 있다.

통계 실습 12-1 PROCESS macro의 다운로드, 설치 및 실행

SPSS에 부가해서 사용할 수 있는 PROCESS macro 4.0 프로그램을 다운로드하여 설치하고 실행해보시오. 설치 후에 초기화면으로 들어가서 실행하기 위해서는 사전에 데이터가 불러져 있어야 한다. 이 실습에서는 [제12장 프로그램 설치 후 실행 연습을 위한 데이터]를 사용하기로 한다.

✔ 실습 데이터

ID	CEO지원	동기부여	지속사용의도
1	6.8	6.2	7.0
2	6.6	6.4	7.0
…	…	…	…
220	5.4	5.6	5.6

총 사례 수는 220개임

- CEO지원 → 연속형 변수(독립변수)
- 동기부여 → 연속형 변수(조절변수)
- 지속사용의도 → 연속형 변수(종속변수)

실습 데이터	제12장 프로그램 설치 후 실행 연습을 위한 데이터
분석방법 메뉴 선택	분석-회귀분석-PROCESS V4.2 by Andrew F. Hayes

1) 프로그램 다운로드와 설치 과정

❶ 구글의 주소창에 (https://haskayne.ucalgary.ca/CCRAM/resource-hub)를 적어 넣은 후에 키보드상에서 [Enter]를 눌러서 다운로드 파일이 있는 곳으로 들어간다.

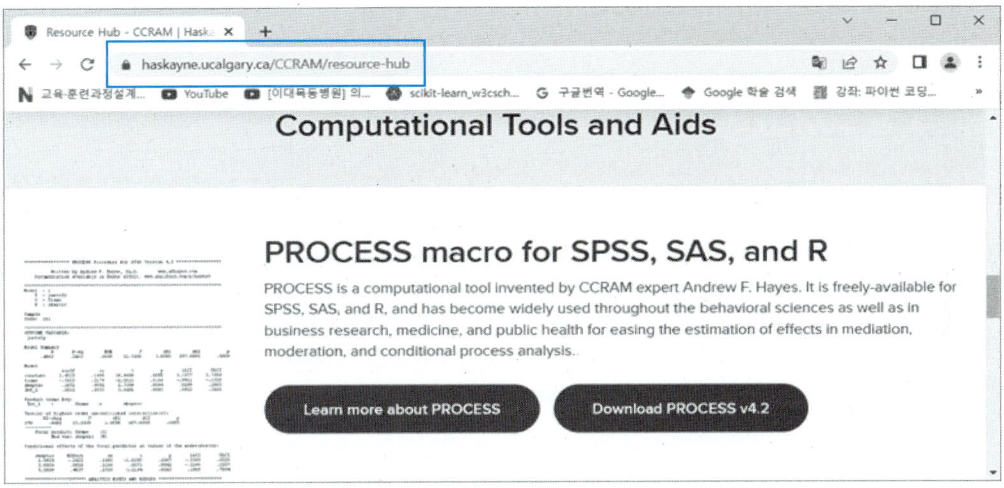

❷ [Download PROCESS v4.2]를 클릭하여 프로그램을 다운로드한다. 그러면 다음과 같이 웹 사이트의 좌측 하단에 프로그램이 다운로드된다. 다운로드가 완료되면 다운로드된 파일을 왼쪽 마우스를 누른 상태에서 드래그하여 바탕화면으로 이동시킨다.

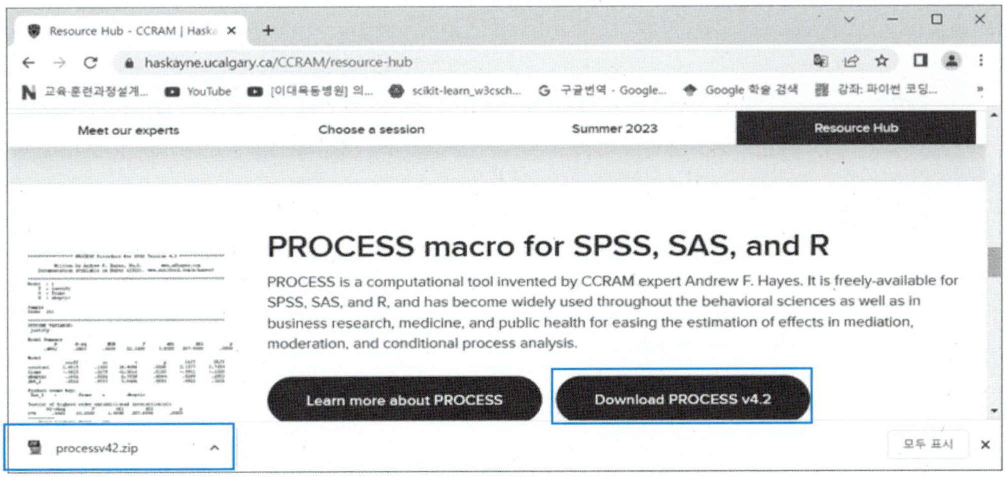

❸ 바탕화면에 있는 [ ]을 클릭해 압축을 푼다. 압축을 풀기 전에 바탕화면에서 새 폴더로 [Processv42]를 만든다. 화면 왼쪽 좌상단에 있는 [압축풀기]를 클릭한 후에 바탕화면에 있는 [Processv42]를 선택한 후 [확인] 버튼을 클릭하여 압축을 푼다.

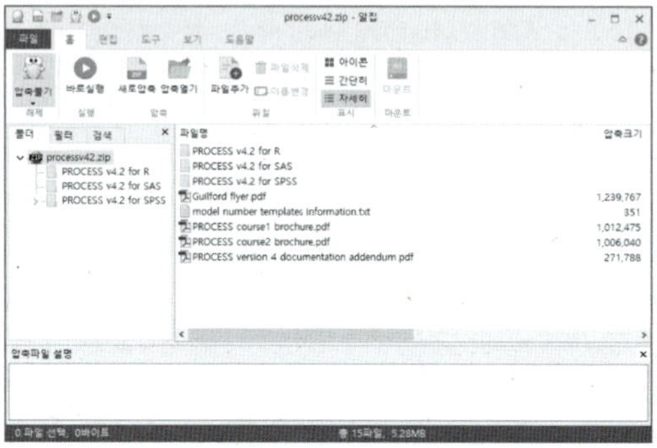

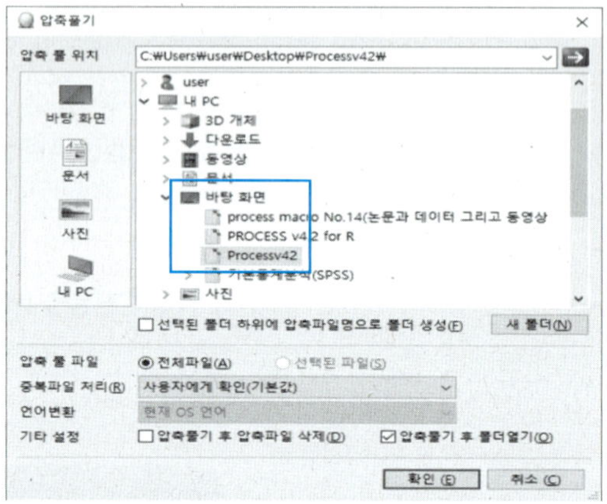

❹ 바탕화면에 새로운 폴더로 [ ]이 만들어져 있음을 확인할 수 있다. 이제 각자가 이미 설치해 놓은 [IBM SPSS Statistics] 프로그램 초기화면으로 들어간다.

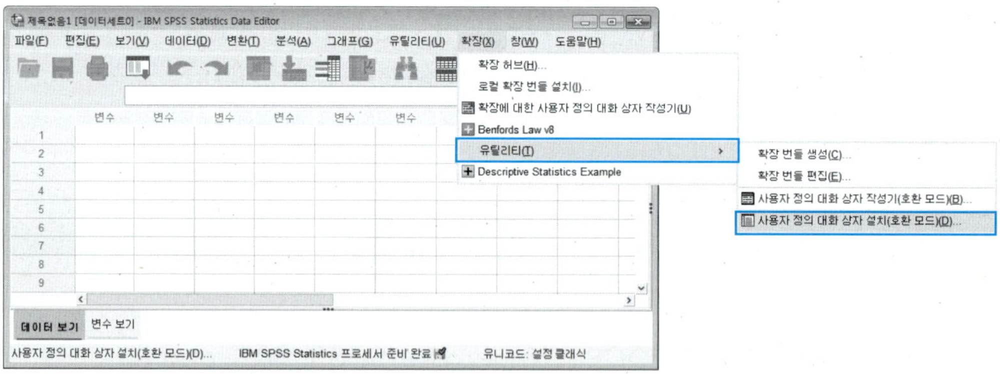

❺ SPSS 메뉴에서 [확장-유틸리티-사용자 정의 대화 상자 설치(호환모드)]로 들어간 후에 바탕화면에 압축을 풀어 놓은 [ ]로 들어간 후 [Processv42]를 클릭해 다시 [PROCESS V42 for SPSS] 폴더에 들어간다. [Custom dialog builder file]을 눌러 들어가면 [process.spd] 파일이 나타난다. 이 파일을 선택하여 [열기] 버튼을 클릭하면 프로그램 설치가 완료된다.

❻ SPSS 메뉴의 [분석–회귀분석–PROCESS V4.2 Andrew F. Hayes]를 차례로 클릭해 들어가면 된다. 하지만 아직은 SPSS에서 [데이터 파일]을 열어놓지 않았으므로 프로그램의 초기화면으로 들어갈 수 없다.

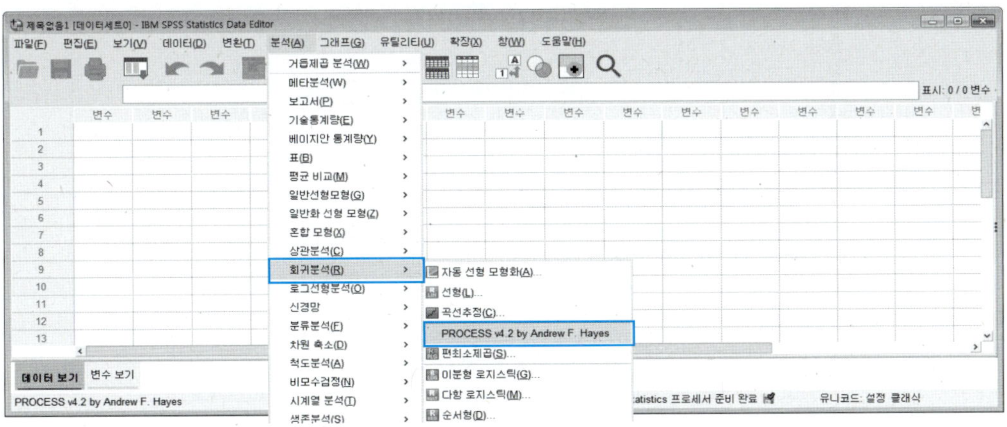

2) 프로그램 실행과 초기화면 들어가기

❶ SPSS에서 [파일–열기–데이터]를 선택한 후 실습 데이터 파일이 있는 위치로 찾아가서 [제12장 프로그램 설치 후 실행 연습을 위한 데이터]를 연다.

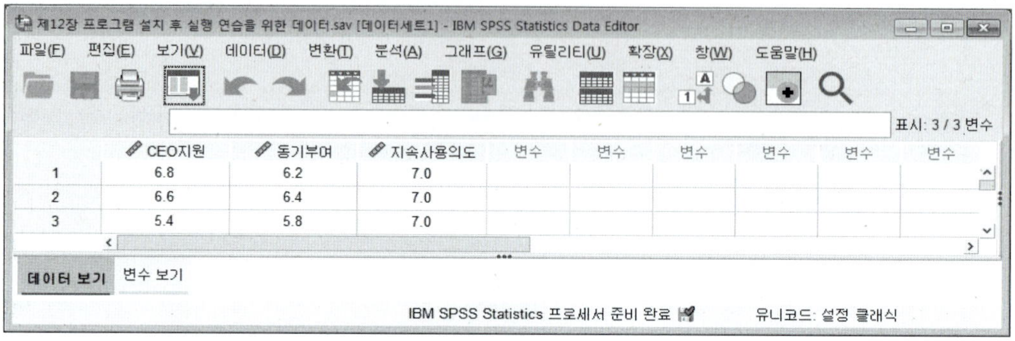

❷ SPSS 메뉴에서 [분석–회귀분석–PROCESS V4.2 Andrew F. Hayes]를 차례대로 클릭하면 프로그램이 실행되고 PROCESS macro 4의 초기화면이 나타난다. 이제는 필요한 분석을 수행할 수 있는 준비가 완료되었다.

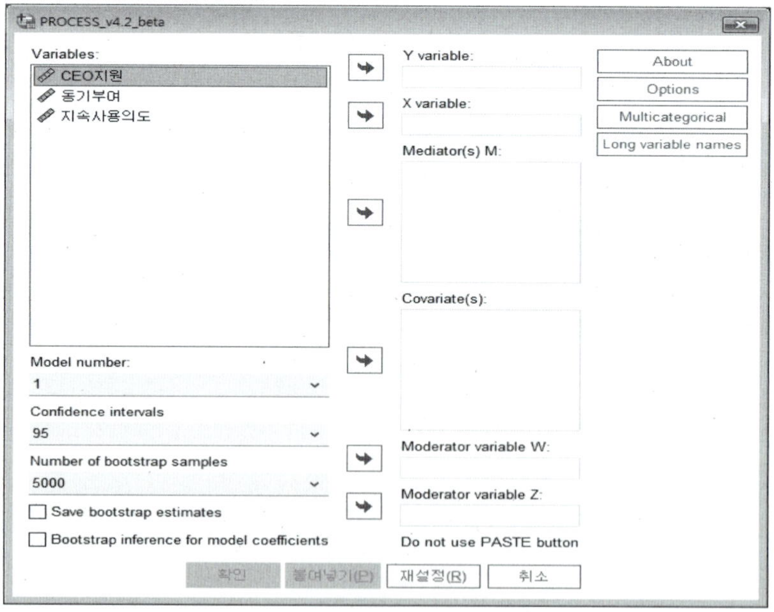

2 프로그램의 초기 화면과 운용법

2.1 초기 화면 구성

PROCESS macro V4의 초기화면은 [그림 12-1]과 같다. 이 하나의 화면을 통해서 모든 매개효과, 조절효과 및 조절된 매개효과분석을 수행할 수 있다.

그림 12-1 ▌PROCESS macro V4의 초기화면의 구성

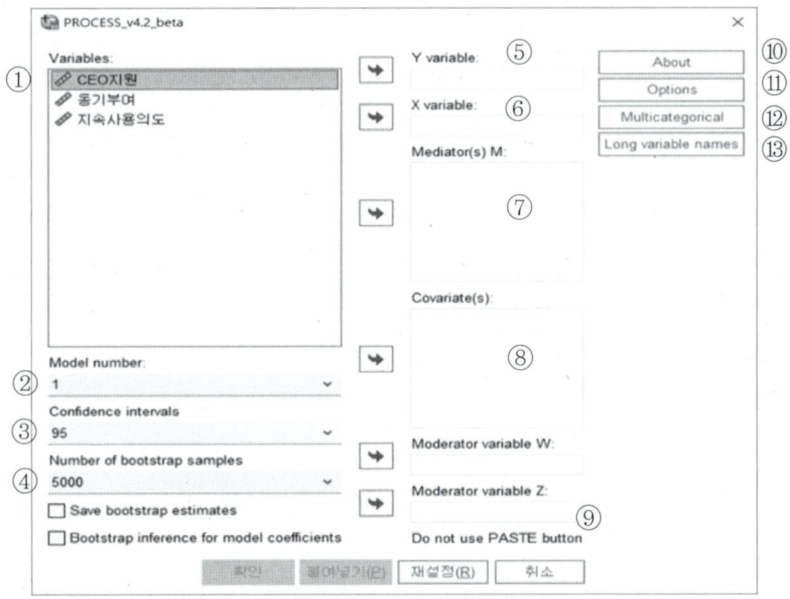

① [Variables] 분석에 투입할 변수들을 보여준다.

② [Model number] 분석할 회귀모형의 모델 번호를 선택할 수 있다.

③ [Confidence intervals] 분석할 신뢰구간을 설정한다.

④ [Number of bootstrap samples] 부트스트랩 표본 수를 설정한다.

⑤ [Y variable] 종속변수를 지정한다(1개만 지정 가능).

⑥ [X variable] 독립변수를 지정한다(1개만 지정 가능).

⑦ [Mediators M] 매개변수를 지정한다(여러 개 지정 가능).

⑧ [Covariates] 공변량(통제변수)을 지정한다(여러 개 지정 가능).

⑨ [Moderators variable W, Z] 조절변수를 지정한다(2개 지정 가능).

⑩ [About] 제품 버전 등을 설명한다.

⑪ [Options] 매개효과와 조절효과 분석에 필요한 옵션들을 지정한다. 이외에도 소수점 이하 자릿수 지정, 평균중심화 지정 등을 할 수 있다.

⑫ [Multicategorical variables] 3개 이상의 범주를 가지고 있는 독립변수와 조절변수들의 더미코딩을 설정한다.

⑬ [Long variable names] 변수명은 8자리까지 가능하다.

초기화면의 [옵션] 창을 선택하면 [그림 12-2]와 같은 창이 나타난다. 이 창에서는 매개효과분석에 필요한 옵션들을 지정할 수 있다. [Generate code for visualizing interactions]를 체크하면 조절효과분석 후에 상호작용 도표를 그릴 수 있는 정보를 얻을 수 있다. [Mean center for construction of products]를 체크하면 조절회귀분석에서 독립변수와 조절변수의 상호작용항 변수를 생성하는 데 있어서 평균중심화를 자동으로 수행해준다.

그림 12-2 | PROCESS macro V4 초기화면의 옵션 창

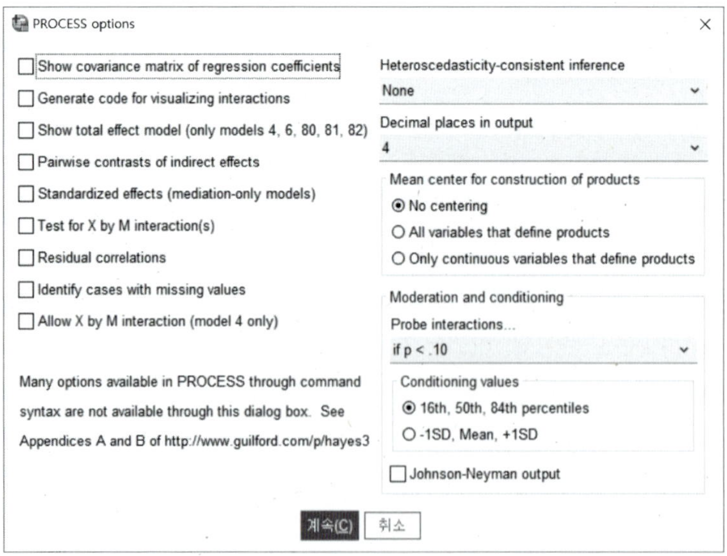

매개효과분석을 수행할 때는 [Show total effect models(4,6,80,81,82)], [Pairwise contrasts of indirect effects], [Effect size(Mediation-only models)]를 체크할 수 있다.

옵션 창에서 조절효과분석을 할 때는 [Test for X by M interactions]를 체크한다. 창의 오른쪽은 주로 조절효과분석을 수행할 때 선택할 수 있는 옵션들이다. 보통은 독립변수와 조절변수에 대해서 평균중심화를 하지 않고(No centering) 프로그램을 실행한다. 그러나 분석자가 평균중심화를 하고 싶으면 [Only continuous variables that define products]를 체크한다. [Probe interactions]은 상호작용항의 유의확률을 선택할 때 지정하며 선택된 유의확률 이하인 경우에만 출력 결과 창에 조절변수에 의한 조건부효과와 조절영역을 출력해준다. 조절효과분석 결과 조절효과가 있는 것으로 분석되었다면 조절효과의 상세분석을 위해서 [Conditioning values]에서 [16th, 50th, 84th percentiles]나 [-1SD, M, +1SD]를 체크해 단순기울기분석을 수행할 수 있다. 보다 상세한 단순기울기분석을 위해서는 [Johnson-Neyman output]를 선택해야 한다. 이를 통해 조절변수의 전체 범위에서 독립변수가 종속변수에 미치는 영향을 출력할 수 있다.

요약하면 매개효과분석을 사용할 경우는 [Show total effect models(4,6,80,81,82)], [Pairwise contrasts of indirect effects], [Effect size(Mediation-only models)]를 체크하여 지정하고, 조절효과분석을 사용할 경우에는 [Generate code for visualizing

▶ 그림 12-3 ▌ **PROCESS macro V4 초기화면에서 범주형 변수의 지정 창**

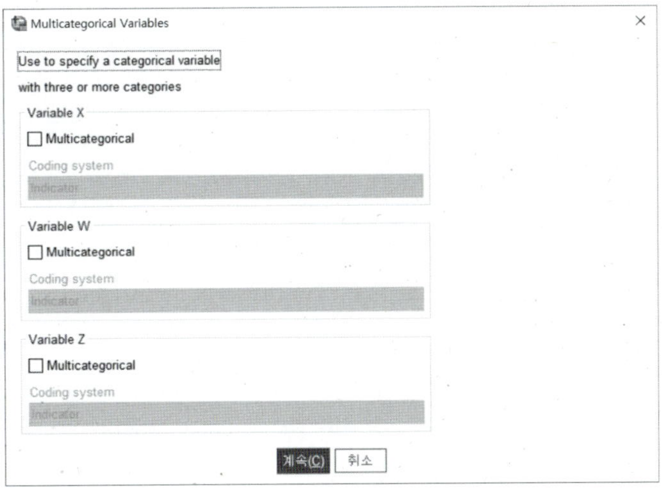

interactions], [Test for X by M interactions], [Conditioning values]에서 [−1SD, M, +1SD], [Johnson−Neyman output]를 지정한다.

초기화면의 [Multicategorical Variables] 창을 선택하면 [그림 12−3]과 같은 창이 나타난다. 여기서 독립변수와 조절변수에 3개 이상의 범주를 가지고 있는 범주형 변수인 경우에는 [Multicategorical]을 체크하면 독립변수와 조절변수를 더미변수로 자동 변환시켜 준다. 이 부분을 선택하면 독립변수와 조절변수들이 더미코딩이 되어 해당 변수에 대한 더미회귀분석이 가능해진다. 다만 범주가 2개인 이분형 변수(1, 0)인 경우에는 [Multicategorical]을 체크하지 않아도 된다.

2.2 메뉴 설정 방법과 기본 운용법

매개효과와 조절효과 분석을 위한 메뉴 설정의 방법과 프로그램의 기본적인 운용법을 제시하면 [표 12−1]과 같다. 표에서 구분에 표시된 번호는 [그림 12−1]에서 제시된 화면설명 번호이다.

표 12−1 메뉴 설정과 기본 운용법

구분	메뉴 요소	설정과 기본 운용법
①	Variables	분석에 사용할 변수를 선택한다.
②	Model number	연구모형에 해당하는 매크로의 모델번호를 템플릿에서 선택한다. 모델번호는 92개 모두가 있는 것은 아니며 계속 수정 보완되고 있다. 실제로 사용가능한 모델은 57개 내외가 된다.
③	Confidence intervals	분석할 신뢰구간을 설정한다. 신뢰구간은 90%, 95%, 99% 중에서 선택할 수 있다.
④	Number of bootstrap samples	표본추출을 통해 최종 선정된 데이터 수를 가지고 가상 모집단을 만들고 부트스트래핑을 수행한다. 부트스트랩 표본들의 수는 보통 5,000회를 선택하며 10,000회를 사용하기도 한다.
⑤	Y variable	종속변수를 지정한다. 1개만 지정할 수 있다. 종속변수는 연속형 변수와 이분형 변수를 사용할 수 있다.
⑥	X variable	독립변수를 지정한다. 1개만 지정할 수 있다. 독립변수는 연속형과 범주형 변수가 모두 사용가능하다.
⑦	Mediators M	매개변수를 지정한다. 여러 개를 지정할 수 있다. 매개변수는 연속형 변수만 가능하며 범주형 변수는 사용할 수 없다.

⑧	Covariates	공변량(통제변수)을 지정한다. 여러 개를 지정할 수 있다. 연속형과 범주형 변수가 가능하다.
⑨	Moderators variable W, Z	조절변수를 지정한다. 2개를 지정할 수 있다. 조절변수는 범주형 변수와 연속형 변수가 가능하다.
⑩	About	제품 버전 등의 제품을 설명한다.
⑪	Options	매개효과와 조절효과 분석을 위한 옵션들을 지정한다. 이외에도 평균중심화, 소수점 이하 자릿수 지정 등을 수행한다. 보통 평균중심화는 하지 않으며 [No centering]을 선택한다. 독립변수와 조절변수의 평균중심화가 필요한 경우에는 [Only continuous variables that define products]를 체크한다.
⑫	Multicategorical variables	독립변수와 조절변수가 3개 이상의 범주를 가지고 있는 범주형 변수인 경우에는 체크하여 더미코딩을 한다. 매개변수에 대해서는 더미코딩하지 않는다.
⑬	Long variable names	변수명은 8자리까지 가능하다. 따라서 한글로 변수명을 사용하기보다는 영어를 사용해서 변수명을 지정하는 것이 좋다. 변수명이 8자리를 넘어가면 이를 항상 체크한다.

3 템플릿에 제공하는 핵심 모델과 모델 번호

PROCESS macro Version 4에서는 연구자들이 다양하게 적용해볼 수 있는 핵심 모델 템플릿(Key model templates)으로 57개를 제공하고 있다. 이 책에서는 모든 모델을 설명하기는 어렵기 때문에 연구자들이 중요하게 활용할 수 있는 기본 핵심 모델들을 소개한다. 학습자들이 한 가지 주의할 점은 모든 연구모델에 대한 매개효과분석, 조절효과분석 및 조절된 매개효과분석이 모델 번호의 선택으로 이루어지고 있음을 이해하는 것이다. 또한 모든 분석을 위한 연구모형은 개념적 모델(Conceptual model)과 통계적 모델(Statistical model)로 구성된다는 것이다. 전자는 선행연구를 토대로 연구자가 분석하고자 하는 이론적 연구모델이고, 후자는 연구자들이 프로그램을 이용해 실제 분석이 가능하도록 만든 통계적 연구모델을 말한다.

▶ 그림 12-4 ▌분석하고자 하는 연구모델에 부합하는 [Model number]의 지정

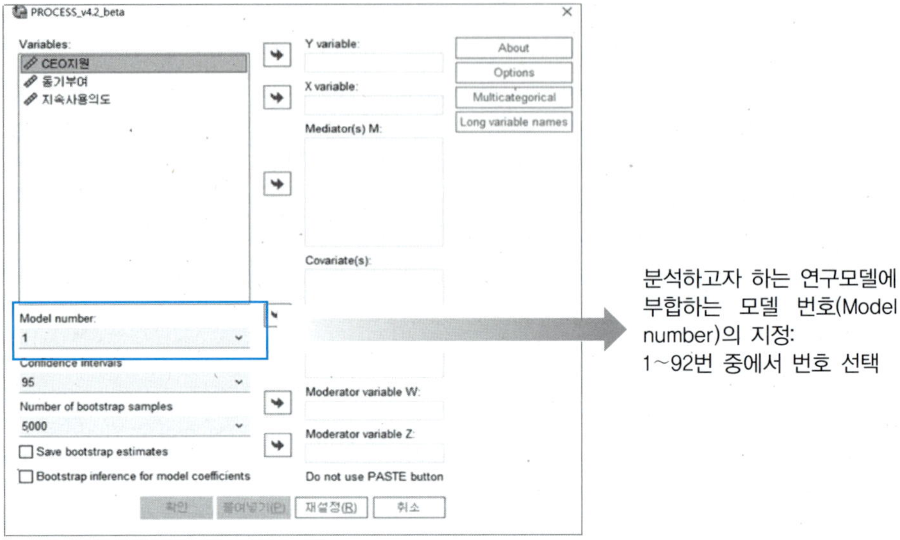

3.1 매개효과

매개효과분석을 위해서는 Model 4번(매개변수 1개), 6번(매개변수 2, 3, 4개)이 많이 사용된다. 모델 4번은 전형적인 단순매개모델이다. 모델에 대한 효과 분해(Effect decomposition)를 쉽게 설명하기 위한 목적으로 각 경로의 비표준화회귀계수의 표시(a, b, c …)는 저자가 임의로 부여하였다.

➡ Model 4

개념적 모델	통계적 모델
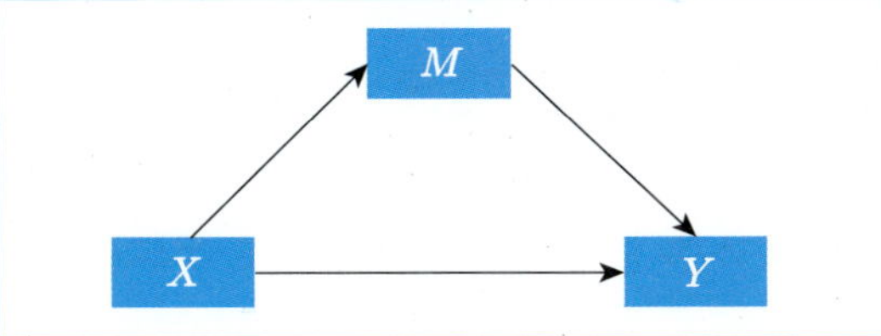	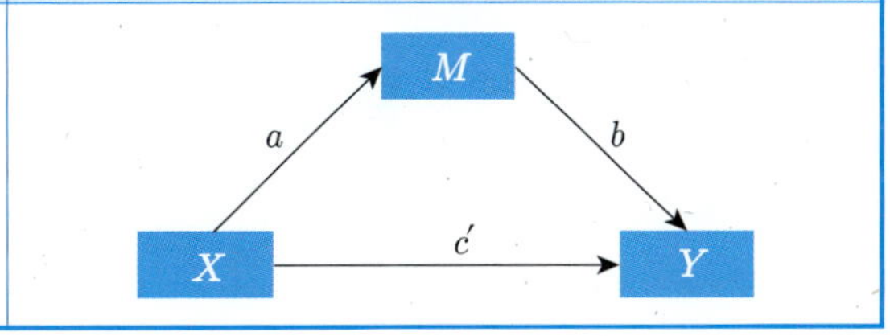

직접효과 $= c'$ 간접효과 $= ab$ 총효과 $= c' + ab$

➡ Model 6

개념적 모델	통계적 모델
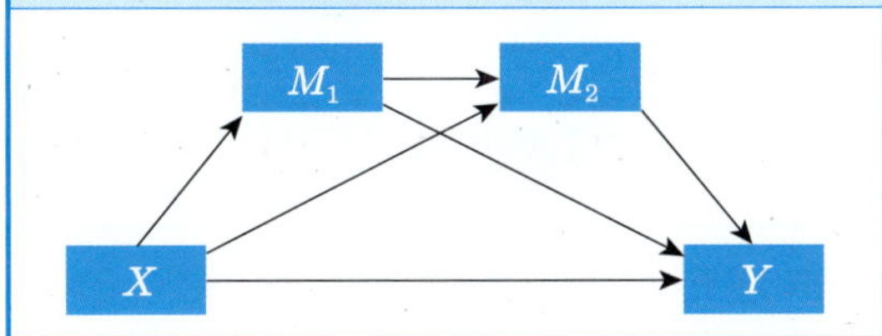	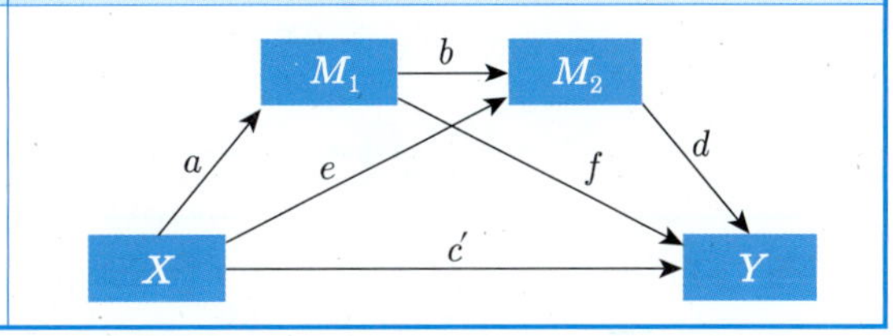

직접효과 $= c'$ 간접효과 $= af + abd + ed$ 총효과 $= c' + af + abd + ed$

개념적 모델	통계적 모델
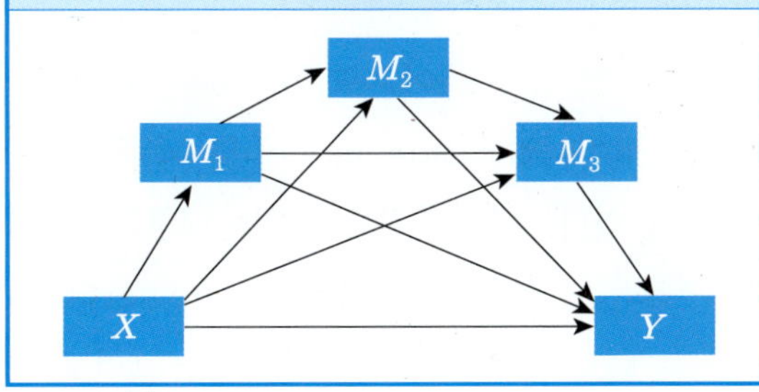	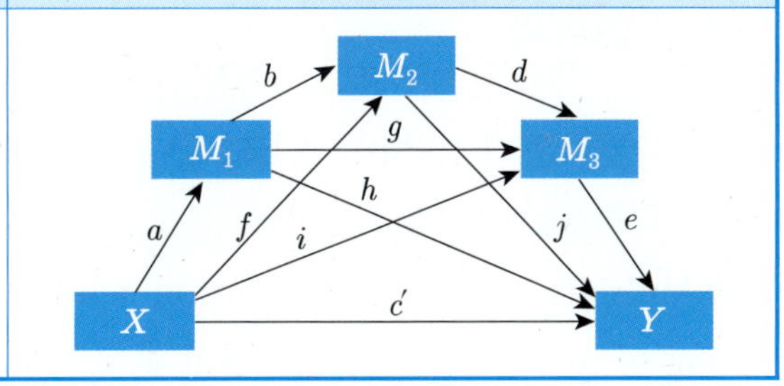

직접효과 $= c'$ 간접효과 $= ah + abj + age + fde + abde + fj + ie$

총효과 $= c' + ah + abj + age + fde + abde + fj + ie$

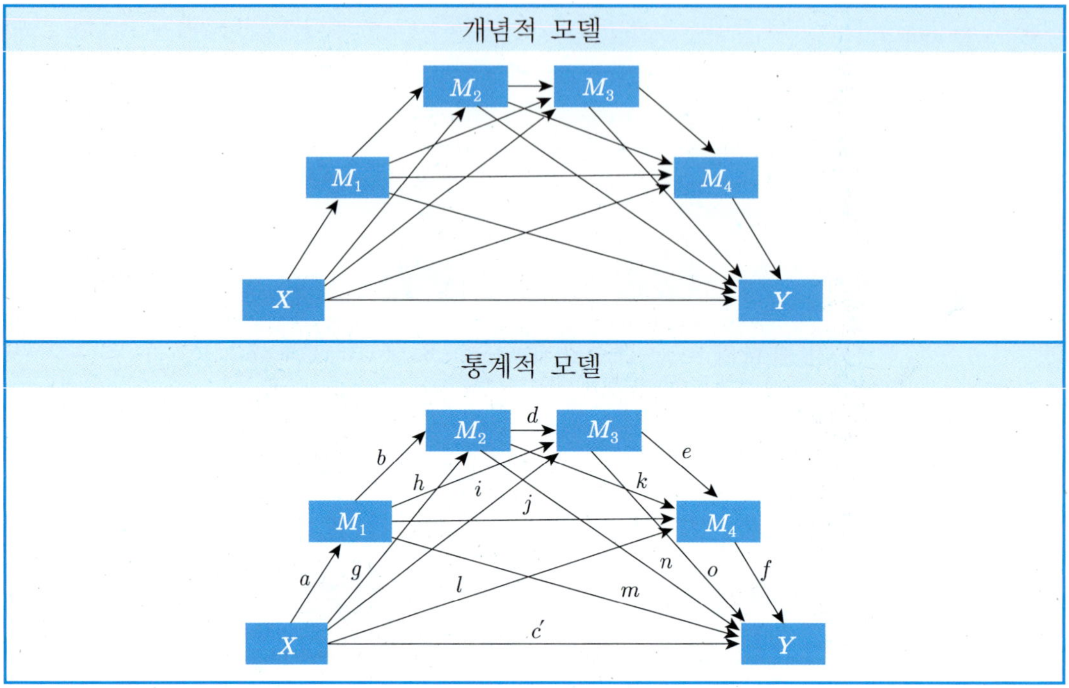

$$\text{직접효과} = c' \quad \text{간접효과} = am + abn + aho + ajf + ago + gkf + ief + abdo + abkf + ahef + gdef + abdef + am + an + io + \mathrm{if} + gn$$

$$\text{총효과} = c' + am + abn + aho + ajf + ago + gkf + ief + abdo + abkf + ahef + gdef + abdef + am + an + io + \mathrm{if} + gn$$

3.2 조절효과

조절효과분석은 조절변수가 1개인 단순조절모델(Simple moderation model)과 조절변수가 2개인 다중조절모델(Multiple moderation model)이 있다. 다중조절모델에는 다중가산조절모델(Multiple additive moderation model)과 조절된 조절모델(Moderated moderation model)이 포함된다. 단순조절모델의 분석을 위해서는 Model 1번(조절변수 1개)이, 그리고 다중조절모델의 분석을 위해서는 Model 2번과 3번(조절변수 2개)이 사용된다.

➡ Model 1

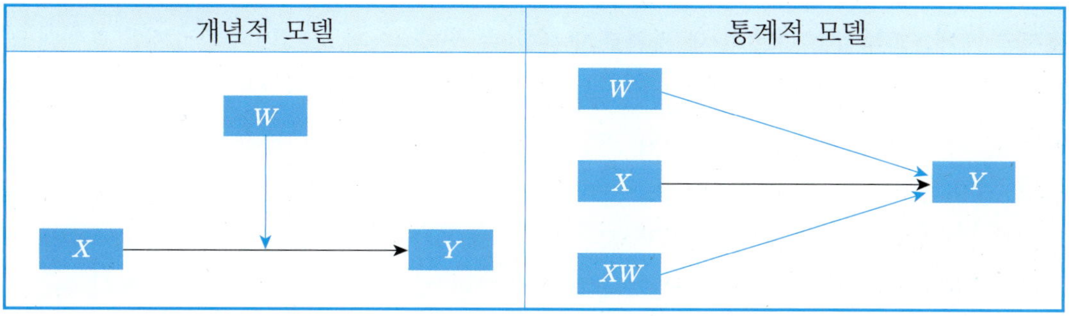

➡ Model 2

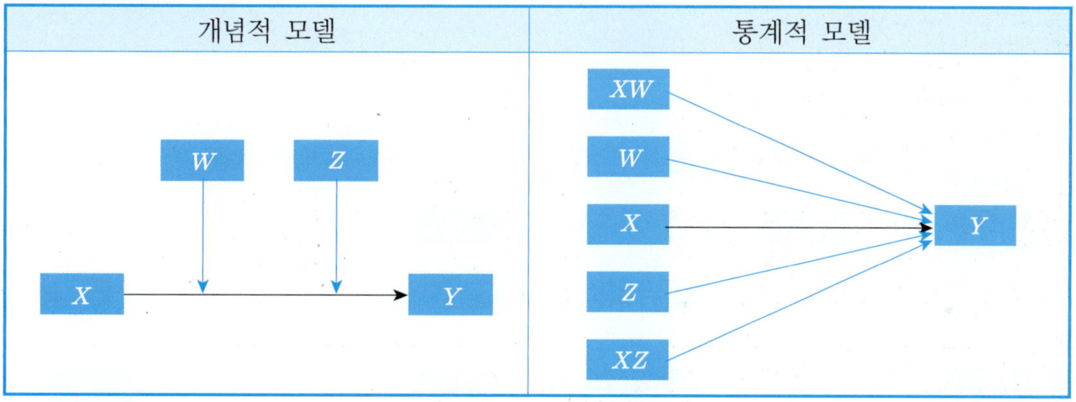

➡ Model 3

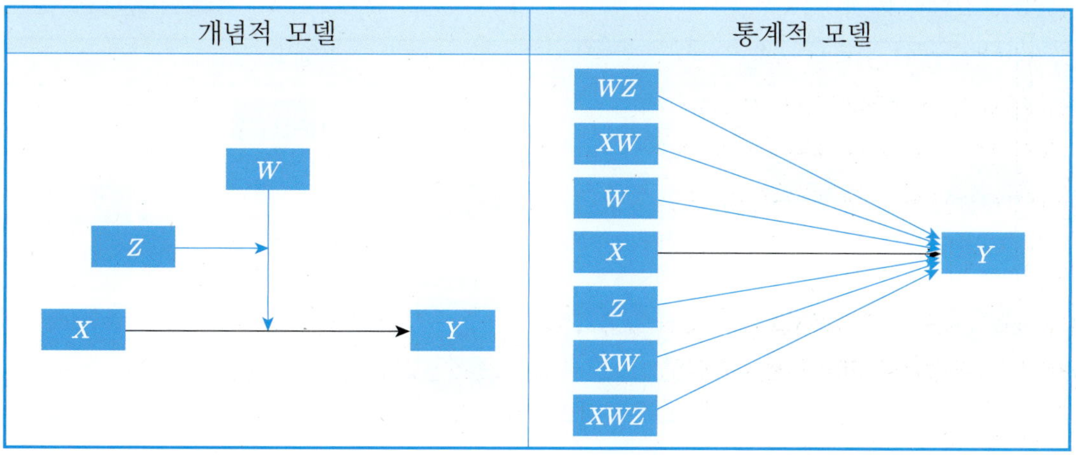

3.3 조절된 매개효과

조절된 매개효과분석은 다음의 세 가지로 구분할 수 있다. 먼저, 조절변수가 1개인 조절된 매개효과분석(Moderated mediation effect analysis)에는 Model 7, 8, 14, 15, 58, 59번이 많이 사용된다. 다음으로, 조절변수가 2개인 조절된 조절된 매개효과분석(Moderated moderation mediation effect analysis)에는 Model 11, 12, 18, 19, 21 등이 사용된다. 마지막으로, 다중매개모형이 포함된 조절된 매개효과분석에는 Model 83, 84, 85, 86, 87, 88, 89, 90, 91, 92가 사용된다. 이들 분석에서 매개된 조절효과분석과 조절된 매개효과분석의 명확한 구분이 어렵기 때문에 보통은 이를 구분하지 않고 조건부과정분석(Conditional process analysis)이라는 용어를 사용하기도 한다.

➡ Model 7

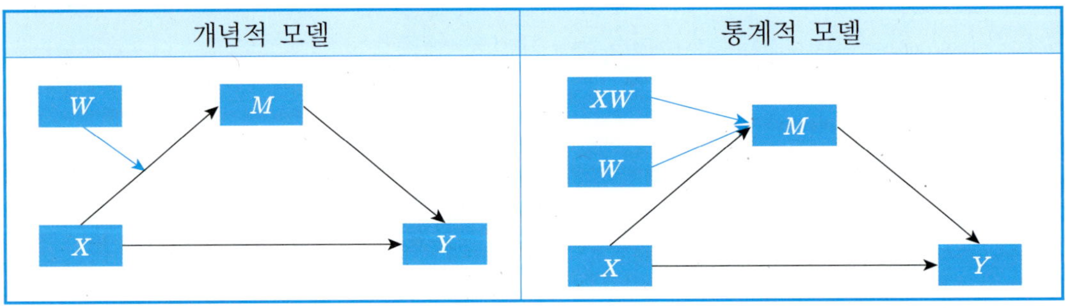

➡ Model 8

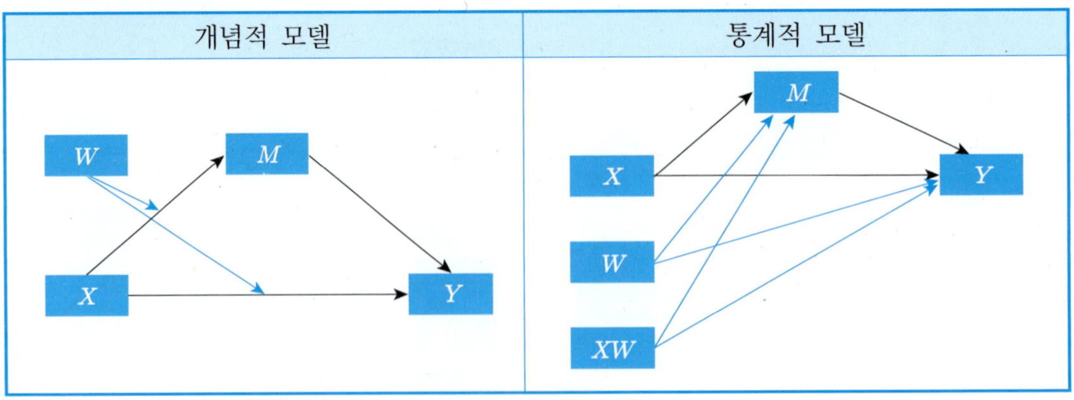

➡ Model 14

개념적 모델

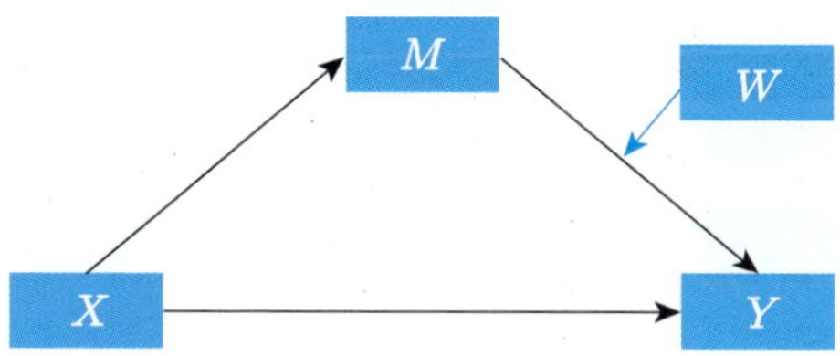

통계적 모델

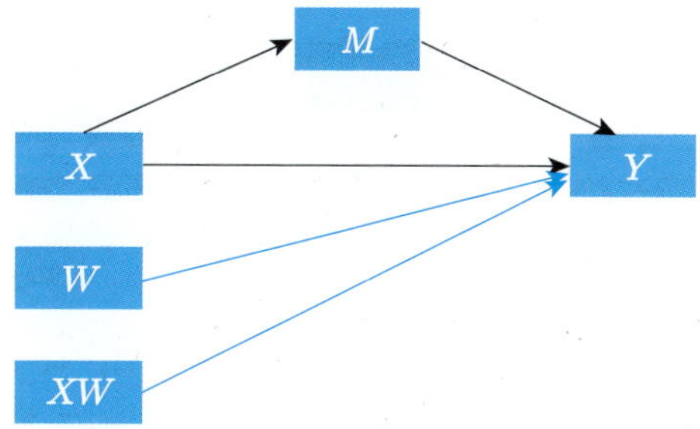

➡ Model 15

개념적 모델

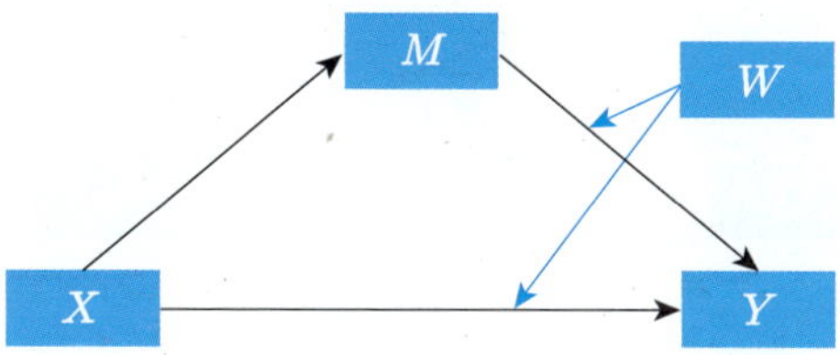

통계적 모델

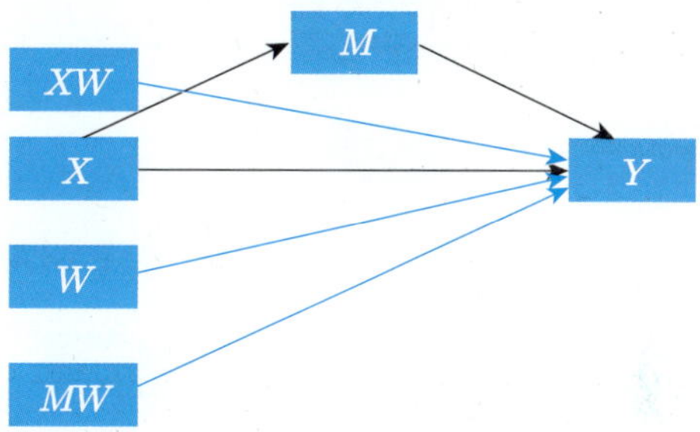

➡ Model 21

개념적 모델

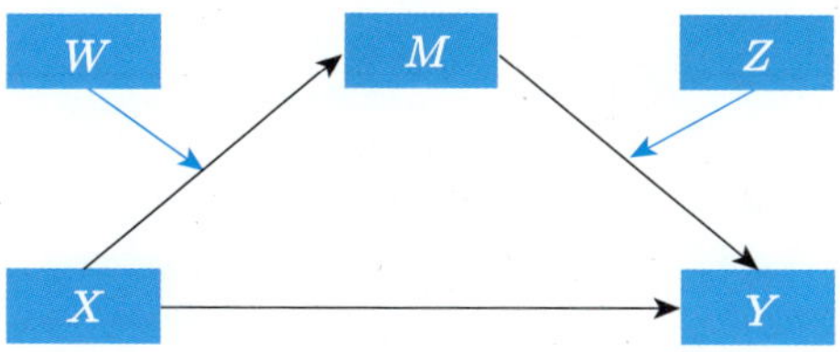

통계적 모델

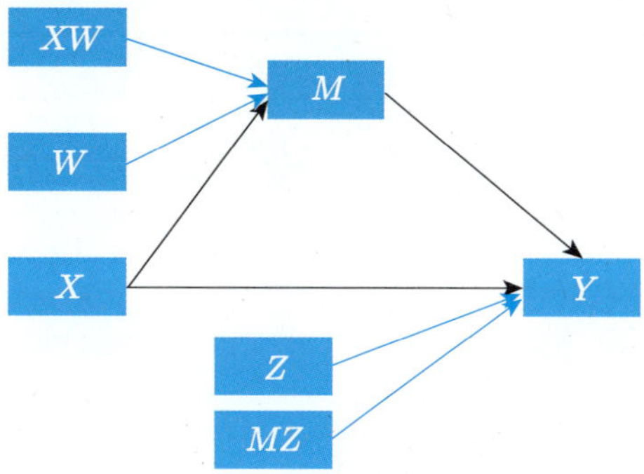

➡ Model 58

개념적 모델

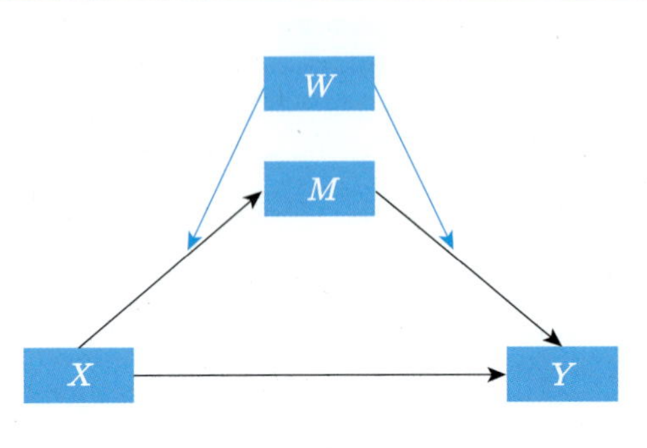

통계적 모델

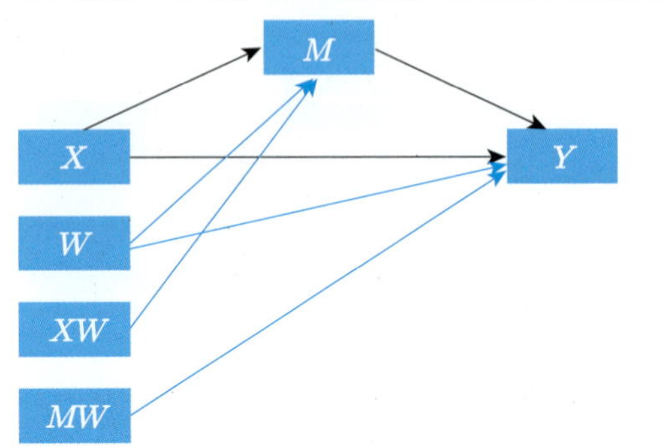

➡ Model 59

개념적 모델

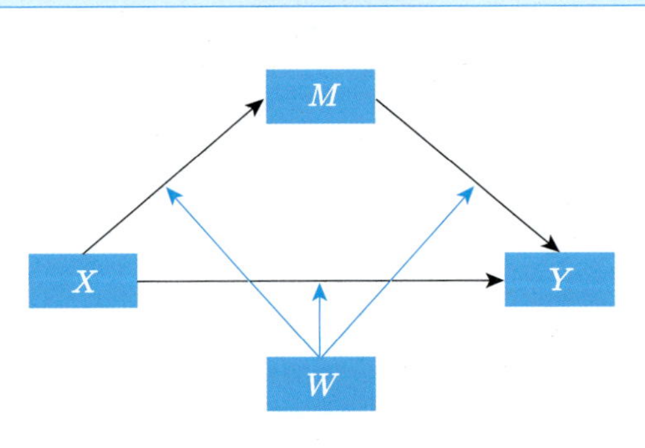

통계적 모델

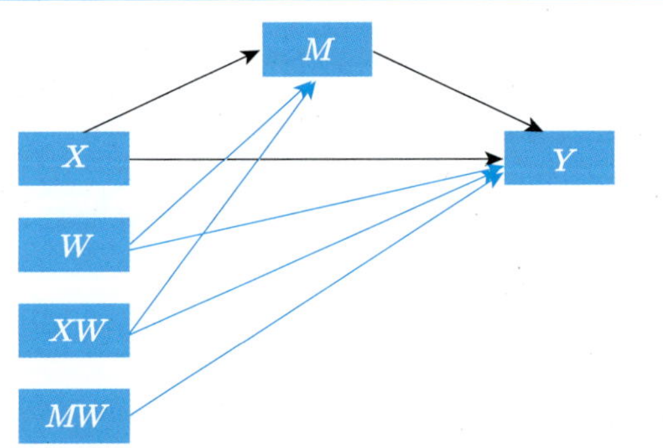

➡ Model 84

개념적 모델

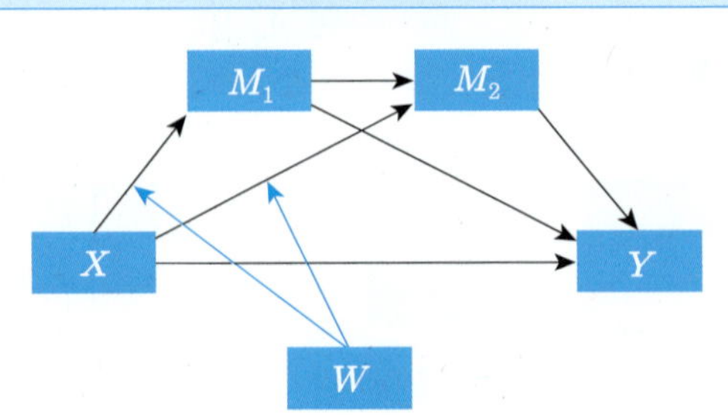

통계적 모델

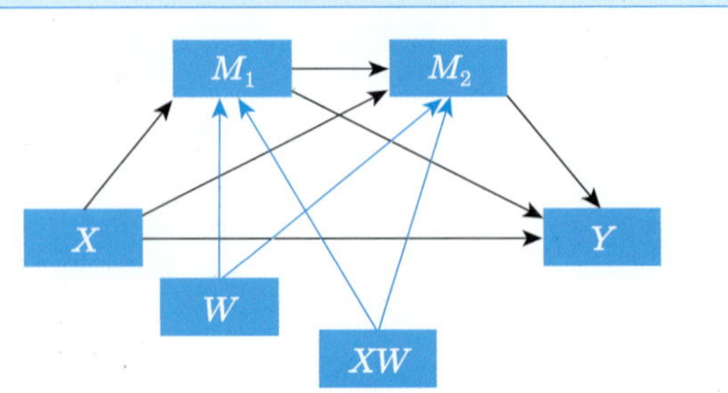

➡ Model 91

개념적 모델	통계적 모델
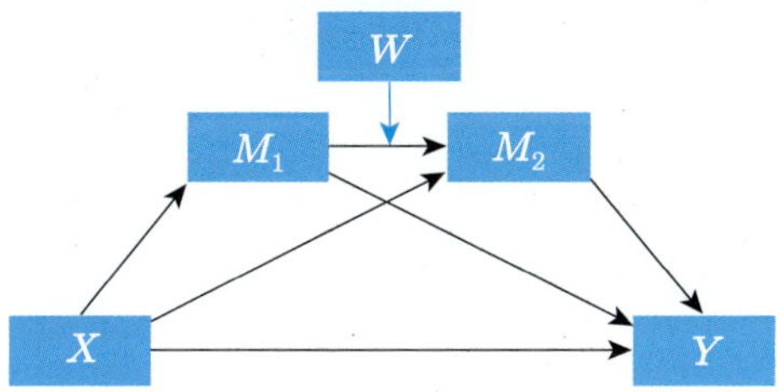	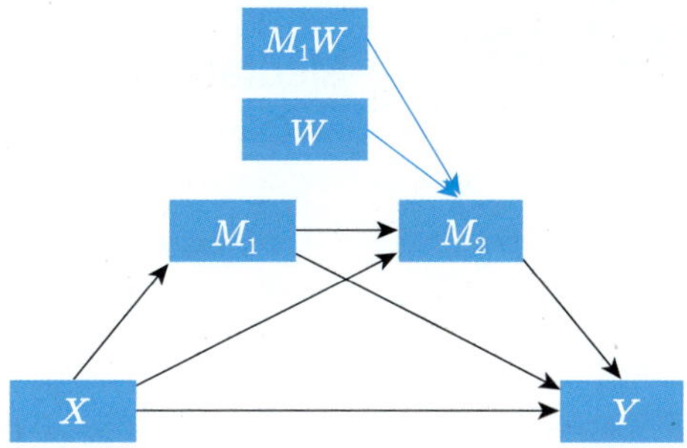

제13장 PROCESS macro 4.0을 이용한 매개효과분석

Mediated Effect Analysis using PROCESS macro 4.0

1 PROCESS macro 4.0을 이용한 매개효과분석의 개요

매개효과분석(Mediated effect analysis, or Mediation analysis using multiple regression)에 대해서는 이미 제10장에서 자세하게 설명하였다. 따라서 매개효과분석에 대한 전반적인 이해가 필요한 독자는 제10장을 학습한 후에 이 장을 학습할 것을 권유한다. 여기에서는 PROCESS macro 4.0을 이용하는 것이 SPSS를 이용한 매개효과분석과 어떠한 차이점이 있는지에 대해서만 간략하게 제시하기로 한다.

- SPSS를 이용한 BK접근법의 매개효과분석에서는 간접효과의 크기를 계산해주지 않기 때문에 수작업으로 계산하여야 한다. 반면에 PROCESS macro 4.0을 이용하는 경우에는 자동으로 간접효과의 크기를 계산해준다.
- SPSS를 이용한 BK접근법에 의한 매개효과분석에서는 실제 간접효과가 유의한지에 대한 p값을 제시하지 않는다. 이런 이유로 BK접근법에서는 간접효과의 통계적 유의성을 검증하기 위해서 Sobel test를 사용하고 있다. 그러나 Sobel test는 정규분포 가정을 엄격하게 적용해야 하고 통계적 검증력이 약하다는 단점이 있다. 이와 같은 Sobel test의 한계를 극복하기 위해 최근에 제안되고 있는 대안적 접근방법 중의 하나가 바로 부트스트래핑(Bootstrapping procedure)이다.

표 13-1 매개효과분석 시 Sobel test보다 Bootstrapping을 사용하는 이유

Sobel test의 한계	Bootstrapping을 사용하는 이유
• 정규분포 엄격한 가정 • 통계적 검증력이 약함	• 정규분포의 가정으로부터 자유로움 • 통계적 검증력이 강함 • 적은 표본크기에도 적용가능

- PROCESS macro 4.0을 이용하는 경우에는 부트스트래핑(Bootstraping)을 적용하여 간접효과의 통계적 유의성을 검증할 수 있는 장점이 있다. 이외에도 PROCESS macro 4.0을 이용하면 [표 13-1]과 같이 간접효과의 추정에서 부트스트래핑을 사용하기 때문에 정규분포 가정으로부터 자유로울 뿐만 아니라 통계적 검증력이 강하며, 적은 표본크기에도 적용할 수 있다.
- SPSS를 이용한 BK접근법에 의한 매개효과분석에서는 3단계에 걸쳐서 단계적으로 매개효과를 검증해야 하는 불편함과 난해함이 있다. 하지만 PROCESS macro 4.0을 이용하는 경우에는 SPSS를 이용한 BK접근법에서 출력하는 모든 결과를 동일하게 얻을 수 있을 뿐만 아니라 단일 화면에서 몇 개의 옵션의 선택만으로 실습 과정을 진행할 수 있어서 매개효과분석을 수행하는 것이 쉽다는 장점이 있다.
- 연구변수가 1개의 측정변수(혹은 관측변수)로 구성되어 있으며 표본크기가 크지 않은 경우에는 부트스트래핑을 이용하는 PROCESS macro를 사용하는 것이 바람직하다. 그러나 하나의 연구변수가 여러 개의 측정변수들로 구성되어 있는 경우에는 구조방정식모델을 사용하는 것이 좋다.
- SPSS를 이용한 BK접근법에 의한 매개효과분석에서는 '독립변수가 종속변수에 반드시 영향을 미쳐야 한다'는 전제조건이 필요하지만 PROCESS macro 4.0을 이용하면 이러한 전제조건이 필요하지 않다. 이는 독립변수가 종속변수에 영향을 미치지 않더라도 매개효과가 존재할 수 있음을 의미한다. 따라서 최근의 매개효과분석에서는 간접효과의 유의성만을 검증하고 있는 추세이다. 간접효과의 크기(간접경로 회귀계수의 곱)가 유의적이면 매개효과가 있고, 유의적이지 않으면 매개효과가 없다고 해석한다.

2 PROCESS macro 4.0을 이용한 매개효과분석 실습

통계 실습 13-1 PROCESS macro를 이용한 매개효과분석 실습

다음의 가상회사에서 스마트공장 프로그램을 사용하고 있는 사용자 204명을 대상으로 조사한 [제13장 PROCESS 매개효과분석 데이터1]을 이용해서 매개효과분석을 실습하고 간접효과의 통계적 유의성을 검증하시오. 다만, 이 실습 데이터는 [통계 실습 10-1]과 동일하다.

단순매개모형

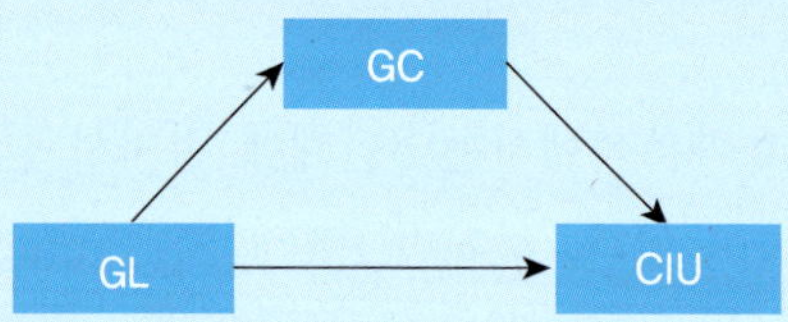

GL → GC → CIU

독립변수(X): GL
매개변수(M): GC
종속변수(Y): CIU
Model number: [4]번 선택

✔ 실습 데이터

ID	GL	GC	CIU
1	5.25	6.00	5.00
2	6.50	6.40	7.00
…	…	…	…
204	5.75	5.80	5.60

총 사례 수는 204개임

- GL(목표수준) → 연속형 변수(독립변수)
- GC(목표몰입) → 연속형 변수(매개변수)
- CIU(지속사용의도) → 연속형 변수(종속변수)

✔ 가설

- 귀무가설(H_0): 목표수준은 목표몰입을 매개로 지속사용의도에 영향을 주지 않는다.
- 대립가설(H_1): 목표수준은 목표몰입을 매개로 지속사용의도에 영향을 준다.

실습 데이터	제13장 PROCESS 매개효과분석 데이터1
분석방법 메뉴 선택	분석-회귀분석-PROCESS V4.2 by Andrew F. Hayes

1) 실습 과정

❶ [파일-열기-데이터]를 선택한 후 실습 데이터 파일이 있는 위치로 찾아가서 [제13장 PROCESS 매개효과분석 데이터1]을 연다.

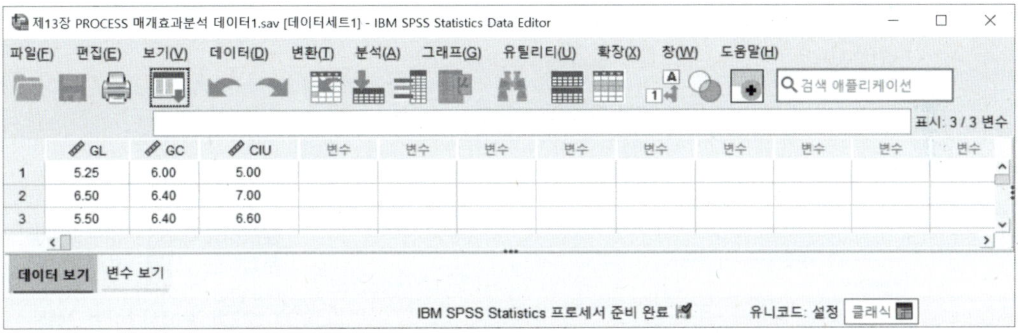

❷ [파일-회귀분석-PROCESS V4.2 by Andrew F. Hayes]로 들어간다.

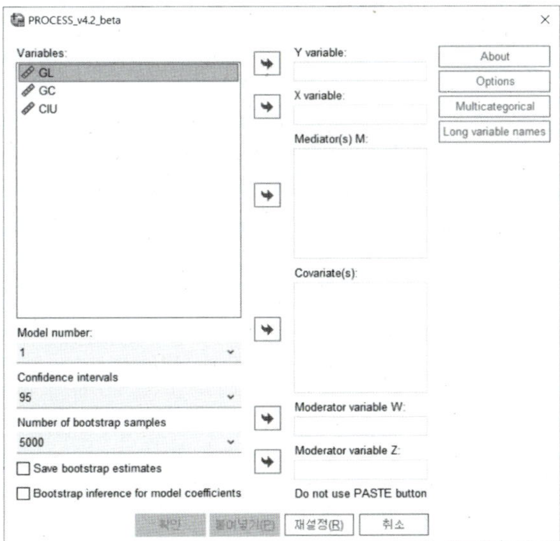

❸ 초기화면의 왼쪽 [Variable]에 있는 변수들을 오른쪽의 [Y variable]에는 종속변수인 [CIU], [X variable]에는 독립변수인 [GL], [Mediator M]에는 매개변수인 [GC]를 이동시킨다. [Model number]는 이 실습 연구모형에 해당하는 [4]를 선택한다. [Confidence interval], [Number of bootstrap samples]는 그대로 둔다. 이는 디폴트 값인 95% 신뢰수준, 5,000회의 부트스트랩을 선택함을 의미한다. 연구자는 디폴트 값을 수정할 수 있다.

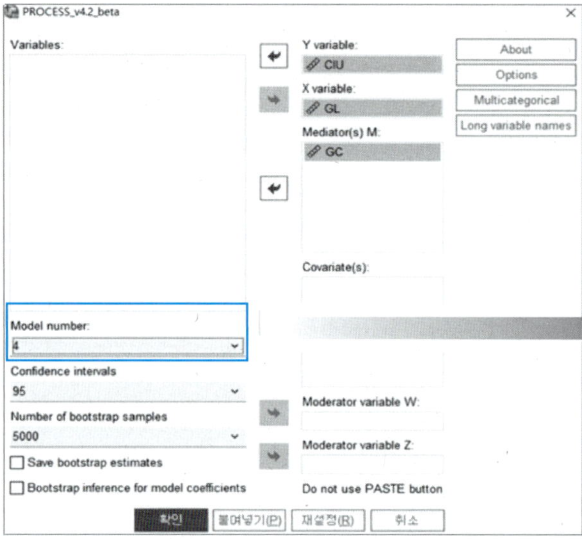

분석하고자 하는 연구모델에 부합하는 모델 번호(Model number)의 지정:
1~92번 중에서 [4]번 선택

❹ 화면 우측 상단에 있는 [Options] 버튼을 클릭해 들어간 후 [Show total effect model(only models 4, 6, 80, 81, 82)], [Standardized effects(mediation-only models)]을 체크해 지정한다. 분석 결과가 출력될 때 [소수점 이하 자릿수(Decimal places in output)]를 정해 주어야 하는데, 디폴트값은 [4]이나 보통은 [3]을 선택한다. 이 실습에서도 [3]을 선택한 후 [계속] 버튼을 클릭한다. 여기에서는 처음 실습이어서 [Standardized effects (mediation-only models)]을 체크했다. 그러나 PROCESS macro에서 표준화회귀계수는 중요성이 낮으므로 보통은 생략한다. 그러나 이 정보가 필요한 경우에는 선택할 수 있다.

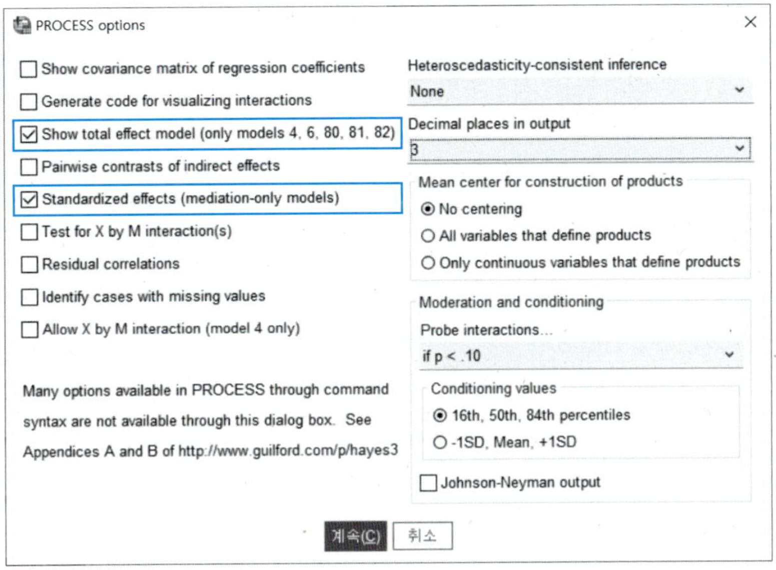

❺ 오른쪽 상단에 있는 [Long variable names]로 들어간 후 [I accept the risk of incorrect output]를 체크한 후 [계속] 버튼을 클릭한다. 이는 변수명으로 8자까지만 가능하기 때문에 선택하는 옵션이며, 선택하지 않으면 오류가 발생된다. 물론 [Long variable names]를 선택해도 8자리를 넘어가면 자동으로 변수명이 끊기며 전체가 나타나지는 않는다. [확인] 버튼을 클릭하면 매개효과분석이 실행된다.

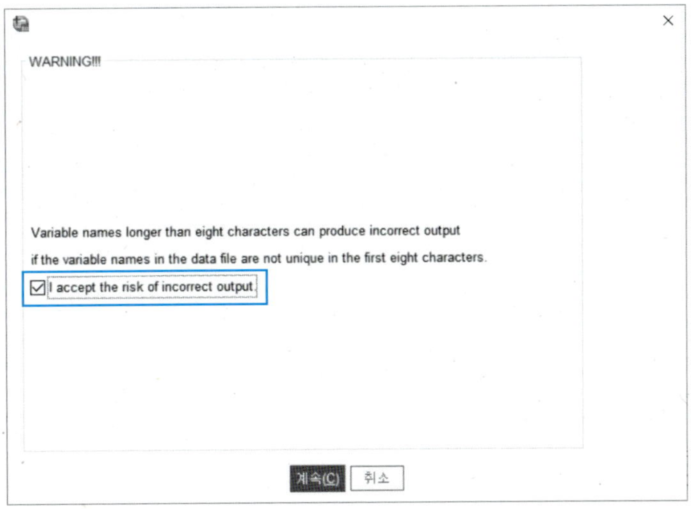

2) 주요 분석 결과

매개효과분석 결과의 출력물을 제시하면 다음과 같다.

| 연구모델과 표본 수 요약 |

사용된 Model number, 변수명, 표본크기 등에 대한 정보가 출력된다. 학습자들은 내가 선택한 모델번호와 변수들이 제대로 적용되었는지를 확인하는 습관을 가지는 것이 필요하다. 여기에서는 모델 [4]번이 적용되었음을 보여준다.

```
**************************************************************************
Model  : 4
    Y  : CIU
    X  : GL
    M  : GC

Sample
Size:  204
```

| 독립변수가 매개변수에 미치는 영향의 회귀분석 결과 |

GL을 독립변수로 하고 GC를 매개변수(종속변수)로 회귀분석한 결과이다. GL이 GC를 설명하는 설명력은 0.368로 36.8%를 설명하고 있다. GL의 비표준화회귀계수(B)는 0.523(p <0.001)으로 유의수준 0.001에서 GC에 유의한 영향을 주었다. 표준화회귀계수는 0.606이었다.

```
**************************************************************************
OUTCOME VARIABLE:
 GC

Model Summary
          R       R-sq        MSE          F        df1        df2          p
       .606       .368       .369    117.479      1.000    202.000       .000

Model
              coeff         se          t          p       LLCI       ULCI
constant      3.240       .265     12.248       .000      2.718      3.761
GL             .523       .048     10.839       .000       .428       .619

Standardized coefficients
          coeff
GL         .606
```

| 독립변수와 매개변수가 종속변수에 미치는 영향의 회귀분석 결과 |

독립변수인 GL과 매개변수인 GC가 종속변수인 CIU에 미치는 영향을 분석하였다. GL은 유의수준 0.05에서 CIU에 영향(B=0.161, p>0.05)을 주지 않았으며, GC는 유의수준 0.001에서 CIU에 유의한 영향(B=0.661, p<0.001)을 주었다. GL의 표준화회귀계수는 0.137, GC의 표준화회귀계수는 0.485이었다.

```
**************************************************************************
OUTCOME VARIABLE:
 CIU

Model Summary
          R       R-sq        MSE          F        df1        df2          p
       .579       .335       .725     50.581      2.000    201.000       .000

Model
              coeff         se          t          p       LLCI       ULCI
constant      1.056       .489      2.158       .032       .091      2.021
GL             .161       .085      1.890       .060      -.007       .329
GC             .661       .099      6.709       .000       .467       .856

Standardized coefficients
         coeff
GL        .137
GC        .485
```

| 독립변수가 종속변수에 미치는 영향의 총효과모형 회귀분석 결과 |

독립변수인 GL이 종속변수인 CIU에 미치는 영향을 분석하였다. GL은 유의수준 0.001에서 CIU에 유의한 영향(B=0.507, p<0.001)을 주었다. GL의 표준화회귀계수는 0.431이었다.

```
************************** TOTAL EFFECT MODEL ****************************
OUTCOME VARIABLE:
 CIU

Model Summary
          R       R-sq        MSE          F        df1        df2          p
       .431       .186       .883     46.106      1.000    202.000       .000

Model
              coeff         se          t          p       LLCI       ULCI
constant      3.199       .409      7.821       .000      2.392      4.005
GL             .507       .075      6.790       .000       .360       .654

Standardized coefficients
         coeff
GL        .431
```

| 총효과, 직접효과 및 간접효과의 회귀분석 결과 |

총효과는 0.507, 직접효과는 0.161, 간접효과는 0.346이었으며 총효과에 비해 직접효과가 감소하였음을 알 수 있다. GL이 GC를 경유하여 CIU에 미치는 간접효과 0.346은 신뢰구간 [0.212, 0.495]에 0을 포함하고 있지 않으므로 유의하며 매개효과가 있다.

```
************** TOTAL, DIRECT, AND INDIRECT EFFECTS OF X ON Y **************

Total effect of X on Y
     Effect       se         t         p       LLCI       ULCI       c_cs
       .507     .075     6.790      .000       .360       .654       .431

Direct effect of X on Y
     Effect       se         t         p       LLCI       ULCI      c'_cs
       .161     .085     1.890      .060      -.007       .329       .137

Indirect effect(s) of X on Y:
       Effect     BootSE   BootLLCI   BootULCI
GC       .346       .072       .212       .495

Completely standardized indirect effect(s) of X on Y:
       Effect     BootSE   BootLLCI   BootULCI
GC       .294       .064       .177       .428
```

3) PROCESS macro를 이용한 매개효과분석 결과의 제시와 해석

목표수준과 지속사용의도 간에 목표몰입의 매개효과검증을 위해 SPSS PROCESS macro 4.0을 이용하여 분석을 실시하였으며, 그 결과는 다음과 같다. 분석 결과 먼저, 독립변수인 목표수준은 매개변수인 목표몰입에 정적으로 유의한 영향(B=0.523, t=10.839, p<0.001)을 주는 것으로 나타났다. 다음으로, 독립변수인 목표수준은 종속변수인 지속사용의도에 정적으로 유의한 영향(B=0.161, t=1.890, p>0.05)을 주지 않는 것으로 나타났다. 마지막으로, 매개변수인 목표몰입은 종속변수인 지속사용의도에 정적으로 유의한 영향(B=0.661, t=6.790, p<0.001)을 주는 것으로 나타났다.

표 13-2 목표수준과 지속사용의도 간의 관계에서 목표몰입의 매개효과검증 결과

경로	B	SE	t	95% CI	
				LLCI	ULCI
목표수준 → 목표몰입	0.523	0.048	10.839***	0.428	0.619
목표수준 → 지속사용의도	0.161	0.085	1.890	−0.007	0.329
목표몰입 → 지속사용의도	0.661	0.099	6.790***	0.467	0.856

***$p<0.001$

독립변수인 목표수준과 종속변수인 지속사용의도 간의 관계에서 매개변수인 목표몰입이 매개영향을 미치는지를 알아보기 위해서 부트스트랩 표본 수를 5,000회로 하여 부트스트래핑을 수행한 결과는 다음과 같다.

표 13-3 목표수준과 지속사용의도 간의 관계에서 목표몰입의 간접효과검증

간접경로	Effect	BootSE	95% 부트스트랩 CI	
			LLCI	ULCI
목표수준 → 목표몰입 → 지속사용의도	0.346	0.072	0.212	0.495

LLCI는 95% 부트스트랩 신뢰구간의 하한값, ULCI는 95% 부트스트랩 신뢰구간의 상한값

총효과는 0.507, 직접효과는 0.161, 간접효과는 0.346이었으며 총효과에 비해 직접효과가 감소한 것으로 나타났다. 목표수준이 목표몰입을 매개로 하여 지속사용의도에 미치는 간접효과 0.346은 신뢰구간 [0.212, 0.495]에 0을 포함하고 있지 않으므로 유의하며 매개효과가 있는 것으로 나타났다. 그런데 독립변수인 목표수준이 종속변수인 지속사용의도에 미치는 직접효과는 유의하지 않은 것으로 나타났으므로 목표수준과 지속사용의도 간에 목표몰입은 완전매개효과(Perfect mediation, or Full mediation)가 있음을 알 수 있다.

통계 실습 13-2 PROCESS macro를 이용한 매개효과분석 실습

다음의 가상회사에서 스마트공장 프로그램을 사용하고 있는 사용자 204명을 대상으로 조사한 [제13장 PROCESS 매개효과분석 데이터2]를 이용해서 매개효과분석을 실습하고 간접효과의 통계적 유의성을 검증하시오.

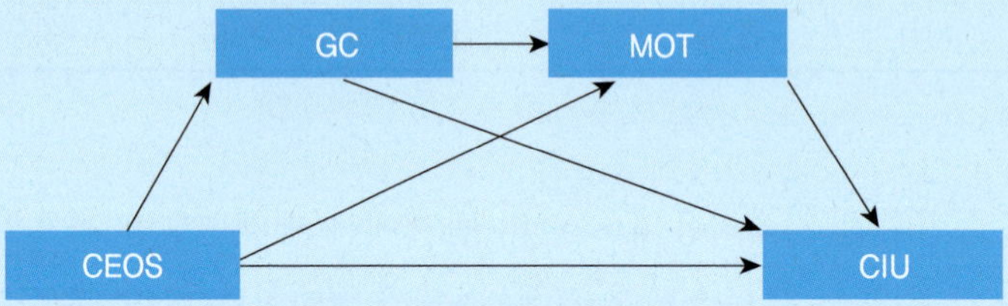

CEOS: CEO지원
CIU: 지속사용의도
GC: 목표몰입
MOT: 동기부여

Model number: [6]번 선택

CEOS → GC → CIU
CEOS → MOT → CIU
CEOS → GC → MOT → CIU

✔ 실습 데이터

ID	CEOS	GC	MOT	CIU
1	5.2	6.0	4.4	5.0
2	6.8	6.4	6.2	7.0
…	…	…	…	…
204	5.4	5.8	5.6	5.6

총 사례 수는 204개임

- CEOS(CEO지원) → 연속형 변수(독립변수)
- GC(목표몰입) → 연속형 변수(매개변수)
- MOT(동기부여) → 연속형 변수(매개변수)
- CIU(지속사용의도) → 연속형 변수(종속변수)

✔ 가설 1

- 귀무가설(H_0): CEO지원은 목표몰입을 매개로 지속사용의도에 영향을 주지 않는다.
- 대립가설(H_1): CEO지원은 목표몰입을 매개로 지속사용의도에 영향을 준다.

☑ 가설 2

- 귀무가설(H_0): CEO지원은 동기부여를 매개로 지속사용의도에 영향을 주지 않는다.
- 대립가설(H_1): CEO지원은 동기부여를 매개로 지속사용의도에 영향을 준다.

☑ 가설 3

- 귀무가설(H_0): CEO지원은 목표몰입과 동기부여를 매개로 지속사용의도에 영향을 주지 않는다.
- 대립가설(H_1): CEO지원은 목표몰입과 동기부여를 매개로 지속사용의도에 영향을 준다.

실습 데이터	제13장 PROCESS 매개효과분석 데이터2
분석방법 메뉴 선택	분석-회귀분석-PROCESS V4.2 by Andrew F. Hayes

1) 실습 과정

❶ [파일-열기-데이터]를 선택한 후 실습 데이터 파일이 있는 위치로 찾아가서 [제13장 PROCESS 매개효과분석 데이터2]를 연다.

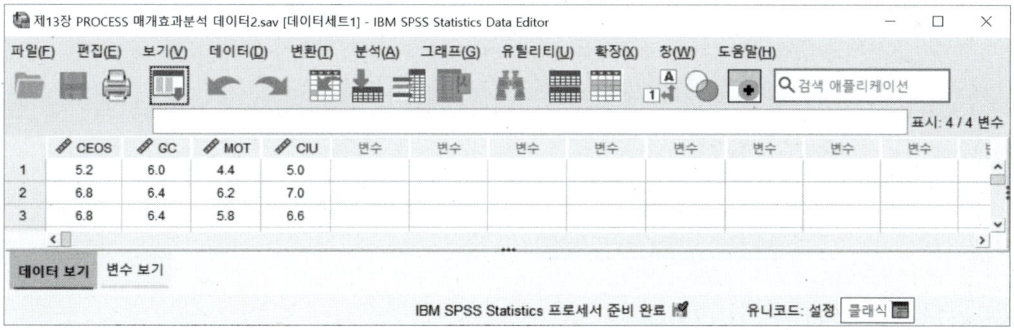

❷ [파일-회귀분석-PROCESS V4.2 by Andrew F. Hayes]로 들어간다. 초기화면의 왼쪽 [Variable]에 있는 변수들을 오른쪽의 [Y variable]에는 종속변수인 [CIU], [X variable]에는 독립변수인 [CEOS], [Mediator M]에는 매개변수인 [GC]와 [MOT]를 이동시킨다. [Model number]는 이 실습 연구모형에 해당하는 [6]을 선택한다. [Confidence interval], [Number of bootstrap samples]는 그대로 둔다.

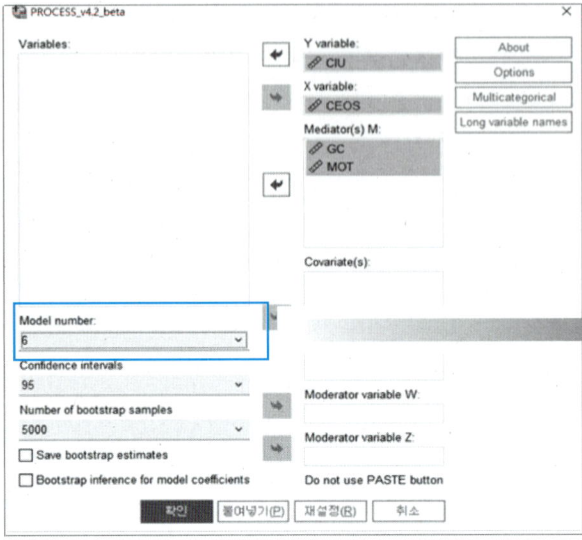

분석하고자 하는 연구모델에 부합하는 모델 번호(Model number)의 지정: 1~92번 중에서 [6]번 선택

❸ 초기화면의 오른쪽 상단에 있는 [Long variable names]로 들어간 후 [I accept the risk of incorrect output]를 항상 습관적으로 체크한다.

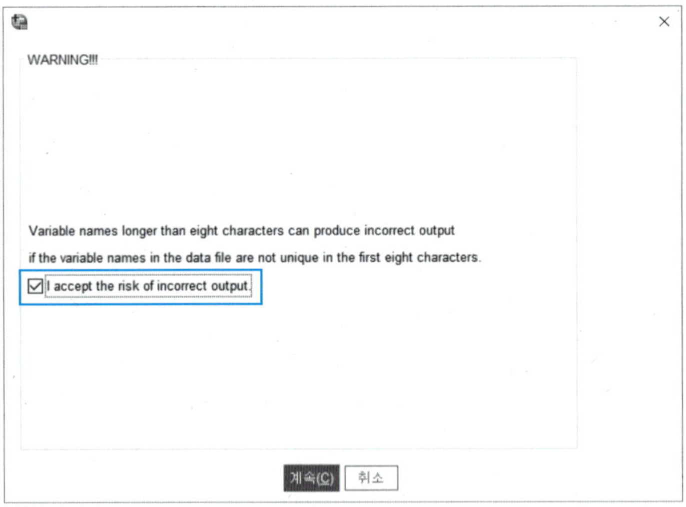

❹ 화면 우측 상단에 있는 [Options] 버튼을 클릭해 들어간 후 [Show total effect model(only models 4, 6, 80, 81, 82)], [Pairwise contrasts of indirect effects]을 체크해 지정한다. 분석 결과가 출력될 때 [소수점 이하 자릿수(Decimal places in output)]를 정해 주어야 하는데, 이 실습에서는 [3]을 선택한 후 [계속] 버튼을 클릭한다. [확인] 버튼을 클릭하면 매개효과분석이 실행된다. [Pairwise contrasts of indirect effects]를 체크하면 여러 간접경로가 있는 경우 비교 대상이 되는 두 개 간접경로 간의 크기가 서로 유의한 차이가 있는지를 보여준다.

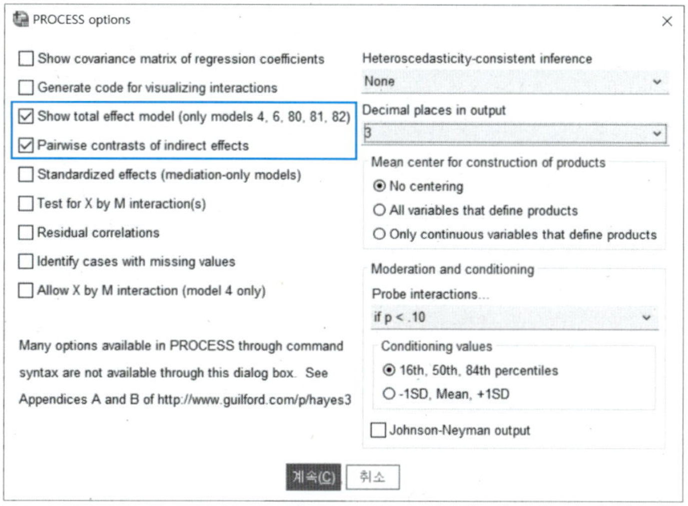

2) 주요 분석 결과

매개효과분석 결과의 출력물을 제시하면 다음과 같다.

| 연구모델과 표본 수 요약 |

사용된 Model number, 변수명, 표본크기 등에 대한 정보가 출력된다. 학습자들은 내가 선택한 모델번호와 변수들이 제대로 적용되었는지를 확인하는 습관을 가지는 것이 필요하다. 여기에서는 모델 [6]번이 적용되었음을 보여준다.

```
**************************************************************************
Model  : 6
    Y  : CIU
    X  : CEOS
   M1  : GC
   M2  : MOT

Sample
Size:  204
```

| 독립변수가 매개변수에 미치는 영향의 회귀분석 결과 |

CEOS를 독립변수로 하고 GC를 매개변수(종속변수)로 회귀분석한 결과이다. CEOS가 GC를 설명하는 설명력은 0.233으로 23.3%를 설명하고 있다. CEOS의 비표준화회귀계수(B)는 0.365(p<0.001)로 유의수준 0.001에서 GC에 유의한 영향을 주었다.

```
**************************************************************************
OUTCOME VARIABLE:
 GC

Model Summary
          R       R-sq        MSE          F        df1        df2          p
       .483       .233       .448     61.437      1.000    202.000       .000

Model
              coeff         se          t          p       LLCI       ULCI
constant      4.079       .258     15.790       .000      3.569      4.588
CEOS           .365       .047      7.838       .000       .273       .456
```

| 독립변수가 매개변수에 미치는 영향의 회귀분석 결과 |

독립변수인 CEOS와 GC가 매개변수인 MOT에 미치는 영향을 알아보기 위해서 회귀분석한 결과이다. CEOS와 GC가 MOT를 설명하는 설명력은 0.347로 34.7%를 설명하고 있다. CEOS의 비표준화회귀계수(B)는 0.340(p<0.001)으로 유의수준 0.001에서 MOT에 유의한 영향을 주었다. GC의 비표준화회귀계수(B)는 0.411(p<0.001)로 유의수준 0.001에서 MOT에 유의한 영향을 주었다.

```
******************************************************************************
OUTCOME VARIABLE:
 MOT

Model Summary
          R       R-sq       MSE          F        df1        df2          p
       .589       .347      .609     53.292      2.000    201.000       .000

Model
              coeff         se          t          p       LLCI       ULCI
constant      1.024       .450      2.273       .024       .136      1.912
CEOS           .340       .062      5.483       .000       .218       .462
GC             .411       .082      5.012       .000       .250       .573
```

| 독립변수와 매개변수가 종속변수에 미치는 영향의 회귀분석 결과 |

독립변수인 CEOS와 GC, 매개변수인 MOT가 종속변수인 CIU에 미치는 영향을 분석하였다. CEOS(B=0.416, p<0.001), GC(B=0.322, p<0.001), MOT(B=0.296, p<0.001)는 모두 유의수준 0.001에서 CIU에 영향을 주었다.

```
******************************************************************************
OUTCOME VARIABLE:
 CIU

Model Summary
          R       R-sq       MSE          F        df1        df2          p
       .752       .566      .476     86.812      3.000    200.000       .000

Model
              coeff         se          t          p       LLCI       ULCI
constant       .120       .403       .298       .766      -.674       .915
CEOS           .416       .059      7.088       .000       .300       .532
GC             .322       .077      4.184       .000       .170       .474
MOT            .296       .062      4.757       .000       .174       .419
```

| 독립변수가 종속변수에 미치는 영향의 총효과모형 회귀분석 결과 |

독립변수인 CEOS가 종속변수인 CIU에 미치는 영향을 분석하였다. CEOS는 유의수준 0.001에서 CIU에 유의한 영향(B=0.679, p<0.001)을 주었다.

```
**************************** TOTAL EFFECT MODEL ******************************
OUTCOME VARIABLE:
 CIU

Model Summary
          R       R-sq        MSE          F        df1        df2          p
       .660       .435       .612    155.615      1.000    202.000       .000

Model
              coeff         se          t          p       LLCI       ULCI
constant      2.234       .302      7.395       .000      1.638      2.830
CEOS           .679       .054     12.475       .000       .572       .786
```

| 총효과, 직접효과 및 간접효과의 회귀분석 결과 |

총효과는 0.679, 직접효과는 0.416, 총간접효과는 0.263이었으며 총효과에 비해 직접효과가 감소하였음을 알 수 있다. 개별간접효과1(CEOS → GC → CIU)의 간접효과인 0.117은 신뢰구간 [0.025, 0.265]에 0을 포함하고 있지 않으므로 유의하며 매개효과가 있다. 개별간접효과2(CEOS → MOT → CIU)의 간접효과인 0.101은 신뢰구간 [0.031, 0.190]에 0을 포함하고 있지 않으므로 유의하며 매개효과가 있다. 개별간접효과3(CEOS → GC → MOT → CIU)의 간접효과인 0.044는 신뢰구간 [0.015, 0.086]에 0을 포함하고 있지 않으므로 유의하며 매개효과가 있다. 개별간접효과의 크기 간에 유의한 차이가 있는지를 알아보기 위해서 개별간접효과 간의 크기를 비교한 결과 유의적인 차이가 없었다.

```
*************** TOTAL, DIRECT, AND INDIRECT EFFECTS OF X ON Y ***************

Total effect of X on Y
     Effect         se          t          p       LLCI       ULCI
       .679       .054     12.475       .000       .572       .786

Direct effect of X on Y
     Effect         se          t          p       LLCI       ULCI
       .416       .059      7.088       .000       .300       .532

Indirect effect(s) of X on Y:
           Effect     BootSE   BootLLCI   BootULCI
TOTAL        .263       .070       .145       .415
Ind1         .117       .062       .025       .265
Ind2         .101       .041       .031       .190
Ind3         .044       .018       .015       .086
(C1)         .017       .085      -.126       .205
(C2)         .073       .062      -.020       .220
(C3)         .056       .042      -.018       .148

Specific indirect effect contrast definition(s):
(C1)          Ind1      minus      Ind2
(C2)          Ind1      minus      Ind3
(C3)          Ind2      minus      Ind3

Indirect effect key:
Ind1 CEOS        ->     GC         ->     CIU
Ind2 CEOS        ->     MOT        ->     CIU
Ind3 CEOS        ->     GC         ->     MOT        ->     CIU
```

3) PROCESS macro를 이용한 매개효과분석 결과의 제시와 해석

CEO지원과 지속사용의도의 관계에서 목표몰입과 동기부여의 직렬 이중매개효과를 검증하기 위해서 PROCESS macro 4.0을 이용하여 분석하였으며, 그 결과는 다음과 같다. 분석 결과를 요약하면 첫째, CEO지원은 목표몰입에 정적으로 유의한 영향(B=0.365, t=7.838, $p<0.001$)을 주었다. 둘째, CEO지원(B=0.340, t=5.483, $p<0.001$)과 목표몰입(B=0.411, t=5.012, $p<0.001$)은 동기부여에 정적으로 유의한 영향을 주었다. 셋째, CEO지원(B=0.416, t=7.088, $p<0.001$), 목표몰입(B=0.322, t=4.184, $p<0.001$), 동기부여(B=0.296, t=4.757, $p<0.001$)는 지속사용의도에 정적으로 유의한 영향을 주었다.

표 13-4 CEO지원과 지속사용의도 간의 관계에서 목표몰입과 동기부여의 매개효과검증 결과

경로	B	SE	t	95% CI	
				LLCI	ULCI
CEO지원 → 목표몰입	0.365	0.047	7.838***	0.273	0.456
CEO지원 → 동기부여	0.340	0.062	5.483***	0.218	0.462
목표몰입 → 동기부여	0.411	0.082	5.012***	0.250	0.573
CEO지원 → 지속사용의도	0.416	0.059	7.088***	0.300	0.532
목표몰입 → 지속사용의도	0.322	0.077	4.184***	0.170	0.474
동기부여 → 지속사용의도	0.296	0.062	4.757***	0.174	0.419

***$p<0.001$
LLCI는 95% 부트스트랩 신뢰구간의 하한값, ULCI는 95% 부트스트랩 신뢰구간의 상한값

독립변수인 목표수준과 종속변수인 지속사용의도 간의 관계에서 매개변수인 목표몰입이 매개영향을 미치는지를 알아보기 위해서 부트스트랩 표본 수를 5,000회로 하여 부트스트래핑을 수행한 결과는 다음과 같다.

표 13-5 CEO지원과 지속사용의도 간의 관계에서 목표몰입과 동기부여의 간접효과검증 결과

간접효과 경로	Effect	BootSE	95% BootCI	
			LLCI	ULCI
전체	0.263	0.070	0.145	0.415
CEO지원 → 목표몰입 → 지속사용의도(Ind1)	0.117	0.062	0.025	0.265
CEO지원 → 동기부여 → 지속사용의도(Ind2)	0.101	0.041	0.031	0.190
CEO지원 → 목표몰입 → 동기부여 → 지속사용의도(Ind3)	0.044	0.018	0.015	0.086
(C1) Ind1-Ind2	0.017	0.085	-0.126	0.205
(C2) Ind1-Ind3	0.073	0.062	-0.020	0.220
(C3) Ind2-Ind3	0.056	0.042	-0.018	0.148

C는 차이 비교(Contrast), Ind는 간접효과(Indirect effect)의 약어임

총효과는 0.679, 직접효과는 0.416, 총간접효과는 0.263이었으며 총효과에 비해 직접효과가 감소하였음을 알 수 있다. 개별간접효과의 검증 결과 먼저, 개별간접효과1(CEOS → GC → CIU)의 간접효과인 0.117은 신뢰구간 [0.025, 0.265]에 0을 포함하고 있지 않으므

로 유의하며 매개효과가 있다. 다음으로, 개별간접효과2(CEOS → MOT → CIU)의 간접효과인 0.101은 신뢰구간 [0.031, 0.190]에 0을 포함하고 있지 않으므로 유의하며 매개효과가 있다. 마지막으로, 개별간접효과3(CEOS → GC → MOT → CIU)의 간접효과인 0.044는 신뢰구간 [0.015, 0.086]에 0을 포함하고 있지 않으므로 유의하며 매개효과가 있다. 또한 개별간접효과의 크기 차이를 비교 검증한 결과 크기 차이는 유의적이지 않은 것으로 나타났다.

통계 실습 13-3 PROCESS macro를 이용한 매개효과분석 실습

다음의 가상회사에서 스마트폰 사용자 100명을 대상으로 조사한 [제13장 PROCESS 매개효과분석 데이터3]을 이용해서 매개효과분석을 실습하고 간접효과의 통계적 유의성을 검증하시오.

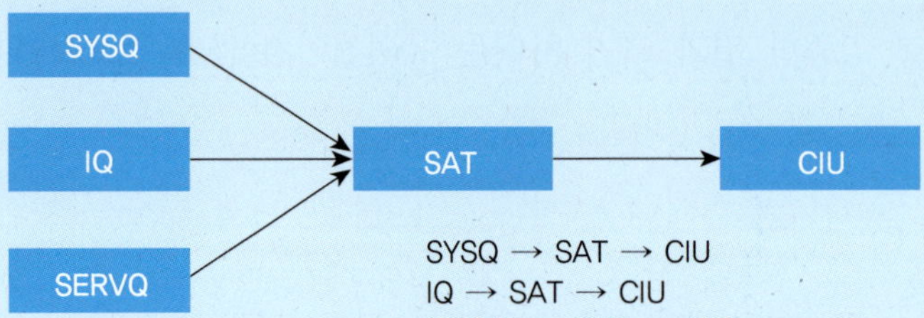

SYSQ → SAT → CIU
IQ → SAT → CIU
SERVQ → SAT → CIU

SYSQ: 시스템품질
IQ: 정보품질
SERVQ: 서비스품질
SAT: 만족도
CIU: 지속사용의도

Model number: 4

✔ 실습 데이터

ID	SYSQ	IQ	SERVQ	SAT	CIU
1	3.67	3.00	3.00	3.00	3.33
2	2.67	3.00	3.00	3.00	3.00
…	…	…	…	…	…
100	3.33	3.00	3.00	3.00	3.00

총 사례 수는 100개임

- SYSQ(시스템품질) → 연속형 변수(독립변수)
- IQ(정보품질) → 연속형 변수(독립변수)
- SERVQ(서비스품질) → 연속형 변수(독립변수)
- SAT(만족도) → 연속형 변수(매개변수)
- CIU(지속사용의도) → 연속형 변수(종속변수)
- 연간급여 → 연속형 변수(종속변수)

✔ 가설 1

- 귀무가설(H_0): 시스템품질은 만족도를 매개로 지속사용의도에 영향을 주지 않는다.
- 대립가설(H_1): 시스템품질은 만족도를 매개로 지속사용의도에 영향을 준다.

☑ 가설 2

- 귀무가설(H_0): 정보품질은 만족도를 매개로 지속사용의도에 영향을 주지 않는다.
- 대립가설(H_1): 정보품질은 만족도를 매개로 지속사용의도에 영향을 준다.

☑ 가설 3

- 대립가설(H_1): 서비스품질은 만족도를 매개로 지속사용의도에 영향을 주지 않는다.
- 대립가설(H_1): 서비스품질은 만족도를 매개로 지속사용의도에 영향을 준다.

실습 데이터	제13장 PROCESS 매개효과분석 데이터3
분석방법 메뉴 선택	분석-회귀분석-PROCESS V4.2 by Andrew F. Hayes

1) 실습 과정

❶ [파일-열기-데이터]를 선택한 후 실습 데이터 파일이 있는 위치로 찾아가서 [제13장 PROCESS 매개효과분석 데이터3]을 연다.

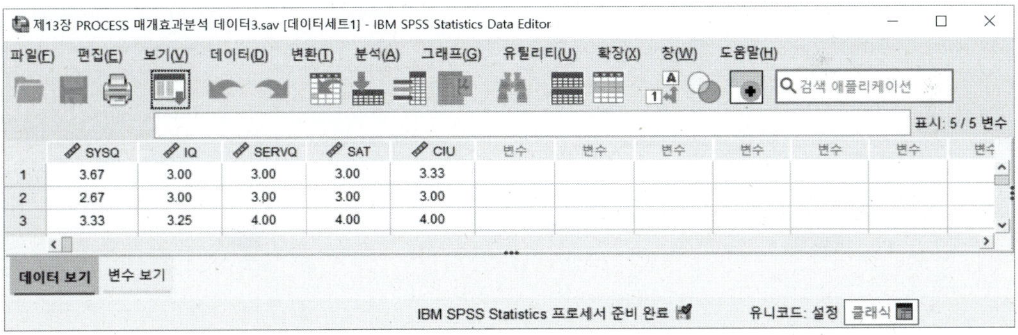

❷ [분석-회귀분석-PROCESS V4.2 by Andrew F. Hayes]로 들어간다. PROCESS macro는 독립변수인 [X variable]과 종속변수인 [Y variable]에 각각 1개의 변수만 투입할 수 있도록 되어 있다. 따라서 한 번에 세 개의 독립변수를 동시에 투입시켜서 분석할 수는 없다. 그러므로 이 실습 문제의 경우에는 세 번의 추정을 해야 한다. 예컨대 [X variable]에 독립변수인 [SYSQ]를 투입하고 나머지 [IQ]와 [SERVQ]는 통제변수(Control variables)로 [Covariate]에 투입해야 한다. 먼저, 첫 번째 매개효과 추정을 위해 초기화면의 왼쪽 [Variable]에 있는

변수들을 오른쪽의 [Y variable]에는 종속변수인 [CIU], [X variable]에는 독립변수인 [SYSQ], [Mediator M]에는 매개변수인 [SAT]을 이동시킨다. [Covariate]에는 [IQ]와 [SERVQ]를 이동시킨다. [Model number]는 이 실습 연구모형에 해당하는 [4]를 선택한다. [Confidence interval], [Number of bootstrap samples]는 그대로 둔다. [Options] 버튼을 클릭해 들어간 후 [Show total effect model(only models 4,6,80,81,82)]를 체크해 지정한다. [소수점 이하 자릿수(Decimal places in output)]는 [3]을 선택한다. 오른쪽 상단에 있는 [Long variable names]로 들어간 후 [I accept the risk of incorrect output]를 항상 습관적으로 체크한다. [계속] 버튼을 클릭하고 [확인] 버튼을 클릭하면 첫 번째 매개효과분석이 실행된다.

첫 번째: 매개효과 추정 1

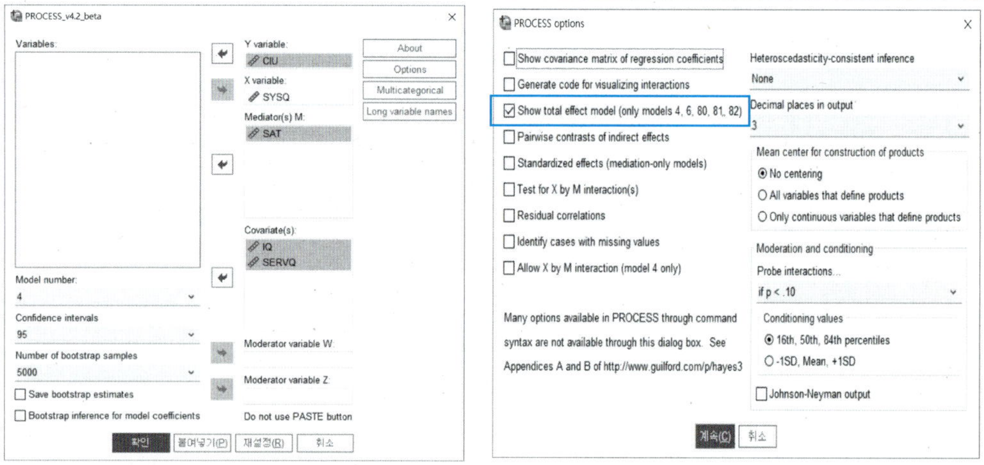

❸ 다음으로, 두 번째 매개효과 추정을 위해 [분석-회귀분석-PROCESS V4.2 by Andrew F. Hayes]로 들어간다. 초기화면의 왼쪽 [Variable]에 있는 변수들을 오른쪽의 [Y variable]에는 종속변수인 [CIU], [X variable]에는 독립변수인 [IQ], [Mediator M]에는 매개변수인 [SAT]을 이동시킨다. [Covariate]에는 [SYSQ]와 [SERVQ]를 이동시킨다. 나머지 옵션들은 이미 ❷에서 지정했으므로 다시 입력할 필요가 없으며 그대로 두면 된다. [확인] 버튼을 클릭하면 두 번째 매개효과분석이 실행된다.

❹ 마지막으로, 세 번째 매개효과 추정을 위해 [분석–회귀분석–PROCESS V4.2 by Andrew F. Hayes]로 들어간다. 초기화면의 왼쪽 [Variable]에 있는 변수들을 오른쪽의 [Y variable]에는 종속변수인 [CIU], [X variable]에는 독립변수인 [SERVQ], [Mediator M]에는 매개변수인 [SAT]을 이동시킨다. [Covariate]에는 [SYSQ]와 [IQ]를 이동시킨다. 나머지 옵션들은 이미 ❷에서 지정했으므로 다시 입력할 필요가 없으며 그대로 두면 된다. [확인] 버튼을 클릭하면 세 번째 매개효과분석이 실행된다.

두 번째: 매개효과 추정 2

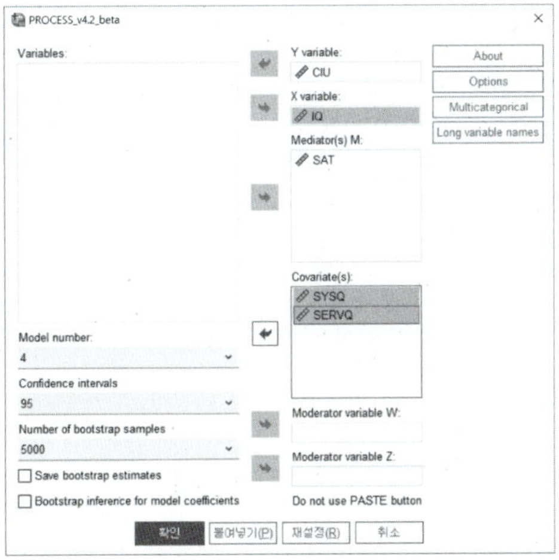

세 번째: 매개효과 추정 3

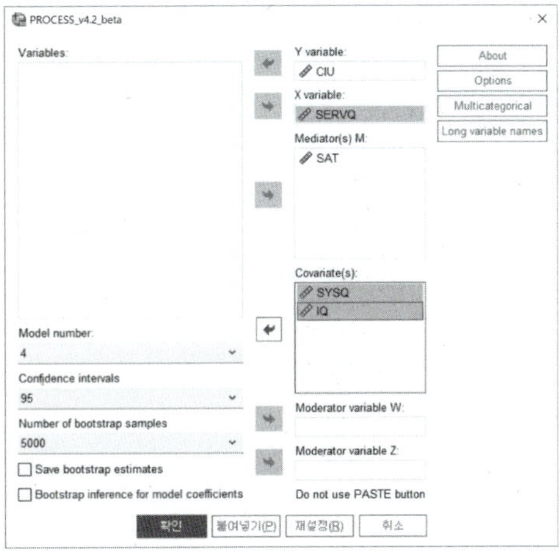

2) 주요 분석 결과

매개효과분석 결과의 출력물을 제시하면 다음과 같다.

■ 매개효과분석 추정 1

| 연구모델과 표본 수 요약 |

사용된 Model number, 변수명, 표본크기 등에 대한 정보가 출력된다. 여기에서는 모델 [4]번이 선택되었고 IQ와 SERVQ는 통제변수로 투입되었음을 보여준다.

```
**************************************************************************
Model  : 4
    Y  : CIU
    X  : SYSQ
    M  : SAT

Covariates:
 IQ       SERVQ

Sample
Size:  100
```

| 독립변수가 매개변수에 미치는 영향의 회귀분석 결과 |

SYSQ, IQ, SERVQ를 독립변수로 하고 SAT를 매개변수(종속변수)로 회귀분석한 결과이다. 세 개의 독립변수들이 매개변수를 설명하는 설명력은 0.405로 40.5%를 설명하고 있다. IQ는 $p<0.05$이어서 SAT에 유의한 영향을 주었으나 SYSQ, SERVQ는 모두 $p>0.05$이어서 SAT에 유의한 영향을 주지 않았다.

```
**************************************************************************
OUTCOME VARIABLE:
 SAT

Model Summary
          R       R-sq        MSE          F        df1        df2          p
       .636       .405       .212     21.773      3.000     96.000       .000

Model
              coeff         se          t          p       LLCI       ULCI
constant      1.275       .299      4.265       .000       .682      1.868
SYSQ           .074       .137       .539       .591      -.198       .346
IQ             .396       .153      2.588       .011       .092       .700
SERVQ          .195       .113      1.726       .088      -.029       .420
```

| 독립변수와 매개변수가 종속변수에 미치는 영향의 회귀분석 결과 |

독립변수와 매개변수가 종속변수에 미치는 영향을 분석한 결과 SYSQ, IQ, SERVQ를 종속변수인 CIU에 유의한 영향($p>0.05$)을 미치지 않았다. 그러나 매개변수인 SAT은 CIU에 유의하게 영향($B=0.801$, $p<0.001$)을 주었다.

```
**************************************************************************
OUTCOME VARIABLE:
 CIU

Model Summary
          R       R-sq        MSE          F        df1        df2          p
       .811       .657       .120     45.576      4.000     95.000       .000

Model
              coeff         se          t          p       LLCI       ULCI
constant       .685       .245      2.791       .006       .198      1.172
SYSQ           .136       .103      1.321       .190      -.069       .342
SAT            .801       .077     10.424       .000       .648       .954
IQ            -.035       .119      -.294       .769      -.272       .201
SERVQ         -.085       .087      -.977       .331      -.256       .087
```

| 독립변수가 종속변수에 미치는 영향의 총효과모형 회귀분석 결과 |

독립변수들은 모두 종속변수인 CIU에 유의한 영향($p>0.05$)을 미치지 않았다.

```
************************** TOTAL EFFECT MODEL ****************************
OUTCOME VARIABLE:
 CIU

Model Summary
          R       R-sq        MSE          F        df1        df2          p
       .515       .266       .255     11.572      3.000     96.000       .000

Model
              coeff         se          t          p       LLCI       ULCI
constant      1.706       .328      5.205       .000      1.056      2.357
SYSQ           .196       .150      1.302       .196      -.103       .494
IQ             .282       .168      1.681       .096      -.051       .615
SERVQ          .072       .124       .579       .564      -.175       .318
```

| 총효과, 직접효과 및 간접효과의 회귀분석 결과 |

총효과는 0.196이고 직접효과는 0.136으로 약간 감소하였다. 그러나 간접효과 0.059는 신뢰구간 [−0.120, 0.241]에 0을 포함하고 있으므로 유의하지 않으며 매개효과가 없음을 알 수 있다.

```
*************** TOTAL, DIRECT, AND INDIRECT EFFECTS OF X ON Y ***************

Total effect of X on Y
     Effect         se          t          p       LLCI       ULCI
       .196       .150      1.302       .196      -.103       .494

Direct effect of X on Y
     Effect         se          t          p       LLCI       ULCI
       .136       .103      1.321       .190      -.069       .342

Indirect effect(s) of X on Y:
        Effect     BootSE   BootLLCI   BootULCI
SAT       .059       .092      -.120       .241
```

■ 매개효과분석 추정 2

| 연구모델과 표본 수 요약 |

사용된 Model number, 변수명, 표본크기 등에 대한 정보가 출력된다. 여기에서는 모델은 [4]번이 선택되었고 SYSQ와 SERVQ는 통제변수로 투입되었음을 보여준다.

```
**************************************************************************
Model  : 4
    Y  : CIU
    X  : IQ
    M  : SAT

Covariates:
 SYSQ     SERVQ

Sample
Size:  100
```

| 독립변수가 매개변수에 미치는 영향의 회귀분석 결과 |

SYSQ, IQ, SERVQ를 독립변수로 하고 SAT를 매개변수(종속변수)로 회귀분석한 결과이다. 독립변수들이 매개변수를 설명하는 설명력은 0.405로 40.5%를 설명하고 있다. IQ는 $p<0.05$이어서 SAT에 유의한 영향을 주었으나 SYSQ, SERVQ는 모두 $p>0.05$이어서 SAT에 유의한 영향을 주지 않았다.

```
**************************************************************************
OUTCOME VARIABLE:
 SAT

Model Summary
          R       R-sq       MSE         F       df1        df2          p
       .636       .405      .212    21.773     3.000     96.000       .000

Model
              coeff         se          t          p       LLCI       ULCI
constant      1.275       .299      4.265       .000       .682      1.868
IQ             .396       .153      2.588       .011       .092       .700
SYSQ           .074       .137       .539       .591      -.198       .346
SERVQ          .195       .113      1.726       .088      -.029       .420
```

| 독립변수와 매개변수가 종속변수에 미치는 영향의 회귀분석 결과 |

독립변수와 매개변수가 종속변수에 미치는 영향을 분석한 결과 SYSQ, IQ, SERVQ를 종속변수인 CIU에 유의한 영향($p>0.05$)을 주지 않았다. 그러나 매개변수인 SAT은 CIU에 유의하게 영향($B=0.801$, $p<0.001$)을 주었다.

```
**************************************************************************
OUTCOME VARIABLE:
 CIU

Model Summary
          R       R-sq       MSE         F       df1        df2          p
       .811       .657      .120    45.576     4.000     95.000       .000

Model
              coeff         se          t          p       LLCI       ULCI
constant       .685       .245      2.791       .006       .198      1.172
IQ            -.035       .119      -.294       .769      -.272       .201
SAT            .801       .077     10.424       .000       .648       .954
SYSQ           .136       .103      1.321       .190      -.069       .342
SERVQ         -.085       .087      -.977       .331      -.256       .087
```

| 독립변수가 종속변수에 미치는 영향의 총효과모형 회귀분석 결과 |

독립변수들은 모두 종속변수인 CIU에 유의한 영향($p>0.05$)을 미치지 않았다.

```
*************************** TOTAL EFFECT MODEL ****************************
OUTCOME VARIABLE:
 CIU

Model Summary
          R       R-sq        MSE          F        df1        df2          p
       .515       .266       .255     11.572      3.000     96.000       .000

Model
              coeff         se          t          p       LLCI       ULCI
constant      1.706       .328      5.205       .000      1.056      2.357
IQ             .282       .168      1.681       .096      -.051       .615
SYSQ           .196       .150      1.302       .196      -.103       .494
SERVQ          .072       .124       .579       .564      -.175       .318
```

| 총효과, 직접효과 및 간접효과의 회귀분석 결과 |

총효과는 0.282이고 직접효과는 −0.035이어서 감소하였다. 간접효과 0.317은 신뢰구간 [0.036, 0.594]에 0을 포함하고 있지 않으므로 유의하며 매개효과가 있음을 알 수 있다.

```
************** TOTAL, DIRECT, AND INDIRECT EFFECTS OF X ON Y **************

Total effect of X on Y
     Effect         se          t          p       LLCI       ULCI
       .282       .168      1.681       .096      -.051       .615

Direct effect of X on Y
     Effect         se          t          p       LLCI       ULCI
      -.035       .119      -.294       .769      -.272       .201

Indirect effect(s) of X on Y:
         Effect     BootSE   BootLLCI   BootULCI
SAT        .317       .142       .036       .594
```

■ 매개효과분석 추정 3

| 연구모델과 표본 수 요약 |

사용된 Model number, 변수명, 표본크기 등에 대한 정보가 출력된다. 여기에서는 모델 [4]번이 선택되었고 SYSQ와 IQ는 통제변수로 투입되었음을 보여준다.

```
**************************************************************************
Model  : 4
    Y  : CIU
    X  : SERVQ
    M  : SAT

Covariates:
 SYSQ      IQ

Sample
Size:  100
```

| 독립변수가 매개변수에 미치는 영향의 회귀분석 결과 |

SYSQ, IQ, SERVQ를 독립변수로 하고 SAT를 매개변수(종속변수)로 회귀분석한 결과이다. 독립변수들이 매개변수를 설명하는 설명력은 0.405로 40.5%를 설명하고 있다. IQ(B=0.396)는 $p<0.05$이어서 SAT에 유의한 영향을 주었으나 SYSQ, SERVQ는 모두 $p>0.05$이어서 SAT에 유의한 영향을 주지 않았다.

```
**************************************************************************
OUTCOME VARIABLE:
 SAT

Model Summary
          R       R-sq        MSE          F        df1        df2          p
       .636       .405       .212     21.773      3.000     96.000       .000

Model
              coeff         se          t          p       LLCI       ULCI
constant      1.275       .299      4.265       .000       .682      1.868
SERVQ          .195       .113      1.726       .088      -.029       .420
SYSQ           .074       .137       .539       .591      -.198       .346
IQ             .396       .153      2.588       .011       .092       .700
```

| 독립변수와 매개변수가 종속변수에 미치는 영향의 회귀분석 결과 |

독립변수와 매개변수가 종속변수에 미치는 영향을 분석한 결과 SYSQ, IQ, SERVQ를 종속변수인 CIU에 유의한 영향($p>0.05$)을 미치지 않았다. 그러나 매개변수인 SAT은 CIU에 유의하게 영향(B=0.801, $p<0.001$)을 주었다.

```
**************************************************************************
OUTCOME VARIABLE:
 CIU

Model Summary
          R       R-sq        MSE          F        df1        df2          p
       .811       .657       .120     45.576      4.000     95.000       .000

Model
              coeff         se          t          p       LLCI       ULCI
constant       .685       .245      2.791       .006       .198      1.172
SERVQ         -.085       .087      -.977       .331      -.256       .087
SAT            .801       .077     10.424       .000       .648       .954
SYSQ           .136       .103      1.321       .190      -.069       .342
IQ            -.035       .119      -.294       .769      -.272       .201
```

| 독립변수가 종속변수에 미치는 영향의 총효과모형 회귀분석 결과 |

독립변수들은 모두 종속변수인 CIU에 유의한 영향($p>0.05$)을 미치지 않았다.

```
************************** TOTAL EFFECT MODEL ****************************
OUTCOME VARIABLE:
 CIU

Model Summary
          R       R-sq        MSE          F        df1        df2          p
       .515       .266       .255     11.572      3.000     96.000       .000

Model
              coeff         se          t          p       LLCI       ULCI
constant      1.706       .328      5.205       .000      1.056      2.357
SERVQ          .072       .124       .579       .564      -.175       .318
SYSQ           .196       .150      1.302       .196      -.103       .494
IQ             .282       .168      1.681       .096      -.051       .615
```

| 총효과, 직접효과 및 간접효과의 회귀분석 결과 |

총효과는 0.072이고 직접효과는 −0.085이어서 감소하였다. 간접효과 0.157은 신뢰구간 [0.003, 0.321]에 0을 포함하고 있지 않으므로 유의하며 매개효과가 있음을 알 수 있다.

```
************** TOTAL, DIRECT, AND INDIRECT EFFECTS OF X ON Y **************

Total effect of X on Y
     Effect         se          t          p       LLCI       ULCI
       .072       .124       .579       .564      -.175       .318

Direct effect of X on Y
     Effect         se          t          p       LLCI       ULCI
      -.085       .087      -.977       .331      -.256       .087

Indirect effect(s) of X on Y:
          Effect     BootSE   BootLLCI   BootULCI
SAT         .157       .082       .003       .321
```

3) PROCESS macro를 이용한 매개효과분석 결과의 제시와 해석

시스템품질, 정보품질, 서비스품질과 지속사용의도의 관계에서 만족도의 매개효과를 검증하기 위해서 PROCESS macro 4.0을 이용하여 분석하였다. 세부적으로는 시스템품질과 지속사용의도 간의 관계에서 만족도가 매개영향을 미치는지, 정보품질과 지속사용의도 간의 관계에서 만족도가 매개영향을 미치는지, 서비스품질과 지속사용의도 간의 관계에서 만족도가 매개영향을 미치는지에 대한 세 번의 매개효과분석을 실시하였다. 따라서 분석 결과를 각각 구분해 제시하기로 한다.

첫째, 시스템품질과 지속사용의도의 관계에서 만족도가 매개영향을 미치는지를 분석한 결과는 다음과 같다. 독립변수인 시스템품질은 매개변수인 만족도에 유의한 영향(B=0.074, $p>0.05$)을 주지 않았다. 독립변수인 시스템품질은 종속변수인 지속사용의도에 유의한 영향

표 13-6 시스템품질과 지속사용의도의 관계에서 만족도의 매개효과검증 결과

경로	B	SE	t	95% CI	
				LLCI	ULCI
시스템품질 → 만족도	0.074	0.137	0.539	−0.198	0.345
시스템품질 → 지속사용의도	0.136	0.103	1.321	−0.069	0.342
만족도 → 지속사용의도	0.801	0.077	10.424***	0.648	0.954

***$p<0.001$
LLCI는 95% 부트스트랩 신뢰구간의 하한값, ULCI는 95% 부트스트랩 신뢰구간의 상한값

(B=0.136, $p>0.05$)을 주지 않았다. 매개변수인 만족도는 종속변수인 지속사용의도에 유의한 영향(B=0.801, $p<0.001$)을 주었다.

독립변수인 시스템품질과 종속변수인 지속사용의도 간의 관계에서 만족도의 매개영향을 미치는지를 알아보기 위해서 부트스트랩 표본 수를 5,000회로 하여 부트스트래핑을 수행한 결과는 다음과 같다.

표 13-7 시스템품질과 지속사용의도의 관계에서 만족도의 간접효과검증 결과

간접경로	Effect	BootSE	95% 부트스트랩 CI	
			LLCI	ULCI
시스템품질 → 만족도 → 지속사용의도	0.059	0.092	−0.120	0.241

총효과는 0.196, 직접효과는 0.136, 간접효과는 0.059이었으며 총효과에 비해 직접효과가 감소한 것으로 나타났다. 시스템품질이 만족도를 매개로 하여 지속사용의도에 미치는 간접효과 0.059는 신뢰구간 [−0.120, 0.241]에 0을 포함하고 있으므로 유의하지 않으며 매개효과가 없는 것으로 나타났다.

둘째, 정보품질과 지속사용의도의 관계에서 만족도가 매개영향을 미치는지를 분석한 결과는 다음과 같다. 독립변수인 정보품질은 매개변수인 만족도에 유의한 영향(B=0.396, $p<0.05$)을 주었다. 독립변수인 정보품질은 종속변수인 지속사용의도에 유의한 영향(B=−0.035, $p>0.05$)을 주지 않았다. 매개변수인 만족도는 종속변수인 지속사용의도에 유의한 영향(B=0.801, $p<0.001$)을 주었다.

표 13-8 정보품질과 지속사용의도의 관계에서 만족도의 매개효과검증 결과

경로	B	SE	t	95% CI	
				LLCI	ULCI
정보품질 → 만족도	0.396	0.153	2.588*	0.092	0.700
정보품질 → 지속사용의도	−0.035	0.119	−0.294	−0.272	0.201
만족도 → 지속사용의도	0.801	0.077	10.424***	0.648	0.954

*$p<0.05$, ***$p<0.001$

독립변수인 정보품질과 종속변수인 지속사용의도 간의 관계에서 만족도의 매개영향을 미치는지를 알아보기 위해서 부트스트랩 표본 수를 5,000회로 하여 부트스트래핑을 수행한 결과는 다음과 같다.

표 13-9 ▌정보품질과 지속사용의도의 관계에서 만족도의 간접효과검증 결과

간접경로	Effect	BootSE	95% 부트스트랩 CI	
			LLCI	ULCI
정보품질 → 만족도 → 지속사용의도	0.317	0.142	0.036	0.594

총효과는 0.282, 직접효과는 −0.035, 간접효과는 0.317이었으며 총효과에 비해 직접효과가 감소한 것으로 나타났다. 정보품질이 만족도를 매개로 하여 지속사용의도에 미치는 간접효과 0.317은 신뢰구간 [0.036, 0.594]에 0을 포함하고 있지 않으므로 유의하며 매개효과가 있는 것으로 나타났다.

셋째, 서비스품질과 지속사용의도의 관계에서 만족도가 매개영향을 미치는지를 분석한 결과는 다음과 같다. 독립변수인 서비스품질은 매개변수인 만족도에 유의한 영향($B=0.195$, $p>0.05$)을 주지 않았다. 독립변수인 서비스품질은 종속변수인 지속사용의도에 유의한 영향($B=-0.085$, $p>0.05$)을 주지 않았다. 매개변수인 만족도는 종속변수인 지속사용의도에 유의한 영향($B=0.801$, $p<0.001$)을 주었다.

표 13-10 ▌서비스품질과 지속사용의도의 관계에서 만족도의 매개효과검증 결과

경로	B	SE	t	95% CI	
				LLCI	ULCI
서비스품질 → 만족도	0.195	0/113	1.726	−0.029	0.420
서비스품질 → 지속사용의도	−0.085	0.087	−0.977	−0.256	0.087
만족도 → 지속사용의도	0.801	0.077	10.424***	0.648	0.954

***p<0.001

독립변수인 서비스품질과 종속변수인 지속사용의도 간의 관계에서 만족도의 매개영향을 미치는지를 알아보기 위해서 부트스트랩 표본 수를 5,000회로 하여 부트스트래핑을 수행한 결과는 다음과 같다.

표 13-11 서비스품질과 지속사용의도의 관계에서 만족도의 간접효과검증 결과

간접경로	Effect	BootSE	95% 부트스트랩 CI	
			LLCI	ULCI
서비스품질 → 만족도 → 지속사용의도	0.157	0.082	0.003	0.321

총효과는 0.072, 직접효과는 −0.085, 간접효과는 0.157이었으며 총효과에 비해 직접효과가 감소한 것으로 나타났다. 정보품질이 만족도를 매개로 하여 지속사용의도에 미치는 간접효과 0.157은 신뢰구간 [0.003, 0.321]에 0을 포함하고 있지 않으므로 유의하며 매개효과가 있는 것으로 나타났다.

제14장

PROCESS macro 4.0을 이용한 조절효과분석

Moderated Effect Analysis using PROCESS macro 4.0

1 PROCESS macro 4.0을 이용한 조절효과분석의 개요

조절효과분석(Moderated effect analysis, or Moderation analysis using multiple regression)에 대해서는 이미 제11장에서 자세하게 설명하였다. 따라서 조절효과분석에 대한 전반적인 이해가 필요한 독자는 제11장을 학습한 후에 이 장을 학습할 것을 권유한다. 여기에서는 PROCESS macro 4.0을 이용하는 것이 SPSS를 이용한 조절효과분석과 어떠한 차이점이 있는지에 대해서만 간략하게 제시하기로 한다.

- 조절효과분석이란 독립변수와 종속변수 간의 관계의 강도(Strength)와 크기 그리고 방향(Size and Direction)이 조절변수의 수준(예: M–1SD, M, M+1SD)에 따라서 어떻게 달라지는가를 분석하는 것을 말한다. 이때 관계의 강도와 크기를 달라지게 하는 변수를 조절변수(Moderator)라 한다.
- 조절효과검증은 보통 독립변수와 조절변수의 곱으로 만들어지는 상호작용항 변수의 회귀계수가 유의적인지, 그렇지 않은지를 검증하게 되는데, 이를 PROCESS macro에서는 총체적 검증(Omnibus test)이라고 한다. 그러나 이러한 검증은 조절변수의 어떤 수준에서 조절효과가 있는지에 대해서는 정보를 제공하지 않는다.
- PROCESS macro에서는 조절효과분석 결과 조절효과가 있는 것으로 분석되었다면 조절변수의 어떤 수준에서 조절효과가 존재하는지에 대한 조건부효과검증(Conditonal effect test)을 수행한다. 이를 조절효과의 사후검증(Post hoc probing)이라 한다. 이의 검증 방법으로는 단순기울기검증(Simple slope test)이 많이 사용된다. 단순기울기

검증은 조절변수의 특정 값(수준)을 임의로 선택한 후 이를 기준으로 단순기울기를 분석한다. 이에서는 조절변수를 보통 세 개의 값으로 세분화시켜서 조절효과를 제시한다.

- 단순기울기검증 방법에는 다음의 두 가지 방법이 많이 사용된다. ① Aiken & West(1991)의 방법[1]: 알려진 3개의 특정값 선택 방법(이분형 조절변수는 2개)으로 이를 위해서는 [Conditioning values]에서 [16th, 50th, 84th percentiles]나 [M−1SD, M, M+1SD]를 체크해야 한다. ② Johnson–Neyman 방법(J–N기법)[2]: 보다 상세한 조절변수 값을 선택하는 방법(W를 임의로 22개의 값으로 나누어 분석함)이며 이를 위해서는 [Johnson–Neyman output]를 선택해야 한다. 이 방법은 조절변수의 전체 영역에서 조절효과가 유의한 영역이 어디인가를 분석하는 것을 말한다.
- Johnson–Neyman 방법(J–N기법)은 조절변수가 연속형 변수인 경우에만 사용가능하다. 다중조절모델에서는 이 방법을 선택해도 결과를 제시해주지 않는다.
- 단순기울기분석과 Johnson–Neyman 방법은 다양한 명칭으로 사용되고 있다. 전자는 특정값 선택법(Pick–a–point approach)으로도 불리고 있으며 후자는 J–N기법, 조명등분석법(Spotlight analysis), 유의영역접근법(Region of significance approach) 등의 명칭으로도 사용되고 있다.
- 조절효과분석에서 범주형 변수를 통제변수로 투입하고 싶으면 더미변수로 변환한 후에 투입한다.
- PROCESS macro에서는 모든 변수를 한 번에 투입시키는 동시 투입방식을 채택하고 있다.
- 조절변수는 범주형 변수와 연속형 변수가 모두 사용가능하다.
- 범주형 조절변수를 사용할 때 2개 범주만 있는 이분형 변수일 경우에는 원자료가 더미코딩(1,0)되어 있어야 한다.
- 독립변수와 조절변수가 3개 범주 이상의 다분형(Multicategorical)인 경우에는 [Multicategorical Variables]에서 [Indicator]를 체크하면 더미코딩으로 자동 변환시킨 후에 분석을 수행

---

1) Aiken, L. S., West, S. G., & Reno, R. R. (1991). *Multiple regression: Testing and interpreting interactions*. Sage.

2) Johnson, P. O. & Neyman, J. (1936). Tests of certain linear hypotheses and their applications to some educational problems. *Statistical Research Memoirs*, 1, 57–63.

할 수 있다. PROCESS macro에서는 4개의 코딩시스템(Indicator, Sequential, Helmert, Effect)을 제공하고 있으나 보통은 더미코딩 방식인 [Indicator]를 선택한다.

- 조절효과분석에서 상호작용 도표(Interaction plot)는 단순기울기들을 그려 놓은 것이다.
- 조절효과분석에서는 독립변수와 조절변수의 평균중심화(Mean centering)는 해도 되고 안 해도 문제가 되지는 않는다. 연구자들의 연구의 목적이 독립변수들의 예측 목적이 아니라 상호작용항 변수의 검증을 통해 조절효과분석을 수행하는 것이라면 평균중심화가 반드시 필요한 것은 아니다. 하지만 연구의 목적이 상호작용항 변수의 통계적 검증과 함께 독립변수들의 예측 목적을 가지고 있는 경우에는 변수의 평균중심화가 추천된다(이형권, 2018).[3] 이 책에서는 변수들 간의 다중공선성을 우회하고 분석 결과의 해석 용이성을 위해서 평균중심화를 하는 것을 기본으로 할 것이다.

2 회귀식을 이용한 조절효과분석의 이해

조절효과분석을 이해하기 위한 좋은 방법의 하나는 먼저, 조절효과의 개념적 모델(Conceptual model)과 통계적 모델(Statistical model)을 이해하는 것이다. 전자는 연구자가 선행연구를 통해 설정한 연구모델에 해당하며, 후자는 개념적 모델을 실제분석이 가능하도록 변환시킨 모델을 말한다. 다음으로, 노테이션(Notation)[4]을 이용해서 회귀식을 표기하고 이해하는 것이 필요하다. 처음에는 수학식으로 표현되는 회귀식이 다소 어렵고 생소할 수도 있으나 조절효과분석을 심층적으로 이해하는 데 있어서 반드시 거쳐야 하는 과정이다.

이 장에서는 조절변수가 하나만 있는 단순조절모델(Simple moderation model)과 조절변수가 2개 이상 있는 다중조절모델(Multiple moderation model)을 소개한다. 조절효과분석의 학습 과정에서 중요한 것은 PROCESS macro가 제공하는 각 모델 번호(Model number)의 조절효과분석을 위한 회귀식이 어떠한 노테이션으로 표기되어 있는가를 이해하는 것이다. 이외

3) 이형권. (2018). *Mplus를 이용한 매개효과와 조절효과 및 조절된 매개효과분석*. 신영사.
4) 회귀분석에서 노테이션이란 특수한 문자, 부호 등에 의한 표기, 표시를 말한다.

에도 조건부효과(Conditional effect) 등의 개념과 노테이션이 어떻게 표기되고 있는가에 대한 이해가 선행되어야 한다. 여기에서 소개할 조절된 매개효과모델의 번호는 1번과 2번이다. X는 독립변수, Y는 종속변수, W와 Z는 조절변수, I는 절편(상수), e는 오차를 나타낸다.

2.1 단순조절모델: Model number 1

단순조절모델(Simple moderation model)은 독립변수 X가 종속변수인 Y에 미치는 효과가 조절변수인 W에 의해서 조절되는지를 알아보기 위한 모델이다. 이는 조절변수의 수준에 따라서 독립변수가 종속변수에 미치는 영향의 크기나 방향이 달라지는 현상을 말하며, 보통 이를 조절효과(Moderation effect)라 한다.

단순조절모델은 [그림 14-1]에 제시된 것처럼 독립변수(X) 1개, 조절변수(W) 1개, 종속변수(Y) 1개, 독립변수와 조절변수의 곱(XW)인 상호작용항 변수 1개를 가지고 있다. 조절변수로는 범주형 변수와 연속형 변수가 모두 사용가능하다. 통계적 모델에서 a, b, c는 비표준화회귀계수를 나타낸다.

그림 14-1 PROCESS Model number 1의 개념적 모델과 통계적 모델

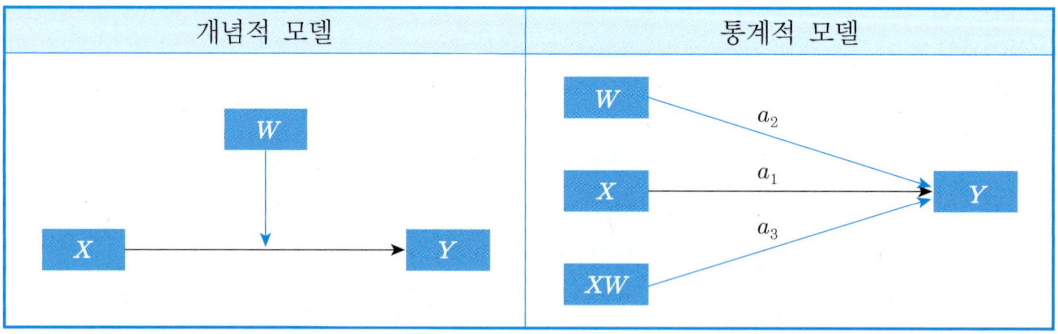

PROCESS macro에서는 그림에서 제시된 통계적 모델을 추정하려면 Y를 종속변수로 하는 1개의 회귀식을 만들어야 한다.

$$Y = i_Y + a_1 X + a_2 W + a_3 XW + e_Y \quad \text{(식 14.1)}$$

(식 4.1)을 X를 중심으로 재정리하면 다음과 같다.

$$Y = (i_Y + a_2 W) + (a_1 + a_3 W)X + e_Y \quad \text{(식 14.2)}$$

위 (식 14.1)에서 XW는 상호작용항(Interaction term) 변수라고 하며 a_3가 통계적으로 유의하면 조절효과가 있다고 해석한다. 그러나 이러한 총체적 검증만으로는 조절변수의 어떤 수준에서 조절효과가 있는지에 대한 상세한 정보를 제공해주지는 못한다. 따라서 총체적인 검증 결과 조절효과가 있는 것으로 확인되면 조건부효과검증(Conditional effect test)을 수행해야 한다. 이는 보통 조절효과의 사후검증이라고 한다. 여기에서 조건부효과(Conditional effect)란 조절변수의 여러 수준(is conditioned on)에서 한 변수가 다른 변수에 미치는 영향을 의미한다.

위 (식 14.2)에서 독립변수인 X가 종속변수인 Y에 주는 W의 조건부효과(Conditional effect)인 $\Theta_{X \rightarrow Y}$은 $[a_1 + a_3 W]$이며, 이는 조절변수 W(조절변수의 수준)가 주어진 경우에 독립변수인 X가 한 단위 변화하면 종속변수인 Y가 얼마만큼 변화하는지의 추정치이며 단순기울기(Simple slope)라고도 한다. 조건부효과검증은 단순기울기검증(Simple slope test)을 통해 수행한다. 보통 조절변수인 W의 세 가지 수준($M-SD$, M, $M+SD$)에서 X와 Y가 갖는 관계를 추정하고 검증한다(Aiken & West, 1991). 조절변수가 평균중심화되었다면 M은 0이 된다.

① $W=M-1SD$인 경우의 단순기울기(평균보다 1표준편차 아래인 경우):
$a_1 + a_3(M - 1SD)$

② $W=M$인 경우의 단순기울기(평균인 경우): $a_1 + a_3(M)$

③ $W=M+1SD$인 경우의 단순기울기(평균보다 1표준편차 위인 경우):
$a_1 + a_3(M + 1SD)$

2.2 다중조절모델: Model number 2

다중조절모델(Multiple moderation model)은 독립변수 X가 종속변수인 Y에 미치는 효과가 조절변수인 W와 Z에 의해서 조절되는지를 알아보기 위한 모델이다.

그림 14-2 | PROCESS Model number 2의 개념적 모델과 통계적 모델

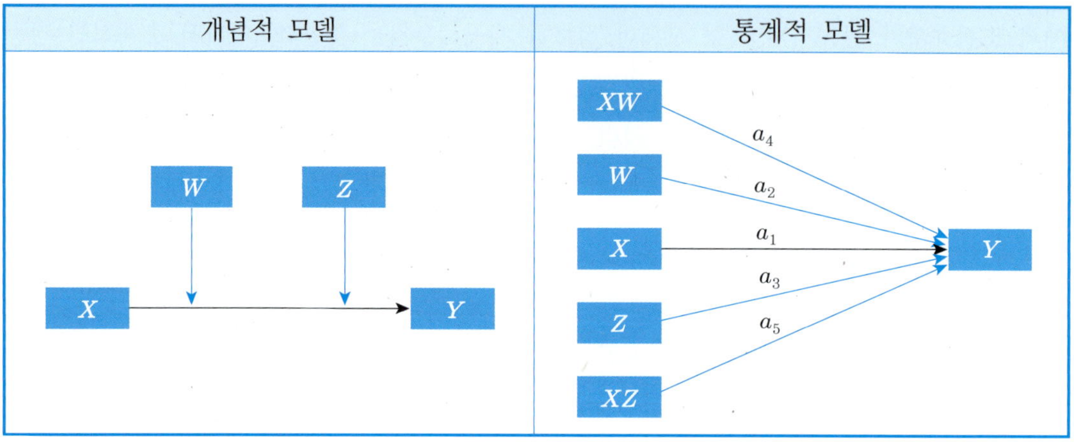

다중조절모델은 [그림 14-2]에 제시된 것처럼 독립변수(X) 1개, 조절변수(W와 Z) 2개, 종속변수(Y) 1개, 독립변수와 조절변수의 곱(XW과 XZ)인 상호작용항 변수 2개를 가지고 있다. 조절변수로는 범주형 변수와 연속형 변수가 모두 사용가능하다. 통계적 모델에서 a_1부터 a_5까지는 비표준화회귀계수를 나타낸다.

PROCESS macro에서는 그림에서 제시된 통계적 모델을 추정하려면 Y를 종속변수로 하는 1개의 회귀식을 만들어야 한다.

$$Y = i_Y + a_1 X + a_2 W + a_3 Z + a_4 XW + a_5 XZ + e_Y \qquad \text{(식 14.3)}$$

(식 14.3)을 X를 중심으로 재정리하면 다음과 같다.

$$Y = (i_Y + a_2 W + a_3 Z) + (a_1 + a_4 W + a_5 Z)X + e_Y \qquad \text{(식 14.4)}$$

위 (식 14.3)에서 XW와 XZ는 상호작용항(Interaction term) 변수라고 하며 a_4와 a_5가 통계적으로 유의하면 조절효과가 있다고 해석한다.

위 (식 14.4)에서 X가 Y에 주는 W와 Z의 조건부효과인 $\Theta_{X \to Y}$은 $[a_1 + a_4 W + a_5 Z]$이며, 이는 단순기울기(Simple slope)라 한다. 조건부효과검증은 단순기울기검증(Simple slope test)을 통해 수행한다. 조절변수가 2개인 다중조절모델의 경우에는 조절변수인 W와 Z의 아홉 가지 수준($M-1SD$, M, $M+1SD$)에서 X와 Y가 갖는 관계를 추정하고 검증한다.

① $W=M-1SD$이고 $Z=M-1SD$, M, $M+1SD$인 경우의 단순기울기

- $a_1 + a_4(M-1SD) + a_5(M-1SD)$
- $a_1 + a_4(M-1SD) + a_5(M)$
- $a_1 + a_4(M-1SD) + a_5(M+1SD)$

② $W=M$이고 $Z=M-1SD$, M, $M+1SD$인 경우의 단순기울기

- $a_1 + a_4(M) + a_5(M-1SD)$
- $a_1 + a_4(M) + a_5(M)$
- $a_1 + a_4(M) + a_5(M+1SD)$

③ $W=M+1SD$이고 $Z=M-1SD$, M, $M+1SD$인 경우의 단순기울기

- $a_1 + a_4(M+1SD) + a_5(M-1SD)$
- $a_1 + a_4(M+1SD) + a_5(M)$
- $a_1 + a_4(M+1SD) + a_5(M+1SD)$

3 PROCESS macro 4.0을 이용한 조절효과분석 실습

통계 실습 14-1 PROCESS macro를 이용한 범주형 조절변수의 조절효과분석 실습

다음의 가상회사의 직원 220명을 대상으로 조사한 [제14장 PROCESS 조절효과분석 데이터1]을 이용해서 독립변수인 사업성과가 종속변수인 회사 직원의 월급에 미치는 영향에 대하여 범주형 조절변수인 취업보장 여부가 조절하는지를 분석하기 위해서 조절효과분석을 실습하고 조절효과의 사후탐색도 수행하시오. 이 실습 자료는 [통계 실습 11-1]과 동일하나 취업보장 여부는 이분형 변수로 취업보장은 1로, 미보장은 0으로 코딩되어 있다.

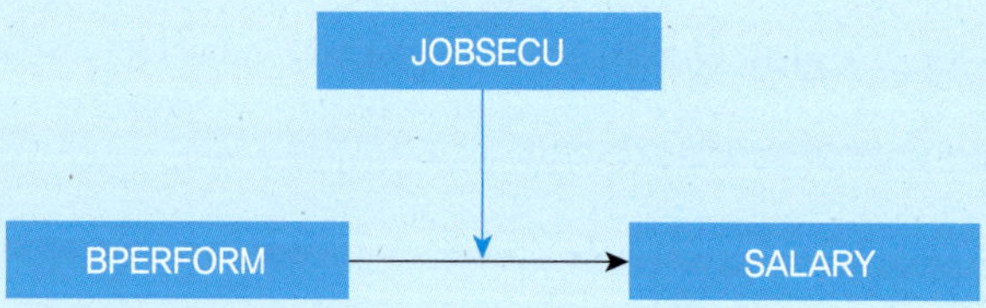

독립변수(X): 사업성과(BPERFORM)
조절변수(W): 취업보장 여부(JOBSECU)
종속변수(Y): 월급(SALARY)

Model number: 1

✔ 실습 데이터

ID	BPERFORM	JOBSECU	SALARY
1	36	0	634
2	15	0	20
…	…	…	…
220	24	1	1070

총 사례 수는 220개임

- BPERFORM(사업성과) → 연속형 변수(독립변수)
- JOBSECU(취업보장 여부) → 범주형 변수(조절변수): 취업보장 1, 취업미보장 2
- SALARY(월급) → 연속형 변수(종속변수)

☑ 가설

- 귀무가설(H_0): 취업보장 여부는 사업성과가 월급에 미치는 영향을 조절하지 않는다.
- 대립가설(H_1): 취업보장 여부는 사업성과가 월급에 미치는 영향을 조절한다.

실습 데이터	제14장 PROCESS 조절효과분석 데이터1
분석방법 메뉴 선택	분석–회귀분석–PROCESS V4.2 by Andrew F. Hayes

1) 실습 과정

❶ [파일–열기–데이터]를 선택한 후 실습 데이터 파일이 있는 위치로 찾아가서 [제14장 PROCESS 조절효과분석 데이터1]을 연다.

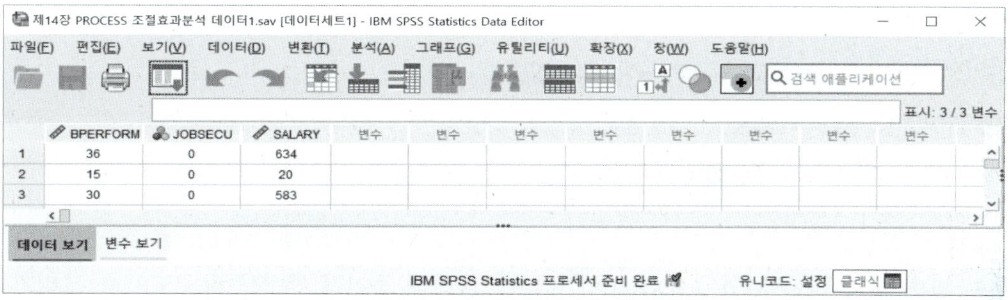

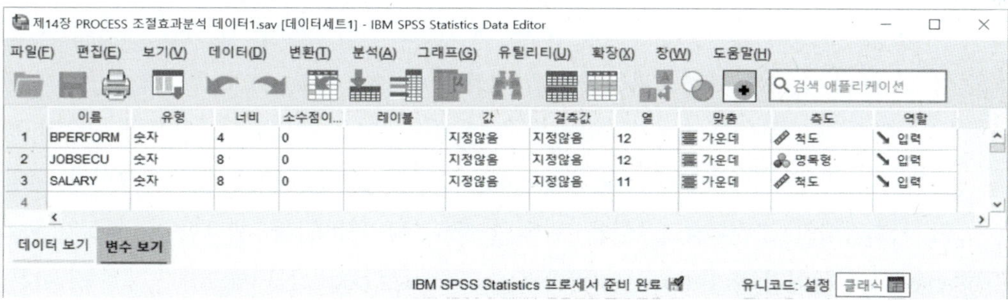

❷ [분석–회귀분석–PROCESS V4.2 by Andrew F. Hayes]로 들어간다. 초기화면의 왼쪽 [Variable]에 있는 변수들을 오른쪽의 [X variable]에는 독립변수인 [BPERFORM], [Y variable]에는 종속변수인 [SALARY], [Moderator variable W]에는 매개변수인 [JOBSECU]를 이동시킨다. [Model number]는 이 실습 연구모형에 해당하는 [1]을 선택한다.

[Confidence interval], [Number of bootstrap samples]는 그대로 둔다. 이는 디폴트 값인 95% 신뢰수준, 5,000회의 부트스트랩을 선택함을 의미한다. 연구자는 디폴트 값을 수정할 수 있다.

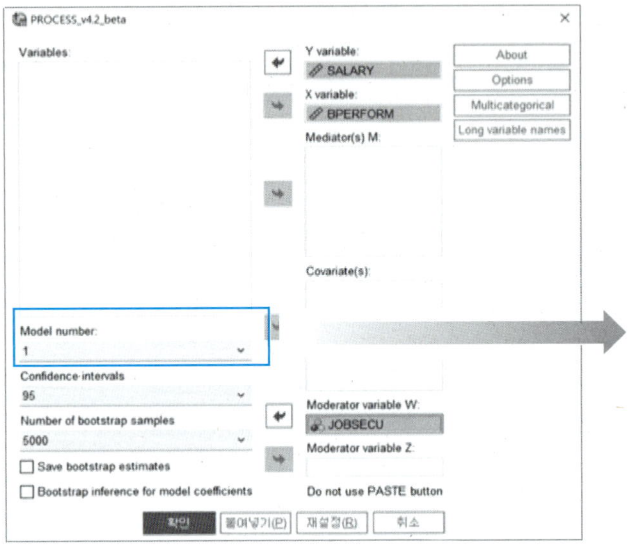

분석하고자 하는 연구모델에 부합하는 모델 번호(Model number)의 지정: 1~92번 중에서 [1]번 선택

❸ 화면 우측 상단에 있는 [Options] 버튼을 클릭해 들어간 후 상호작용 도표를 그리기 위한 데이터를 얻기 위해서 [Generate code for visualizing interactions]을 체크해 지정한다. 상호작용항 변수의 조절효과검증을 위해서 [Test for X by M interactions]를 체크한다. [소수점 이하 자릿수(Decimal places in output)]로 [3]을 선택한다. 연속형 변수만 평균중심화하기 위해서 [Only continuous variables that define products]를 체크한다. 조절효과의 사후탐색인 조건부효과검증을 위해 [−1SD, M, +1SD]를 체크한다. [Long variable names]로 들어간 후 [I accept the risk of incorrect output]를 체크한다. [계속] 버튼을 클릭한 후 [확인] 버튼을 클릭하면 조절효과분석이 실행된다.

☞ 범주형 조절변수이어서 [Johnshon−Neyman output]는 체크하지 않도록 한다. 범주형 조절변수인 [JOBSECU(취업보장 여부)]는 이분형 변수이므로 범주가 2개이어서 [Multicategorical]을 체크하지 않아도 된다. 범주가 3개 이상이면 [Multicategorical]에서 [Variable W]에 체크해야 한다.

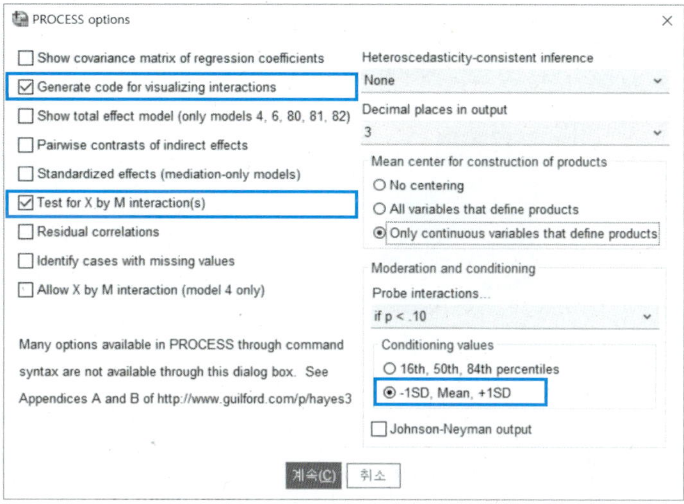

❹ 조절효과의 단순기울기분석을 위해서 상호작용 도표를 그린다.

상호작용 도표를 그리는 절차는 다음과 같다.

① PROCESS 실행 후 Output(출력물)에서 마우스를 두 번 클릭하면 출력물의 외곽선이 점선으로 변한다.

② 출력물 중에서 [DATA LIST FREE/부터 JOBSECU 뒤의 점]까지 마우스로 선택한 후 [복사](Copy)한다.

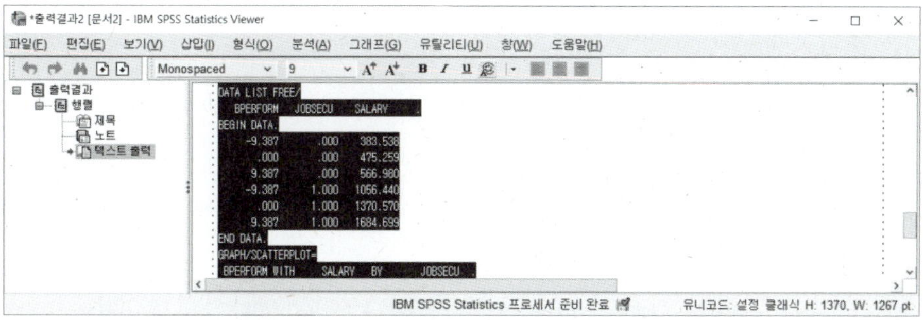

③ [파일-새로 만들기-명령문]으로 들어가서 명령문 화면 [IBM SPSS Statistics Syntax Editor]에 [붙여넣기](Paste)한다. [붙여넣기]가 완료되었으면 마우스로 전체 범위를 잡은 후에 화면 상단에 있는 [실행(▶)] 버튼을 클릭한다.

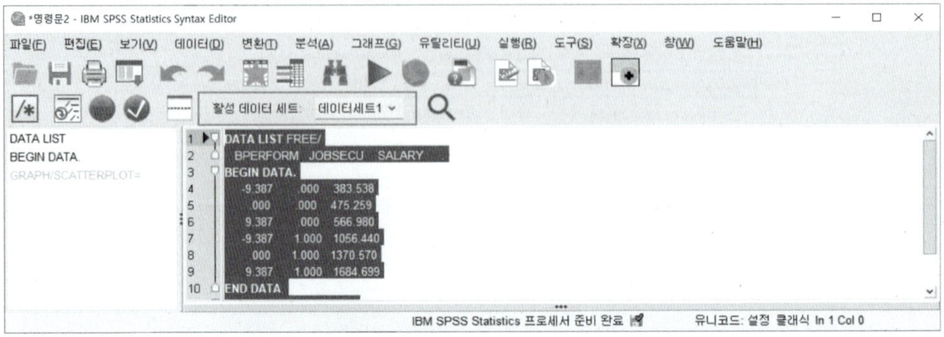

❺ 그러면 PROCESS macro 출력물 맨 뒤에 [그래프]가 추가된다. 그러나 그래프가 미려한 상태가 아니므로 다른 방법으로 수정하기로 한다(물론 이 그래프를 두 번 클릭하면 [도표 편집기]로 들어가며 여기에서 선 연결 등의 작업을 할 수 있으나 예쁘지 않다는 단점이 있다).

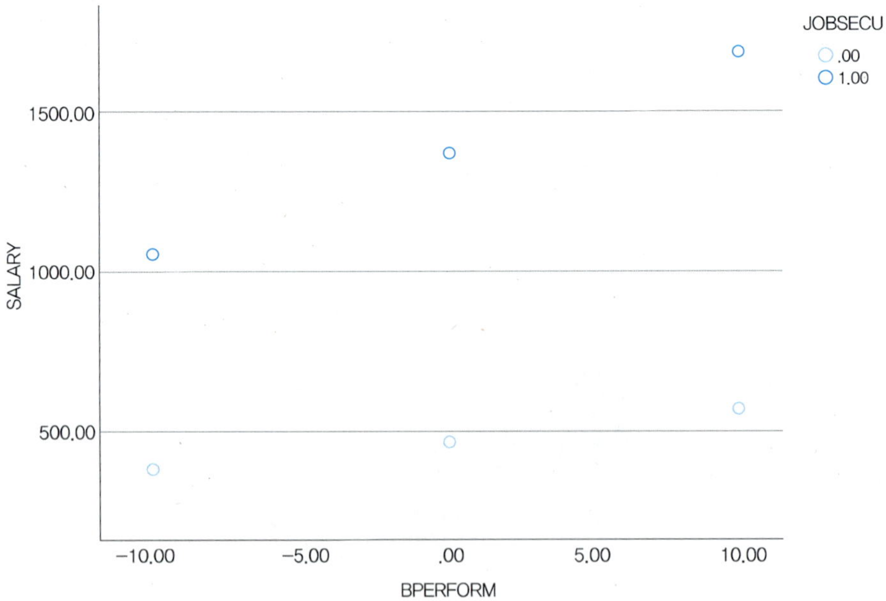

① 컴퓨터 화면 가장 아래에 있는 [작업 표시줄]의 SPSS 아이콘으로 마우스를 올려다 놓으면 몇 개의 파일들이 보인다. 맨 오른쪽에 있는 파일로 가면 다음과 같은 [IBM SPSS Statistics Data Editor]가 나타난다.

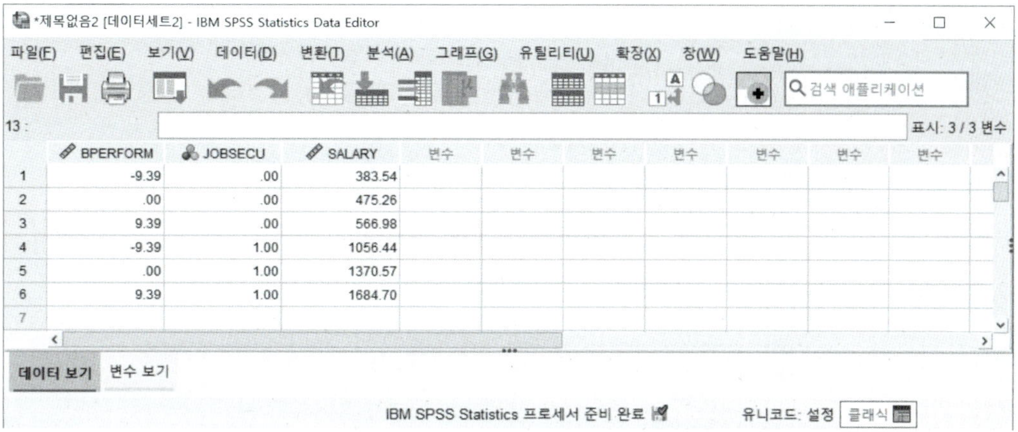

② 메뉴에서 [그래프-선형 차트-다중-정의]를 차례대로 클릭해 들어간다. [선 표시]에서 [기타 통계량(예: 평균)]을 체크한다. 종속변수(SALARY)는 [변수]에, 독립변수(BPERFORM)는 [범주축]에, 조절변수(JOBSECU)는 [선 기준변수]에 드래그하여 가져다 놓은 후 [확인] 버튼을 클릭한다. 그러면 PROCESS macro output의 맨 뒤에 [그래프]가 나타난다.

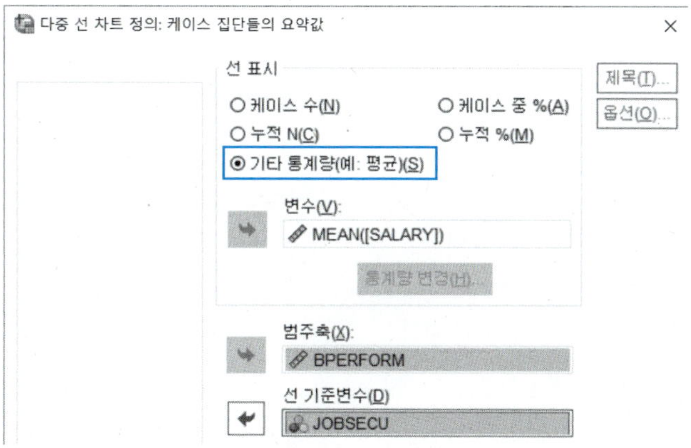

③ 그래프를 더블 클릭하면 [도표 편집기]에 조절효과 그래프가 나타난다. 학습자가 선 모양, 굵기 등과 가로축과 세로축의 글자 등을 수정할 수 있다. 다 완료되었으면 [닫기] 표시를 클릭해 마친다.

2) 주요 분석 결과

조절효과분석에 대한 주요 출력 결과를 제시하면 다음과 같다.

| 연구모델과 표본 수 요약 |

사용된 Model number, 변수명, 표본크기 등에 대한 정보가 출력된다. 모델 [1]번이 적용되었음을 보여준다.

```
**************************************************************************
Model  : 1
    Y  : SALARY
    X  : BPERFORM
    W  : JOBSECU

Sample
Size:  220
```

| 독립변수, 조절변수 및 상호작용항 변수가 종속변수에 미치는 영향 분석 결과 |

독립변수인 BPERFORM(사업성과), 조절변수인 JOBSECU(취업보장 여부) 및 상호작용항 변수인 BPERFORM×JOBSECU는 유의수준 0.001에서 종속변수인 SALARY(월급)에 유의한 영향을 주었다.

```
**************************************************************************
OUTCOME VARIABLE:
 SALARY

Model Summary
          R       R-sq        MSE          F        df1        df2          p
       .944       .891  28601.490    590.783      3.000    216.000       .000

Model
              coeff         se          t          p       LLCI       ULCI
constant    475.259     16.300     29.157       .000    443.132    507.386
BPERFORM      9.771      1.794      5.446       .000      6.235     13.308
JOBSECU     895.311     23.037     38.863       .000    849.903    940.718
Int_1        23.694      2.464      9.615       .000     18.837     28.551

Product terms key:
 Int_1    :        BPERFORM x        JOBSECU
```

| 상호작용항 변수의 추가에 따른 설명력 증가 결과 |

R^2 변화량은 상호작용항 변수가 없을 때와 있을 때의 R^2 변화이다.

상호작용항 변수인 BPERFORM×JOBSECU가 추가됨에 따른 R^2 변화량은 0.046으로 설명력이 4.6% 증가하였으며, 이는 통계적으로 유의($p<0.001$)하여 BPERFORM이 SALARY에 미치는 영향을 JOBSECU가 조절하고 있음이 검증되었다.

```
Test(s) of highest order unconditional interaction(s):
       R2-chng         F        df1        df2          p
X*W       .046    92.449      1.000    216.000       .000
----------
    Focal predict: BPERFORM (X)
          Mod var: JOBSECU  (W)
```

| 조절변수의 조건부효과검증 결과 |

조절변수의 특정값에서 독립변수인 BPERFORM이 종속변수인 SALARY에 미치는 영향에 대한 조건부효과를 검증한 결과, JOBSECU의 두 가지 수준인 1(취업보장)과 0(취업미보장)에서 모두 유의하였다. 이는 조절변수의 모든 수준에서 독립변수인 BPERFORM이 종속변수인 SALARY에 유의한 영향($p<0.001$)을 주고 있음을 의미한다.

Conditional effects of the focal predictor at values of the moderator(s):

JOBSECU	Effect	se	t	p	LLCI	ULCI
.000	9.771	1.794	5.446	.000	6.235	13.308
1.000	33.466	1.689	19.813	.000	30.136	36.795

| 상호작용 도표 결과 |

PROCESS macro를 이용해 그린 상호작용 도표는 다음과 같다.

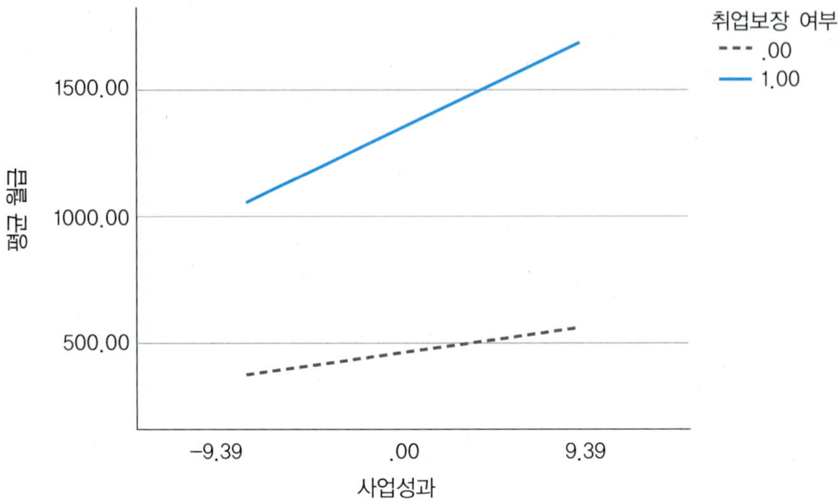

상호작용 도표와 조절효과분석 결과에 의하면 사업성과의 회귀계수 부호가 +이고 상호작용항 변수인 [사업성과×취업보장]의 회귀계수의 부호가 +이므로 '취업보장 여부는 사업성과가 월급에 미치는 영향을 강화시키고 있다'고 해석할 수 있다.

3) PROCESS macro를 이용한 조절효과분석 결과의 제시와 해석

기업의 사업성과와 월급 간의 관계에서 취업보장 여부가 조절영향을 미치는지를 검증하기 위해서 PROCESS macro의 모델 번호 1을 이용하였고, 부트스트래핑 5,000회 지정 및 신뢰구간 95%를 설정하였다. 독립변수 중에서 연속형 변수인 사업성과는 평균중심화하였으며, 조절효과분석을 실시한 결과는 다음과 같다.

표 14-1 **사업성과와 월급 간의 관계에서 취업보장여부의 조절효과에 대한 분석 결과** (N=220)

독립변수	B	SE	t
상수	475.259	16.300	29.157***
사업성과	9.771	1.794	5.446***
취업보장 여부	895.311	23.037	38.863***
사업성과×취업보장 여부	23.694	2.464	9.615***
R^2=0.891, F=590.783 (<0.001)			

***p<0.001, 종속변수: 월급, 참조범주: 취업미보장

독립변수인 사업성과는 종속변수인 월급에 정적으로 유의한 영향을 미쳤고(B=9.771, $p<0.001$), 조절변수인 취업보장 여부는 정적으로 월급에 유의한 영향을 주었다(B=895.311, $p<0.001$). 사업성과와 취업보장 여부의 상호작용항 변수는 정적으로 유의한 영향을 미쳐 조절효과가 있었다(B=23.694, $p<0.001$). 즉, 사업성과가 월급에 미치는 영향은 취업보장 여부의 정도에 따라 달라질 수 있음을 의미한다.

| 표 14-2 | 상호작용항 변수의 추가에 따른 R^2 변화량 결과 (N=220)

상호작용항 변수	R^2 변화량	F
사업성과×취업보장 여부	0.046	92.449***

***$p<0.001$

상호작용항 변수인 사업성과×취업보장 여부가 추가됨에 따른 R^2 변화량은 0.046으로 설명력이 4.6% 증가하였으며, 이는 통계적으로 유의($p<0.001$)하여 사업성과가 월급에 미치는 영향을 취업보장 여부가 조절하고 있음이 검증되었다.

| 표 14-3 | 조절변수의 특정값에서 사업성과가 월급에 미치는 영향에 대한 조건부효과검증 결과

취업보장 여부	Effect	SE	t	95% CI	
				LLCI	ULCI
0(취업미보장)	9.771	1.794	5.446***	6.235	13.308
1(취업보장)	33.466	1.689	19.813***	30.136	36.795

***$p<0.001$, LLCI는 95% CI의 하한값, ULCI는 95% CI의 상한값

조절변수의 특정값에서 독립변수인 사업성과가 종속변수인 월급에 미치는 영향에 대한 조건부효과를 검증한 결과, 취업보장 여부의 두 가지 수준인 1(취업보장)과 0(취업미보장)에서 모두 유의하였다. 이는 조절변수의 모든 수준에서 독립변수인 사업성과가 종속변수인 월급에 유의한 영향($p<0.001$)을 주고 있음을 의미한다.

취업보장 여부의 조절효과가 통계적으로 유의하게 나타났으므로 그 상호작용의 패턴을 확인하기 위해서 취업보장 여부를 취업보장집단과 취업미보장집단으로 각각 나누어 [그림 14-3]과 같이 상호작용 도표를 그려 보았다.

그림 14-3 ▌사업성과와 월급의 관계에서 취업보장 여부의 조절효과

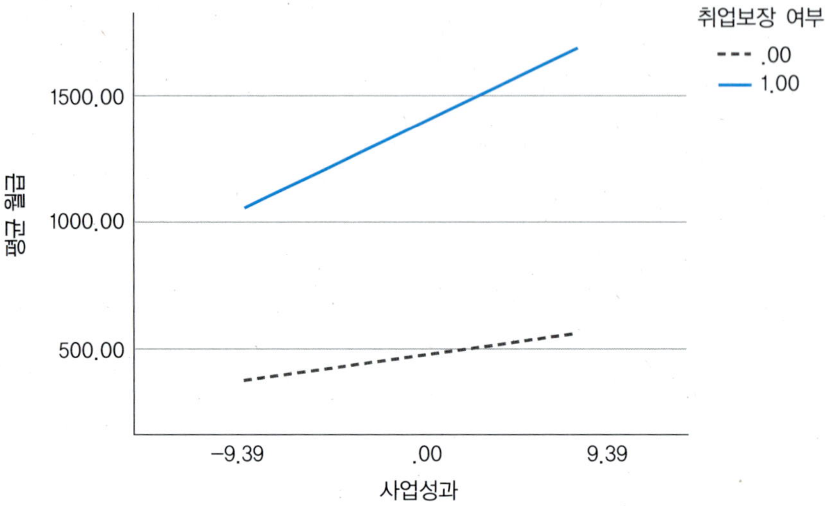

상호작용 도표와 조절효과분석 결과에 의하면 사업성과의 회귀계수 부호가 +이고 상호작용항 변수인 [사업성과×취업보장]의 회귀계수의 부호가 +이므로 '취업보장 여부는 사업성과가 월급에 미치는 영향을 강화시키고 있다'고 해석할 수 있다. 즉, 취업보장을 받은 집단이 보장받지 못한 집단보다 사업성과가 증가할수록 평균 월급이 높아지고 있음을 의미한다.

통계 실습 14-2 PROCESS macro를 이용한 연속형 조절변수의 조절효과분석 실습

다음의 가상회사의 직원 204명을 대상으로 조사한 [제14장 PROCESS 조절효과분석 데이터2]를 이용해서 독립변수인 CEO지원이 종속변수인 스마트공장의 지속사용의도에 미치는 영향에 대하여 연속형 조절변수인 동기부여가 조절하는지를 분석하기 위해서 조절효과분석을 실습하고 조절효과의 사후탐색도 수행하시오.

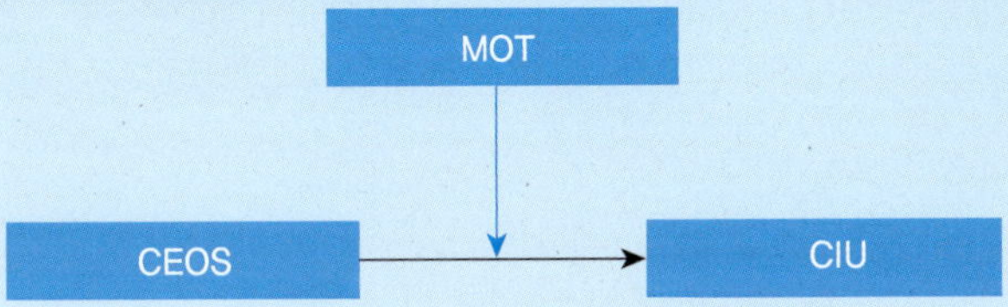

독립변수(X): CEOS(CEO지원))
조절변수(W): MOT(동기부여)
종속변수(Y): 지속사용의도(CIU)

Model number: 1

✔ 실습 데이터

ID	CEOS	MOT	CIU
1	5.2	4.4	5.0
2	6.8	6.2	7.0
…	…	…	…
204	5.4	5.6	5.6

총 사례 수는 204개임

- CEOS(CEO지원) → 연속형 변수(독립변수)
- MOT(동기부여) → 연속형 변수(조절변수)
- CIU(지속사용의도) → 연속형 변수(종속변수)

✔ 가설

- 귀무가설(H_0): 동기부여는 CEO지원이 지속사용의도에 미치는 영향을 조절하지 않는다.
- 대립가설(H_1): 동기부여는 CEO지원이 지속사용의도에 미치는 영향을 조절한다.

실습 데이터	제14장 PROCESS 조절효과분석 데이터2
분석방법 메뉴 선택	분석-회귀분석-PROCESS V4.2 by Andrew F. Hayes

1) 실습 과정

❶ [파일-열기-데이터]를 선택한 후 실습 데이터 파일이 있는 위치로 찾아가서 [제14장 PROCESS 조절효과분석 데이터2]를 연다.

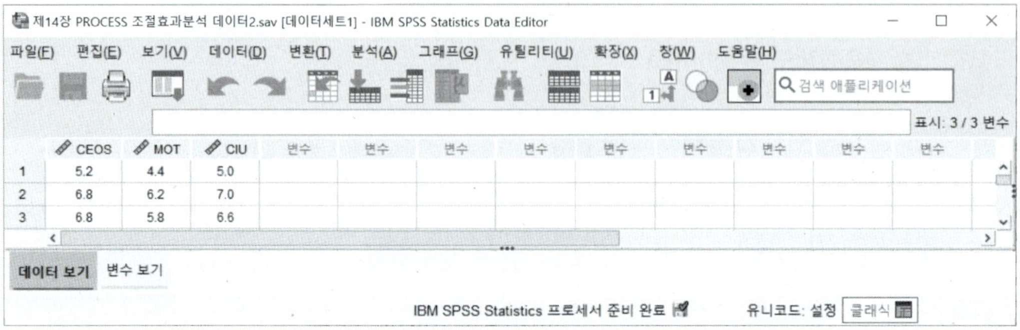

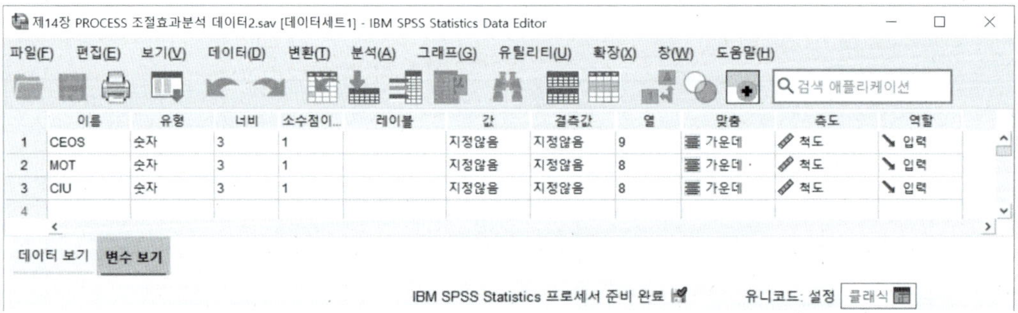

❷ [분석-회귀분석-PROCESS V4.2 by Andrew F. Hayes]로 들어간다. 초기화면의 왼쪽 [Variable]에 있는 변수들을 오른쪽의 [X variable]에는 독립변수인 [CEOS], [Y variable]에는 종속변수인 [CIU], [Moderator variable W]에는 매개변수인 [MOT]를 이동시킨다. [Model number]는 이 실습 연구모형에 해당하는 [1]을 선택한다. [Confidence interval], [Number of bootstrap samples]는 그대로 둔다. 이는 디폴트 값인 95% 신뢰수준, 5,000회의 부트스트랩을 선택함을 의미한다. 연구자는 디폴트 값을 수정할 수 있다.

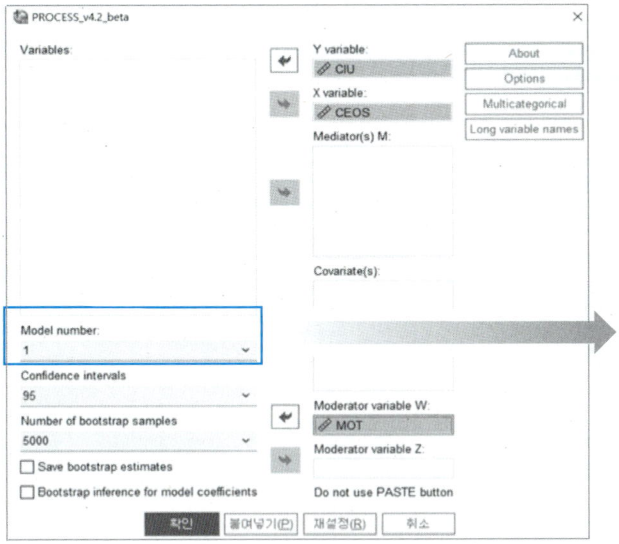

분석하고자 하는 연구모델에 부합하는 모델 번호(Model number)의 지정:
1~92번 중에서 [1]번 선택

❸ 화면 우측 상단에 있는 [Options] 버튼을 클릭해 들어간 후 상호작용 도표를 그리기 위한 데이터를 얻기 위해서 [Generate code for visualizing interactions]을 체크해 지정한다. 상호작용항 변수의 조절효과검증을 위해서 [Test for X by M interactions]를 체크한다. [소수점 이하 자릿수(Decimal places in output)]로 [3]을 선택한다. 연속형 변수만 평균중심화하기 위해서 [Only continuous variables that define products]를 체크한다. 조절효과의 사후탐색인 조건부검증을 위해 [−1SD, M, +1SD] 그리고 [Johnson−Neyman output]를 체크한다. [Long variable names]로 들어간 후 [I accept the risk of incorrect output]를 체크한다. [계속] 버튼을 클릭한 후 [확인] 버튼을 클릭하면 조절효과분석이 실행된다.

☞ 연속형 조절변수이므로 [Johnshon−Neyman output]를 체크한다.

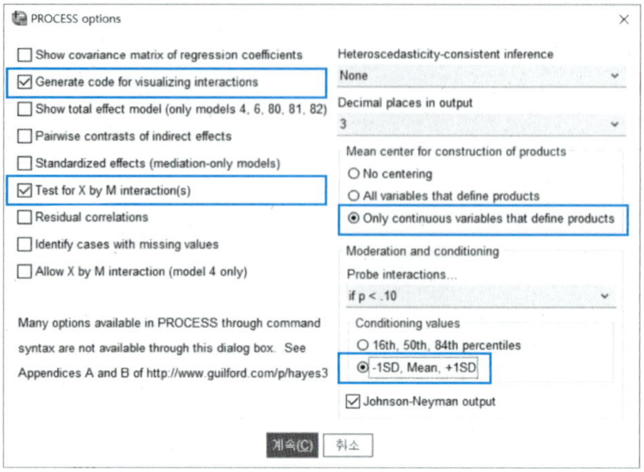

❹ 조절효과의 단순기울기분석을 위해서 상호작용 도표를 그린다.

상호작용 도표를 그리는 절차는 다음과 같다.

① PROCESS 실행 후 Output(출력물)에서 마우스를 두 번 클릭하면 출력물의 외곽선이 점선으로 변한다.

② 출력물 중에서 [DATA LIST FREE/부터 MOT 뒤의 점]까지 마우스로 선택한 후 [복사](Copy)한다.

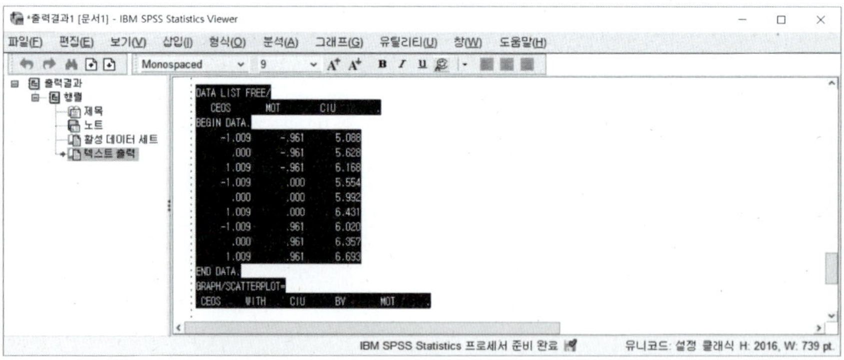

③ [파일-새로 만들기-명령문]으로 들어가서 명령문 화면 [IBM SPSS Statistics Syntax Editor]에 [붙여넣기](Paste)한다. [붙여넣기]가 완료되었으면 마우스로 전체 범위를 잡은 후에 화면 상단에 있는 [실행(▶)] 버튼을 클릭한다.

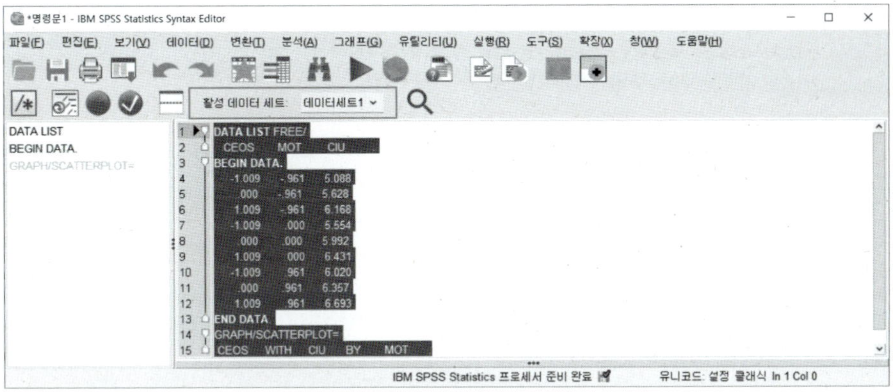

④ 그러면 PROCESS macro 출력물 맨 뒤에 [그래프]가 추가된다. 그러나 그래프가 미려한 상태가 아니므로 다른 방법으로 수정하기로 한다.

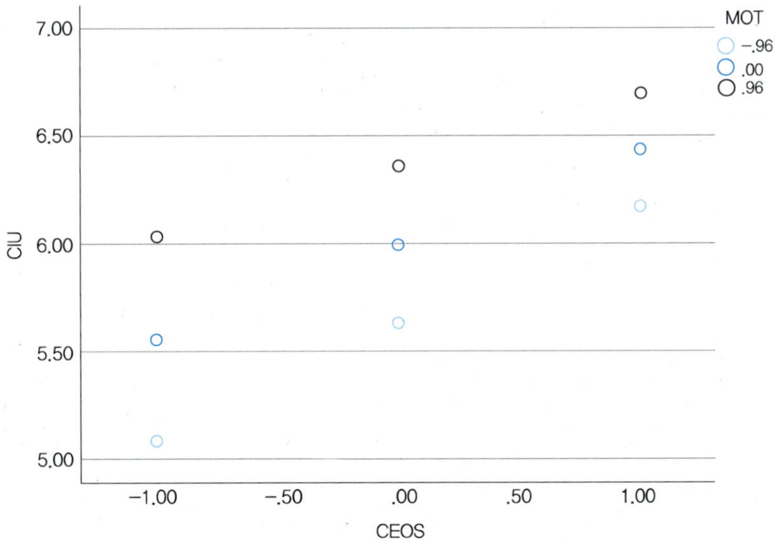

⑤ 컴퓨터 화면 가장 아래에 있는 [작업 표시줄]의 SPSS 아이콘으로 마우스를 올려다 놓으면 몇 개의 파일들이 보인다. 맨 오른쪽에 있는 파일로 가면 다음과 같은 [IBM SPSS Statistics Data Editor]가 나타난다.

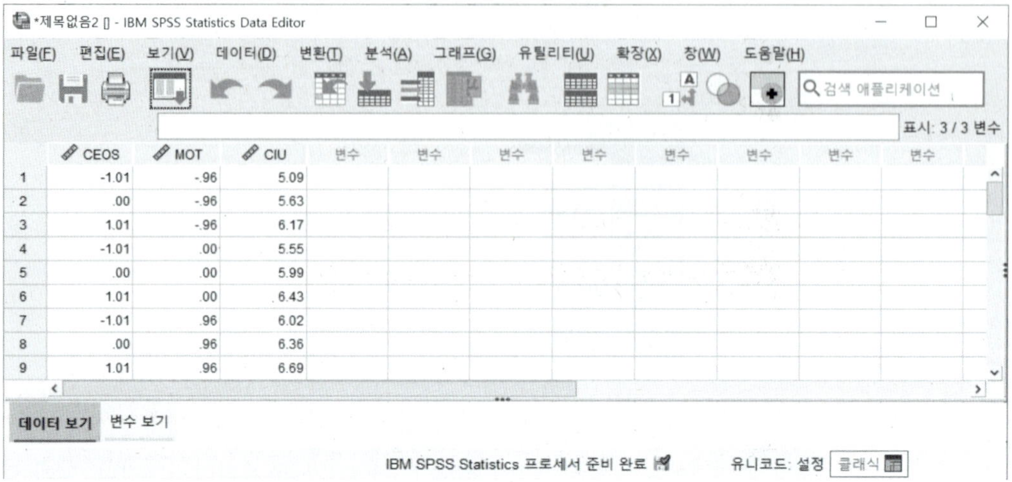

⑥ 메뉴에서 [그래프-선형 차트-다중-정의]를 차례대로 클릭해 들어간다. [선 표시]에서 [기타 통계량(예: 평균)]을 체크한다. 종속변수(CIU)는 [변수]에, 독립변수(CEOS)는 [범주축]에, 조절변수(MOT)는 [선 기준변수]에 드래그하여 가져다 놓은 후 [확인] 버튼을 클릭한다. 그러면 PROCESS macro ouput의 맨 뒤에 [그래프]가 나타난다.

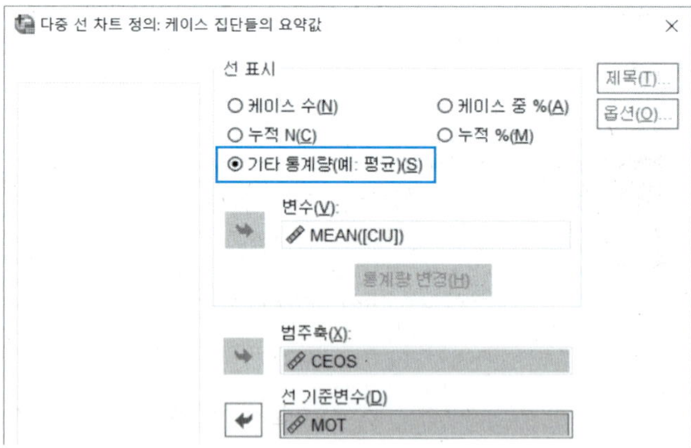

⑦ 그래프를 더블 클릭하면 [도표 편집기]에 조절효과 그래프가 나타난다. 학습자가 선 모양, 굵기 등과 가로축과 세로축의 글자 등을 수정할 수 있다. 모두 완료되었으면 [닫기] 표시를 클릭해 마친다.

2) 주요 분석 결과

조절효과분석에 대한 주요 출력 결과를 제시하면 다음과 같다.

| 연구모델과 표본 수 요약 |

사용된 Model number, 변수명, 표본크기 등에 대한 정보가 출력된다. 모델 [1]번이 적용되었음을 보여준다.

```
**************************************************************************
Model  : 1
    Y  : CIU
    X  : CEOS
    W  : MOT

Sample
Size:  204
```

| 독립변수, 조절변수 및 상호작용항 변수가 종속변수에 미치는 영향 분석 결과 |

독립변수인 CEOS(CEO지원), 조절변수인 MOT(동기부여) 및 상호작용항 변수인 CEOS×MOT는 유의수준 0.01에서 종속변수인 CIU(지속사용의도)에 유의한 영향을 주었다.

```
**************************************************************************
OUTCOME VARIABLE:
 CIU

Model Summary
          R       R-sq        MSE          F        df1        df2          p
       .737       .544       .500     79.429      3.000    200.000       .000

Model
              coeff         se          t          p       LLCI       ULCI
constant      5.992       .053    112.539       .000      5.887      6.097
CEOS           .435       .061      7.103       .000       .314       .555
MOT            .379       .060      6.291       .000       .260       .498
Int_1         -.105       .040     -2.654       .009      -.183      -.027

Product terms key:
 Int_1    :        CEOS     x        MOT
```

| 상호작용항 변수의 추가에 따른 설명력 증가 결과 |

상호작용항 변수인 CEOS×MOT가 추가됨에 따른 R^2 변화량은 0.016으로 설명력이 1.6% 증가하였으며, 이는 통계적으로 유의($p<0.01$)하여 독립변수인 CEOS가 종속변수인 CIU에 미치는 영향을 MOT가 조절하고 있음이 검증되었다.

```
Test(s) of highest order unconditional interaction(s):
       R2-chng        F        df1        df2          p
X*W       .016    7.046      1.000    200.000       .009
----------
    Focal predict: CEOS     (X)
          Mod var: MOT      (W)
```

| 조절변수의 조건부효과검증 결과 |

① Aiken & West(1991) 방법에 의한 조건부효과검증 결과

조절변수의 특정값에서 독립변수인 CEOS가 종속변수인 CIU에 미치는 영향에 대한 조건부효과를 검증한 결과, MOT의 세 가지 수준인 [−1SD, M, +1SD]에서 모두 유의하였다. 이는 조절변수의 모든 수준에서 독립변수인 CEOS가 종속변수인 CIU에 유의한 영향($p<0.001$)을 주고 있음을 의미한다.

```
Conditional effects of the focal predictor at values of the moderator(s):

      MOT     Effect        se         t         p      LLCI      ULCI
    -.961       .535      .060     8.965      .000      .418      .653
     .000       .435      .061     7.103      .000      .314      .555
     .961       .334      .083     4.043      .000      .171      .496
```

② Johnson-Neyman 방법에 의한 조건부효과검증 결과

조절변수의 22개 특정값에서 독립변수인 CEOS가 종속변수인 CIU에 미치는 영향에 대한 조건부효과를 검증한 결과, MOT의 22개의 수준에서 모두 유의하였다. 이는 조절변수의 모든 수준에서 독립변수인 CEOS가 종속변수인 CIU에 유의한 영향을 주고 있음을 의미한다.

Conditional effect of focal predictor at values of the moderator:

MOT	Effect	se	t	p	LLCI	ULCI
-3.777	.831	.140	5.922	.000	.554	1.108
-3.520	.804	.131	6.132	.000	.546	1.063
-3.263	.777	.122	6.366	.000	.536	1.018
-3.006	.750	.113	6.627	.000	.527	.973
-2.749	.723	.105	6.917	.000	.517	.929
-2.492	.696	.096	7.236	.000	.506	.886
-2.235	.669	.088	7.583	.000	.495	.843
-1.977	.642	.081	7.949	.000	.483	.801
-1.720	.615	.074	8.316	.000	.469	.761
-1.463	.588	.068	8.649	.000	.454	.722
-1.206	.561	.063	8.890	.000	.437	.686
-.949	.534	.060	8.964	.000	.417	.652
-.692	.507	.058	8.796	.000	.393	.621
-.435	.480	.057	8.352	.000	.367	.593
-.177	.453	.059	7.668	.000	.337	.570
.080	.426	.062	6.835	.000	.303	.549
.337	.399	.067	5.958	.000	.267	.531
.594	.372	.073	5.114	.000	.229	.516
.851	.345	.079	4.344	.000	.188	.502
1.108	.318	.087	3.665	.000	.147	.489
1.365	.291	.095	3.075	.002	.104	.478
1.623	.264	.103	2.566	.011	.061	.467

| 상호작용 도표 결과 |

PROCESS macro를 이용해 그린 상호작용 도표는 다음과 같다.

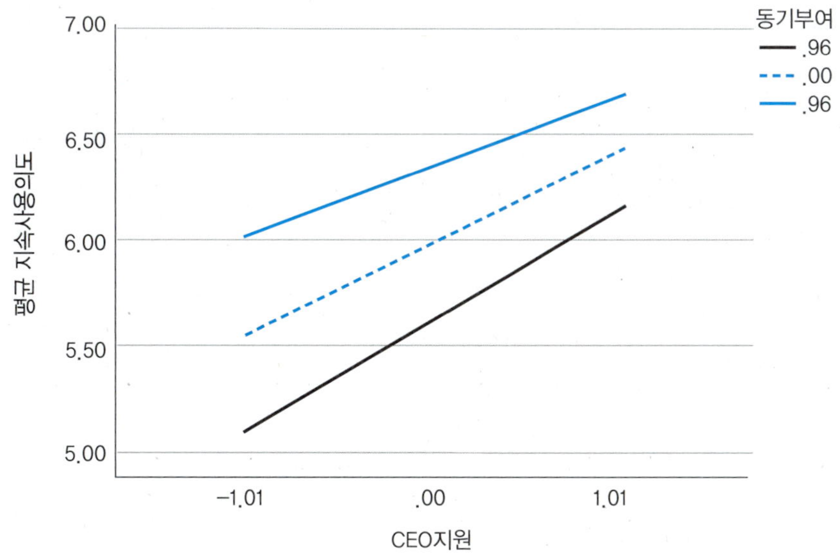

상호작용 도표와 조절효과분석 결과에 의하면 CEO지원의 회귀계수 부호가 +이고 상호작용항 변수인 [CEO지원×동기부여]의 회귀계수의 부호가 −이므로 '동기부여는 CEO지원이 평균지속사용의도에 미치는 정의 영향을 약화시킨다'고 해석할 수 있다.

3) PROCESS macro를 이용한 조절효과분석 결과의 제시와 해석

CEO지원과 지속사용의도 간의 관계에서 동기부여가 조절영향을 미치는지를 검증하기 위해서 PROCESS macro의 모델 번호 1을 이용하였고, 부트스트래핑 5,000회 지정과 신뢰구간 95%를 설정하였다. 독립변수와 조절변수는 모두 연속형 변수이므로 평균중심화하였으며, 조절효과분석을 실시한 결과는 다음과 같다.

표 14-4 CEO지원과 지속사용의도 간의 관계에서 동기부여의 조절효과에 대한 분석 결과

(N=204)

독립변수	B	SE	t
상수	5.992	0.053	112.539***
CEO지원	0.435	0.061	7.103***
동기부여	0.379	0.060	6.291***
CEO지원×동기부여	−0.105	0.040	−2.654**
R^2=0.544, F=79.429 (<0.001)			

**p<0.01, ***p<0.001, 종속변수: 지속사용의도

독립변수인 CEO지원은 종속변수인 지속사용의도에 정적으로 유의한 영향을 미쳤고(B=0.435, p<0.001), 조절변수인 동기부여는 정적으로 지속사용의도에 정적으로 유의한 영향을 주었다(B=0.379, p<0.001). CEO지원과 동기부여의 상호작용항 변수는 부적으로 유의한 영향을 미쳐 조절효과가 있었다(B=−0.105, p<0.01). 즉, CEO지원이 지속사용의도에 미치는 영향은 동기부여의 정도에 따라 달라질 수 있음을 의미한다.

▎표 14-5 ▎ 상호작용항 변수의 추가에 따른 R^2 변화량 결과 (N=204)

상호작용항 변수	R^2 변화량	F
CEO지원×동기부여	0.016	7.046**

**p<0.01

상호작용항 변수인 CEO지원×MOT가 추가됨에 따른 R^2 변화량은 0.016으로 설명력이 1.6% 증가하였으며, 이는 통계적으로 유의(p<0.01)하여 CEO지원이 지속사용의도에 미치는 영향을 동기부여가 조절하고 있음이 검증되었다.

▎표 14-6 ▎ 조절변수의 특정값에서 사업성과가 월급에 미치는 영향에 대한 조건부효과검증 결과: [−1SD, M, +1SD]

MOT	Effect	SE	t	95% CI	
				LLCI	ULCI
−0.961	0.535	0.060	8.965***	0.418	0.653
0.000	0.435	0.061	7.103***	0.314	0.555
0.961	0.334	0.083	4.043***	0.171	0.496

***p<0.001, LLCI는 95% CI의 하한값, ULCI는 95% CI의 상한값

조절변수의 특정값에서 독립변수인 CEO지원이 종속변수인 지속사용의도에 미치는 영향에 대한 조건부효과를 검증한 결과, 동기부여의 세 가지 수준(−1SD, M, +1SD)에서 모두 유의하였다. 이는 조절변수의 모든 수준에서 독립변수인 CEO지원이 종속변수인 지속사용의도에 유의한 영향(p<0.001)을 주고 있음을 의미한다.

한편 Johnson−Neyman output에서도 조절변수의 22개 특정값에서 독립변수인 CEOS가 종속변수인 CIU에 미치는 영향에 대한 조건부효과를 검증한 결과, MOT의 22개의 수준에서 모두 유의하였다. 이는 조절변수의 모든 수준에서 CEO지원과 지속사용의도의 관계를 조절하는 역할을 하고 있음을 의미한다.

▌표 14-7▐ 조절변수의 특정값에서 사업성과가 월급에 미치는 영향에 대한 조건부효과검증 결과: Johnson-Neyman output

MOT	Effect	SE	t	95% CI	
				LLCI	ULCI
−3.777	0.831	0.140	5.922***	0.554	1.108
−3.520	0.804	0.131	6.132***	0.546	1.063
−3.263	0.777	0.122	6.366***	0.536	1.018
−3.006	0.750	0.113	6.627***	0.527	0.973
−2.749	0.723	0.105	6.917***	0.517	0.929
−2.492	0.696	0.096	7.236***	0.506	0.886
−2.235	0.669	0.088	7.583***	0.495	0.843
−1.977	0.642	0.081	7.949***	0.483	0.801
−1.720	0.615	0.074	8.316***	0.469	0.761
−1.463	0.588	0.068	8.649***	0.454	0.722
−1.206	0.561	0.063	8.890***	0.437	0.686
−0.949	0.534	0.060	8.964***	0.417	0.652
−0.692	0.507	0.058	8.796***	0.393	0.621
−0.435	0.480	0.057	8.352***	0.367	0.593
−0.177	0.453	0.059	7.668***	0.337	0.570
0.080	0.426	0.062	6.835***	0.303	0.549
0.337	0.399	0.067	5.958***	0.267	0.531
0.594	0.372	0.073	5.114***	0.229	0.516
0.851	0.345	0.079	4.344***	0.188	0.502
1.108	0.318	0.087	3.665***	0.147	0.489
1.365	0.291	0.095	3.075**	0.104	0.478
1.623	0.264	0.103	2.566*	0.061	0.467

*$p<0.05$, **$p<0.01$, ***$p<0.001$

동기부여의 조절효과가 통계적으로 유의하게 나타났으므로 그 상호작용의 패턴을 확인하기 위해서 동기부여를 특정값으로 세분하여 [그림 14-4]와 같이 상호작용 도표를 그려 보았다.

▶ 그림 14-4 ▌ CEO지원과 지속사용의도 간의 관계에서 동기부여의 조절효과

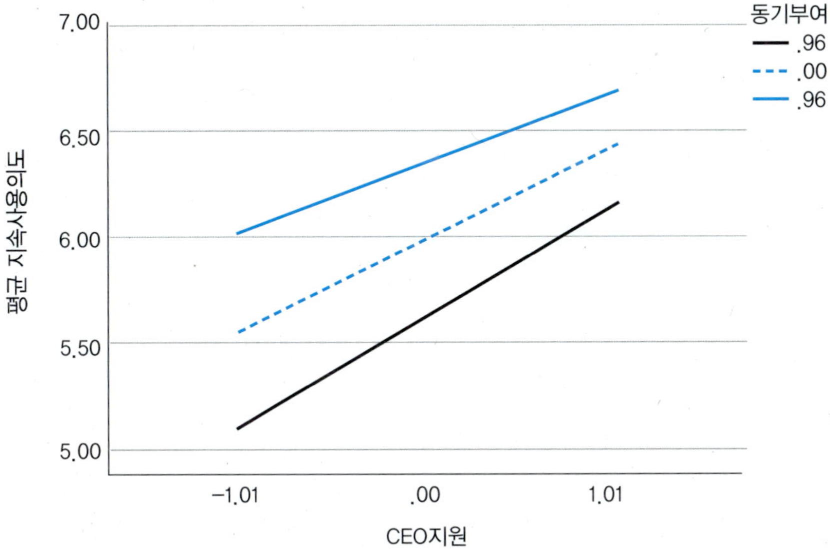

상호작용 도표와 조절효과분석 결과에 의하면 CEO지원의 회귀계수 부호가 +이고 상호작용항 변수인 [사업성과×취업보장]의 회귀계수의 부호가 −이므로 '동기부여는 CEO지원이 평균지속사용의도에 미치는 정의 영향을 약화시킨다'고 해석할 수 있다. 즉, 동기부여의 수준이 높아질수록 CEO지원이 사용자들의 지속사용의도에 미치는 정의 영향이 점차 약해지고 있음을 의미한다.

통계 실습 14-3 PROCESS macro의 다중조절모델을 이용한 조절효과분석 실습

다음의 가상회사의 직원 204명을 대상으로 조사한 [제14장 PROCESS 조절효과분석 데이터3]을 이용해서 독립변수인 CEO지원이 종속변수인 스마트공장의 지속사용의도에 미치는 영향에 대하여 연속형 조절변수인 목표몰입과 동기부여에 의해 조절되는지를 분석하기 위해서 다중조절효과분석을 실습하고 조절효과의 사후탐색도 수행하시오.

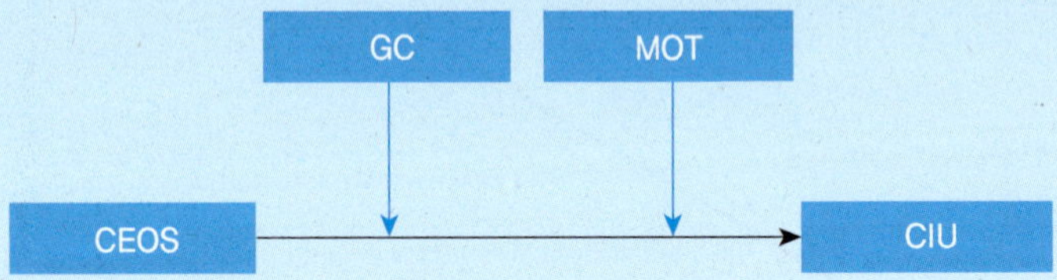

독립변수(X): CEOS(CEO지원)
조절변수1(W): GC(목표몰입)
조절변수2(Z): MOT(동기부여
종속변수(Y): 지속사용의도(CIU)

Model number: 2

✔ 실습 데이터

ID	CEOS	GC	MOT	CIU
1	5.2	6.0	4.4	5.0
2	6.8	6.4	6.2	7.0
…	…	…	…	…
204	5.4	5.8	5.6	5.6

총 사례 수는 204개임

- CEOS(CEO지원) → 연속형 변수(독립변수)
- GC(목표몰입) → 연속형 변수(조절변수1)
- MOT(동기부여) → 연속형 변수(조절변수2)
- CIU(지속사용의도) → 연속형 변수(종속변수)

✔ 가설

- 귀무가설(H_0): CEO지원이 지속사용의도에 미치는 효과가 목표몰입과 동기부여에 의해서 조절되지 않는다.
- 대립가설(H_1): CEO지원이 지속사용의도에 미치는 효과가 목표몰입과 동기부여에 의해서 조절된다.

실습 데이터	제14장 PROCESS 조절효과분석 데이터3
분석방법 메뉴 선택	분석-회귀분석-PROCESS V4.2 by Andrew F. Hayes

1) 실습 과정

❶ [파일-열기-데이터]를 선택한 후 실습 데이터 파일이 있는 위치로 찾아가서 [제14장 PROCESS 조절효과분석 데이터3]을 연다.

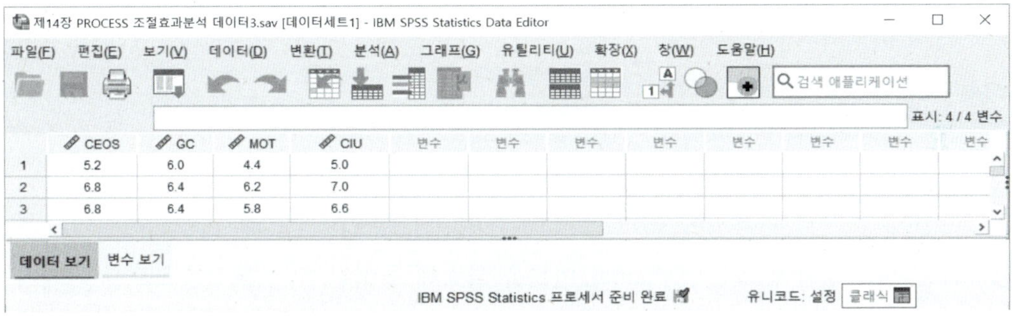

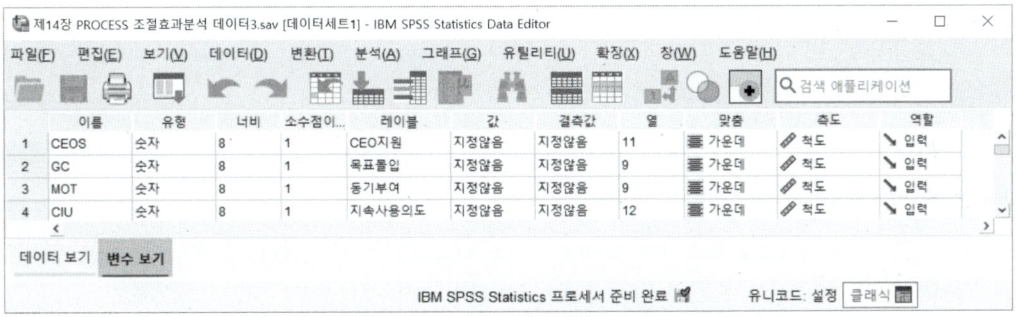

❷ [분석-회귀분석-PROCESS V4.2 by Andrew F. Hayes]로 들어간다. 초기화면에서 [X variable]에는 독립변수인 [CEOS], [Y variable]에는 종속변수인 [CIU], [Moderator variable W]에는 매개변수인 [GC], [Moderator variable Z]에는 매개변수인 [MOT]를 이동시킨다. [Model number]는 이 실습 연구모형에 해당하는 [2]를 선택한다. [Confidence interval], [Number of bootstrap samples]는 그대로 둔다. 이는 디폴트 값인 95%신뢰수준, 5,000회의 부트스트랩을 선택함을 의미한다. 연구자는 디폴트 값을 수정할 수 있다.

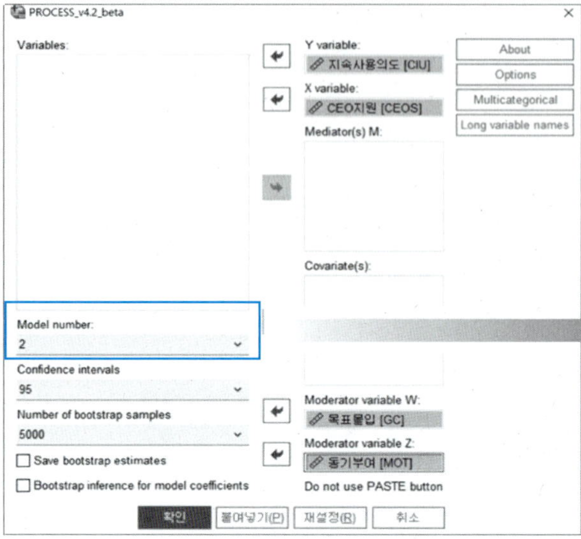

분석하고자 하는 연구모델에 부합하는 모델 번호(Model number)의 지정:
1~92번 중에서 [2]번 선택

❸ 화면 우측 상단에 있는 [Options] 버튼을 클릭해 들어간 후 상호작용 도표를 그리기 위한 데이터를 얻기 위해서 [Generate code for visualizing interactions]를 체크해 지정한다. 상호작용항 변수의 조절효과 검증을 위해서 [Test for X by M interactions]를 체크한다. [소수점 이하 자릿수(Decimal places in output)]로 [3]을 선택한다. 연속형 변수만 평균중심화하기 위해서 [Only continuous variables that define products]를 체크한다. 조절효과의 사후탐색인 조건부검증을 위해 [−1SD, M, +1SD]를 체크한다. [Long variable names]로 들어간 후 [I accept the risk of incorrect output]를 체크한다. [계속] 버튼을 클릭한 후 [확인] 버튼을 클릭하면 조절효과분석이 실행된다.

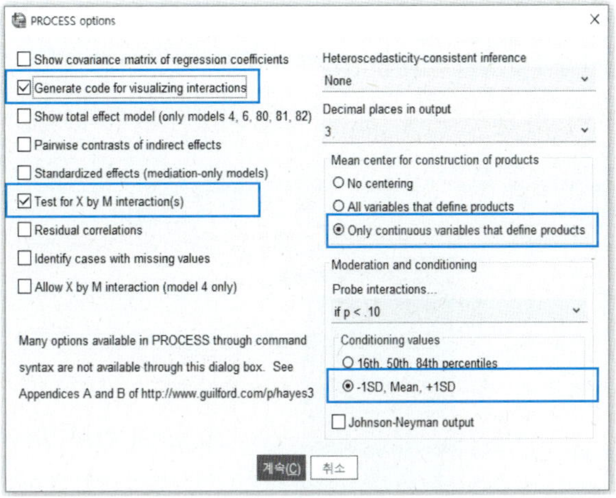

❹ 조절효과의 단순기울기분석을 위해서 상호작용 도표를 그린다.

상호작용 도표를 그리는 절차는 다음과 같다.

① PROCESS 실행 후 Output(출력물)에서 마우스를 두 번 클릭하면 출력물의 외곽선이 점선으로 변한다.

② 출력물 중에서 [DATA LIST FREE/부터 MOT 뒤의 점]까지 마우스로 선택한 후 [복사](Copy)한다.

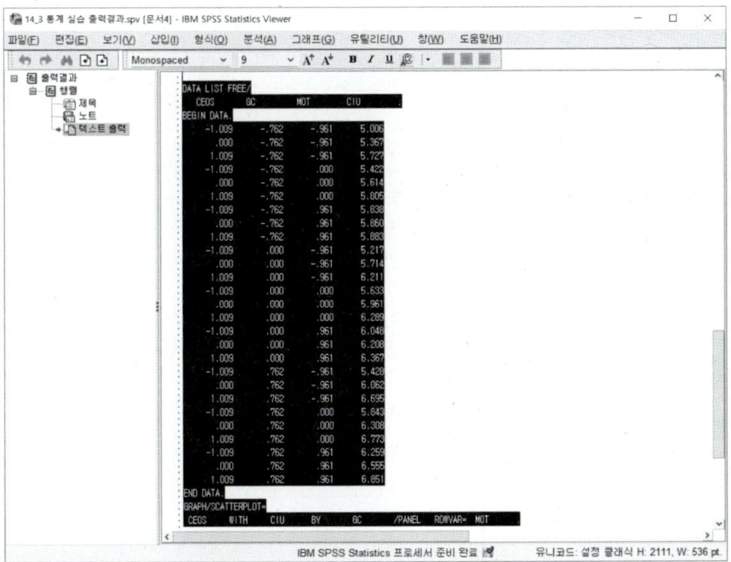

③ [파일-새로 만들기-명령문]으로 들어가서 명령문 화면 [IBM SPSS Statistics Syntax Editor]에 [붙여넣기](Paste)한다. [붙여넣기]가 완료되었으면 마우스로 전체 범위를 잡은 후에 화면 상단에 있는 [실행(▶)] 버튼을 클릭한다.

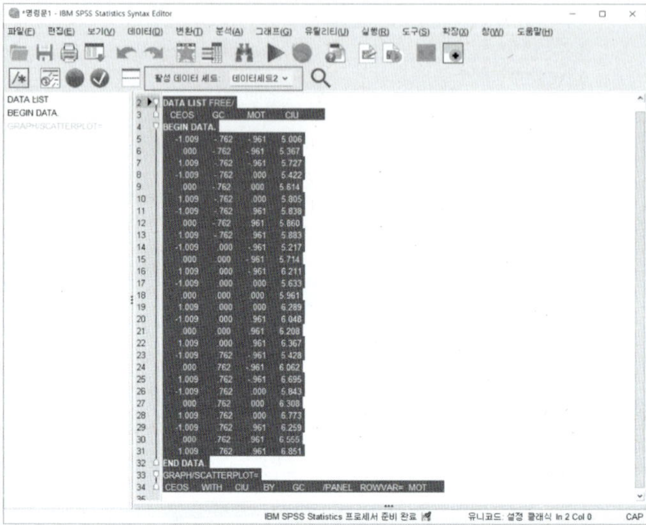

④ 그러면 PROCESS macro 출력물 맨 뒤에 [그래프]가 추가된다. 그러나 그래프가 미려한 상태가 아니므로 다른 방법으로 수정하기로 한다.

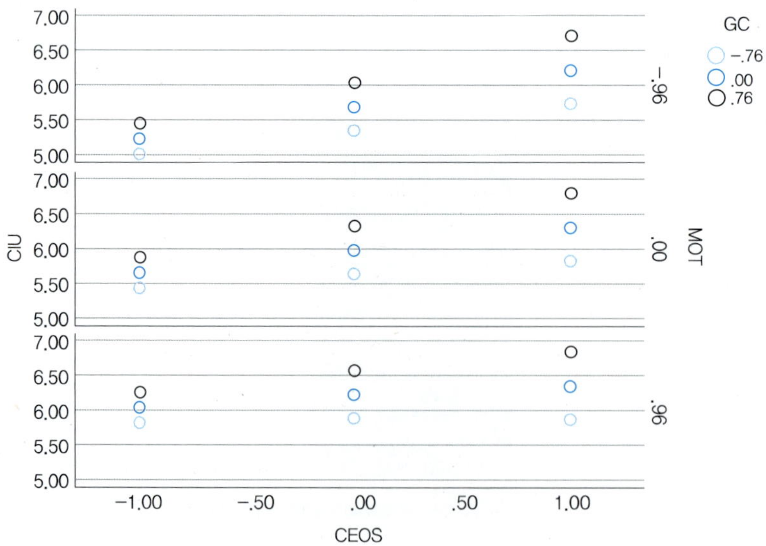

⑤ 컴퓨터 화면 가장 아래에 있는 [작업 표시줄]의 SPSS 아이콘으로 마우스를 올려다 놓으면 몇 개의 파일들이 보인다. 맨 오른쪽에 있는 파일로 가면 다음과 같은 [IBM SPSS Statistics Data Editor]가 나타난다.

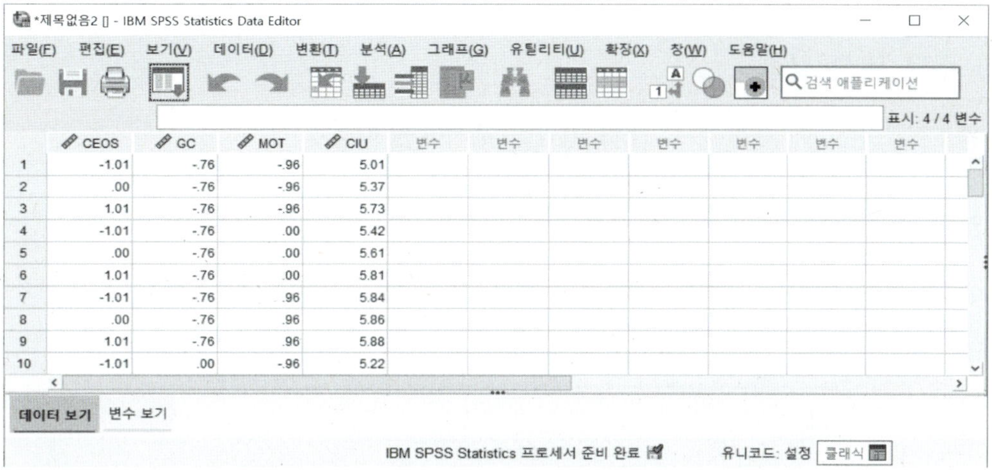

⑥ 메뉴에서 [그래프-선형 차트-다중-정의]를 차례대로 클릭해 들어간다. [선 표시]에서 [기타 통계량(예: 평균)]을 체크한다. 종속변수(CIU)는 [변수]에, 독립변수(CEOS)는 [범주축]에, 조절변수1(GC)는 [선 기준변수]에, 조절변수2(MOT)는 [행]에 드래그 하여 가져다 놓은 후 [확인] 버튼을 클릭한다. 그러면 PROCESS macro output의 맨 뒤에 [그래프]가 나타난다.

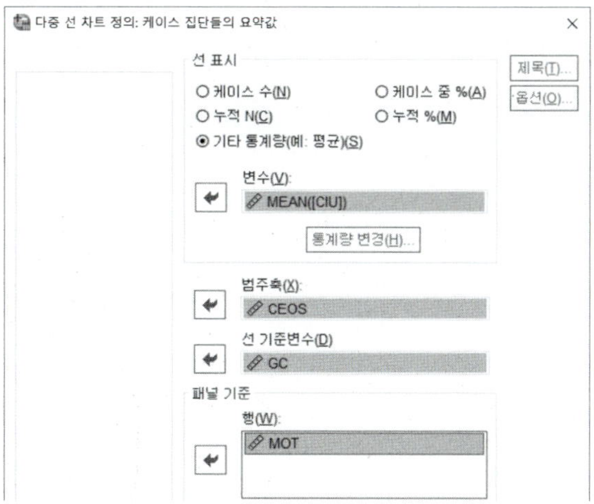

⑦ 그래프를 더블 클릭하면 [도표 편집기]에 조절효과 그래프가 나타난다. 학습자가 선 모양, 굵기 등과 가로축과 세로축의 글자 등을 수정할 수 있다. 모두 완료되었으면 [닫기] 표시를 클릭해 마친다.

2) 주요 분석 결과

다중조절효과분석에 대한 주요 출력 결과를 제시하면 다음과 같다.

| 연구모델과 표본 수 요약 |

사용된 Model number, 변수명, 표본크기 등에 대한 정보가 출력된다. 모델 [2]번이 적용되었음을 보여준다.

```
**************************************************************************
Model  : 2
    Y  : CIU
    X  : CEOS
    W  : GC
    Z  : MOT

Sample
Size:  204
```

| 독립변수, 조절변수 및 상호작용항 변수가 종속변수에 미치는 영향 분석 결과 |

독립변수인 CEOS, 조절변수인 GC과 MOT 및 상호작용항 변수인 CEOS×MOT는 모두 유의수준 0.001에서 종속변수인 CIU에 유의한 영향을 주었다. 또한 상호작용항 변수인 CEOS×GC는 유의수준 0.01에서 유의한 영향을 주었다.

```
**************************************************************************
OUTCOME VARIABLE:
 CIU

Model Summary
          R       R-sq        MSE          F        df1        df2          p
       .779       .607       .434     61.268      5.000    198.000       .000

Model
              coeff         se          t          p       LLCI       ULCI
constant      5.961       .052    115.480       .000      5.859      6.063
CEOS           .325       .061      5.372       .000       .206       .445
GC             .456       .081      5.610       .000       .295       .616
Int_1          .178       .058      3.047       .003       .063       .293
MOT            .257       .060      4.262       .000       .138       .376
Int_2         -.174       .040     -4.333       .000      -.253      -.095

Product terms key:
 Int_1    :        CEOS     x        GC
 Int_2    :        CEOS     x        MOT
```

| 상호작용항 변수의 추가에 따른 설명력 증가 결과 |

상호작용항 변수인 CEOS×GC 그리고 CEOS×MOT가 추가됨에 따른 R^2 변화량은 0.042로 설명력이 4.2% 증가하였다. CEOS×GC는 유의수준 0.01에서, CEOS×MOT는 유의수준 0.001에서 유의하였다. 이러한 결과는 독립변수인 CEOS와 종속변수인 CIU에 미치는 영향을 GC와 MOT가 조절하고 있음을 의미한다.

```
Test(s) of highest order unconditional interaction(s):
       R2-chng         F        df1        df2          p
X*W       .018     9.285      1.000    198.000       .003
X*Z       .037    18.772      1.000    198.000       .000
BOTH      .042    10.535      2.000    198.000       .000
```

| 조절변수의 조건부효과검증 결과 |

다중조절모델의 경우에는 Aiken & West(1991) 방법에 의한 조건부효과검증 결과만을 보여준다. 조절변수인 목표몰입과 동기부여를 동시에 고려한 결과는 다음과 같다.

Conditional effects of the focal predictor at values of the moderator(s):

GC	MOT	Effect	se	t	p	LLCI	ULCI
-.762	-.961	.357	.067	5.308	.000	.224	.490
-.762	.000	.190	.078	2.437	.016	.036	.344
-.762	.961	.023	.103	.219	.827	-.180	.226
.000	-.961	.493	.059	8.413	.000	.377	.608
.000	.000	.325	.061	5.372	.000	.206	.445
.000	.961	.158	.083	1.903	.058	-.006	.322
.762	-.961	.628	.079	7.927	.000	.472	.784
.762	.000	.461	.072	6.381	.000	.318	.603
.762	.961	.293	.084	3.474	.001	.127	.460

CEO지원의 회귀계수 부호가 +이고 상호작용항 변수인 [CEOS×GC]의 회귀계수의 부호가 +이므로 '목표몰입은 CEO지원이 평균지속사용의도에 미치는 정의 영향을 강화시킨다'고 해석할 수 있다. 즉, 목표몰입의 수준이 높아질수록 CEO지원이 사용자들의 지속사용의도에 미치는 정의 영향을 점차 강화시키고 있음을 의미한다. 반면에 CEO지원의 회귀계수 부호가 +이고 상호작용항 변수인 [CEOS×MOT]의 회귀계수의 부호가 −이므로 '동기부여는 CEO지원이 평균지속사용의도에 미치는 정의 영향을 약화시킨다'고 해석할 수 있다. 즉, 동기부여의 수준이 높아질수록 CEO지원이 사용자들의 지속사용의도에 미치는 정의 영향이 점차 약해지고 있음을 의미한다.

| 상호작용 도표 결과 |

PROCESS macro를 이용해 그린 상호작용 도표는 다음과 같다.

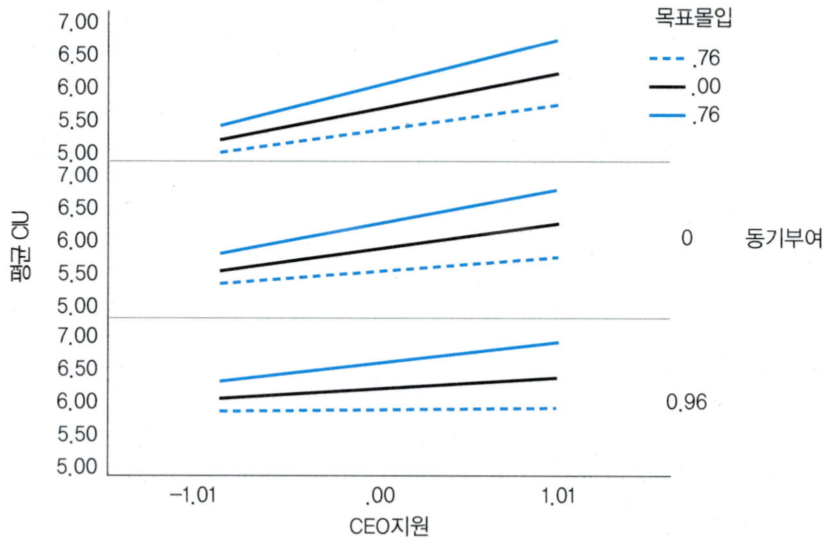

3) PROCESS macro를 이용한 이중조절효과분석 결과의 제시와 해석

CEO지원과 지속사용의도 간의 관계에서 목표몰입과 동기부여가 조절영향을 미치는지를 검증하기 위해서 PROCESS macro의 모델 번호 2를 이용하였고, 부트스트래핑 5,000회 지정과 신뢰구간 95%를 설정하였다. 독립변수와 조절변수는 모두 연속형 변수이므로 평균중심화하였으며, 이중조절효과분석을 실시한 결과는 다음과 같다.

▌표 14-8▐ CEO지원과 지속사용의도 간의 관계에서 목표몰입과 동기부여의 조절효과에 대한 분석 결과

(N=204)

독립변수	B	SE	t
상수	5.961	0.052	115.480***
CEO지원	0.325	0.061	5.372***
목표몰입	0.456	0.081	5.610***
CEO지원×목표몰입	0.178	0.058	3.047**
동기부여	0.257	0.060	4.262***
CEO지원×동기부여	−0.174	0.040	−4.333***
R^2=0.607, F=61.268 (<0.001)			

**p<0.01, ***p<0.001, 종속변수: 지속사용의도

독립변수인 CEO지원은 종속변수인 지속사용의도에 정적으로 유의한 영향을 미쳤고(B=0.325, p<0.001), 조절변수인 목표몰입은 지속사용의도에 정적으로 유의한 영향을 주었다(B=0.456, p<0.001). CEO지원과 목표몰입의 상호작용항 변수는 정적으로 유의한 영향을 미쳐 조절효과가 있었다(B=0.178, p<0.01). 조절변수인 동기부여는 지속사용의도에 정적으로 유의한 영향을 주었다(B=0.257, p<0.001). CEO지원과 동기부여의 상호작용항 변수는 부적으로 유의한 영향을 미쳐 조절효과가 있었다(B=−0.174, p<0.001). 즉, CEO지원이 지속사용의도에 미치는 영향은 목표몰입과 동기부여의 정도에 따라 달라질 수 있음을 의미한다.

표 14-9 상호작용항 변수의 추가에 따른 R^2 변화량 결과 (N=204)

상호작용항 변수	R^2 변화량	F
CEO지원×목표몰입	0.018	9.285**
CEO지원×동기부여	0.037	18.772***
모두	0.042	10.536***

**p<0.01, ***p<0.001

상호작용항 변수인 CEO지원×GC와 CEO지원×MOT가 추가됨에 따른 R^2 변화량은 0.042로 설명력이 4.2% 증가하였으며, 이는 통계적으로 유의(p<0.001)하여 CEO지원이 지속사용의도에 미치는 영향을 목표몰입과 동기부여가 조절하고 있음을 의미한다.

표 14-10 조절변수의 특정값에서 사업성과가 월급에 미치는 영향에 대한 조건부효과 검증 결과: [−1SD, M, +1SD]

GC	MOT	Effect	SE	t	95% CI	
					LLCI	ULCI
−0.762	−0.961	0.357	0.067	5.308***	0.224	0.490
−0.762	0.000	0.190	0.078	2.437*	0.036	0.344
−0.762	0.961	0.023	0.103	0.219	−0.180	0.226
0.000	−0.961	0.493	0.059	8.413***	0.377	0.608
0.000	0.000	0.325	0.061	5.372***	0.206	0.445
0.000	0.961	0.158	0.083	1.903	−0.006	0.322

0.762	−0.961	0.628	0.079	7.927***	0.472	0.784
0.762	0.000	0.461	0.072	6.381***	0.318	0.603
0.762	0.961	0.293	0.084	3.474***	0.127	0.460

*p<0.05, ***p<0.001, LLCI는 95% CI의 하한값, ULCI는 95% CI의 상한값

조절변수의 특정값에서 독립변수인 CEO지원이 종속변수인 지속사용의도에 미치는 영향에 대한 조건부효과를 검증한 결과, 동기부여의 세 가지 수준(−1SD, M, +1SD)의 일부에서 유의하였다. 이는 조절변수의 일부 수준에서 독립변수인 CEO지원이 종속변수인 지속사용의도에 유의한 영향($p<0.05$ 혹은 $p<0.001$)을 주고 있음을 의미한다.

동기부여의 조절효과가 통계적으로 유의하게 나타났으므로 그 상호작용의 패턴을 확인하기 위해서 동기부여를 특정값으로 세분하여 [그림 14-5]와 같이 상호작용 도표를 그려 보았다.

그림 14-5 ▌ CEO지원과 지속사용의도 간의 관계에서 목표몰입과 동기부여의 조절효과

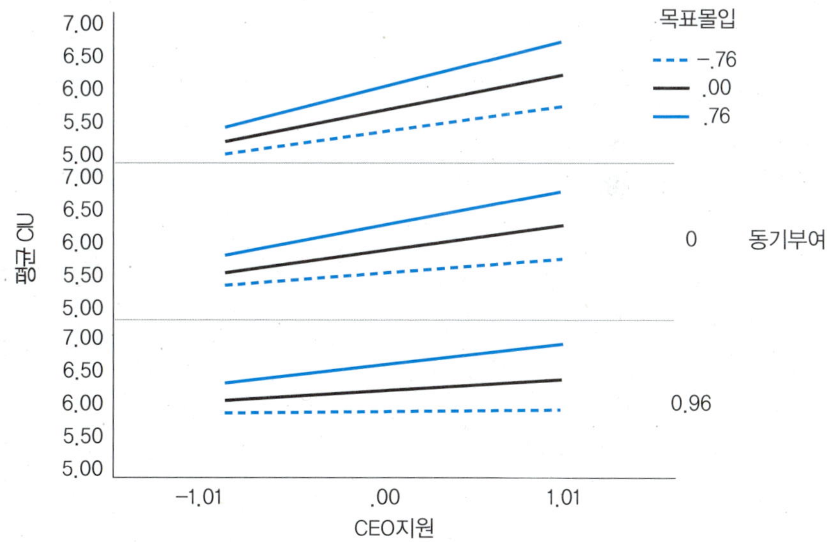

상호작용 도표와 조절효과분석 결과에 의하면 CEO지원의 회귀계수 부호가 +이고 상호작용항 변수인 [CEOS×GC]의 회귀계수의 부호가 +이므로 '목표몰입은 CEO지원이 평균지

속사용의도에 미치는 정의 영향을 강화시킨다'고 해석할 수 있다. 즉, 목표몰입의 수준이 높아질수록 CEO지원이 사용자들의 지속사용의도에 미치는 정의 영향을 강화시키고 있음을 의미한다. 반면에 CEO지원의 회귀계수 부호가 +이고 상호작용항 변수인 [CEOS×MOT]의 회귀계수의 부호가 −이므로 '동기부여는 CEO지원이 평균지속사용의도에 미치는 정의 영향을 약화시킨다'고 해석할 수 있다. 즉, 동기부여의 수준이 높아질수록 CEO지원이 사용자들의 지속사용의도에 미치는 정의 영향이 점차 약해지고 있음을 의미한다.

제 15 장 PROCESS macro 4.0을 이용한 조절된 매개효과분석

Moderated Mediation Effect Analysis using PROCESS macro 4.0

1 PROCESS macro 4.0을 이용한 조절된 매개효과분석의 개요

조절된 매개효과분석(Moderated mediation effect analysis, or 조건부과정분석 Conditional process analysis)이란 독립변수(X)가 매개변수(M)를 경유하여 종속변수(Y)로 이어지는 매개효과($X \rightarrow M \rightarrow Y$)가 조절변수인 W에 의해서 조절되는지를 분석하는 것을 말한다. 여기에서 조절된 매개효과(Moderated mediation effect)는 매개효과(혹은 매개과정)가 조절되고 있음을 의미하고 있으며 매개효과의 크기나 방향 등이 조절변수의 수준에 따라 다르다는 것이다.

- 조절된 매개효과분석에서 조건부효과(Conditional effect)는 단순기울기(Simple slope)와 같은 개념으로 사용된다. 조건부효과란 독립변수 X가 종속변수인 Y에 주는 영향이 조절변수 W의 수준(크기)에 따라 달라지는 효과(Conditional on W)를 말한다. 일반적으로 조절된 매개효과분석에서는 조절변수의 특정값, 즉 세 가지 수준 [$M-1SD$, M, $M+1SD$]에서 독립변수 X가 종속변수인 Y에 미치는 조건부효과를 계산하고 이에 대한 검증을 수행한다.
- 매개된 조절효과 모델(Mediated moderation effect model)과 조절된 매개효과모델(Moderated mediation effect model)은 수학적으로 동일하며 동일한 결과를 산출한다. 전자는 '상호작용항인 XW가 매개변수인 M을 경유하여 종속변수인 Y에 영향을 미치는가'를 중심으로 검증한다. 후자는 보통 XW를 독립변수로 하고 X와 W를 통제변수로 도입하여 $XW \rightarrow M \rightarrow Y$의 단순매개모델을 분석하는 것이다. 이때 상호작용항 변수인 XW는 원인변수로 사용할 수 있는 이론적 기초가 없으며 의미도 가지고 있

지 않다. 또한 매개된 조절효과분석과 조절된 매개분석의 회귀식은 수학적으로 동일하며 출력물도 동일하다. 이러한 이유로 매개된 조절효과분석의 사용에 대해서는 많은 비판이 있어 왔으며, 이제는 매개된 조절효과라는 용어는 폐기되어야 한다고 주장하고 있다. Hayes는 2018년에 이러한 논란을 반영하여 PROCESS macro v.3부터는 조절된 매개효과라는 용어만을 사용하고 있다. 따라서 이 책에서는 매개된 조절효과분석에 대해서는 다루지 않으며 조절된 매개효과분석만을 설명하기로 한다.

- Hayes는 2012년에 조건부 직접효과와 조건부 간접효과분석을 모두 포괄하는 용어로 조건부과정분석(Conditional process analysis)을 제안하였고, PROCESS macro를 개발해 조절된 매개효과를 검증할 수 있는 체계를 구축하였다.
- 조절된 매개효과분석에서는 조절변수(W)의 수준에 따라서 '독립변수인 X가 매개변수인 M을 경유하여 종속변수인 Y에 미치는 매개효과($X \rightarrow M \rightarrow Y$)'와 '독립변수인 X가 종속변수인 Y에 미치는 효과($X \rightarrow Y$)'가 다른 패턴을 보일 수 있다. 전자를 조건부 간접효과(Conditional indirect effect)라고 하고 후자를 조건부 직접효과(Conditional direct effect)라고 한다. 조절된 매개효과모형에서는 어떻게 연구모형을 설정했는가에 따라서 ① 조건부 직접효과만 있는 경우(예: Model number 5 등) ② 조건부 간접효과만 있는 경우(예: Model number 7, 14 등) ③ 조건부 직접효과와 조건부 간접효과가 모두 있는 경우(예: Model number 8, 15 등)가 있다.
- 조절된 매개효과가 유의하게 나타나면 조절된 매개효과의 사후탐색(Post hoc probing)을 수행해야 한다. 이는 조절변수의 여러 수준에 매개효과가 유의한지 아닌지를 확인하는 과정이다.
- 조절된 매개효과분석에서 조절된 매개지수(Index of moderated mediation)는 간접효과(매개효과)가 조절변수의 수준에 따라 달라지는 정도를 지수화한 것으로 조절된 매개효과의 유의성을 판단하는 기준으로 사용되고 있다. 조절된 매개지수는 조절변수의 전 범위에 대해서 매개효과의 유의성을 검증하는 총체적 검증(Omnibus test)이다. 이 지수가 통계적으로 유의하면 조절된 매개효과가 있다고 판단한다. 즉, 조절된 매개지수의 95% 신뢰구간 하한값과 상한값 사이에 0을 포함하고 있지 않으면 유의하며 조절된 매개효과가 있다고 해석한다. 한편 조절된 매개지수의 값이 −(Negative)이면 조절변수가 증가할수록 간접효과는 감소한다고 해석하며, +(Positive)이면 조절변수가 증가할수록 간접

효과는 증가한다고 해석한다.

- 조절된 매개효과의 공식적인 검증(Formal test)은 조절된 매개지수의 유의성을 가지고 판단하며 개별 경로의 유의성은 해석 시 참고사항이지 조절된 매개효과의 유무를 결정하는 것은 아니다. 따라서 조절된 매개효과분석에서는 상호작용항 변수의 회귀계수가 유의해도 조절된 매개지수가 유의하지 않으면 조절된 매개효과가 없다고 해석하고, 반대로 상호작용항 변수의 회귀계수가 유의하지 않아도 조절된 매개지수가 유의하면 조절된 매개효과가 있다고 판정한다.
- 조절된 매개효과분석에서 개별 경로(특히 조건부효과)의 유의성과 조절된 매개효과의 유의성(조절된 매개지수의 유의성)은 관계가 없다. 이는 조건부효과검증 결과 일부의 단순기울기가 유의하지 않아도 조절된 매개효과가 존재할 수 있음을 의미한다. 따라서 조건부 간접효과가 조절변수의 여러 수준에서 모두 유의적이라 하더라도 조절된 매개지수에 대한 신뢰구간의 상한값과 하한값 사이에 0을 포함하고 있으면 조절된 매개효과가 없다고 해석한다.

2 회귀식을 이용한 조절된 매개효과분석의 이해

조절된 매개효과분석을 이해하기 위한 좋은 방법 중의 하나는 노테이션(Notation)을 이용해서 회귀식을 표기하고 이해하는 것이다. 처음에는 수학식으로 회귀식이 표현되기 때문에 다소 어렵고 생소할 수도 있으나 조절된 매개효과분석을 이해하는 데는 매우 중요한 방법이다. 특히 조절된 매개효과분석의 학습 과정에서 중요한 것은 PROCESS macro가 제공하는 각 모델 번호(Model number)의 조절된 매개효과분석을 위한 회귀식이 어떠한 노테이션으로 표기되어 있는가를 이해하는 것이다. 이외에도 조건부효과(Conditional effect), 조건부 직접효과(Conditional direct effect), 조건부 간접효과(Conditional indirect effect), 조절된 매개지수(Index of moderated mediation) 등의 개념과 노테이션이 어떻게 표기되고 있는가에 대한 이해가 선행되어야 한다.

지금부터는 선행연구들에서 많이 사용되고 있는 조절된 매개효과모델들의 개념적 모델(Conceptual model)과 통계적 모델(Statistical model)을 제시하고 관련된 회귀식(Regression equation)을 설명한다. 여기에서 소개할 조절된 매개효과모델과 조절된 조절된 매개효과모델의 번호는 각각 7, 8, 14, 15, 58, 59와 21이다. 또한 PROCESS macro에서는 다중매개모델이 포함된 조절된 매개모델을 제공하고 있는데 이는 다중매개모델과 조절모델이 결합된 형태를 가지고 있으며, 이에 대해서는 모델 번호는 83부터 92까지 제공되고 있다. 이외에도 조건부 직접효과, 조건부 간접효과, 조절된 매개지수 등과 같은 관련 개념들의 수학적 표현식도 제시할 것이다. X는 독립변수, M은 매개변수, Y는 종속변수, W(제1조절변수)와 Z(제2조절변수)는 조절변수, I는 절편(상수), e는 오차, ω는 조건부 간접효과를 나타낸다.

2.1 조절된 매개효과모델: Model number 7

그림 15-1 PROCESS Model number 7의 개념적 모델과 통계적 모델

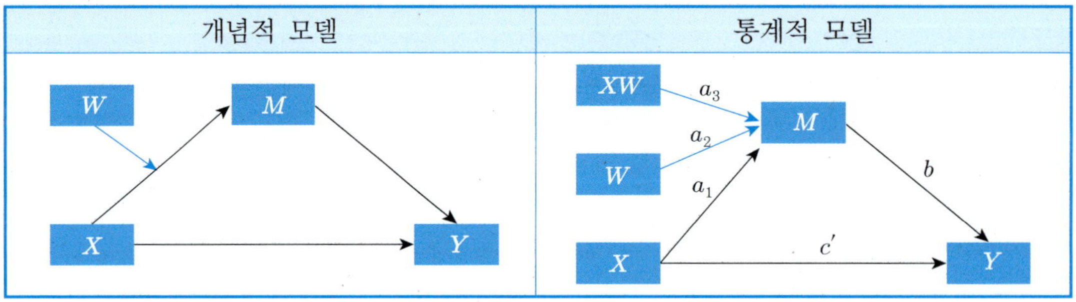

조절된 매개효과 모델 7번은 [그림 15-1]과 같이 '$X \rightarrow M \rightarrow Y$'의 매개효과가 독립변수인 X와 매개변수인 M 간의 조절변수인 W에 의해서 조절되는지를 검증하기 위한 모델이다. [그림 15-1]에서 제시된 통계적 모델을 추정하려면 M과 Y를 종속변수로 하는 2개의 회귀식을 만들어야 한다. (식 15.2)에서 c'(c prime)은 독립변수 X가 종속변수 Y에 미치는 직접효과를 의미한다.

$$M = i_M + a_1 X + a_2 W + a_3 XW + e_M \qquad (식\ 15.1)$$

$$Y = i_Y + c'X + bM + e_Y \qquad (식\ 15.2)$$

(식 15.1)을 X를 중심으로 재정리하면 다음과 같다.

$$M = (i_M + a_2 W) + (a_1 + a_3 W)X + e_M \qquad (식\ 15.3)$$

위 (식 15.3)에서 X가 M에 주는 W의 조건부효과(Conditional effect)인 $\Theta_{X \to M}$은 $[a_1 + a_3 W]$이며, 이는 단순기울기(Simple slope)라고도 한다. 단순기울기분석(Simple slope analysis)은 상호작용 도표를 그려서 분석하며, 보통 조절변수인 W의 세 가지 수준(M−1SD, M, M+1SD)에서 X와 Y가 갖는 관계를 추정하고 검증한다(Aiken & West, 1991).

① W=M−1SD인 경우의 단순기울기(평균보다 1표준편차 아래인 경우):

$a_1 + a_3(M - 1SD)$

② W=M인 경우의 단순기울기(평균인 경우): $a_1 + a_3(M)$

③ W=M+1SD인 경우의 단순기울기(평균보다 1표준편차 위인 경우):

$a_1 + a_3(M + 1SD)$

매개변수인 M이 종속변수인 Y에 주는 효과인 $\Theta_{M \to Y}$은 $[b]$이다. 여기에서 b는 독립변수 X의 종속변수 Y에 대한 효과를 통제한 상태에서 매개변수 M이 종속변수 Y에 주는 효과를 말한다.

W의 조건부 간접효과(Conditional indirect effect)인 ω는 다음과 같이 $\Theta_{X \to M}$와 $\Theta_{M \to Y}$의 곱으로 계산된다.

$$\omega = \theta_{X \to M}\,\theta_{M \to Y} = (a_1 + a_3 W)b = a_1 b + a_3 b W \qquad (식\ 15.4)$$

위의 (식 15.4)에서 $a_1 b$는 절편이며 $a_3 b$는 기울기이다. $a_3 b$는 조절된 매개지수(Index of moderated mediation)라 한다. 이는 간접효과(매개효과)가 조절변수의 수준에 따라 달라지는 정도를 지수화한 것이다. 이 값이 유의하면($a_3 b \neq 0$) 조절된 매개효과가 있다고 해석하고 비유의적이면 조절된 매개효과가 없다고 해석한다.

2.2 조절된 매개효과모델: Model number 8

조절된 매개효과 모델 8번은 [그림 15-2]와 같이 '$X \rightarrow M \rightarrow Y$'의 매개효과가 독립변수인 X와 매개변수인 M 간의 조절변수인 W에 의해서 조절되고, 동시에 독립변수인 X와 종속변수인 Y 간에 조절변수인 W에 의해 조절되고 있는지를 검증하기 위한 모델이다. [그림 15-2]에서 제시된 통계적 모델을 추정하려면 M과 Y를 종속변수로 하는 2개의 회귀식을 만들어야 한다.

$$M = i_M + a_1 X + a_2 W + a_3 XW + e_M \qquad \text{(식 15.5)}$$

$$Y = i_Y + c_1{}' X + c_2{}' W + c_3{}' XW + bM + e_Y \qquad \text{(식 15.6)}$$

▶ 그림 15-2 ▌ PROCESS Model number 8의 개념적 모델과 통계적 모델

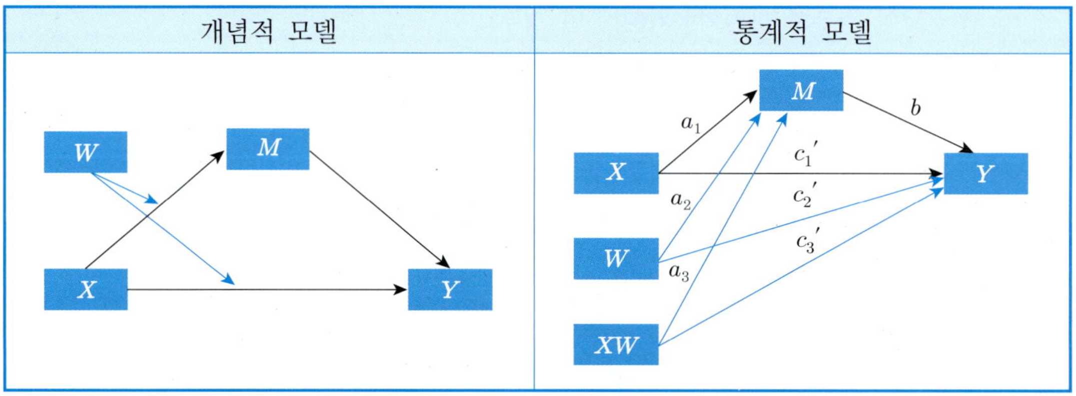

(식 15.5)를 X를 중심으로 재정리하면 다음과 같다. 이 식은 모델 7번에서 살펴본 것과 동일하며 조건부 간접효과는 Model 8에서도 동일하다.

$$M = (i_M + a_2 W) + (a_1 + a_3 W)X + e_M \qquad \text{(식 15.7)}$$

위 (식 15.7)에서 X가 M에 주는 W의 조건부효과인 $\Theta_{X \rightarrow M}$은 $[a_1 + a_3 W]$이며, 매개변수

인 M이 종속변수인 Y에 주는 효과인 $\Theta_{M\rightarrow Y}$은 [b]이다. 여기에서 b는 독립변수 X, 조절변수 W, 상호작용항 XW의 종속변수인 Y에 대한 효과를 통제한 상태에서 매개변수 M이 종속변수 Y에 주는 효과를 말한다.

W의 조건부 간접효과인 ω는 다음과 같이 $\Theta_{X\rightarrow M}$와 $\Theta_{M\rightarrow Y}$의 곱으로 계산된다.

$$\omega=\theta_{X\rightarrow M}\,\theta_{M\rightarrow Y}=(a_1+a_3W)b=a_1b+a_3bW \quad \text{(식 15.8)}$$

위의 (식 15.8)에서 a_3b는 조절된 매개지수(Index of moderated mediation)이다. 이 값이 유의하면($a_3b\neq 0$) 조절된 매개효과가 있다고 해석하고 비유의적이면 조절된 매개효과가 없다고 해석한다.

(식 15.6)을 X를 중심으로 재정리하면 (식 15.9)와 같다. 이는 독립변수인 X가 종속변수인 Y에 주는 직접효과가 조절변수인 W의 수준에 따라 달라진다는 것이다.

$$Y=(i_Y+c_2{}'W)+(c_1{}'+c_3{}'W)X+bM+e_Y \quad \text{(식 15.9)}$$

위 (식 15.9)에서 X가 Y에 주는 W의 조건부효과인 $\Theta_{X\rightarrow Y}$는 $[c_1{}'+c_3{}'W]$이며, 이를 W의 조건부 직접효과(Conditional direct effect)라고 한다.

2.3 조절된 매개효과모델: Model number 14

그림 15-3 | PROCESS Model number 14의 개념적 모델과 통계적 모델

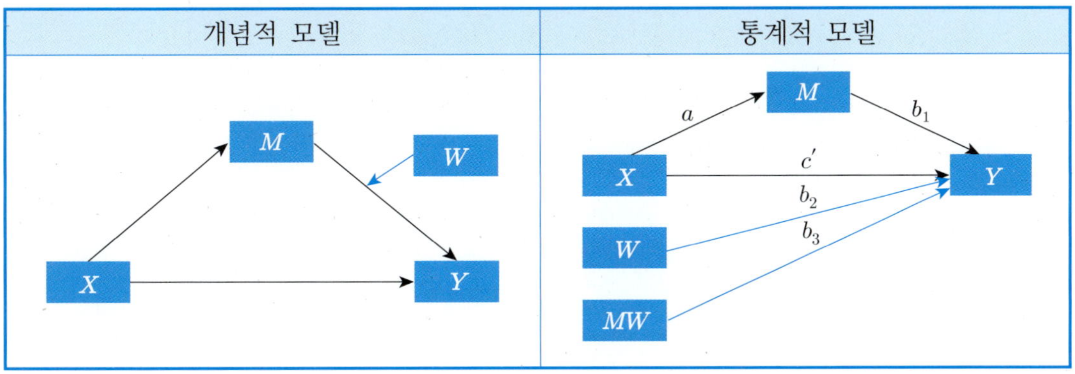

조절된 매개효과 모델 14번은 [그림 15-3]과 같이 '$X \rightarrow M \rightarrow Y$'의 매개효과가 매개변수 M과 종속변수 Y 간의 조절변수인 W에 의해서 조절되고 있는지를 검증하기 위한 모델이다. [그림 15-3]에서 제시된 통계적 모델을 추정하려면 M과 Y를 종속변수로 하는 2개의 회귀식을 만들어야 한다.

$$M = i_M + aX + e_M \quad \text{(식 15.10)}$$

$$Y = i_Y + c'X + b_1M + b_2W + b_3MW + e_Y \quad \text{(식 15.11)}$$

(식 15.11)을 M을 중심으로 재정리하면 다음과 같다.

$$Y = (i_Y + b_2W + c'X) + (b_1 + b_3W)M + e_Y \quad \text{(식 15.12)}$$

위 (식 15.13)에서 X가 M에 주는 W의 조건부효과인 $\Theta_{X \rightarrow M}$은 [a]이며, 매개변수인 M이 종속변수인 Y에 주는 효과인 $\Theta_{M \rightarrow Y}$은 [$b_1 + b_3W$]이다.

W의 조건부 간접효과인 ω는 다음과 같이 $\Theta_{X \rightarrow M}$와 $\Theta_{M \rightarrow Y}$의 곱으로 계산된다.

$$\omega = \theta_{X \rightarrow M}\,\theta_{M \rightarrow Y} = a(b_1 + b_3W) = ab_1 + ab_3W \quad \text{(식 15.13)}$$

위의 (식 15.14)에서 ab_3는 조절된 매개지수이다. 이 값이 유의하면($ab_3 \neq 0$) 조절된 매개효과가 있다고 해석하고 비유의적이면 조절된 매개효과가 없다고 해석한다.

2.4 조절된 매개효과모델: Model number 15

그림 15-4 ▌ PROCESS Model number 15의 개념적 모델과 통계적 모델

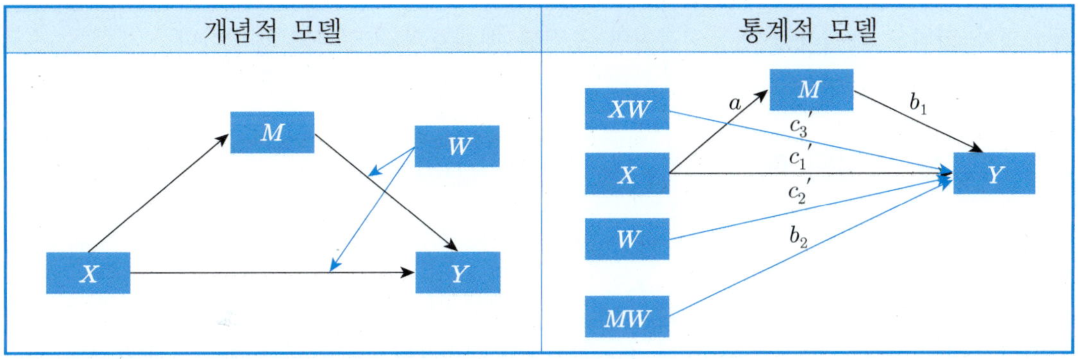

조절된 매개효과 모델 15번은 [그림 15-4]와 같이 '$X \rightarrow M \rightarrow Y$'의 매개효과가 매개변수 M과 종속변수 Y 간의 조절변수인 W에 의해서 조절되고, 동시에 독립변수 X와 종속변수 Y 간에 조절변수인 W에 의해서 조절되고 있는지를 검증하기 위한 모델이다. [그림 15-4]에서 제시된 통계적 모델을 추정하려면 M과 Y를 종속변수로 하는 2개의 회귀식을 만들어야 한다.

$$M = i_M + aX + e_M \qquad \text{(식 15.14)}$$

$$Y = i_Y + b_1 M + c_1' X + c_2' W + c_3' XW + b_2 MW + e_Y \qquad \text{(식 15.15)}$$

(식 15.15)를 X와 M을 중심으로 재정리하면 다음과 같다.

$$Y = i_Y + (c_1' + c_3' W)X + c_2' W + (b_1 + b_2 W)M + e_Y \qquad \text{(식 15.16)}$$

위 (식 15.16)에서 X가 M에 주는 W의 조건부효과인 $\Theta_{X \rightarrow M}$은 $[a]$이며, 매개변수인 M이 종속변수인 Y에 주는 효과인 $\Theta_{M \rightarrow Y}$은 $[b_1 + b_2 W]$이다. (식 5.16)에서 X가 Y에 주는 W의 조건부효과인 $\Theta_{X \rightarrow Y}$는 $[c_1' + c_3' W]$이며, 이를 W의 조건부 직접효과라고 한다.

W의 조건부 간접효과인 ω는 다음과 같이 $\Theta_{X \rightarrow M}$와 $\Theta_{M \rightarrow Y}$의 곱으로 계산된다.

$$\omega = \theta_{X \to M}\,\theta_{M \to Y} = a(b_1 + b_2 W) = ab_1 + ab_2 W \qquad \text{(식 15.17)}$$

위의 (식 15.17)에서 ab_2는 조절된 매개지수이다. 이 값이 유의하면($ab_2 \neq 0$) 조절된 매개효과가 있다고 해석하고 비유의적이면 조절된 매개효과가 없다고 해석한다.

2.5 조절된 조절된 매개효과모델: Model number 21

조절된 매개효과 모델 21번은 [그림 15-5]와 같이 독립변수 X와 매개변수 M 간의 관계($X \to M$)를 조절변수 W가 조절하고 있는지(1단계)와 매개변수 M과 종속변수 Y의 관계($M \to Y$)를 조절변수인 Z가 조절하고 있는지(2단계)를 검증하기 위한 1단계와 2단계 이중 조절된 매개모델이다. [그림 15-5]에서 제시된 통계적 모델을 추정하려면 M과 Y를 종속변수로 하는 2개의 회귀식을 만들어야 한다.

$$M = i_M + a_1 X + a_2 W + a_3 XW + e_M \qquad \text{(식 15.18)}$$

$$Y = i_Y + c' X + b_1 M + + b_2 Z + b_3 MZ + e_Y \qquad \text{(식 15.19)}$$

(식 15.18)과 (15.19)를 각각 X와 M을 중심으로 재정리하면 다음과 같다.

$$M = i_M + a_2 W + (a_1 + a_3 W)X + e_M \qquad \text{(식 15.20)}$$

$$Y = i_Y + c' X + b_2 Z + (b_1 + b_3 Z)M + e_Y \qquad \text{(식 15.21)}$$

그림 15-5 ▌PROCESS Model number 21의 개념적 모델과 통계적 모델

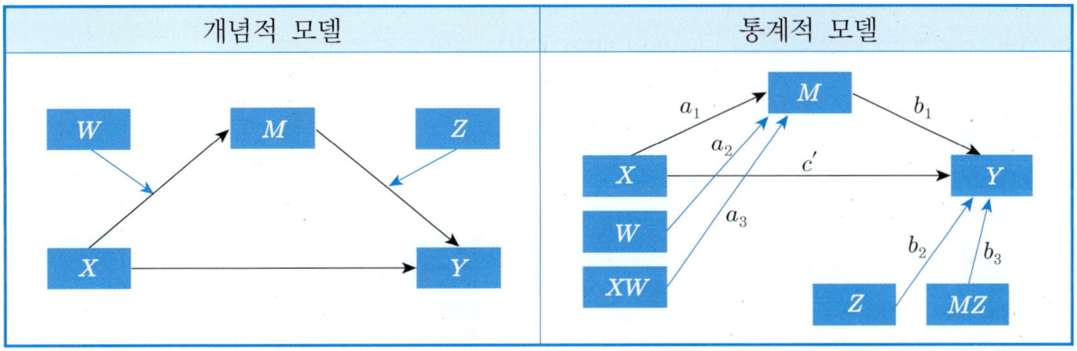

위 (식 15.20)에서 독립변수 X가 매개변수 M에 주는 W의 조건부효과인 $\Theta_{X \to M}$은 $[a_1 + a_3 W]$이며, (식 15.21)에서 매개변수인 M이 종속변수인 Y에 주는 Z의 조건부효과인 $\Theta_{M \to Y}$은 $[b_1 + b_3 Z]$이다. W와 Z에 의해서 조절되는 조건부 간접효과인 ω는 다음과 같이 $\Theta_{X \to M}$와 $\Theta_{M \to Y}$의 곱으로 계산된다.

$$\omega = \theta_{X \to M}\,\theta_{M \to Y} = (a_1 + a_3 W)(b_1 + b_3 Z) \quad \text{(식 15.22)}$$

$$= a_1 b_1 + a_3 b_1 W + a_1 b_3 Z + a_3 b_3 WZ \quad \text{(식 15.23)}$$

$$= a_1 b_1 + a_1 b_3 Z + (a_3 b_1 + a_3 b_3 Z) W \quad \text{(식 15.24)}$$

$$= a_1 b_1 + a_3 b_1 W + (a_1 b_3 + a_3 b_3 W) Z \quad \text{(식 15.25)}$$

위 (식 15.23)에서 모델 21의 조절된 조절된 매개지수(Index of moderated moderation mediation)는 $a_3 b_3$이며, 이는 조절변수인 $W(Z)$가 변하면서 $Z(W)$에 의하여 조절되는 간접효과의 변화율이다(이형권, 2018). 먼저, (식 15.24)에서 X의 간접효과와 W의 관계는 Z의 선형함수라는 것을 의미하며, 이 경우의 조건부 조절된 매개지수는 $a_3 b_1 + a_3 b_3 Z$으로 계산된다. 이 지수는 특정 Z값의 여러 수준에서 W에 의하여 조절되는 간접효과를 계량화한 값이다. 다음으로, (식 15.25)에서 X의 간접효과와 Z의 관계는 W의 선형함수라는 것을 의미하며, 이 경우의 W에 의한 조건부 조절된 매개지수는 $a_1 b_3 + a_3 b_3 W$로 계산된다. 이 지수는 특정 W값의 여러 수준에서 Z에 의하여 조절되는 간접효과를 계량화한 값이다.

2.6 조절된 매개효과모델: Model number 58

▶ 그림 15-6 ▌PROCESS Model number 58의 개념적 모델과 통계적 모델

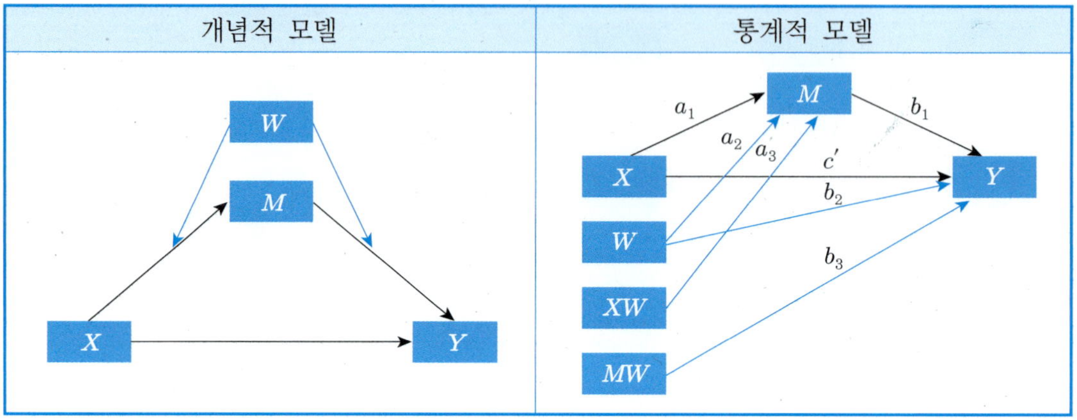

조절된 매개효과 모델 58번은 [그림 15-6]과 같이 독립변수 X와 매개변수 M 간의 관계($X \rightarrow M$) 그리고 매개변수 M과 종속변수 Y의 관계($M \rightarrow Y$)를 조절변수인 W가 조절하고 있는지를 검증하기 위한 모델이다. [그림 15-6]에서 제시된 통계적 모델을 추정하려면 M과 Y를 종속변수로 하는 2개의 회귀식을 만들어야 한다.

$$M = i_M + a_1 X + a_2 W + a_3 XW + e_M \quad \text{(식 15.26)}$$

$$Y = i_Y + c'X + b_2 W + b_3 MW + b_1 M + e_Y \quad \text{(식 15.27)}$$

(식 15.26)과 (식 15.27)을 각각 X와 M을 중심으로 재정리하면 다음과 같다.

$$M = i_M + a_2 W + (a_1 + a_3 W)X + e_M \quad \text{(식 15.28)}$$

$$Y = i_Y + c'X + b_2 W + (b_1 + b_3 W)M + e_Y \quad \text{(식 15.29)}$$

위 (식 15.28)에서 독립변수 X가 매개변수 M에 주는 W의 조건부효과인 $\Theta_{X \rightarrow M}$은 $[a_1 + a_3 W]$이며, (식 15.29)에서 매개변수인 M이 종속변수인 Y에 주는 조건부효과인 $\Theta_{M \rightarrow Y}$은

$[b_1 + b_3 W]$이다. W의 조건부 간접효과인 ω는 다음과 같이 $\Theta_{X \to M}$와 $\Theta_{M \to Y}$의 곱으로 계산된다.

$$\omega = \theta_{X \to M}\,\theta_{M \to Y} = (a_1 + a_3 W)(b_1 + b_3 W) \qquad \text{(식 15.30)}$$

(식 15.30)을 전개하면 다음과 같다. 이는 조건부 간접효과와 조절된 매개지수가 제곱이 포함된 비선형이라고 볼 수 있다. 이로 인해 조절변수가 연속형 변수인 경우에는 조절된 매개지수가 출력되지 않으며 W의 계수가 조절된 매개지수로 보기 어렵다. 이와 같이 모든 조절된 매개효과모형에 조절된 매개지수가 존재하는 것은 아니다. 따라서 모델 58번에서 조절된 매개효과를 검증하고 싶다면 조절변수에는 반드시 이분형 변수를 투입해야 한다.

$$\begin{aligned}\omega &= (a_1 + a_3 W)(b_1 + b_3 W) = a_1 b_1 + a_1 b_3 W + a_3 b_1 W + a_3 b_3 W^2 \\ &= a_1 b_1 + (a_1 b_3 + a_3 b_1) W + a_3 b_3 W^2\end{aligned}$$

2.7 조절된 매개효과모델: Model number 59

조절된 매개효과 모델 59번은 [그림 15-7]과 같이 독립변수 X와 매개변수 M 간의 관계($X \to M$) 그리고 매개변수 M과 종속변수 Y의 관계($M \to Y$) 그리고 독립변수 X와 종속변수 Y 간의 관계($X \to Y$)를 조절변수인 W가 조절하고 있는지를 검증하기 위한 모델이다. [그림 15-7]에서 제시된 통계적 모델을 추정하려면 M과 Y를 종속변수로 하는 2개의 회귀식을 만들어야 한다.

$$M = i_M + a_1 X + a_2 W + a_3 XW + e_M \qquad \text{(식 15.31)}$$

$$Y = i_Y + c_1' X + c_2' W + c_3' XW + b_1 M + b_2 MW + e_Y \qquad \text{(식 15.32)}$$

(식 15.31)과 (식 15.32)를 각각 X와 M을 중심으로 재정리하면 다음과 같다.

$$M = i_M + (a_1 + a_3 W)X + a_2 W + e_M \qquad \text{(식 15.33)}$$

$$Y = i_Y + (c_1' + c_3' W)X + c_2' W + (b_1 + b_2 W)M + e_Y \qquad \text{(식 15.34)}$$

그림 15-7 PROCESS Model number 59의 개념적 모델과 통계적 모델

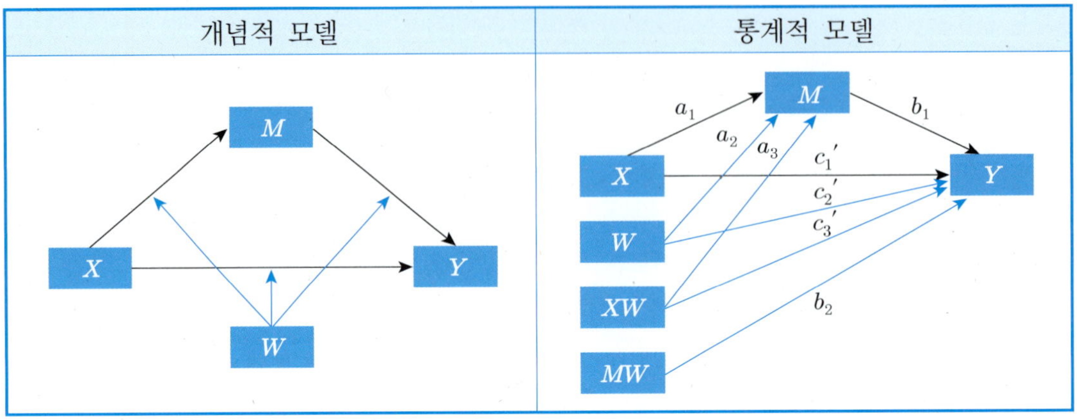

위 (식 15.33)에서 독립변수 X가 매개변수 M에 주는 W의 조건부효과인 $\Theta_{X\rightarrow M}$은 $[a_1 + a_3 W]$이며, (식 15.34)에서 매개변수인 M이 종속변수인 Y에 주는 조건부효과인 $\Theta_{M\rightarrow Y}$은 $[b_1 + b_2 W]$이다. (식 15.35)에서 X가 Y에 주는 W의 조건부효과인 $\Theta_{X\rightarrow Y}$는 $[c_1{}' + c_3{}' W]$이며, 이를 W의 조건부 직접효과라고 한다. W의 조건부 간접효과인 ω는 다음과 같이 $\Theta_{X\rightarrow M}$와 $\Theta_{M\rightarrow Y}$의 곱으로 계산된다.

$$\omega = \theta_{X\rightarrow M}\,\theta_{M\rightarrow Y} = (a_1 + a_3 W)(b_1 + b_2 W) \qquad \text{(식 15.35)}$$

(식 15.35)를 전개하면 조건부 간접효과와 조절된 매개지수가 제곱이 포함된 비선형 형태가 된다. 이로 인해 조절변수가 연속형 변수인 경우에는 조절된 매개지수가 출력되지 않으며 W의 계수가 조절된 매개지수로 보기 어렵다. 이와 같이 모든 조절된 매개효과모형에 조절된 매개지수가 존재하는 것은 아니다. 따라서 모델 59번에서 조절된 매개효과를 검정하고 싶다면 조절변수에는 반드시 이분형 변수를 투입해야 한다.

$$\begin{aligned}\omega &= (a_1 + a_3 W)(b_1 + b_2 W) = a_1 b_1 + a_1 b_2 W + a_3 b_1 W + a_3 b_2 W^2 \\ &= a_1 b_1 + (a_1 b_2 + a_3 b_1) W + a_3 b_2 W^2\end{aligned}$$

2.8 다중매개모델이 포함된 조절된 매개효과모델: Model number 84

그림 15-8 | PROCESS Model number 84의 개념적 모델과 통계적 모델

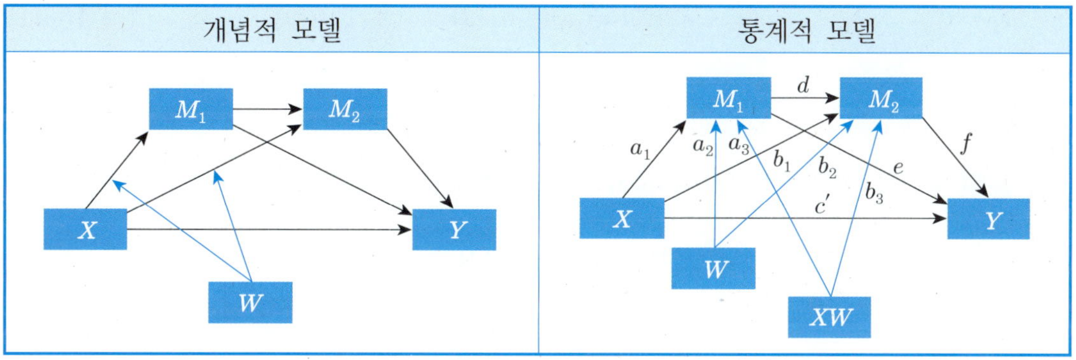

다중조절모델이 포함된 조절된 매개효과 모델 84번은 [그림 15-8]과 같이 다중매개모델과 조절모델이 포함된 조절된 매개효과모델이다. [그림 15-8]에서 제시된 통계적 모델을 추정하려면 M과 Y를 종속변수로 하는 3개의 회귀식을 만들어야 한다.

$$M_1 = i_M + a_1 X + a_2 W + a_3 XW + e_M \quad \text{(식 15.36)}$$

$$M_2 = i_M + b_1 X + b_2 W + b_3 XW + dM_1 + e_M \quad \text{(식 15.37)}$$

$$Y = i_Y + c_1' X + eM_1 + fM_2 + e_Y \quad \text{(식 15.38)}$$

(식 15.36)과 (식 15.37)을 X를 중심으로 재정리하면 다음과 같다.

$$M_1 = i_M + a_2 W + (a_1 + a_3 W)X + e_M \quad \text{(식 15.39)}$$

$$M_2 = i_M + dM_1 + B_2 W + (b_1 + b_3 W)X + e_M \quad \text{(식 15.40)}$$

위 (식 15.39) (식 15.40)에서 독립변수 X가 매개변수 M_1에 주는 W의 조건부효과인 $\Theta_{X \to M_1}$은 $[a_1 + a_3 W]$이며, 독립변수 X가 매개변수 M_2에 주는 W의 조건부효과인 $\Theta_{X \to M_2}$은 $[b_1 + b_3 W]$이다. 또한 $M_1 \to M_2$의 영향은 d로 계산된다. (식 15.38)에서 X가 Y에 미치는 직접효과는 c'이다. M_1이 Y에 미치는 영향은 e이며, M_2가 Y에 미치는 영향은 f이다.

X가 M_1을 경유해 Y에 미치는 W의 조건부 간접효과인 ω_1은 다음과 같이 $\Theta_{X \to M_1}$와 $\Theta_{M_1 \to Y}$의 곱으로 계산된다. (식 15.41)에서 조절된 매개지수는 W의 가중치인 a_3e이다.

$$\omega_1 = \theta_{X \to M_1} \theta_{M_1 \to Y} = (a_1 + a_3 W)e = a_1 e + a_3 e W \quad \text{(식 15.41)}$$

X가 M_2를 경유하여 Y에 미치는 W의 조건부 간접효과인 ω_2는 다음과 같이 $\Theta_{X \to M_2}$와 $\Theta_{M_2 \to Y}$의 곱으로 계산된다. (식 15.42)에서 조절된 매개지수는 W의 가중치인 b_3f이다.

$$\omega_2 = \theta_{X \to M_2} \theta_{M_2 \to Y} = (b_1 + b_3 W)f = b_1 f + b_3 f W \quad \text{(식 15.42)}$$

X가 M_1과 M_2를 경유하여 Y에 미치는 W의 조건부 간접효과인 ω_3은 다음과 같이 독립변수 X가 매개변수 M_1에 주는 W의 조건부효과인 $\Theta_{X \to M_1}[a_1 + a_3 W]$, M_1이 M_2에 미치는 조건부효과인 $\Theta_{M_1 \to M_2}$ $[d]$ 그리고 M_2가 Y에 미치는 조건부효과인 $\Theta_{M_2 \to Y}$ $[f]$의 곱으로 계산된다. (식 15.43)에서 조절된 매개지수는 W의 가중치인 a_3df이다.

$$\omega_3 = \theta_{X \to M_1} \theta_{M_1 \to M_2} \theta_{M_2 \to Y} = (a_1 + a_3 W)df = a_1 df + a_3 df W \quad \text{(식 15.43)}$$

2.9 다중매개모델이 포함된 조절된 매개효과모델: Model number 91

다중조절모델이 포함된 조절된 매개효과 모델 91번은 [그림 15-9]와 같이 조절변수 W가 매개변수 $M_1 \to M_2$의 관계를 조절하는 다중매개모델과 조절모델이 포함된 조절된 매개효과모델이다. [그림 15-9]에서 제시된 통계적 모델을 추정하려면 M과 Y를 종속변수로 하는 3개의 회귀식을 만들어야 한다.

$$M_1 = i_M + a_1 X + e_M \quad \text{(식 15.44)}$$

$$M_2 = i_M + a_2 X + d_1 M_1 + d_2 W + d_3 M_1 W + e_M \quad \text{(식 15.45)}$$

$$Y = i_Y + c_1' X + b_1 M_1 + b_2 M_2 + e_Y \quad \text{(식 15.46)}$$

그림 15-9 | PROCESS Model number 91의 개념적 모델과 통계적 모델

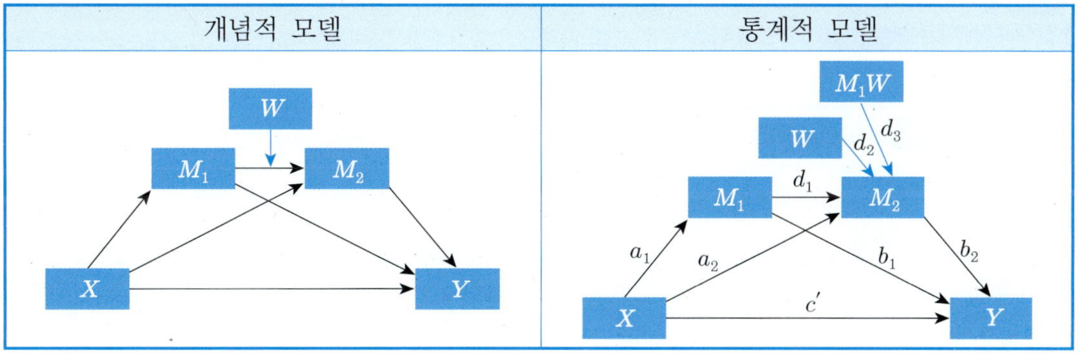

(식 15.45)를 M_1을 중심으로 재정리하면 다음과 같다.

$$M_2 = i_M + a_2 X + d_2 W + (d_1 + d_3 W)M_1 + e_M \qquad \text{(식 15.47)}$$

위 (식 15.47)에서 매개변수 M_1이 M_2에 주는 W의 조건부효과인 $\Theta_{M_1 \rightarrow M_2}$은 $[d_1 + d_3 W]$이다. $M_1 \rightarrow M_2$의 경로가 조절변수인 W에 의해서 조절되기 때문에 $[X \rightarrow M_1 \rightarrow M_2 \rightarrow Y]$의 조건부 간접효과 ω는 다음과 같이 X가 M_1에 미치는 조건부효과인 $\Theta_{X \rightarrow M_1}$ $[a_1]$, M_1이 M_2에 미치는 조건부효과인 $\Theta_{M_1 \rightarrow M_2}$ $[d_1 + d_3 W]$ 그리고 M_2가 Y에 미치는 조건부효과인 $\Theta_{M_2 \rightarrow Y}$ $[b_2]$의 곱으로 계산된다. (식 15.48)에서 조절된 매개지수는 W의 가중치인 $a_1 d_3 b_2$이다. 이 지수가 유의하면 $[X \rightarrow M_1 \rightarrow M_2 \rightarrow Y]$의 간접효과가 W에 의해서 조절되는 조절된 매개효과가 있다고 해석하고 유의하지 않다면 조절된 매개효과가 없는 것으로 해석한다.

$$\omega = \theta_{X \rightarrow M_1} \theta_{M_1 \rightarrow M_2} \theta_{M_2 \rightarrow Y} = a_1 (d_1 + d_3 W) b_2 = a_1 d_1 b_2 + a_1 d_3 b_2 W \qquad \text{(식 15.48)}$$

3 PROCESS macro 4.0을 이용한 조절된 매개효과분석 실습

통계 실습 15-1 **PROCESS macro를 이용한 연속형 조절변수의 조절된 매개효과분석 실습**

다음의 일반인 100명을 대상으로 조사한 [제15장 PROCESS 조절된 매개효과분석 데이터1][1]을 이용해서 독립변수인 MOOD(기분)가 매개변수인 POS(긍정적 생각)를 매개하여 종속변수인 ATT(태도)에 미치는 매개효과(X → M → Y)가 조절변수인 NFC(인지욕구)에 따라 조절되는지를 분석하기 위해서 조절된 매개효과분석을 실습하시오.

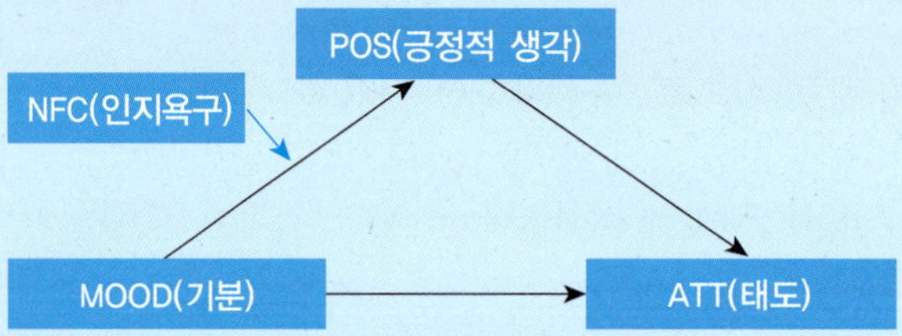

Model number: 7

☑ 실습 데이터

ID	MOOD	NFC	POS	ATT
1	−1	3.07579	6.25	18.5455
2	−1	2.59489	−5.07	−16.9684
…	…	…	…	…
100	1	−0.06157	−6.01	11.7879

총 사례 수는 100개임

- MOOD(기분) → 명목형 변수(독립변수)
- POS(긍정적 생각) → 연속형 변수(매개변수)
- NFC(인지욕구) → 연속형 변수(조절변수)
- ATT(태도) → 연속형 변수(종속변수)

1) https://app.box.com/notes/200139026738?s=xi5bgxh3ubzzwz67gd7vjrfy66d3zny5

☑ 가설

- 귀무가설(H_0): 기분이 긍정적 생각을 매개하여 태도에 미치는 매개효과($X \rightarrow M \rightarrow Y$)는 인지욕구의 수준에 따라 달라지지 않는다.
- 대립가설(H_1): 기분이 긍정적 생각을 매개하여 태도에 미치는 매개효과($X \rightarrow M \rightarrow Y$)는 인지욕구의 수준에 따라 다르다.

실습 데이터	제15장 PROCESS 조절된 매개효과분석 데이터1
분석방법 메뉴 선택	분석-회귀분석-PROCESS V4.2 by Andrew F. Hayes

1) 실습 과정

❶ [파일-열기-데이터]를 선택한 후 실습 데이터 파일이 있는 위치로 찾아가서 [제15장 PROCESS 조절된 매개효과분석 데이터1]을 연다.

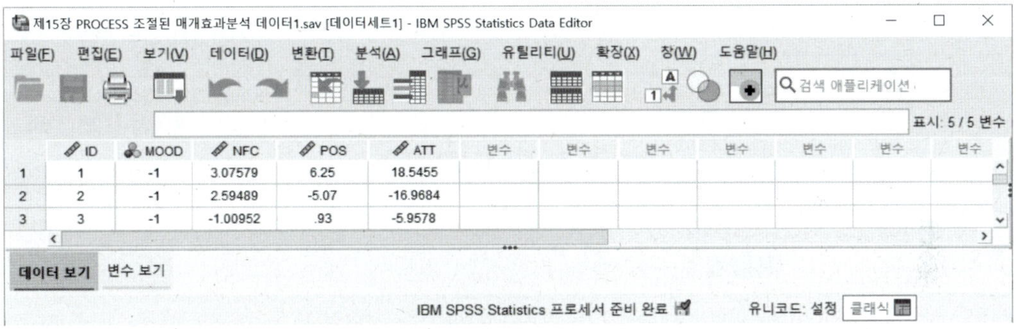

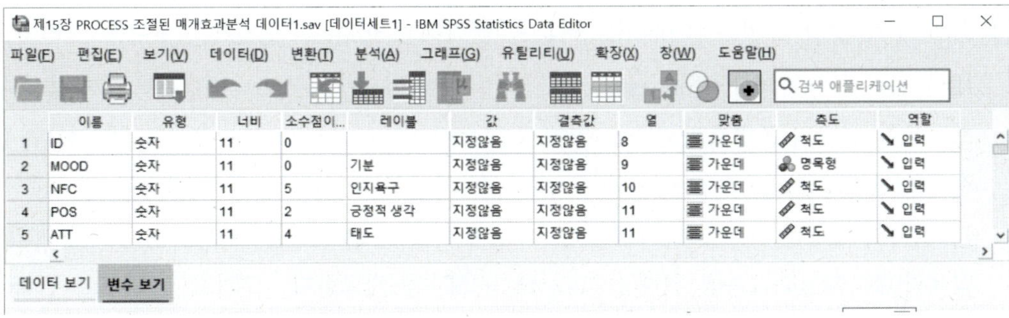

❷ [분석–회귀분석–PROCESS V4.2 by Andrew F. Hayes]로 들어간다. 초기화면의 왼쪽 [Variable]에 있는 변수들을 오른쪽의 [X variable]에는 독립변수인 [기분(MOOD)], [Y variable]에는 종속변수인 [태도(ATT)], [Mediator variable M]에는 매개변수인 [긍정적 생각(POS)], [Moderator variable W]에는 조절변수인 [인지욕구(NFC)]를 이동시킨다. [Model number]는 이 실습 연구모형에 해당하는 [7]을 선택한다. [Confidence interval], [Number of bootstrap samples]는 그대로 둔다. 이는 디폴트 값인 95% 신뢰수준, 5,000회의 부트스트랩을 선택함을 의미한다. 연구자는 디폴트 값을 수정할 수 있다.

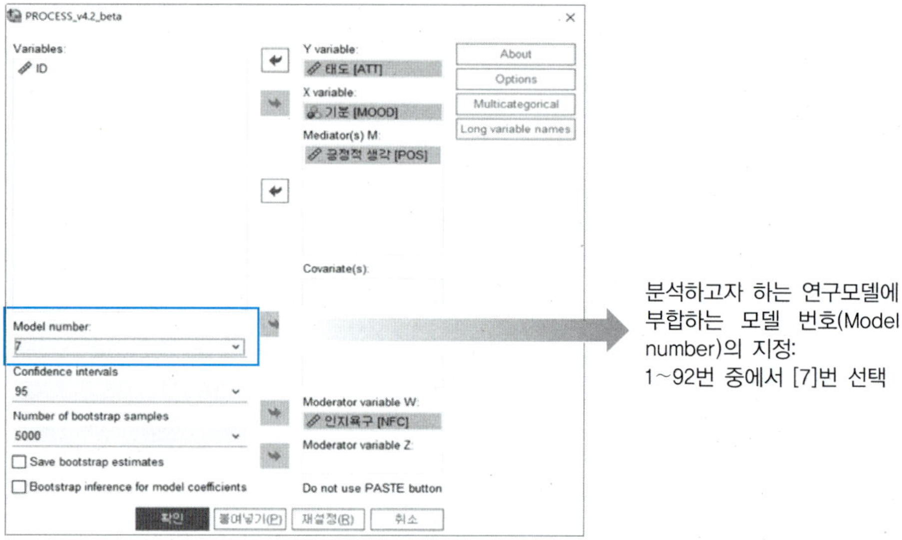

❸ 화면 우측 상단에 있는 [Options] 버튼을 클릭해 들어간 후 상호작용 도표를 그리기 위한 데이터를 얻기 위해서 [Generate code for visualizing interactions]을 체크해 지정한다. 상호작용항 변수의 조절효과검증을 위해서 [Test for X by M interactions]를 체크한다. [소수점 이하 자릿수(Decimal places in output)]로 [3]을 선택한다. 연속형 변수만 평균중심화하기 위해서 [Only continuous variables that define products]를 체크한다. 조절효과의 사후탐색인 조건부효과검증을 위해 [–1SD, M, +1SD]를 체크한다. 그리고 [Johnson– Neyman output]를 체크한다. [Long variable names]로 들어간 후 [I accept the risk of incorrect output]를 체크한다. [계속] 버튼을 클릭한 후 [확인] 버튼을 클릭하면 조절된 매개효과분석이 실행된다.

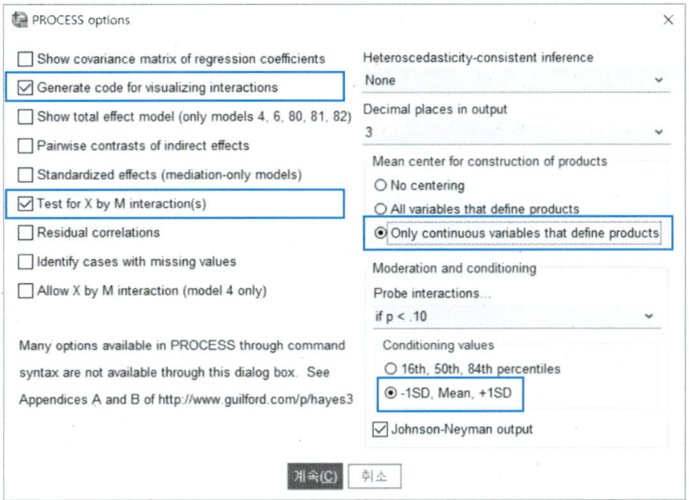

❹ 조절효과의 단순기울기분석을 위해서 상호작용 도표를 그린다.

상호작용 도표를 그리는 절차는 다음과 같다.

① PROCESS 실행 후 Output(출력물)에서 마우스를 두 번 클릭하면 출력물의 외곽선이 점선으로 변한다.

② 출력물 중에서 [DATA LIST FREE/부터 MOOD 뒤의 점]까지 마우스로 선택한 후 [복사](Copy)한다.

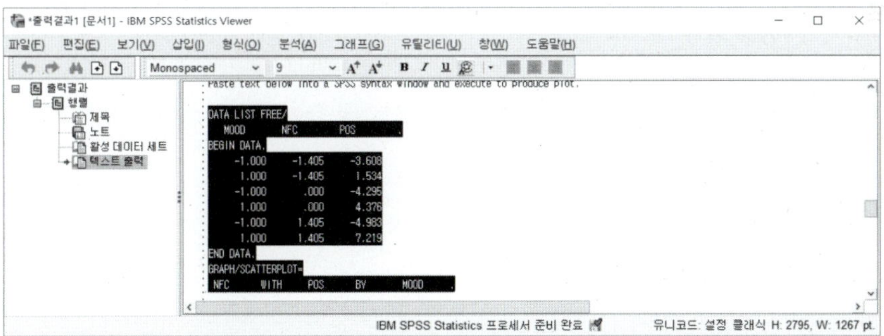

③ [파일-새로 만들기-명령문]으로 들어가서 명령문 화면 [IBM SPSS Statistics Syntax Editor]에 [붙여넣기](Paste)한다. [붙여넣기]가 완료되었으면 마우스로 전체 범위를 잡은 후에 화면 상단에 있는 [실행(▶)] 버튼을 클릭한다.

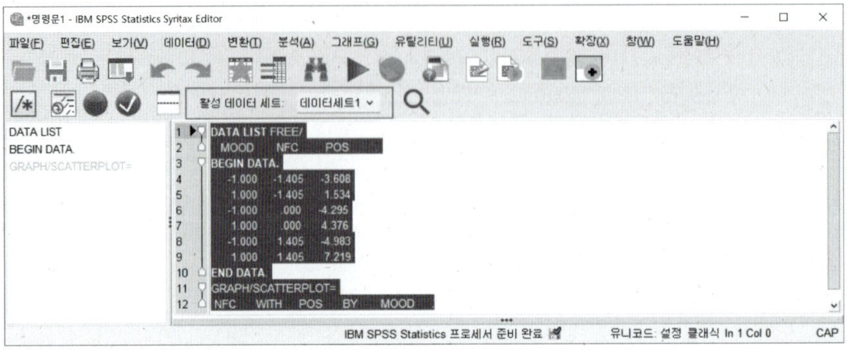

④ 그러면 PROCESS macro 출력물 맨 뒤에 [그래프]가 추가된다. 그러나 그래프가 미려한 상태가 아니므로 다른 방법으로 수정하기로 한다(물론 이 그래프를 두 번 클릭하면 [도표 편집기]로 들어가며 여기에서 선 연결 등의 작업을 할 수 있으나 예쁘지 않다는 단점이 있다).

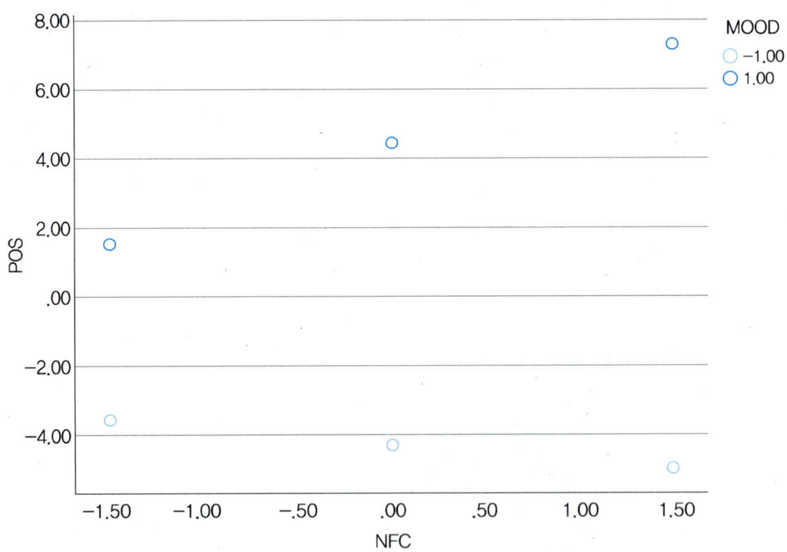

⑤ 컴퓨터 화면 가장 아래에 있는 [작업 표시줄]의 SPSS 아이콘으로 마우스를 올려다 놓으면 몇 개의 파일들이 보인다. 맨 오른쪽에 있는 파일로 가면 다음과 같은 [IBM SPSS Statistics Data Editor]가 나타난다.

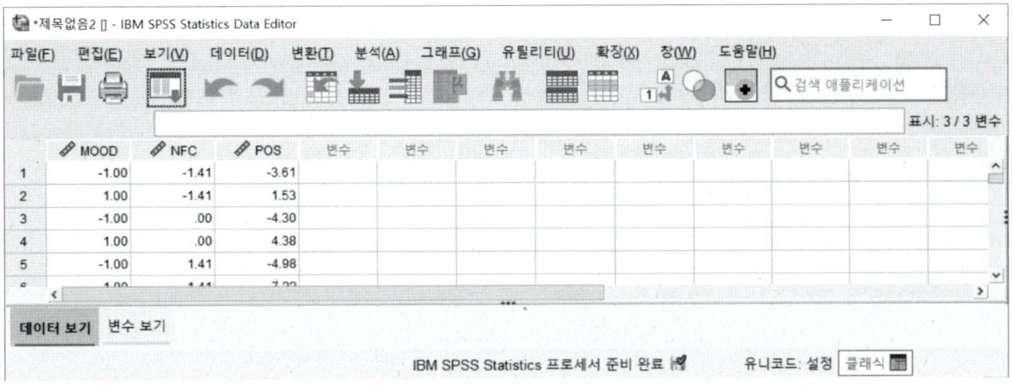

⑥ 메뉴에서 [그래프–선형 차트–다중–정의]를 차례대로 클릭해 들어간다. [선 표시]에서 [기타 통계량(예: 평균)]을 체크한다. 종속변수(POS)는 [변수]에, 독립변수(MOOD)는 [범주축]에, 조절변수(NFC)는 [선 기준변수]에 드래그하여 가져다 놓은 후 [확인] 버튼을 클릭한다. 그러면 PROCESS macro output의 맨 뒤에 [그래프]가 나타난다.

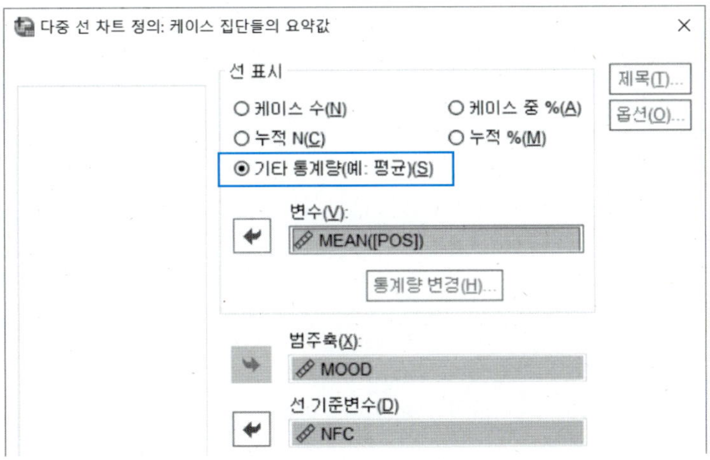

⑦ 그래프를 더블 클릭하면 [도표 편집기]에 조절효과 그래프가 나타난다. 학습자가 선 모양, 굵기 등과 가로축과 세로축의 글자 등을 수정할 수 있다. 모두 완료되었으면 [닫기] 표시를 클릭해 마친다.

2) 주요 분석 결과

조절된 매개효과분석에 대한 주요 출력 결과를 제시하면 다음과 같다.

| 연구모델과 표본 수 요약 |

사용된 Model number, 변수명, 표본크기 등에 대한 정보가 출력된다. 모델 [7]번이 적용되었음을 보여준다.

```
**************************************************************************
Model  : 7
    Y  : ATT
    X  : MOOD
    M  : POS
    W  : NFC

Sample
Size:  100
```

| 독립변수와 매개변수 간의 관계에 대한 조절변수의 조절효과분석 결과 |

독립변수인 MOOD는 매개변수인 POS에 정적으로 유의한 영향을 주었다(B=4.336, p<0.001). 조절변수인 NFC는 POS에 유의한 영향을 주지 않았다(B=0.767, p>0.05). 상호작용항 변수인 MOOD×NFC는 POS에 정적으로 유의한 영향을 주어서 MOOD와 POS 간에 NFC는 조절영향을 미치는 것으로 나타났다(B=1.257, p<0.05).

```
**************************************************************************
OUTCOME VARIABLE:
 POS

Model Summary
          R       R-sq        MSE          F        df1        df2          p
       .566       .320     48.574     15.056      3.000     96.000       .000

Model
              coeff         se          t          p       LLCI       ULCI
constant       .040       .697       .058       .954     -1.343      1.424
MOOD          4.336       .697      6.219       .000      2.952      5.720
NFC            .767       .513      1.496       .138      -.251      1.785
Int_1         1.257       .513      2.450       .016       .238      2.275

Product terms key:
 Int_1    :        MOOD       x        NFC
```

| 상호작용항 변수의 추가에 따른 설명력 증가 결과 |

R^2 변화량은 상호작용항 변수가 없을 때와 있을 때의 R^2 변화이다.

상호작용항 변수인 MOOD×NFC가 추가됨에 따른 R^2 변화량은 0.043으로 설명력이 4.3% 증가하였으며, 이는 통계적으로 유의($p<0.05$)하여 MOOD가 POS에 미치는 영향을 NFC가 조절하고 있음이 검증되었다.

Test(s) of highest order unconditional interaction(s):

	R2-chng	F	df1	df2	p
X*W	.043	6.000	1.000	96.000	.016

| 조절변수의 조건부효과검증 결과 |

① Aiken & West(1991) 방법[2)]

세 개의 특정값에서 독립변수인 MOOD가 종속변수인 POS에 미치는 영향에 대한 조건부효과를 검증한 결과, NFC가 −1SD일 때는 유의수준 0.05에서 그리고 M과 +1SD일 때는 유의수준 0.001에서 유의하였다. 이는 조절변수의 모든 수준에서 독립변수인 MOOD가 매개변수인 POS에 유의한 영향을 주고 있음을 의미한다.

Conditional effects of the focal predictor at values of the moderator(s):

NFC	Effect	se	t	p	LLCI	ULCI
-1.405	2.571	1.000	2.571	.012	.586	4.555
.000	4.336	.697	6.219	.000	2.952	5.720
1.405	6.101	1.005	6.068	.000	4.105	8.096

② Johnson-Neyman 방법[3)]

조절변수인 NFC의 22개 특정값에서 독립변수인 MOOD가 매개변수인 POS에 미치는 영향에 대한 조건부효과를 검증한 결과, NFC의 값이 −1.695보다 높은 영역에서 유의하였다. 즉, NFC가 −1.675보다 높은 영역에서 NFC는 MOOD와 POS의 관계에서 조절효과를 가지고 있음을 알 수 있다. 이는 조절변수의 값이 −1.695보다 높은 경우에 독립변수인 MOOD가 종속변수인 POS에 유의한 영향을 주고 있음을 의미한다. 이러한 영향이 유의한 비율은 조사대상자의 90%이었고, NFC 값이 −1.695보다 작은 조사대상자의 10%는 유의하지 않았다.

2) Aiken, L. S., West, S. G., & Reno, R. R. (1991). *Multiple regression: Testing and interpreting interactions*. Sage.

3) Johnson, P. O. & Neyman, J. (1936). Tests of certain linear hypotheses and their applications to some educational problems. *Statistical Research Memoirs*, 1, 57-63.

```
Moderator value(s) defining Johnson-Neyman significance region(s):
      Value    % below    % above
     -1.695     10.000     90.000

Conditional effect of focal predictor at values of the moderator:
        NFC     Effect         se          t          p       LLCI       ULCI
     -4.826     -1.729      2.568      -.673       .502     -6.827      3.369
     -4.431     -1.232      2.374      -.519       .605     -5.945      3.480
     -4.036      -.736      2.181      -.337       .737     -5.065      3.593
     -3.641      -.239      1.990      -.120       .904     -4.190      3.711
     -3.246       .257      1.802       .143       .887     -3.319      3.833
     -2.851       .754      1.617       .466       .642     -2.455      3.962
     -2.456      1.250      1.436       .870       .386     -1.601      4.101
     -2.061      1.746      1.263      1.383       .170      -.761      4.254
     -1.695      2.206      1.111      1.985       .050       .000      4.412
     -1.666      2.243      1.100      2.040       .044       .060      4.426
     -1.270      2.739       .952      2.878       .005       .850      4.628
      -.875      3.236       .827      3.912       .000      1.594      4.878
      -.480      3.732       .738      5.057       .000      2.267      5.197
      -.085      4.229       .698      6.056       .000      2.843      5.615
       .310      4.725       .716      6.600       .000      3.304      6.146
       .705      5.222       .787      6.634       .000      3.659      6.784
      1.100      5.718       .899      6.358       .000      3.933      7.503
      1.495      6.215      1.039      5.979       .000      4.152      8.278
      1.890      6.711      1.197      5.605       .000      4.334      9.088
      2.286      7.208      1.367      5.271       .000      4.494      9.922
      2.681      7.704      1.545      4.986       .000      4.637     10.771
      3.076      8.201      1.728      4.745       .000      4.770     11.631
```

| 상호작용 도표 결과 |

PROCESS macro를 이용해 그린 상호작용 도표는 다음과 같다.

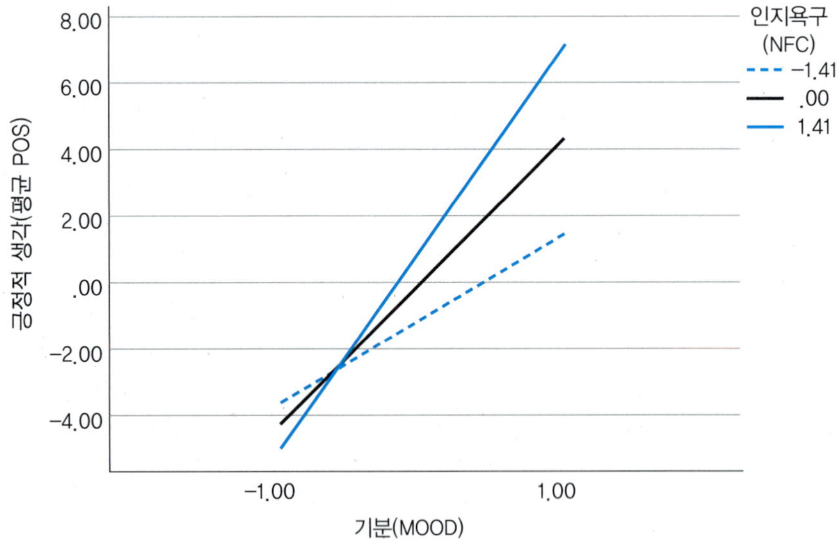

상호작용 도표와 조절효과분석 결과에 의하면 MOOD의 회귀계수 부호가 +이고 상호작용항 변수인 [MOOD×NFC]의 회귀계수의 부호가 +이므로 'NFC는 MOOD가 POS에 미치는 영향을 강화시키고 있다'고 해석할 수 있다.

| 독립변수와 매개변수가 종속변수에 미치는 영향 분석 결과 |

독립변수인 MOOD가 종속변수인 ATT에 유의한 영향을 주지 않았다(B=1.784, $p>0.05$). 매개변수인 POS는 종속변수인 ATT에 유의한 영향을 주었다(B=1.157, $p<0.001$).

```
**************************************************************************
OUTCOME VARIABLE:
 ATT

Model Summary
          R       R-sq        MSE          F        df1        df2          p
       .636       .404    171.594     32.866      2.000     97.000       .000

Model
              coeff         se          t          p       LLCI       ULCI
constant      1.981      1.310      1.512       .134      -.619      4.581
MOOD          1.784      1.534      1.163       .248     -1.261      4.830
POS           1.157       .185      6.245       .000       .789      1.525
```

| 조절된 매개지수의 분석 결과 |

부트스트래핑을 수행한 결과 조절된 매개지수값(1.454)이 95% 신뢰구간의 하한값과 상한값에 0을 포함하고 있지 않으므로 조절된 매개효과가 있다.

```
Index of moderated mediation:
         Index     BootSE   BootLLCI   BootULCI
NFC      1.454       .626       .344      2.826
```

| 조건부 간접효과의 분석 결과 |

조건부 간접효과분석 결과에 의하면 조절변수인 NFC의 세 수준에서 모두 유의한 것으로 나타났다. 조절변수인 NFC가 높아질수록 매개효과는 커지고 있음(2.975, 5.017, 7.059)을 알 수 있다.

```
Conditional indirect effects of X on Y:

INDIRECT EFFECT:
 MOOD        ->     POS          ->     ATT

       NFC     Effect     BootSE     BootLLCI     BootULCI
    -1.405      2.975      1.317         .626        5.815
      .000      5.017      1.205        2.877        7.541
     1.405      7.059      1.648        4.148       10.545
```

3) PROCESS macro를 이용한 조절된 매개효과분석 결과의 제시와 해석

MOOD와 ATT의 관계에서 POS의 매개효과를 NFC가 조절하고 있는지를 검증하기 위해서 PROCESS macro의 모델 번호 7을 이용하였고, 부트스트래핑 5,000회 지정 및 신뢰구간 95%를 설정하였다. 독립변수는 범주형 변수이고 조절변수는 연속형 변수이어서 조절변수에 대해서만 평균중심화를 수행하였다.

표 15-1 기분(MOOD)과 긍정적 생각(POS) 간의 관계에서 인지욕구(NFC)의 조절효과에 대한 분석 결과

(N=100)

독립변수	B	SE	t
상수	0.040	0.697	0.058
기분	4.336	0.697	6.219***
인지욕구	0.767	0.513	1.496
기분×인지욕구	1.257	0.513	2.450*
R^2=0.320, F=15.056 (<0.001)			

*p<0.05, ***p<0.001, 종속변수: 긍정적 생각(POS)

독립변수인 MOOD는 매개변수인 POS에 정적으로 유의한 영향을 주었다(B=4.336, p<0.001). 조절변수인 NFC는 POS에 유의한 영향을 주지 않았다(B=0.767, p>0.05). 상호작용항 변수인 MOOD×NFC는 POS에 정적으로 유의한 영향을 주어서 MOOD와 POS 간에 NFC는 조절효과가 있는 것으로 나타났다(B=1.257, p<0.05). 즉, 기분이 긍정적 생각에 미치는 영향은 인지욕구의 정도에 따라 달라질 수 있음을 의미한다.

표 15-2 상호작용항 변수의 추가에 따른 R^2 변화량 결과

상호작용항 변수	R^2 변화량	F
기분(MOOD)×인지욕구(NFC)	0.043	6.000*

*p<0.05

상호작용항 변수인 MOOD×NFC가 추가됨에 따른 R^2 변화량은 0.043으로 설명력이 4.3% 증가하였으며, 이는 통계적으로 유의($p<0.05$)하여 기분이 긍정적 생각에 미치는 영향을 인지욕구가 조절하고 있다.

표 15-3 조절변수의 특정값에서 기분(MOOD)이 긍정적 생각(POS)에 미치는 영향에 대한 조건부효과 검증 결과: [-1SD, M, +1SD]

NFC	Effect	SE	t	95% CI	
				LLCI	ULCI
-1.405	2.571	1.000	2.571*	0.586	4.555
0.000	4.336	0.697	6.219***	2.952	5.720
1.405	6.101	1.005	6.068***	4.105	8.096

*p<0.05, ***p<0.001, LLCI는 95% CI의 하한값, ULCI는 95% CI의 상한값

Aiken & West(1991) 방법에 의해 조절변수의 특정값에서 독립변수인 MOOD가 이 매개변수인 POS에 미치는 영향에 대한 조건부효과를 검증한 결과, NFC가 -1SD일 때는 유의수준 0.05에서 그리고 M과 +1SD일 때는 유의수준 0.001에서 유의하였다. 이는 조절변수의 모든 수준에서 독립변수인 MOOD가 매개변수인 POS에 유의한 영향을 주고 있음을 의미한다.

한편 Johnson-Neyman 방법을 이용해 조절변수의 22개 특정값에서 독립변수인 MOOD가 매개변수인 POS에 미치는 영향에 대한 조건부효과를 검증한 결과, NFC의 값이 -1.695보다 높은 영역에서 유의하였다. 즉 NFC가 -1.675보다 높은 영역에서 NFC는 MOOD와 POS의 관계에서 조절효과를 가지고 있음을 알 수 있다. 이는 조절변수의 값이 -1.695보다 높은 경우에 독립변수인 MOOD가 종속변수인 POS에 유의한 영향을 주고 있음을 의미한다. 이러한 영향이 유의한 비율은 조사대상자의 90%이었고, NFC 값이 -1.695보

다 작은 조사대상자의 10%는 유의하지 않았다.

표 15-4 조절변수의 특정값에서 기분(MOOD)이 매개변수인 긍정적 생각(POS)에 미치는 영향에 대한 조건부효과검증 결과: Johnson-Neyman output

NFC	Effect	SE	t	95% CI	
				LLCI	ULCI
−4.826	−1.729	2.568	−0.673	−6.827	3.369
−4.431	−1.232	2.374	−0.519	−5.945	3.480
−4.036	−0.736	2.181	−0.337	−5.065	3.593
−3.641	−0.239	1.990	−0.120	−4.190	3.711
−3.246	0.257	1.802	0.143	−3.319	3.833
−2.851	0.754	1.617	0.466	−2.455	3.962
−2.456	1.250	1.436	0.870	−1.601	4.101
−2.061	1.746	1.263	1.383	−0.761	4.254
−1.695	2.206	1.111	1.985*	0.000	4.412
−1.666	2.243	1.100	2.040*	0.060	4.426
−1.270	2.739	0.952	2.878**	0.850	4.628
−0.875	3.236	0.827	3.912***	1.594	4.878
−0.480	3.732	0.738	5.057***	2.267	5.197
−0.085	4.229	0.698	6.056***	2.843	5.615
0.310	4.725	0.716	6.600***	3.304	6.146
0.705	5.222	0.787	6.634***	3.659	6.784
7.5031.100	5.718	0.899	6.358***	3.933	7.503
1.48.27895	6.215	1.039	5.979***	4.152	8.278
1.8909.088	6.711	1.197	5.605***	4.334	9.088
2.286	7.208	1.367	5.271***	4.494	9.922
2.681	7.704	1.545	4.986***	4.637	10.771
3.076	8.201	1.728	4.745***	4.770	11.631

*p<0.05, **p<0.01, ***p<0.001

NFC의 조절효과가 통계적으로 유의하게 나타났으므로 그 상호작용의 패턴을 확인하기 위해서 인지욕구를 특정값으로 세분하여 [그림 15-10]과 같이 상호작용 도표를 그려 보았다.

그림 15-10 ▌ 기분(MOOD)과 긍정적 생각(POS) 간의 관계에서 인지욕구의 조절효과

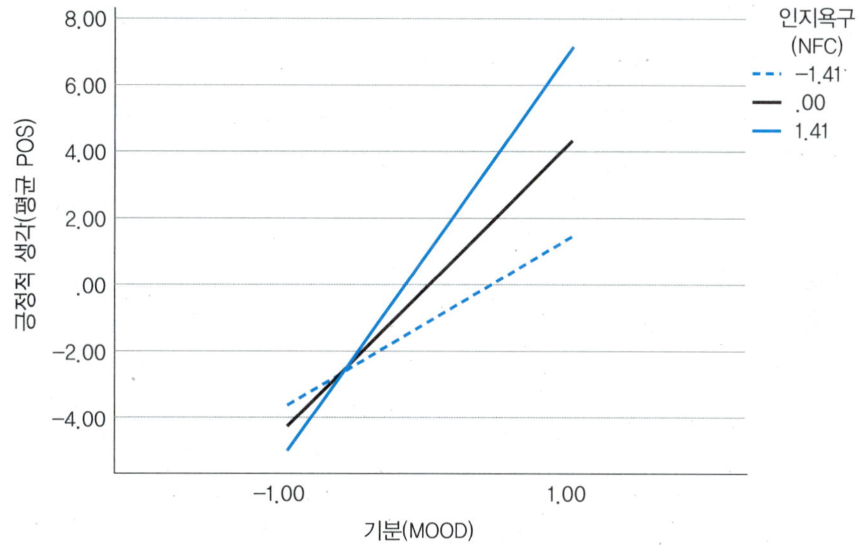

상호작용 도표와 조절효과분석 결과에 의하면 MOOD의 회귀계수 부호가 +이고 상호작용항 변수인 [MOOD×NFC]의 회귀계수의 부호가 +이므로 'NFC는 MOOD가 POS에 미치는 영향을 강화시키고 있다'고 해석할 수 있다.

독립변수인 MOOD와 종속변수인 ATT에 유의한 영향을 주지 않았다(B=1.784, $p>0.05$). 매개변수인 POS는 종속변수인 ATT에 유의한 영향을 주었다(B=1.157, $p<0.001$).

한편 부트스트래핑을 통해 조절된 매개지수에 대한 분석 결과는 다음과 같다. 조절된 매개지수값(1.454)이 95% 신뢰구간의 하한값과 상한값 내에 0을 포함하고 있지 않으므로 조절된 매개효과가 있는 것으로 나타났다.

▌표 15-5▐ 조절된 매개지수

조절변수	Index	BootSE	95% CI	
			BootLLCI	BootULCI
NFC	1.454	0.626	0.344	2.826

조건부 간접효과분석 결과는 다음과 같다. 조절변수인 NFC의 세 수준에서 신뢰구간 내에 0을 포함하고 있지 않으므로 모두 유의한 것으로 나타났다. 조절변수인 NFC가 높아질수록 조절된 매개효과는 커지고 있음(2.975, 5.017, 7.059)을 알 수 있다.

▌표 15-6▐ 기분(MOOD)이 태도(ATT)에 미치는 영향에 대한 인지욕구(NFC)의 조건부 간접효과: MOOD → POS → ATT

NFC	Effect	BootSE	95% 부트스트랩 CI	
			BootLLCI	BootULCI
−1.405	2.975	1.317	0.626	5.815
0.000	5.017	1.205	2.877	7.541
1.405	7.059	1.648	4.148	10.545

통계 실습 15-2 PROCESS macro를 이용한 연속형 조절변수의 조절된 매개효과분석 실습

다음의 일반인 100명을 대상으로 조사한 [제15장 PROCESS 조절된 매개효과분석 데이터1]을 이용해서 ① POS(긍정적 생각)를 통제한 상태에서 독립변수인 MOOD(기분)가 종속변수인 ATT(태도)에 미치는 영향을 조절변수인 NFC(인지욕구)에 조절되는지(조건부 직접효과)와 ② 독립변수인 MOOD(기분)가 매개변수인 POS(긍정적 생각)를 매개하여 종속변수인 ATT(태도)에 미치는 매개효과(X → M → Y)가 조절변수인 NFC(인지욕구)에 따라 조절되는지(조건부 간접효과)를 분석하기 위해서 조절된 매개효과분석을 실습하시오. 이 실습에 사용할 데이터는 [통계 실습 15-1]과 동일하다. [통계 실습 15-1]의 Model number 7과 다른 점은 독립변수인 MOOD(기분)가 종속변수인 ATT(태도)에 미치는 직접효과가 조절변수인 NFC(인지욕구)의 수준에 따라 달라지는가를 검증하는 것이 새롭게 추가되었다는 것이다.

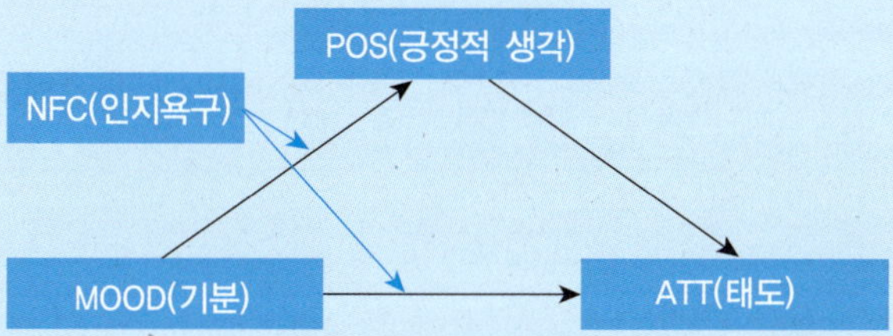

Model number: 8

✔ 실습 데이터

[통계 실습 15-1]과 동일하다.

✔ 가설 1

- 귀무가설(H_0): 기분이 태도에 미치는 직접효과(X → Y)는 인지욕구의 수준에 따라 달라지지 않는다.
- 대립가설(H_1): 기분이 태도에 미치는 직접효과(X → Y)는 인지욕구의 수준에 따라 달라진다.

✔ 가설 2

- 귀무가설(H_0): 기분이 긍정적 생각을 매개하여 태도에 미치는 매개효과(X → M → Y)는 인지욕구의 수준에 따라 달라지지 않는다.

• 대립가설(H_1): 기분이 긍정적 생각을 매개하여 태도에 미치는 매개효과(X → M → Y)는 인지욕구의 수준에 따라 다르다.

실습 데이터	제15장 PROCESS 조절된 매개효과분석 데이터1
분석방법 메뉴 선택	분석–회귀분석–PROCESS V4.2 by Andrew F. Hayes

1) 실습 과정

❶ [파일–열기–데이터]를 선택한 후 실습 데이터 파일이 있는 위치로 찾아가서 [제15장 PROCESS 조절된 매개효과분석 데이터1]을 연다.

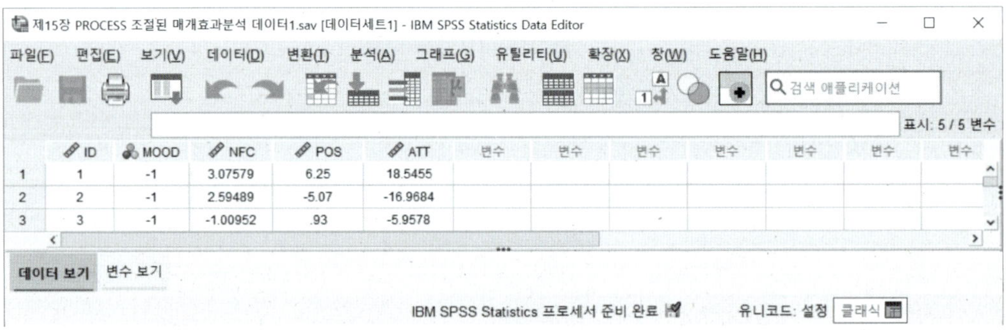

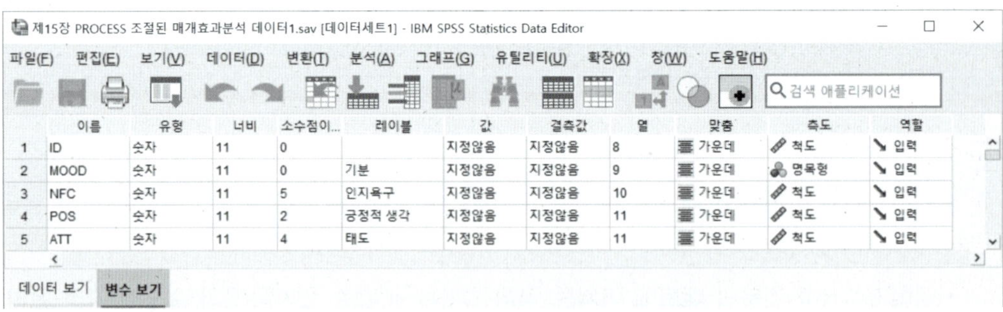

❷ [분석–회귀분석–PROCESS V4.2 by Andrew F. Hayes]로 들어간다. 초기화면의 왼쪽 [Variable]에 있는 변수들을 오른쪽의 [X variable]에는 독립변수인 [기분(MOOD)], [Y variable]에는 종속변수인 [태도(ATT)], [Mediator variable M]에는 매개변수인 [긍정적 생각(POS)], [Moderator variable W]에는 조절변수인 [인지욕구(NFC)]를 이동시킨다. [Model number]는 이 실습 연구모형에 해당하는 [8]을 선택한다. [Confidence interval], [Number of bootstrap samples]는 그대로 둔다. 이는 디폴트 값인 95% 신뢰수준, 5,000회의 부트스트랩을 선택함을 의미한다. 연구자는 디폴트 값을 수정할 수 있다.

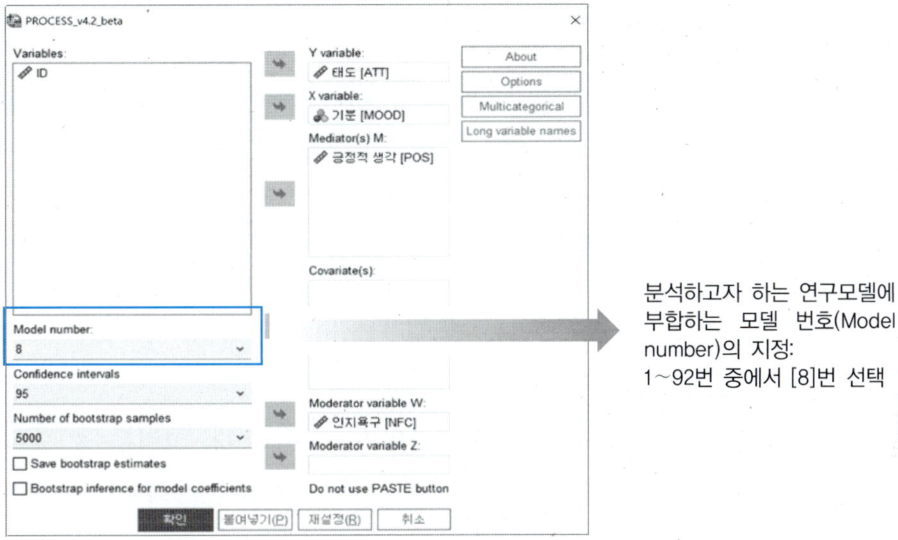

❸ 화면 우측 상단에 있는 [Options] 버튼을 클릭해 들어간 후 상호작용 도표를 그리기 위한 데이터를 얻기 위해서 [Generate code for visualizing interactions]을 체크해 지정한다. 상호작용항 변수의 조절효과검증을 위해서 [Test for X by M interactions]를 체크한다. [소수점 이하 자릿수(Decimal places in output)]로 [3]을 선택한다. 연속형 변수만 평균중심화하기 위해서 [Only continuous variables that define products]를 체크한다. 조절효과의 사후탐색인 조건부효과검증을 위해 [-1SD, M, +1SD]를 체크한다. 그리고 [Johnson-Neyman output]를 체크한다. [Long variable names]로 들어간 후 [I accept the risk of incorrect output]를 체크한다. [계속] 버튼을 클릭한 후 [확인] 버튼을 클릭하면 조절된 매개효과분석이 실행된다.

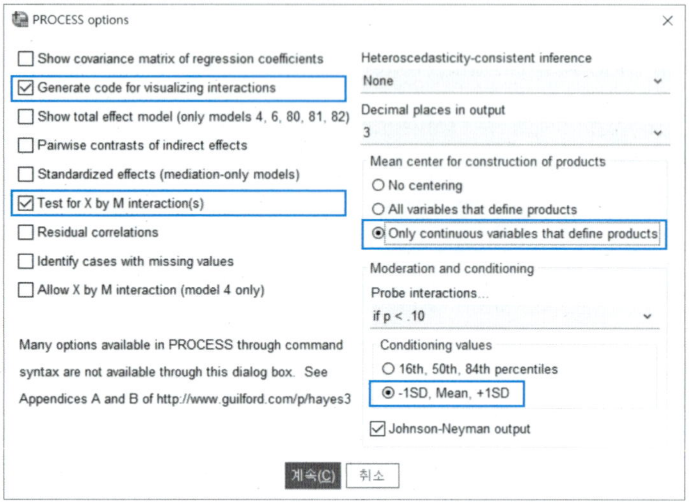

❹ 조절효과의 단순기울기분석을 위해서 상호작용 도표를 그린다. 그림은 [X → M → Y]의 매개효과(간접효과)가 X와 M 사이의 조절변수인 W에 의해 조절되는지에 대한 상호작용 도표와 X와 Y 사이에 조절변수인 W에 의해서 조절되는지에 대한 상호작용 도표를 그려야 한다. 상호작용 도표를 그리는 절차는 다음과 같다.

1) [X → M → Y]의 매개효과(간접효과)에 대한 W의 조절효과

① PROCESS 실행 후 Output(출력물)에서 마우스를 두 번 클릭하면 출력물의 외곽선이 점선으로 변한다.

② 출력물 중에서 [DATA LIST FREE/부터 MOOD 뒤의 점]까지 마우스로 선택한 후 [복사](Copy)한다.

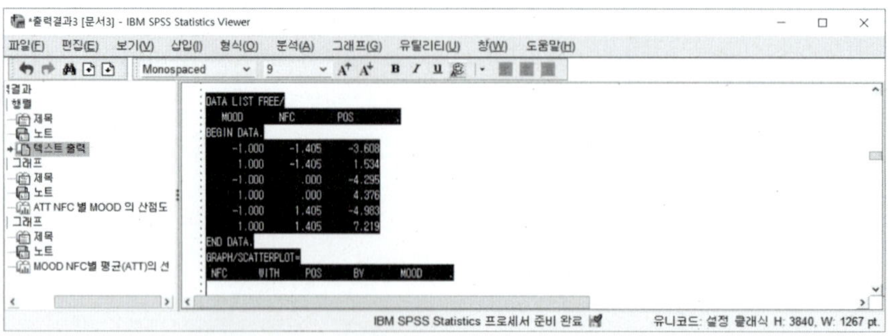

③ [파일–새로 만들기–명령문]으로 들어가서 명령문 화면 [IBM SPSS Statistics Syntax Editor]에 [붙여넣기](Paste)한다. [붙여넣기]가 완료되었으면 마우스로 전체 범위를 잡은 후에 화면 상단에 있는 [실행(▶)] 버튼을 클릭한다.

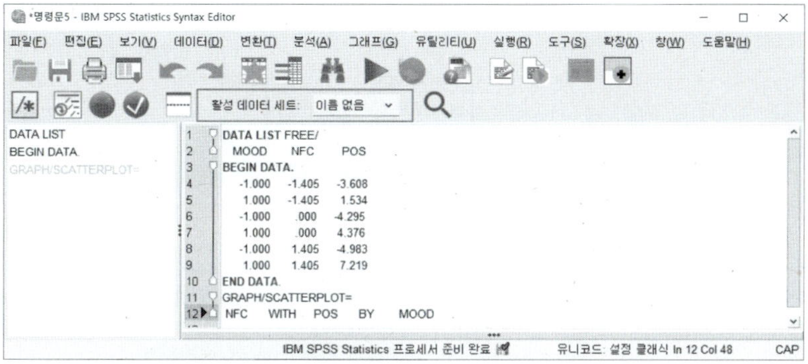

④ 그러면 PROCESS macro 출력물 맨 뒤에 [그래프]가 추가된다. 그러나 그래프가 미려한 상태가 아니므로 다른 방법으로 수정하기로 한다.

⑤ 컴퓨터 화면 가장 아래에 있는 [작업 표시줄]의 SPSS 아이콘으로 마우스를 올려다 놓으면 몇 개의 파일들이 보인다. 맨 오른쪽에 있는 파일로 가면 다음과 같은 [IBM SPSS Statistics Data Editor]가 나타난다.

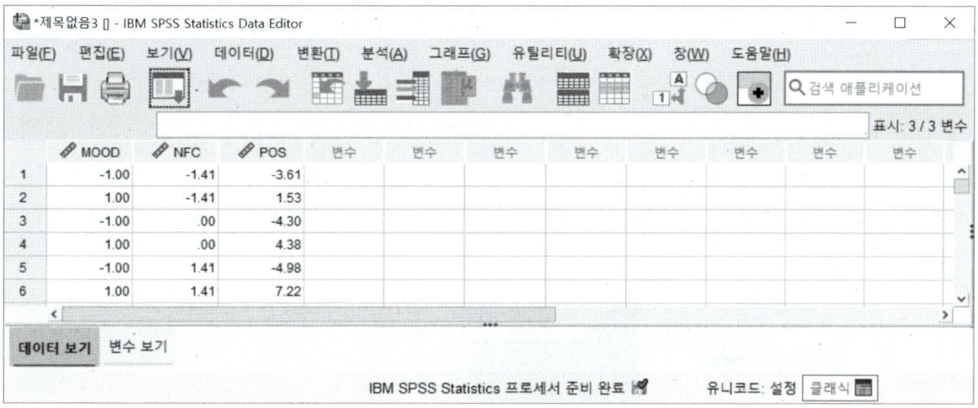

⑥ 메뉴에서 [그래프–선형 차트–다중–정의]를 차례대로 클릭해 들어간다. [선 표시]에서 [기타 통계량(예: 평균)]을 체크한다. 종속변수(ATT)는 [변수]에, 독립변수(MOOD)는

[범주축]에, 조절변수(NFC)는 [선 기준변수]에 드래그하여 가져다 놓은 후 [확인] 버튼을 클릭한다. 그러면 PROCESS macro output의 맨 뒤에 [그래프]가 나타난다.

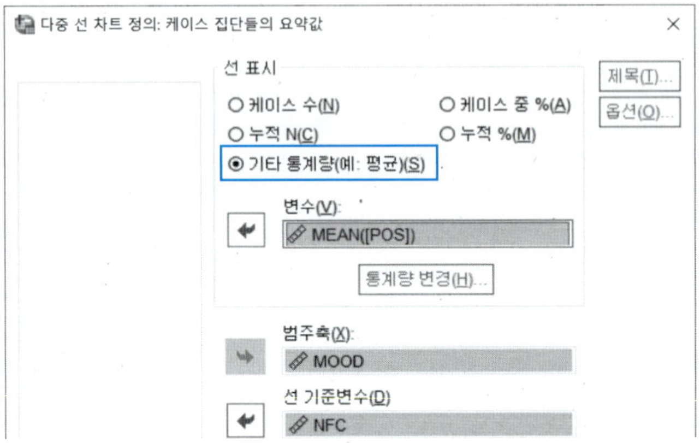

⑦ 그래프를 더블 클릭하면 [도표 편집기]에 조절효과 그래프가 나타난다. 학습자가 선 모양 굵기 등과 가로축과 세로축의 글자 등을 수정할 수 있다. 모두 완료되었으면 [닫기] 표시를 클릭해 마친다.

2) [X → Y]의 직접효과에 대한 W의 조절효과

① PROCESS 실행 후 Output(출력물)에서 마우스를 두 번 클릭하면 출력물의 외곽선이 점선으로 변한다.

② 출력물 중에서 [DATA LIST FREE/부터 MOOD 뒤의 점]까지 마우스로 선택한 후 [복사](Copy)한다.

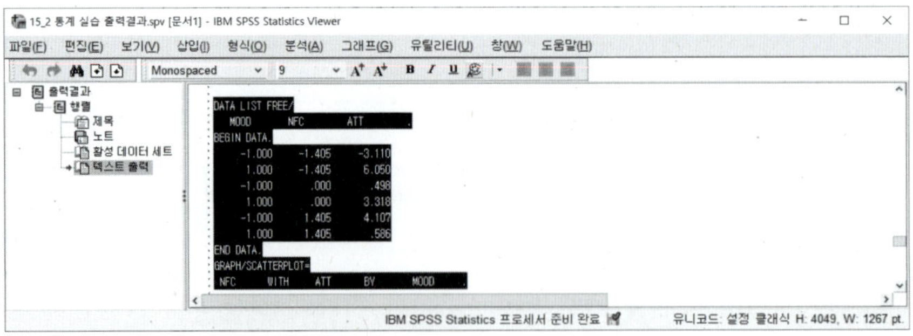

③ [파일-새로 만들기-명령문]으로 들어가서 명령문 화면 [IBM SPSS Statistics Syntax Editor]에 [붙여넣기](Paste)한다. [붙여넣기]가 완료되었으면 마우스로 전체 범위를 잡은 후에 화면 상단에 있는 [실행(▶)] 버튼을 클릭한다.

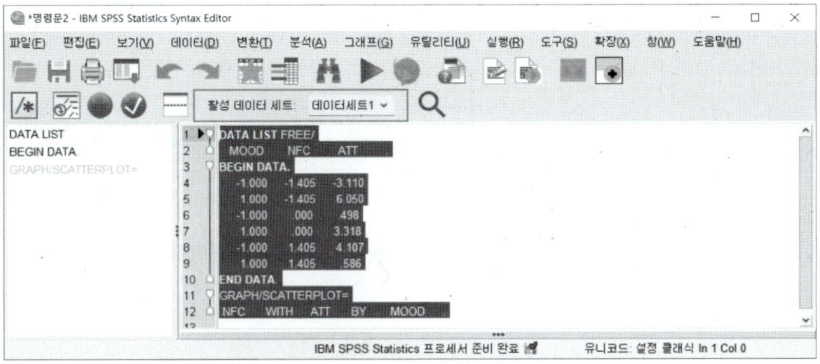

④ 그러면 PROCESS macro 출력물 맨 뒤에 [그래프]가 추가된다. 그러나 그래프가 미려한 상태가 아니므로 다른 방법으로 수정하기로 한다.

⑤ 컴퓨터 화면 가장 아래에 있는 [작업 표시줄]의 SPSS 아이콘으로 마우스를 올려다 놓으면 몇 개의 파일들이 보인다. 맨 오른쪽에 있는 파일로 가면 다음과 같은 [IBM SPSS Statistics Data Editor]가 나타난다.

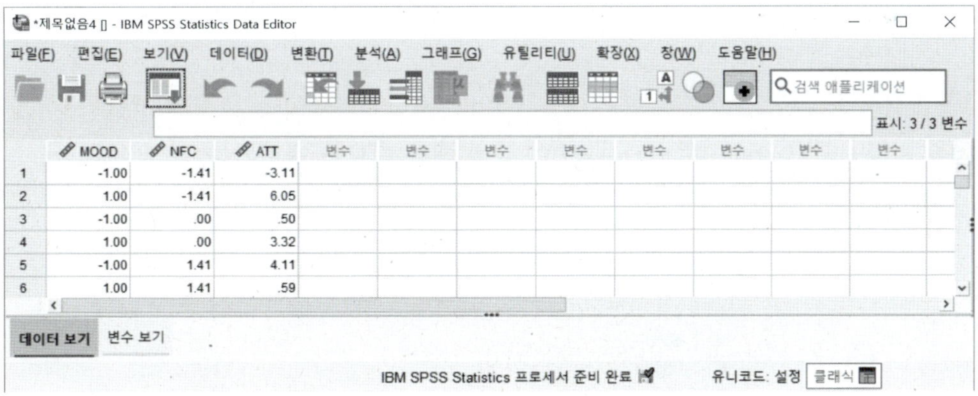

⑥ 메뉴에서 [그래프-선형 차트-다중-정의]를 차례대로 클릭해 들어간다. [선 표시]에서 [기타 통계량(예: 평균)]을 체크한다. 종속변수(ATT)는 [변수]에, 독립변수(MOOD)는

[범주축]에, 조절변수(NFC)는 [선 기준변수]에 드래그 하여 가져다 놓은 후 [확인] 버튼을 클릭한다. 그러면 PROCESS macro output의 맨 뒤에 [그래프]가 나타난다.

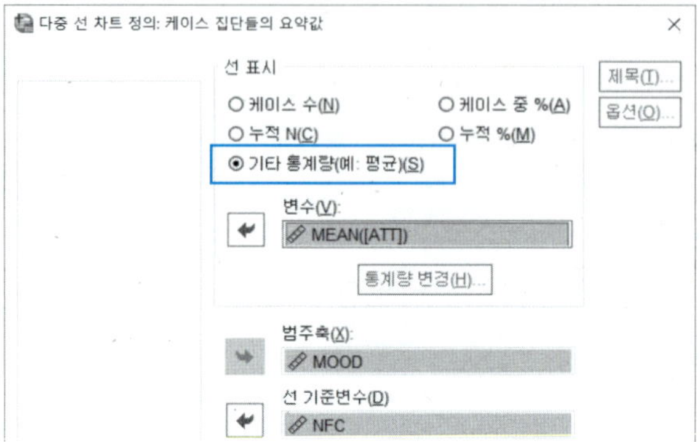

⑦ 그래프를 더블 클릭하면 [도표 편집기]에 조절효과 그래프가 나타난다. 학습자가 선 모양 굵기 등과 가로축과 세로축의 글자 등을 수정할 수 있다. 수정이 모두 완료되었으면 [닫기] 표시를 클릭해 마친다.

2) 주요 분석 결과

조절된 매개효과분석에 대한 주요 출력 결과를 제시하면 다음과 같다.

| 연구모델과 표본 수 요약 |

사용된 Model number, 변수명, 표본크기 등에 대한 정보가 출력된다. 모델 [8]번이 적용되었음을 보여준다.

```
**************************************************************************
Model  : 8
    Y  : ATT
    X  : MOOD
    M  : POS
    W  : NFC

Sample
Size:  100
```

■ [X → M → Y]의 매개효과(간접효과)에 대한 W의 조절효과

| 독립변수와 매개변수 간의 관계에 대한 조절변수의 조절효과분석 결과 |

[통계 실습 15-1]과 결과 동일

```
**************************************************************************
OUTCOME VARIABLE:
 POS

Model Summary
          R       R-sq        MSE          F        df1        df2          p
       .566       .320     48.574     15.056      3.000     96.000       .000

Model
              coeff         se          t          p       LLCI       ULCI
constant       .040       .697       .058       .954     -1.343      1.424
MOOD          4.336       .697      6.219       .000      2.952      5.720
NFC            .767       .513      1.496       .138      -.251      1.785
Int_1         1.257       .513      2.450       .016       .238      2.275

Product terms key:
 Int_1    :        MOOD     x        NFC
```

| 상호작용항 변수의 추가에 따른 설명력 증가 결과 |

[통계 실습 15-1]과 결과 동일

```
Test(s) of highest order unconditional interaction(s):
       R2-chng          F        df1        df2          p
X*W       .043      6.000      1.000     96.000       .016
```

| 조절변수의 조건부효과검증 결과 |

① Aiken & West(1991) 방법

[통계 실습 15-1]과 결과 동일

```
Conditional effects of the focal predictor at values of the moderator(s):

        NFC     Effect         se          t          p       LLCI       ULCI
     -1.405      2.571      1.000      2.571       .012       .586      4.555
       .000      4.336       .697      6.219       .000      2.952      5.720
      1.405      6.101      1.005      6.068       .000      4.105      8.096
```

② Johnson-Neyman 방법

[통계 실습 15-1]과 결과 동일

```
Moderator value(s) defining Johnson-Neyman significance region(s):
     Value    % below    % above
    -1.695     10.000     90.000

Conditional effect of focal predictor at values of the moderator:
       NFC     Effect         se          t          p       LLCI       ULCI
    -4.826     -1.729      2.568      -.673       .502     -6.827      3.369
    -4.431     -1.232      2.374      -.519       .605     -5.945      3.480
    -4.036      -.736      2.181      -.337       .737     -5.065      3.593
    -3.641      -.239      1.990      -.120       .904     -4.190      3.711
    -3.246       .257      1.802       .143       .887     -3.319      3.833
    -2.851       .754      1.617       .466       .642     -2.455      3.962
    -2.456      1.250      1.436       .870       .386     -1.601      4.101
    -2.061      1.746      1.263      1.383       .170      -.761      4.254
    -1.695      2.206      1.111      1.985       .050       .000      4.412
    -1.666      2.243      1.100      2.040       .044       .060      4.426
    -1.270      2.739       .952      2.878       .005       .850      4.628
     -.875      3.236       .827      3.912       .000      1.594      4.878
     -.480      3.732       .738      5.057       .000      2.267      5.197
     -.085      4.229       .698      6.056       .000      2.843      5.615
      .310      4.725       .716      6.600       .000      3.304      6.146
      .705      5.222       .787      6.634       .000      3.659      6.784
     1.100      5.718       .899      6.358       .000      3.933      7.503
     1.495      6.215      1.039      5.979       .000      4.152      8.278
     1.890      6.711      1.197      5.605       .000      4.334      9.088
     2.286      7.208      1.367      5.271       .000      4.494      9.922
     2.681      7.704      1.545      4.986       .000      4.637     10.771
     3.076      8.201      1.728      4.745       .000      4.770     11.631
```

| 상호작용 도표 결과 |

[통계 실습 15-1]과 결과 동일

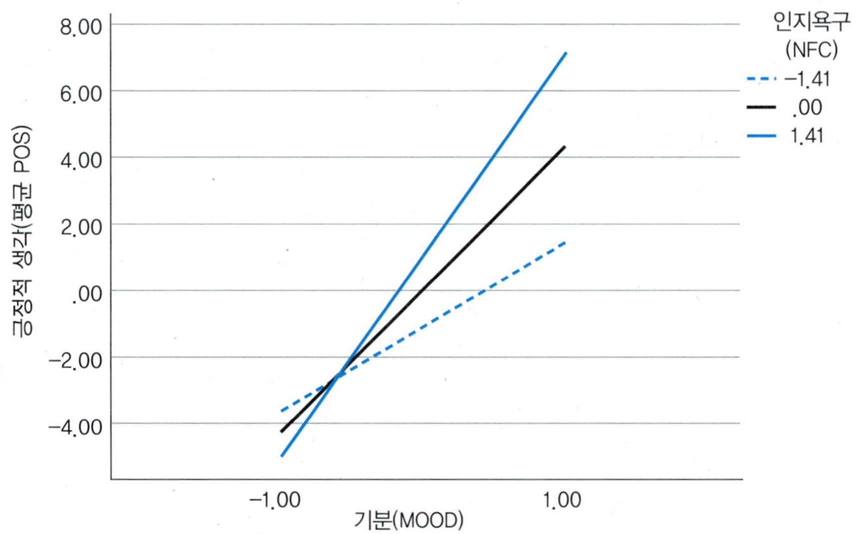

■ [X → Y]의 직접효과에 대한 W의 조절효과

| 독립변수와 종속변수 간의 관계에 대한 조절변수의 조절효과분석 결과 |

독립변수인 MOOD는 종속변수인 ATT에 정적으로 유의한 영향을 주지 않았다(B=1.410, p>0.05). 매개변수인 POS는 종속변수인 ATT에 정적으로 유의한 영향을 주었다(B=1.246, p<0.001). 조절변수인 NFC는 종속변수인 ATT에 유의한 영향을 주지 않았다(B=0.312, p>0.05). 상호작용항 변수인 MOOD×NFC는 ATT에 부적으로 유의한 영향을 주어서 MOOD와 ATT 간에 NFC는 조절영향을 미치는 것으로 나타났다(B=−2.257, p<0.05).

```
**************************************************************************
OUTCOME VARIABLE:
 ATT

Model Summary
          R       R-sq        MSE          F        df1        df2          p
       .664       .441    164.281     18.744      4.000     95.000       .000

Model
              coeff         se          t          p       LLCI       ULCI
constant      1.908      1.282      1.488       .140      -.637      4.454
MOOD          1.410      1.519       .928       .356     -1.605      4.425
POS           1.246       .188      6.640       .000       .874      1.619
NFC            .312       .954       .327       .744     -1.582      2.207
Int_1        -2.257       .972     -2.321       .022     -4.188      -.327

Product terms key:
 Int_1    :        MOOD       x        NFC
```

| 상호작용항 변수의 추가에 따른 설명력 증가 결과 |

상호작용항 변수인 MOOD×NFC가 추가됨에 따른 R^2 변화량은 0.032로 설명력이 3.2% 증가하였으며, 이는 통계적으로 유의(p<0.05)하여 MOOD가 ATT에 미치는 영향을 NFC가 조절하고 있음을 의미한다.

```
Test(s) of highest order unconditional interaction(s):
      R2-chng          F        df1        df2          p
X*W      .032      5.388      1.000     95.000       .022
```

| 조절변수의 조건부효과검증 결과 |

① Aiken & West(1991) 방법

세 개의 특정값에서 독립변수인 MOOD가 종속변수인 ATT에 미치는 영향에 대한 조건부효과를 검증한 결과 NFC가 −1SD일 때는 유의수준 0.05에서 유의하였다. 그러나 M과 +1SD일 때는 유의수준 0.05에서 유의하지 않았다. 이는 조절변수가 −1SD인 경우에만 독립변수인 MOOD가 종속변수인 ATT에 유의한 영향을 주고 있음을 의미한다.

Conditional effects of the focal predictor at values of the moderator(s):

NFC	Effect	se	t	p	LLCI	ULCI
-1.405	4.580	1.901	2.409	.018	.806	8.354
.000	1.410	1.519	.928	.356	-1.605	4.425
1.405	-1.761	2.175	-.810	.420	-6.078	2.557

② Johnson-Neyman 방법

조절변수인 NFC의 22개 특정값에서 독립변수인 MOOD가 종속변수인 ATT에 미치는 영향에 대한 조건부효과를 검증한 결과 NFC의 값이 −0.788보다 낮은 영역에서 유의하였다. 즉, NFC가 −0.788보다 낮은 영역에서 NFC는 MOOD와 ATT의 관계에서 조절효과를 가지고 있음을 알 수 있다. 이는 조절변수의 값이 −0.788보다 높은 경우에 독립변수인 MOOD가 종속변수인 ATT에 유의한 영향($p>0.05$)을 주지 않고 있음을 의미한다. 이러한 영향이 유의한 비율은 조사대상자의 27%이었고, NFC 값이 −0.788보다 큰 조사대상자의 73%는 유의하지 않았다.

```
Moderator value(s) defining Johnson-Neyman significance region(s):
      Value    % below    % above
      -.788     27.000     73.000
```

Conditional effect of focal predictor at values of the moderator:

NFC	Effect	se	t	p	LLCI	ULCI
-4.826	12.304	4.734	2.599	.011	2.905	21.703
-4.431	11.412	4.372	2.610	.011	2.733	20.091
-4.036	10.520	4.013	2.621	.010	2.553	18.488
-3.641	9.628	3.660	2.631	.010	2.362	16.894
-3.246	8.737	3.314	2.637	.010	2.158	15.315
-2.851	7.845	2.976	2.636	.010	1.936	13.754
-2.456	6.953	2.652	2.622	.010	1.688	12.218
-2.061	6.061	2.346	2.584	.011	1.404	10.718
-1.666	5.169	2.066	2.502	.014	1.068	9.270
-1.270	4.277	1.824	2.345	.021	.656	7.899
-.875	3.386	1.638	2.067	.041	.134	6.637
-.788	3.189	1.606	1.985	.050	.000	6.378
-.480	2.494	1.528	1.633	.106	-.539	5.526
-.085	1.602	1.510	1.061	.291	-1.395	4.599
.310	.710	1.587	.447	.656	-2.441	3.862
.705	-.182	1.748	-.104	.917	-3.652	3.289
1.100	-1.074	1.972	-.544	.587	-4.988	2.841
1.495	-1.965	2.239	-.878	.382	-6.411	2.480
1.890	-2.857	2.537	-1.126	.263	-7.894	2.179
2.286	-3.749	2.855	-1.313	.192	-9.418	1.920
2.681	-4.641	3.188	-1.456	.149	-10.970	1.689
3.076	-5.533	3.532	-1.567	.121	-12.544	1.479

| 상호작용 도표 결과 |

PROCESS macro를 이용해 그린 상호작용 도표는 다음과 같다.

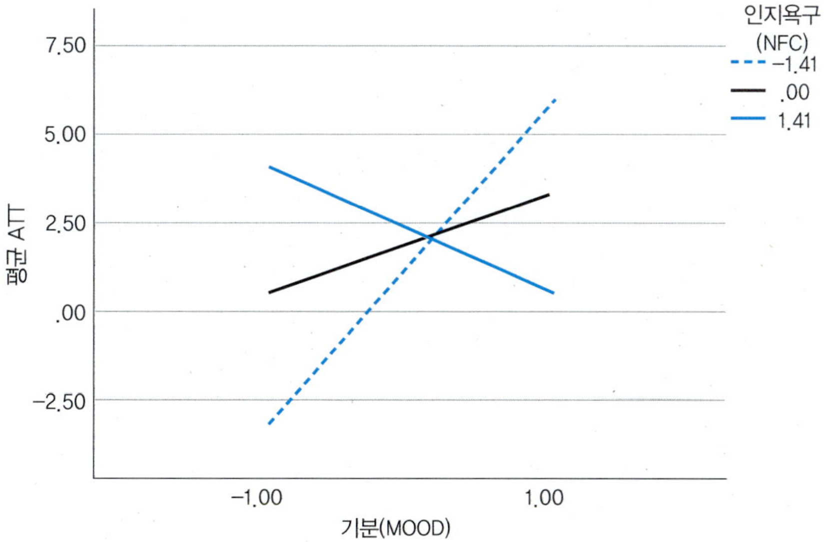

■ 조건부 직접효과, 조건부 간접효과 및 조절된 매개지수 결과

| 조절된 매개지수의 분석 결과 |

부트스트래핑을 수행한 결과 조절된 매개지수값(1.566)이 95% 신뢰구간의 하한값과 상한값에 0을 포함하고 있지 않으므로 조절된 매개효과가 있다.

Index of moderated mediation:

	Index	BootSE	BootLLCI	BootULCI
NFC	1.566	.690	.375	3.098

| 조건부 직접효과의 분석 결과 |

조건부 직접효과분석 결과에 의하면 조절변수인 NFC의 낮은 수준(−1SD)에서 유의하였으며, 평균(M)과 높은 수준(+1SD)에서는 유의하지 않았다. 조절변수인 NFC가 높아질수록 직접효과는 작아지고 있음(4.580, 1.410, −1.761)을 알 수 있다.

Conditional direct effects of X on Y

NFC	Effect	se	t	p	LLCI	ULCI
-1.405	4.580	1.901	2.409	.018	.806	8.354
.000	1.410	1.519	.928	.356	-1.605	4.425
1.405	-1.761	2.175	-.810	.420	-6.078	2.557

| 조건부 간접효과의 분석 결과 |

조건부 간접효과분석 결과에 의하면 조절변수인 NFC의 세 수준에서 신뢰구간 내에 0을 포함하고 있지 않으므로 모두 유의한 것으로 나타났다. 조절변수인 NFC가 높아질수록 조절된 매개효과는 커지고 있음(3.204, 5.404, 7.603)을 알 수 있다.

Conditional indirect effects of X on Y:

INDIRECT EFFECT:
MOOD -> POS -> ATT

NFC	Effect	BootSE	BootLLCI	BootULCI
-1.405	3.204	1.343	.667	5.964
.000	5.404	1.238	3.144	7.948
1.405	7.603	1.773	4.498	11.328

3) PROCESS macro를 이용한 조절된 매개효과분석 결과의 제시와 해석

MOOD와 POS의 관계에서 NFC가 조절효과 그리고 독립변수인 MOOD와 종속변수인 ATT의 관계에서 NFC가 조절효과를 검증하기 위해서 PROCESS macro의 모델 번호 8을 이용하였고, 부트스트래핑 5,000회 지정과 신뢰구간 95%를 설정하였다. 독립변수인 MOOD는 범주형 변수이고 조절변수인 NFC는 연속형 변수이어서 조절변수에 대해서만 평균중심화를 수행하였다.

결과 해석의 제시는 많은 부분이 다음과 같다. 다만 조건부 직접효과 부분만이 다르기 때문에 이 부분을 중심으로 제시한다. [기분 → 긍정적 생각 → 태도]의 매개효과가 조절변수인 NFC 수준에 따른 조절된 매개효과 해석 부분은 [통계 실습 15-1]을 참조해서 기술하면 된다. (중략)

독립변수인 MOOD와 종속변수인 ATT 간의 관계에 대한 조절변수 NFC의 조절효과분석 결과는 다음과 같다.

표 15-7 기분(MOOD)과 태도(ATT) 간의 관계에서 인지욕구(NFC)의 조절효과에 대한 분석 결과

(N=100)

독립변수	B	SE	t
상수	1.908	1.282	1.488
기분(MOOD)	1.410	1.519	0.928
긍정적 생각(POS)	1.246	0.188	6.640***
인지욕구(NFC)	0.312	0.954	0.327
기분×인지욕구	−2.257	0.972	−2.321*
R^2=0.441, F=18.744 (<0.001)			

*p<0.05, ***p<0.001, 종속변수: 태도(ATT)

독립변수인 MOOD는 종속변수인 ATT에 정적으로 유의한 영향을 주지 않았다(B=1.410, p>0.05). 매개변수인 POS는 종속변수인 ATT에 정적으로 유의한 영향을 주었다(B=1.246, p<0.001). 조절변수인 NFC는 종속변수인 ATT에 유의한 영향을 주지 않았다(B=0.312, p>0.05). 상호작용항 변수인 MOOD×NFC는 ATT에 부적으로 유의한 영향을 주었으며 MOOD와 ATT 간에 NFC는 조절영향을 미치는 것으로 나타났다(B=−2.257,

$p<0.05$). 즉, 기분이 태도에 미치는 영향은 인지욕구의 정도에 따라 다름을 의미한다.

상호작용항 변수인 MOOD×NFC가 추가됨에 따른 R^2 변화량은 다음과 같이 0.032로 설명력이 3.2% 증가하였으며, 이는 통계적으로 유의($p<0.05$)하여 MOOD가 ATT에 미치는 영향을 NFC가 조절하고 있음을 의미한다.

표 15-8 상호작용항 변수의 추가에 따른 R^2 변화량 결과

상호작용항 변수	R^2 변화량	F
기분(MOOD)×인지욕구(NFC)	0.032	5.388*

*p<0.05

Aiken & West(1991) 방법에 의해 조절변수의 특정값에서 독립변수인 MOOD가 종속변수인 ATT에 미치는 영향에 대한 조건부효과를 검증한 결과 NFC가 −1SD일 때는 유의수준 0.05에서 그리고 M과 +1SD일 때는 유의수준 0.05에서 유의하지 않았다. 이는 조절변수가 M−1SD인 경우에만 독립변수인 MOOD가 종속변수인 ATT에 유의한 영향을 주고 있음을 의미한다.

표 15-9 조절변수의 특정값에서 기분(MOOD)이 태도(ATT)에 미치는 영향에 대한 조건부효과검증 결과: [−1SD, M, +1SD]

NFC	Effect	SE	t	95% CI	
				LLCI	ULCI
−1.405	4.580	1.901	2.409*	0.806	8.354
0.000	1.410	1.519	0.928	−1.605	4.425
1.405	−1.761	2.175	−0.810	−6.078	2.557

*p<0.05, LLCI는 95% CI의 하한값, ULCI는 95% CI의 상한값

한편 Johnson−Neyman 방법을 이용해 조절변수의 22개 특정값에서 독립변수인 MOOD가 종속변수인 ATT에 미치는 영향에 대한 조건부효과를 검증한 결과는 다음과 같다.

표 15-10 조절변수의 특정값에서 기분(MOOD)이 종속변수인 태도(ATT)에 미치는 영향에 대한 조건부 효과 검증 결과: Johnson-Neyman output

NFC	Effect	SE	t	95% CI	
				LLCI	ULCI
−4.826	12.304	4.734	2.599**	2.905	21.703
−4.431	11.412	4.372	2.610**	2.733	20.091
−4.036	10.520	4.013	2.621**	2.553	18.488
−3.641	9.628	3.660	2.631**	2.362	16.894
−3.246	8.737	3.314	2.637**	2.158	15.315
−2.851	7.845	2.976	2.636**	1.936	13.754
−2.456	6.953	2.652	2.622**	1.688	12.218
−2.061	6.060	2.346	2.584*	1.404	10.718
−1.661	5.169	2.066	2.502*	1.068	9.270
−1.270	4.277	1.824	2.345*	0.656	7.899
0.875	3.386	1.638	2.067*	0.134	6.637
−0.788	3.189	1.606	1.985*	0.000	6.378
−0.480	2.494	1.528	1.633	−0.539	5.526
−0.085	1.602	1.510	1.061	−1.395	4.599
0.310	0.710	1.587	0.447	−2.441	3.862
0.705	−0.182	1.748	−0.104	−3.652	3.289
1.100	−1.074	1.972	−0.544	−4.988	2.841
1.495	−1.965	2.239	−0.878	−6.411	2.480
1.890	−2.857	2.537	−1.126	−7.894	2.179
2.286	−3.749	2.855	−1.313	−9.418	1.920
2.681	−4.641	3.188	−1.456	−10.970	1.689
3.076	−5.533	3.532	−1.567	−12.544	1.479

*p<0.05, **p<0.01

NFC의 값이 −0.788보다 낮은 영역에서 유의하였다. 즉, NFC가 −0.788보다 낮은 영역에서 NFC는 MOOD와 ATT의 관계에서 조절효과를 가지고 있음을 알 수 있다. 이는 조절변수의 값이 −0.788보다 높은 경우에 독립변수인 MOOD가 종속변수인 ATT에 유의한 영향을 주지 않고 있음을 의미한다. 이러한 영향이 유의한 비율은 조사대상자의 27%이었고, NFC 값이 −0.788보다 큰 조사대상자의 73%는 유의하지 않았다.

인지욕구(NFC)의 조절효과가 통계적으로 유의하게 나타났으므로 그 상호작용의 패턴을 확인하기 위해서 인지욕구를 특정값으로 세분하여 다음과 같이 상호작용 도표를 그려 보았다.

그림 15-11 ▌기분(MOOD)과 태도(ATT) 간의 관계에서 인지욕구의 조절효과

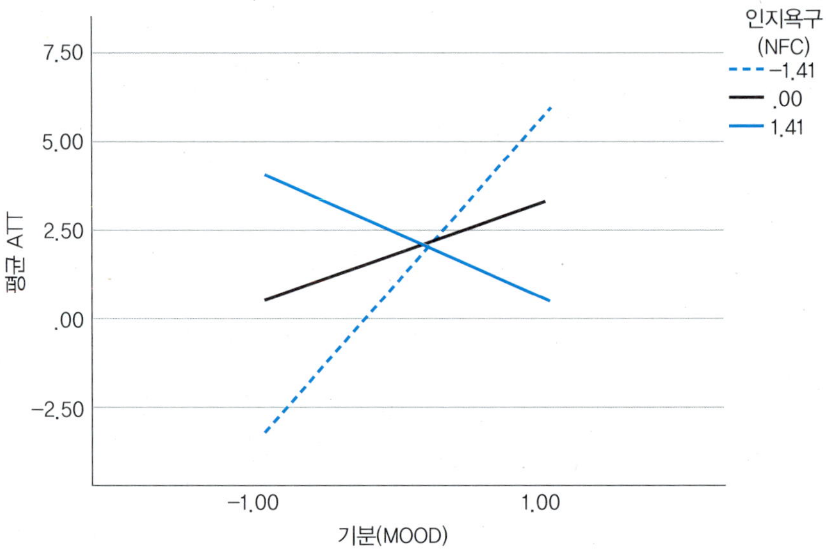

상호작용 도표와 조절효과분석 결과에 의하면 MOOD의 회귀계수 부호가 +이고 상호작용항 변수인 [MOOD×NFC]의 회귀계수의 부호가 −이므로 'NFC는 MOOD가 ATT에 미치는 정의 영향을 약화시키고 있다'고 해석할 수 있다.

한편 부트스트래핑을 통해 조절된 매개지수의 분석 결과는 다음과 같다.

표 15-11 ▌조절된 매개지수

조절변수	Index	BootSE	95% CI	
			BootLLCI	BootULCI
NFC	1.566	0.690	0.375	3.098

부트스트래핑을 수행한 결과 조절된 매개지수값(1.566)이 95% 신뢰구간의 하한값과 상한값에 0을 포함하고 있지 않으므로 조절된 매개효과가 있다.

조건부 직접효과분석 결과는 다음과 같다.

표 15-12 기분(MOOD)이 태도(ATT)에 미치는 영향에 대한 인지욕구(NFC)의 조건부 직접효과

NFC	Effect	BootSE	95% 부트스트랩 CI	
			BootLLCI	BootULCI
−1.405	4.580	1.901	0.806	8.354
0.000	1.410	1.519	−1.605	4.425
1.405	−1.761	2.175	−6.078	2.557

조건부 직접효과분석 결과에 의하면 조절변수인 NFC의 낮은 수준(−1SD)에서 신뢰구간 안에 0을 포함하지 않아서 유의하였으며, 평균(M)과 높은 수준(+1SD)에서는 신뢰구간에 0을 포함하고 있어서 유의하지 않았다. 따라서 조건부 직접효과는 조절변수 값이 평균보다 1표준편차 낮은 경우에만 독립변수인 기분이 종속변수인 태도에 영향을 미치고 있음을 알 수 있으며, 평균과 평균보다 1표준편차 높은 집단에서는 유의한 영향을 미치지 않음을 알 수 있다. 또한 조절변수인 NFC가 높아질수록 직접효과는 작아지고 있음(4.580, 1.410, −1.761)을 알 수 있다.

조건부 간접효과분석 결과는 [표 15-13]과 같다.

표 15-13 기분(MOOD)이 태도(ATT)에 미치는 영향에 대한 인지욕구(NFC)의 조건부 간접효과: MOOD → POS → ATT

NFC	Effect	BootSE	95% 부트스트랩 CI	
			BootLLCI	BootULCI
−1.405	3.204	1.343	0.667	5.964
0.000	5.404	1.238	3.144	7.948
1.405	7.603	1.773	4.496	11.328

조건부 간접효과분석 결과에 의하면 조절변수인 NFC의 세 수준에서 신뢰구간 내에 0을 포함하고 있지 않아서 모두 유의한 것으로 나타났다. 조절변수인 NFC가 높아질수록 조절된 매개효과는 커지고 있음(3.204, 5.404, 7.603)을 알 수 있다.

| 부록 |

1. SPSS 29 프로그램의 구매방법

SPSS 29 프로그램은 학생용이나 교수용의 경우 저렴한 비용으로 구매할 수 있다(SPSS 29 GRADPACK). 프로그램은 BASE, STANDARD, PREMIUM의 세 가지 종류가 있으며, 보통 2대의 컴퓨터에 설치할 수 있다. 사용기간은 구매자가 임의로 정할 수 있으며(6개월, 1년, 2년, 3년 등) 여기에서는 6개월간 사용하는 것을 기준으로 설명한다. 정보 제공 인터넷사이트 주소는 https://www.ibm.com/products/spss-statistics/gradpack이다.

(1) SPSS 29의 구매사이트 주소

구매사이트	주소	단가($)	2023.5.기준 원화(원)	사용기간
OnTheHub by Kivuto	https://onthehub.com/shop	BASE 45.95 STANDARD 61.95	BASE 60,812 STANDARD 81,986	
Student Discounts.com Academic Software Experts	https://studentdiscounts.com/	BASE 34.95 STANDARD 49.00	BASE 46,254 STANDARD 64,848	6개월
hearne.software	https://www.hearne.software/Home	BASE 34.95 STANDARD 49.00	상동	

(2) 구매방법

유튜브에서 [SPSS 학생용 구매]라고 입력하고 검색하면 여러 유튜버가 제공하는 구매방법을 탐색할 수 있다.

SPSS 29 설치 시 유의사항

SPSS 29 버전 설치시 이미 28 버전 이하의 프로그램이 이미 29 버전을 설치할 컴퓨터에 설치되어 있다면 29 버전이 중복 설치되거나 제대로 설치되지 않는 문제가 발생될 수 있다. 이러한 문제를 피하려면 29 버전을 설치하기 전에 이전 버전이 설치되어 있는 경우에는 PC나 노트북 등을 완전히 포맷팅해야 제대로 설치된다. 따라서 하드 드라이브의 포맷팅을 해야 하는 경우에는 기존 자료를 잘 다운로드 해 보관한 다음에 포맷팅해야 한다.

2. 이 책의 실습용 데이터 파일 제공사이트

(1) 도서출판 청람의 사이트(http://www.crbooks.co.kr)의 [일반자료실]에서 제공한다.

(2) 다운로드받은 후 반드시 데스크탑이나 노트북의 [바탕화면]에 압축을 푼 후에 실습하기 바란다. 제공된 파일명이 길어서 데이터 파일이 USB 등에 위치하고 있는 경우에는 실습 파일이 열리지 않을 수도 있음에 유의하기 바란다.

찾아보기

| 저자약력 |

신건권(辛建權)

신건권 교수는 충남 금산에서 출생하였다. 서강대학교 대학원에서 회계정보시스템으로 박사학위(지도교수 이남주)를 받은 이후 서강대, 부산대, 대전대, 한남대, 순천향대, 나사렛대 등의 강사로 활동하였다. 현재는 호서대학교 기술경영전문대학원에서 논문 작성 중심의 통계학을 강의하고 있으며 데이터 사이언티스트로 활동하고 있다.
한국전산회계학회장, 호서대 사회과학대학장과 사회과학연구소장, 글로벌비전센터소장, 학술지 편집위원장(대한회계학회, 한국경영컨설팅학회, 한국전산회계학회) 등을 역임하였다. 주요 관심분야는 논문통계학, 회계정보시스템, 문화콘텐츠, 경영학 등이다.
저술가로서 왕성한 활동을 펼쳐 왔으며 현재까지 학술논문 80여 편을 학술지에 게재하였으며 통계학, 회계학, 경영학 등의 전문서적 50여 권을 발간하였다. 통계학 저서인 『석박사학위와 학술논문 작성 중심의 SmartPLS 3.0 구조방정식모델링』은 2018년 세종도서 학술부문 우수도서로 선정되었다.

[주요 도서]
석박사학위와 학술논문 작성 중심의 SPSS 29 논문통계분석(2023, 도서출판 청람)
석박사학위와 학술논문 작성 중심의 Amos 29 구조방정식모델링(2023, 도서출판 청람)
석박사학위와 학술논문 작성 중심의 SmartPLS 4.0 구조방정식모델링(2023, 도서출판 청람)
SPSS 29와 PROCESS macro 4.0을 이용한 회귀분석 따라하기(2023, 도서출판 청람)

SPSS 29와 PROCESS macro 4.0을 이용한
회귀분석 따라하기

2023년 8월 25일 1판 1쇄 인쇄
2023년 8월 30일 1판 1쇄 발행

저　자 | 신건권
발행인 | 이수영
발행처 | 도서출판 청람
서울시 마포구 독막로 288(대흥동, 세양상가 109호)
전　화 | 02)3272-2601~2
팩　스 | 02)3272-2603
E-mail | crbooks@daum.net
홈페이지 | http://www.crbooks.co.kr
등　록 | 2000년 8월 26일 제6-0509호

ISBN 978-89-5972-976-0 93310 [정가 38,000원]